油气井射孔技术

陆大卫 主编

石油工业出版社

内 容 提 要

本书总结了60年来我国油气井射孔技术的实践经验及技术发展，并介绍了部分国外的先进技术、方法，包括石油射孔器、特殊条件下射孔及射孔完井优化设计、安全等内容。既有方法理论的介绍，也有实践经验总结。

本书可供石油勘探开发各级领导干部和从事射孔工作的广大技术人员及大专院校相关专业师生参考使用。

图书在版编目（CIP）数据

油气井射孔技术／陆大卫主编．
北京：石油工业出版社，2012.4
ISBN 978-7-5021-9026-2

Ⅰ．油…
Ⅱ．陆…
Ⅲ．油气井－射孔
Ⅳ．TE257

中国版本图书馆 CIP 数据核字（2012）第 075015 号

出版发行：石油工业出版社
（北京安定门外安华里2区1号　100011）
网　　址：www.petropub.com
编辑部：（010）64523736　发行部：（010）64523620
经　　销：全国新华书店
印　　刷：北京中石油彩色印刷有限责任公司

2012年4月第1版　2014年12月第2次印刷
787×1092毫米　开本：1/16　印张：26.5
字数：642千字

定价：110.00元
（如出现印装质量问题，我社发行部负责调换）
版权所有，翻印必究

《油气井射孔技术》编委会

主　　任：陆大卫
副 主 任：王志信　潘永新　陈　锋　郑长建　鲜于德清
委　　员：袁吉诚　王　赞　朱建新　吴永清　朱进初
　　　　　宋留群　陈军友

《油气井射孔技术》编写组

主　　编：陆大卫
主要成员：袁吉诚　陈军友　郑长建

前　言

射孔技术作为完井工程的重要组成部分和试油技术的主要环节，是利用高能炸药爆炸形成射流射穿油气井管壁、水泥环和部分地层，建立油气层和井筒之间油气流通道的一种技术。1998年，石油工业出版社出版了《油气井射孔井壁取心技术手册》，在油田现场发挥了应有的作用。十多年来，射孔技术快速发展，射孔效率提高，安全性增强。为此，中国石油学会测井专业委员会发挥跨部门、跨学科、跨地区的桥梁作用，组织中国石油天然气集团公司、中国石油化工集团公司、中国海洋石油总公司以及军工单位的射孔专家，总结射孔技术新成果，编写了本书。2009年12月召开了编写工作启动会，确定了本书的编写目的、适用对象，以及章节框架，并对编写时间做了详细安排。此后分别于2010年5月、2010年12月、2011年3月、2012年1月召开了四次审稿会。

本书分为基础理论、射孔器及配套装置、射孔器检验技术、射孔深度计算与装炮、射孔方案优化设计、射孔仪器、射孔工艺技术、工程作业技术、油气井射孔安全技术和射孔技术应用事例共10章。各章节编审人员如下：

绪论是由王志信、鲜于德清编写，陆大卫审核。

第一章是由刘玉存（中北大学）、王建华（中北大学）、蒋芳芳、刘学（湖北航天化学技术研究所）、何金锐（湖北航天化学技术研究所）、陈华彬、任国辉、姜晓燕、蔡山编写，陆大卫、郑长建、陈军友等审核。

第二章是由潘永新、罗苗壮、庄金勇、赵开良、肖勇、石前、顾军、张兴民、郭鹏、胡咏梅、李明厚、王雪艳、郭伟民、张志强、魏永刚、郭景学、王文红、刘增、王峰、张伟民编写，袁吉诚、赵明辉审核。

第三章是由李东传、王海东、李险峰、金成福、刘辉、张贵杰、梁纯、朱贵宝编写，郑长建审核。

第四章是由石莹、王树申编写，陆大卫、郑长建等审核。

第五章是由姜晓燕、蔡山、荣学艺编写，陆大卫、郑长建等审核。

第六章是由赵福前、郭建峰、张振波、苗久厂、荣学艺、王树申、郑红日、郭希明、汤科、梁岩、蔡山、张伟民、郭景学、蔡山、刘桥、刘贯虹编写，王志信、陈军友等审核。

第七章是由张振波、郑红日、陈锋、朱进初、庄金勇、郭希明、吴永清、罗苗壮、赵开良、刘增、唐凯、王树申、李明厚、葛莉、汤科、程启文、欧跃强、梁岩、张伟民、王培禹、郭景学、蔡山、赵金文、刘桥、胡咏梅编写，袁吉诚、赵明辉审核。

第八章是由赵明辉、赵延升、赵春辉、俞海、刘桥、荣学艺、洪雯霞编写，王志信等审核。

第九章是由陈军友、纪传友、徐志国、庄金勇、张立涛、张维强编写，王志信等审核。

第十章是由陈锋、姜晓燕、袁吉诚、唐凯、李明厚、张林、董淑高、荣学艺、梁岩、程启文、张伟民、王培禹、郭景学、刘桥、罗苗壮、朱进初、刘贯虹编写，袁吉诚审核。

全书由陆大卫负责统稿。

在本书编写过程中，得到大庆油田有限责任公司试油试采分公司、中石油川庆钻探工程有限公司测井公司、中石化胜利石油工程有限公司测井公司、中石化中原石油工程有限公司测井公司、中海油田服务股份有限公司、大庆石油管理局射孔弹厂、石油工业油气田射孔器材质量监督检验中心、西安物华巨能爆破器材有限责任公司、中北大学和湖北航天化学技术研究所等单位的大力支持，在此表示衷心的感谢！

限于作者水平，书中存在的不足或错误，敬请读者提出宝贵意见。

目 录

绪论 ··· 1
第一章 基础理论 ··· 9
第一节 炸药基础 ·· 9
第二节 炸药的爆轰理论基础 ·· 19
第三节 油气井用火药理论 ··· 39
第四节 渗流力学 ··· 48
第五节 材料学和材料力学 ··· 52
第六节 射孔参数对油气井产能的影响 ··· 69
第二章 射孔器及配套装置 ·· 77
第一节 射孔器 ··· 77
第二节 射孔弹 ··· 83
第三节 射孔枪 ··· 99
第四节 雷管、起爆器及起爆装置 ·· 112
第五节 传爆管、导爆索及传爆装置 ··· 130
第六节 特殊射孔器 ·· 135
第七节 配套工具 ··· 146
第三章 射孔器检验技术 ·· 158
第一节 概述 ··· 158
第二节 油气井聚能射孔器材检测技术 ··· 159
第三节 油气井复合射孔器检测技术 ··· 177
第四节 油气井用电雷管、起爆装置检验技术 ·· 182
第五节 油气井用导爆索、传爆管检测技术 ··· 189
第六节 油气井用射孔器材质量评价 ··· 195
第四章 射孔深度计算与装炮 ·· 202
第一节 射孔深度计算所使用的资料 ··· 202
第二节 标图 ··· 205
第三节 放射性校深 ·· 208
第四节 射孔深度计算 ··· 210
第五节 特殊情况下的射孔深度计算 ··· 212
第六节 装炮施工设计及工艺 ·· 214
第七节 自动化标图、校深 ··· 218
第五章 射孔方案优化设计 ··· 221
第一节 常规射孔优化设计 ··· 221

第二节	复合射孔优化设计	229
第三节	水平井射孔优化设计	233
第四节	射孔液优选	237
第五节	负压值设计	241

第六章 射孔仪器 244
第一节 射孔地面控制仪 244
第二节 射孔井下深度、方位测量仪器 250
第三节 射孔监测仪 257

第七章 射孔工艺技术 260
第一节 电缆输送射孔 260
第二节 电缆输送射孔分次起爆技术 263
第三节 油管输送射孔 265
第四节 油管输送射孔多级起爆技术 268
第五节 联作射孔 275
第六节 复合射孔 287
第七节 定方位射孔 291
第八节 水平井射孔 294
第九节 负压射孔 299
第十节 超正压射孔 304
第十一节 井口带压射孔 306
第十二节 全通径射孔 311
第十三节 高压气井射孔 313
第十四节 含硫化氢气井射孔 316
第十五节 连续油管输送射孔 319

第八章 工程作业技术 324
第一节 爆炸松扣与切割 324
第二节 电缆桥塞 331
第三节 封窜射孔 337
第四节 井壁取心 339
第五节 套管补贴 352

第九章 油气井射孔安全技术 354
第一节 环境分析 354
第二节 射孔器材制造安全技术 357
第三节 射孔器材储存要求 360
第四节 射孔器材的运输要求 362
第五节 射孔器材的销毁方法 364
第六节 现场作业安全措施 365
第七节 油气井射孔安全自控系统 367

第十章 射孔技术应用事例 371

第一节	射孔优化设计技术在肇212区块的应用	371
第二节	KL2气田射孔技术的应用	375
第三节	超高温射孔技术在胜利油田的应用	380
第四节	射孔—下泵联作工艺技术应用实例	382
第五节	可控气体压裂增效射孔技术在LG×井的应用	384
第六节	复合射孔技术应用事例	387
第七节	高能气体压裂技术应用实例	391
第八节	定方位射孔技术在P××井的应用	393
第九节	动态负压射孔技术的应用	395
第十节	超正压射孔技术在天东五百梯构造的应用	398
第十一节	全通径射孔技术在DN2-X井的应用	400
第十二节	连续油管输送过油管射孔的应用	403
第十三节	TCP监测识别系统监测实例	407

参考文献 ………………………………………………………………………………… 413

绪 论

射孔技术作为完井工程的重要组成部分和试油技术的主要环节,是利用高能炸药爆炸形成射流射穿油气井管壁、水泥环和部分地层,建立油气层和井筒之间油气流通道的一种技术。按照技术分类,射孔技术可分为射孔器技术、射孔工艺技术、射孔检测技术、射孔安全技术、工程作业技术、射孔仪器和优化设计技术等。

射孔技术涉及火药、炸药、爆炸力学、流体力学、材料力学、石油地质、测井、油藏工程等多个学科的知识。由于这些学科的不断发展和进步,特别是油气开发对射孔的认识和需求不断提升,从 20 世纪 30 年代使用简单的射孔技术打开油气流通道,到现在以改造油层,提高产能为目的,并与多种井筒条件相配套的工艺技术需求,使射孔技术内容越来越丰富。射孔弹也由最初的子弹式射孔发展成为目前广泛使用的聚能射孔。射孔弹分为深穿透型和大孔径型两种,能满足高温、中温和低温地层完井。

历经几十年的发展,射孔技术有了长足的进步,特别是 20 世纪 90 年代以后,射孔技术更是飞速发展。法国的斯伦贝谢公司研制出穿深达 1.2m 的射孔弹。除了在现有射孔弹基础上努力提高穿透深度外,美国还完成了水动力射孔工艺技术研究与开发工作,进行了石油井下激光射孔装置的方法的研究。此外,美国的哈里伯顿公司还率先在 102 型射孔枪中装 DP37 型射孔弹开创了小枪装大弹之先河,这样又进一步推动了高强度射孔枪的研制。

目前,我国油气田的射孔作业主要分为三个方面:

第一,射孔设计、器材及工艺的优选。聚能射孔是指带有空穴的成型炸药在爆炸时,爆轰产物以特定的速度和方向汇聚并向低压区传播形成射流,射流穿透金属套管射入地层,形成出油孔道。将射孔弹药一端设计成一定形状的空穴,能够提高对靶的破坏(即穿孔深度)作用,这种效应称为聚能效应。射流的锋头速度可达约每秒几千到上万米。射孔弹的穿孔造缝效果,对提高油井产能至关重要。射孔的孔深、孔径、孔密(每米装弹的数量)等参数都影响到油井产能,所以射孔的枪型、弹型、孔密、装弹的方位等需要优化匹配,才能达到最佳效果。炸药是聚能射孔弹的能量基础。据有关资料报道,聚能射孔弹中炸药的爆炸能量只有 5%～10% 用于产生射孔孔眼。而剩余的 90%～95% 则是产生损害套管水泥环的震动力。现在对弹型结构和药型罩的材料等研究已有很大进展,射孔弹炸药的利用率有了很大提高,但射孔弹对枪体及井筒(包括作业管柱)的损害仍然是不可忽视的。另外,聚能射孔弹形成的射流穿入岩层时,对孔道周围岩层强烈的压实而形成压实带,降低了岩层的渗透性;弹片、碎屑等堵塞孔道影响油气的流出,这是聚能射孔在为油气提供流动通道的同时产生的负面作用。

第二,准确地控制射孔深度是射孔作业的关键环节。要射开的油层深度是在裸眼完井测井资料解释时确定的。在固井后的套管内进行射孔作业时,要确保施工作业深度与裸眼井测井的深度一致。目前采用的方法是,在同一口井中,完井时在裸眼井中所测的自然伽马曲线与固井后在套管井中所测的自然伽马(或中子伽马)曲线之间进行深度对比,以固井后所测得的套管接箍曲线作为电缆输送射孔深度的依据，为射孔施工提供准确的深度。根据校正的接箍深度与射孔时实测接箍深度进行比较，将射孔器与油层的位置对应，达到控制深度的目的。

第三，如何准确确定射孔器与油层的深度是射孔施工中深度控制的关键技术。直到20世纪60年代，我国研制成功GSQ-652型跟踪射孔取心仪后，才实现了用仪器控制射孔作业深度的目的，结束了人工丈量电缆射孔的历史。这项成果是我国射孔技术创新的起点和亮点。后来随着电子技术的发展，国内相继研发并广泛应用了SQ-691型数控射孔取心仪等多种型号的仪器。在深度控制精度方面都有新的提高。1969年至1988年，由西安石油勘探仪器总厂生产的SQ-691型数控射孔取心仪共生产300余套；1988年至2003年SSGC型数控型射孔仪共生产193套。

我国射孔技术始于20世纪50年代初，历经了创业、探索、开拓和发展的艰辛历程。经过60年的艰苦努力，无论在射孔工艺技术上，还是在射孔器材的性能和配套上都取得了显著的成绩，较好地满足了我国油气开发的需求。

一、艰难创业

新中国成立之初，王曰才先生在玉门油田参与了首次射孔作业。1952年，在苏联专家的帮助下，玉门油矿组建了由6人组成的新中国第一支射孔队，队长杜有名。当年，在老君庙首次使用苏联生产的ПП-6型和ППХ-4型射孔器成功地完成了射孔试油任务。ПП-6型和ППХ-4型射孔器都是利用火药燃烧产生的高压推进子弹，使它穿透套管的。ПП-6型和ППХ-4型射孔器分别有3个和4个弹道，火药室为一节，每三节组成一个整体，所以又称9孔和12孔射孔器。ПП-6型射孔器最大穿透深度为能穿透10～15mm厚的钢板（管），或100～110mm厚的水泥，适合在壁厚8～10mm的5～6in套管内射孔，一次只能射开0.6～0.7m油层。ППХ-4型射孔器最大穿透深度为能穿透15～20mm的钢板（套管），或能穿透120～140mm厚的水泥，适合在壁厚10～12mm的6in以上套管内射孔，一次只能射开0.85～1m的油层。

ТПК子母弹是一种特别的子弹。子弹里面装有炸药，底部装有小型冲击雷管，外面装有一个防水的紫铜垫圈，子母弹靠火药能穿透套管进入地层，弹底部的冲击雷管被猛击后而起爆，引起弹头内部炸药的爆炸，使周围的地层受到猛烈冲击破坏，被震松或震开裂缝。就此降低了油、气、水向井内流动的阻力。ТПК-22型射孔器最大穿透深度为能穿透20mm厚的钢管，ТПК-37型最大穿透深度为能穿透35mm厚的钢管，这两种射孔器都能穿透150mm厚的水泥。

1953年，宝鸡石油机械厂成功试制出TTX-4型射孔枪并投入批量生产，替代了苏制产品。子弹式射孔器的优点是射孔后不破裂套管，射孔孔眼规整；缺点是穿孔浅。由于当时国产低碳素钢热处理工艺不过关，用这种钢材制造的子弹经常射不穿油井套管，有时子弹卡在套管上或射孔枪上，只好进行打捞作业。子弹式射孔器在我国一直沿用到20世纪60年代初。

1956年，石油工业部派谭廷栋等人到苏联、罗马尼亚进行技术考察，将聚能射孔技术介绍到国内。在第五机械工业部的大力支持下，重庆152厂（即江陵机械厂）于1956年开始研究苏联和罗马尼亚式聚能射孔器技术，1957年成功试制出57-103型有枪身射孔器，装枪穿深 45 号钢靶 55mm，穿孔孔径 10mm，耐温 90℃，耐压 40MPa。1958 年成功试制出 58-65 型和 58-40 型两种无枪身射孔弹。58-65 型射孔弹穿深 45 号钢靶 75mm，穿孔孔径 10mm，耐温 85℃，耐压 25MPa。58-40 型射孔弹穿深 45 号钢靶 56mm，穿孔孔径 7mm，耐温 80℃，耐压 14MPa。三种射孔器在玉门油田、克拉玛依油田和青海油田推广使用，射孔后油井产量明显比子弹式射孔器提高。由于射孔弹喷孔和枪头处引火电路的密封方式落后，使用成功率偏低，一次下井最多射开 2.5m，每米最高孔密 10 孔。57-103 型有枪身射孔器枪体一般可以重复使用 10～15 次（与井的深度有关），因此，这种射孔器一直沿用到 20 世纪 80 年代。

58-65 型射孔弹和 58-40 型射孔弹由于成本低、工效高，用电缆钢丝做炮架，射孔弹直接裸露在压井液中，这种射孔方式在大庆油田开发初期曾大量使用。在一次事故处理中，拨出油井套管后发现射孔造成套管开裂长达 430mm。为了检验射孔的质量，大庆油田于 1963 年建成一口射孔专用模拟试验井（东八-4 井）。在这口井中对 57-103 型、58-65 型和 58-40 型三种射孔器模拟射孔进行了大量的对比试验。实验表明，58-65 型射孔弹用两方向和四方向射孔，射孔套管裂缝率分别达到 94% 和 80%，最大裂缝长 1180mm。58-40 型射孔弹射孔后套管开裂程度比 58-65 型射孔弹射孔后套管开裂程度小，57-103 型有枪身射孔器射孔后对 J-55 钢 7.72mm 厚的套管没有出现过一次开裂。

1964 年，石油工业部要求在全国各油田禁止使用 58-65 型射孔弹，并将库存的 58-65 型射孔弹全部报废销毁。57-103 型有枪身射孔器一直使用到 20 世纪 80 年代。

同年，应用定位射孔技术，根据磁定位器信号的变化确定标准套管接箍的位置，能够较准确地计算接箍与油层的距离，大大减少了丈量电缆的工作量，提高了射孔深度的精度。

1965 年以前，我国没有专用的射孔作业设备，射孔作业时使用 AKC51 型测井绞车，配备 СПУ 型射孔仪器面板，射孔时通过仪器面板进行点火起爆。随后相继成功研制出 СПУ-3000 型绞车的射孔仪器面板和国产 53 型射孔仪器面板，施工时采用人工丈量电缆确定射孔的深度，精度低、劳动强度大。

随着大庆、胜利等大型油田的相继发现，我国石油工业得到了快速发展。为了满足石油业大发展的需求，1964 年，胜利油田电测站组建了射孔弹实验室（即后来的射孔弹厂，负责人赖维民），专门研发新的射孔器材。当年研制成功文胜二型无枪射孔弹，这种射孔弹的炸药柱没有弹壳保护，下井时用泡沫塑料包扎后固定在钢筋架体上。穿 45 号钢靶深度为 55～60mm，耐压 16MPa。

1965 年，石油工业部决定在大庆建立射孔弹研究室，1968 年在第五机械工业部 763 厂的帮助下研制成功"文革一号"无枪身射孔弹，穿 45 号钢靶深度 65mm，穿孔孔径 10mm，使用温度 65℃，耐压 20MPa。

1969 年，四川石油局建立射孔弹厂并试制出火炬一型和火炬二型玻璃壳无枪身射孔弹。

1970 年，西安石油仪器厂在陕西礼泉建立了射孔弹车间。同年年底，受燃料化学工业部委派，陆大卫等人在大庆油田试验井经反复试验，确定一次下井使用 60 发，可以确保大庆油田射孔后分层开采的需要。

1978 年，胜利油田和西安兵器工业 204 研究所（204 所）合作研制成功耐热一号炸药（即聚黑-10G3）和 SWD- 型链杆式铝合金无枪身射孔弹。

这一时期，我国射孔行业在一没技术、二没经验的情况下，广大技术人员通过认真学习苏联等国的技术和经验，通过艰难的摸索，取得了一些可喜成果，初步建立了我国油气射孔技术体系。但整体技术水平较低，与国外先进技术相差较远，仍不能满足当时我国快速发展的油气田勘探开发的需求。

二、探索发展

为了解决我国油气射孔技术水平整体较低的局面，迅速缩短与国外先进技术的差距，射孔界有志之士通过调研和分析认识到，我国射孔技术要想全面快速发展，只有走技术引进和自我探索相结合之路，才能满足我国油气工业快速发展的需要。

1977年，石油化学工业部组织以胜利油田为基地，引进美国德莱赛·阿特拉斯公司的五种无枪身铝合金射孔弹、三种有枪身射孔弹和两种切割弹。石油化学工业部科技司组织了西安石油仪器厂五分厂射孔弹车间，大庆、胜利、四川等油田的射孔弹厂和第五机械工业部的204所、西安应用物理化学研究所（213所）和内蒙古金属材料研究所（52所）等单位联合对引进的射孔器材进行系统解剖、分析和试验。德莱赛·阿特拉斯公司的带钢外壳装药合压方法和无杵堵粉罩技术的优点在于提高了射孔弹质量的稳定性和射孔孔道的流动特性。

通过对引进产品的解剖、分析和试验，积累了丰富的技术资料，开阔了思路。尽管如此，由于当时各油田正处在开发时期，对射孔造成套管及油层的损害认识不够，致使国内带外壳装药的工艺技术在五年后才研制成功，粉末罩的推广应用推迟了近十年。20世纪50—60年代，西方国家已将这一技术用于生产中，我国晚了将近30年。

1978年，石油工业部从美国吉尔哈特公司和欧文公司引进了8种射孔器（有枪身射孔器3种、无枪身射孔器5种），其中有直径为51mm（2in）的过油管射孔器。过油管射孔是一项新的射孔技术，射孔前先把油管下放到射孔井段的上部，用清水或其他轻质射孔液替代井筒内的钻井液，抽去部分井筒液体。射孔时射孔器通过井口防喷盒、油管及其下端的喇叭口下放到射孔目的层，在平衡压力或欠平衡压力条件下射孔。其优点是减少了射孔时对油气层的污染，对提高油井产能有利，工效高、成本低；其缺点是枪型及弹型较小，穿孔深度较浅。

1979年，大庆石油管理局试油试采公司射孔弹厂研制的GF-2型和胜利射孔弹厂研制的麦克落两种无枪身过油管射孔弹通过了现场试验，为我国推广过油管技术创造了条件。

1980年初，石油工业部派出由制造局、大庆油田和西安石油勘探仪器总厂组成的射孔技术赴美考察组，先后考察了德莱赛公司、阿特拉斯公司、吉尔哈特公司、欧文公司和威日伏尔德公司，这次较为全面的考察看到了我国射孔技术与国外先进水平的差距。

1984年，石油工业部引进美国吉奥·范公司的油管输送射孔器。油管输送射孔技术实现了真正意义上的对油层在负压差条件下的射孔，克服了过油管射孔弹装药少、穿深浅的缺点，为大斜度井射孔、水平井射孔提供了条件。石油工业部勘探局在大港油田举办油管输送射孔技术培训班，促进了该技术在各油田的推广。

1989年，在大庆石油管理局试油试采公司射孔弹厂的基础上成立大庆石油管理局射孔弹厂（以下简称大庆射孔弹厂），试制成功69-1型聚氯乙烯软管导爆索，用于无枪身射孔弹的传爆。当年，大庆射孔弹厂从美国吉尔哈特公司引进API RP43贝利砂岩射孔流动实验装置，并派技术人员出国培训。把美国石油学会推荐的评价油气井射孔器的标准 API RP43 引进到国内，大大推进了我国射孔器材评价技术。

1991 年，大庆石油管理局和四川石油管理局共同组团赴美国考察油气井导爆索和射孔弹制造工艺技术。美国英森比柯福特公司是油井专用导爆索的生产公司。其生产的 PYX 系列导爆索最高使用温度 220℃/48h，最高爆速 7500m/s。

1995 年，石油工业油气田射孔器材质量监督检验中心从哈里伯顿公司全套引进 API RP43（第五版）技术及设备。主要包括：应力条件下射孔及流动测试装置、高温常压下钢靶射孔装置和混凝土靶样块强度测试机等。同时，四川射孔弹厂从欧文公司引进了射孔弹自动化生产线的使用权。药型罩制造采用金属粉末施压技术，使射孔弹产品质量显著提高。

1996 年，大庆射孔弹厂从美国引进编织导爆索技术投入批量生产。先后完成了 80RDX、80RDXLS 等六种型号导爆索的技术开发。导爆索最高爆速（80HMXXHV 型）达到 7760m/s，最高耐温（80PYX 型）达到 200℃/2h。大庆射孔弹厂还向哈里伯顿公司引进了射孔弹自动生产线和弹架成型激光切割机。

从技术人员出国学习考察和引进技术中，看到了我国射孔技术与国外的差距，同时迫于油气田勘探开发大发展需求的压力，引起了管理部门的高度重视。

1977 年，石油化学工业部与第五机械工业部在四川联合召开了第一次射孔器材科研攻关协作会。参加这次会议的有两个部委的机关管理人员、石油系统四家射孔弹厂的技术人员和 204 所、213 所等的技术人员。

1978 年，石油工业部和第五机械工业部在西安联合召开了第二次射孔器材科研攻关协作会。会上讨论了深井射孔炸药、雷管、导爆索和射孔弹的攻关方向，落实了研制单位。

1979 年，石油工业部和 NL 集团在北京共同组织了首次中美射孔技术交流会议。

1980 年，石油工业部在大港召开过油管射孔新技术应用座谈会。当时国内各油田累计完成过油管射孔 244 井次。射孔最大井深 4330m。

1987 年到 1988 年历时两年，石油工业部勘探司组织大庆、辽河、胜利、中原、大港、四川六个油田 21 名技术人员，依据 SY/T 5128-86 标准和 API RP43 标准，对全国各油田使用的 25 种射孔弹在大庆进行了首次全国射孔弹性能统一测试。检测结果反映出国内生产的大部分射孔弹穿透深度浅，不能满足石油勘探开发的要求。12 种过油管射孔弹穿 API 混凝土靶，穿深最浅的一种射孔弹平均穿深为 44.9mm，穿深最深的一种射孔弹平均穿深为 138.2mm。

1986 年，斯伦贝谢公司 5g 装药量过油管射孔弹，穿混凝土靶平均穿深为 269mm。国内的 13 种套管射孔弹穿混凝土靶，穿深最浅的一种射孔弹平均穿深为 154mm/6g，73 型有枪身射孔弹，穿深最深的 YD073 型射孔弹平均穿深为 204mm，32g 装药量 YD114 型射孔弹平均穿深为 308mm。其余 11 个品种平均穿深都在 160～80mm 之间。当时，斯伦贝谢公司 15g 装药量 $3\frac{3}{8}$in 射孔弹混凝土靶平均穿深为 500mm，22.7g 药量 4in 射孔弹穿混凝土靶平均穿深为 609mm，37g 装药量 5in 射孔弹平均穿深为 726mm。

我国生产的射孔弹射孔后堵孔现象严重，穿钢靶的堵孔率最高为 95%，穿混凝土靶堵孔率最高为 44%。九种铜板聚能罩的过油管弹平均射孔流动效率为 66%，最低射孔流动效率为 21%。经测试粉末罩的过油管弹不堵孔，其平均射孔流动效率为 91%。

1989年，中国石油天然气总公司在大庆召开全国射孔井壁取心工作会，总地质师阎敦实参加了会议。会议讨论了射孔器材配套研究攻关计划，提出了两年射孔弹穿深达到400mm，五年射孔弹穿深达到700mm的奋斗目标。

1991年，西安石油勘探仪器总厂射孔弹厂研制的SYZ-41型射孔弹混凝靶穿深达到487mm，大庆射孔弹厂研制的YD89-1型射孔弹穿深达到455mm，山西新建机器厂研制的89弹穿深达到402mm。

1992年，大庆射孔弹厂研制的YD89-3型射孔弹，混凝土靶穿深达到514mm。1994年吉林油田9214射孔弹厂、四川射孔弹厂、山东机器厂（732厂），辽宁双龙石油器材联营公司、新疆燎原机械厂研制的89弹穿深也相继突破500mm。127型射孔弹穿深超过780mm。当时斯伦贝谢公司发布的最新成果中，相当于国内127型射孔弹在51BHJ2RDX型射孔弹混凝土靶穿深848mm，在51BHJ2HMX型射孔弹混凝土靶穿深765mm。1979年五机部474厂（华丰化工厂）试制成功了SW-3型深井油井雷管，第二机械工业部川南机械厂、煤炭工业部阜新十二厂分别试制成功深井射孔用铅管导爆索。1999年大庆射孔弹厂、213所、阜新十二厂和云南燃料二厂常用导爆索的爆速相继突破700m/s的指标。

20世纪80—90年代，在炸药研制方面也有较大进展。1985年，204所研制出以黑索金为主体的R-852（即聚黑-16）混合炸药。此药成为使用量最大，使用时间最长的射孔弹用药产品；90年代，204所成功研制出以PYX、HNS、TATB为代表的耐高温（250℃/2h）单质炸药和混合炸药。在射孔器方面，204所首先研制成功复合射孔器；大庆射孔弹厂成功研制出YS-114型大孔径有枪身射孔器，主要用于稠油油层射孔；1984年，山西新建机器厂率先研制成功油管输送式射孔起爆器，在华北油田和大港油田试验成功。

在此期间，大庆射孔弹厂古广钦编写出版了SY/T 5128-86《油气井聚能射孔弹通用技术条件》；陆大卫、王文祥编写出版了《射孔新技术》；牛超群、张玉全编写出版了《油气井完井射孔技术》；西安石油勘探仪器总厂研究所编写出版了《油井射孔译文集》；刘玉芝编写出版了《油气井射孔井壁取心技术手册》；惠宁利、王秀芝编写出版了《石油工业用爆破技术》；陈益鹏编写出版了《射孔技术译文集》；傅阳朝、刘中振、王西平等翻译出版了《射孔》。王志信、蔡景瑞于1984年在《测井技术》发表了《谈谈射孔对套管的损害及改进措施》等。这些著作和文章的出版和发表不仅助推了射孔技术的发展和使用，同时也反映了我国射孔技术全面快速发展的局面，以及当时我国射孔技术的水平和生产使用中存在的问题。

三、开拓创新

20世纪90年代，通过技术引进和自我探索，我国的射孔技术处于快速发展阶段。在改革开放的大环境下，在借鉴国外技术的基础上，在实践中积累的丰富经验的基础上，我国射孔器材的制造能力和射孔技术能力得到空前发展。除原有的大庆射孔弹厂、四川射孔弹厂、西安石油勘探仪器总厂射孔弹分厂、吉林金星配件厂（9214厂）、辽宁双龙石油器材联营公司、河北二机厂、山东机械厂、山西新建机械厂之外，又涌现出了204所、213所和秦川机械厂（804厂）、川南机械厂等。生产的射孔弹达20余种之多，年生产能力射孔弹在400万至450万发。导爆索生产有大庆射孔弹厂、阜新十二厂、云南燃料二厂、山西阳泉104厂和川南机械厂等厂家。油井起爆器和雷管生产厂家有213所、辽宁华丰化工厂和川南机械厂。射孔枪的生产厂家有宝鸡石油机械厂，以及华北、大庆、胜利等各油田的射孔枪厂总计约29家。

半个多世纪以来，射孔技术在学习中前进、在实践中创新。胜利油田赖维民等人研制的GSQ-651型跟踪射孔取心仪在1980年获国家发明奖，并在朝鲜、阿尔巴尼亚等国使用。在此基础上，各油田相继使用了西安石油勘探仪器总厂生产的SQ-691型数控射孔取心仪等不同型号的数控射孔仪。大庆石油管理局试油试采公司射孔弹厂研制的中深井系列射孔器和西安石油勘探仪器总厂与204所联合研制的耐热一号炸药获1978年国宝科学大会奖。由胜利、大港等五个油田研究的防止油（气）层损害的射孔新技术及其推广应用获国家科技进步二等奖。大庆油田以89型和127型为代表的射孔弹研制成果深穿透系列射孔器技术研究被评为中国石油天然气总公司1994年十大科技成果之一。胜利油田研制的"SLAS-9700型油气井射孔多极自控型安全起爆装置"在1996年北京国际发明展览会上荣获金奖，2000年获国家经济贸易委员会安全科学技术进步二等奖……

大批量使用的102型射孔弹混凝土靶穿深平均为800mm，127型射孔弹混凝土靶穿深860mm，89型射孔弹混凝靶穿深760mm，装药量45g，每米枪装弹13～16孔条件下混凝土靶穿深平均为940mm。耐高温和超高温炸药、导爆索的研制取得新进展。

目前，我国已研制出满足油田勘探开发需要的常温、高温、超高温、深穿透系列射孔弹和大孔径射孔弹。研制出高孔密、大直径及小井眼系列的射孔器有百余种规格。适合低孔、低渗油层和稠油开发工艺的每米枪装弹20～40孔、穿深500～1000mm，以及孔径16～25mm的大孔径高孔密射孔技术已在各油田大量推广应用。

射孔工艺技术在实践中形成了较为完善和规范的技术。其主要内容有油气井射孔安全技术、水平井射孔工艺技术、起正压射孔工艺技术、射孔—测试联作工艺技术、一次管柱分层射孔—测试联作工艺技术、射孔—高能气体压裂复合技术、油管传输射孔分级起爆工艺技术、定方位射孔工艺技术、一次性完井管柱工艺技术、WCP带压作业工艺技术、电缆射孔分级点火射孔工艺技术、射孔—抽油泵联作工艺技术、全通径射孔工艺技术等。

石油工业油气田射孔器材质量监督检验中心具有对射孔器、射孔弹、雷管、导爆索及油层套管等六项内容87个技术参数的检测能力。胜利油田建立的高温高压射孔效能实验装置可以模拟在温度200℃、压力80MPa条件下进行单发射孔弹打靶试验，可以模拟在温度150℃、压力80MPa条件下进行单发或多发射孔弹打靶试验；P-T仪及尾声弹等检测技术在生产中得到广泛应用。这些都标志着我国射孔技术的水平和实力已经达到国际先进水平。

目前，我国的射孔技术不仅能够满足国内油气田勘探开发的需求，而且已走出国门服务到中东、西亚、南亚和非洲等世界各地。据不完全统计，截至2010年5月，我国射孔器材生产行业申报国家专利78项，射孔技术服务行业申报国家专利772项。

大庆油田是我国最大的油田。1959年9月26日，第一口出油井松基三井采用射孔完井喷出工业原油，从而揭开大庆油田勘探开发大会战的序幕。大庆油田油气井射孔技术的发展大体上经历了四个阶段：

第一阶段（油田开发初期至1962年），以钻井液压井、57-103型有枪身射孔器射孔、人工丈量电缆定深为标志的简单射开油气层射孔工艺技术阶段；

第二阶段（1963至20世纪80年代中期），以钻井液压井、WD67-1型射孔器射孔、半自动及SQ-691型数控射孔取心仪应用为标志的准确打开油气层射孔工艺技术阶段；

第三阶段（20世纪80年代中期至90年代初期），以清水压井、过油管射孔、负压射孔、油管输送射孔、射孔液应用为标志的保护油气层射孔工艺技术阶段；

第四阶段（20世纪90年代初期至今），以深穿透射孔、复合射孔、射孔方案优化设计、数字化射孔仪应用为标志的解放油气层射孔工艺技术阶段。

经过50多年的发展，大庆油田射孔完井工艺技术逐步形成了数字化射孔、大孔径射孔、深穿透射孔、高温高压射孔、负压射孔、油管输送射孔、高能气体压裂及复合射孔、水平井射孔、定方位射孔、动态负压射孔和射孔方案优化设计、射孔完井液等工艺技术系列，适应了高渗透、高丰度油层和中低渗透、特低渗透油层开发的需要，为油田高产稳产提供了技术支撑。同时也走出国门，在印度尼西亚、哈萨克斯坦等国进行技术服务。

大庆石油管理局射孔弹厂是规模化生产射孔弹的专业工厂，大庆油田射孔技术发展集中反映了中国石油射孔技术的发展历程。

第一章 基 础 理 论

第一节 炸 药 基 础

一、爆炸及其现象

爆炸是自然界中经常发生的一种现象。广义地说，爆炸是指物质的物理或化学变化，在化学变化过程中，伴随有能量的快速转化，内能转化为机械压缩能，且使原来的物质或其变化产物、周围介质产生运动。

爆炸做功的根本原因在于系统原有高压气体或爆炸瞬间形成的高温高压气体或蒸气的骤然膨胀，使爆炸点周围介质发生急剧的压力突跃，形成冲击波。爆炸的一个最重要的特征是在爆炸点周围介质中发生急剧的压力突变，而这种压力突变是爆炸破坏作用的直接原因。

爆炸现象包括两个阶段：（1）内能转化为强烈的物理压缩能；（2）压缩能的膨胀—释放，潜在的压缩能转化为机械功。机械功可使与之相接触或相近的介质运动。

爆炸可以由各种不同的物理现象或化学现象所引起。常将爆炸现象大致分为如下几类。

（一）物理爆炸现象

物理爆炸是系统的物理变化所引起的爆炸。例如，闪电是一种强力的火花放电，在放电区可达到极其巨大的能量密度和极高的温度（数万摄氏度），这就导致放电区空气压力迅速上升而发生爆炸。蒸汽锅炉的爆炸是由于锅炉内的水受热生成水蒸气，其压力超过了锅炉壁的承受应力，造成锅炉碎裂，锅炉内的过热水蒸气快速膨胀，产生破坏。除此之外，地震、物体的高速撞击以及火山爆发等也都属于物理爆炸的范畴。

（二）化学爆炸现象

通常将能够进行化学爆炸的物质称为炸药。炸药的爆炸变化有燃烧和爆轰两种典型的形式，且这两种形式之间在一定条件下可以相互转变。矿井瓦斯爆炸、煤矿粉尘爆炸以及炸药爆炸等都属于化学爆炸现象。

化学爆炸是由于快速的化学变化而使化学能快速地转化为压缩气体势能。这也就是人们常说的爆炸。发生化学爆炸要有三个反应条件：放热化学反应、反应的高速率和反应生成大量气体产物。

（1）放热化学反应。

化学反应释放的热量是爆炸的能源。反应中的吸热或放热、发热的多少决定其是否具有爆炸性质。

放热化学反应是由分子内的键能决定的，因此也就和分子的化学结构有关。碳键的惰性有可能形成热力学不稳定的物质，生成这类化合物时要吸收能量，所以当它们分解时，就要释放能量。表1-1-1列出了可使化合物具有爆炸性的基团。

表 1-1-1　使化合物具有爆炸性的基团

O—O	N=N	C≡C	O—Cl
H—Sb	N=N	C—N	
N—Cl	H—As	N—Se	
C—S	N—S	C—Ag	

从实用角度看，含有硝基基团的化合物应用最广泛。在爆炸时，化合物分子内的碳、氢原子被硝基基团氧化，形成水和二氧化碳，释放大量热量。

（2）反应的高速率。

虽然放热化学反应是爆炸的重要条件，但是并非所有放热反应都能表现出爆炸性。高的反应速率是形成爆炸的又一重要条件。由于炸药爆炸反应速度极高，一块炸药可能在 $10^{-6} \sim 10^{-5}$s 内就完成反应。而在爆炸完成时可以近似地认为，气体产物还没有膨胀，爆炸反应所放出的热量全部集中在炸药爆炸前所占据的体积内，从而使爆轰产物处于高温高压的状态中，同时造成了一般化学反应所无法达到的能量密度。

煤块可以平稳地燃烧，供人取暖。但是，如果将煤块粉碎成粉末，使煤粉在空气中悬浮，形成一定比例的煤粉—空气的混合物，点燃这种混合物就可引起爆炸。上面两种反应的区别在于反应速率。煤块燃烧时，煤的比表面积小，氧气以扩散方式进入燃烧反应区和煤发生反应，反应速率低；而煤粉的颗粒小，比表面积大，反应速率很快，可以导致爆炸。普通燃料的燃烧热和炸药的爆热见表 1-1-2。

表 1-1-2　几种炸药和燃料在爆炸时放热量

物质名称	每千克物质（kJ）	每千克物质和氧的混合物（kJ）	体积能量密度（kJ/L）
黑火药	2929	2929	2803
梯恩梯	4184	4184	6485
硝化甘油	6270	6270	10041
无烟煤	3347	9205	18
汽油	41840	9623	17

爆炸过程进行的速度，一般是指爆轰波在炸药装药中传播的直线速度，这个速度称为炸药的爆速。一般炸药的爆速大约在每秒数千米到每秒 1×10^4m 之间。

（3）反应生成大量气体产物。

高速进行的放热反应也可能不具有爆炸性。炸药爆炸时之所以能够膨胀做功并对周围介质造成破坏，根本原因之一就在于炸药爆炸瞬间有大量气体产物生成。假如反应过程不产生大量气体，那么爆炸瞬间就不能造成高压状态，因此也就不可能产生由高压到低压的膨胀过程及爆炸破坏效应。这首先是因为气体在标准状态下的密度比固体和液体的密度要小得多，而在爆炸瞬间，炸药由固体立即等容地转化为气体，再加上反应的放热性，因此使气体处于强烈的压缩状态形成高温高压。其次，气体与固体和液体物质相比具有大得多的体积膨胀系数，这使得气体成为爆炸做功的优质工质。炸药爆炸过程正是利用气体的这种特点将炸药的势能迅速转化为爆炸机械功。

上面介绍的三个条件缺一不可。放热性给了爆炸变化提供了能源；高速率使有限的能量迅速放出，在较小的容积内集中较大的功率；反应生成气体则是能量转换的工质。

炸药在进行化学反应时，随着它本身性质和所处的环境条件不同，发生反应的形式也就不同。按化学反应的速度和传播性质，可分为四种反应形式。

（1）热分解。在常温常压下，炸药会自行分解。这种分解作用是在整个炸药内部展开的，没有集中反应的区域。对同一种炸药而言，其热分解反应速度的快慢，取决于环境的温度。当温度升高时反应速度就会加快。当温度升高到一定值时，热分解就会转化为燃烧，甚至导致爆炸。不同性质的炸药，热分解的速度也不同，热安定性差的炸药。在较低温度下就能发生快速热分解。

研究炸药热分解性质，对于炸药的库存有着实际意义。因为炸药在常温下能自行分解，所以，在一个库房中储存的炸药量不宜过多，堆放不宜过密；应保持通风良好，保持低温，防止库内温度升高，避免热分解加剧，严防炸药燃烧或爆炸事故的发生；另外，由于炸药的热分解必然导致炸药储存一定时间后其爆炸性能下降，所以超过保质期的炸药必须进行销毁处理。

（2）燃烧。在火焰或其他热源作用下，炸药可以燃烧。燃烧反应是从炸药的某个局部开始，然后沿着炸药的表面或条形的轴向方向以缓慢的速度传播。通常反应的传播速度只有每秒几厘米、几十厘米，最大不超过每秒数百厘米。燃烧是靠热传导向未反应区传播的。在一定条件下（温度、压力、炸药的物理化学性质和结构），炸药的燃烧过程是稳定的。只要压力、温度不改变，燃烧就不会改变，直到炸药全部烧尽为止。当压力、温度升高时，燃速也明显增大；压力、温度超某一极限值时，燃烧的稳定件就被破坏，燃烧反应转变为爆轰。炸药在密闭条件下燃烧时，由于产生的气体不易排出，不易散热，压力、温度急剧上升直至爆炸，所以当炸药意外燃烧时不可用砂土覆盖灭火。销毁炸药时，可在露天旷野将炸药铺成松散薄层，点燃后炸药可平静稳定地燃烧，而不致转化成爆炸。值得注意的是，炸药的燃烧会放出大量的有毒气体。

（3）爆炸。爆炸是指炸药以每秒数百米至数千米的速度进行的化学反应过程。爆炸反应从局部开始，靠冲击波向未反应区迅速传播，无论在密闭条件还是敞开条件下，均可产生较大的压力，并伴随激烈的光、声等效应。爆炸的反应速度是不稳定的。根据外界条件可以从低速变化到最高速度，而达到爆炸。

爆炸与燃烧既有量的区别，也有质的区别。爆炸时，反应区的高温高压气体冲击未反应的邻近炸药并使之迅速产生化学变化。爆炸传播速度大于该炸药的声速，达每秒数千米，但不稳定。

（4）爆轰。炸药以最大的反应速度稳定地进行传播的过程称为爆轰。炸药的爆轰速度可达每秒数千米。不同的炸药，爆轰速度不同，但对于任何一种炸药来说，均有一个固定的爆轰速度值，只要达到爆轰条件，爆轰速度则不会再增加。炸药的爆轰也是从局部开始，靠爆轰波向未反应区传播。爆轰与爆炸无本质区别，只是传播速度不同而已。

（三）核爆炸

核爆炸是由于原子核的裂变或聚变引起的爆炸，期间可形成数百万到数千万度的高温,在爆炸中心造成数百万大气压的高压,同时有很强的光和热的辐射以及各种粒子的贯穿辐射。

二、炸药的分类

炸药是利用化学能发生爆炸的含能材料。炸药是一种处于化学亚稳态的材料,在无外界能量刺激(如冲击、振动、加热、加压等)的条件下,或虽有刺激但尚未超过炸药进行爆炸化学反应所需的阈值时,则炸药处于稳定状态,当能量刺激超越阈值时,炸药在刺激点附近形成爆炸,并迅速推进传播到整个材料,在极短时间内(微秒量级)释放出大量的化学能,形成爆炸。目前常用的炸药种类繁多,它们的成分、物理化学性质、爆炸性质等各不相同。为了认识它们的本质、特性以便进行研究和使用,将炸药进行适当的分类。

(一)按组分分类

按炸药的组分一般分为两大类,即单质炸药和混合炸药。

1. 单质炸药

单质炸药为一种成分的爆炸物质,多数都是内部含有氧的有机化合物。这类炸药是相对不稳定的化学系统,在外界作用下能发生迅速的分解反应,放出大量的热,内部键断裂,组成新的热化学上的稳定产物。

1)氮化铅

氮化铅 $[Pb(N_3)_2]$ 通常为白色针状晶体,与雷汞或二硝基重氮酚比较,热感度较低,而起爆威力较大。氮化铅不因潮湿而失去爆炸能力,可用于水下起爆。氮化铅在 CO_2 存在的潮湿环境中易与铜发生作用而生成极敏感的氮化铜。

2)黑索今

黑索今即环三次甲基三硝胺 $[C_3H_6N_3(NO_2)_3]$,简称 RDX,为白色晶体,不吸湿,几乎不溶于水。黑索今热安定性好,其机械感度比梯恩梯高。由于它的威力和爆速都很高,除用作雷管中的加强药外,还可以作导爆索的药芯或同梯恩梯混合制造起爆药包。

2. 混合炸药

混合炸药由两种或两种以上独立的化学成分构成的爆炸物质。混合炸药弥补了单质炸药在品种、成型工艺、原材料来源和价格方面的不足,具有较大选择性和适应性,扩大了炸药的应用范围。同时为了改善炸药的爆炸性能、安全性能、机械力学性能以及抗高温性能等在炸药中要加入某些附加物。常用的混合炸药有铵油炸药、浆状炸药和乳化炸药。

1)铵油炸药

铵油炸药主要由硝酸铵、柴油、木粉组成,有时也添加少量其他组分。其中,硝酸铵为氧化剂;柴油是可燃剂,又是还原剂;木粉用作疏松剂兼可燃剂。由于硝酸铵有结晶状和多孔粒状之分,其铵油炸药就相应有粉状铵油炸药和多孔粒状铵油炸药之别。

铵油炸药是一种感度和威力均较低的炸药,少量铵油炸药可以用一只 8 号雷管起爆,大多数铵油炸药需要由起爆药包起爆。铵油炸药具有原料来源广、成本低、加工容易、安全性好等优点,尤其是采用机械化混装车使得它的优点更加突出。铵油炸药和铵梯炸药一样,有吸湿结块的缺点,使其应用范围受到限制。

此外,还有铵松蜡炸药和铵沥蜡炸药,这些炸药的成分中除硝酸铵、木粉外,还含有石蜡、松香和沥青等,有时添加少量柴油。加入石蜡、松香和沥青的主要目的是为了提高炸药的抗水和防结块性能，但这些炸药仍不能在有水环境下使用。

2）浆状炸药

浆状炸药是一种抗水工业炸药，它的出现为硝酸铵类炸药的应用开辟了新的领域，解决了硝酸铵类炸药应用于水孔爆破的问题，在炸药发展史上是一个新的突破。它是氧化剂水溶液、敏化剂和胶凝剂为主要成分的含水炸药。

浆状炸药是一种高威力防水炸药，具有良好的防水性能，炸药的装药密度大，可用于水孔爆破。浆状炸药的感度较低，雷管不能起爆，必须用起爆药包方能起爆，物理化学安定性和耐冻性能均较差。目前浆状炸药的制造成本还较高，使广泛应用受到限制。

3）乳化炸药

乳化炸药是含水炸药的新发展，内部结构不同于浆状炸药和水胶炸药，浆状炸药和水胶炸药是氧化剂饱和水溶液和悬浮在溶液中的其他固体成分颗粒所组成的浆状物，其中水溶液为连续相，悬浮的固体颗粒为分散相，即水包油型结构；乳化炸药则是氧化剂水溶液被乳化成微细液滴分散地悬浮在连续的油相中，构成油包水型乳化体。

乳化炸药的猛度、爆速和感度均较高，可以用一只8号雷管起爆，密度在较宽范围内可调，具有良好的抗水性能，加工使用安全，适合于爆破现场直接混制，实现装药机械化，可在各种条件下爆破。乳化炸药的缺点是威力较低，必要时需与高威力炸药一起使用。

近年来出现一种新的混合炸药，称为重铵油炸药。它是由乳化炸药与铵油炸药按一定比例混合而成的复合型炸药，其特点是把乳化炸药的良好爆炸性能和抗水性能，与铵油炸药低成本的优点结合起来。形成一种适应性更强、威力高且成本较低的混合炸药。它的性能随乳化炸药与粒状铵油炸药在炸药中比例的不同而变化。

（二）按主要成分分类

炸药还可以按主要成分分类：

（1）硝铵类炸药：以硝酸铵为主要成分（一般达80%以上）的炸药。由于硝酸铵为常用的化工产品，来源广泛，易于制造且成本低廉。故这种炸药也是目前国内外用量最大、品种最多的炸药。

（2）硝化甘油炸药：以硝化甘油为主要成分的炸药。由于感度高危险性大，近年来铵油炸药的大量使用逐步地取代了硝化甘油炸药，只在小直径光面爆破、油井、水下爆破中有少量使用。

（3）芳香族硝基化合物类炸药：主要是苯及其同系物的硝基化合物，如梯恩梯、黑索今等。

（4）其他炸药，例如黑火药和氮化铅等。

（三）按用途分类

炸药按应用分可分为起爆药、猛炸药、火药和烟火药四类。其中，起爆药和猛炸药的基本爆炸变化形式是爆轰，火药和烟火药则是爆燃。但在一定的条件下，它们都能产生爆轰。

1. 起爆药

起爆药是一类在较弱的初始冲能作用下即能发生爆炸，且爆炸速度在很短的时间内能增至最大，易于由燃烧转为爆轰的炸药。起爆药的本身特性有：爆炸变化具有较快加速度，具有较高的起爆能力，对于简单的、较小的起爆初始能量较为敏感以及大部分起爆药属于生成热为负的吸热化合物。因为其威力小，在很多情况下不能单独使用。

由于起爆药能直接在外界的作用下激发起爆，故又叫做初发炸药。目前常用起爆药主要是雷汞、叠氮化铅、斯蒂酚酸铅以及二硝基重氮酚等。

2. 猛炸药

猛炸药具有较低的感度和较大的做功能力。与起爆药相比，猛炸药要稳定得多，且威力更大。它只有在外界相当大的能量作用下才能激起化学变化，一般通过起爆药起爆，所以又称之为次发炸药。

根据猛炸药感度较低和做功能力大的特点，军事上，常用于装填弹丸和作为传爆药使用，弹丸中常用梯恩梯或梯恩梯与黑索今为主的混合炸药，传爆药中常用以太安、黑索今、奥克托今为主体，加入粘合剂造粒改性后的混合炸药；民用上，常用硝酸铵炸药、铵油炸药及乳化炸药等。

3. 火药

火药是指能在无外界助燃剂参与下，迅速而有规律地燃烧，产生大量高温气体，用于抛射弹丸、推进导弹系统，或完成其他特殊任务的混合炸药。

常用的火药有黑火药、单基药（以硝化棉为主体的火药）和双基药（以硝化甘油和硝化棉为主体的火药）。

4. 烟火药

烟火药主要是由氧化剂、可燃剂和粘合剂混制而成。其特点是在外界作用下发生燃烧作用，使其产生有色火焰、烟雾、延期、照明等烟火效应，主要用于信号弹中的信号剂、烟幕弹中的烟幕剂、火工品中的延期药以及照明弹中的照明剂等的制作中。

三、射孔弹用单质炸药

（一）黑索今（RDX）

黑索今，熔点为204℃，密度为1.786g/cm³时，爆速为8712m/s，是最好的高能炸药之一，遇明火、高温、振动、撞击、摩擦能引起燃烧爆炸。同时，也是一种爆炸力极强大的烈性炸药，比TNT猛烈1.5倍。黑索今的一大优点就是它的原料基本上不受地域、资源的限制，完全取自空气、水和煤，只要有技术条件，任何国家都能生产。

以黑索今为基的著名的混合炸药有A、B、C三大系列：A炸药是钝感处理的黑索今；B炸药是黑索今/梯恩梯（60/40）混合浇铸炸药；C炸药是塑性粘结炸药。

（二）奥克托今（HMX）

奥克托今，化学名环四亚甲基四硝胺，无色晶体，熔点为278℃，密度为1.877g/cm³时，爆速为9010m/s。与黑索今相比，奥克托今的密度较大，能量、爆速更高，耐热性好，是迄今为止综合性能最好的高能炸药。由于其熔点比其他常规炸药都高，故又称为高熔点炸药。但由于其成本较高，还不能完全取代黑索今。

（三）六硝基芪（HNS）

六硝基芪，化学名六硝基均二苯基乙烯，黄色晶体，熔点高达317℃，密度为1.656g/cm³时，爆速为7019m/s，是一种耐热炸药，具有良好的物理、化学稳定性，机械感度低，对静电火花不敏感，在温度－193~225℃范围内均能可靠地起爆，机械感度高，抗辐射性能良好，耐热性好。

（四）皮威克斯（PYX）

皮威克斯，化学名 2,6-二苦氨基-3,5-二硝基吡啶，为淡黄色粉末，熔点为 360℃，密度为 1.77g/m³ 时，爆速 7448m/s。PYX 的耐热性和爆炸力优于六硝芪（HNS），是目前世界上耐热性能最好的单质炸药，现已广泛用于石油深井射孔弹和宇宙爆炸勘探及核技术等领域。

（五）六硝基二苯砜（PCS）

单质六硝基二苯砜有斜方和针状晶两种晶型，斜方晶型的堆积密度大，热安定性好，熔点为 335~345℃，爆速为 7174m/s。由于它具有较高的爆炸能量和良好的安定性，可在 170~200℃的高温环境中安全使用，并且成本低，以 PCS 为基的混合炸药在该温度范围内可以完全代替以 PYX、HNS 为基的耐热混合炸药。

总之在这五种单质炸药中，射孔弹中应用最多的是黑索今，其次是奥古托今和六硝基芪，其他应用较少。

四、射孔弹用混合炸药

（一）国内常用混合炸药

我国射孔弹炸药分成三类：普通射孔弹炸药、高温射孔弹炸药、超高温射孔弹炸药。

1. 普通射孔弹炸药

1）普通射孔弹用的主炸药

聚黑-1 炸药（代号：JH-1、8321），含黑索今 94%，活性增塑剂、聚醋酸乙烯和硬脂酸 6%；聚黑-2 炸药（代号：JH-2、8701），含黑索今约 94.3%，增塑剂、聚醋酸乙烯和硬脂酸约 5.7%；聚黑-7 炸药（代号：JH-7、1871），含黑索今 96.5%、聚异丁烯 1.8%、有机玻璃 0.7% 和石墨 1.0%；钝黑-1 炸药，含黑索今 93.0%~95.0%，蜡、硬脂酸和苏丹红 5.0%~6.5%；聚黑-10 炸药（代号：JH-10，），含黑索今 95%、含氟高聚物 3%、石墨 2%。随着技术的不断发展，以上五种炸药均存在一定的缺陷，故现已停用。

聚黑-16 炸药（代号：JH-16、R852），含黑索今 97.5%、丙烯酸丁酯与丙烯腈共聚物 2.0%、石墨 0.5%。该炸药能量高，在 1.71~1.72g/cm³ 时，爆速为 8400m/s。JH-16 混合炸药具有良好的工艺性能，产品的穿深性能比同类炸药提高穿深 10%~15%，因此在石油射孔弹上得到广泛应用，我国石油射孔弹 90% 以上的产品装药为 JH-16，是我国石油射孔弹的指定装药，同时，该炸药也是油井切割弹部分产品的装药，近年来该炸药在其他领域也得到应用。

SH-931 炸药，含黑索今约 98%，两种丙烯酸酯的共聚物约 1.5% 和石墨 0.5%。因为该炸药黑索今含量高，在使用条件下爆速为 8400m/s 以上，爆速测定值也稍高于 JH-16，所以应用前景良好。SH-931 压制工艺性和耐热性与 JH-16 相当，各弹厂穿深试验结果也与 JH-16 相当。1994 年以来，SH-931 炸药已装过多种射孔弹，现在正大量应用。

2）普通射孔弹用的传爆药

（1）黑索今，我国广泛采用纯黑索今作为传爆药，但其安全性差和压制工艺性欠佳。

（2）聚黑-14 炸药（代号：JH-14、R791），含特种黑索今 96.5%、含氟高聚物和石墨 3.5%。该炸药能量高，密度为 1.938g/cm³ 时，爆速为 8453m/s，耐热性和工艺性与 JH-10 相当。其极限起爆药量为 18mg 叠氮化铅。CH-6 炸药为 20mg，JH-1 和 JH-2 为

30~32mg，AIX-1 为 58mg 以上，故 JH-14 起爆感度相对较高。

（3）耐热传爆药（9825），含特种黑索今 97.5%、石墨和含氟高聚物 2.5%。9825 的能量稍高于 JH-14，其他性能与 JH-14 相当，因制药工艺难掌控，故被 JH-14 炸药取代。

（4）聚黑-13 炸药（代号：JH-13、1235）；含黑索今 97.0%、含氟高聚物 1.2%，苯乙烯与丙烯腈的高聚物 1.3%、氟化石墨 0.5%。该炸药性能与 JH-14 相当，但机械感度偏高，应用比 JH-14 少。

在以上介绍的主炸药和传爆药中，现在大量使用有 JH-16、SH-931 和 JH-14。

2. 高温射孔弹炸药

1）高温射孔弹用主炸药

（1）411 炸药，含奥克托今 94%、聚异丁烯 4%、苯乙烯与丙烯腈的共聚物 1% 和石墨 1%。该炸药在 210℃温度下耐热达 2h，现在应用较少。

（2）聚奥-6 炸药（代号：JO-6，H781），含奥克托今 95%、含氟和含硅高聚物 4%、石墨 1%。JO-6 广泛用于高温射孔弹、导爆索、高温切割索和雷管等产品，在 220℃温度下耐热达 2h，机械感度低，能量比 411 炸药稍高。该炸药应用较广泛。

2）高温射孔弹用传爆药

与国外产品一样，在弹顶部加少量纯奥克托今作为传爆药。

3. 超高温射孔弹炸药

1）超高温射孔弹用主炸药

（1）耐热 2 号炸药，含三硝基三氨基苯 96%，含氟高聚物 4%。其性能是：撞击感度 0%，摩擦感度 0%，密度为 1.868g/cm³ 时，爆速为 7420m/s，260℃时，耐热在 2h 以上。因冲击波感度低，故使用时应在弹的顶部加传爆药。

（2）3181 炸药，含三硝基三氨基苯和敏化剂，其性能与耐热 2 号炸药相近。

（3）聚皮-1 炸药（代号：JP-1）该炸药含皮威克斯 95% 以上，钝感剂和含氟高聚物 5% 以下。其性能是：冲击感度 0~2%，摩擦感度 38%~48%，在 350℃时测爆发点经 20s 不爆炸，密度为 1.652g/cm³ 时，爆速为 7139m/s，250℃时，经 4h 后热减量为 0.265%，DSC 最大放热峰为 374℃。

（4）聚芪-1（代号：JD-1），含六硝基芪 96% 以上，钝感剂和含氟高聚物 4% 以下。其性能是：撞击感度 0%~10%，摩擦感度 2%~4%，在 350℃时测爆发点经 20s 不爆炸，密度为 1.686g/cm³ 时，爆速为 7006m/s，250℃时，经 4h 后热减量为 0.167%，DSC 最大放热峰为 348.7℃。

2）超高温射孔弹用传爆药

六硝基芪、JD-1 可作为耐热 2 号炸药的传爆药，必要时也可作 3181 炸药和 JP-1 的传爆药。

由于我国油田大部分射孔井段的温度远远没有达到这些炸药的耐温范围，一般用黑索今和奥克托今系列就可以满足要求。

（二）国外常用混合炸药

这里主要是指美国在射孔弹上使用的混合炸药。虽然美国有大量耐热性良好的塑料粘结炸药（PBX），但因为射孔弹药柱尺寸小，对炸药的要求比军品低，所以实用的混合炸药配方较简单。美国射孔弹炸药配方见表 1-1-3。

表 1-1-3 美国射孔弹用炸药

序号	组成（%）	性能和说明
1	RDX98.2~98.5，G（石墨）0.3~0.5，蜡1.1~1.2	阿特拉斯公司用于装填多种普通射孔弹，传爆药大多用纯RDX
2	RDX96.7，聚异丁烯及蜡0.9，G2.4	
3	RDX97.9，蜡1.5，G0.5	
4	RDX98.90±0.25，蜡1.10±0.25，代号W21	吉尔哈特公司用于装填多种普通射孔弹，传爆药多用纯RDX
5	RDX≥98，蜡1，C≤1，代号G11	
6	RDX≥97，蜡2，C≤1，代号G12	
7	RDX≥95±1，蜡5±1，代号35#	
8	RDX98.5~99.0，硬脂酸1.0~1.5，代号A-5	
9	RDX98.5，蜡1.0，G0.5	用于装填普通射孔弹
10	HMX98.5，蜡1.0，G0.5	用于高温射孔弹
11	HMX加少量蜡	用于高温射孔弹
12	HMS加少量蜡	用于超高温射孔弹
13	TACOT85~95，环氧树脂3.5~10.4，苯均四酸二酐及其衍生物1.5~4.6，其中有四个配方	抗压强度≥70MPa，密度为1.50~1.66g/cm³时，爆速为6650~7200m/s，在520℃以前无内热现象，可制作耐热260℃的无壳射孔弹
14	RDX95~99，VitonA1~5，G0.5（外加）	用于普通射孔弹
15	HMX95~99，VitonA1~5，G0.5（外加）	用于高温射孔弹
16	PCS95~99，VitonA1~5，G0.5（外加）	用于超高温射孔弹

五、起爆药与烟火药

在弹药系统中，为了可靠引爆并适时起爆、有效控制爆炸效果，经常用到针刺药、点火药和延期药剂装配于火工品中。

（一）针刺药

针刺药是指在机械作用激发下产生爆燃的混合药剂，一般由氧化剂、可燃剂和起爆药组成。其中氧化剂一般用硝酸钡、氯酸钾等；可燃剂常用硫化锑、硅粉等；起爆药常用氮化铅、斯蒂芬酸铅等，并且有时还加入敏感剂或钝感剂。针刺药要求具有一定的针刺感度和足够的猛度，良好的点火能力，良好的安定性和相容性。如NOL130针刺药，具有较高的感度。以此为基础，为考察药剂不同组分对针刺感度的影响，进行的试验，结果见表1-1-4。

表 1-1-4 针刺药对针刺感度的影响

组分	斯蒂芬酸铅（%）	四氮烯（%）	硝酸钡（%）	硫化锑（%）	氧化铅粉末（%）	氮化铅(D.S)（%）	氮化铅(RD1333)（%）	发火率（%）
NOL130	40.0	5.0	20.0	15.0	20.0	—	—	53
药剂1	—	5.0	25.0	20.0	—	50.0	—	21

续表

组　分	斯蒂芬酸铅(%)	四氮烯(%)	硝酸钡(%)	硫化锑(%)	氧化铅粉末(%)	氮化铅(D.S)(%)	氮化铅(RD1333)(%)	发火率(%)
药剂 2	40.0	5.0	20.0	15.0	—	—	20.0	33
药剂 3	33.0	5.5	24.5	15.0	22.0	—	—	86
药剂 4	—	6.0	30.0	24.0	—	40.0	—	60

NOL130针刺药是一种广泛使用的药剂，既可作为击发药，又可作为高敏感针刺药用于M55、M61等几十种针刺雷管中，兼有点火输出和爆燃输出性能，是一种高敏感的通用型击发针刺药。为了保证针刺火帽有足够的点火能力，所以NOL130针刺药使用斯蒂芬酸铅、硝酸钡和硫化锑等点火敏感组分。其中使用碱式斯蒂芬酸铅配制的针刺药具有敏感高、发火能量散布范围小和发火感度高等特点。

（二）点火药

点火药是指用以引燃火工药剂、烟火药剂、推进剂及发射药的药剂。按组分可分为单质点火药及混合点火药两类，按性能可分为有气体、微气体、无气体、耐高温等多种，按用途可分为用于雷管、照明剂、发烟剂等不同类型。在实际使用的点火药多为混合点火药，主要是由氧化剂、可燃剂及粘接剂组成。点火药要求发火点要低，燃烧温度要高，点火能力应强，物理化学性能稳定，对热冲击敏感。

点火药必须能放出相当大体积的热气体和固体颗粒，但不形成爆轰波。理想的点火药应该由均匀粒度的单质化合物组成，当受到上述物理作用时，应该进行迅速的和高度放热的分解。

另一类合适的点火药是一些化合物的混合物，每种化合物本身是非爆炸性的，但能互相敏化促使点火，迅速燃烧。这类点火药已有发展。实际上，大多数点火药是由一种或几种起爆药与氧化剂、可燃剂、敏化剂和粘合剂混合组成的。氯酸钾、硫化锑和阿拉伯树胶就是上述各类附加物的一些例子。典型的点火药配比见表1-1-5。

表1-1-5　典型的点火药配比

非爆炸组分的混合物（%）				以叠氮化铅为基础的混合物（%）		
组　分	A	B	C	组　分	A	B
氯酸钾	55	60	50.5	氯酸钾	53	33.4
硫氰酸铅	45	—	—	硫氰酸铅	25	—
硫化锑	—	30	26.3	硫化锑	17	33.3
硫氰酸亚铜	—	3	—	碳化硅	—	5.0
硫	—	7	8.8	叠氮化铅	5	28.3
玻璃粉	—	—	12.4			
虫胶	—	—	2.0			

（三）延期药

延期药是指控制爆炸序列或传火序列延期时间的烟火药，主要由氧化剂、可燃剂和粘合剂组成，常在配方中加入其他添加剂，如钝感剂和燃速调节剂等。按可燃组分为硅系、硼系、钨系、锰系、镁系、钼系等类，按燃烧时有无气体产生分为有气体、微气体及无气体三类，按延期时间分为微秒级、毫秒级和秒级三类。延期药要求燃烧时间精确，作用可靠，物理化学性能良好，机械感度低。

1. 硅系延期药

硅系延期药的基本组分为硅和铅丹（Pb_3O_4），其中硅为可燃剂，铅丹为氧化剂，通常外加硫化锑为燃速调节剂，属燃速较高的一类延期药。

2. 硼系延期药

硼系延期药属于高燃速延期药，有硼/铅丹、硼/铬酸钡两种基本配比，通常用于毫秒级延期。

3. 钨系延期药

钨系延期药一般是由钨、铬酸钡、高氯酸钾、硅藻土等组成，是一种燃速较低的延期药。通常要求钨粉粒度为 7~10μm，纯度为 99.9%。由于高氯酸钾具有一定的催化作用，所以，其比例一般以 10%~15% 为宜。

4. 锰系延期药

锰系延期药一般是由锰、铬酸钡、铬酸铅等组成，是一种燃速较低的延期药。通常要求锰粉粒度为 10~14μm。

5. 镁系延期药

镁系延期药一般由镁、铬酸钡、铬酸铅等组成，是一种毫秒级延期药。

6. 钼系延期药

钼系延期药是以钼粉为可燃剂，高氯酸钾为氧化剂，铬酸钡为燃速调节剂的一种微气体延期药。它具有火焰感度适中，延时精度高，燃速可调范围广等优点。

第二节　炸药的爆轰理论基础

一、波的概念

波动是最广泛的科学论题之一，波动及其传播特征是人们日常经验非常熟悉的，如谈话是通过声波进行的，听广播看电视离不开电磁波和光波的传播。可以毫不夸张地说，当今任何一科学技术领域都涉及某些波动问题。

从物理本质上，人们往往将波分为两大类，一类是所谓电磁波，如无线电台和电视台发出的电磁波，太阳辐射出的光波等皆属此类；另一类称之为机械力学波，如说话时发出的声波，石子投入水中形成的水波，地震时出现的地震波，炸药爆炸在空气中形成的冲击波等。

波的形成与扰动是分不开的。在一定的条件下，物质都以一定的状态存在，但当受到外界作用时，介质的状态往往发生改变。在外界作用下，介质的局部状态变化就叫做扰动。介质状态变化的传播就称为波。在波的传播过程中，介质原始状态与扰动后状态的交界面称为波阵面。波沿介质传播的速度称为波速，它以每秒波阵面沿介质移动的距离来度量。

扰动前后状态参数变化量与原来的状态参数值相比很微小的扰动称为弱扰动，声波就是一种弱扰动。相对于声波，冲击波则是一种强扰动。强扰动的特点是波阵面前后介质的参数有一个突跃的有限量变化。因此，冲击波的实质是一种状态突跃变化的传播。

扰动传播过后，介质压力、密度等状态参数值增加的波称为压缩波；相反，介质压力、密度等状态参数值下降的波就称为膨胀波。膨胀波的传播方向总是由低压向高压方向传播，而介质质点是由高压向低压方向流动。所以，膨胀波的传播方向与介质的运动方向相反。

二、气体一维流动方程

流体所占据的空间称为流场。一般来说，在流场中的任意一点，其状态参数不仅是几何坐标的函数，而且也是时间的函数。如果流场中任一点的各物理量随空间的分布只与一个几何坐标有关，这样的流场称为一维流场，其流体的运动称为一维流动。在处理实际问题时，如果流场中流体的物理参数在沿流线方向上的变化率比垂直流线方向上的变化率要大得多，往往把该问题作为一维流动来处理。一维流动如果其流动参数不仅与坐标有关，而且还与时间有关，则称为一维非定常流动；如果与时间无关，则称为一维定常流动。定常流动只是非定常流动的特殊情况。一维流动是流体动力学中所研究的最简单的流动，在学术上具有典型意义，并具有实际应用价值。

对于流体运动的描述有两种方法：欧拉法和拉格朗日法。欧拉法是研究流场中某固定点上流体速度 u、密度 ρ、压力 p 和温度 T 等参数随时间的变化，以及由空间一点转到另一点时这些参数的变化。拉格朗日法是研究某一流体质点的状态参数随时间的变化，以及由一质点转到另一质点时这些参数的变化。

现在应用欧拉坐标系中来建立一维流动的基本方程组。为简化起见，假定忽略气体的黏性、热传导，不考虑体积力（如重力、电磁力）对流动的影响，气流中也不存在不可逆的化学反应，体积只做膨胀功。

在流管中任取一微元 $\mathrm{d}x$ 作为控制体。ρ、u 分别表示气体的密度和流速。设流管的截面积为 A，则单位时间内通过 x_1 面流入的气体质量为 $\rho A u$；基于连续性方程（质量守恒方程）、欧拉方程（动量守恒方程）能量守恒方程可建立气体一维非定常流动的基本方程组：

$$\begin{cases} A\dfrac{\partial \rho}{\partial t} + \dfrac{\partial \rho A u}{\partial x} = 0 \\ \dfrac{\partial u}{\partial t} + u\dfrac{\partial u}{\partial x} + \dfrac{1}{\rho}\dfrac{\partial p}{\partial x} = 0 \\ \dfrac{\partial \left(e + \dfrac{u^2}{2} \right)}{\partial t} + \dfrac{1}{A\rho}\dfrac{\partial p A u}{\partial x} = 0 \\ p = p(\rho, T) \end{cases} \quad (1-2-1)$$

对于一维定常流动，式（1-2-1）中所有物理量对时间的偏微熵都等于零，熵保持为常数。若需要求解气体流动中的温度和内能，则需要气体的状态方程。

三、冲击波的基本关系式

冲击波是以超声速传播的强压缩波。冲击波传过后，波阵面上的介质参数变化不是微小量，而是一种有限量的突跃变化，其波阵面是强间断面，因此冲击波的实质乃是一种状态突跃变化的传播。

数学上将冲击波波阵面视为一个无宽度的数学间断面，该波阵面通过前后介质的各个物理量发生跃变，由于冲击波传播速度很快，故可把其传播过程视为绝热过程。这样利用质量、动量和能量三个守恒定量将波阵面通过前介质的初态参量压强 P_0、密度 ρ_0、流速 u_0、内能 e_0 与通过后介质跳跃到终态参量压强 P_1、密度 ρ_1、流速 u_1、内能 e_1 联系起来。描述冲击波阵面前后物理量之间关系的式子称为冲击波基本方程组。

四、爆轰波的经典理论

炸药的爆轰反应是极其复杂的化学反应，它的传播具有波动性质，可以把爆轰的传播视为爆轰波的传播。从本质上讲，爆轰波乃是沿爆炸物传播的强冲击波，与通常的冲击波的主要不同点是在其传过后爆炸物因受到它的激烈冲击作用而立即激起高速化学反应，形成高温高压爆轰产物并释放出大量化学反应热能，这些能量又被用来支持爆轰波对下一层爆炸物进行冲击压缩。所以爆轰波就能够不衰减地传播下去。爆轰波可以简单定义为波阵面后有化学反应区的激波。20 世纪初，柴普曼（Chapman D.L.）和柔格（Jouguet E）各自独立地提出了关于爆轰波的平面一维流体动力学理论，简称为爆轰波的 C-J 理论。

（一）爆轰波的 C-J 理论

爆轰波实际上是带化学反应的冲击波，三个守恒定律在此适用。在爆轰波的 C-J 理论模型中假设流动时平面一维的，不考虑热传导、热辐射以及黏滞摩擦等耗散效应；视爆轰波为一强间断面，即冲击波；爆轰波通过后化学反应瞬间完成并放出化学反应热 Q_e，反应产物处于热化学平衡及热力学平衡状态；爆轰波阵面传播过程是定常的，从波阵面的坐标系上看，波阵面后刚刚形成的状态是不随时间变化的。

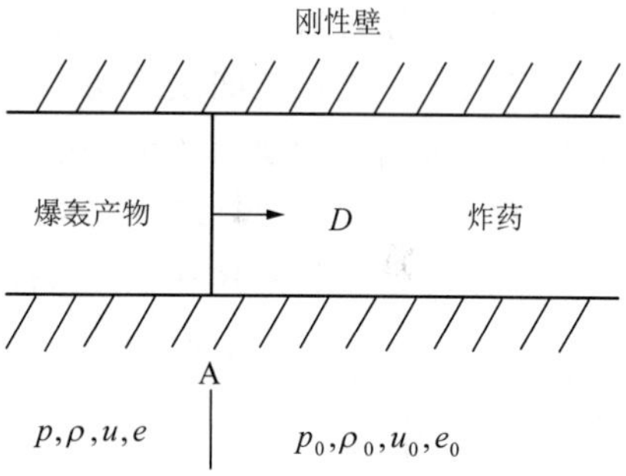

对于平面一维情况，如图 1-2-1 所示，刚性壁构成一维流动，爆轰波阵面为平面 A，以速度 D 向右推进，建立运动坐标系。A 面右边为炸药初始状态，p_0、ρ_0、u_0、e_0 分别表示炸药的压力、密度、粒子速度和比热力学能，A 面左边为爆轰产物初始状态，p、ρ、u、e 分别表示爆轰产物的压力、密度、粒子速度和比热力学能。

图 1-2-1 平面一维爆轰波

下面给出爆轰波间断面上的三个守恒关系：

质量守恒：

$$m = \rho_0(D-u_0) = \rho(D-u) \tag{1-2-2}$$

式中 m——质量。

动量守恒：

$$\rho_0(D-u_0)^2 - \rho(D-u)^2 = \rho - \rho_0 \tag{1-2-3}$$

能量守恒：

$$m\left[e_0 + \frac{1}{2}(D-u_0)^2 - e - \frac{1}{2}(D-u)^2 + Q_v\right] = p_0 u_0 - pu \tag{1-2-4}$$

取比体积 $v=1/\rho$，则由式（1-2-2）和式（1-2-3）得：

$$\frac{p-p_0}{v_0-v} = \rho_0^2 (D-u_0)^2 \tag{1-2-5}$$

式中　v_0——炸药的比体积；
　　　v——爆轰产物的比体积。

式（1-2-5）说明在 pv 平面上，p 和 v 是线性关系，称为瑞利（Rayleigh）线，由式（1-2-2）至式（1-2-4）可得：

$$e-e_0 = \frac{1}{2}(p+p_0)(v_0-v) + Q_e \tag{1-2-6}$$

式（1-2-6）在 pv 平面上为一条曲线，当比热力学能函数 $e(p, v)$ 为已知时，称为雨贡纽曲线，初态为 (p_0, v_0) 的炸药经过爆轰阵面以后的所有可能状态都落在该曲线上。由曲线可以看到，爆轰波传播过程中由于爆轰反应热 Q_e 的释放，故式（1-2-6）又称为放热的雨贡纽方程。

由式（1-2-5）结合式（1-2-2）和式（1-2-3）可以得到粒子速度 u 的表达式：

$$u = (v_0-v)\sqrt{\frac{p-p_0}{v_0-v}} + u_0 \tag{1-2-7}$$

假设 $e(p, v)$ 关系和 $e_0(p_0, v_0)$ 关系已知。则在 pv 平面可以画出雨贡纽曲线，如图 1-2-2 所示，雨贡纽曲线是初态为 (p_0, v_0) 的炸药材料经过爆轰波强间断面后，按照三个守恒定律所确定的所有可能终态点 (p, v) 的集合。现对雨贡纽曲线进行详细分析。过初态点 (p_0, v_0) 作水平线交曲线于 D，作垂直直线交曲线于 C；过点 (p_0, v_0) 作曲线的两条切线，切点分别为 B 和 E，这样曲线就分为五段。

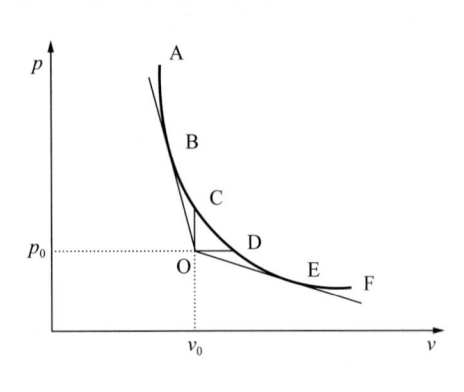

图 1-2-2　雨贡纽曲线

对于 CD 段，由于 $\frac{p-p_0}{v_0-v}<0$，由式（1-2-5）可以计算出爆轰波速度为虚数，物理上没有意义，所以 CD 段不可能是实际爆轰的终态。在 D 点有 $p=p_0$、$v>v_0$，由式（1-2-5）可知 $D=0$，说明该点代表定压缓慢燃烧状态。在 D 点以下的曲线段上有 $p<p_0$、$v>v_0$，由式（1-2-5）可知 $D>0$，由式（1-2-7）知 $u<0$，波后粒子速度方向与波速方向相反，说明属于燃烧状态，因此 D 点以下曲线称为爆燃分支。由式（1-2-7）可知在 C 点时 $D \to \infty$，没有物理意义。C 点以上曲线各点情况为 $p>p_0$、$v<v_0$，可知 $D>0$，$u>0$，波速和粒子速度方向相同，属于爆轰状态，称为爆轰分支。可见由 O (p_0, v_0) 点引出的直线就是式（1-2-5）描述的瑞利线，它与雨贡纽曲线的两个切点 B、E 具有特殊的意义。在 AC 支上，AB 段压力大于 B 点压力称为强爆轰；

— 22 —

BC段压力小于B点压力称为弱爆轰段。根据爆轰波稳定传播的条件：爆轰波若能稳定爆轰，爆轰反应终了产物的状态应与爆轰波绝热曲线（雨贡纽曲线）和波速线相切的切点状态相对应。所以B点对应于C-J爆轰，B点也称为C-J点。

爆轰波雨贡纽曲线上C-J点具有如下性质：

(1) C-J点是爆轰波绝热曲线上熵值最小的点；
(2) C-J点是爆轰波的波速线、绝热线和过该点的等熵线的公切点；
(3) C-J点是爆轰波波速线上熵值最大的点。

E点对应于C-J爆燃，E点称为C-J爆燃点，ED段对应于弱爆燃；EF段对应于强爆燃。

（二）爆轰波的Z-N-D模型

C-J理论未顾及爆轰波阵面厚度的存在及其内部发生的化学的和流体动力学过程，因此它不能用来研究爆轰波阵面的结构及其内部发生过程的细节。

美国人Von Neumann（1942）和德国人W.Doring（1943）各自独立地把C-J理论推广到考虑有限的化学反应速率。假设爆轰波阵面具有适当的厚度，它由非常薄的前导冲击波和具有一定厚度的后继化学反应区组成化学反应在这个反应区内进行并完成。前导冲击波与化学反应区以同一的速度沿爆炸物传播，即爆轰波的Z-N-D模型。爆轰波的Z-N-D模型可以用如图1-2-3所示的爆轰波剖面形象地表示出来。它展示的是一正在沿爆炸物传播的爆轰波。在前导冲击波后压力突跃到p_N（称为Von Neumann峰），随着化学反应的进行，压力急剧下降，在反应断面压力降至C-J压力p_{C-J}。C-J面后为爆轰产物的等熵膨胀流动区，称为泰勒膨胀波，在该区内压力随着膨胀而平缓地下降。显然，该模型在面对爆轰波的处理上做了三个假设：(1) 假设爆轰波由前导冲击波与后跟的化学反应区组成；(2) 还假设反应区内发生的化学反应流是一维的，反应以单一向前的速率，井然有序地向前层层展开，一直进行到完成，反应过程不可逆；(3) 假设除化学组成外，在反应区的各个截面处的热力学变量都处于热力学平衡状态。

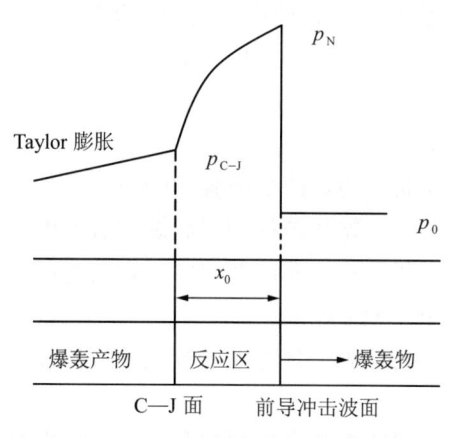

图1-2-3 爆轰波的Z-N-D模型

爆轰波的Z-N-D模型应当说是一种非常理想化的经典的爆轰波模型，但并未完全反映出爆轰波阵面内所发生过程的实际情况。例如在反应区内所发生的化学反应过程，实际并不像模型所描述的那样井然有序。由于爆轰介质的密度及化学成分的不均匀性，冲击起爆时爆炸化学反应响应的多样性，冲击起爆所引起的爆轰面的非常理性，冲击引爆后介质内部扰动波系的相互作用以及边界效应等，都可能导致对理想爆轰条件的偏离。此外，爆轰介质内部化学反应及流体分子运动的微观涨落等也能发展成对化学反应区内流动的宏观偏离，加之，介质的黏性、热传导、扩散等耗散效应的影响，都可能引起爆轰波反应区结构畸变。因此，在气体爆轰中观察到螺旋爆轰，胞格结构等现象，就不会让人感到意外。

尽管如此，爆轰波的Z-N-D模型的提出时对C-J模型的修正和发展。借助于该模型，便可以利用流体力学的欧拉方程与化学反应动力学方程一起组成方程组，在跟随爆轰波面一起运动的坐标系中对整个爆轰反应区的反应流动进行分析求解。

五、凝聚炸药爆轰反应原理

凝聚炸药爆轰波反应区内快速化学反应激发和扩展机理与炸药的化学组成、物理状态紧密相关。如前相述，在爆轰波传播过程中，炸药首先受到前沿冲击波的冲击压缩作用，使得炸药的压力和温度突然升高，但是各类炸药的化学结构及其装药的物理状态不同，激发爆轰反应的机理会有较大差别。在实验研究基础上，提出了如下三种爆轰反应传播的机理。

（一）整体反应机理

在强冲击波作用下，波阵面上的炸药受到强烈的绝热压缩，受压缩的炸药层各处都均匀地升到很高的温度，因而化学反应在反应区的整个体积内进行，故称为整体反应机理。

能进行这类反应的炸药一般是物理结构很均匀的均质炸药的，其任一体积内其成分和密度都是相同的。不含气泡的液体以及致密的固体单体炸药，如液态硝基甲烷、注装梯恩梯、单晶泰安等属于这种类型。

因为整体化学反应时依靠冲击波压缩，使压缩层中炸药的温度均匀升高而引发反应。但凝聚炸药的压缩性较差，绝热压缩时的温度升高并不明显，所以必须有较强的冲击波才能引起整体反应。凝聚炸药的密度越大，压缩性就越差，需要冲击波的强度就越大，引起整体反应就越困难。例如，硝化甘油高速爆轰时，压缩区炸药薄层的温度可达1000℃以上，在这样高的温度下，化学反应可以在$10^{-7}\sim 10^{-5}$s的时间内完成，这与测得的反应区宽度是相对应的。

（二）表面反应机理

在冲击波的作用下，波阵面上的炸药受到强烈的压缩，但在被压缩的炸药层中温度的升高是不均匀的，因而化学反应首先从被称为"起爆中心"的地点开始，进而传到整个炸药层。由于起爆中心容易在炸药颗粒表面以及层中所含气泡的周围形成，因而这种反应机理被称为表面反应机理，也叫热点机理。

固体粉状炸药、松散体压装炸药、含有大量气泡的液体炸药和胶体炸药，爆轰时多是按表面反应机理进行。

当受到冲击压缩时，炸药颗粒之间产生摩擦和变形，使颗粒以及气泡解除表面处炸药的局部温度升得很高，在炸药颗粒表面首先发生化学反应，而后以一定的速度向颗粒内部扩展。这种过程和火药颗粒在炮膛内燃烧相似，因此可以按照逐层燃烧的规律来分析表面反应的过程。

根据燃烧与压力的关系：

$$u=kp \qquad (1-2-8)$$

$$\frac{\mathrm{d}x}{\mathrm{d}\tau} = \rho k S p \tag{1-2-9}$$

式中　　u——炸药颗粒燃烧的线速度；

　　　　k——与炸药性质有关的系数；

　　　　p——压力；

　　　　$\dfrac{\mathrm{d}x}{\mathrm{d}\tau}$——炸药颗粒燃烧的质量速度；

　　　　ρ——炸药颗粒的密度；

　　　　S——炸药颗粒燃烧的表面积。

研究表明，对于胶质炸药压力为10MPa时燃速为10～15mm/s，黑索今等炸药的燃速基本上在此范围。这样若反应区的压力为10GPa，则u约为10m/s，直径10μm的炸药颗粒反应时间为微秒级，说明反应可以在化学反应区内完成。

为了使炸药颗粒或其内部的气泡表面温度升高并开始反应，也需要一定强度的冲击波的作用，但是与整体反应机理相比，所需冲击波的强度要低得多。

（三）混合反应机理

混合反应主要是物理性质不均匀的混合炸药，特别是由氧化剂及可燃物构成的机械混合炸药发生爆轰时所特有的反应。这种反应不是在化学反应区整个体积内进行的，而是在一些分界面上进行的。

由单体炸药组成的混合炸药爆轰时，首先是由各组分自身反应，放出大部分热量，然后反应产物互相混合进一步反应产生最终产物。在这种情况下，各组分的自身反应起决定作用，它的一些变化规律与单体炸药相同，其爆速基本上是组成它的单体爆速的算术平均值。

由不同组分组成的混合炸药，例如由氧化剂和可燃物或炸药与非爆组分组成的混合炸药，其反应过程可能是某些组分先分解，分解产物渗透或扩展到其他组分质点的表面，并与之反应，也可能是不同组分的分解产物之间的反应。硝铵炸药的反应机理是硝酸铵首先分解成氧化剂（NO），然后，炸药的可燃组分或该组分的分解产物与NO反应，释放出大部分化学能。

造成混合反应机理的这类炸药的爆轰传播过程与各成分颗粒大小以及混合均匀程度密切相关。颗粒越大，混合越不均匀，越不利于这类炸药化学反应的扩展，从而使爆轰传播速度下降。炸药密度过大，也不利于这类混合炸药爆轰传播。因为装药密度大，炸药各组分之间的间隙小，影响各组分气体分解产物的扩散混合，导致反应速度下降甚至爆轰熄灭。

即使在同一炸药的爆轰过程中，也可能出现两种不同形式的反应速度：低爆速、高爆速。低爆速在这些物质中所激起的冲击波可以自发地发展为高爆速冲击波。如在压力较低范围内的爆轰反应是由药粒表面的爆燃及分解产物中的第二次反应所形成的。当爆轰压力和速度增加时，药粒受到体积压缩，其温度随之升高，当压力达到某一值时，发生体积反应。在这种情况下，表面反应和体积反应可能同时发生。随着压力再增加，在非颗粒状的固态或液态炸药中，整体反应占有优势。细小的空隙或气泡对压缩的能量有较大影响，能够降低炸药所受的压力，但对较高压力下的体积加热影响不大，所以充气对液体炸药起爆的最初阶段有影响，可以增加炸药对爆轰的感度，但对爆轰的传播则是由整体反应控制。

六、炸药爆炸性能的工程评估

（一）爆压与爆速

1. 康姆莱特（Kamler）公式

1968年，康姆莱特等人提出了计算炸药爆压和爆速的半经验计算公式，称为康姆莱特公式或 N–M–Q 公式，它适用于装药密度大于 $1g/cm^3$ 的情况：

$$p_{C-J} = 1.558\varphi\rho_0^2 \tag{1-2-10}$$

$$D = 1.01\varphi^{1/2}(1+1.3\rho_0) \tag{1-2-11}$$

$$\varphi = NM^{1/2}Q^{1/2} \tag{1-2-12}$$

式中　p_{C-J}——C–J 爆轰压力，GPa；

D——爆速，km/s；

ρ_0——炸药的装药密度，g/cm^3；

N——每克炸药爆炸后所形成的气体产物的摩尔数，mol；

M——气体爆轰产物的平均摩尔量，g/mol；

φ——炸药的特征值；

Q——炸药的爆热，J/g。

N、M 和 Q 可以用下面的方法计算：

$$C_aH_bN_cO_d \rightarrow \frac{1}{2}cN_2 + \frac{1}{2}bH_2O + \left(\frac{1}{2}d - \frac{1}{4}b\right)CO_2 + \left(a - \frac{1}{2}d + \frac{1}{4}b\right)C \tag{1-2-13}$$

$$N = \frac{2c+2d+b}{48a+4d+56c+64d} \tag{1-2-14}$$

$$M = \frac{56c+88d-8b}{2c+2d+b} \tag{1-2-15}$$

$$Q = \frac{120.9b+197.7\left(d-\frac{1}{2}b\right)+\Delta H_f}{12a+b+14c+16d} \tag{1-2-16}$$

式中　a、b、c、d——经验系数；

ΔH_f——炸药的生成热焓，J/g。

康姆莱特等人从炸药爆轰的主要影响因素如密度、气体产物、爆轰化学性能出发，导出了计算爆速和爆压的经验公式，并对多种密度的单位炸药和混合炸药的爆速值进行了计算。绝大部分炸药的计算值与试验值的误差为 3% 以内。说明康姆莱特公式用于计算一般的 C–H–N–O 系列炸药是比较精确的。但是用于硝酸酯以及氮化合物两类炸药以及硝基弧、硝基氨基弧的爆速成顺序，还有许多化合物其生成热的计算值与实测值有很大的差别，这对于设计一个新的化合物来说是不方便的。

2. 氮当量公式

我国科学工作者提出的计算炸药爆速和爆压的氮当量公式为：

$$D = (690 + 1160\rho_0)\sum N \qquad (1-2-17)$$

$$p = 1.092(\rho_0 \sum N)^2 - 0.574 \qquad (1-2-18)$$

$$\sum N = \frac{100}{M}\sum x_i N_i \qquad (1-2-19)$$

式中 D——炸药的爆速，m/s；

p——炸药的爆压，GPa；

ρ_0——炸药的装药密度，g/cm³；

$\sum N$——炸药的氮当量；

M——炸药的相对分子质量；

x_i——1mol 炸药生成第 i 种爆轰产物的摩尔数；

N_i——第 i 种爆轰产物的氮当量系数。

在确定爆轰产物的成分时，假定生成物的顺序为 HF、H_2O、CF_4、CO、CO_2 等，这样用直接写出法可写出爆炸反应方程式。各种爆炸产物的氮当量系数见表 1-2-1。

表 1-2-1 各种爆轰产物的氮当量系数

产物	HF	CF_4	H_2O	CO	CO_2	N_2	O_2	H_2	C	Cl_2
N_i	0.557	1.507	0.54	0.78	1.35	1	0.5	0.564	0.15	0.876

氮当量公式具有简单、方便，不需要用炸药生成热等优点，缺点是没有考虑炸药的分子结构对其爆速的影响，对不同分子结构进行计算时，往往产生较大的偏差，因此，又提出了修正氮当量公式：

$$D = (690 + 1160\rho_0)\sum N' \qquad (1-2-20)$$

$$p = 1.106(\rho_0 \sum N')^2 - 0.84 \qquad (1-2-21)$$

$$\sum N' = \frac{100}{M}\left(\sum n_i N_{pi} + \sum B_i N_{Bi} + \sum G_i N_{Gi}\right) \qquad (1-2-22)$$

式中 $\sum N'$——修正的氮当量系数；

M——炸药的相对分子质量；

n_i、N_{pi}——分别为每摩尔炸药形成第 i 种爆轰产物的摩尔数及其氮当量系数；

B_i、N_{Bi}——分别为炸药分子中第 i 种化学键出现的次数及其氮当量系数；

G_i、N_{Gi}——分别为炸药分子中的 i 种基团出现的次数及其氮当量系数。

修正的氮当量系数见表 1-2-2、表 1-2-3、表 1-2-4。

表 1-2-2 爆轰产物的氮当量系数

产物	CF_4	HF	H_2O	CO	CO_2	N_2	O_2	H_2	C	Cl_2
N_{pi}	1.630	0.612	0.626	0.723	1.279	0.981	0.553	0.195	0.149	1.094

表 1-2-3　化学键的氮当量系数

化学键	N_{Bi}	化学键	N_{Bi}
C—H	−0.0124	C⋯N	−0.0807
C—C	0.0628	C≡N	−0.0128
⋯C=C⋯	−1.0288	O—H	−0.1106
C⋯C	0.0101	N—H	−0.0578
C=C	0.0345	N—F	0.0126
C≡C	0.214	N—O	0.0139
C—F	−0.1477	N⋯O	−0.0023
C—Cl	−0.0435	N—N	0.0321
C—O	−0.0430	N=N	−0.0043
C=O	−0.1792	N≡N	0
C—N	0.0090	N=O	0

表 1-2-4　基团的氮当量系数

基团	N_{Gi}	基团	N_{Gi}
苯环	−0.0064	N₃	0.0065
萘环	−0.0161	OH·NH₃	0.0470
呋咱环	−0.1052	C—NO₂ N—NO₂ C—ONO₂	0.0016 −0.0028 0.0022
氧化呋咱环	−0.0225	N—NO	0.0429

用修正的氮当量公式计算的爆速数据,平均绝对误差为 ±1.9%,与康姆莱特公式比较,它除具有简单、准确、不需用炸药生成热,能反映炸药分子结构等优点。

(二) 爆热

爆热是衡量混合炸药爆炸后做功能力的重要参数。如果能准确测出炸药爆轰后的产物,便可由盖斯定律及阿佛伽德罗定律计算出这两个参数。由于炸药爆轰时的产物测定很困难,通常为计算方便,大都采用经验方法推出爆炸反应方程式,然后进行计算。常见的计算方法有盖斯定律、经验计算法、最大放热原则计算法等。下面主要介绍盖斯定律计算爆热:

$$Q_p = \sum n_{\beta i} \Delta H^0_{f,\beta i} - \sum n_{mi} \Delta H^0_{f,mi} \tag{1-2-23}$$

式中　Q_p——定压爆热,kJ/kg;

$n_{\beta i}$——爆炸产物的物质的量,mol/kg;

$\Delta H^0_{f,\beta i}$——爆炸产物 i 产物的生成焓,kg/mol;

$\Delta H^0_{f,mi}$——混合炸药中组分 i 产物的生成焓,kg/mol;

n_{mi}——混合炸药中组分 i 的生成焓,kJ/mol。

通常生成焓均为定压热效应,按式(1-2-23)算出的热为定压爆热,可按下式换算成定容爆热,以便与实验测出的爆热进行比较:

$$Q_v = Q_p + 2.477n \tag{1-2-24}$$

式中　Q_v——定容爆热，kJ/kg；
　　　n——1kg 炸药报站后生成的气态爆炸产物物质的量，mol。

（三）爆容

当采用经验方法写出爆炸反应方程式后，便可以利用阿佛伽德罗定律计算混合炸药的爆容：

$$V_0 = 22.4 \sum n_{\beta i}(g) \tag{1-2-25}$$

式中　V_0——混合炸药的包容，L/kg；
　　　$n_{\beta i}(g)$——气体爆炸产物的摩尔数量，mol/kg。

（四）爆温

爆温的精确测量在技术上有相当大的难度，所以它的理论计算就显得非常重要。有关爆温的计算都是在一定假设条件下进行的，现有爆轰产物平均热容法、爆轰产物内能法及热焓法等计算方法。下面根据爆轰产物平均比热容法计算爆温。

1. 卡斯特方法

$$Q_v = \sum \overline{c_v}(T_b - T_0) = \sum \overline{c_v} \cdot t \tag{1-2-26}$$

式中　T_b——炸药的爆温，K；
　　　T_0——炸药的初温，298K；
　　　t——爆炸产物从 T_0 到 T_b 的温度间隔，即净增温度，K；
　　　$\sum \overline{c_v}$——全部爆炸产物在 298～t 间平均分子热容量之和，J/(mol·K)；
　　　Q_v——爆热，J/kg。

$\overline{c_v}$ 值与温度有关，其函数关系近似取为：

$$\overline{c_v} = a + bt \tag{1-1-27}$$

代入式（1-2-33）得：

$$t = \frac{-\sum a + \sqrt{(\sum a)^2 + 4 \sum b Q_v}}{2 \sum b} \tag{1-2-28}$$

式中，a、b 为系数，可通过卡斯特平均分子热容式求得。

2. 库克方法

库克提出，在 2000～6000K 范围内，平均分子热容与温度之间有如下关系：

$$\overline{c_v} = \overline{A} + \frac{\overline{B} \times 10^3}{T}\left(1 + \frac{\overline{C} \times 10^3}{T}\right) \tag{1-2-29}$$

利用公式可求出爆温：

$$T_b - T_0 = \frac{Q_v}{\sum_{i=1}^{i} n_i \overline{c_{vi}}} \tag{1-2-30}$$

式中 $\overline{A}$、$\overline{B}$、$\overline{C}$——气体爆炸产物性质确定的常数。

部分爆炸产物的 $\overline{A}$、$\overline{B}$、$\overline{C}$ 值见表 1-2-5。

表 1-2-5 部分燃烧产物 $\overline{A}$、$\overline{B}$、$\overline{C}$ 值

产物	$\overline{A}$	$\overline{B}$	$\overline{C}$	产物	$\overline{A}$	$\overline{B}$	$\overline{C}$
H_2	32.146	−31.083	−0.8281	H_2O	49.735	−44.982	−0.6200
N_2	30.096	−15.205	−0.5823	NH_3	74.701	−65.120	−0.5278
CO_2	57.953	−35.853	−0.6243	CH_4	99.705	−90.671	−0.4431
CO	30.142	−14.138	−0.5623	O_2	35.438	−32.066	−0.8948
OH	32.129	−30.434	−0.8506	NO	30.631	−14.380	−0.6433
O	13.719	−6.268	−1.372	H	12.473	0.000	0.000
N	15.665	−17.615	−1.498	C	30.363	−31.146	−0.814

应用式（1-2-29）首先假设一个温度 T_b，算出各产物成分的 $\overline{c}_{vi}$，然后求出 $\sum_{i=1}^{n} n_i \overline{c}_{vi}$，再应用式（1-2-30）求出一个新的爆温 T_b'，若 T_b' 与假定的 T_b 两者相差不大于 30K，则 T_b' 即为所求之爆温。两者相差较大，则取 $\frac{T_b' + T_b}{2}$ 或 $T_b + (T_b - T_b') \times 0.618$ 作为新的假定爆温，重复上述计算，直到 $T_b' \approx T_b$ 为止。

（五）炸药做功能力的经验计算

1. 特性乘积法计算做功能力

约翰逊（C·H·Johansson）采用臼炮法测定的做功能力表明，做功能力 A 与特性乘积 $Q_v V_g$ 有如下关系：

$$A = 3.65 \times 10^{-4} Q_v V_g \tag{1-2-31}$$

式中 A——炸药的做功能力，kJ/g；

Q_v——炸药的爆热，kJ/g；

V_g——炸药气态爆炸产物的体积，cm^3/g。

常数 3.65×10^{-4} 是由实验得出的。表 1-2-6 列出了几种常用炸药做功能力的计算值与实验值的比较。

表 1-2-6 几种炸药做功能力计算值与实验值的比较

炸药名称	Q_v (kJ/g)	V_g (cm³/g)	A (kJ/g) 计算值	A (kJ/g) 实验值
奥克托今	5.46	908	1.810	1.726
黑索今	5.46	908	1.810	1.716
泰安	6.12	780	1.742	1.701
黑索今/梯恩梯（60/40）	4.84	841	1.486	1.454
硝酸铵/梯恩梯（92/8）	3.95	890	1.283	1.216
苦味酸	4.40	675	1.084	1.183
梯恩梯	4.10	690	1.033	1.062

Q_v 及 V_g 也可以由实验方法确定,但实验测定这些数据比较困难,因而一般都是根据炸药的氧平衡用经验方法计算得到。进一步研究表明,虽然采用不同的公式算出的爆热及气态爆炸产物体积的数值差别较大,但对其乘积影响不大,为简化起见可以采用按最大放热原则算出的最大爆热 Q_{max} 及相应的气态爆炸产物的体积 V_m 的乘积作为特性乘积,这种方法称为 Q_{max}—V_m 法,即特性乘积法。

在实验测得炸药做功能力时,一般采用在同样条件下,被试炸药做功能力与一定密度下某一参比炸药做功能力作为试样的相对做功能力。常用的参比炸药为梯恩梯,相对比较值称为梯恩梯当量。

用 Q_{max}—V_m 法计算梯恩梯当量时,只需计算某一炸药的 $Q_{max}V_m$ 与梯恩梯的 $Q_{max}V_m$ 即可。从表 1-2-7 所列结果可以看出,计算值与实验值是比较一致的。

表 1-2-7 炸药相对做功能力计算值与实验值的比较

炸药名称	相对做功能力(梯恩梯当量 %)	
	计算量	实验值
梯恩梯	100.0	100
硝酸铵	52.1	56
泰安	148.6	145
黑索今	154.3	150
硝化甘油	144.4	140
奥克托今	153.8	150
硝基胍	106.7	104
苦味酸	97.3	112
特屈儿	121.2	130
B 炸药	133.4	133
异戊四醇六酸酯	123.6	142
梯恩梯/硝酸铵(50/50)	129.4	124
泰安/梯恩梯(50/50)	123.1	126
特屈儿/梯恩梯(70/30)	112.7	120

2. 威力指数法计算做功能力

炸药的做功能力决定于炸药的爆热及气体爆炸产物的体积,而这两项数值又与炸药的分子结构有着密切的联系。炸药分子结构与做功能力之间的关系研究结果表明,炸药的做功能力是炸药分子结构的可加函数,每种分子结构对做功能力的贡献可以用威力指数 π 表示。用威力指数法计算炸药做功能力的公式为:

$$A = (\pi + 140)/100$$

$$\pi = \frac{100 \sum f_i x_i}{n} \quad (1-2-32)$$

式中 A——相对做功能力;
π——威力指数;
f_i——炸药分子中特征基和基团出现的次数;
x_i——特征基和基团的特征值;

n——炸药分子中的原子数。

常用炸药的特征基和基团的特征值见表 1-2-8。

表 1-2-8 特征基和基团的特征值

特征基和基团	x_i	特征基和基团	x_i
C	−2	O（在 N=O 中）	+1.0
H	−0.5	O（在 C—O—N 中）	+1.0
N	+1.0	O（在 C=O 中）	−1.0
N—H	−1.5	O（在 C—O—H 中）	−1.0

表 1-2-9 列出了用威力指数法算出的相对做功能力及与实验值的比较。

表 1-2-9 炸药相对做功能力计算值（威力指数法）与实验值的比较

炸药名称	相对做功能力（实验值）梯恩梯当量（%）	相对做功能力（威力指数法计算值）（%） A	梯恩梯当量
梯恩梯	100	104	100
特屈儿	129	126	121
黑索今	150	154	148
奥克托今	145	154	148
泰 安	145	147	141
梯恩梯/黑索今（40/60）	133	132	127
梯恩梯/泰安（50/50）	126	124	119
黑索今/特屈儿/梯恩梯（30/50/20）	132	129	124
重（三硝基乙基）—N—硝基已二胺	160	165	159

注：表中的实验方法与表 1-2-7 不同，因此实验结果略有差别。

七、炸药的起爆理论

炸药是危险物质，在一定条件下可被引发快速的化学反应，导致燃烧或爆炸。能够引起炸药爆炸反应的能量有热、机械、冲击、静电等。这些能量就叫作初始冲能。在外界初始冲能作用下，炸药发生爆炸的难易程度叫作炸药的感度。

炸药的感度有两个特性：(1) 选择性，即对某种作用反应敏感，对另一种作用则不敏感，有选择地接受某一种作用；(2) 相对性，即炸药的感度可以表示炸药危险性的相对程度，不同的场合对炸药的感度有不同的要求。

（一）炸药的感度与测试

炸药的热感度是指在热作用下引起炸药爆炸的难易程度，包括加热感度和火焰感度两种。加热感度用爆发点表示，火焰感度可用发火上下限法表示，通常，上限大则炸药的火焰感度大，下限大则炸药的火焰感度小。为比较各种炸药的热感度大小，一般都采用 5s 延滞期或 5min 延滞期爆发点。

炸药的撞击感度的测试方法有爆炸百分数法、上下限法和特性落高法。其中，爆炸百分数法是一组试验 25 次，计算其爆炸百分数。上下限法中的上限是指 100% 爆炸时的最小落高 H_{100}，下限是指 100% 不爆炸时的最大落高 H_0。实验采用质量一定的落锤，改变落高，平行实验一般为10次。特性落高是指50%爆炸的落高,是根据数理统计中的升降法求得。炸药的摩擦感度的测量是在摆式摩擦仪上进行的,可采用爆炸百分数表示。

炸药的静电感度包括炸药在摩擦时产生静电的难易程度和在静电放电火花作用下炸药发生爆炸的难易程度。前者可以通过测量炸药摩擦后所带的静电量来判断。炸药的电火花感度用着火率表示。着火率是指固定外界电火花的能量下进行20次试验时着火的百分数。

炸药的冲击波感度是炸药在冲击波的作用下发生爆炸的难易程度。测试冲击波感度的方法较多,如隔板试验、楔形试验、殉爆试验等。隔板试验是利用冲击波在隔板中的衰减现象,以隔板厚度来表示被测炸药的冲击波感度。楔形试验是将炸药制成斜面,由宽的一端引爆后观察在何处停止爆炸传播,以该处的炸药厚度表示该炸药的冲击波感度。殉爆试验距离是测试两炸药相距足够远,引爆一炸药试样后产生的冲击波不能引发第二发炸药试样的最小安全距离。

(二)冲击波起爆理论

冲击波是一种脉冲式的压缩波,其主要参数是压力p和持续时间τ。冲击波作用于物体首先表现为压缩物体,物体受压产生热,所以冲击波起爆基本上也是热起爆。在弹药或爆破技术中经常有这种情况:一种炸药爆炸后产生的冲击波起爆另一种炸药。但是均相炸药和非均相炸药在起爆时有较大的差异。均相炸药受冲击波作用时,其冲击波面上一薄层炸药均匀地受热升温,如果温度达到爆发点,则经过一段延滞期后发生爆炸。非均相炸药受热后升温发生在局部的热点上,爆炸由热点开始并扩大,然后引起整个炸药的爆炸。

(三)电起爆理论

电起爆是研究炸药或火工品在电能作用下激起爆炸的机理。电起爆包括电能转换为其他能量起爆和电击穿起爆两种类型。

电能转换为其他能量起爆形式又包括两类:电能转变为热能、电能转变为冲击波能。电能转变为热能主要是电流通过有一定电阻的微细金属桥丝,电能按焦耳—楞次定律产生热量,使桥丝升温达到灼热状态,从而加热桥丝周围的炸药并引爆。电能转变为冲击波能是利用高压强电流使金属迅速受热并汽化,产生高温高压等离子体,迅速膨胀形成冲击波,引爆炸药,或用金属汽化后的高压气体推动薄片,使其高速飞出冲击炸药而引爆炸药。

电击穿起爆形式包括热击穿、化学击穿和电击穿等三种类型。

在电击穿起爆中炸药的击穿是指电介质的击穿。电介质的击穿是由于电场把能量传给了电介质,使其内部发生变化,从而失去介电性。电介质电阻具有负的温度系数,漏导电流通过电介质时产生热效应,使电介质发热。当其达到一定温度后,介质烧毁,失去介电性,这一过程叫作热击穿。化学击穿是指在电场作用下,介质吸收电场能量后发生化学变化,如电解成另一种物质而具有导电性。化学击穿和温度、时间有关,电场作用时间越长,温度越高,化学反应越激烈。电击穿是指在强电场作用下,由于介质中自由电子的高速碰撞游离,造成电子数剧增,使介质失去介电性的现象。电击穿分为炸药和空气混合物的击穿以及炸药的直接击穿两类。

(四)机械起爆理论

机械起爆首先是把机械能转变为热能,然后按热作用起爆。机械起爆研究的是从局部加热开始,扩展到整个炸药的起爆过程,是热起爆的一种特殊形式。

长期以来,机械起爆存在着三个假说,最早提出的是贝尔特罗假设,即机械能变为热能，即使整个试验的炸药温度升高到爆发点，使炸药发生爆炸。接着出现了摩擦化学假说，即炸药受到冲击，炸药的个别质点一方面与其他的质点相互接近，而另一方面彼此相互移动，此时在表面上产生法向力和切向剪力，法向力使一个质点分子上的原子落到第二个质点分子引力作用范围之内，而切向剪力的作用可引起表面破坏的原子间键的破裂。还有就是目前公认的热点学说，即在机械作用下，产生的热来不及均匀地分布到全部试样上，而是集中在试样个别的小点上，当这些小点上的温度达到高于爆发点时，爆炸就会发生在这些小点上，这种温度很高的局部小点就叫作热点。

在机械作用下，爆炸首先先从这些热点开始，而后扩展为整个炸药的爆炸。通常认为，热点可以由以下三种主要方式形成：

（1）在机械能输入炸药时，惰性硬杂质之间的摩擦、炸药颗粒晶体间的摩擦或炸药与容器壁表面的摩擦产生热点；

（2）当炸药从两个冲击面间挤出时，由于炸药迅速流动所形成的塑性加热产生热点，这种形式的热点只有在流动速度很快、剪切很激烈时才有效；

（3）反应物中散布的小气泡的部分绝热压缩产生热点。

炸药密度均匀性的不连续是形成炸药热点的有利条件，凡是炸药结构的缺陷，内含气泡、硬杂质都有利于产生热点。但热点的产生并不能完全保证炸药的爆炸。只有当形成的热点满足一定的条件，即具有足够大的尺寸、足够高的温度和放出足够多的热量时，才能逐渐发展而使整个炸药爆炸。实验及理论计算的结果表明，一般炸药热点要具备以下条件才能使炸药爆炸：

（1）热点温度：300～600℃；

（2）热点半径：10^{-5}～10^{-3}cm；

（3）热点作用时间：10^{-7}s 以上；

（4）热点所具有的热量：10^{-10}～10^{-8}J。

热点的成长过程可通过高速摄影装置进行观察。其形成和发展过程可以分成以下几个阶段：

（1）热点形成阶段。

（2）热点向周围点火燃烧阶段。

（3）由快速燃烧转变为低速爆轰阶段。当燃速达到某一个极限时（燃烧产物压力的增加），快速燃烧可以转变为低速爆轰。对于一般炸药来说，这一阶段的特征爆速为 1000～2000m/s。

（4）由低速爆轰转变为高速爆轰阶段。在药量足够多时，有可能转变为 5000m/s 或更高速的稳态爆轰。

必须指出，不一定所有炸药都经历以上四个热点成长阶段。如叠氮化铅由于爆轰成长时间短，就测不出燃烧阶段。

常见的机械起爆有撞击起爆、摩擦起爆、针刺起爆等。石油射孔中的投棒式起爆就属于撞击起爆。

摩擦起爆是由于药粒之间的摩擦，热点产生在炸药中硬而尖锐的药粒上，导致局部的温度上升。而软的颗粒摩擦则发生塑性变形，能量不容易集中到个别点上。摩擦生成热点的另一个可能是炸药的塑性流动，在塑性流动过程中炸药之间、炸药与杂质之间、炸药与容器壁之间发生激烈的摩擦，生成热点。炸药的摩擦起爆有两种情况：炸药分解热高于熔点，首先导致炸药熔化；分解温度低于熔点，反应前炸药没有熔化。当温度高于被摩擦炸药的爆发点时，爆炸反应开始。

针刺起爆是由针尖端刺入压紧的药柱中引起的。在针刺入炸药柱时，一方面药剂为腾出击针刺入的空间而受挤压，使药粒之间发生摩擦；另一方面击针和药剂的接触面上发生摩擦。经典的针刺起爆模型包括摩擦和撞击两种作用方式，而后的研究越来越倾向于摩擦模型。

八、聚能效应

在爆炸力学范畴内，聚能效应通常是指爆炸驱动飞片，向小空间（面、线和点）汇聚，形成高能量密度的面、线和点的物理过程。聚能效应能够显著提高能量密度，提高做功能力，随着离爆点的距离增加，衰减变慢，爆轰波能量则随着远离爆心，能量密度按负指数迅速下降。聚能效应在军用、民用方面都得到了广泛的应用。

对于飞片动能的聚能效应来说，形成了多种类型的侵彻体，通常以形成射流和杆作为一类，成为聚能装药；另一类是在对称轴线处形成弹丸状，称为爆炸成型弹丸或自锻成型弹（破片）。根据爆炸点与目标的距离、炸高的不同，可选用不同类型的侵彻体。

（一）聚能射流形成理论

1. 射流形成过程的实验观察

用脉冲X光照相技术记录聚能装药爆炸后不同时刻药型罩变形后的阴影，在轴对称聚能装药的药型罩在爆炸驱动下向对称轴线汇聚的过程中，罩壁厚度方向的各层速度在变化，外层（紧贴炸药）速度减慢，内层速度增加，动能向内层转移。当接近对称轴线时内层速度迅速增大，方向趋于对称轴方向。按药型罩母线方向截取一小段称为罩微元。按照轴向动能守恒定律，如果层间速度差产生的剪应力超过了罩材料在该状态下的剪切强度，则分离成射流和杆两部分。如果小于材料剪切强度，则不形成射流，于是药型罩在对称轴线处汇聚成弹丸状，称为自锻破片或爆炸成型弹丸。对于分离成射流和杆的情况，后续罩微元在轴线上汇聚，继续形成射流和杆，紧接在前面罩微元形成的射流后部和杆前部。此过程直到罩微元速度太低，不能克服罩材料强度，在汇聚运动中成为碎片时才终止。对射流形成过程的X光照片可以清晰地显示上述过程。将药型罩分段切开，再拼成药型罩，装药后对水爆炸，在水中回收到各药型罩分段的杆体，可以看到杆体中心部分向前伸出，有射流拉出分离后留下的空心管，图1-2-4是根据回收杆实物和脉冲X光照片综合绘制的聚能射流形成图，左起第三块药型罩微元形成第三个杆体。

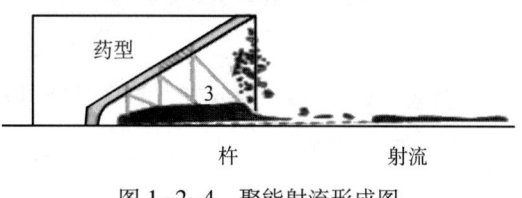

图1-2-4 聚能射流形成图

2. 射流形成过程的定常流体力学理论

考察平面对称情况，爆炸驱动楔形罩在对称平面上汇合，如图1-2-5a所示，OC为药型罩壁初始位置，α为半锥角。当爆轰波到达A点时，A点微元瞬间达到速度v_0（压合速度），运动方向与罩表面法线成δ角（方向角）。A点到达对称轴时，爆轰波到达C点，设药型罩壁变形前后母线长度不变，此时罩壁CB与轴线的夹角为β（压合角或压垮角）。设：

a. 计算图形　　b. 静坐标　　c. 动坐标

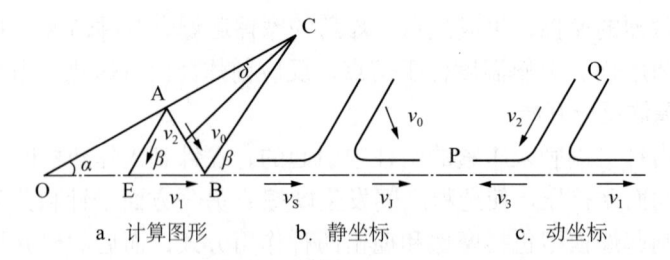

图 1-2-5　射流形成的定长不可压缩流体力学模型

（1）罩材料为理想不可压缩流体；
（2）爆轰波到达壁面某点后，该点罩微元瞬间达到 v_0，并且不再改变；
（3）药型罩各微元的 v_0、δ、β 相同；
（4）爆轰波扫过罩壁的速度不变。

变形后罩壁 BC 为直线，C 点角度等于 2δ。当爆轰波由 A 点到达 C 点时，罩壁在对称轴线的碰撞点由 E 点到 B 点，碰撞点的速度以 v_1 表示。碰撞点附近流动情况如图 1-2-5b 所示，罩微元以 v_0 速度在轴线碰撞后分成两部分：射流和杵，分别以速度 v_J 和 v_S 运动。现建立以 v_1 运动的动坐标，则图 1-2-5b 成为图 1-2-5c，这是定常不可压缩流体运动状态，可以用伯努利方程描述。对于原理碰撞点的来流 Q 点和向左流的 P 点可得到：

$$p_P + \rho \frac{v_3^2}{2} = P_Q + \rho \frac{v_2^2}{2} \tag{1-2-33}$$

式中　p_P、p_Q——分别为 P 点、Q 点的静压力，由于远离碰撞点，均等于大气压力；
　　　ρ——流体密度。

所以得：$v_2=v_3$。同样，取来流和向右流中远离碰撞点的两个点，由伯努利方程得：$v_2=v_3$。

由图 1-2-5c 变回图 1-2-5b，需要加以动坐标速度 v_1，则得到射流速度 v_J 和杵速度 v_S：

$$v_J = v_1 + v_2 \qquad v_S = v_1 - v_2 \tag{1-2-34}$$

设药型罩微元质量为 m，射流和杵质量为 m_J、m_S，则：

$$m = m_J + m_S \tag{1-2-35}$$

由对称轴线方向的动量守恒得：

$$-mv_2\cos\beta = -m_S v_2 + m_J v_2 \tag{1-2-36}$$

将式（1-2-35）代入式（1-2-36）得：

$$m_J = m\sin^2\beta/2$$
$$m_S = m\cos^2\beta/2 \tag{1-2-37}$$

式（1-2-37）是在动坐标条件下得到的，由于其中没有速度项，因此同样适于静坐标情况，现在求 v_1 和 v_2 设罩微元上 A 点经过时间 t 到达 B 点（图 1-2-5a），则：

$$\overline{AB} = v_0 t \qquad \overline{EB} = v_1 t \qquad \overline{AE} = v_2 t$$

对于三角形 AEB，由正弦定理得：

$$\frac{v_1}{\sin\left[90°-(\beta-\alpha-\delta)\right]}=\frac{v_0}{\sin\beta}=\frac{v_2}{\sin\left[90°-(\alpha+\delta)\right]} \qquad (1-2-38)$$

$$v_1=v_0\frac{\cos(\beta-\alpha-\delta)}{\sin\beta}$$

$$v_2=v_0\frac{\cos(\alpha+\delta)}{\sin\beta}$$

代入式（1-2-34）得：

$$v_\text{J}=v_0\cos(0.5\beta-\alpha-\delta)/\sin(0.5\beta)$$
$$v_\text{S}=v_0\sin(-0.5\beta+\alpha+\delta)/\cos(0.5\beta) \qquad (1-2-39)$$

式（1-2-39）就是平面对称聚能装药的定常不可压缩理想流体力学理论的射流和杵的参量计算公式，对于轴对称聚能装药，由于药型罩厚度方向各层速度不同，则式（1-2-36）应是罩微元各层总动量和射流以及杵动量之间的关系，因此，仅当药型罩壁非常薄时，上述公式才能应用。

由于实际聚能装药的药型罩各微元的压合速度是不同的，不符合定常条件，于是提出了"准定常"不可压缩理想流体力学理论，即对于每一个罩微元来说，定常公式［式（1-2-37）、式（1-2-39）］仍然适用，据此可以推导得到各微元 β 的公式。

（二）射流侵彻理论

石油射孔弹利用聚能效应制造。射孔时，形成高速金属射流对目标物产生侵彻作用。聚能装药在侵彻作用时，空心部分的爆轰产物飞散，先向轴线集中，汇聚成一股速度和压力都很高的气流，称为聚能气流。爆轰产物的能量集中在较小的面积上，在目标物上就打出了深孔。药型罩孔处爆轰产物向轴线汇聚时，有两个因素在起作用：

（1）爆轰产物质点以一定速度沿近似垂直于药型罩母线的方向向轴线汇聚，使能量集中；

（2）爆轰产物的压力本来就很高，汇聚时在轴线处形成更高的压力区，高压迫使爆轰产物向周围低压区膨胀，使能量分散。

为了提高聚能效应，应设法避免高压膨胀引起能量分散。对于聚能作用，位能占能量密度的3/4，如果设法把能量尽可能转换成动能的形式，就能大大提高能量集中的程度。因为药型罩能够明显增强聚能效应，虽然保留了不带药型罩的凹槽聚能装药爆炸时所特有的物理特性，但所研究的现象将发生根本的变化，主要以研究组成药型罩的金属材料所形成的金属射流的作用机理为主。

实验和理论研究的结果表明，在有金属罩的情况下聚能效应之所以增强，是和爆炸产物与金属罩材料之间特殊的能量重新分布有关，同时也是和部分金属转变为聚能射流有关。聚能装药有小部分的主要能量转移到罩的金属中，集中在罩的很薄一层金属内，这一层金属本身就形成了聚能射流。因此，聚能射流中可以达到比不带金属罩的凹槽装药爆炸时更大的能量密度。金属罩在爆炸产物作用下受到压缩，它的微元连续汇流而形成高速细金属流。

聚能射流的形成和运动可以分为两个阶段。金属罩的金属物理—力学特性对于这些阶段有极大的影响。

第一阶段是在金属罩压缩过程中的射流形成。在这一阶段内，杵体和射流构成一个整体；但它们却以不同的速度运动。杵体运动比较慢（速度为500～1000m/s），而射流则相反，它的前进运动速度极快。但是，射流前后部分的速度却不相同：射流头部的速度最大，而尾部的速度接近于杵体的速度。由于罩金属的形状和性质的不同，以及炸药的性质和其他一些因素的不同，射流头部的速度可以有很大的变化。

第二阶段是金属罩压缩后经过一定的时间，由于有速度梯度的关系，所以射流脱离杵体。可以认为，杵体在一定时间内是供给射流以金属的特殊储备器，在杵体停止以金属供给射流之后射流才脱离，在这种情况下，聚能射流发挥最有效的作用。这种现象可以维持到引起金属流动的惯性力与金属离子的内聚力平衡为止。在变形过程中，金属罩不应当发生脆性破裂，否则，金属转变为射流的系数就会急剧减小，而其穿甲作用也会相应地降低。

药型罩形成射流能量形式主要是动能形式，射流破甲是射流各部分的动能和靶板连续交换的结果。提高射流的速度和质量就可提高射流的破甲效果。因射孔弹是低炸高侵彻，按照不可压缩流体力学理论，可按连续射流状态计算出其破甲结果。

计算射流连续穿孔深度的经验公式：

$$P = \int \Delta P \mathrm{d}t = \int \frac{1}{1+\sqrt{\rho_\mathrm{t}/\rho_\mathrm{j}}} \sqrt{v_\mathrm{j}^2 - v_\mathrm{j0}^2} \mathrm{d}t \tag{1-2-40}$$

式中　P——穿靶深度；

　　　ρ_j——射流密度；

　　　ρ_t——靶密度；

　　　v_j——射流穿靶速度；

　　　v_j0——射流穿靶的临界速度。

按照Szendrei公式，计算射流穿孔孔径的经验公式：

$$r_\mathrm{c} = r_\mathrm{j} v_\mathrm{j} \sqrt{\rho_\mathrm{t}/2R_\mathrm{t}} \Big/ 1+\sqrt{\rho_\mathrm{t}/\rho_\mathrm{j}} \tag{1-2-41}$$

式中　r_c——最大开坑半径；

　　　r_j——射流半径；

　　　R_t——靶板强度。

这些公式在工程设计中运用还有一定问题。一方面有些系数还有待于通过试验正确给出，另一方面计算起来比较繁琐复杂。科研技术人员通过实践总结了不少能较好地与实际符合的又比较简单的计算破甲深度的经验公式。以下这两个经验公式是在定常流体破甲理论基础上根据制式装药结构的试验数据归纳整理而成：

$$L_\mathrm{y} = \eta\left(-0.706 \times 10^{-2} \alpha^2 + 0.593\alpha + 0.475 \times 10^{-7} \rho_0 D^2 - 9.84\right) l_\mathrm{M} \tag{1-2-42}$$

$$L_\mathrm{w} = \eta\left(0.0118 \times 10^{-2} \alpha^2 + 0.106\alpha + 0.250 \times 10^{-7} \rho_0 D^2 - 0.50\right) l_\mathrm{M} \tag{1-2-43}$$

式中　L_y——有隔板的静破甲深度，mm；

　　　L_w——无隔板的静破甲深度，mm；

　　　α——药型罩的半锥角，°；

　　　l_M——药型罩母线长，mm；

　　　ρ_0——装药密度，g/cm³；

D——装药爆速，m/s；

η——考虑药型罩材料、加工方法及靶板材料对破甲的影响系数，射孔弹一般取 1。

射孔弹多采用为无隔板装药结构，一般应用式（1–2–43）估计破甲深度。该公式计算值与实验值符合程度较高。目前，主要以破甲经验公式为主来指导射孔弹的试验，但是在经验公式中并没有对药型罩的材料密度等的性能做重点考虑。然而复合粉在石油射孔弹药型罩上应用时，对药型罩的材料及性能要求却是不可忽略的影响因素，需要重新进行考虑。

第三节　油气井用火药理论

一、火药化学变化的基本形式及用途

（一）火药的基本概念

火药是指在适当的外界能量作用下，自身能进行迅速而有规律地燃烧，同时生产大量气体产物的物质。在军事上主要用于枪弹、炮弹的发射和火箭、导弹的发射及其他驱动装置的能源。通常，把用于枪、炮发射的火药称为发射药，用于火箭、导弹发射的火药称为推进剂。

作为射孔中的发射能源的火药必须具备一定的条件：

（1）火药能可靠而快速地点燃，并且在点燃后不需要外界氧气的条件下迅速发生化学变化（即燃烧），放出大量的热；

（2）火药在燃烧放热的同时还必须生成大量的气体作为介质，将火药的热能转变为弹丸的动能；

（3）火药要能有规律而稳定的燃烧。也就是说，火药要有一定的形状、尺寸及密度，且呈平行层燃烧，从而可以通过控制燃烧表面积来控制火药气体的生成速率。

（4）火药能够长期储存，处理和使用简单、方便。

火药不是天然物质，通常也不是单一化合物，而是由多种成分经过一定的加工而成的复杂物系。

（二）火药化学变化的基本形式

在射孔过程中，火药所进行的是爆炸燃烧反应。通过燃烧，火药有规律的释放出能量和气体。但是，随着激发方式不同，火药除燃烧反应外，还有缓慢的分解反应和激烈的爆轰反应。这三种化学变化的本质都是火药本身中原子进行重排，变成热力学上更为稳定的化合物的过程，但是这三种形式的变化在反应速度和传播性质上却有重大的区别。表1–3–1 中列出了火药三种化学变化形式的共同点和不同点。

表1–3–1　火药三种化学变化形式的比较

比较项目	缓慢热分解	燃　烧	爆　轰
激发方式	热	引燃	爆轰波、冲击波
反应部位	整个火药内部	局部一层一层传播	局部一层一层传播
传热方式	热传导	热传导、热辐射	冲击波

续表

比较项目	缓慢热分解	燃 烧	爆 轰
产物运动方向	从火药内部向外扩散	燃烧波移动方向相反	燃烧波移动方向相同
反应速度	缓慢	几毫米至几厘米每秒	数千米每秒
对外界条件变化	敏感	敏感	不敏感
变化本质	原子热力学上稳定重排	原子热力学上稳定重排	原子热力学上稳定重排

火药化学变化的三种形式（缓慢分解、燃烧和爆轰）在性质上虽然不同，但它们之间却有着紧密的联系。火药缓慢的分解反应放出的热如果不能及时地导走，可以使温度升高达到发火点而转变为燃烧；若火药量很大，且燃烧面又非常大，火药的正常燃烧又可以转化为爆轰。所以，为了保证安全，必须加入化学安定剂，抑制火药分解速度。同时，改善储存条件，保持干燥和良好的通风，使火药分解产生的热及时导走，而不致引起燃烧。在使用时，要保证火药能可靠的点燃和燃烧，而不发生瞎火和爆轰。

在常温常压或生产加工条件下，火药及其组分常以缓慢速度进行分解反应。这种反应在整个火药内部展开，反应的速度主要取决于环境的温度、湿度以及杂质等。常温下，反应速度有时慢到在短时间内难以察觉，但当温度升高时，反应速度则加快，其加快的程度符合化学动力学规律。

有规律的燃烧和激烈的爆轰与缓慢化学变化的主要区别在于：一是燃烧和爆轰都是激烈的化学反应，反应速度很快，放出的热量足以维持反应持续不断地进行；二是燃烧和爆轰不是在整个火药全部物质内发生，而是在某一局部内进行，且两者都是以反应波的形式在一定的速度一层一层地自动传播的。

然而燃烧和爆轰又是性质不同的两种变化过程。一般来说，爆轰反应比燃烧更为剧烈，它们在基本特性上有如下区别：

（1）从激发反应的机理上看，燃烧时反应区的能量是热传导和辐射的方式传入相邻未反应区而引起下一层反应的。爆轰的传播则是在冲击波的强烈的高温高压冲击作用下进行的。

（2）从传播速度上看，燃烧传播速度通常为每秒几毫米到几厘米，而爆轰的传播速度（爆速）一般高达每秒数千米。

（3）燃烧过程的传播容易受外界条件特别是环境压力的影响。如火药在大气中燃烧时进行得很缓慢，而在密闭容器内于高压燃烧时，燃烧的速度则急剧增加。爆轰过程由于其传播速度极快，几乎不受外界条件的影响，对一定的爆炸物质，在固定装药密度下爆轰速度是一个常数。

（4）燃烧过程中反应区内燃烧产物运动方向与燃烧波移动方向相反，因而波阵面内压力较低。在爆轰时，反应区内燃烧产物运动方向与燃烧波移动方向相同，爆轰波阵面内压力可高达数十万个大气压。

（三）火药在油气井开发中的应用

我国自20世纪60年代开始研制射孔弹以来，直到80年代才开始真正发展，使得火药技术在油气井开发上得到了广泛应用，尤其在油气井地层压裂、地层勘探和射孔领域得到迅速发展。

1. 高能气体压裂弹

在油气井的油层射孔段，高能气体压裂弹被点火，如图 1-3-1 所示，火药迅速燃烧，放出大量气体，产生很高的温度，由于压裂弹上方被钻井液压制，在燃烧压裂段产生很高的压力（30～100MPa），这个压力超过了油层岩石的抗拉强度，使之产生裂缝，此裂缝可以沟通天然油层裂缝。高能气体压裂弹的作用是可以增加油井的原油产量。

同时，火药燃烧产生的高温高压气体产物，可以清除油层结蜡、套管结蜡及油井周围污染带的堵塞物，可以达到油层的解堵和消除污染的作用。

2. 子弹射孔器

早期油气井射孔中使用子弹射孔器，如图 1-3-2 所示。子弹射孔器被下到井下射孔层段，点燃发射药，子弹在高温高压的药室内迅速被推出，并沿着弹膛的方向快速运动，通过转向装置后子弹射穿套管和水泥环，直接射入油层中，它的初速可达 600m/s，可射入地层 300～400cm，子弹射入油层的空腔，形成产油的孔道，提高产油量。

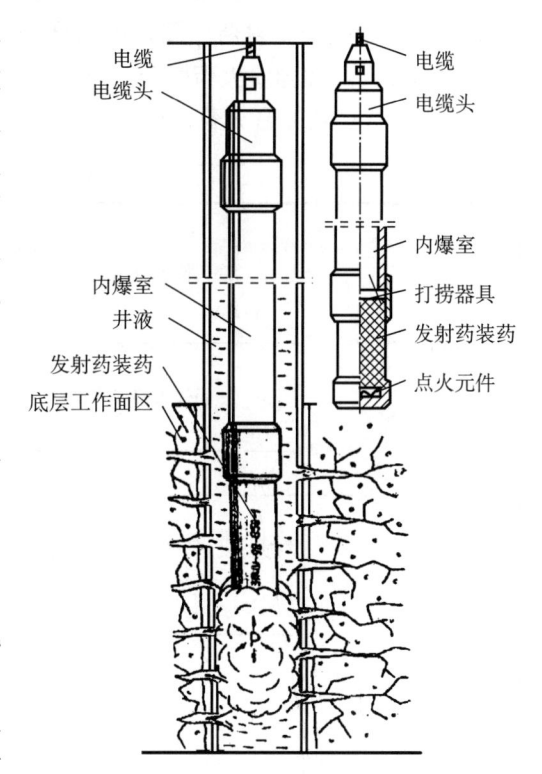

图 1-3-1 高能气体压裂弹工作示意图

3. 桥塞火药及取心药盒

用火药制作封隔器和桥塞的动力源，代替传统的打水泥塞进行油气井套管的封隔，因其操作简便，施工周期短，价格便宜（费用是原来用水泥塞封隔器施工费用的 1/3）等特点而得到普遍应用。

用火药制作取心药饼、取心药盒，用于油气井低质岩层取心，做地质分析和化验，进行地质勘探。

4. 燃气动力补贴加固器

利用火药燃烧产生的高压气体，推动工具中的活塞作用，使补贴管上下两端的锥形管相对运动，迫使金属锚扩径固定在套管中，从而达到补贴加固的目的。我国企业成功开发的该项技术开拓了套管损坏井修复的新领域，补充了爆炸焊接加固技术不能涉足的领域。

二、常用火药的分类和品种

（一）火药分类

现代火药的品种日趋增多，其分类

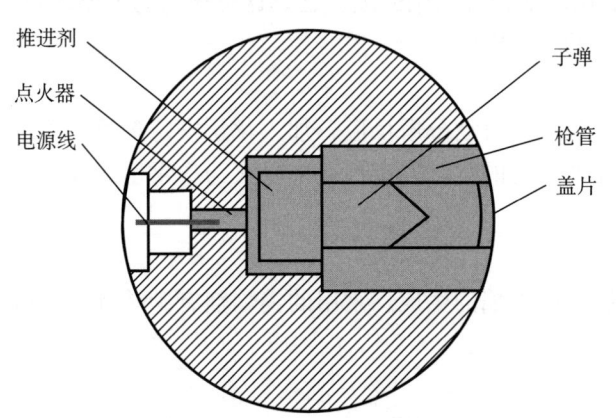

图 1-3-2 标准子弹射孔器示意图

— 41 —

方法国内外也不尽相同。通常火药分类的方法主要有两种（表1-3-2）：一是按火药用途分类，可分为枪炮发射药、固体火箭推进剂及其他用途的火药。二是按照火药组分分类，可分为均质火药和异质火药两类。均质火药包括单基、双基、三基和多基火药；异质火药又称为混合火药或复合火药，包括低分子混合火药、高分子复合火药及复合改性双基火药。

表1-3-2　火药的分类

分类	类别	细类	品种
按用途分类	枪炮发射药	单基发射药	
		双基发射药	
		三基发射药	
		多基发射药	
	固体火箭推进剂	双基推进剂	
		复合推进剂	
		复合改性推进剂	
	其他用途的火药		
按组分分类	均质火药（以硝化纤维素为基的火药）	单基火药	
		双基火药	
		三基火药	
		多基火药	
	异质火药	低分子混合火药	
		高分子复合火药	聚硫橡胶火药
			聚氯乙烯火药
			聚氨酯火药
			聚丁二烯火药
		复合改性双基火药	

（二）常用火药品种

1. 单基火药

单基火药是一种常用的发射装药，以硝化纤维素作为唯一能量组分的火药。常用于各种步枪、机枪、手枪、冲锋枪及火炮的发射装药，其主要成分有以下几种。

1）硝化纤维素

硝化纤维素是纤维素经过硝化反应后制成的纤维素硝酸酯，它是这类火药的主要成分，通常占90%以上，也是这类火药提供能量的唯一成分。

2）化学安定剂

火药在长期储存过程中，硝化纤维素会发生自动分解反应，加入化学安定剂后，可以减缓或抑制这种分解反应的进行，从而提高火药的化学安定性。单基火药中常用的安定剂是二苯胺。

3）消焰剂

消焰剂加入后，可以减少武器发射后二次火焰的生成。常用的消焰剂有硝酸钾、碳酸钾、硫酸钾、草酸钾及树脂等。

4）降温剂

降温剂的加入使火药燃烧温度降低，以减少高温对枪膛、炮膛的烧蚀作用。常用的降温剂有二硝基甲苯、樟脑和地蜡等。

5）钝感剂

加入钝感剂的作用是控制火药的燃烧速度由表及里逐渐增加，达到所谓的渐猛性燃烧特性，从而改进火药内弹道性能，使初速增加或膛压降低，单基火药常用的钝感剂为樟脑。

6）光泽剂

为了提高火药的流散性，使火药便于装药以及在药筒内提高其装填密度，并且减小静电积聚的危险，加入了光泽剂。常用的光泽剂是石墨。

2. 双基火药

以硝化纤维素和硝化甘油（或硝化二乙二醇或其他含能增塑剂）为主要成分的火药称为双基火药。双基火药吸湿性小，物理安定性和弹道性能稳定。双基火药中的硝化纤维素和硝化甘油配比可在一定范围内变化，所以火药能量能满足多种武器要求。缺点是双基火药燃烧温度较高，对炮膛烧蚀严重，生产过程不如单基火药安全。

1）硝化纤维素

硝化纤维素是双基火药的能量成分之一，双基火药中常用 $3^{\#}$ 硝化棉，其含氮量为 11.8%～12.1%（通常弱棉），因其在硝化甘油中较易溶解，药料塑化质量好，易制成均匀性良好的火药。

2）主溶剂（增塑剂）

主溶剂起溶解（增塑）硝化纤维素的作用，同时也是双基药的另一能量组分，常用的主溶剂有硝化甘油、硝化二乙二醇等。

3）助溶剂（或称辅助增塑剂）

助溶剂的作用是增加硝化纤维素在主溶剂中的溶解度，常用的助溶剂有二硝基甲苯、苯二甲酸之类、二乙醇硝胺二硝酸酯（通常称吉纳）等。

4）化学安定剂

化学安定剂起减缓或抑制硝化纤维素或硝化甘油缓慢热分解的作用。

5）其他附加剂

其他附加剂包括为改进工艺性能而加入的工艺助剂（如凡士林），为改善火药燃烧性能而加入的燃速催化剂（如氧化铅、氧化镁、氧化铁、氧化铜、苯二甲酸铅、碳酸钙等）、消焰剂（如硝酸钾）、钝感剂（樟脑、二硝基甲苯、树脂、苯二甲酸二丁酯等），以及为提高火药导电性能和火药粒的流散性而加入少量的石墨。

3. 三基火药

三基火药是在双基火药的基础上加入一定数量的含能成分（如硝基胍）而制得的，因其有三种主要含能成分，故称为三基火药。这种火药多用挥发性溶剂工艺制造。当加入硝基胍以后可以降低火药的燃烧温度，所以加硝基胍的火药有"冷火药"之称。

4. 双基推进剂

双基推进剂是以硝化纤维素和硝化甘油或其他含能增塑剂为基本成分，再加入适应弹道改良剂而成，其配方虽与双基火药相类似，但比双基火药复杂。

5. 复合推进剂

复合推进剂是由氧化剂、燃料、粘合剂及其他附加剂组成，各组分之间存在着明显的分界，因而有"异质火药"之称。复合推进剂可按其高分子粘合剂种类、氧化剂种类和性能特点进行分类。粘合剂是复合推进剂的基础，粘合剂化学的发展促进了固体推进剂的发展，因此，人们习惯于按采用的粘合剂种类划分复合推进剂类别，主要有聚硫（PS）推进剂、聚氯乙烯（PVC）推进剂、聚氨酯（PU）推进剂、聚丁二烯（PBAA、PBAN、CTPB、HTPB）推进剂和硝酸酯增塑的聚醚（NEPE）推进剂。按氧化剂种类分也是一种常用的分类方法，如高氯酸铵推进剂、硝酸铵推进剂和硝胺推进剂等。

1）氧化剂

可用于复合推进剂的固体氧化剂有各种硝酸盐（如硝酸铵、硝酸钾等）、高氯酸盐（如高氯酸铵、高氯酸钠、高氯酸钾及硝基化合物等）。由于高氯酸铵与推进剂中其他组分相容性好，且来源比较广泛，因此是在固体推进剂中应用最广的氧化剂。硝酸铵具有价格低廉、来源广、燃烧产物无烟等优点，故在低能量、低燃速的推进剂中，常用硝酸铵作氧化剂。有时，为了提高推进剂的比冲，也将高能炸药（黑索今、奥克托今）用于复合推进剂中。

2）燃料

复合推进剂中应用广泛的固体燃料是金属铝粉，其含量一般在5%～25%之间。

3）粘合剂

粘合剂的作用是将固体氧化剂和燃料粘合在一起，同时粘合剂本身也是燃料的一部分，粘合剂会影响推进剂的力学性能、工艺性能和储存性能。在复合推进剂中应用广泛的粘合剂为聚氯乙烯（PVC）、液态聚硫橡胶（PS）、聚氨酯（PU）、各种聚醚、各种聚丁二烯共聚物的预聚体以及叠氮粘合剂等。

4）附加剂

在复合推进剂中，根据不同的特殊要求加入少量的附加剂，如起固化交联作用的固化剂，缩短或延长固化时间的固化催化剂，改善药浆流变性能的工艺助剂，改进推进剂力学性能的增塑剂和粘合剂，以及增加或降低推进剂燃速的弹道改性剂等。

6. 复合改性双基推进剂

复合改性双基推进剂是复合双基推进剂和复合推进剂的中间品种，它是以双基粘合剂、氧化剂和金属粉燃料组成。复合改性双基推进剂的配方及其变化范围见表1-3-3。

表1-3-3 复合改性双基推进剂

组 分	硝化纤维素	硝化甘油	甘油三醋酸酯	安定剂	高氯酸铵	铝粉
含量（%）	15～21	16～30	6～7	2	20～35	16～20

复合改性双基推进剂与其他类型推进剂相比，有较高的比冲，原材料来源比较广，但复合改性双基推进剂的高、低温力学性能较差，可使用的温度范围受到一定程度限制。

三、火药的基本性能

火药通常具有能量性能、燃烧性能、力学性能、储存性能、安全性能和工艺性能等六大基本性能。

（一）能量性能

火药的能量性能是指通过燃烧，将火药的化学能转变为热能，并产生高温高压的气相与固相产物。对于火药是以爆热、爆温、比容和火药力大小来表征其能量特性，对于固体火箭推进剂则是以比冲、密度和特征速度等来表征其能量特性。

1. 爆热

爆热是火药燃烧过程的热效应,它与燃烧过程的条件(定压或定容)及燃烧产物最终的聚集状态(主要指水为液态或气态)有关。

2. 爆温

爆温是指火药在绝热条件下,经过燃烧所能达到的最高温度,随燃烧反应时的条件不同,分别为定容爆温 T_v 和定压爆温 T_p,定容爆温近似于火药在枪炮膛内燃烧所达到的温度。

3. 比容

比容是指 1kg 火药燃烧后产生的气体,在标准状态下(101325Pa,273K),水为气态时所占的体积。以 v 表示,单位为 L/kg。如果知道火药燃烧产物的平衡组成,则根据阿佛伽德罗定律即可计算出火药的比容:

$$v = \sum n_{gi} \times 22.41 \quad (1-3-1)$$

式中 n_{gi}——1kg 火药燃烧产物中第 i 种气态产物的物质的量。

4. 火药力

火药力是指 1kg 火药燃烧后的气体生成物,在 1atm 压力下,当温度由 0 升到 T_v 时膨胀所做的功。火药力是传统习惯的名称,它实质上不是力,而只是表达火药做功的能力。

1kg 火药在一定容积 v 内燃烧,燃气温度达 T_v,同时形成压力 p,则 $p \cdot v$ 乘积称为火药的定容火药力,以 f_v 表示,通常也称火药力,用 f 表示,单位为 J/kg。设火药燃气为理想气体,则:

$$f = pv = nRT_v \quad (1-3-2)$$

式中 n——火药燃放摩尔数,mol/kg;
　　T_v——定容火药燃烧温度,K;
　　R——气体常数,8.31385J/(mol·K)。

5. 密度

推进剂的密度是指单位体积内推进剂的质量。对于一定体积的射孔弹来说,推进剂的密度越大,则装填的推进剂的数量越多,总推力也越大,因而就有较远的射程。推进剂的密度一般在 1.5~1.8g/cm³ 之间,但随着材料科学技术和推进剂技术的发展,有的推进剂密度可以达到 2.0g/cm³ 以上。

6. 比冲

燃烧 1kg 固体推进剂时,发动机所产生的冲量称为该推进剂的比冲量,简称比冲(I_{sp})。比冲是火箭推进剂中用得最多的能量特性参数,也是评定火箭推进系统性能如何的重要指标。其数学表达式为:

$$I_{sp} = I_s / W_p \quad (1-3-3)$$

式中 I_s——发动机总冲量,N·s/kg;
　　W_p——推进剂总质量,kg。

7. 特征速度

特征速度是与通过喷管的质量流速有关的表征推进剂能量特性的重要参数,用符号 C 表示,其单位为 m/s。根据发动机工作原理,推进剂的特征速度 C 定义:

$$C = p_c A_t / M \quad (1-3-4)$$

式中　p_c——燃烧室压力，MPa；
　　　A_t——喷管喉部面积，m²；
　　　M——质量流率，kg/s。

特征速度意味着在一定喷喉面积与燃烧室压力时，较高 C 值的推进剂需要较小的质量流率就可以产生相同的推力。本质上，C 值与喷管中气流的膨胀过程无关，而仅仅取决于燃烧室内产物的特性，这就使 C 有可能称为表征推进剂能量性能的较好参数。固体推进剂的 C 值一般在 1200～1800m/s 之间。

（二）燃烧性能

火药的燃烧性能是指火药燃烧燃速的规律性和燃烧过程的稳定性。火药在枪膛内中燃烧时应有一定的规律性且燃烧稳定，不产生不正常燃烧，更不产生燃烧转爆轰，否则就不能满足射孔的弹道要求和精度要求。

推进剂是以推进剂燃烧产物的组成及状态、燃烧速度（燃速）、燃速压强指数、燃速温度敏感系数和侵蚀比等来表征推进剂的燃烧性能。对于发射药通常以其燃烧速度、燃速压强指数和温度敏感系数等来表征其燃烧性能。对于油田压裂气源用火药则主要以燃烧速度来表征其燃烧性能。

火药的燃烧性能参数与火药装药的工作条件有关。如火药装药在火炮膛内工作时，其燃烧速度与压强呈正比变化。

1. 燃速

燃速通常有两种表示方法，即线性燃速（r）和质量燃速（m_p）。

线性燃速（简称燃速）是指火药燃烧时单位时间内燃面沿法线方向的位移。

$$r = dl/dt \tag{1-3-5}$$

式中　t——时间，s；
　　　l——药条长，mm 或 cm。

质量燃速是指单位时间内单位燃面上沿法线方向烧去的火药质量。

r 与 m_p 的关系为：

$$m_p = \rho_p \cdot r \tag{1-3-6}$$

式中　ρ_p——火药的密度，g/cm³。

燃速范围的划分标准不完全统一，通常按火药在 6.86MPa 下燃速范围的不同大致分为：

低燃速：＜5mm/s，用于燃气发生器，空间飞行器；

中燃速：5～25mm/s，用于续航发动机，空间飞行，弹道导弹发动机；

高燃速：25～100mm/s，用于助推器，旋转发动机，级分离，空间飞行；

超高燃速：＞100mm/s，用于特种助推器，旋转发动机，空间飞行器。

2. 燃速压强指数

火药燃速与压强密切相关，在发动机的工作压强范围内，一般采用维也里（Vieille）经验公式表示：

$$r = bP^n \tag{1-3-7}$$

式中　r——火药燃速，mm/s；

b——燃速系数，是火药初温的函数；

P——压强，MPa；

n——燃速压强指数，是压强和火药初温的函数。

燃速压强指数是表征火药燃烧稳定性的一个重要参数，反映燃速对压强的敏感程度。为了保证发动机的稳定工作，一般要求所用的推进剂的燃速压强指数 n 小于1。

3. 燃速温度敏感系数

初温对火药燃速的影响叫燃速温度敏感系数。在一定压强下，燃速温度敏感系数 σ_p 是指当初温变化1℃时，燃速的相对变化量。火药燃速温度敏感系数一般约为 0.2% ~ 0.5%/℃。

4. 侵蚀比

高速燃气平行地流过药柱燃烧表面，导致推进剂线性燃速发生变化的现象，称为侵蚀燃烧，产生侵蚀燃烧的主要原因为流经燃烧表面的高速气流，加强了火焰对燃烧表面的热传导。

侵蚀燃烧特性通常用侵蚀比 ε 来表示，即：

$$\varepsilon = \begin{cases} r/r_0 = 1 + k(v - v_{\text{tv}}), v > v_{\text{tv}} \\ r/r_0 = 1, v \leqslant v_{\text{tv}} \end{cases} \tag{1-3-8}$$

式中　r——有侵蚀作用时推进剂燃速，mm/s；

r_0——无侵蚀作用时推进剂燃速，mm/s；

k——侵蚀系数，近于常数，s/m；

v——平行于燃烧表面的平均气流速度，m/s；

v_{tv}——侵蚀临界速度，m/s；

n——燃速压强指数。

$v - v_{\text{tv}}$ 为负值时，$k(v - v_{\text{tv}}) = 0$，即当气流速度小于临界速度时，无侵蚀燃烧。

（三）力学性能

火药的力学性能是指火药在制造、储存、运输和使用过程中，受到温度、重力、加速度、点火增压等各种载荷作用时，发生形变或破坏的性质。表征火药力学性能的物理量包括两类：第一类是描述变形过程的量，如模量（E）、柔量（D）和泊松比（σ）等；第二类是反映破坏过程的量，如屈服应力（屈服应变）、断裂应力（断裂应变）等。由于火药的力学行为依赖于温度与力的作用时间，因此火药的力学性能就是描述火药在载荷作用下，温度和作用速率等因素对其形变和破坏过程各个物理量的影响，并把这些关系利用药柱结构完整性分析的方式来描述。

（四）储存性能

火药的储存性能是指火药在规定的储存期内经受环境条件的变化，保持其物理和化学性能不发生显著变化的能力，又称安定性能。一般以火药的预估寿命来衡量火药储存性能的优劣。

（五）安全性能

火药是一种可以燃烧的或爆炸的含能材料。在生产、运输、使用和储存过程中，都有可能遇到意外的外界刺激作用，从而导致不希望发生的燃烧和爆炸。

火药的安全性能是指火药在外界各种能源（如撞击、摩擦、热、静电火花、热烤、冲击波、子弹射击等）的作用下，发生燃烧或爆炸的难易程度，又称危险性能或感度（或易损性）。

（六）工艺性能

火药的工艺性能是指火药在加工制造过程中的易加工性、易成形性、安全性、流变性、质量均匀性与稳定性以及生产成本与生产过程中的复杂性等。所设计的火药配方要求易于加工成形，工艺尽可能简单、可靠、稳定、安全，生产成本尽可能低，并能适应大规模工业化生产与应用的要求。

第四节 渗流力学

渗流力学是一门专门研究流体在多孔介质中流动规律的学科。渗流现象大量存在于生产和生活中。地下水、石油、天然气在地下储层中的渗流一般都称之为地下渗流。地下渗流力学起源于19世纪。随着地下水的开发和利用，开始出现了地下水动力学理论。1856年，由法国工程师亨利·达西（Henri Darcy）在总结前人经验的基础上，通过室内实验，建立了达西定律。达西定律反映了水在孔隙介质中流动的线性规律以及流体在多孔介质中的稳定渗流。至今，达西定律仍有其实用价值。事实上，稳定渗流只是一个有限时间范围内的一种暂时平衡状态，达西定律无法说明从一个状态到另一个状态的整个过程。1935年，齐斯（C.V.Theis）首先发表了非稳定渗流的研究成果。随着油田开采技术的发展，从一开始单纯依靠天然能量驱油逐渐发展到用注水、注气（包括热蒸汽）等方法来开采石油。由此开始出现了多项渗流。随着裂缝性油田的开发，多项渗流的研究从研究流体在单一孔隙介质中的流动而扩展到裂缝—孔隙双介质中的渗流理论。为了合理开发地下资源而采用的新工艺新技术，进一步扩展了渗流力学的研究领域。先进的计算机技术和现代数学方法的应用，有效地改善了渗流力学的研究条件，促进了渗流力学学科的发展。

射孔完井是利用射孔器射穿井下封闭油气层的套管、水泥环，形成沟通井筒与油气产层的流动通道。由于聚能射孔过程通常形成压实带及固相堵塞，因此增加了地层流体流向孔眼的流动阻力，从而会降低油井的生产能力。研究射孔如何影响地层流体的流动就涉及要运用渗流力学的知识。

一、基本参数

渗流力学基本参数是射孔优化的最基本的物理参数。例如与地层有关的参数（渗透率、孔隙度和地层厚度等）、与流体有关的参数（原油高压物性参数、气体组分等）和与井筒有关的参数（油井半径）等。研究这些参数对完井作业设计、完井方式的选择及开发方案的制订均有十分重要的意义。

（一）与地层有关的参数

与地层有关的参数是评价储集能力的基本参数。

1. 孔隙度

多孔介质是内部含有孔隙的固体。对一个多孔体系来说，这些孔隙可以是彼此联通或者互不联通的。如果流体能通过多孔介质进行流动，那么在多孔介质中，必然有一部分孔隙空间是彼此联通的。多孔介质体系中彼此联通的部分被称为此多孔介质中的有效孔隙。

在射孔优化中，孔隙度一般都作为已知量给出，并且一般都假定在整个地层中孔隙度是一个常数。

2. 渗透率

渗透率是流体通过多孔介质能力的重要量度。它是多孔介质中的孔隙特征的重要参数。渗透率通常定义为单位时间内，在单位压力梯度下，黏度为1个单位的流体通过单位横截面积孔隙介质的体积流量。在标准单位制中（石油工业行业标准），渗透率的单位是 μm^2。

在射孔产能计算中，渗透率一般都作为已知量给出。

3. 地层有效厚度

一个油藏中可以有几个含油砂层，这时称为多层油藏，但也可以只有一个层称为单层油藏。无论是单层或多层油藏，在射孔优化中，都假定油藏每个单层是等厚度的，油藏每个单层中的含油储层，在油井打开后，如果其中的储油层中的流体能够流动，那么流体流动的储油层的厚度就是该层的有效厚度。

4. 原始地层压力

油气层开采以前的地层压力，称为原始地层压力。原始地层压力一般通过探井、评价井试油时，下井底压力计至油气层中部测得，也可用试井法、压力梯度法等求得。

5. 岩石杨氏模量

杨氏模量是岩石材料的重要参数，是岩石变形难易程度的表征。杨氏模量是指单轴受力时正应力与弹性正应变之比。通常利用圆柱试样的单轴应力—应变曲线确定。

6. 泊松比

岩石的横向应变与纵向应变之比值称为泊松比。

（二）原油的高压物性参数

地层流体充填在岩石的孔隙中，研究流体性质对于制订合理的开发方案、油气井工作制度、完井设计及增产措施等均具有重要意义。

1. 原油的压缩系数

原油压缩系数是油藏弹性的一个量度，一般是由实验室测得。它定义为：在地层条件下，每变化单位压力，单位体积原油的体积变化率。在地层压力高于饱和压力条件下，原油的压缩系数为常数。

2. 原油体积系数

原油体积系数就是采出地面条件下的 $1m^3$ 脱气原油体积所占的地层原油体积量。在地层条件下，被天然气所饱和的原油，当采至地面时，由于压力和温度的降低，溶解气从原油中就分离出来，这样脱气后的原油体积就会缩小。

3. 原油黏度

地层原油黏度除了受其地层温度和地层压力的影响外，还受到构成原油的组分和天然气在原油中的溶解度影响。地层原油黏度随着地层温度的升高而降低，然而实际产油层的温度几乎是恒定的。

在原始地层压力、饱和压力及不同的脱气压力下的地层原油黏度，需经过高压物性取样和PVT分析加以确定。

(三) 天然气参数

1. 天然气的偏离因子

天然气的偏离因子也叫天然气的偏差因子，表示在某一温度和压力下，同一质量气体的真实体积与理想体积之比。

2. 天然气的压缩系数

天然气的压缩系数是指在恒温条件下，随压力变化的单位体积变化量。它是气藏产能计算中的一个重要的参数。

3. 天然气的体积系数

天然气的体积系数是指在地层条件下，某 1mol 气体占有的实际体积除以在地面标准条件下 1mol 气体占有的体积。

二、渗流力学中的基本方程

在射孔产能计算过程中涉及渗流力学的基本方程主要包括达西定律、连续性方程、状态方程和边界条件。

(一) 达西 (Darcy) 定律

通过孔隙介质的线性流符合达西定律，它反映了流量与压力梯度呈线性关系。达西定律也称线性渗透定律。达西定律被推广到其他流体渗过多孔介质上去。达西定律的一般形式是指通过多孔介质的流体的流量与压力梯度呈线性关系，而与流体的黏度 μ 成反比：

$$Q = -\frac{K}{\mu}\left(\frac{\partial p}{\partial x} - \rho g \sin\theta\right) \tag{1-4-1}$$

式中 Q——流量，m³/d；

p——压力，MPa；

g——重力加速度；

ρ——原油密度，kg/m³；

K——地层渗透率，μm²；

μ——原油黏度，mPa·s；

θ——正方向与水平面的夹角。

如果不考虑重力项，则达西定律的微分形式方程为：

$$Q = -\frac{K}{\mu}\frac{\mathrm{d}p}{\mathrm{d}x} \tag{1-4-2}$$

达西定律反映了渗流的一般规律，适用流体为牛顿流体。

(二) 连续性方程

流体在多孔介质中流动，它的质量既不会增加也不会减少，即保持质量守恒。这个质量守恒所满足的微分方程即为连续性方程：

$$\frac{\partial(\phi\rho)}{\partial t} + \nabla \cdot (\rho V) = G(x, y, z, t) \tag{1-4-3}$$

式中 ϕ——孔隙度；

V——体积；

t——时间。

（三）状态方程

状态方程是指多孔介质或流体在压缩或膨胀过程中，其所受的压力 p、密度 ρ、温度 T 或其他热力学参数之间的关系。

对于一般的液体，它的压缩性可用胡克（Hooke）定律来描述，即对于承受一定压力的液体，液体体积的相对变化率与压力变化成正比：

$$Cdp = -dV/V \tag{1-4-4}$$

或

$$Cdp = d\rho/\rho$$

对式（1-4-4）积分得到：

$$\rho = \rho_i \exp[C(p_i - p)] \tag{1-4-5}$$

式中　ρ_i——液体在承受压力为 p_i 下的密度，kg/m^3；

　　　C——流体压缩系数，1/MPa。

对于气体，它的状态方程可表示为

$$pV = znRT \tag{1-4-6}$$

式中　p——气体压力，MPa；

　　　V——气体体积，m^3；

　　　n——气体的摩尔量，kmol；

　　　R——气体常数，$MPa \cdot m^3/(kmol \cdot K)$；

　　　T——气体的温度，K；

　　　z——气体的偏差因子。

（四）单相流体渗流力学方程

对于等温流动，方程的个数与未知量的个数（ρ, V, p）相同，因此方程是封闭的。对微可压缩的流体，上述方程还可以简化。

1. 液体渗流方程

对各向同性的均质地层，可以引用类似于式（1-4-4）的状态方程形式来描述多孔介质和流体共同存在时的状态方程：

$$d\rho/\rho = C_t dp \tag{1-4-7}$$

式中　C_t——综合压缩系数，1/MPa。

$$\nabla^2 p = \frac{\phi \mu C_t}{K} \frac{\partial p}{\partial t} \tag{1-4-8}$$

式（1-4-8）为可压缩流体在多孔介质中所满足的渗流力学方程。

在各向异性介质中，如果取坐标轴 x_i 与介质的主轴一致，如果 x 方向渗透率 K_x、y 方向渗透率 K_y、垂向渗透率 K_z 和黏度 μ 都是常数，且在研究区域上无源或汇，令 $\eta_i = x_i \sqrt{k_1/k_i}$（$i=1, 2, 3$），则：

$$\frac{\partial^2 p}{\partial \eta_1^2} + \frac{\partial^2 p}{\partial \eta_2^2} + \frac{\partial^2 p}{\partial \eta_3^2} = \frac{1}{\chi} \frac{\partial p}{\partial t} \tag{1-4-9}$$

2. 气体渗流微分方程

将气体的状态方程、达西定律代入连续性方程（不考虑源汇项），可以得到：

$$\nabla^2 m(p) = \frac{\phi \mu C_g}{K} \frac{\partial m(p)}{\partial t} \quad (1-4-10)$$

式中 C_g——气体压缩系数，1/MPa。

由于单相气体和液体满足同样形式的方程，只要将气体的标准压力 $m(p)$ 换成油相压力 p，那么所有的油井计算方法都适用于气井的计算。

（五）定解条件

由于渗流力学方程是扩散型方程，因此要最终得到它的解 $p(x, y, z, t)$，就必须要给出渗流力学方程所满足的初始条件和边值条件。其中，边值条件至少要知道两个边值。

1. 初始条件

$$p(x, y, z, t=0) = f(x, y, z) \quad (1-4-11)$$

式中 $f(x, y, z)$——一个已知函数。

2. 边值条件

边值条件可分为内边界和外边界条件，在外边界上一般采用定压和封闭两种外边界条件。有时，也利用分段定压或分段封闭的形式来描述外边界条件。

有了方程及其定解条件，就可以求解油层中的压力分布，通过井底压力随时间的变化，反映了产能的变化。

第五节 材料学和材料力学

一、材料

材料是人类用于制造物品、器件、构件、机器或其他产品的那些物质。材料是人类赖以生存和发展的物质基础。20世纪70年代，人们把信息、材料和能源誉为当代文明的三大支柱。80年代以高技术群为代表的新技术革命，又把新材料、信息技术和生物技术并列为新技术革命的重要标志。这主要是因为材料与国民经济建设、国防建设和人民生活密切相关。材料除了具有重要性和普遍性以外，还具有多样性。由于多种多样，分类方法也就没有一个统一标准。从物理化学属性来分，可分为金属材料、无机非金属材料、有机高分子材料和不同类型材料所组成的复合材料。从用途来分，又分为电子材料、航空航天材料、核材料、建筑材料、能源材料、生物材料等。更常见的两种分类方法则是结构材料与功能材料、传统材料与新型材料。结构材料是以力学性能为基础，以制造受力构件所用材料，当然，结构材料对物理或化学性能也有一定要求，如光泽、热导率、抗辐照、抗腐蚀、抗氧化等。功能材料则主要是利用物质的独特物理、化学性质或生物功能等而形成的一类材料。一种材料往往既是结构材料又是功能材料，如铁、铜、铝等。传统材料是指那些已经成熟且在工业中已批量生产并大量应用的材料，如钢铁、水泥、塑料等。这类材料由于其量大、产值高、涉及面广，又是很多支柱产业的基础，所以又称为基础材料。新型材料

（先进材料）是指那些正在发展，且具有优异性能和应用前景的一类材料。新型材料与传统材料之间并没有明显的界限，传统材料通过采用新技术，提高技术含量，提高性能，大幅度增加附加值而成为新型材料；新材料在经过长期生产与应用之后也就成为传统材料。传统材料是发展新材料和高技术的基础，而新型材料又往往能推动传统材料的进一步发展。

射孔完井通过射孔器来实现。射孔器是用于油气井射孔的器材（或装置）及其配套件的组合体，其作用是打开井下封闭油气层的套管、水泥环并深入油气层，建立井筒与油气层间连通的通道，其性能的好坏直接影响到射孔完井效果。射孔器材质量好坏和射孔工艺水平的高低决定了射孔的完善程度，射孔对地层伤害和对井壁的损害程度，直接影响着油气产能和油气井的寿命。因此射孔器对材料有特殊的要求。

（一）射孔器对材料的总要求

1. 作业环境对射孔器材料要求

温度压力要求：射孔器均是在井下某一深度具有一定温度和压力的环境下作业，这就对射孔器的耐温指标和承压指标提出了要求，射孔器必须在一定的温度和压力下能正常工作。

化学稳定性要求：射孔器在一定的射孔保护液（完井液）中，其材料必须具有一定的抵抗氧化及井筒内其他化学介质腐蚀破坏作用的能力。

尺寸、外形要求：由于射孔器需要在狭小的空间（井筒）内进行射孔作业，这就对射孔射孔器的尺寸、外形等几何性质提出了要求。

2. 射孔器使用性能对材料要求

物理性能要求：物理性能是金属固有的属性，包括密度、熔点、导热性、导电性、热膨胀性和磁性等。射孔器材料主要作为一种结构材料，为便于作业人员现场操作，其密度不宜过大。金属受热时体积发生胀大的现象称为金属的热膨胀，为便于射孔器的起下，射孔器材料的热膨胀性不宜过大。

聚能射孔器的性能直接关系着射孔的效果和射孔后对井下环境的影响和破坏，因此对射孔器的评价，一般通过穿透性能（包括穿深、孔径）、枪身变形（外径胀大、裂纹等）、套管伤害（外径胀大、内毛刺高、裂纹等）等指标进行评价。

3. 载荷对射孔器材料要求

射孔器作为油气井射孔完井主要载体之一，承受着来自井筒的压力、射孔火工器材的重量及射孔器的自重等静态载荷。射孔瞬间，聚能射孔弹形成的高温高速高压射流穿透枪管、套管及地层，这是一个爆轰过程，伴随着爆轰波的产生。射孔是一个动态过程，瞬间形成强大的冲击波，冲击波形成的动态载荷会对射孔器做功。在工作过程中，射孔器所承受的静态载荷和动态载荷要求射孔器具有一定的力学性能。

（二）射孔器主要部件材料的选取及具体要求

射孔弹、射孔枪、导爆索和雷管等作为射孔器的主要部件，其个体的性能对于保障射孔器的基本性能起着关键的作用。

1. 射孔枪材料

枪身用热轧无缝钢管制造。无缝钢管是一种具有中空截面、周边没有接缝的长条钢材。钢管具有中空截面，与圆钢等实心钢材相比，在抗弯抗扭强度相同时，重量较轻，是一种经济截面钢材，广泛用于制造结构件和机械零件。钢管按横截面积形状的不同可分为圆管和异型管。由于在周长相等的条件下，圆面积最大。此外，圆环截面在承受内部或外部径向压力时，受力较均匀，因此，绝大多数钢管是圆管，射孔枪通常选用圆钢管。

因受重量限制，枪身不宜过长，对于超厚地层，可用中间接头组件调整枪身长度。

尺寸、外形及重量要求：

(1) 钢管的外径和壁厚应符合表1-5-1的规定；
(2) 钢管外径和壁厚的允许偏差：外径为±1%，壁厚为±12.5%；
(3) 钢管通常长度为8～12m；
(4) 钢管弯曲度应不大于1.0mm/m。

表1-5-1 钢管外径和壁厚　　　　　　　　　　　　　单位：mm

外　径	壁　厚
60.30	5.00
68.00	5.50、6.30
73.00	5.51、7.82、9.19
82.50	9.00
83.00	9.00
88.90	6.45、7.10、8.00、8.80、9.19、10.00、12.00
95.00	8.00、10.00
96.00	10.00
101.60	7.00、9.00、9.50、10.00、11.00
108.00	8.00
114.30	8.50、9.50、10.00、11.10、12.50、13.00
127.00	9.50、11.00、12.50
159.00	12.00、12.50、13.00
178.00	12.00

材料选取：射孔枪通常采用优质合金钢材料。在普通钢中掺入镍、钨、钼、钒、铜、钛、铝、钴、硅等就可以获得性质不同的合金钢。合金元素的加入使钢的性质发生了质的飞跃，获得了许多优异性能。射孔枪常用材料有32CrMo4、25Mn2MoV、35CrMo等。

钢的牌号及化学成分（熔炼分析）应符合表1-5-2的规定。

表1-5-2 钢的牌号及化学成分对应表

牌　号	化学成分（熔炼分析）（质量分数）（%）							
	C	Si	Mn	P	S	Cr	Mo	V
32CrMo4	0.29～0.36	0.17～0.37	0.50～0.80	≤0.015	≤0.010	0.90～1.20	0.20～0.30	—
25Mn2MoV	0.21～0.29	0.15～0.50	1.30～1.90	≤0.015	≤0.010	—	0.10～0.30	0.05～0.20

32CrMo4、25Mn2MoV、35CrMo等高级优质合金钢材料（表1-5-3）的主要成分是铁和碳，其余元素含量虽然很少，但也能影响其性质。硅能增加钢的强度和硬度。锰能增加钢的强度、硬度和韧性，提高耐磨性。磷和硫都是有害杂质，它们使钢在高温下或低温

下脆性增加，易破坏断裂（表1-5-4）。

表1-5-3　钢的质量分类

分　类	硫含量（质量分数）（%）	磷含量（质量分数）（%）
普通碳素钢	≤ 0.035	≤ 0.035
优质钢	≤ 0.030	≤ 0.030
高级优质钢	≤ 0.020	≤ 0.025

表1-5-4　主要合金元素对钢性能影响的有关说明

元素名称	对性能主要影响
C	含量增加，钢的硬度和强度也提高，但塑性和韧性随之下降
Cr	提高钢的淬透性，并有二次硬化作用，增加高碳钢的耐磨性，含量超过12%时，使钢具有良好的高温抗氧化性和耐氧化性介质腐蚀作用，提高钢的热强性，是不锈耐酸钢及耐热钢的主要合金元素，但含量高时易产生脆性
Mn	降低钢的下临界点，增加奥氏体冷却时的过冷度，细化珠光体组织以改善其力学性能，为低合金钢的重要合金元素，能明显提高钢的淬透性，但有增加晶粒粗化和回火脆性的不利倾向
Mo	提高钢的淬透性，含量0.5%时，能降低回火脆性，有二次硬化作用。提高热强性和蠕变强度，含量2%～3%时，提高抗有机酸及还原性介质腐蚀能力
P	一般情况下，磷是钢中有害物质，增加钢的冷脆性，使焊接性能变坏，降低塑性，使冷弯性能变坏。因此通常要求钢中含磷量小于0.045%，优质钢要求更低些
S	硫在通常情况下也是有害物质。使钢产生热脆性，降低钢的延展性和韧性，在锻造和轧制时造成裂纹。硫对焊接性能也不利，降低耐腐蚀性。所以通常要求硫含量小于0.055%，优质钢要求小于0.040%
Si	常用的脱氧剂，有固熔强化作用，提高电阻率，降低磁滞损耗，改善磁导率，提高淬透性，抗回火性，对改善综合力学性能有利，提高弹性极限，增加自然条件下的耐蚀性。含量较高时，降低焊接性，且易导致冷脆。中碳钢和高碳钢易于在回火时产生石墨化
V	固溶于奥氏体中可提高钢的淬透性，但化合状态存在的钒，会降低钢的淬透性，增加钢的回火稳定性，并有很强的二次硬化作用，固溶于铁素体中有极强的固溶强化作用。细化晶粒以提高低温冲击韧性，碳化钒是最硬耐磨性最好的金属碳化物，明显提高工具钢的寿命，提高钢的蠕变和持久强度，钒、碳含量比超过5.7时，可大大提高钢抗高温高压氢腐蚀的能力，但会稍微降低高温抗氧化性

2. 射孔器密封材料

射孔枪枪身两端用螺纹与枪头、枪尾联接，并通过O形密封圈形成密封空腔，弹架、射孔弹等爆炸器材放置于其中，以保证它们不受井下复杂环境的影响而能正常起爆。O形密封圈的材料有很多种，为了适应不同的工作要求，必须选择合适的材料，其材料特性见表1-5-5。O形密封圈材料的选择对射孔器的密封性能和使用寿命有着重要的意义。材料的性能直接影响O形密封圈的使用性能。除应具备密封圈材料的一般要求外，O形密封圈材料还要注意下述条件：

（1）富有弹性和回弹性；
（2）适当的机械强度，包括抗张强度、伸长率和抗撕裂强度等；
（3）性能稳定，在井液介质中不易溶胀，热收缩效应（焦耳效应）小；
（4）易加工成形，并能保持精密的尺寸；
（5）不腐蚀接触面，不污染介质等。

表1-5-5 密封圈材料特性表

材料代号	硬度范围邵氏（shore A）	温度范围（℃）	应用领域及特征
丁腈橡胶 NBR	55~90	-40~+120	液压气动用的标准材料，液压密封的施力元件；石油基液压油、动物油、植物油及油脂，阻燃液（HFA、HFB、HFC）、脂族烃；硅油和油脂、水和空气
氢化丁腈橡胶 HNBR	70~90	-30~+150	好的机械性能；高耐磨性；空气臭氧；热水、冰冻液、矿物油
氟橡胶 FKM（V）	65~90	-30~+230	矿物油、油脂；脂族烃、芳香烃、氯化烃、汽油、柴油、阻燃磷酸酯基液；硅油和油脂、酸、碱；很小的气体穿透性；适用于高真空应用场合
硅橡胶 VMQ（S）	50~57	-60~+230	热空气、氧、高温的惰性气体、臭氧、紫外线辐射、脂族机油和传动油、动物油和植物油；润滑脂、刹车油；温度范围广；耐矿物油性极差；仅限于静密封场合
乙丙橡胶 EPDM	60~80	-40~+140	热水、蒸气、刹车油、洗涤剂、酒精、酮、工业冷却剂、阻燃磷酸酯基液、有机和无机酸、碱；不耐矿物油
聚氨酯 AU（W）	85~95	-30~+110	极高的耐磨性和很高的抗挤出性、压缩永久变形小、机械强度高；液压油、石油基油脂、氧、臭氧、阻燃液
聚四氟乙烯 PTFE	50~70（shore D）	-200~+250	极好的耐化学腐蚀性和耐热性，可应用在几乎所有的场合；空气、光、臭氧；温度范围广；摩擦小，无黏着

满足上述要求的最合适而且最常用的材料是橡胶，所以射孔器O形密封圈大多用橡胶材料制成。橡胶的品种很多，而且不断有新的橡胶品种出现，设计与选用时，应了解各种橡胶的特性，合理选择。在选择射孔器O形密封圈材料时，要注意考虑到以下几点因素：

（1）O形密封圈的工作状态，射孔器中O形密封圈用于静密封；

（2）射孔器的工作状态，是处于连续的工作状态还是处于断续的工作状态，并要考虑到每次断续时间的长短，是否有冲击载荷作用在密封部位；

（3）工作介质是液体还是气体，并要考虑到其物理化学性质；

（4）工作压力的大小、波动幅度以及瞬时出现的最大压力等；

（5）工作温度及在井下停留的时间；

（6）价格和来源等。

3. 射孔弹材料

射孔弹主要由弹体、主装炸药、药型罩三个主要部件组成。

1）弹体

对于无枪身射孔弹，密封、承压均由弹体承担，对材料的力学性能要求较高，常用的材料有45#钢、碳钢、铸铁和锌铝合金等。应用最多的弹体材料有45#钢和碳钢。

对于低碎屑射孔弹，要求射孔弹爆炸后弹体形成细小颗粒，因此要求弹体一般采用碎性材料制作，如球墨铸铁、锌铝合金、粉末冶金等。

2）主装炸药

为适应井下高温高压环境，射孔弹的主装炸药选用耐热炸药。按射孔弹的耐温性能要求，常温射孔弹一般选用R852、SH931炸药，高温射孔弹一般选用H781炸药，超高温射孔弹一般选用Y971、S9920炸药。

射孔施工作业时应根据目的层位的实测温度,参考炸药的耐温—时间曲线(图1-5-1),选择适宜的火工器材,以保证射孔施工安全。

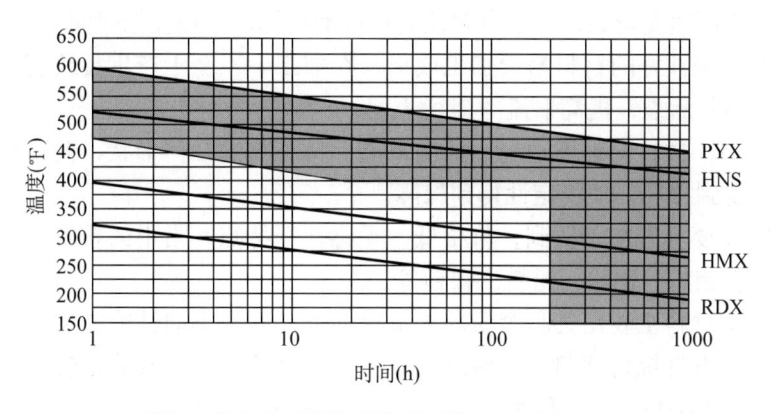

图1-5-1 炸药耐热温度与时间曲线

3)药型罩

药型罩材料是聚能效应的载体,其性能直接影响着射流质量的优劣,如射流密度、射流速度和连续射流长度等。药型罩材料技术的发展是发展射孔弹的关键技术,从某种意义上说,新型药型罩材料技术的发展往往代表着新型射孔弹技术的发展。

根据准定常理想不可压缩流体动力学理论,金属射流的侵彻深度 P 可用下式表示:

$$P = t_0 v_j e^{-\int_{v_{j0}}^{v_j} \frac{dv_j}{v_j-v}} - H + b = (H-b)\left[\left(\frac{v_{j0}}{v_j}\right)^{\sqrt{\frac{\rho_j}{\rho_t}}} - 1\right]$$

式中 P——射流的侵彻深度;

t_0——射流头部到达靶板的时间;

v_{j0}——射流头部速度;

v_j——射流尾部速度;

ρ_j——射流密度;

ρ_t——靶板密度;

H——炸高;

b——常数。

从上式中可以看出,当射流头部速度与尾部比值越大,其穿孔深度越深,这就要求具较强的稳定性,射流能得到充分的拉长而不断裂。

有利于提高射流稳定性的材料因素包括高密度、高熔点、高声速、细晶粒、适当的晶粒取向、良好的延伸率、最小的制造缺陷、低杂质含量、高动态强度和高韧性等。因此要求制造药型罩的材料具有高密度、高音速、塑性好和强度适当等特性。

(1)高密度。射流的侵彻能力与材料密度有关,材料密度高,射流在相同速度下的比动能高,有利于提高侵彻深度,确保射孔弹的稳定性。

（2）高音速。根据射流的形成条件（$v_j < 2.41C$，式中 C 为材料的音速，v_j 为形成的射流的速度）可知，只有来流的速度小于药型罩材料的音速时，才能形成凝聚射流。高音速材料形成的射流头部速度较高，可以有效地对抗侵彻目标，缩短侵彻时间。

（3）塑性好。塑性好的材料易于加工成形，在加工中不至于产生裂纹疵病，可保证射流在运动延伸中不易断裂，提高射流的连续长度。

（4）强度适当。材料的强度适当，药型罩能保持正常的几何形状，使药型罩在射孔弹装配过程中不易受到损坏，使稳定性得到保障。

药型罩材料还要具有易于买到、价格低、无毒性等特点。常用的粉末药型罩材料有铜粉、钨粉、铋粉、钼粉、锡粉、铅粉、镍粉等。

目前，药型罩材料主要由几种金属粉末混合而成，即把不同性能的金属或合金按照药型罩的设计复合来发挥综合优势。与传统的单金属药型罩相比，其能量转换与吸收机制更合理，化学能的利用率更充分，侵彻性能更优越，造价也更低廉。

混合粉末药型罩的应用，提高了射孔弹的穿孔性能，简化了药型罩的生产工艺，降低了射孔弹的制造成本。经过多年的发展，国内常见的药型罩配方材料有 Cu-Pb、Cu-W、Cu-Bi、Cu-Ni 等。

二、力学性能

材料在载荷作用下抵抗破坏的性能称为力学性能，也叫机械性能。金属材料的力学性能是零件的设计和选材时的主要依据。外加载荷性质不同（如拉伸、压缩、扭转、冲击、循环载荷等），对金属材料要求的力学性能也不同，见表 1-5-6。常用的力学性能包括强度、塑性、硬度、冲击韧性、多次冲击抗力和疲劳极限等。射孔器在作业过程中，必须承受一定的静态载荷和动态载荷，这就对射孔器的力学性能提出了要求。射孔枪作为聚能射孔器的主体承载部位，最基本的性能就是力学性能，只有在满足力学性能的条件下，才能保证聚能射孔器在射孔时的可靠性和安全性。

表 1-5-6　力学性能要求

牌号	规定非比例延伸强度 $R_{p0.2}$（MPa）	抗拉强度 R_m（MPa）	断后伸长率 A（%）	冲击功 [a]、[b] A_{kv}（J） 纵向	横向
	不小于				
32CrMo4　25Mn2MoV	724	793	14	57	38

[a]：当外径<73.03mm 时，不作冲击试验；当 73.03mm ≤外径< 101.6mm 时，作纵向冲击试验；当外径≥ 101.6mm 时，作横向冲击试验。试验温度为 0℃。3 个冲击试样的平均值应不小于表中的规定值，仅允许 1 个冲击试样的吸收功小于规定值，但不应低于规定值的三分之二。

[b]：不能制备标准试样时，可采用宽度为 7.5mm 或 5.0mm 的小尺寸试样。7.5mm 和 5.0mm 小尺寸试样的最小夏比 V 形缺口冲击功要求应分别为表中的全尺寸试样冲击功要求值乘以递减系数 0.80 和 0.55。

（一）强度

强度是指金属材料在静载荷作用下抵抗破坏（过量塑性变形或断裂）的性能。由于载荷的作用方式有拉伸、压缩、弯曲、剪切等形式，所以强度也分为抗拉强度、抗压强度、抗弯强度、抗剪强度等。各种强度间常有一定的联系，使用中一般较多以抗拉强度作为最基本的强度指标。

抗拉强度（R_m）指材料在拉断前承受最大应力值，射孔枪材料的抗拉强度应不小于793MPa。

非比例延伸率等于规定的引伸计标距百分率时的应力，$R_{p0.2}$即为规定的引伸计标距0.2%时的应力，射孔枪材料的抗拉强度应不小于724MPa。

（二）塑性

塑性是指金属材料在载荷作用下，产生塑性变形（永久变形）而不破坏的能力。常用的塑性指标有断后伸长率和断面收缩率等。

最初标距长度（L_0）：在试件变形前的标距长度。

最终标距长度（L_u）：在试件断裂后并且将断裂部分仔细地对合在一起使之处于一直线上的标距长度。

断后伸长率（A）：断后标距的残余伸长（L_u-L_0）与原始标距（L_0）自比的百分率，$A=(L_u-L_0)/L_0\times 100\%$，射孔枪材料断后伸长率应不小于14%。

断面收缩率：材料在拉伸断裂后，断面最大缩小面积与原断面积的百分比。

（三）冲击韧性

以很大速度作用于机件上的载荷称为冲击载荷，金属在冲击载荷作用下抵抗破坏的能力叫做冲击韧性。射孔是一个动态过程，瞬间形成强大的冲击波，冲击波形成的动态载荷会对射孔器做功，这就要求射孔枪材料具有一定的冲击韧性。

GB/T 229—2007规定了测定金属材料在夏比冲击试验中吸收能量的方法。其测定原理：制备有一定形状和尺寸的金属试样，使其具有U形缺口或V形缺口，在夏比冲击试验机上处于简支梁状态，以试验机举起的摆锤作一次冲击，使试样沿缺口冲断，用折断时摆锤重新升起高度差计算试样的吸收功，即为A_{ku}和A_{kv}。吸收功值大，表示材料韧性好，对结构中的缺口或其他的应力集中情况不敏感。对重要结构的材料近年来趋向于采用更能反映缺口效应的V形缺口试样做冲击试验（图1-5-2）。射孔枪材料冲击试验常采用V形缺口（图1-5-3）。

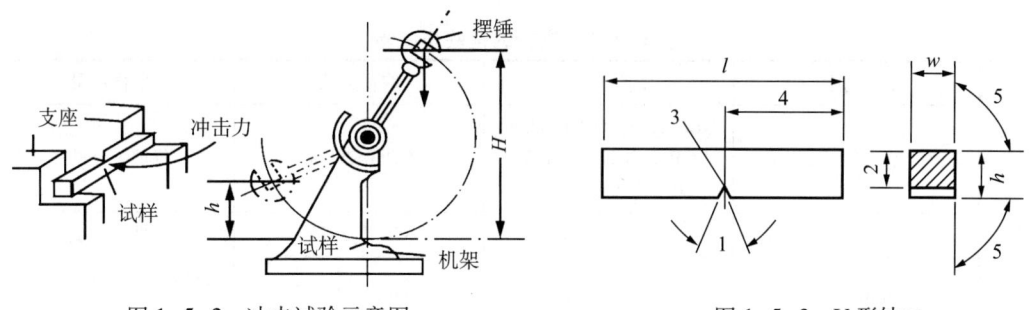

图1-5-2 冲击试验示意图　　　　图1-5-3 V形缺口

冲击试样的取样方式也有两种，即横向取样和纵向取样（与钢板轧制方向垂直为横向，平行为纵向）。冲击试样的规格尺寸有三种，即标准试样为55mm×10mm×10mm，小试样为55mm×10mm×7.5mm或55mm×10mm×5mm。冲击试样的规格尺寸主要根据材料厚度可能制得的最大尺寸规格确定，试样的尺寸和偏差见表1-5-7。

表 1-5-7 试样的尺寸和偏差

名　　称		符号及序号	V 形缺口试样		U 形缺口试样	
			公称尺寸	机加工偏差	公称尺寸	机加工偏差
长　度		l	55mm	±0.60mm	55mm	±0.60mm
高　度[a]		h	10mm	±0.075mm	10mm	±0.11mm
宽　度[a]		w				
冲击试样	标准试样		10mm	±0.11mm	10mm	±0.11mm
	小试样		7.5mm	±0.11mm	7.5mm	±0.11mm
	小试样		5mm	±0.06mm	5mm	±0.06mm
	小试样		2.5mm	±0.04mm	—	—
缺口角度		1	45°	±2°	—	—
缺口底部高度		2	8mm	±0.075mm	8mm[b] 5mm[b]	±0.09mm ±0.09mm
缺口根部半径		3	0.25mm	±0.025mm	1mm	±0.07mm
缺口对称面—端部距离[a]		4	27.5mm	±0.42mm[c]	27.5mm	±0.42mm[c]
缺口对称面—试样纵轴角度		—	90°	±2°	90°	±2°
试样纵向面间夹角		5	90°	±2°	90°	±2°

a：除端部外，试样表面粗糙度应优于 5μm。
b：如规定其他高度，应规定相应偏差。
c：对自动定位试样的试验机，建议偏差用 ±0.165mm 代替 ±0.42mm。

（四）射孔枪材料的检验与试验

（1）钢管的尺寸应用合适的量具逐根进行测量。
（2）钢管的内、外表面需在照明下用肉眼逐根进行检查。
（3）钢管的检验项目、试验方法、取样方法及取样数量应符合表 1-5-8 的规定。

表 1-5-8 钢管的检验与试验

序号	试验项目	试验方法	取样方法	取样数量
1	化学成分（熔炼分析）	GB/T 223、GB/T 4336、GB/T 20123、GB/T 20125、GB/T 20126	GB/T 20066	每炉一个试样
2	拉伸试验	GB/T 228	GB/T 2975	每批一个试样
3	冲击试验	GB/T 229	GB/T 2975	每批在一根钢管上取一组三个试样
4	涡流探伤	GB/T 7735	—	逐根
5	漏磁探伤	GB/T 12606	—	逐根
6	超声波探伤	GB/T 5777	—	逐根
7	管端磁粉探伤	—	—	逐根（两端）

钢管每批为 200 根，剩余钢管的根数不小于 100 根时，单独为一批；小于 100 根时，

应并入相邻的一批中。

复验与判定原则拉伸和冲击试验如有一项试验结果（包括该项试验所要求的任一指标）不合格，则应将该根钢管剔除，并从同一批钢管中重新取 2 根钢管复验不合格的项目，复验结果即使有一个指标不合格，则整批钢管不予验收。供方可对复验不合格的钢管进行调质处理，作为新的一批提交验收。

（五）射孔器连接螺纹强度校核

射孔器常通过普通螺纹、梯形螺纹、矩形螺纹等与下井工具和完井管柱相连接。

螺旋副的螺纹种类、特点和应用见表 1-5-9。

表 1-5-9　螺旋副的螺纹种类、特点和应用

种类	牙形图	特　点	应　用
梯形螺纹	GB 5796.1—1986	牙形角 α=30°，螺纹副的大径和小径处有相等的径向间隙，牙根强度高，螺纹的工艺性好（可以用高生产率的方法制造）；内外螺纹以锥面贴合，对中性好，不易松动；采用剖分式螺母，可以调整和消除间隙；但其效率较低	用于传力螺纹和传动螺旋如金属切削机床的丝杆、载重螺旋式起重机、锻压机的传力螺旋
锯齿形螺纹	GB/T 13576.1—1992 3°/30° JB 2076 0°/45°	有两种牙形，一种是工作面牙形斜角 $α_1$=3°（便于加工），非工作面牙形斜角 $α_2$=30°，已制定 GB/T 13576—1992 的 3°/30° 锯齿形螺纹；另一种是 $α_1$=0°，$α_2$=45° 的 0°/45° 锯齿形螺纹，只有行业标准。其外螺纹的牙根处有相当大的圆角，减小了应力集中，提高了动载强度。大径处无间隙，便于对中，和梯形螺纹一样都具有螺纹的强度高、工艺性好的特点，但有更高的效率	用于单向受力的传力螺纹，如初轧机的压下螺纹、大型起重机的螺纹千斤顶，水压机的传力螺纹、火炮的炮栓机构
圆螺纹		螺纹强度高，应力集中小；和其他螺纹比，对污染和腐蚀的敏感性小，但效率低	用于受冲击和变载荷的传力螺旋
矩形螺纹		牙形为正方形，牙形角 α=0°。传动效率高，但精确制造困难（为便于加工，可制成 10° 牙形角）；螺纹强度比梯形螺纹、锯齿形螺纹低，对中精度低，螺纹副磨损后的间隙难以补偿与修复	用于传力螺旋和传动螺旋，如一般起重螺旋
三角形螺纹		牙形角 α=30° 的特殊螺纹或公制普通螺纹。自锁性好、效率低	用于小螺距的高强度调整螺旋如仪表机构

根据实践，在以下几种情况下受轴向载荷的螺纹连接应进行强度校核：旋合长度较短，非标准螺纹，内外螺纹材料相差较大。

一般内螺纹的材料强度低于外螺纹，故只需校核内螺纹牙的强度。内外螺纹材料相同时，只校核外螺纹强度。

本部分主要讨论三个方面的校核：抗挤压、抗剪切、抗弯曲。

1. 螺纹副抗挤压计算

把螺纹牙展直后相当于一根悬臂梁，抗挤压是指公、母螺纹牙之间的挤压应力不应超过许用挤压应力，否则便会产生挤压破坏。设轴向力为 F，相旋合螺纹圈数为 z，则验算计算式：

$$\sigma_p = \frac{F}{A} \leqslant [\sigma_p]$$

且

$$\frac{F}{A} = \frac{F}{\pi d_2 h z}$$

若取：

$$[\sigma_p] = [\sigma]$$

则有：

$$\frac{F}{\pi d_2 h z} \leqslant [\sigma]$$

式中　σ_p——挤压应力，MPa；

　　　$[\sigma_p]$——许用挤压应力，MPa；

　　　F——轴向力，N；

　　　d_2——外螺纹中径，mm；

　　　h——螺纹工作高度，mm；

　　　z——结合圈数，无量纲，一般不要超过 10（因为旋合的各圈螺纹牙受力不均，因而 z 不宜大于 10）；

　　　p——螺距，mm。

h 与 p 的关系：

$$h = \begin{cases} 0.5p & \text{（梯形螺纹）} \\ 0.5p & \text{（矩形螺纹）} \\ 0.75p & \text{（锯齿螺纹）} \\ \dfrac{5\sqrt{3}}{16}p = 0.541p & \text{（普通螺纹）} \end{cases}$$

2. 抗剪切强度校核

对外螺纹，应满足：

$$\tau = \frac{F}{k z \pi d_1 b z} \leqslant [\tau]$$

对内螺纹，应满足：

$$\tau = \frac{F}{k z \pi D b z} \leqslant [\tau]$$

式中　F——轴向力，N；

　　　d_1——计算外螺纹时使用螺纹小径，mm；

　　　D——计算内螺纹时使用螺纹大径，mm；

k_z——载荷不均匀系数；

b——螺纹牙底宽度，mm；

$[\tau]$——许用剪应力，MPa。

对于材质为钢，一般可以取：

$$[\tau]=0.6[\sigma]$$

$$[\sigma]=\frac{\sigma_S}{S}$$

式中 $[\sigma]$——材料的许用拉应力，MPa。

σ_S——屈服应力，MPa；

S——安全系数，一般取 3～5。

b 与 p 的关系为：

$$b=\begin{cases}0.634p & (\text{梯形螺纹})\\ 0.5p & (\text{矩形螺纹})\\ 0.73p & (\text{锯齿螺纹})\\ 0.75p & (\text{普通螺纹})\end{cases}$$

3. 抗弯曲强度校核

对外螺纹，应满足：

$$\frac{3Fh}{k_z\pi d_1 b^2 z}\leqslant [\sigma_b]$$

对内螺纹，应满足：

$$\frac{3Fh}{k_z\pi D b^2 z}\leqslant [\sigma_b]$$

其推导过程如下：

一般来讲，内螺纹材料强度低于外螺纹，所以螺纹牙抗弯和抗剪强度校核以内螺纹为对象，即校核内螺纹；但当内螺纹和外螺纹材料相同时，则外螺纹的强度要低于内螺纹，所以此时应校核外螺纹强度，即校核外螺纹。

若将内螺纹、外螺纹的一圈螺纹沿螺纹大径处展开，即可视为一悬壁梁，危险截面为 A'A，如图 1-5-4 所示。

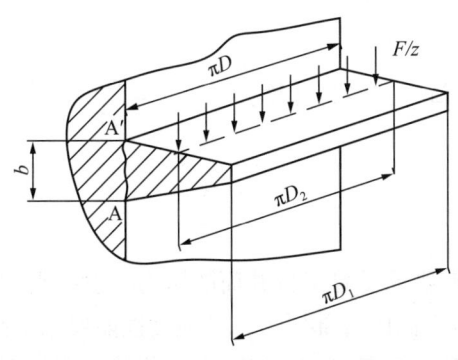

图 1-5-4 内螺纹的一圈螺纹展开 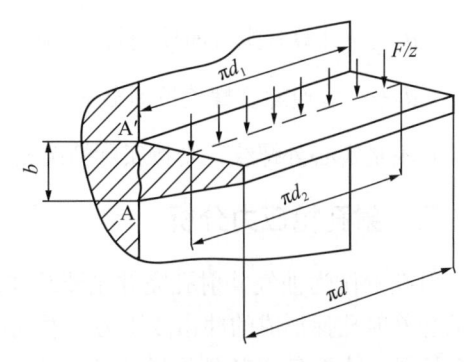   图 1-5-5 外螺纹的一圈螺纹展开

若将外螺纹的一圈螺纹沿螺纹小径处展开，即可视为一悬壁梁，如图 1-5-5 所示。

以校核外螺纹为例，每圈螺纹承受的平均作用力 F/z 作用在中径 d_2 的圆周上，则螺纹牙根部危险剖面 A′A 的变曲强度条件为：

对外螺纹：

$$\sigma_b = \frac{M}{W} = \frac{\dfrac{F}{z} \cdot \dfrac{d-d_2}{2}}{\dfrac{\pi d_1 b^2}{6}} = \frac{3Fh}{\pi d_1 b^2 z} \leqslant [\sigma_b]$$

对内螺纹：

$$\sigma_b = \frac{3Fh}{\pi D b^2 z} \leqslant [\sigma_b]$$

式中　L——弯曲力臂，mm，$\dfrac{d-d_2}{2}$；

　　　W——单圈外螺纹展开后的 A′A 截面的抗弯模量，mm³，$\dfrac{\pi d_1 b^2}{6}$；

　　　σ_b——弯曲应力，MPa；

　　　$[\sigma_b]$——螺纹牙的许用弯曲应力，对钢材，$[\sigma_b]=1/1.2[\sigma]$。

$$M = \frac{F}{z} L = \frac{F}{z} \frac{d-d_2}{2} = \frac{F}{2z}(d-d_2)$$

外螺纹强度校核还需要校核外螺纹的强度，若为实心外螺纹，则有：

$$\sigma = \frac{F}{A} = \frac{F}{\dfrac{\pi}{4} d_1^2} \leqslant [\sigma]$$

但对普通螺纹，其计算公式为：

$$\sigma = \frac{F}{A} = \frac{F}{\dfrac{\pi}{4} d_c^2} = \frac{F}{\dfrac{\pi}{4}\left(d_1 - \dfrac{H}{6}\right)^2} \leqslant [\sigma]$$

式中　F——轴向力，N；

　　　H——原始三角形高度，mm，对于普通螺纹 $H = \dfrac{\sqrt{3}}{2} p$；

　　　d_1——计算外螺纹时使用螺纹小径，mm；

　　　d_c——普通螺纹螺栓拉断截面，是一个经验值，其经验计算公式为 $d_c = \dfrac{\pi}{4}\left(d_1 - \dfrac{H}{6}\right)^2$。

若不是实心外螺纹，则按实际情况校核。

三、射孔枪应力分析

射孔枪作为油气井射孔完井主要载体之一，需要承受着来自井筒的压力，射孔瞬间还要承受着射孔弹形成的冲击波压力，射孔枪承受着很高的外部压力，其强度性能要求很高。射孔枪是一个圆筒，其外形尺寸随着井况条件的变化而变化。工程上定义薄壁圆筒与厚壁圆筒，当圆筒壁厚 t 远小于它的内径 d 时（$t < \dfrac{d}{20}$），称为薄壁圆筒，如锅炉类容器，因其壁厚与半径相比是一微量，故可认为沿壁厚的应力是均布的；当 $t > \dfrac{d}{20}$ 时，称为中厚壁圆筒或厚壁圆筒，由于壁厚与半径相比不是一个微量，不能假设沿壁厚的应力是均匀分布的，厚壁圆筒的几何形状和外载都对称与圆筒的轴线，壁内的应力和变形也对称与圆筒轴线，可以看成轴对称问题。射孔枪管材壁厚一般不小于 5mm，射孔枪基本上属于中厚壁或厚壁圆筒。

厚壁圆筒沿着圆筒轴线受均布而对称分布的内压力 p_1 和外压力 p_2（图 1-5-6），计算圆筒的应力和变形时，需要从几何、静力、物理三方面进行。

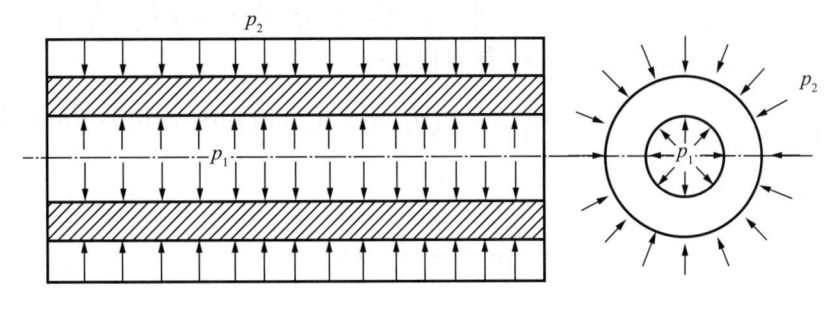

图 1-5-6 厚壁筒

（一）几何变形关系

在离厚壁圆筒两端点较远处，用两个垂直于轴线的横截面，取出一段单位长度，再以半径为 r 和 $r+\mathrm{d}r$ 的两个相邻圆柱面和夹角位 $\mathrm{d}\theta$ 的两个相邻径向面，从圆筒中取出单元体（图 1-5-7），再将单元体放大（图 1-5-8），由于变形是对称的，筒内各点径向方向的位移 u 只与半径有关，与 θ 角无关，若 a 点的径向位移为 u，则 b 点的径向位移为 $u+\mathrm{d}u$，变形后单元体 ad 边位移到 a′d′ 边，周向应变：

$$\varepsilon_\theta = \frac{(r+u)\mathrm{d}\theta - r\mathrm{d}\theta}{r\mathrm{d}\theta} = \frac{u}{r}$$

而 a 点的径向应变：

$$\varepsilon_r = \frac{[\mathrm{d}r + (u+\mathrm{d}u) - u] - \mathrm{d}r}{\mathrm{d}r} = \frac{\mathrm{d}u}{\mathrm{d}r}$$

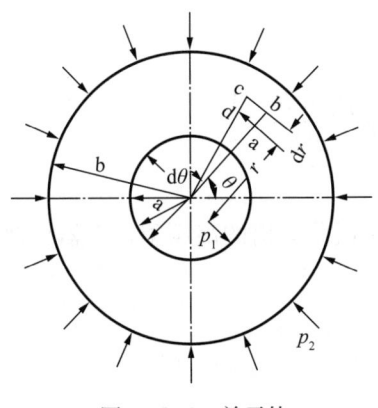

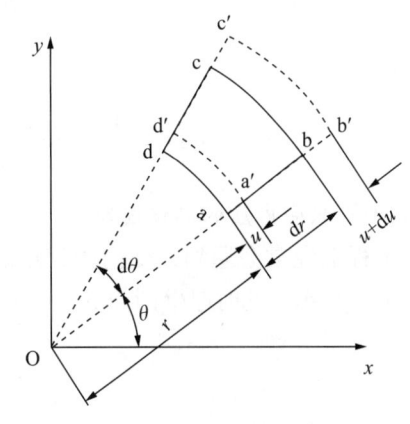

图 1-5-7 单元体　　　　图 1-5-8 单元体放大图

（二）静力平衡方程

如图1-5-9所示，径向静力平衡方程为作用于单元体 ad 面上的正应力用 σ_r 表示，称径向应力。作用在 ab 面上的正应力用 σ_θ 表示，称周向应力。根据轴对称性质，σ_r 和 σ_θ 都是半径 r 的函数，与 θ 角无关。cd 面上的应力与 ad 面上的应力相同，用 σ_θ 表示。bc 面上的正应力比 ad 面上的正应力多一增量 $d\sigma_r$，单元体周边没有剪应力作用，单元体上的正应力向半径 r 方向投影。静力平衡方程为：

$$(\sigma_r + d\sigma_r)(r + dr)d\theta - \sigma_r r d\theta - 2\sigma_\theta dr \frac{d\theta}{2} = 0$$

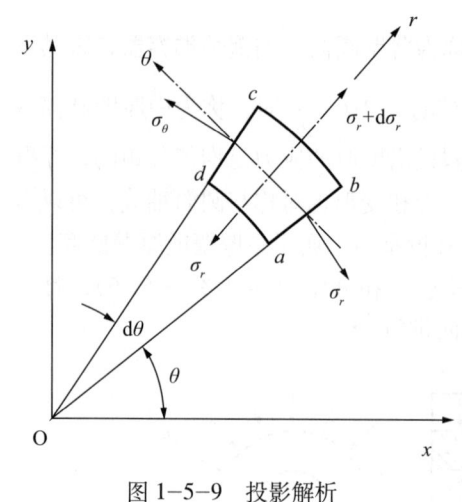

图1-5-9 投影解析

略去高阶微量，得：

$$\frac{d\sigma_r}{dr} + \frac{\sigma_r - \sigma_\theta}{r} = 0$$

（三）物理方程

假设圆筒两端敞开，垂直于圆筒轴线 z 横截面上的正应力为 $\sigma_z=0$，单元体在两向应力状态下，由广义虎克定律，得到应力应变关系：

$$\varepsilon_r = \frac{1}{E}(\sigma_r - \mu\sigma_\theta)$$

$$\varepsilon_\theta = \frac{1}{E}(\sigma_\theta - \mu\sigma_r)$$

综合几何变形、静力平衡和物理三方面的方程，求解出厚壁圆筒的应力：

$$\sigma_r = \frac{a^2 p_1 - b^2 p_2}{b^2 - a^2} - \frac{(p_1 - p_2)a^2 b^2}{r^2(b^2 - a^2)}$$

$$\sigma_\theta = \frac{a^2 p_1 - b^2 p_2}{b^2 - a^2} + \frac{(p_1 - p_2)a^2 b^2}{r^2(b^2 - a^2)}$$

变形得：

$$u = \frac{1-\mu}{E} \times \frac{a^2 p_1 - b^2 p_2}{b^2 - a^2} \times r + \frac{1+\mu}{E} \times \frac{(p_1 - p_2)a^2 b^2}{(b^2 - a^2)} \times \frac{1}{r}$$

（四）只受内压的厚壁圆筒

工程上经常会遇到只受内压作用的案例，如高温高压试验室用的高压釜体容器，此种情况下，$p_2=0$，此时厚壁圆筒的应力：

$$\sigma_r = \frac{p_1 a^2}{b^2 - a^2}\left(1 - \frac{b^2}{r^2}\right)$$

$$\sigma_\theta = \frac{p_1 a^2}{b^2 - a^2}\left(1 + \frac{b^2}{r^2}\right)$$

变形得：

$$u = p_1 \frac{r}{E} \frac{a^2}{b^2 - a^2}\left[(1-\mu) + (1+\mu)\times\frac{b^2}{r^2}\right]$$

表明径向应力 σ_r 为恒压应力，周向应力 σ_θ 为恒拉应力，都沿壁厚方向变化（图 1-5-10），在 $r=a$ 处两个应力达到极值，内壁各点都是危险点，由于两个都是主应力，根据第三强度理论当量应力 σ_{xd3} 表示的塑性破坏条件和强度条件分别为：

$$\sigma_{xd3} = \sigma_1 - \sigma_3 = \sigma_s \leqslant [\sigma]$$

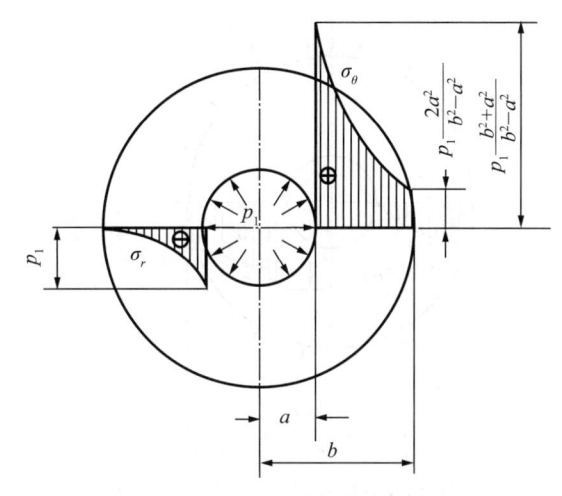

图 1-5-10 受内压圆筒应力变化

令 $\sigma_\theta = \sigma_1$、$\sigma_r = \sigma_3$ 和 $r=a$，则：

$$\sigma_{xd3} = \frac{2p_1 b^2}{b^2 - a^2} \leqslant [\sigma]$$

当壁厚 $t=b-a$ 与半径 a、b 相比是一个很小的数值（薄壁圆筒），可近似认为：

$$1 + \frac{b^2}{r^2} \approx 1 + 1 = 2$$

$$b^2 - a^2 = (b-a)(b+a) \approx Dt$$

$D=2a$ 为薄壁圆筒内直径。

故薄壁圆筒周向应力：

$$\sigma_\theta = \frac{p_1 D}{2t}$$

[示例 1] 地面试压设备的釜体一般采用厚壁圆筒，试验过程中釜体只受到内压作用，若釜体材质为 35CrMo，其屈服极限为 835MPa，外径为 ϕ127mm，壁厚 13mm，计算釜体承受内压值 p_1。

解：

根据上述只受内压的厚壁圆筒计算公式，在 $r=a$ 处两个应力达到极值，内壁各点都是危险点，下面进行抗内压值计算。

内圆半径 $a=50.5$mm

外圆半径 $b=63.5$mm

$[\sigma]=835$MPa

根据公式：

$$\frac{2p_1 b^2}{b^2 - a^2} = \sigma$$

则内压值为：

$$p_1 = \frac{b^2 - a^2}{2b^2}\sigma = \frac{63.5^2 - 50.5^2}{2\times 63.5^2}\times 10^{-6}\times 835\times 10^6 = 153.2\text{MPa}$$

— 67 —

经过理论计算，该厚壁筒试压釜体的抗内压值为153.2MPa，考虑上安全系数0.75～0.8，则其抗内压值为114.9～122.6MPa。

（五）只受外压的厚壁圆筒

在工程上经常存在着只受外压作用的情况，如射孔枪耐压试验。此时，$p_1=0$则圆筒应力为：

$$\sigma_r = -\frac{p_2 b^2}{b^2-a^2}\left(1-\frac{a^2}{r^2}\right)$$

$$\sigma_\theta = \frac{p_2 b^2}{b^2-a^2}\left(1+\frac{a^2}{r^2}\right)$$

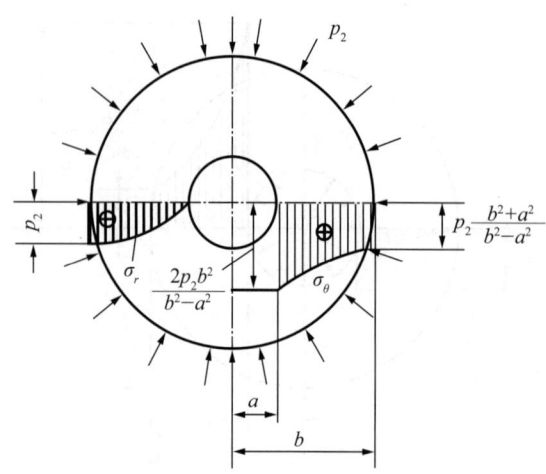

图 1-5-11 受外力圆筒应力变化

变形得：

$$u = -p_2 \frac{r}{E}\frac{b^2}{b^2-a^2}\left[(1-\mu)+(1+\mu)\times\frac{a^2}{r^2}\right]$$

表明径向应力 σ_r 和周向应力 σ_θ 为恒压应力，都沿壁厚方向变化（图 1-5-11），$r=b$ 危险点发生在筒壁的内侧，根据第三强度理论，强度条件为：

$$\sigma_{xd3} = \frac{2p_2 b^2}{b^2-a^2} \leqslant [\sigma]$$

[**示例 2**] 在石油器材生产过程中，研发的射孔枪都需要进行地面抗外压试验，枪管材料为 32CrMo4，其屈服极限为 945MPa，127 型射孔枪枪管外径为 ϕ127mm，壁厚 13mm，计算射孔枪抗外压值 p_2。

解：

根据上述只受外压的厚壁圆筒计算公式，在 $r=b$ 危险点发生在筒壁的内侧，下面进行抗外压值计算。

内圆半径 $a=50.5$mm

外圆半径 $b=63.5$mm

$[\sigma]=835$MPa

根据公式：

$$\frac{2p_2 b^2}{b^2-a^2} = \sigma$$

则外压值为：

$$p_2 = \frac{b^2-a^2}{2b^2}\sigma = \frac{63.5^2-50.5^2}{2\times 63.5^2}\times 10^{-6}\times 945\times 10^6 = 173.7\text{MPa}$$

经过理论计算，127 型射孔枪的抗外压值为173.7MPa。安全系数取0.8时，其抗外压值为139.0MPa。

第六节　射孔参数对油气井产能的影响

射孔参数主要有孔深、孔密、孔径、相位角、压实损害等。

随着科技水平的进步，人们对射孔参数对产能的影响研究也逐步深入，所采用的研究方法概括起来最主要的有两种：一种是电解模型模拟方法，另一种是数值模拟方法。美国人 Mcdowell 和 Muskat 于 1950 年应用电解模型模拟方法研究了孔深、孔密对油井产能的影响。他们根据水电相似原理，建立了一个理想均质油藏中心一口射孔完井的模型。在稳定流的条件下，推导了射孔井、裸眼井各量之间的关系式，得出了孔深、孔密对射孔井生产能力的影响关系。该模型选用铜电极和弱硫酸铜溶液做电解质，较以前所用的电解质模型所求得的结果精度更高。西南石油学院在"七五"期间也应用该方法对各种射孔参数对油层产能的影响进行了系统的研究。除考虑孔深、孔密的影响外，还研究了钻井污染、压实带损害、布孔格式等因素对产能的影响。

美国人 M.H. Harrish 于 1966 年建立了描述理想射孔系统的数学方程，并应用计算机进行数值模拟，研究了孔深、孔密、相位及孔径对油井产能的影响。其计算结果是通过一系列曲线，以表皮系数的形式给出的。该方法有较大的实用性。K.C. Hong 于 1975 年研究了均质油藏和有渗透率损害带的油藏射孔对生产能力的影响，给出了一套应用范围较广泛的诺谟图。Harrish 及 Hong 所采用的均为有限差分法数值模拟。klotz 于 1974 年首先运用了有限元方法来评价存在压实带时射孔的产能。同年，Locke 应用了一个较为精确的射孔层段的几何模型，考虑了井底的真实几何形态和压实带、污染带及各种相位角，第一次建立了三维有限元模型，得出了在实际流动条件下各个参数的相关关系，绘制了诺谟图。20世纪 80 年代，Tariq 在研究中考虑了紊流作用的影响，使其研究成果进一步接近实际。西南石油学院、石油大学（北京）在"七五"期间分别采用有限元方法系统地研究了各射孔参数对油层产能的影响，得出了各参数与产能关系的定量回归计算公式，并以此编制了射孔方案优化设计应用软件，使射孔与产能关系的研究从理论研究走向了实际应用，带动了我国射孔方案优化设计工作的开展。进入"九五"以后，大庆油田试油试采分公司再次在中国石油天然气总公司立项研究，并与中国科技大学联合，开发出新一代射孔优化设计软件。该软件无论在界面、功能、计算精度等方面都较之"七五"期间的软件有了很大的改进和提高，使我国射孔优化设计工作进入一个新阶段。

射孔参数设计的合理与否最终影响到射孔产能。因此有必要知道各射孔参数对产能的影响情况。本节将介绍在相同的地层条件、井筒条件下，射孔单一参数对油气井产能的影响。这些参数的影响都是针对砂泥岩层进行的研究，非砂岩层的影响规律还有待于进一步的研究。

一、稳定渗流情况下射孔参数对产能的影响

稳定渗流是指多孔介质的流场中各个空间点上的物理量如压力、流速等均与时间无关。

（一）孔深的影响

射孔深度（简称孔深）是指射孔穿透套管、水泥环后在地层中形成的孔道有效长度。

孔深是影响油井产能的一个重要因素。

产率比随孔深变化的曲线如图1-6-1所示。产率比随孔深的增加而增加，但在孔深1m左右它增加的幅度是总增加幅度的一半，也就是说这时孔深对产能影响较大。

通过对比不存在钻井污染的地层中产率比随孔深变化曲线（图1-6-2）及存在钻井污染的地层中产率比随孔深变化曲线（图1-6-3）可以看出，相同之处是随着孔深的增加产率比增加，曲线在孔深较小时斜率较大，当孔深较大时，斜率变小、变平。不同之处是当孔深达到钻井污染带深度时，曲线出现拐点，也就是说，当射孔深度超过钻井污染带时，产率比能有较大幅度的提高，曲线变陡。这就意味着适当提高射孔穿透深度，使其射穿钻井污染带，将会产生较大的产能效益，但这种效益随着孔深的增加而逐步减少。因此，无限制地追求深穿透是不必要的。

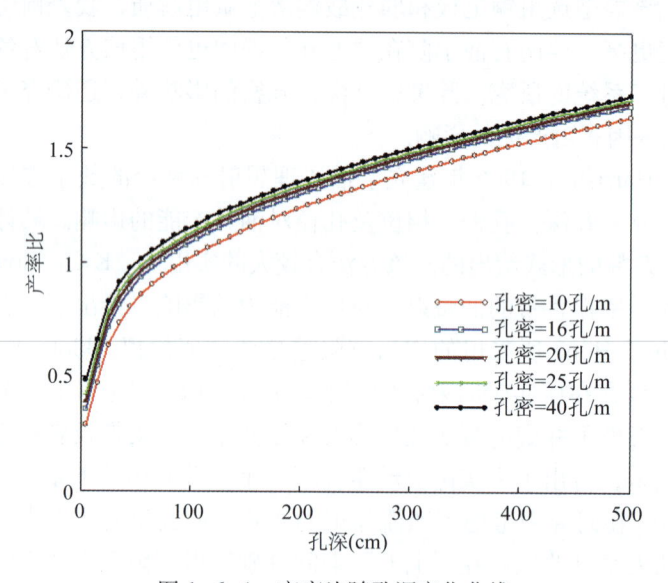

图1-6-1 产率比随孔深变化曲线

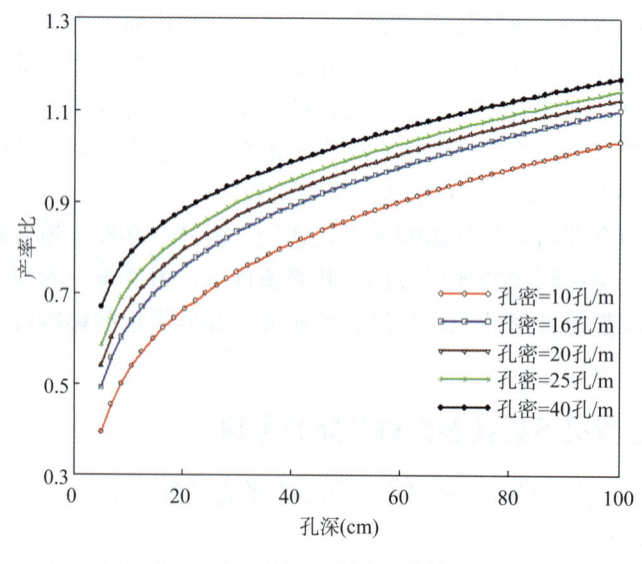

图1-6-2 产率比随孔深变化曲线（无污染）

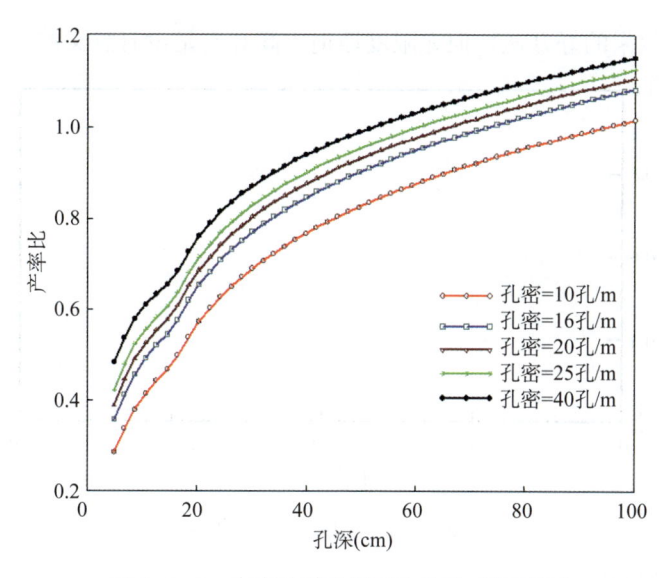

图 1-6-3　产率比随孔深变化曲线（有污染）

（二）孔径的影响

孔径是指射孔形成孔道的直径。

如图 1-6-4 所示，孔径对产能的影响较小，相对而言是一个不太重要的因素。目前所用弹型的孔径的变化范围较小，由于射孔弹的炸药量及能量均是一定，故一般都倾向于牺牲孔径（孔径为 10mm 左右即可）来换取较大的孔深。但这个结论不适用于稠油层、易出砂等特殊储层。

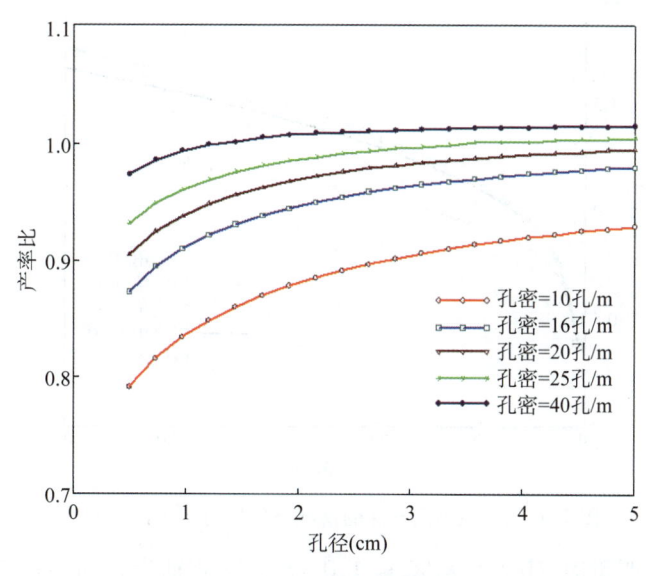

图 1-6-4　产率比随孔径变化曲线

（三）孔密的影响

孔密是指单位长度射孔器所装射孔弹的数量。

如图 1-6-5 所示，孔密从 10 孔 /m 增加到 16 孔 /m 时，产率比增加 10% 以上；而孔密从 25 孔 /m 增加到 31 孔 /m 时，产率比却只增加不到 3%。这说明在孔密较低时，增加孔密是一种提高射孔效果的好办法，但无限度地追求高孔密是没有意义的。

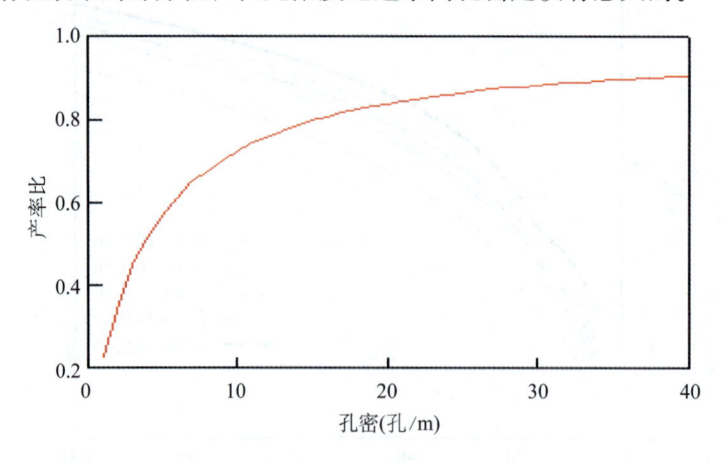

图 1-6-5 产率比随孔密变化曲线

（四）相位角的影响

相位角是指相邻两个射孔弹之间的角度。相位角是影响产能的一个重要因素。

图 1-6-6 是在无污染无压实情况下研究得出结果。如图所示，0°相位角性能最差，180°相位角的产率比比 0°相位角高 20%，而最佳相位角 60°的产率比比 0°的产率比高 30%。相位角的优劣次序为 60°、90°、120°、180°、0°，并且 60°、90°、120°的效果相差不大。通过分析还可以看出，当孔深较浅时，相位角的差别较小，当孔深较大时其差别也较大。

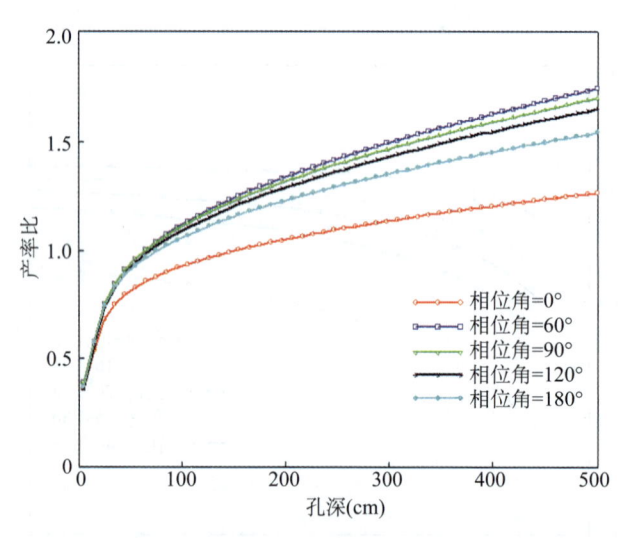

图 1-6-6 在不同孔深的情况下相位对产率比的影响

在各向异性不严重时（$0.7 \leqslant K_z/K_r \leqslant 1.0$，$K_z$、$K_r$ 分别为垂向渗透率、径向渗透率），90°相位最好，0°相位最差。依产能比从高到低的顺序，相位角依次为 90°、120°、60°、45°、180°、0°；在各向异性中等时（$0.3<K_z/K_r<0.7$），产能最高的为 120°相位，0°相位最差；在各向异性严重时（$K_z/K_r<0.2$），按产能比高低依次为 180°、120°、90°、60°、45°、0°。将 120°、180°称为高相位。各向异性严重时高相位射孔有较高产率比，是因为孔密一定时，高相位的同一方向两相邻孔眼的纵向距离减小，从而各向异性的影

响可以最大限度地减小。而在均质时，同向相邻而孔纵向距离并不是主要矛盾，而是平面分流成为主要矛盾，此时低相位的90°、60°优于180°（低相位可以在沿平面多方向上布孔）。由此可知，高相位角下各向异性影响不大，而低相位下各向异性影响就比较严重。

（五）压实厚度的影响

岩石在射孔后变形、破碎和压实，在射孔孔道的周围就会形成一个压实损害带，这个压实损害带的厚度叫做压实厚度。

如图1-6-7所示，压实厚度对产率比的影响比较大，尤其是压实厚度在2cm以内时。而实际各种弹型的压实厚度一般均在此范围内，因此对于射孔弹的生产而言如何减少压实厚度是提高射孔弹性能及射孔效果的重要途径。

（六）压实程度的影响

压实程度是射孔后地层压实损害带的渗透率K_c与原地层渗透率K_e的比值，反映被压实的程度。如图1-6-8所示，随着孔深的增加，压实程度对产率比的影响变大，压实程度从强到弱，产率比逐渐增大，但其增幅呈减小趋势。

（七）污染深度的影响

在钻井过程中钻井液浸泡地层，形成一个地层污染带，这个污染带的厚度叫做污染深度。

图1-6-9是产率比随污染深度变化的曲线图，是在孔深为25.4cm的情况下作出的。如图所示，当污染深度大于孔深（即未射穿污染带）时产率比一直较低，即使污染深度有较大降低，产率比的增加也是很有限的；当污染深度小于孔深（即已射穿污染带）时，产率比有很迅速的增加。因此如何减小污染深度，使得污染带能够被现有的射孔弹射穿（或提高射孔弹穿深，使其射穿污染带）是提高射孔井产能的重要途径。

（八）污染程度的影响

污染程度为污染带渗透率$K_污$与地层渗透率K_e的比值。如图1-6-10所示，在孔深较浅时，污染程度对产率比的影响较大，射孔穿透污染带显得格外重要，随着孔深的增加，污染程度对产率比的影响变小。换句话说，若射孔弹能穿透污染带，其污染程度的影响将大大降低。

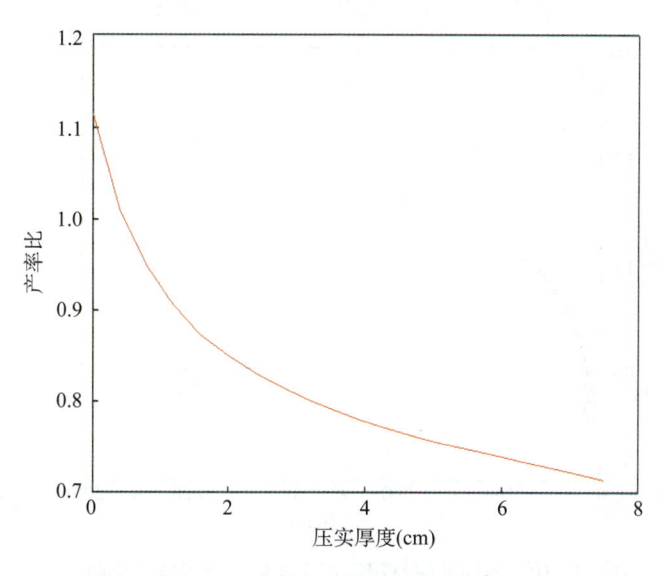

图1-6-7 产率比随压实厚度变化曲线

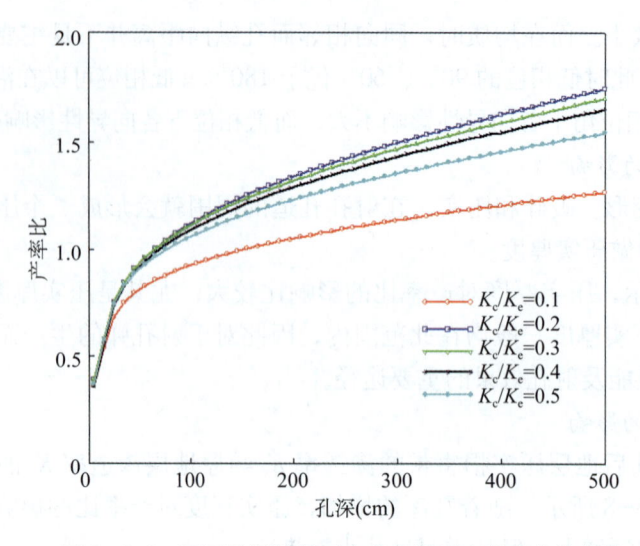

图 1-6-8　不同孔深情况下产率比随压实程度变化曲线

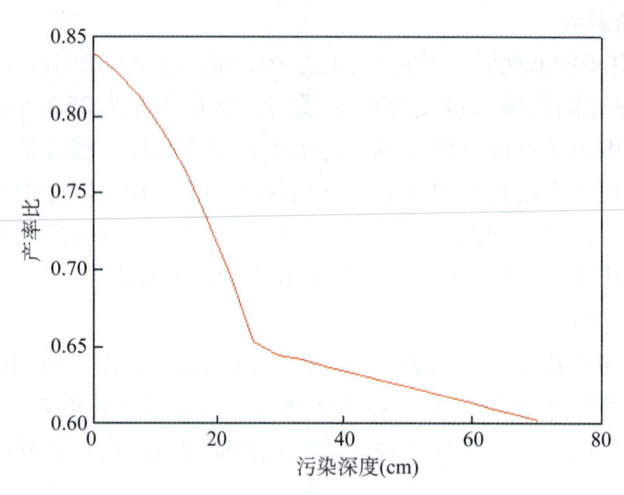

图 1-6-9　产率比随污染深度变化曲线

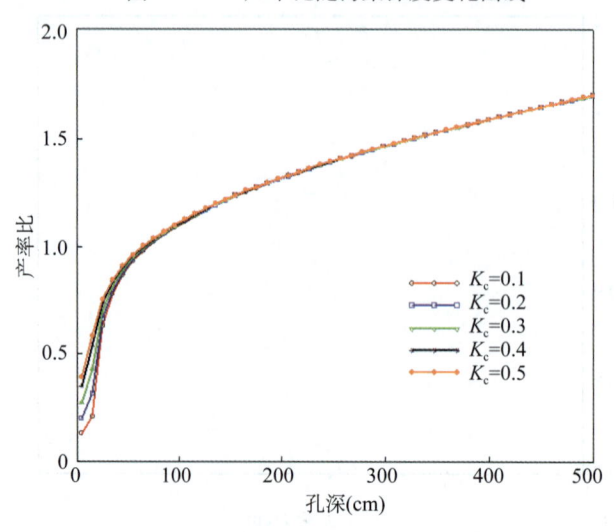

图 1-6-10　不同孔深情况下产率比随污染程度变化曲线

二、不稳定渗流情况下射孔参数对产能的影响

不稳定渗流是指多孔介质的流场中各点的压力、流速等随时间而不断变化。

(一) 孔深的影响

如图 1-6-11 所示，随孔深增加产率比增加，但幅度逐渐减小；随生产时间增大各孔深间的差距变小，曲线出现汇聚现象。

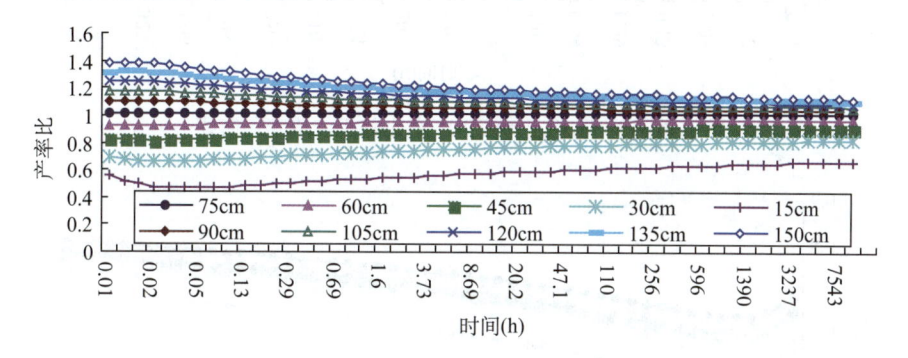

图 1-6-11　不稳定渗流条件下产率比随孔深变化曲线

(二) 孔径的影响

如图 1-6-12 所示，随孔径增加产率比增加，但幅度较小；随生产时间增大曲线呈减速递增趋势。

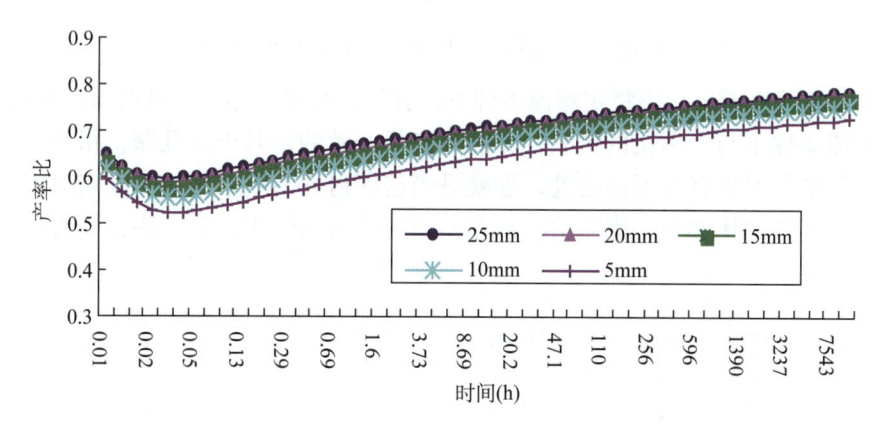

图 1-6-12　不稳定渗流下产率比随孔径变化曲线

(三) 相位角的影响

如图 1-6-13 所示，60°和 90°相位的产率比相当，45°、120°和 180°相位的产率比相当，最差的是 360°相位，随生产时间增大曲线呈减速递增趋势。

(四) 孔密的影响

如图 1-6-14 所示，随孔密增加产率比增加，在孔密较低时增加孔密效果比较明显；随生产时间增大，产率比增大，并呈减速递增趋势。

— 75 —

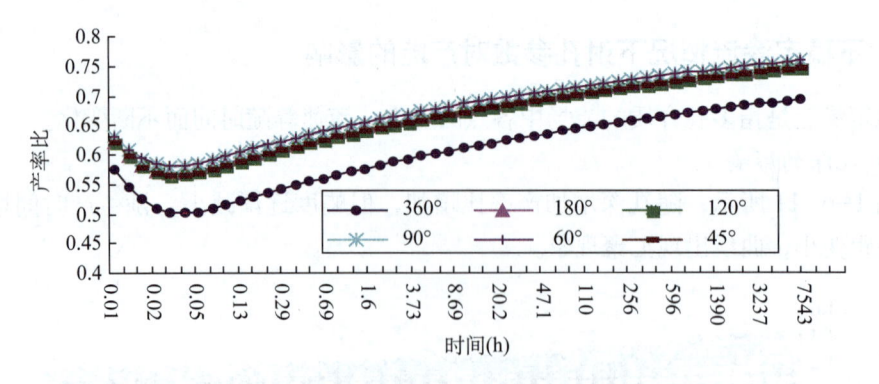

图 1-6-13　不稳定渗流下产率比随相位角变化曲线

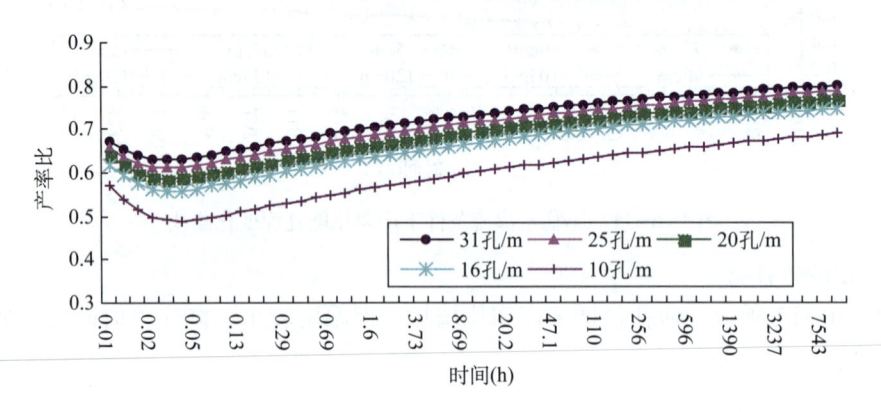

图 1-6-14　不稳定渗流条件下产率比随孔密变化曲线

从以上分析可以看出，不稳定渗流条件下，孔深、孔径、相位、孔密与产率比的影响，与在稳定渗流条件下与产率比的关系，总的趋势是一致的。其中，孔深、相位角与产率比的关系最为重要，但也有其不同之处，那就是当这些射孔参数分别为一固定值时，在稳定渗流条件下，其产率比亦为一固定值。而在不稳定渗流条件下，其产率比随着生产时间的不同而发生变化。

第二章 射孔器及配套装置

第一节 射 孔 器

射孔器是指用于射孔的爆破器材（射孔弹、射孔枪、导爆索、传爆管、雷管等）及其配套件的组合体。目前常用的射孔器是聚能射孔器。

一、射孔器分类

历经 50 多年的发展，我国的射孔器取得了飞速发展，已形成了不同结构、不同种类的射孔器产品如图 2-1-1 所示，促进了国内油气勘探开发，有的产品还出口到国外，参与了国际市场竞争。总的说来，射孔器按结构分为有枪身射孔器和无枪身射孔器。

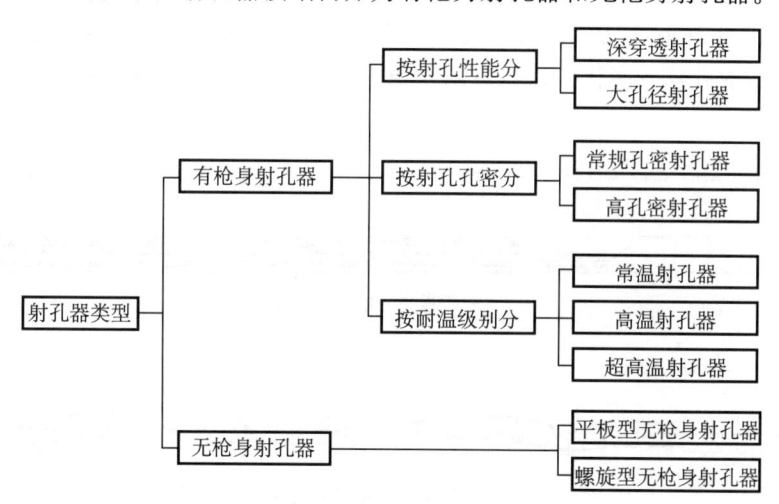

图 2-1-1 国内常见的射孔器类型

（一）有枪身射孔器

有枪身射孔器由射孔弹、密封的钢管（射孔枪）、弹架、起爆传爆部件（或装置）等构成的组合体如图 2-1-2 所示。

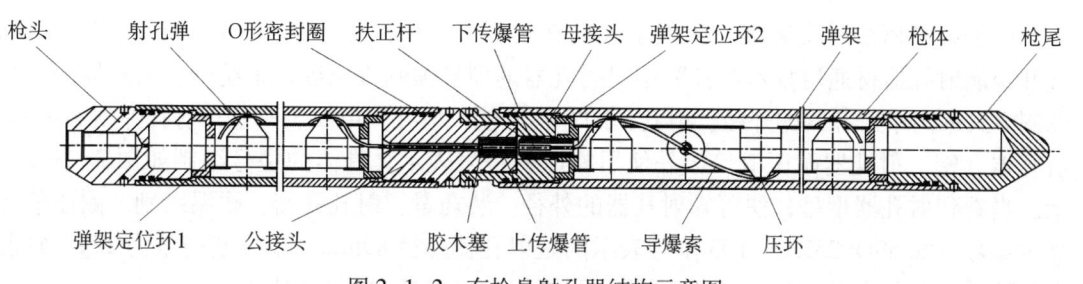

图 2-1-2 有枪身射孔器结构示意图

目前国内有枪身射孔器外径已形成从 43mm 到 178mm 的产品系列。

1. 深穿透射孔器

深穿透射孔器是以追求穿孔深度为主要目的射孔器,这类型射孔器内装配的是深穿透射孔弹,具有穿深高,孔径规则、无杵堵、低伤害的特点,适用于低孔隙度、低渗透率、低丰度、高致密油层的射孔作业。目前,国内的深穿透射孔器已成系列化,满足不同套管尺寸的射孔完井作业。

2. 大孔径射孔器

大孔径射孔器是以追求穿孔孔径为主要目的射孔器,一般穿孔孔径不小于 14.0mm。这类型射孔器具有孔径大、无杵堵等特点,最大孔径达到 27.2mm,适用于含砂油层及稠油层的射孔作业。射孔器内所装配的是大孔径射孔弹。

3. 高孔密射孔器

高孔密射孔器是指射孔孔密大于 20 孔/m 的射孔器。若射孔器内装配的是深穿透射孔弹,称之高孔密深穿透射孔器,装配的是大孔径射孔弹,则称之为高孔密大孔径射孔器。目前,我国已研制成功最高孔密为 120 孔/m 的高孔密射孔器。

(二)无枪身射孔器

无枪身射孔器由无枪身射孔弹、弹架(或非密封的钢管)、起爆传爆部件(或装置)等构成的组合体如图 2-1-3 所示。按射孔相位不同,分为平板型无枪身射孔器(0°相位角)和螺旋型无枪身射孔器(多相位,相位角为 30°、36°、40°),射孔孔密为 13 孔/m、16 孔/m、20 孔/m。

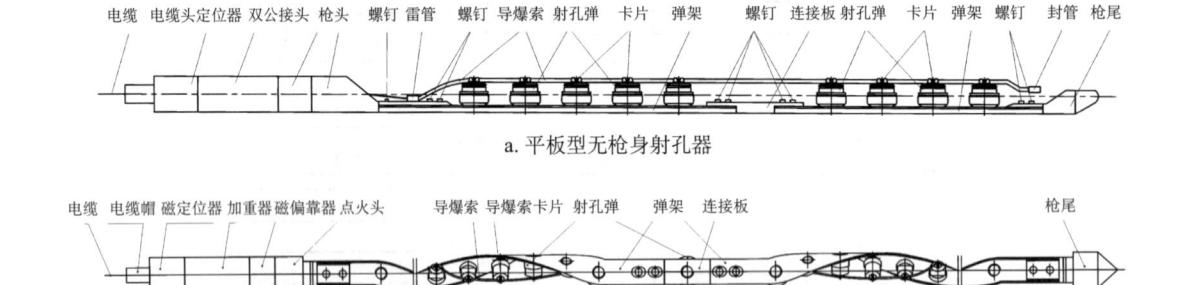

a. 平板型无枪身射孔器

b. 螺旋型无枪身射孔器

图 2-1-3 无枪身射孔器结构示意图

此外,还有链接式、钢丝式、张开式等无枪身射孔器。

二、射孔器的命名

由于射孔器的种类繁多,为便于人们在实际应用中区分,在 GB/T 20489—2006《油气井聚能射孔器材通用技术条件》中对射孔器的型号编制方法进行了统一。射孔器的型号编制方式采用了射孔器的外径、射孔弹的穿孔性能、射孔弹单发装药量、射孔弹耐温级别、射孔器孔密、射孔器耐压值等,并使用相应的符号表示,具体的型号编制如图 2-1-4 所示。当看到射孔器型号,便可知射孔器的外径、装药量、射孔孔密、耐温级别、耐压值等基本参数。如 89DP25R16-105 型号表示的是射孔器外径 89mm、单发装药量为 25g、常温型射孔弹,射孔孔密为 16 孔/m、射孔器耐压值为 105MPa 的射孔器。

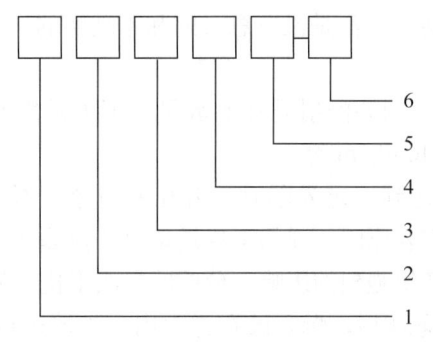

图 2-1-4 射孔器型号编制方法示意图

1—有枪身射孔器为外径，无枪身射孔器为联炮直径，mm；2—射孔弹的穿孔性能，用"DP"表示深穿透射孔器，用"BH"表示大孔径射孔器；3—射孔弹的单发装药量，g；4—射孔弹的耐温级别，用"R"表示为常温型射孔弹，用"H"表示为高温型射孔弹，用"Y"表示为超高温型射孔弹；5—射孔器孔密，孔/m；6—射孔器的耐压值，MPa，有枪身射孔器的耐压值用射孔枪耐压值表示，无枪射孔器用无枪身射孔弹的耐压值表示

三、射孔器的基本性能要求

射孔器的性能直接关系着射孔的效果和射孔后对井下环境的影响和破坏。因此对射孔器的评价，一般通过穿孔性能（包括穿孔深度、套管平均入口孔径）、射孔枪变形（外径胀大、裂纹等）、套管伤害（外径胀大、内毛刺高、裂纹等）等指标进行评价。射孔枪、枪头、枪尾、导爆索、传爆管和雷管等作为组成射孔器的主要部件，其个体的性能对于保障射孔器的基本性能也起着关键的作用。

射孔器的基本性能要求，在 GB/T 20489—2006 中有明确的规定。每年，石油工业油气田射孔器材质量监督检验中心将从射孔器生产厂家、油田用户处抽取样品进行严格检验，防止不合格产品进行市场，确保了射孔器材的质量。

四、射孔枪与射孔弹的匹配设计

射孔枪与射孔弹的匹配设计是指设计人员根据射孔枪的内腔尺寸大小，开展射孔弹炸高、射孔孔密、射孔相位、布孔格式等系统设计，充分利用射孔枪有效空间，调整各参数间的矛盾，发挥射孔弹的最佳穿孔性能，减少对射孔枪的损害。

射孔枪与射孔弹的匹配设计包括炸高设计、射孔孔密设计、射孔弹在弹架上的固定方式设计、弹架及布孔方式设计等，匹配设计的指导思想是充分发挥射孔弹的穿孔效能，降低对射孔枪的损害。

(一) 炸高设计

炸高是指聚能穴大端端面至穿孔靶之间的距离。炸高对射孔弹穿孔深度的影响可以从两个方面来分析，一方面，随着炸高的增加，使射流拉长，从而提高侵彻深度；另一方面，随着炸高的进一步增加，射流产生径向分散和摆动，射流拉长到一定程度后，会产生断裂现象，分散的金属颗粒射流使侵彻效果急剧下降。实验结果表明，射孔弹的有利炸高通常为药型罩开口直径的 1～3 倍。但是受射孔枪直径的限制，枪内实际炸高小于有利炸高，往往只有二三十毫米，有的甚至只有几毫米，这就给射孔性能的充分发挥造成了一定的障碍。因此，合理的炸高是设计者关注的问题之一，在射孔器总体设计时，必须充分考虑射孔弹的炸高特性，在药型罩开口直径、锥角和炸高之间寻找最佳结合点，以确保其聚能效应的有效利用,片面强调任何一个都是没有意义的和不现实的。

（二）射孔孔密设计

射孔孔密是指每米射孔枪内装配射孔弹的数量。国内常用的射孔孔密有 13 孔/m、16 孔/m、20 孔/m、32 孔/m、40 孔/m 等。

实践表明,当射孔孔密达到一定界限时,射孔弹的穿孔深度存在着明显的波动现象。弹间干扰是引起这一现象的主要原因。弹间干扰是指射孔弹爆炸过程中上级射孔弹爆炸产生的冲击波对下级射孔弹爆炸产生强烈的影响,形成冲击波干扰,从而使射孔性能大大降低。

射孔弹在射孔器中顺序爆炸后,爆轰波在弹壳内、外壁进行多次反射,直至爆轰产物的压力降到装药稳定爆轰压力的 1/8 时,将不再对药型罩的压垮起作用。在这个过程中,弹壳发生膨胀—塑性变形—裂解成碎片,而壳体的形态对射流的形成有一定的影响作用。一般壳体的裂解时间均超过 20μs,而在高孔密条件下,弹间距较小（几毫米）,相邻两发射孔弹的起爆时间为几微秒,因此,弹壳碎片引起的干扰可能性很小;而射孔弹爆轰产生的冲击波传播速度很快,影响相邻弹的压力场,使压力场不对称如图 2-1-5 所示,从而引起弹间干扰,即前一发射孔弹产生的冲击波穿透的壳体后加载到下一发射孔弹上（冲击波随着距离的增大而衰减）,当下一发射孔弹爆轰时,弹壳已处于一个不对称的压力场,引起第 2 发射孔弹的射流不对称、不完全,影响穿孔性能,如图 2-1-6 所示。

对于弹间干扰,其发生的条件可以用时间参数进行判定：

$$t_导 > t_扰$$

式中　$t_导$——相邻两发射孔弹之间导爆索完成爆轰的时间,s；

　　　$t_扰$——射孔弹弹体破裂爆轰干扰时间,s。

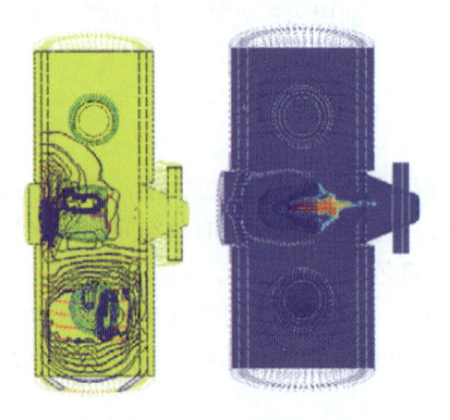

图 2-1-5　射孔弹爆炸后形成的压力场 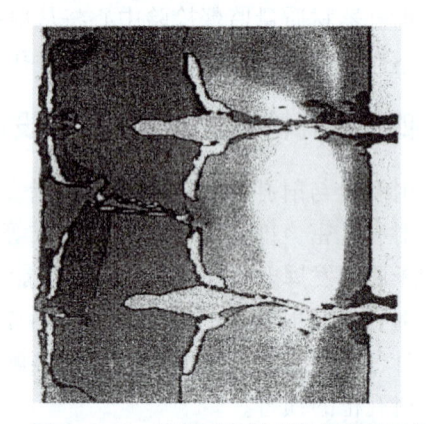　　　图 2-1-6　相邻两发射孔弹的弹间干扰

其中两发相邻射孔弹之间导爆索完成爆轰的时间为

$$t_导 = \frac{l}{v_1} = \frac{2\pi r\sqrt{1+c\tan^2\beta}}{v_1} \qquad \left(0<\beta<\frac{\pi}{2}\right)$$

式中　l——相邻两发射孔弹间导爆索的直线（弧线）长度,m；

　　　v_1——导爆索的稳定爆轰速度,m/s；

　　　r——圆柱形弹架半径,m；

　　　$β$——射孔弹布局螺旋角,°。

对于弹体破裂爆轰干扰时间可以用下列函数关系式表示：

$$t_{扰}=f\left(p,\ v_2,\ \sigma_1,\ \sigma_2,\ \cdots\right)$$

式中　p——射孔弹爆炸后形成的爆压，MPa；

　　　v_2——主装炸药爆速，m/s；

　　　σ_1——弹体应力强度，MPa；

　　　σ_2——外力约束强度，MPa。

理论模拟结果表明，高孔密射孔器中的弹间干扰与导爆索、弹架直径、弹架强度、相位角、射孔弹弹体强度以及射孔弹主装炸药瞬时爆压有关。目前普遍认为，提高导爆索的爆速、优化布弹方式、增加弹体强度等可有效避免弹间干扰的发生。还有一种新方法是在射孔器内射孔弹间填充柔性材料，也对降低弹间干扰起到改善作用。

（三）射孔弹在弹架上的固定方式设计

装弹方式是指射孔弹和导爆索在弹架上的固定方式。射孔弹和导爆索的固定方式十分重要，用以保证导爆索与弹的传爆孔对正并保持接触良好，保证射孔弹的近似中心起爆，还要保证射孔弹在枪内有足够大的内炸高。射孔弹、导爆索及弹架的定位都必须十分准确、牢固，以防止产生拒爆、穿孔偏斜等事故。

目前国内油田的装弹方式各家有所不同，大体上可分为正装和反装装配两种方式。正装和反装主要以管式弹架为主。正装就是射孔弹从弹的口部装入弹架中，通过导爆索固定射孔弹，如图 2-1-7 所示；反装是将射孔弹从传爆孔方向进入弹架内，依靠弹体的锥部并用弹架上的压弹夹或压弹卡片压住口部来固定射孔弹，如图 2-1-8 所示。

图 2-1-7　射孔弹正装示意图

图 2-1-8　射孔弹反装示意图

对正装和反装装配方式，射孔弹有两点不同：一是装枪后固有炸高不同，在常规孔密（如 16 孔/m）使用方式中，反装的固有炸高小于正装的固有炸高，如图 2-1-9 所示。固有炸高的提高有助于射孔弹穿孔性能的提高。二是射孔弹的外形不同，采有正装的射孔弹，同一装药内腔，其壳体的顶部较厚，可减少弹间干扰及减弱稀疏波的破坏作用，提高炸药能量的利用率，提高射孔弹的穿孔深度。

射孔弹正装可以提高固有炸高，从而增加射孔弹的穿深，且弹的固定简单快捷。不过由于弹架两端都开了大孔，其强度会降低。此外，射孔弹尾部在弹架的固定只要依靠导爆索，在下井过程中易发生射孔弹偏斜；采用反装方式，其固定方式是由壳体锥部和口部，射孔弹在弹架上固定良好，但炸高相对要低。目前这两种方式都是国内常用的装枪方式。

a. 射孔弹正装示意图　　　b. 射孔弹反装示意图

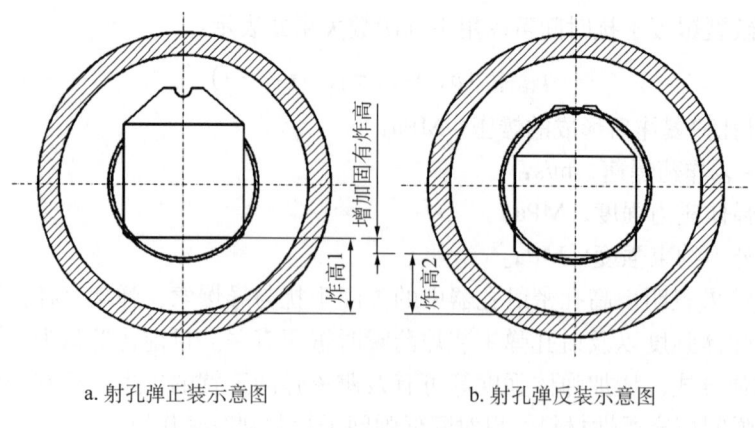

图 2-1-9　射孔弹采正装与反装的炸高差别

（四）弹架及布孔方式设计

弹架是确保射孔枪内按设计位置可靠定位的载体，一般由钢管（板）制作。弹架的设计决定了射孔弹的孔密和相位，并对射孔弹的定位可靠性及穿透威力的发挥起重要作用。

相位是指相邻两发射孔弹之间的夹角，它确定了射孔弹在弹架上的布孔方式。常用的布孔方式是螺旋式（包括单螺旋、双螺旋和三螺旋）。高孔密射孔器的布孔方式一般采用双螺旋。

五、使用配套对射孔弹穿孔性能的影响

聚能射孔枪、弹的配套设计与使用，即射孔器的总体设计和按设计配套使用的重要性，对于保证射孔作业的施工质量是十分关键的。但是，由于历史和管理方面的原因，国内一些油气田在射孔器使用过程中，只采购射孔弹，而射孔枪自行加工或采购其他厂家生产的射孔枪及部套部件，造成了射孔枪、射孔弹分立、配套不合理的现象，大大降低了现场的实际使用效果。

为验证射孔枪、射孔弹配套不同对射孔器穿孔性能、对射孔枪损坏程度的影响，1993年，中国石油天然气总公司委托石油工业油气田射孔器材质量监督检验中心对国内几种常用的射孔弹采用同一种弹，配不同的射孔枪（包括弹架）的办法进行了对比观察试验。试验发现：

（1）同一种射孔枪、弹架配套不同的射孔弹对射孔的平均穿深、稳定性有影响；

（2）同一种射孔弹配套不同的射孔枪、弹架，射孔效果有着显著差异，有的甚至差异悬殊；

（3）同种射孔弹配套有盲孔的射孔枪比配套无盲孔的射孔枪的穿孔深度深。

近年来，国内的射孔弹厂加大了产品开发速度，射孔器材已成系列化，射孔弹品种达上百种。针对同一直径射孔枪，也设计了不同的装药量的射孔弹，形成新的射孔器品种。但必须说明的是，大药量射孔弹装配小直径射孔枪，并不是简单地将大药量射孔弹直接装配在小直径射孔枪中，而是射孔弹研制人员针对射孔枪的有限空间，通过缜密的设计、严谨的试验、严格的质量检验后推出的成型产品。

从我国多年的实践经验看，枪弹的配套（射孔器总体设计）和使用中应重点注意以下问题：

（1）弹架是有枪身射孔器中射孔弹定位的关键部件。它不仅决定了射孔器的相位、孔

密，很大程度上也决定了射孔器装配的防震的可靠性和性能的稳定性。弹架的设计不合理、选材不当，会造成射孔弹和导爆索在运输和下井施工时因震动和撞击而产生脱落或错位。因此，对定型后的产品（弹架）则不允许随意更改、任意配套。

（2）同一种聚能射孔弹与不同型号的射孔枪、弹架可以配套成不同的聚能射孔器，但射孔器的穿透性能往往会有较大的差异；同一种射孔弹也可以根据使用耐温要求的不同而分别装填不同的高能猛炸药，如 RDX、HMX、PYX、HNS 等。弹的耐温性能不同外，穿透性能也会有差别。所以选择使用射孔器时必须以射孔器而不是以聚能射孔弹的技术指标为依据。

（3）对整个射孔器产品而言，射孔弹是主要部件，射孔枪（包括弹架等）是配套部件，在研制中是统一设计的，生产中也必须根据定型的图纸来生产弹和枪，按要求配套出厂，不允许在生产中抛开原设计任意更改枪、弹配套（更改配套并经行业检测机构检测的产品是另一种射孔器产品），以避免出现质量事故和安全事故。

（4）国外诸多的射孔器产品，相当一部分来自不同枪、弹、弹架的不同组合。但是这些组合都是经过精心设计和试验验证而不是随意组合的。因而，它们都能保证组成的射孔器的技术性能指标符合要求。我国在这方面尚需进行大量的工作，以开发适合不同地质条件和不同工程条件的多种型号产品，供射孔优化设计时选用。必须强调的是，此项开发只能由研究单位或生产厂家根据市场需要有序地进行，且产品必须经过石油工业油气田射孔器材质量监督检验中心对穿深以及套管和水泥环的损伤检测合格后才能应用于现场。

第二节 射 孔 弹

射孔弹是目前油田大量使用的一种以炸药为动力，具有聚能效应的油气井专用爆炸工具。国内射孔弹技术经过 50 余年的发展已经十分成熟，射孔弹计算机辅助设计技术已接近国际先进水平。其性能要求执行 GB/T 20489—2006。

当射孔弹被引爆时，装在壳体与药型罩之间的炸药产生爆炸，压垮药型罩，使药型罩各微元向轴线方向加速运动并碰撞，药型罩内表面的一部分金属在轴线上汇聚，形成一股高速运动的金属射流，药型罩的其余部分形成一个跟随金属射流低速运动的杵体。射流在极其短暂的时间内（微秒级）可以穿透油井内的套管和水泥环并侵入地层，在井筒与储层之间形成油气通道。

根据射孔弹自身的结构和使用方式可分为有枪身射孔弹和无枪身射孔弹，如图 2-2-1 所示。此外，还可以根据射孔弹的穿孔性能分为深穿透射孔弹和大孔径射孔弹，根据射孔弹的耐温性能分为常温射孔弹、高温射孔弹和超高温射孔弹。

有枪身射孔弹是指装入密封承压的射孔枪内使用的射孔弹。由于有射孔枪身的保护，有枪身射孔弹不接触井液，不承受外压，未装枪的该类型射孔弹可直接观察到药型罩材料颜色及内腔形状。

无枪身射孔弹是指自身可承受井下压力和温度，自身具有密封系统的射孔弹。壳体起隔离井液和承受外压的作用，导爆索引爆无枪身射孔弹要先通过密封承压的壳体再引爆射孔弹内部的炸药，射孔后，由于没有射孔枪的收集，壳体等碎屑物绝大多数落入井筒；高速的壳体碎屑和炸药的爆轰波对井下套管直接作用，因此，装药量相同的无枪身射孔弹对套管损伤程度较有枪身射孔弹更为严重。

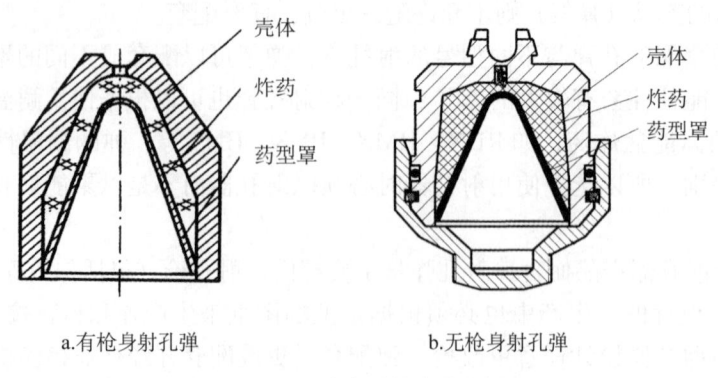

a.有枪身射孔弹　　b.无枪身射孔弹

图 2-2-1　两种类型射孔弹的剖面图

在小直径射孔作业井筒条件下（不大于 73mm），无枪身射孔弹的空间利用率较高，单发射孔弹装药量相对要多一些，因此在小直径射孔施工时，无枪身射孔弹在穿深性能上优于有枪身射孔弹。当射孔作业井筒无限制时，单发射孔弹在相同装药量的条件下，由于无枪身射孔弹受到起爆难度大、爆轰能量成长时间长等因素的影响，在穿深性能上一般要低于有枪身射孔弹。

射孔弹的型号命名以射孔弹的穿孔性能、药型罩开口直径、主炸药类型、射孔弹单发装药量和产品改进型号等内容命名。其中，穿孔性能的含义为深穿透、大孔径，并用相应符号表示。无枪身射孔弹在最前面增加工作压力项。型号命名中所用的数码采用相应数据的整数位。例如：BH36RDX33-1 表示药型罩开口直径为 36mm、主装药为 RDX、射孔弹单发装药量为 33g、产品改进型号为 1 型的大孔径射孔弹。50DP26RDX10-1 表示工作压力为 50MPa，药型罩开口直径为 26mm，主装药为 RDX，射孔弹单发装药量为 10g，产品改进型号为 1 型的深穿透无枪身射孔弹。

一、射孔弹结构

射孔弹由药型罩、炸药和壳体三部分组成。射孔弹的结构变化主要是药型罩、炸药和壳体的参数变化，炸药提供射孔弹爆轰穿孔的能量；炸药的耐温性能形成了不同耐温级别的射孔弹。药型罩在炸药爆轰冲击作用下形成射流，对目标靶进行侵彻，实现射孔的目的；药型罩的结构参数决定了射流的形状、动能等特性，决定了射孔弹的射孔孔径和穿深性能。壳体的内腔和药型罩外表面共同决定了射孔弹的装药形状，可以实现射孔弹炸药能量分布和爆轰波波形结构调整；壳体外表形状是针对射孔器配套性能设计的，和弹架配合起来达到固定射孔弹的目的，从而满足射孔弹设计的炸高要求，实现射孔作业的孔密、相位角的要求。

（一）药型罩

药型罩是射孔弹的心脏，是实现射孔弹性能的核心元件。药型罩结构设计是射孔弹研制过程中的关键，药型罩结构设计决定射孔弹的类型。结构设计的好坏，本质上决定着射孔弹穿孔性能的优劣。常见的药型罩形状有单锥形、多锥形和抛物线形，另外还有半球形、喇叭形等形状的药型罩。药型罩的形状基本决定了射流的形状。一般来说，小锥角的药型罩形成细而长的射流，大锥角的药型罩一般形成短而粗的射流。而射流的形状和能量决定射孔弹的射孔孔径和深度。药型罩的结构、材料配比和制造工艺是射孔弹生产企业在激烈的市场竞争中赖以生存与发展的商业机密。

1. 结构形状

药型罩的结构形状设计主要考虑两方面，一方面是针对油气井射孔性能要求进行设计，结合各种射孔性能如穿深、孔径等参数要求设计出能形成相对应的射流形态的药型罩，通过调整药型罩的结构参数控制射流的拉伸形状、速度分布、能量梯度变化，实现射孔作业要求的穿孔深度、射孔孔径等技术指标；另一方面是针对药型罩的生产能力水平进行设计，针对模具加工能力、工艺设备水平、生产成本要求，实现理想结构形状、材料配方和批量生产能力、材料成本的有机结合。根据射孔弹性能要求进行射孔弹药型罩设计分类，药型罩结构分为深穿透射孔弹药型罩和大孔径射孔弹药型罩两类。

1) 深穿透射孔弹药型罩结构

深穿透射孔弹药型罩结构主要有单锥角等壁厚药型罩、单锥角变壁厚药型罩（内角小于外角）、喇叭形变壁厚药型罩、多锥角变壁厚药型罩、外锥与内锥弧结合的药型罩等。主要设计思路是增加药型罩的母线长度，外锥角一般在38°～52°之间，早期的无枪身射孔弹药型罩采用了铜板冲压制造，为减小杵体采取了顶端切口的工艺，药型罩外锥角可达到60°。目前普遍应用的深穿透射孔弹药型罩均采用金属粉末压制而成，罩壁厚一般在0.8～2.5mm之间，深穿透射孔弹药型罩的高径比一般在1～1.5之间。药型罩大端外部有1～2.5mm直线边，便于和射孔弹壳体配合进行压药生产。此外，一般在壳体和药型罩压合处涂抹一定量的胶，使药型罩和炸药柱紧密结合，从而保证药型罩在爆轰作用下的压垮效果，实现射孔弹自身设计的穿深性能。图2-2-2所示为单锥角金属粉末药型罩。

a.药型罩照片 　　　　b.剖面图

图2-2-2　单锥角金属粉末药型罩照片及剖面图

深穿透射孔弹药型罩的结构设计应该针对不同物质的侵彻目标而进行变化，甚至不同强度的混凝土靶，射孔弹药型罩的最佳结构设计都需要相应变化的，因为侵彻目标的物质不同，其状态方程和本构关系也不相同。设计上主要针对射流侵彻目标靶的临界能量出发，一般来说，要针对45#钢靶提高穿孔深度，则药型罩壁厚和顶部厚度一般较薄，可以提高射流头部速度，增加射流有效穿孔部分的动能，同一型号的射孔弹侵彻混凝土靶的深度相对于穿45#钢靶深度要增加数倍，因而金属射流拉伸则尤为重要。钢靶穿深好的药型罩结构不一定混凝土靶穿深效果就好，不是一种药型罩结构普遍适合于全部目标靶，需要针对目标靶的特征进行药型罩结构的具体设计。

近年来，随着深穿透射孔弹研究技术的逐渐深入，针对深穿透射流特性的进行了深穿透射孔弹药型罩的结构设计创新，出现了多锥角药形罩，大致可以分为三种情况：（1）射孔弹药型罩外形为单锥角，内形为锥、弧相接的结构，该结构能提高射孔弹的穿孔深度原因，一是药型罩的内型锥弧结合结构增加了药型罩形成射流的母线长度；二是由于罩的口部设计成为弧形，使射流汇集点向上提高了，能够在更小的时间内加速射流速度，并减小孔径，降低扩孔时的能量消耗，增加了用于穿深的能量，从而提高了穿孔深度。（2）射孔弹药型罩外形为单锥角，内形为多个锥角相接，不同锥角产生药型罩的壁厚变化，改变爆轰波对药型罩的作用方向，从而调整射流的拉伸特性；射流的有效拉伸长度有所增加，其X光片如图 2-2-3 所示，从 X 光片中可以看到射流拉伸形状更为细长，杵体质量明显减少，提高了射流用于穿深的有效能量。（3）药型罩的内外形状均为多锥角结构，对射流形态进行综合设计调整。

图 2-2-3　多锥角药型罩射孔弹爆轰测试 X 光片

2) 大孔径射孔弹药型罩结构

根据破甲原理中，射流穿孔半径的计算（Szendrei）公式如下：

$$r_c = r_j v_j \sqrt{\frac{\rho_j}{2\sigma\left(1+k\sqrt{\frac{\rho_j}{\rho_t}}\right)^2}} \qquad (2-2-1)$$

式中　r_c——靶孔半径；
　　　r_j——射流元半径；
　　　v_j——射流元速度；
　　　ρ_j——射流元密度；
　　　ρ_t——靶板密度；
　　　σ——靶板强度；
　　　k——常数。

式（2-2-1）表明：当药型罩和靶板材料给定后，靶孔孔径的大小与射流微元的半径和速度成正比，半径大、速度高的射流将获得较好的开坑和穿深效果。为了增加大孔径射孔弹的射流直径，大孔径射孔弹药型罩多数设计为半球形、半球接锥角形、抛物线形。大孔径射孔弹的药形罩顶部曲率半径较大，如图 2-2-4 所示。从 X 光片可见大孔径射孔弹药型罩压垮汇聚形成较粗的射流和较大射流头部。

大孔径射孔弹药型罩结构的大孔径射孔弹药型罩一般为铜板冲压制造，厚度在

a.剖面图　　　　　　　　　　　　b.爆轰测试X光片

图 2-2-4　大孔径射孔弹铜板药型罩剖面图及爆轰测试 X 光片

0.6～1.5mm 之间，开口较大，大孔径射孔弹药型罩的高径比一般小于 1。当罩顶部为无孔光滑过度结构时，加工的大孔径射孔弹穿钢靶的孔径在入口处达到最大值，而后并逐渐减小，穿深到 50mm 后，穿孔孔径迅速减小。从上述效果看，该设计初步实现了大孔径的目的。但从定性分析的角度看，射流的动能过分集中在头部，实际射孔作业中，射流穿过枪身、套管内液体时将损失较大的动能，不利于在套管上达到大孔径的目的，并且射孔后产生的杵体较大，不利于石油的开采。其存在的问题主要是由于罩顶部在压垮过程中翻转形成射流头部质量太大，后续射流在运动过程中，通过能量交换后，速度和质量偏低，造成动能分布的不合理。

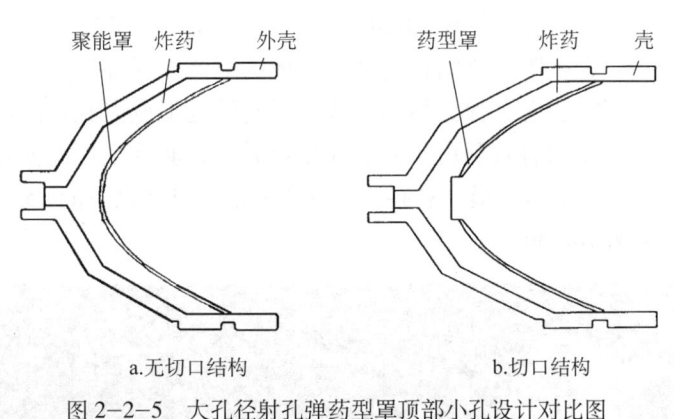

a.无切口结构　　　　　　　　　　b.切口结构

图 2-2-5　大孔径射孔弹药型罩顶部小孔设计对比图

药型罩顶部切口是一种比较成熟的技术。药型罩顶部切口既可以提高射流头部的速度，调整射流动能的分布，又可以减小杵体的质量。在不改变该大孔径射孔弹整体结构设计参数的前提下，对药型罩顶部切一直径为 10mm 的通孔，设计对比如图 2-2-5 所示。顶端无切口结构的药型罩（图 2-2-5a）形成的射流在开坑阶段消耗的质量和动能分别占碰靶时的 69% 和 86%；顶端切一直径为 10mm 通孔的结构药型罩形成的射流在开坑阶段消耗的质量和动能分别占碰靶时的 61% 和 79%。开坑后，顶端切一直径为 10mm 通孔的结构药型罩形成射流的速度、质量、动能、长度等参数大小均有所增加，说明切孔后的射孔弹在后续的穿靶过程中，穿孔能力增强。顶端无切口结构的药型罩形成的射流穿靶的最大孔径出现在靶的口部，在大孔径射孔弹实际应用中并不合适，切口后的射流穿靶的最大孔径出现在靶面下 15mm 处，表现为套管上的孔径明显大于射孔枪上的孔径，其设计更为合理。

大孔径射孔弹药型罩的结构还有两个锥角结合的形式，顶部锥角角度较大，一般在

— 87 —

90°~120°之间。此种药型罩可以采用金属粉末压制而成，解决了大孔径射孔弹的杵堵问题。

随着油田开采开发技术的不断发展，油气井射孔作业对射孔器材提出了在具有大孔径特性的同时还要具有一定穿深性能的更高要求，因此产生了药型罩尖部为小锥角、口部为弧形的大孔径药型罩设计，药型罩的尖部为小锥角，一般在40°~50°之间，而口部为弧形结构，其设计思想为药型罩的锥体部分形成射孔穿深作用，弧形部分形成一个大的孔径。该设计与尖部为弧形、口部为锥形药型罩比较，其优越性在于药型罩顶部为锥形增加了母线长度，提高了射孔弹的穿深性能，口部为弧形结构降低了扩孔的炸高损失，有利于形成大孔径效果。

类似的还可以采用药型罩顶部为小锥角、中间为弧形、口部为锥角的大孔径药型罩设计，其作用是药型罩顶部形成的射流首先打开枪体和套管及水泥环，并形成一定的穿深，中间弧形部分形成大孔径并继续穿深，口部的锥体部分在已经打开的孔道中进行射孔穿深。国内某弹厂设计的该类型药型罩，39g药量的产品，其孔径达到20mm，混凝土靶穿孔深度达到400mm以上。

大孔径深穿透射孔弹药型罩结构还可以设计成三锥角相接的结构形式。此种结构是计算机数值模拟计算和实验相结合的结果，通过药型罩内外部三个锥角度数的合理设计，爆轰波作用在药型罩不同的锥角部分的加载角度不同，不同锥角部分的压垮速度不同，因此射流头部在拉伸过程中造成射流前端20mm处产生伞状叠加，如图2-2-6所示，该处射流叠加可在套管上产生较大孔眼。该结构药型罩形成的射流以深穿透特征为主，因而确保了深穿透效果。大孔径深穿透射孔弹药型罩采取针对套管处形成大孔径的设计，节约了射流能量，提高了射孔弹能量的有效利用率。射孔作业时可在套管上形成大孔径效果，地面穿45#钢靶效果如图2-2-7所示，最大孔径位于45#钢靶开口处以下的15~25mm处，具有较好的穿深性能，穿深186mm。

图2-2-6　多锥角药型罩结构大孔径深穿透型射孔弹的射流拉伸X光照片

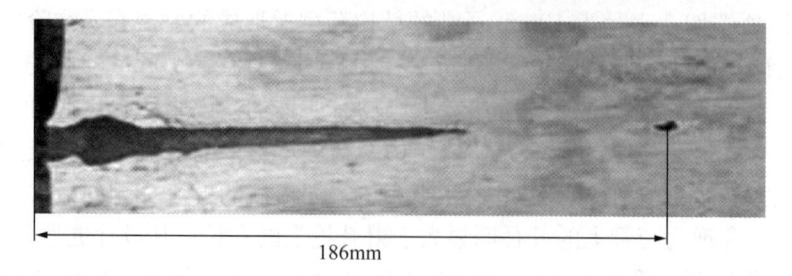

图2-2-7　多锥角药型罩结构大孔径深穿透型射孔弹穿45#钢靶剖开照片

2. 药型罩材料

射孔弹药型罩最初均采用铜板冲压制造而成。20 世纪 50 年代末，国外射孔器材专家提出了无杵堵药型罩材料研究，并于 60 年代中期在国外投入使用。国内在 80 年代之后，深穿透射孔弹才普遍采用金属粉末材料药型罩。金属粉末药型罩在完成射孔侵彻作用后，迅速破碎，从而在射孔孔道中不形成杵堵，一般以金属碎末的形式存在于射孔孔道的内壁上。金属粉末主要有铜、铅、钨、铋、镍、锌、铝、钼、银、钛、钴、钽、锆、铼等金属材料。粉末材料有单质的也有合金形式的，粉末粒度在 50～500 目之间。国外资料中还提到了纳米材料的金属粉末药型罩，国内目前射孔弹药型罩上还没有纳米材料的应用。粉末本身的特性直接决定着药型罩的成型质量，最终影响着射流的侵彻效果。

1）药型罩配方材料对金属粉末单颗粒的性质要求

金属粉末单颗粒的性质主要有理论密度、点阵结构、熔点、塑性、弹性、化学成分、电磁性质等。在深穿透射孔弹药型罩配方选材时，除了要尽量选用理论密度大、弹塑性高的物质外，还要结合烧结温度对材料的熔点进行考虑。同时，不同的粉末生产方法所生产的粉末性质也不相同，如粒度、颗粒形状、密度、表面状态、晶粒结构、点阵缺陷、颗粒的气体含量、氧化物、活性等特性。其中颗粒形状有球形、近球形、树枝状、片状、碟状、三角形、不规则形等形状，晶粒结构有单晶颗粒、多晶颗粒等。深穿透射孔弹药型罩配方选用材料时，应选取不同的颗粒形状、晶粒结构、粒度的物质进行搭配，这样对药型罩压制成型的致密性和密度都有很大的提高。表面发达和不发达的颗粒互相搭配使用，对最终的药型罩穿深有很大的提高，同时粉末药型罩的粒度配级与材料成分配比具有同等重要的作用，合适的粒度配级能明显提高射流的侵彻深度。

2）药型罩配方材料对金属粉末体的性质及要求

除了金属粉末单颗粒的性质外，粉末体的其他性质如平均粒度、颗粒组成、比表面、松装密度、振实密度、流动性、压缩性、成形性、颗粒间的摩擦状态等对药型罩的性能也有重要影响。其中流动性是一个非常重要的工艺参数，它对生产工艺的稳定性以及药型罩产品质量优劣都有重要影响。压缩性是金属粉末在规定压制条件下被压紧的能力。成形性是指粉末压制后压坯保持既定形状的能力。一般来说，成形性好的粉末，往往压缩性差；压缩性好的粉末，成形性差，颗粒越细的粉末成形性好，而压缩性却较差。所以在药型罩配方选用材料时，混合材料应具备适中的压缩性和成形性，这样可以提高药型罩的成型质量和射孔弹的穿深能力。

3）粉末药型罩成型对金属粉末材料的要求

由于药型罩里面包含不同成分的金属粉末，药型罩的压制压力和密度可由黄培云双对数方程求得：

$$m \lg \ln \frac{(d_m - d_0) d}{(d_m - d) d_0} = \lg p - \lg M \qquad (2\text{-}2\text{-}2)$$

式中　p——压制压力；

　　　d——药型罩密度；

　　　m——系数，相当于硬化指数；

　　　d_0——压坯原始密度；

d_m——致密金属密度；

M——相当于压制模数。

但是在粉末压制过程中，外摩擦力的存在会引起压制压力沿药型罩高度降低，从而引起药型罩密度的不均匀。为了克服这种现象，一方面可以使用高强度和高硬度的模具，另一方面可在粉末混料中要加入成型剂。对于成形剂的选择应有以下要求：（1）成形剂的加入不会改变混合料的化学成分，成形剂在以后的低温烧结过程中可以排除，所放出的气体对人体无害。（2）成形剂应具有较好的分散性能，即少量的成型剂就可以达到满意的结果，并且易于和粉末料均匀混合。（3）对混合后粉末的松装密度和流动性影响不大。（4）低温烧结后对药型罩性能和外观没有不良影响。对于成形剂的用量，一般来说，细颗粒粉末所需的成形剂加入量比粗颗粒所需的量要多一些。实践表明，成形剂的加入量应控制在1%以内，对药型罩材料粉末的压制性和流动性有很大的改善。

4）粉末药型罩的低温烧结要求

药型罩压制成型后一般需要进行低温烧结工艺，温度一般低于混合粉末材料中金属的最低熔点温度，低温烧结可以使晶粒间孔隙减少和消失，从而提高它的致密性，也可以使颗粒间黏结力的增加，提高药型罩的强度。

低温烧结时，粉末表面原子都力图成为内部原子，使其本身处于低能位置。粉末粒度越细，其表面能就越大，所储存的能量就越高，烧结也就易于进行。药型罩低温烧结后，它的强度和致密化都有很大的提高，有利于射流形成。药型罩致密性越高，形成的射流聚能效果越佳，越有利于射孔弹穿深性能的提高，但穿深的稳定性会有所降低。

粉末药型罩低温烧结后，其致密化参数 ϕ 可表示为：

$$\phi = (\rho_s - \rho_g) / (\rho_t - \rho_g) \tag{2-2-3}$$

式中　ρ_s——药性罩密度；

ρ_t——理论密度；

ρ_g——药型罩压坯密度。

除了烧结温度外，保温时间对药型罩的致密性和强度也有影响，适当地延长保温时间也可提高药型罩的致密性和强度。

5）深穿透射孔弹药型罩材料

药型罩形成射流能量形式主要是动能形式，射流侵彻破甲是射流的动能和靶板连续交换的结果。因此，动能沿射流长度的分布是射孔弹设计的主要参数，也就是沿射流长度的速度分布和质量分布是主要参数。提高射流的速度和质量可提高射孔弹的穿深效果。深穿透射孔弹为低炸高侵彻，按照不可压缩流体力学理论，可按连续射流状态计算出其破甲结果：

当破甲速度 $u = v_j \left(1 + \sqrt{\dfrac{\rho_t}{\rho_j}}\right)^{-1}$ 时，射流的侵彻深度为：

$$L = t_0 v_j e^{-\int_{v_{j0}}^{v_j} \frac{d v_j}{v_j - u}} - H + b = (H - b)\left[\left(\frac{v_{j0}}{v_j}\right)^{\sqrt{\frac{\rho_j}{\rho_t}}} - 1\right] \tag{2-2-4}$$

当 $v_j = v_{jc} = \sqrt{\dfrac{2P}{\rho_j}}$ 时，由式（2-2-4）可得出破甲深度 L 与靶板材料强度 P 的关系式。P 越大，L 越小。综上所述，由射流破甲的流体力学理论和以上公式可知，作为深穿透射孔弹药型罩应具备以下基本要求：

（1）致密性要求。在爆轰产物推动罩壁向轴线运动过程中，将能量传递给药型罩。如果这时的药型罩比较密实，即致密性大，则药型罩的可压缩性很小，因此内能增加很少，能量的极大部分表现为动能形式，可避免高压膨胀引起的能量分散，达到能量更为集中。为了提高深穿透射孔弹聚能效应，应设法避免高压膨胀引起能量分散而不利于能量集中的因素。作为药型罩必须具有很高的致密性。

（2）高密度要求。由式（2-2-4）可知，射流密度与靶板的密度比 ρ_j/ρ_t 越大，L 越大，在同等条件下，深穿透射孔弹药型罩材料应优先选用密度大的金属粉末材料，如钨、钽、铅等。

（3）延展性要求。延展性高的材料所形成的射流连续性好，当射流头部速度 v_{j0} 和尾部速度 v_j 的比值 v_{j0}/v_j 很大时，所形成的射流被拉得很长，并且射流不易断裂，射孔弹的侵彻深度也就越大。

6）大孔径射孔弹药型罩材料

大孔径射孔弹药型罩的形状结构设计是大孔径射孔弹设计的主要思路，在材料性能选择上重点是要求材料的致密性和延展性，确保大孔径射孔弹爆轰时产生的射流连续。

20 世纪 90 年代研究的大孔径射孔弹的药型罩一般采用铜板冲制而成，铜板可选择紫铜或青铜材料，但要满足生产工艺要求，实验证明青铜材料的大孔径射孔弹药型罩射孔产生的杵体相对要小。

为了解决杵堵问题，研制了粉末药型罩的大孔径射孔弹。在大孔径射孔弹药型罩金属粉末配方设计中，采用了以枝状电解铜粉为基，加入一定量的铅粉、钨粉，以增加药型罩成型后的强度和整体密度。大孔径射孔弹粉末药型罩是粉末压合成型，相同结构的药型罩在爆轰压垮过程中，形成的射流比铜板罩形成的射流直径小，反映在射孔效果上则是射孔孔眼减小。由于高密度钨粉的使用，药型罩密度较铜板罩提高，因而射孔深度有所增加。

金属粉末药型罩大孔径射孔弹要想达到和铜板罩相同的射孔孔径，就需要从设计上进行能量的调整，将一部分用于射孔深度的能量转变为扩孔做功，即通过改变射孔弹的药型罩结构形状，增加药型罩形成射流的直径，达到提高大孔径射孔弹的射孔孔径的目的。设计上采用了大圆弧接锥角，顶端不切口的结构，如图 2-2-8 所示。

在药型罩中添加一定量的密度较小的金属材料，如铝、锌、锡、铋等，在爆轰波加载过

图 2-2-8 大孔径射孔弹粉末药型罩实物照片

程中这些材料产生膨胀，能增加射流的直径，增加射孔弹的穿孔直径。

　　7）特种射孔弹药型罩材料

　　在一些特种射孔弹中药型罩的材料也不相同，如穿孔弹药型罩为铝，这样射孔弹穿深很浅，射孔孔径较大，可确保穿孔作业中射开油管后不会伤害套管。在国外自清洁射孔中还采用了含能材料作为药型罩的一部分。药型罩内的特殊含能材料和金属组合在爆炸压力作用下，射孔弹爆轰产生的高密度金属射流侵彻出射孔孔道之后，含能材料在孔道形成的数毫秒内进入孔道，产生强烈的放热反应，释放的能量使孔道附近的压力增加，产生向井内的涌流，对射孔孔道的压实带进行冲洗，通过含能材料快速反应产生的大量气体和热量改善压实带地层特性，并将孔道内脱落的岩石碎屑和金属粉末从整个孔道中清除，同时，在射孔孔道末端产生裂缝，使油气开采的流动通道得到优化并接近理想状况，最终实现清洁孔道、提高导流能力的目标。

3. 药型罩加工工艺

　　药型罩制造在材质上经过了从板材到金属粉末的变化，在加工工艺上经过了手工生产、振动生产、旋压生产几个阶段。

　　早期的药型罩，如板材冲制药型罩、卷制药型罩、旋压药型罩，由于始终未能解决聚能射流拉伸后的颈缩、断裂和穿孔后的杵堵等问题，限制了射孔弹穿透性能的大幅度提高。金属粉末药型罩的出现，特别是低温烘干粉末药型罩的出现，使聚能射孔弹的穿透性能有了很大的提高，实现了真正的无杵堵。金属粉末药型罩也为自动化生产提供了可能，这是聚能射孔弹制造史上的一大进步。目前，国内外90%以上的药型罩都是采用金属粉末材质。

　　1）手工压制工艺

　　药型罩的早期加工工艺无论是铜板冲压还是无杵堵粉末药型罩都是手工操作方式生产，如手工称料、手工装料、手工组模、手工压制、手工拆模、手工取罩，因此生产效率比较低，投入人力多，劳动强度大，产品质量不稳定；其优点是模具选配简单，模具选型、更换容易，可以实现产品快速转型，模具成本比较低，使用起来灵活性强，比较适于试验使用的一种生产工艺方式。目前国内一些厂家还一直延续使用这种制造工艺生产药型罩。

　　2）振动压制工艺

　　振动进料自动压制工艺是20世纪90年代初由国外引进的一种生产工艺方式。振动压制工艺对粉末罩制造的称料、压制、取罩等环节实现了自动化，各种操作动作编入电脑程序，自动控制，工人只需操控操作面板的按钮，同时对产品的工艺参数进行检验。振动压制工艺的自动投料装置采用振动下料的方式，通过控制振动频率、振动次数和振幅来调节重量和粉材分布的均匀性，使其达到设计要求，通过模具的配合，保证壁厚差。振动生产方式极大地降低了劳动强度，提高了生产效率和产品稳定性。

　　3）旋压压制工艺

　　旋压压制是利用离心作用原理，通过旋转压力成型模具来生产药型罩。生产效率高，产品一致性好，通过旋转、压力、保压时间等参数的选择可以改变药型罩轴向的密度分布，以达到设计要求。国外的全自动生产线把混料、送料、称装、压制、退模、清除残渣等工序连为一体，生产效率高，产品更稳定。国内多采用单机单模旋压生产，相对来说自动化程度还不高。该工艺对模具的加工精度和一致性要求高。

（二）炸药及压制工艺

1. 炸药

炸药是提供射孔弹爆轰穿孔的能量源泉。目前，我国对各类射孔弹单发炸药量进行了明确规定，在 GB/T 20489—2006 中的规定，每一种射孔弹的单发装药量均有一个数量值范围，并规定了相关的深穿透射孔弹地面穿钢靶孔径、深度及贝雷砂岩靶平均穿孔深度规格的下限，相关的大孔径射孔弹地面穿钢靶孔径和深度规格的下限。

在射孔弹的开发设计中，随着炸药密度和爆速的增加，射流头部速度相应增加，射流头部速度和截止侵彻速度之差、射流头部速度和截止侵彻速度之比增大，造成射孔弹的聚能射流的侵靶深度增加。因此，在射流形成的临界条件范围内和经济条件允许下应尽可能使用高密度、高爆速和高爆压的炸药作为射孔弹的主装药。此外，装药的密度均匀性对射孔弹的性能影响非常关键，所以射孔弹的主炸药选择还要考虑炸药的流动性、成型性、粒度分配和松装密度等参数。为了满足油气井开采作业中井下高温环境的要求，射孔弹主装炸药还要考虑其耐温性能，以保证射孔弹在井下施工作业时的产品性能。常温射孔弹主要采用以黑索今为主体的混合炸药，高温射孔弹主要采用以奥克托金为主体的混合炸药，超高温射孔弹主要采用以六硝基芪（HNS）或者皮威克斯（PYX）为主体的混合炸药，以满足常温、高温、超高温井射孔作业要求。

2. 压制工艺

直接将散药放入模具内，先预压出成型药柱，然后再把药型罩、药柱、壳体三者一起组装成射孔弹。随着射孔弹加工技术的进步，预压—合压的加工工艺被一次合压成型工艺所取代，即把药型罩、炸药、壳体三者一起压制成射孔弹。这种生产方式生产效率比较高，劳动强度小，安全性有保障，但要求药型罩有足够的强度，能承受一定的压力。

目前射孔弹加工工艺主要有三种：

（1）人工装卸模具生产工艺。

人工装卸模具生产工艺主要的模具组件包括凸模、中模、扶正套、底座、退料座、顶杆等。装料、组模后通过滑动小车把模具送入压机台面上，压制完成后，手动拉出小车，进行手工拆模、取弹，模具的装卸操作是在一种开放式的空间内进行的，产生的粉尘比较大，需要的人员比较多，安全危险性大。

（2）半自动合压生产工艺。

半自动合压生产工艺，是 20 世纪 90 年代初国内开始研究并运用的一种工艺生产方式，是将组模、压制、拆模等劳动强度大、危险性高、生产效率低的一些工艺环节自动化、集成化，通过程序自动控制完成上述动作，操作者只负责称料、装料、取料以及对产品的检验，降低了工人的劳动强度，提高了生产效率及安全性。

（3）全自动压制工艺。

全自动压制工艺是一条自动化生产线，是近几年从国外引进过来的一种全自动压药生产工艺，设有自动称药装置，能够将称量好的炸药注入壳体，装有炸药的壳体、药型罩通过不同的传送带输送到压装设备，机械手将药型罩、壳体放到模具中，旋转式圆盘上装有多套模具，可以连续压制，压制完成的射孔弹被传送到盛弹盘中。整个生产线操作手只需负责简单的摆放工作，产品检验等工作，劳动强度极大降低，生产效率比较高，产品质量一致性比较好。

(三) 壳体

壳体的内腔和药型罩外表面在压制成型后共同构成了射孔弹的装药结构。装药结构确定射孔弹炸药能量分布，装药结构确定爆轰波波形，药型罩压垮角等参数。合理的装药结构是射孔弹设计的关键之一。射孔弹壳体、药型罩和装药结构对比如图2-2-9所示。

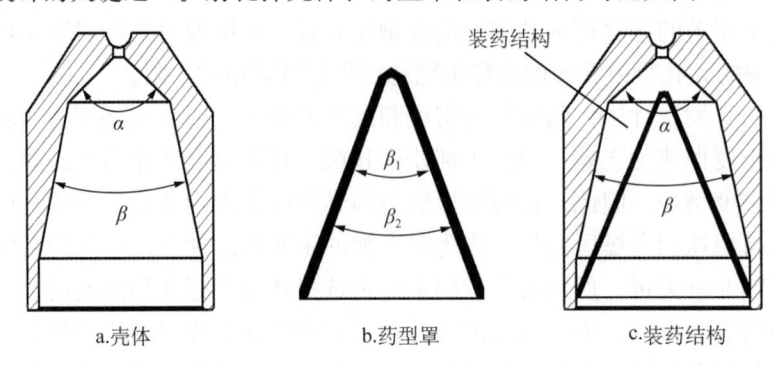

图2-2-9 射孔弹壳体、药型罩和装药结构对比示意图

在相同壳体厚度情况下，射孔弹的穿深和孔径等性能随着壳体材料强度的降低而逐渐下降，如45#钢材料优于10#钢，优于普通铁质粉末冶金壳体，优于铝合金材料。同样，高强度、高密度的粉末冶金壳体也是提高普通粉末冶金壳体产品性能的研究方向。低碳钢材料便于射孔弹壳体挤压成型，与45#钢材料比，加工成本更低。采用高强度材料可以提高射孔弹爆炸后的临界侵彻速度，延长射流的断裂时间，以提高射孔弹射流的能量有效利用率。

对于大孔径射孔弹，由于射孔作业中防砂措施的特殊要求，要求射孔后尽量减少壳体碎屑程度，已经研究开发的锌铝合金材料可以实现小碎屑的要求。该材料在爆轰波作用下迅速燃烧，壳体碎屑直径可以达到1mm以内。在全通径射孔作业中，要求射孔弹射孔后碎屑较小，顺利进入口袋枪，可以采用粉末冶金壳体，实现射孔弹穿深性能和小碎屑要求的统一。

壳体外表形状是针对射孔器配套性能设计的，和弹架配合起来固定射孔弹，从而满足射孔弹设计的炸高要求，实现射孔作业的孔密、相位角的要求。

1. 装药结构

射孔弹的装药结构的设计以充分提高炸药的有效利用率为设计思想，针对深穿透或大孔径的要求，结合药型罩的具体几何形状，增加药型罩对应单位微元上的有效药量；针对混凝土靶的状态参量，调整射流的整体能量分布，注重速度梯度的调整，使装药结构达到针对混凝土靶合理分配能量，实现设计要求指标。壳体的型腔设计还要考虑与药型罩外形的优化，使得在炸药量固定的情况下取得更好的穿深效果。

有效药量的确定：当聚能装药爆炸时，一部分炸药能给药型罩，另一部分炸药能向四周飞散，其爆炸能对药型罩的聚能压缩不起任何作用，而消耗在破碎壳体、膨胀枪身和变形损坏套管的作用上。聚能射孔弹炸药能量的有效利用率大约在20%～40%之间。

要确定实际爆轰过程的有效药量是很困难的。为了简化问题，假设爆轰波速极大，认为药柱各部分同一时刻完成爆轰来分析一个平面装药在各个方向的有效药量问题，如图2-2-10所示。当平面装药ABCD瞬刻完成爆轰后，爆轰产物以AB、BC、CD、AD四个方向同时向外飞散，产物飞散的方向与四边形的周边垂直，由外向里一层层地深入，在某一时刻t_1，平面装药剩下A′B′C′D′部分，在时刻t_2（$t_2 < t_1$），平面装药只剩下A″B″

C″D″ 部分。实际上，平面装药被分成四个区域，其中包括三角形 AOB、DO′C，梯形 AOO′D、BOO′C。四个区域的产物向四个不同的方向飞散，它们的分界线就是四边形 ABCD 的四条角平分线和一条中平分线 OO′，这四个区域所包围的炸药量就是平面装药分别在四个方向（箭头所示方向）上的有效药量。实际上，根据爆轰理论可知，这些角平分线和中平分线正是从不同方向来的稀疏波的交线。对于圆柱形装药，过它的轴线作许多截面，每一个截面可以看作是一个平面装药。因此，划分圆柱形装药的有效药量的方法不变，根据瞬时爆轰作图法，可以类似地决定聚能药柱在聚能方向的有效药量。对于有药型罩和壳体的聚能装药，聚能方向的有效药量受到壳体和药型罩的强度和密度的影响。当壳体的强度和密度大于药型罩时，爆轰产物向药型罩方向膨胀得快一些，稀疏波的交线相应向壳体方向移动，向药型罩方向的有效药量要大一些，反之则少一些。

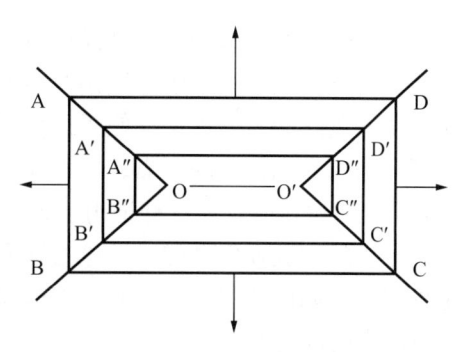

图 2-2-10 平面装药有效药量分析示意图

随着射孔弹装药爆轰的数值模拟技术的不断发展，有效药量精确计算则需要二维程序进行整体优化设计。射孔弹计算二维程序是根据二维不定常流体力学理论，采用二维欧拉弹塑性流体力学有限差分与多虚拟源点解析分段耦合的方法，进行数值模拟射孔弹的整体作用过程。即从炸药起爆开始，到药型罩在爆轰作用下变形压垮，射流的形成及运动直到开坑及穿靶的全部过程。其可以对各种形状复杂的射孔弹进行模拟计算，通过计算可以获得射流速度、质量、累计质量、密度、能量等空间分布情况及随时间变化情况和穿靶深度、孔径等主要参数。射孔弹计算二维程序在设计效率比人工设计明显提高，设计方案更优化，实现了射孔弹设计方案的优化选择，降低了设计成本，提高了射孔弹的设计效率。

2. 外形设计

由爆轰理论可知，射孔弹爆轰后，爆轰波在弹壳内外壁进行多次反射，直至爆轰产物的压力下降到装药稳定爆轰爆压的 1/8 时，将不再对药型罩的压垮起作用。在这个过程中，弹壳发生膨胀—塑性变形—裂解形成碎片，导致壳体的形态对射流的形成有一定的影响。

另外，壳体外表形状是针对射孔器配套性能设计的。国内射孔弹一般设计出导爆索槽，便于射孔弹和导爆索连接固定，实现射孔弹中心起爆，确保射孔弹的性能；固定导爆索与射孔弹一般是在壳体导爆索槽旁设计压丝，而国外相应处采用了弹夹卡簧的设计，如图 2-2-11、图 2-2-12 所示。

图 2-2-11 国内压丝结构射孔弹剖面示意图

图 2-2-12 国外射孔弹外形照片

射孔弹起爆端为平面，这样可节约壳体材料，有利于射孔弹壳体的加工，便于射孔弹自动化生产。在射孔弹装枪连接时不考虑射孔弹导爆索槽的方向分布，操作更简便。国内射孔弹的压丝和壳体连接一般采用胶粘接在一起的。胶的选择也要考虑到产品的使用环境温度，确保射孔作业的可靠。压丝还可以采用机械压制固定在射孔弹壳体的压丝孔内。这样就和国外的弹卡结构一样适用于各种耐温环境。

国内的大孔径射孔弹、无枪身射孔弹、与高孔密射孔器配套的射孔弹一般采用卡簧固定导爆索，如图 2-2-13 所示；壳体在设计上需要考虑射孔弹与射孔弹之间距离，提高射孔枪的空间利用率。

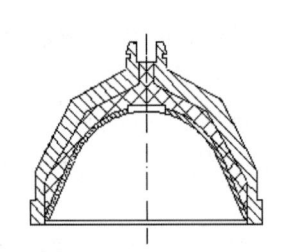

图 2-2-13 国内采用卡簧结构的射孔弹剖面示意图

无枪身射孔弹由于需要承受井内液体的压力，在壳体设计上需要整体考虑壳体的厚度和强度，设计相应的密封机构，射孔弹的传爆孔既要保证射孔弹能够被导爆索正常引爆，又要保证在井筒液体压力下不泄露，在井下能够起爆，完成射孔作业要求。

3. 加工工艺

射孔弹壳体加工工艺一般分为钢材的车削、冷挤成型和金属粉末冶金成型，针对不同的壳体材料也有浇铸成型和热挤成型等加工工艺。

二、影响射孔弹性能的主要因素

在射孔弹的设计和生产工艺都已确定，原材料均通过检验合格，生产出的合格产品在使用过程中还有以下几方面因素会影响射孔弹的性能。

(一) 炸高

对无枪身聚能射孔弹而言，炸高是聚能穴端面至弹壳内壁的距离（固有炸高）；对有枪身聚能射孔弹是指聚能穴端面至射孔枪内壁的距离（装枪炸高）。

在聚能射流未能充分拉伸之前，任何障碍物（靶）的出现都会严重干扰射流能量的聚集和射流的稳定性，这会大大地降低射流的穿透力。障碍物越近，其密度和强度越大，此种影响也越大。由于井下空间的限制，固有炸高和装枪炸高一般只有两三厘米，几毫米之差往往会带来穿深上几十毫米的显著差异。所以射孔枪和射孔弹的配套选择是非常必要的。新的配套方式需要进行地面装枪混凝土靶的检测试验合格后才能推广使用。深穿透射孔器内炸高越大越有利于提高穿深，大孔径射孔器内炸高适当小一些可以增加穿靶孔径。

射孔器的外径与井内壁之间的距离称为射孔间隙。由于射流存在一定的速度梯度，在运动过程中，射流拉伸，其长度、质量分布和半径分布不断发生变化。在一定的范围内，随着射流长度增加，其穿深将提高，孔径将变小，但射流穿过井液时，其质量和能量也有一定的损失，从而降低穿深和孔径。当间隙增大时，射流能量损失也增加。射孔弹对地层的穿透能力越低，孔径也越小。此外，射孔间隙对射孔器性能的影响与射孔弹的装药量有关，装药量增加，射流的能量也相应增加，射流的直径相应增加；间隙一定时，随着装药量的增加，该间隙对射孔器性能的影响减小。

（二）射孔弹间距离

从 X 光照片测试结果分析，一般壳体裂解的时间均超过 $20\mu s$，而在高孔密条件下，弹间距较小（几毫米），相邻弹的起爆时间差仅为几微秒，可以认为弹壳碎片引起的干扰可能性较小，弹间干扰产生的主要原因是射孔弹爆轰引起的冲击波传播致使被起爆的射孔弹压力场不对称引起的，即前一发弹的爆轰引起的冲击波穿透弹壳后加载到后一发射孔弹上，并且冲击波随着传播距离增大而衰减，当后一发射孔弹爆轰时，弹壳已经处在一种不对称的压力场状态。在高孔密射孔器，导爆索的缠绕方式也影响着射孔弹射孔情况。当采用外绕方式联接时，射孔弹两侧的导爆索爆轰，也可能使射孔弹处在了一个不对称的压力状态中。当加载的压力足够大时，将影响滞后起爆的射孔弹爆轰压力场的对称性，影响射流速度和方向，使形成的射孔孔道不规则，穿深性能急剧下降。

高孔密射孔弹存在弹间干扰，将影响射孔器的穿孔性能。当导爆索的爆速一定时，对一定的射孔弹和一定的固弹方式来说，弹间干扰的程度取决于弹间距，间距越小，干扰越严重，当间距增大到一定值时，干扰现象基本清除。干扰作用受射孔弹本身的装药量和几何结构的影响。一般而言，当弹间距一定时，装药量越大，壳体越薄，干扰越严重。当导爆索的爆速增加时，高孔密射孔器中相邻射孔弹起爆的时间差减小，前一发射孔弹爆轰后引起的冲击波对滞后爆轰的射孔弹的作用时间减小，因而弹间干扰降低。

射孔枪内射孔弹之间的距离如果小到一定程度（约 5mm）就会出现射孔弹之间的相互干扰问题，造成射孔器的性能急剧下降。因此高孔密射孔器的射孔弹分布结构需要通过计算和试验才能确定。

（三）起爆能量

起爆能量在无枪身射孔弹射孔作业中尤为重要，因为无枪身射孔弹为了自身保持密封，传爆孔处相当于有一层较薄的金属材料隔板，只有足够的能量才能保证射孔弹的射孔效果。在有枪身射孔器中，射孔弹和导爆索之间的距离决定着其起爆能量的大小，当射孔弹传爆孔与导爆索距离较大时（大于 6mm）可能无法起爆射孔弹，即使起爆也由于能量不足导致射孔弹炸药不完全爆轰，从而降低产品性能。因此必须选用相应的无枪身导爆索。在射孔弹和导爆索连接过程中需要注意导爆索的质量，导爆索漏药和偏离传爆孔可能导致射孔弹的不完全爆轰或性能下降。射孔弹、导爆索及弹架的定位都必须十分准确、牢固，以防止产生拒爆，穿孔偏斜等事故。

另外，当射孔弹特别是超高温射孔弹的传爆孔处受潮或机油、柴油、黄油等液体浸入时，会导致起爆感度明显下降，射孔作业中可能造成射孔弹的起爆率降低，产品性能下降。射孔弹是靠导爆索引爆的，因此要保证每发射孔弹的起爆就需要导爆索和射孔弹连接的每一个环节都是可靠的。导爆索在一定温度下会收缩，因此连枪过程中有时要给以考虑，留出一定的富余量。导爆索和传爆管及雷管的连接必须可靠，确保下井过程中不分开。

（四）药型罩的检查与保护

药型罩的质量好坏直接影响射孔弹的穿孔性能。在射孔装枪的现场操作过程中需要注意每发射孔弹的药型罩，观察药型罩是否有损坏，掉罩等现象。要保持药型罩的清洁，不得使药型罩潮湿，更不能用带有油污的手套或湿物擦拭药型罩，否则将严重影响射孔弹的产品性能。

当药型罩与炸药柱分离时，将在两者之间产生一个空气隔层，在爆轰波对药型罩加载过程中产生干扰，将造成射孔弹的性能下降，并随着药型罩和炸药柱分离的程度增加性能迅速降低。当药型罩完全脱离炸药柱时，在射孔弹引爆后将产生爆轰气体射流，当数量较少时，这种药型罩完全脱离炸药柱的射孔弹将在射孔枪上产生一个比正常射孔时产生的孔径大很多的孔眼，孔径增加到原来的2～3倍，一般在套管上不能穿孔，降低射孔器材的射孔率，影响射孔作业效果。当药型罩完全脱离炸药柱的射孔弹数量较多时有可能对枪身造成较大压力，使射孔后枪身膨胀过大或者造成射孔枪破裂卡井，产生井下施工事故，造成巨大经济损失。

（五）射孔弹开口处被遮挡

射孔弹在射流形成过程中，金属粉末药型罩沿轴线聚集，并向射孔弹开口的前方高速运动。通过研究试验证明，药型罩大端部分对射孔弹的穿深性能作用巨大，对射孔弹性能起到至关重要的影响。如图2-2-14所示，当射孔弹大端开口处有物体遮挡时，将影响药型罩大端微元向轴线的汇聚，遮挡面积越大，影响射孔弹性能越明显，遮挡物离射孔弹开口处距离越近影响越大，因此射孔弹在装入弹架中要尽可能避免射孔弹大口端的遮挡。

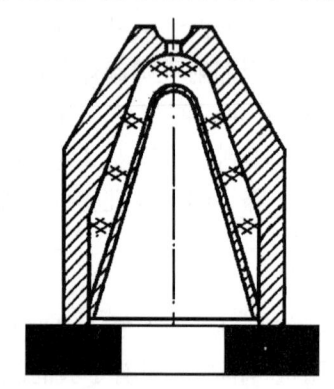

图2-2-14 射孔弹大端遮挡示意图

（六）导爆索选用

导爆索作为典型的传爆元件，在石油射孔系统中主要用于弹与弹之间的联接起爆。导爆索按照装药量、耐温性能及特殊物理、化学性能分为不同类别。一种型号导爆索就是这些类别的组合，具有相应的性能，适用于特定的射孔系统。有些油田用户对导爆索产品性能及应用范围不了解，有可能错误地选取导爆索型号用于射孔系统联炮，造成成本提高或射孔性能下降，甚至引发射孔事故。

在石油射孔中，可根据导爆索型号中的导爆索装药量、炸药类型及导爆索特性进行选用（导爆索型号命名规则参见SY/T 6411标准）。导爆索选用时，须根据射孔方式、井内射孔段的温度、射孔器在井内预定停留时间和其他射孔工艺要求，选择满足要求的低级别导爆索；如导爆索产品不全时，只可用高等级的导爆索替代低等级的导爆索，绝不允许用低级别的导爆索替代高级别的导爆索。

在有枪身油管输送射孔时，井温低于80℃时，可以选用普通型导爆索；井温高于80℃时，应选用低收缩型导爆索。为保证射孔弹的稳定起爆，减小弹间干扰，对于射孔孔密在

20孔/m以下的射孔器，可选用常规爆速导爆索，20～30孔/m射孔器可选用高爆速级导爆索，大于30孔/m射孔器，应选用超高爆速导爆索。在无枪身导爆索选用时，首先选用装药量为100gr/ft的导爆索，主要是保证无枪身射孔弹的完全起爆。

此外，装枪时要避免枪管内壁擦伤导爆索，以免影响其起爆性能。

第三节 射孔枪

目前应用最广泛的为聚能射孔器，其原理是利用射孔弹药型罩的聚能现象产生聚能射流，射穿套管，打开地层和井筒间的流体通道。射孔枪是各种聚能射孔器的重要组成部分，是射孔弹的主要承载体。

射孔枪分为有枪身射孔枪和无枪身射孔枪。有枪身射孔枪是用于承载射孔弹的密封承压发射体；无枪身射孔枪专指弹架，它的密封承压由无枪身射孔弹的弹壳承担。国外有的公司将整个射孔器统称为射孔枪。

一、射孔枪的结构和分类

（一）无枪身射孔枪的结构和分类

无枪身射孔枪的结构比较简单，但弹架的型式较多。从结构的型式可分为钢丝弹架式、板式、螺旋式、链接式、杆式和张开式等，国外在这方面拥有许多专利。目前国内常用的是板式和螺旋式两种无枪身射孔枪，其结构示意如图2-3-1所示。

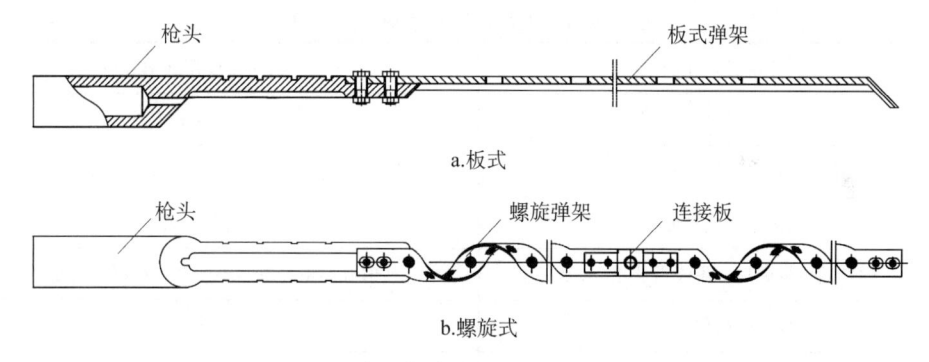

图2-3-1 板式和螺旋式无枪身射孔枪结构示意图

（二）有枪身射孔枪的结构和分类

1. 结构

有枪身射孔枪通常由枪头、枪身、接头和枪尾形成一个完全密闭的空腔。其作用是保护枪内的射孔弹、弹架、导爆索、传爆管及雷管等部件，不受井下高压、酸碱及施工时产生的振动撞击等复杂环境的影响，以保证导爆索的可靠传爆和射孔弹的起爆，完成射孔。射孔后，爆轰残留物留在枪内可以回收。

2. 分类

有枪身射孔枪按下井输送方式可分为电缆输送式射孔枪和油管（或连续油管）输送式射孔枪，典型结构如图2-3-2、图2-3-3所示。

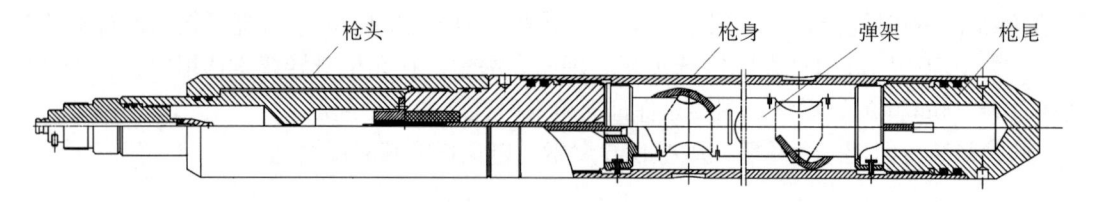

图 2-3-2 电缆输送式有枪身射孔枪典型结构示意图

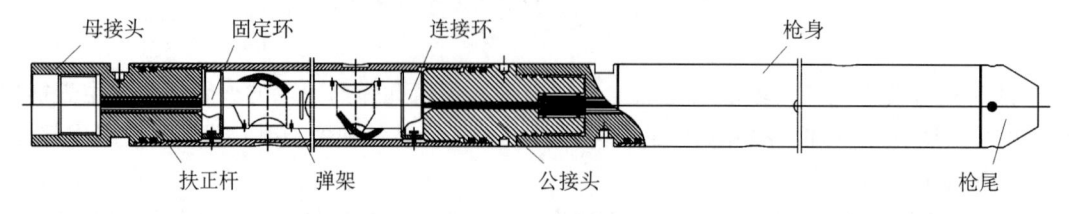

图 2-3-3 油管输送式射孔枪典型结构示意图

有枪身射孔枪按射孔工艺和内部结构的不同可分为电缆输送过油管射孔枪、堆积式模块射孔枪、泵送式射孔枪、水平井射孔枪、复合射孔枪、全通径射孔枪和定方位射孔枪等。

有枪身射孔枪按其使用情况可分为多次重复使用式射孔枪和一次使用式射孔枪。多次重复使用式射孔枪通常又称为孔塞式射孔枪，其特点是可以多次重复使用，每次射孔后，只需更换射孔枪的盲孔塞和内部火工组件即可重新射孔，此类射孔枪在国内应用较少。虽然两种类型的射孔枪在射孔后均可回收至地面，但在性能方面却存在很大差异，两种射孔枪的优缺点对比见表 2-3-1。

表 2-3-1　两种射孔枪优缺点对比表

一次使用式射孔枪	多次重复使用式射孔枪
枪身轻	枪身重
枪身材质及机械性能要求低	枪身材质及机械性能要求高
制造简单、成本低	制造简单、成本低
射孔后枪破坏，不能再使用	射孔后枪身基本不变形，可以多次使用
操作较简单	操作较复杂
射孔成本高	射孔成本相对要低

（三）射孔枪的主要部件

1. 枪头

无枪身射孔器枪头主要用来连接弹架和上部仪器管串，起爆雷管绑附在它的凹槽内。

对于有枪身射孔器来说，专指电缆射孔用枪头组件，它包括电接点、密封圈、接头等。枪头一端由螺纹和枪身联接，并加工有密封槽，用 O 形密封圈与枪身形成密封。枪头内部设计有空腔，为容纳导爆索与雷管连接的空间。电接点一端与电缆仪器相接。

国内有些公司为了在电缆输送射孔作业中实现"先电器、后火工"的安全操作原则，常采用压力安全（防爆）装置来代替枪头。如图 2-3-4 所示，雷管安装在最右端中心孔位置，雷管接好线并固定好后才与射孔枪相连，装置下入井中一定深度时其点火线路才能接通，点火后利用雷管起爆射孔枪的传爆管。

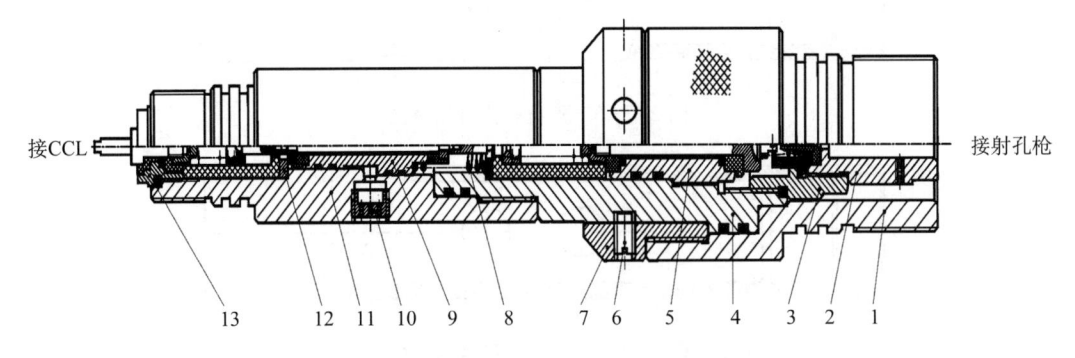

图 2-3-4 压力安全（防爆）装置结构示意图

1—下转换接头；2—雷管固定套总成；3—雷管固定座；4—下主体；5—接触电极总成；6—螺钉；7—压帽；8—复位大弹簧；9—活塞总成；10—过滤塞；11—上主体；12—接地弹垫；13—密封塞总成

压力安全（防爆）装置技术参数：

耐压：SLCF 1-86：140MPa，SLCF 1-73：105MPa；

耐温：200℃；

总长：380mm；

工作压力：3～6MPa。

压力安全（防爆）装置工作原理：

在地面或井口时，保证点火线路接地，与电雷管断开；枪串下井达到一定深度时，在井筒内液柱压力的作用下，点火线路与地断开，并接通电雷管。

2. 枪身

枪身用无缝钢管加工。因受重量和施工条件的限制，枪身不宜过长，单根枪的有效射开长度应为不大于 6m 的整数长。对于超厚储层，可采用中间接头联接的方式来调整枪身长度。

枪身两端用螺纹与公母接头联接，并通过 O 形密封圈与起爆器（或枪头）、枪尾形成密闭空间，弹架、射孔弹、导爆索和传爆管等爆炸器材置于其中，确保它们免受外界井下复杂环境的影响而能正常起爆。

枪身有不带盲孔和带盲孔两种，如图 2-3-5 和图 2-3-6 所示。带盲孔的枪身在外壁对准每一发射孔弹待穿孔部位均钻有盲孔，国内有些公司也有在内壁设置盲孔的孔身（图 2-3-7）。

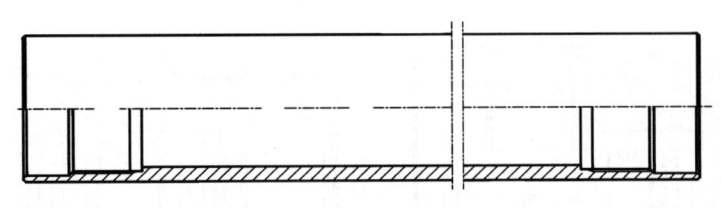

图 2-3-5 不带盲孔枪身示意图

图 2-3-6　外盲孔枪身示意图

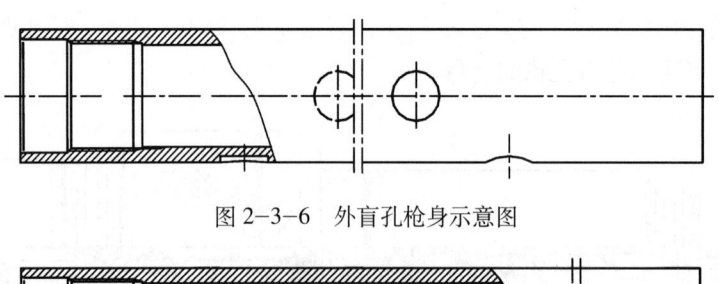

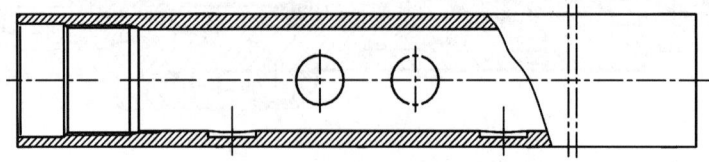

图 2-3-7　内盲孔枪身示意图

盲孔的作用如下：

(1) 降低毛刺高度。一方面由于盲孔处枪壁变薄，使射孔后产生的毛刺相对减少；另一方面射孔后枪壁孔眼处的外翻毛刺产生在盲孔中，毛刺的高度不突出于枪体轮廓外，以便于射孔后能顺利提出射孔枪。

(2) 提高射孔穿深。盲孔减薄了射孔弹穿孔部位的枪壁厚度，可以减少射流的损耗，从而提高射孔穿深。

枪身内壁和弹架之间有定位和紧固机构，保证装有射孔弹的弹架装入枪身后，每发弹的发射方向都能对准盲孔并且在使用施工过程中不发生偏移和转动。

对于无枪身射孔器来说，枪身专指弹架。

3. 接头

接头的结构形式有多种，常见的有单体（双公接头）式、单体开天窗式、分体（公母接头）式等，单体式接头如图 2-3-8 所示，常用分体式接头如图 2-3-9 所示。接头的主要作用是密闭联接两支射孔枪枪身和调整枪串长度，并且能可靠而稳定地传递爆轰能，保证枪与枪之间能有效传爆。

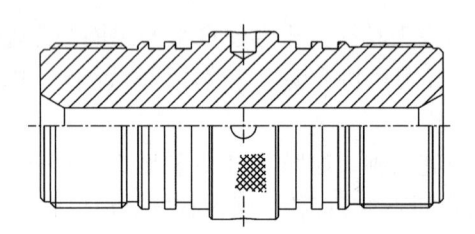

图 2-3-8　常用单体式接头示意图

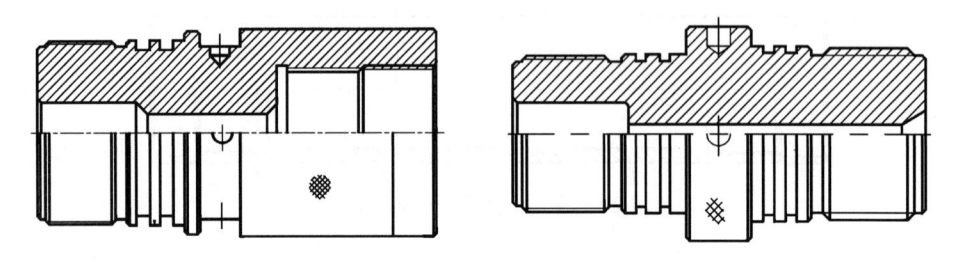

图 2-3-9　常用分体式接头示意图

4. 弹架

弹架是确保射孔弹按设计位置可靠定位的载体，一般由钢管（钢板）或塑料、纸筒、不锈钢等加工而成。

有枪身射孔枪弹架两端一般还焊（连）接有固定环和连接环，如图 2-3-10 所示。固定环主要用来将整个弹架及射孔弹悬挂于枪管的内壁，连接环的主要作用是便于入送弹架和扶正弹架。

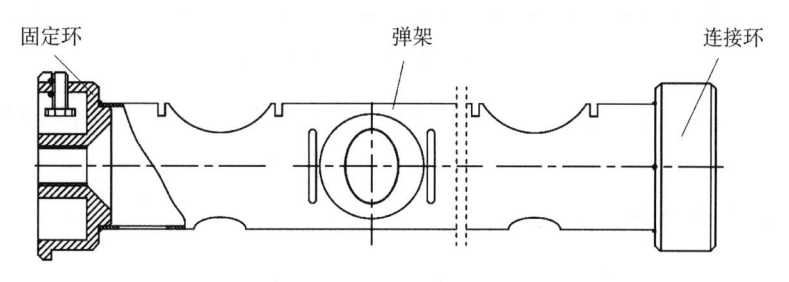

图 2-3-10　弹架示意图

弹架的设计决定了射孔弹的孔密、相位和炸高，对射孔弹的可靠定位和穿深性能的有效发挥起到了重要作用。

5. 枪尾

枪尾主要用来密闭枪身下端。枪尾一端用螺纹与枪身联接，通过 O 形密封圈与枪身形成密封，另一端为圆锥体，入井下枪时起引鞋作用。

枪尾一般可分为普通枪尾、筛孔枪尾、滚珠枪尾和可丢弃式枪尾等，如图 2-3-11 所示。

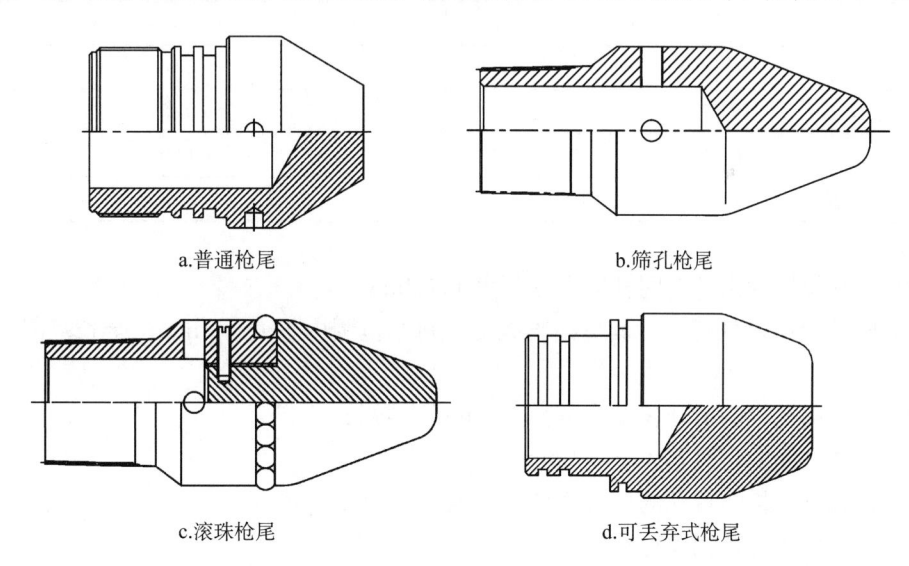

a.普通枪尾　　b.筛孔枪尾

c.滚珠枪尾　　d.可丢弃式枪尾

图 2-3-11　各种枪尾示意图

筛孔枪尾用于双起爆用射孔枪，它通常与下起爆器相联接，通过筛孔来传递井筒内液柱压力实现下起爆器起爆；滚珠枪尾主要用于水平井射孔枪；可丢弃式枪尾主要用于全通径射孔枪。

（四）射孔枪的型号命名

射孔枪的型号主要以射孔枪外径、孔密、相位角、额定压力值等内容命名。其型号编

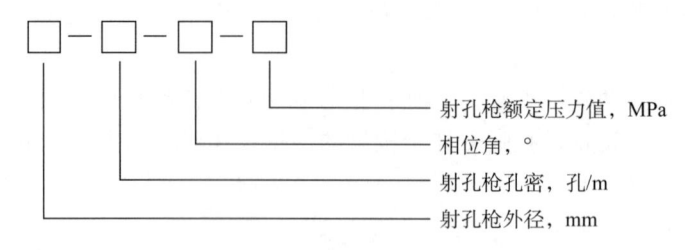

制方法如图 2-3-12 所示。

图 2-3-12 射孔枪型号命名示意图

示例：89-16-60-105 表示外径为 89mm、孔密为 16 孔/m、相位角 60°、耐压值为 105MPa 的射孔枪。

二、射孔枪的基本性能要求

射孔枪作为聚能射孔器的主体承载部件，最基本的性能是其机械强度性能，只有在满足其机械性能强度的条件下，才能保证聚能射孔器在井下射孔时的可靠性和安全性。其最基本的性能要求主要有以下几点：

（1）射孔枪主要受力零件（枪体、枪头、枪尾、中间接头）的材料，其力学性能应符合下列要求：屈服强度 $\sigma_{0.2} \geqslant 724$MPa，断后伸长率 $\delta_4 \geqslant 11\%$，硬度为 HRC30～35 或 HB269～302，横向冲击性能要求见表 2-3-2。

表 2-3-2 横向冲击性能

试样规格（mm×mm）	冲击吸收功 A_{kv}（J）
10×10.0	27.0
10×7.5	21.5
10×5.0	14.9
10×3.3	10.8

（2）射孔枪体的内外圆同轴度允差不大于 1.2mm。

（3）射孔枪体热处理后，其母线直线度在每米范围内不大于 1mm，全长范围内不大于 2.5mm。

（4）单支射孔枪的射开长度为不大于 6m 的整数长。

（5）枪体之间的盲段不大于 400mm。

（6）弹架孔与枪体盲孔的位置度公差不大于 ϕ5mm。

（7）锻钢件应符合相关标准的锻件规定。

（8）主要受力件或承压件进行表面探伤，其线状缺陷磁痕和圆状缺陷磁痕应不低于 2 级精度。

（9）机加工零件应按规定制造，并应符合如下要求：

①油管螺纹应符合相应标准的规定。

②其他螺纹应符合国家和行业标准的规定。

（10）橡胶密封件表面不得有飞边、撕裂、硫化不良等缺陷存在。

（11）射孔枪应分别进行常温下工作压力试验，稳压时间为3min，高温下1.05倍工作压力试验，稳压时间为30min，枪体不得渗漏和变形。

（12）对于水平井定向射孔枪，应逐个进行检验，要求弹架转动灵活、水平定位精度为±5°。

（13）射孔枪应按SY/T 6297的规定进行综合性能评价试验，外径胀大不得超过5mm。地面打混凝土靶，枪体裂纹长度不超过60mm长；模拟井打靶，枪体裂纹长度不超过40mm长；耐温、耐压试验，枪体不得渗漏、变形。

三、主要技术参数

（一）无枪身射孔枪的技术参数

(1) 射孔器包容尺寸：ϕ43mm、ϕ51mm、ϕ54mm、ϕ63mm。

(2) 射孔孔密：13孔/m、16孔/m、20孔/m。

(3) 射孔相位：0°、40°。

(4) 耐温：160℃/48h。

(5) 耐压：105MPa、90MPa（QT）。

(6) 配套弹架类型：板式、螺旋式。

(7) 推荐弹架长度：1.2m、2.2m、3.2m。

（二）有枪身射孔枪的技术参数

(1) 主要规格型号见表2-3-3。

表2-3-3 规格型号表

序 号	枪管型号	主要规格（外径×壁厚）(mm×mm)	参考耐压指标（MPa）
1	51	ϕ51×5	120
2	60	ϕ60×5	110
3	68	ϕ68×6.3	120
4	73	ϕ73×7.82	140
5	83	ϕ83×9	140
6	86	ϕ86×9.5	140
7	89	ϕ88.9×7.1	100
8	89	ϕ88.9×8.8	130
9	89	ϕ88.9×10	140
10	96	ϕ96×10	135
11	102	ϕ101.6×9.5	120
12	102	ϕ101.6×11	140
13	114	ϕ114×10	120
14	127	ϕ127×9.5	100
15	127	ϕ127×11	115
16	127	ϕ127×13	140
17	140	ϕ140×10	90

续表

序 号	枪管型号	主要规格（外径×壁厚）(mm×mm)	参考耐压指标（MPa）
18	140	$\phi 140 \times 12$	105
19	178	$\phi 178 \times 12.6$	90

(2) 射孔枪常用孔密：10孔/m、13孔/m、16孔/m、18孔/m、20孔/m、40孔/m。

(3) 射孔枪常用相位：45°、60°、90°、120°、180°等。

四、射孔枪的制造工艺

由于射孔器在井筒内的施工环境十分恶劣，所以对射孔枪的产品性能要求也很严格。而射孔枪制造工艺的好坏直接影响到射孔器性能的优劣，它是顺利完成射孔作业任务的必要条件。

射孔枪的管材一般采用32CrMo4材质，用热轧工艺制成。

射孔枪的枪头、枪尾和接头等部件的机加工在没有特殊加工要求时，只需严格按照机械切削加工工艺和技术要求进行加工即可。而无枪身射孔器的弹架和有枪身射孔器枪身及弹架生产时，则应根据各型弹架和枪身的不同设计要求，严格设计加工工艺，确保产品性能达到所设计的施工要求。

（一）无枪身射孔器弹架的加工工艺

1. 加工方式的选择

无枪身射孔器弹架加工方法主要有两种：管材切割和板材冷挤压。但由于采用板材冷挤压加工的弹架存在弹性后效，使弹架的形状变化不规则及变形大，射孔后弹架不易提出油管，容易导致卡枪事故的发生，故大多数生产厂家常采用专用的工装和激光切割的方式来加工不同相位的弹架。

2. 加工工艺流程

（1）原材料的选择及订购。

（2）对原材料进行热处理或精轧。

热处理的目的：增加弹架硬度和提供合适的塑性，清除加工残余应力，从而提高弹架的综合机械性能。

（3）激光切割。

为保证弹架加工质量的稳定性，须采用激光切割机对弹架进行切割。

（4）钻孔。

弹架的钻孔是一个难题，国内有些生产厂家专门设计、加工制造了弹架钻孔工装，如图2-3-13和图2-3-14所示。采用该种工装不但提高工作效率、而且保证钻孔质量。

（5）攻扣。

为提高工效、保证质量，须采用攻丝机和专用夹具工装进行攻扣。

（6）焊接连接块。

（7）去毛刺。

（8）检验入库。

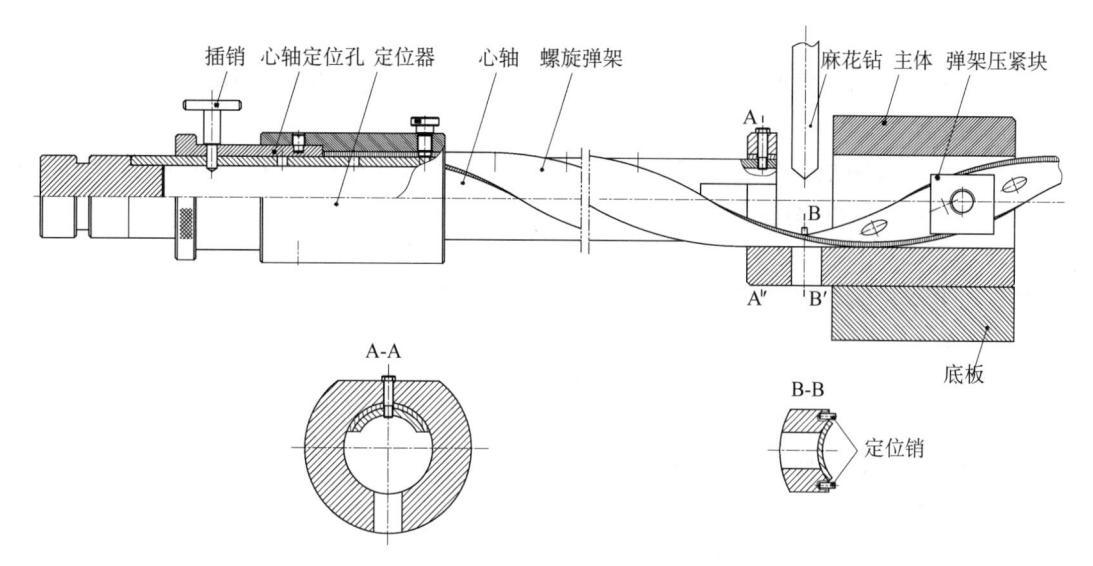

图 2-3-13 某工装示意图

图 2-3-14 某工装实物图

（二）有枪身射孔器枪身的加工工艺

1. 先期热处理过程

通常有枪身射孔器枪身在机加工之前应进行热处理，热处理后再对枪身管材校直，以保证管材的母线直线度公差。该工艺一般在管材生产厂家完成。

2. 加工工艺流程

1）下料

根据所需加工射孔枪型号选取相应的管材采用切割机下料，下料长度＝设计枪身长度 L+10mm，并在枪身表面写上材料批号。

2）精车

用车床（或专用数控车床）对枪身两端镗内孔和车螺纹。

3) 钻盲孔

用盲孔专机按图纸要求钻盲孔，钻完孔后应剔除盲孔中部突出的毛刺。

4) 铣键槽

用专用铣床按图纸要求铣键槽，应保证键槽中心与第一相位上盲孔的中心在同一直线上，铣完键槽后必须剔除边缘的毛刺。

5) 检验

按图纸要求检验各部位尺寸。

6) 喷漆

除锈、喷防锈漆，并喷上枪身的型号及编号。

7) 装配

装配弹架，密封面抹黄油或硅脂，并旋上丝堵。

8) 出厂检验

按图纸要求检验各部位尺寸。

9) 总检入库

由质量检验部门负责检验。

(三) 射孔枪加工的专用设备

1. 激光切割机（以 SLCF-X15X32 型为例）

1) 用途

激光切割机在射孔枪的加工过程中主要用于切割无枪身射孔器弹架和有枪身射孔器弹架的装弹孔及锁弹槽。

2) 组成

激光切割机是由床身、飞行横梁、活动工作台、z 轴装置、气路及油路、电控等六大部分组成，其实物如图 2-3-15 所示。

图 2-3-15 激光切割机实物图

3) 特点

(1) 结构好：整体焊接床身，具有较好的刚性、稳定性和抗震性。

（2）精度高：以精密滚珠丝杠、直线导轨传动运行。

（3）速度快：最大运行速度达 24m/min。

（4）配置好：AC 伺服电机惯性小，动态性能好；光路稳定；配有专用 CAD/CAM 自动编程、排料软件。

（5）辅助功能多：配有排尘拖链，废渣料可自动排除；配有排烟尘装置；配有上、下料滚珠台，减轻劳动强度；配有自动聚焦系统，反应灵敏准确；

（6）操作性佳：配有可回转 CRT 操作台，操作方便；配有切割和焊接管材的高精度旋转轴，可实现机床的板、管两用切割。

4）技术参数

最大切割板材尺寸：3000mm×1500mm。

最大切割管材尺寸：ϕ300mm。

x 轴行程：3200mm。

y 轴行程：1500mm。

z 轴行程：170mm。

x、y 轴定位精度：±0.03/1000mm。

x、y 轴重复位精度：±0.01mm。

旋转轴回转精度：±2in。

最大定位速度：48m/min。

数控系统：FAGOR 8055。

激光器功率：2000W。

工作台最大载重：350kg。

机床重量：7000kg。

2. 数控盲孔专用机床（以 ZKDZ-7000 型为例）

（1）用途：数控盲孔专用机床主要用于加工枪身外壁的盲孔，其实物如图 2-3-16 所示。

图 2-3-16 数控盲孔专用机床实物图

（2）特点：定位精确，效率高，大大降低劳动强度。
（3）技术参数见表2-3-4。

表2-3-4 数控盲孔专机机床主要技术参数

项　　目			参　　数
加工范围		加工直径（mm）	$\phi 50 \sim \phi 200$
		最大加工长度（mm）	7000
进给	z轴	最大行程（mm）	7000
		最高线速（m/min）	6
		定位精度（mm）	±0.1/1000
		传动方式	滚珠丝杠
		电机扭矩（N·m）	10
	x、y轴	最大行程（mm）	250
		最高线速（m/min）	8
		定位精度（mm）	±0.01
		传动方式	滚珠丝杠
		电机扭矩（N·m）	20
a轴		重复定位精度（in）	10
		定位精度（in）	30
		最高转速（r/min）	10
		最大承重（kg）	300
		电机扭矩（N·m）	10
		工件夹紧方式	手动夹紧
钻削动力头		主轴转速（r/min）	0～3000无级调速
		主电机功率（kW）	4
		主轴数	2
		刀柄直径（mm）	$\phi 32$
		钻孔直径范围（mm）	$\phi 25 \sim \phi 35$
		主轴中心距范围（mm）	0～250
其　他		液压系统	外置式独立泵站
		润滑系统	集中润滑
		冷却泵流量（L/min）	400
		数控系统	FANUC-0i-Mate MD
		所需电源（kV·A）	18
		所需气源（MPa）	≥0.6
		电压（V）	380（85%～110%变化波动范围内）
		室温（℃）	0～45
		相对湿度（%）	＜90（温度变化不引起冷凝现象）
		空气	避免灰尘、酸腐蚀气体和盐雾

3. 数控管螺纹车床（以 S1-400A 型为例）

(1) 用途：数控管螺纹车床主要用于加工枪身内密封面和内螺纹，其实物如图 2-3-17 所示。

图 2-3-17 数控管螺纹车床实物图

(2) 特点：结构可靠，操作方便，控制系统功能全面。
(3) 技术参数见表 2-3-5。

表 2-3-5 数控管螺纹车床主要技术参数

项　　目			规　　格
最大工作直径（mm）			180
最大工件长度（mm）			14000
主轴转速级数（r/min）			（8级）90～605
主轴孔径（mm）			205
刀架工位			4
x 轴快移速度（m/min）			4
z 轴快移速度（m/min）			8
x 轴进给最小设定单位（mm）			0.0005
z 轴进给最小设定单转速位（mm）			0.0005
主电机	型号		YD160L-6/4
	功率（kW）		9/11
	转速（r/min）		970/1460
伺服电机	x 轴	型号	a C8（FANUC）
		转速（r/min）	2000
		功率（kW）	1.2
	z 轴	型号	a C22（FANUC）
		转速（r/min）	2000
		功率（kW）	3

续表

项　　目		规　　格
冷却电泵	型号	YSB-Ⅱ-50
	功率 (W)	90
液压电机	型号	
	转速 (r/min)	1360
	功率 (kW)	0.75
电　　源	电压 (V)	380
	频率 (Hz)	50
机床耗电 (kV·A)		40
控制系统		FUNAC 0i-Mate
机床最大外径尺寸 (mm×mm×mm)		3070×1690×1740
机床重量 (kg)		4500

第四节　雷管、起爆器及起爆装置

一、概述

石油射孔用起爆器材的核心部件是火工品,在雷管、起爆器、起爆装置中都要用到它。火工品种类繁多,分类方法也多种多样,对石油射孔用起爆器材所用火工品可以按输入的激发方式和输出的能量的特性进行分类。

(一) 按输入的激发方式分类

1. 电能激发

用电能激发的火工品或火工组件常见于电缆射孔用起爆器中,如磁电雷管等。这类火工品通过电能激发后,起爆一系列的传爆序列,最终引爆射孔弹,完成射孔作业。

2. 机械能激发

用机械能激发的火工品或火工组件常见于油管传输射孔用起爆器中,表现形式是通过井口投掷的撞棒或施加的压力作用于起爆装置的活塞上,在活塞剪断剪切销后疾速下行击发起爆器中的火工品,使之起爆一系列的传爆序列,最终引爆射孔弹,完成射孔作业。

3. 热能激发

热能激发的火工品或火工组件常见于起爆器传爆序列中,起到传递、扩大或转换能量的作用。

(二) 按输出的能量的特性分类

1. 爆轰波激发

被上一级能量激发后,输出形式是爆轰波的火工品,这类火工品常见于射孔用起爆器中,起到起爆或传爆的作用,并在作用过程中通过猛炸药爆轰做功将能量放大并以爆轰的形式输出,引爆下一级传爆序列,最终引爆射孔弹,完成射孔作业。

2. 火焰激发

火焰激发的火工品常见于用在压裂等作业的点火器中,是靠上一级传来的能量激发,输出形式是火焰的火工品，它的作用是将其他形式的能量转化为火焰输出，引燃下一级延期药或点火药，完成预期作业。

二、电雷管

雷管是管壳内装有炸药的一种火工品，为传爆序列中的一个元件，输出爆炸冲能，用来引爆其后的猛炸药装药。它可由非爆炸性刺激或火帽作用激发，输出爆轰波作用于下一级做功药剂。电雷管是在雷管中加装了一个电引火装置，用电能作为起爆源的雷管。电引火装置的作用是将电能转化为热能。按电雷管中的电引火装置作用形式又可分为火花式电雷管、桥丝式电雷管、中间式电雷管等。目前国内电缆射孔用电雷管多为桥丝式电雷管，主要由雷管壳、加强帽、电极塞、合金丝（桥丝）、起爆药、猛炸药等组成，如图 2-4-1 所示。

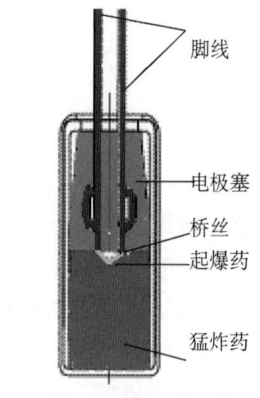

图 2-4-1 某型电雷管结构示意图

（一）防静电电雷管

防静电电雷管是早期油、气井电缆射孔用电雷管，是针对操作人员人身静电的实际情况而专门设计的，如图 2-4-2 所示。它分有无枪身（即耐压型）和有枪身（非耐压型）两个品种。同时还有高温（180℃/2h）和超高温（220℃/2h）两种规格。主要是在普通的桥丝式电雷管的脚线与雷管壳之间涂抹了电阻值较大的导电胶，使脚线与壳体之间有了电流的泄放通道，不会由于脚线与雷管壳之间被静电击穿而使雷管发火，从而使普通的桥丝式电雷管具有了一定的脚—壳防静电能力。

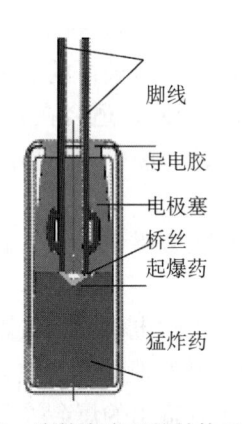

其性能指标为：

耐温：180℃/2h；

发火电流：600m；

安全电流：200mA；

脚线—管壳间抗静电强度：25kV/5kΩ/500pF；

输出：应可靠起爆传爆管和导爆索。

图 2-4-2 防静电电雷管结构示意图

由于防静电电雷管具有了一定的脚—壳抗静电能力，而且还有体积小巧、结构简单、成本低廉、操作简便等优点，因此在国内早期的电缆射孔曾被大量使用，但是由于它对杂散电流、射频等防御能力较低，仍不完全适合在操作环境复杂的井场中使用，现已逐渐被其他产品取代。

（二）CL-CW180 磁电雷管

CL-CW180 磁电雷管（以下简称磁电雷管）结构示意如图 2-4-3 所示，是目前国内普遍使用的油、气井电缆输送射孔用电雷管，它主要是针对井场漏电、杂散电流的隐患及操作人员的安全需要而设计的，分无枪身和有枪身两个品种。

磁电雷管分为两部分：桥丝式电雷管和安全元件。安全元件的核心就是绕有初级和次级两组线圈的铁氧体磁芯，初级就是磁电雷管的脚线，次级与电雷管的两根脚线相连，铁氧体磁芯的作用就是将初级线圈接收到的额定频带电流通过电磁感应使次级产生感应电流，感应电流流经桥丝时引发电雷管起爆。由于铁氧体的特性，额定频带外的电流不会产生感

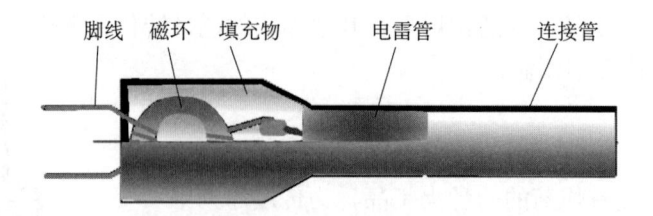

图 2-4-3　CL-CW180 磁电雷管结构示意图

应电流，所以井场中的杂散电流、普通交流电等均不会对磁电雷管造成威胁；磁电雷管的一根脚线与管壳连接作为磁电雷管的负极，同时使它具有脚线—管壳间抗静电能力，管壳的屏蔽作用又使它具有防射频能力；综合得出磁电雷管的主要性能指标：

耐温：180℃/2h；

耐压型：耐压：60～140MPa；

发火电流（额定频带内）：600mA；

安全电流（额定频带内）：200mA；

脚线—管壳间抗静电强度：25kV/5kΩ/500pF；

抗工频电：380V/50Hz；

输出：应可靠起爆传爆管/导爆索。

通过对磁电雷管结构分析可以看出，在桥丝式电雷管上加装绕有初级和次级两组线圈的铁氧体磁芯后，铁氧体磁芯阻隔了桥丝式电雷管与外部的电流通道，也就是说外部非起爆电流无法直接流入桥丝式电雷管内部，须要额定频率带的电流经电—磁—电的转化后方可进入桥丝式电雷管内部，即须要专门的起爆仪器才能起爆，因此具有较好的安全性和安定性，能够杜绝井场中的杂散电流和人身静电及射频对它造成的威胁，适合在井场使用。但是，受铁氧体磁芯耐温性能所限，磁电雷管耐温极限是 180℃，无法应用到超高温电缆射孔领域。

目前，磁电雷管系列产品也在不断发展和丰富，如液体拒传失效磁电雷管、耐压磁电雷管等。

液体拒传失效磁电雷管是在磁电雷管的基础上发展而来。它由磁电雷管和传爆元件等构成，如图 2-4-4 所示，在磁电雷管的输出端留有一定的间隙，并有泄爆孔，在其下端再加装传爆元件作为整个雷管的输出。磁电雷管起爆时，在磁电雷管输出的爆轰波及其高速破片疾速撞击的双重作用下引爆传爆元件，激发下一级传爆序列。但如果间隙内有水介质

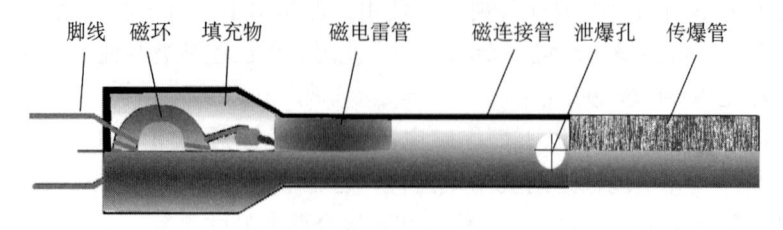

图 2-4-4　液体拒传失效磁电雷管结构示意图

存在时，则磁电雷管输出能量和破片经水介质有效泄放、损耗后大幅衰减，无法引爆传爆元件，从而实现隔爆功能。因此液体拒传失效磁电雷管既能在无液体介质时可靠传爆，又能在间隙内充满液体介质时可靠隔爆。它通常放置在枪尾，如果枪身密封正常，则其能够

引爆传爆序列完成射孔作业；若枪身密封失效，井液进入磁电雷管和传爆元件之间的间隙，则会产生隔爆效果，避免发生"炸枪"事故。

液体拒传失效磁电雷管利用液体介质来控制传爆序列的通断，达到控制是否射孔的目的，提高了电缆射孔的安全性。

如图2-4-5所示，耐压磁电雷管也是以磁电雷管为核心，外覆耐压的壳体和插针构成。除具有磁电雷管的一切性能外，还具有耐压60～140MPa的特性，用于无枪身电缆射孔和爆炸松扣等作业中。而由耐压磁电雷管改型而成的耐压磁电点火器则是输出火焰，用于桥塞坐封等作业中。

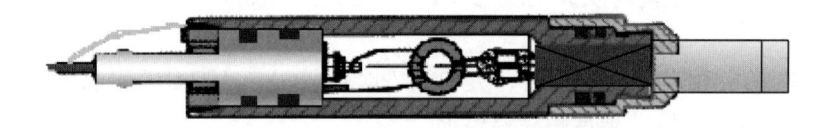

图2-4-5 耐压磁电雷管结构示意图

（三）大电流机械安全雷管

大电流机械安全雷管是完全针对电缆射孔的特点和要求而设计的，是由大电流电雷管和加装的安全构件组成。这些构件包括插针、开关本体、弹簧、雷管座等，如图2-4-6所示。

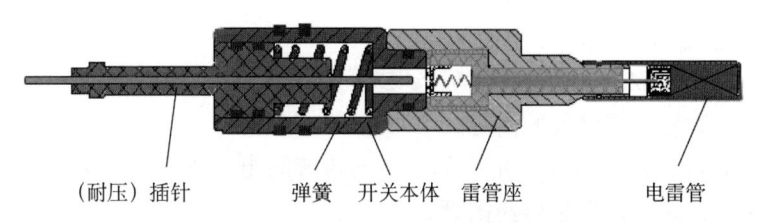

图2-4-6 大电流机械安全雷管结构示意图

大电流机械安全雷管的结构大体可分为三部分：开关本体、雷管座和电雷管。电雷管桥丝的两端分别焊接在电极塞脚线端和壳体上，而脚线通过弹簧接到短路帽，短路帽通过极帽与雷管座相连，另一极通过电极塞壳体最终与雷管座相连，形成电雷管的短路状态；同时插针在弹簧作用下远离短路帽，与电雷管输入端分开，与外部输入电流形成断路状态。这两种状态的同时存在，极大降低了因杂散电流、静电、射频感应等引爆电雷管的可能性。

大电流机械安全雷管是利用井液压力来控制插针运动，通过插针的运动来控制电雷管电路的断开与闭合，避免了在井场上由于误操作造成的安全事故。由于电雷管电路输入结构上同时有断路状态和短路状态，可最大限度地保证电雷管的安定性；电雷管自身较大的发火电流是其安全性的又一道保障。

1. 大电流机械安全雷管的主要指标

耐温耐压：

A 型：160℃、60～140MPa/2h（配合专用连接套）；

B 型：220℃、60～140MPa/2h（配合专用连接套）。

安全电流（直流）：1A。

发火电流（直流）：2A。

电阻：0.5～3Ω。

导通压力：1.8MPa。

输出：应能可靠引爆传爆管／导爆索。

2. 大电流机械安全雷管的主要特点

（1）断路状态：避免误操作及其他电源从开关输入端而作用于电雷管，避免井场漏电、杂散电流等作用于电雷管的发火机构。

（2）短路状态：避免人身静电，辐射、射频等作用于电雷管的发火机构。

（3）压力导通状态：该雷管须在外界施压2MPa时解除断路状态和短路状态，雷管才能进入待激发状态。

（4）大电流激发：电雷管发火电流为2A，其自身已具备了一定的抗漏电、杂散电流或静电等功能。

（5）高温性能：相对于磁电雷管，大电流安全雷管没有180℃的耐温限制，可以实现220℃甚至更高的耐温指标，满足超高温要求。

大电流机械安全雷管还可和避爆器配合使用，将避爆器置于连枪接头内，处于大电流机械安全雷管和射孔枪之间，利用井液压力和弹簧来控制大电流机械安全雷管的移动，从而控制避爆器的开启与闭合，最大限度地降低了危险操作时的安全隐患。

大电流机械安全雷管的结构特点是具有较高的安全性，有效降低了在运输、储存、操作、施工等过程中不安全因素造成事故的可能性。

（四）爆炸桥丝雷管

爆炸桥丝雷管（Exploding Bridge Wire Detonator）简称EBW雷管，是通过电流使桥丝熔融爆炸，从而激发装药爆轰的雷管。

爆炸桥丝雷管最初被应用在军用产品上。与传统的电雷管不同之处在于爆炸桥丝雷管可以不使用起爆药，是一种无起爆药雷管。

爆炸桥丝雷管已有民用型，多家公司已生产这种雷管，虽性能指标有差异，但结构、原理大同小异，以下仅以某公司的某爆炸桥丝雷管加以略述。

1. 性能指标

该爆炸桥丝雷管分为几个型号，随着装药的不同，其指标也不同，具体见表2-4-1。

表2-4-1 性能指标

名 称	标称直径（in）	1h耐温（℃）	药量（g）	备 注
RP-800	0.295	325	0.203	
RP-810	0.295	325	0.53	输出等同于8号起爆雷管
RP-830	0.280	325	1.111	
RP-880	0.294	325	0.659	易受液体影响
CP EBW	0.290	400	0.28	
SQ-80	0.360	400	0.450	能够在超过5in距离内点燃标准推进剂和烟火装置

2. 结构特点

爆炸桥丝雷管须要由外接的起爆仪来起爆。其起爆仪的电路可以分解为三部分：安全线路、高压供应线路以及输出线路。其高压供应线路提供的电压可从0.2kV逐步升压为

5kV，为输出线路的电容充电。输出线路有一个电火花间隙作为累积电压的泄放通道，当电压在输出电容上达到 5kV 时，电火花间隙击穿并释放储存的能量到输出端的雷管桥丝上，桥丝瞬间受热爆炸，引爆猛炸药。其适用温度范围为 −25 ~ 225℃，可随着爆炸桥丝雷管输入端一同下井使用。

爆炸桥丝雷管通常使用黑索今（RDX）或 CP 作为装药，使用温度极限分别是 160℃/h 和 205℃/h。爆炸桥丝雷管结构及装药的安定性和对起爆电流的特殊要求，使它能有效抵御射频（RF）和井场周围以及海上平台的杂散电流，具有较高的安全性。

（五）冲击片雷管

冲击片雷管（Exploding Foil Initiator）简称 EFI 雷管，是通过电流使金属薄膜爆炸，驱动撞击片冲击装药激发的雷管，故也被称为冲击片雷管。

冲击片雷管是从 20 世纪 70 年代开始研究，至 90 年代技术成熟，现已发展成为新一代最稳定、最安全的引爆系统用电雷管，并被应用在某些军用型号产品上。与此同时，它也正在向批量化的民用爆破领域转化。以下仅以某型号的冲击片雷管为例作简要介绍，其结构如图 2-4-7 所示。

冲击片雷管不含任何起爆药和低密度装药，炸药与换能元件也不直接接触。它只有在特定的陡脉冲大电流作用下，使桥箔汽化产生压力，驱动撞击片高速冲击主装药，使药剂爆轰；所以具有极强的抗电磁环境干扰能力，极高的安全性、可靠性和抗高过载能力。冲击片雷管装有对冲击感度较为敏感的炸药柱，爆轰输出性能好，爆轰成长期短，耐热性能好，是一种理想的石油射孔起爆用电雷管。

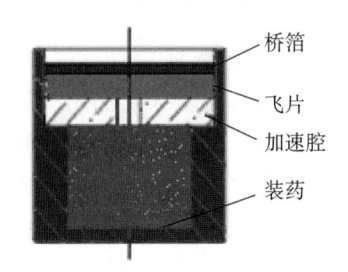

图 2-4-7 CJP 雷管结构示意图

1. 作用原理

冲击片雷管是通过对充电电路加载电流，将充电电路的电容器充电至额定电压，在接通起爆开关后，电容器储能通过爆炸箔放电，桥箔迅速汽化产生巨大的压力，剪切并推动冲击片在加速腔中形成一定尺寸、高速运动的飞片，撞击高密度的猛炸药，引发爆轰。

2. 结构及特点

1）结构

冲击片雷管的主要的元件有反射片、桥箔、飞片、加速腔及受主炸药柱。

2）特点

相对其他电雷管，冲击片雷管除了性能参数的优势外，还有以下的优点：

（1）体积小、重量轻。冲击片雷管不需要敏感的起爆药作为引爆装药，也不需要松装药传爆，从而减去了这部分的装药高度。这样，其高度降低了，体积和重量也减小了，方便了仓储、运输、使用，同时为某些设计节省了空间。

（2）高稳定性及高安全性。冲击片雷管发火元件的桥箔与猛炸药完全隔开，而且猛炸药又使用了钝感、耐高温的炸药，压药密度高，耐冲击能力强，同时还具有抗强静电、射频、杂散电流、闪电及电磁干扰等一系列特性以保证冲击片雷管安全，因此非常适合大批量生产和使用。

（3）长期储性能好。冲击片雷管不仅耐高温而且不受低温条件影响，炸药也不会因受潮引起任何性能问题。因此长期储存性能比其他雷管优越。

(4) 适于自动化生产。冲击片雷管桥箔可以采用印刷电路技术制作，其他元件更为简单。批量生产方便，特别适合于自动化生产线的实施。

(5) 作用时间短、精度高。冲击片雷管作用时间极短，时间精度高，大批量同时使用时同步性好，特别适用在地质勘探方面使用。

(6) 起爆需要能量大。冲击片雷管需要较大的起爆能量，故在使用时需配有专门的由高储能电容器、高压瞬发开关、升压电路、控制电路等组成的起爆源。

就电雷管而言，冲击片雷管作为第三代火工品，无论在性能、稳定性及安全性等方面都比传统的桥丝式电雷管等产品具有明显的优势，量产民用化后，将会越来越广泛地在石油射孔及其他领域中推广和应用。

三、起爆器

(一) 概述

把由若干火工品组成的、用作起爆源的火工组件称为起爆器。起爆器主要由组成传爆序列的若干火工品构成。起爆装置的耐温性能很大程度上取决于起爆器的耐温性能，而起爆器的耐温性能又是由构成起爆器的各个火工品的耐温性能决定，见表2-4-2。这些火工品有的是由火帽→雷管→扩爆管构成传爆序列，有的则是由针刺雷管→扩爆管构成传爆序列。虽然各产品的传爆序列不同，但总的作用都是一样的，那就是将起爆装置接收到的机械能可靠地转化为化学能，并逐级放大，最后输出适当的爆轰能量以引爆下一级传爆序列。常用的火工品有以下几种。

表 2-4-2 起爆装置耐温性能指标

型 号	48h	100h
高温型	160℃	140℃
超高温型	220℃	200℃

1. 针刺火帽

针刺火帽是火帽的一种，是针刺药受到冲击和摩擦而发火的火帽。它一般由针刺药、帽壳（或盖片）、壳体等组成，如图2-4-8所示。

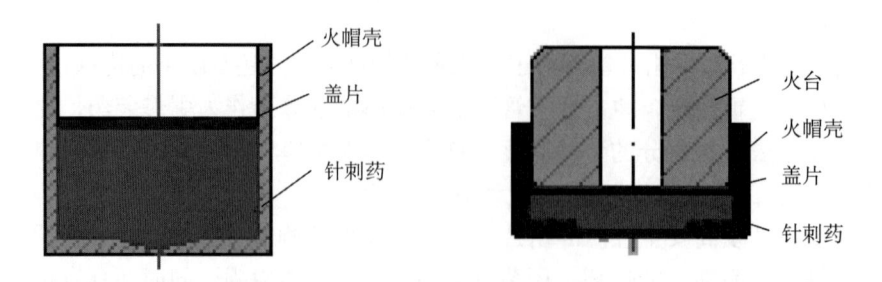

图 2-4-8 针刺火帽结构示意图

1) 火帽的作用原理

当具有一定冲能的击针刺入火帽时，击针的能量首先作用在火帽壳上，使其变形，同时在击针击刺的地方及其周围，针刺药压力骤增，从而药粒之间相互挤压、摩擦，使击针附近的药剂产生了"热点",随着击针的继续运动,"热点"数量急剧增加,温度升高,达到一定程度后,药剂分解,产生爆炸。

2) 火帽的性能要求

(1) 合适的感度。火帽的功能就是在一定的外界能量作用下可靠发火,因此希望它的感度要高,但是过高的感度对生产、运输、使用及储存时的安全构成威胁,所以火帽感度的高低要兼顾起爆和安全两个方面。

(2) 足够的点火能力。足够的点火能力就是说火帽的输出能量应能可靠的做功以引燃或引爆传爆序列中的下一级火工品。

2. 扩爆管

扩爆管实际上是个传爆药柱,结构如图2-4-9所示。它的作用是将上一级传来的爆轰能量进一步扩大,输出足够威力的爆轰能量,起爆下一级的传爆序列。

扩爆管的性能要求:

(1) 扩爆管要有一定的威力;

(2) 扩爆管装药要有一定的密度。

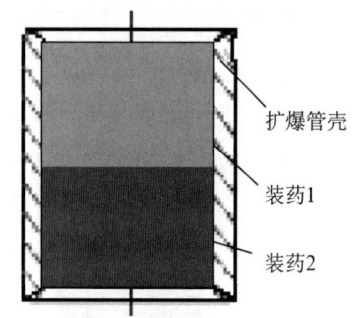

图2-4-9 扩爆管结构示意图

(二) 起爆器

目前国内起爆器种类较多,其内部结构也各不相同,但其作用过程及输出效果是一样的。以下面两种常用的起爆器为例简述其作用原理。

1. 单列式起爆器

单列式起爆器是由火帽→继爆雷管→扩爆管组成传爆序列,外覆以外壳构成,结构如图2-4-10所示。这种组合构成的传爆序列很普遍,此外也有些起爆器用针刺雷管代替火帽和继爆雷管,起到引爆、传爆和初步放大能量的目的和作用;有些起爆器甚至用针刺雷管集合了火帽、继爆雷管、扩爆管三者功能;有些起爆器还具有耐压性能等。虽然起爆器的外观、结构等有所不同,但它们的传爆序列都是一样的,作用机理及功能也都一样。

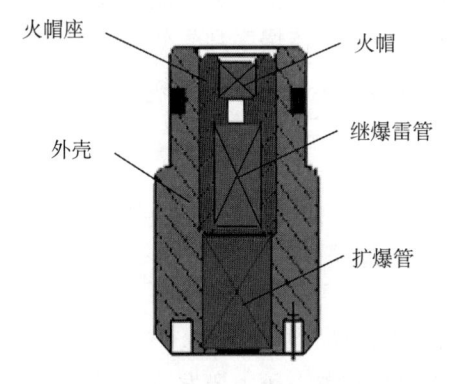

图2-4-10 单列式的起爆器结构示意图

1) 作用原理

当具有一定冲能的击针刺入火帽时,由于"热点效应"的作用,药剂分解,产生爆轰和火焰,继而输出能量传向雷管;雷管接受能量后,起爆药开始爆轰,引爆一定密度和剂量的猛炸药,起到了传爆和能量放大的作用;雷管内的猛炸药做功后,输出爆速高、威力较大的稳定爆轰能量引爆扩爆管的猛炸药,使其输出威力大的爆轰能量用以引爆下一级传爆序列。

如果按照这种序列,将雷管和扩爆管的装药换成点火药,那么这个起爆器的作用就是点火具,其输出能量形式为火焰,在压裂作业等方面作用极大,此时火工品的名称、尺寸、药量等都会有所变化。

2) 性能指标(表2-4-3)

表 2-4-3 单列式的起爆器主要性能指标

	A 型	B 型
耐 温	160℃/48h 或 140℃/100h 不失效	220℃/48h 或 200℃/100h 不失效
震 动	落高 150mm±2mm,频率 60/min±1/min,10min 不失效	
低 温	−40℃±3℃,2h 不失效	
受 潮	16～45℃,温度 >95%,24h 有效	

3) 结构特点

单列式起爆器具有的特点：(1) 结构简单，体积小巧，便于单独包装和储存；(2) 装药量少，适合某些起爆装置使用。

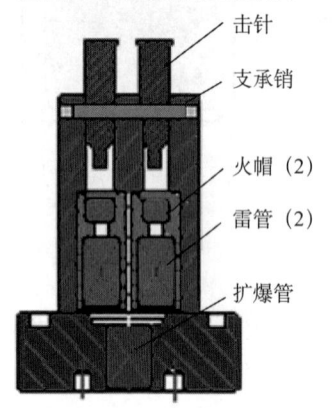

图 2-4-11 冗余式（双发火）的起爆器结构示意图

2. 冗余式起爆器

冗余式（双发火）起爆器是由两套火帽→雷管组成的传爆序列共同作用于扩爆管组成的起爆器，结构如图 2-4-11 所示。这种起爆序列常见于一些军工产品上，其目的是为了提高起爆系统的可靠性。

1) 作用原理

冗余式起爆器的两套火帽→雷管组成的传爆序列的起爆作用原理等同于单列式起爆器的相应部分，但是由于火工品存在瞎火的客观现象，当一套传爆序列失效后，另一套传爆序列仍能够可靠作用，完成既定的功能，同时将失效的火工品殉爆，去除隐患。由此可见，冗余式的起爆器的主要特点是高可靠性。

2) 性能指标（表 2-4-3）

除了介绍的上述两种起爆器外，还有其他因起爆装置结构特性不同而不同的起爆器。尽管外观、结构不同，但殊途同归，都是达到起爆下一级传爆序列的目标。

(三) 起爆装置

油气井油管输送射孔起爆装置由机械总成和起爆器（火工件）组成。

对于起爆装置的分类，按作业方式分为撞击激发式起爆装置、压力激发式起爆装置及撞击与压力激发双效能起爆装置。

对于型号命名方法，有以起爆装置外径、起爆方式、耐压值、100h 耐温值、产品系列号等命名，并用相应的符号表示。

具体命名方法如图 2-4-12 所示。

耐温性能应符合表 2-4-4 要求，在耐温过程中，不应爆炸。

表 2-4-4 起爆装置耐温性能指标

型 号	48h	100h
高温型	160℃	140℃
超高温型	220℃	200℃

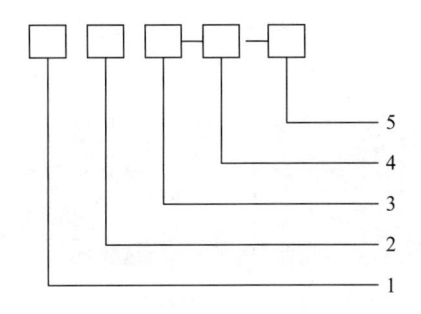

图 2-4-12 型号命名示意图

1—起爆装置外径，mm；2—起爆方式，撞击起爆装置用 M 表示，压力起爆装置用 P 表示，压差起爆装置用 DP 表示；3—耐压值，MPa；4—100h 耐温值，℃；5—产品系列号，用 2 个字符表示

示例：93M90-140-01，表示外径为 93mm、耐压值为 90MPa、100h 耐温值为 140℃、产品系列号为 01 的撞击起爆装置。

1. 撞击激发式起爆装置

撞击激发式起爆装置机理就是利用撞棒在油管中下行产生的冲量等于受力值与撞棒运行时间的乘积，剪断固定销后，活塞下行击发起爆器起爆。这种起爆方式通常适用于常开式油管输送且斜度不大于 30°的直井射孔作业中。该装置是目前国内油田油管输送射孔作业中工艺使用最多最广的一类起爆装置。

撞击激发式起爆装置品种型号众多，除了带排砂槽的防沙撞击起爆装置和不带排砂槽的密闭撞击起爆装置两个品种外，还有附带其他功能如撞击开孔起爆装置，特殊要求的如撞击全通径起爆装置等。

在使用这类装置时须注意撞棒与装置的匹配：这类装置在其机械总成上多设有导向喉口，作用是对运动的撞棒导向居中，撞击力量集中向活塞方向施加，促使活塞顺利下行击发（图 2-4-13）。因此撞棒棒尖与导向喉口也要匹配，才能保证可靠击发。表 2-4-5 是某型装置推荐的撞棒棒尖与该型装置导向喉口的配置表。

表 2-4-5 导向喉口与撞棒棒尖配置推荐表（mm）

导向喉口尺寸	棒尖直径 d	棒的中径 D	棒尖长度 H	棒长 L	撞棒材料
$\phi 25$	$\phi 20$	$\phi 32$	200	1800	钢
$\phi 36$	$\phi 32$	$\phi 32$	200	1800	钢

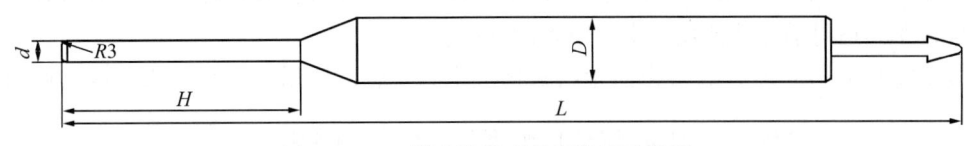

图 2-4-13 撞击激发式起爆装置示意图

1）防砂撞击起爆装置

防砂撞击起爆装置是撞击激发式起爆装置的一种，结构如图 2-4-14 所示。该装置分为单发火和双发火两种型号，分别配接单列式起爆器和冗余式起爆器，可在 60 枪型以上管串中使用。

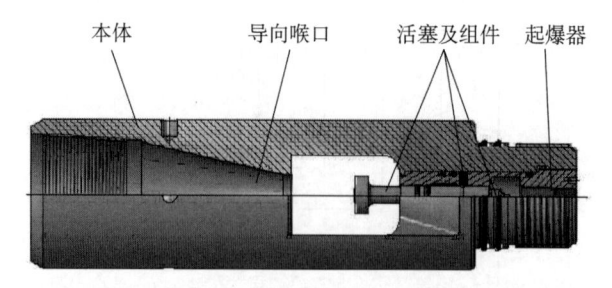

图 2-4-14 防砂撞击起爆装置结构示意图

两种型号机械总成基本相同,都由本体、活塞及组件等构成,其上端的油管扣与油管接箍相连,其本体上的方槽孔作为排砂泄垢通道。其作用原理是当撞棒下行后撞击活塞使固定销剪断,活塞快速下行,其前端的击针击发火帽发火,引爆起爆器,从而引爆射孔弹传爆序列。

这两种型号装置的性能指标相同,见表 2-4-6。

表 2-4-6 防砂撞击起爆装置主要性能指标

	A 型	B 型
耐温耐压	160℃/60MPa/48h 或 140℃/60MPa/100h 不失效	220℃/100MPa/48h 或 200℃/100MPa/100h 不失效
震 动	落高 150mm±2mm,频率 60/min±1/min,10min 不失效	
低 温	-40℃±3℃,2h 不失效	
受 潮	16～45℃,温度 >95%,24h 有效	
抗撞击能力	锤重 2kg,落高 20cm	
最小击发能量	锤重 5kg,落高 70cm	
输 出	引爆传爆管/导爆索	

2)密闭撞击起爆装置

密闭撞击起爆装置适用于负压射孔、补射井或井内出砂量大及其他复杂井况的射孔作业,可配接开孔器使用。

该装置的机械总成主要由上、下本体、油管短节、活塞及组件等构成,如图 2-4-15 所示,上端的油管扣与油管接箍相连,而传爆钢管和油管短节之间的环形空间作为沉砂容腔。其作用原理和性能指标与防砂撞击起爆装置相同。目前该装置已开发出兼具开孔功能的型号,尤其适用于老井开发,出砂较多的井况。

装置特点:(1)能有效防止油管内脏物沉积的隐患,使用上安全可靠。(2)使用具有

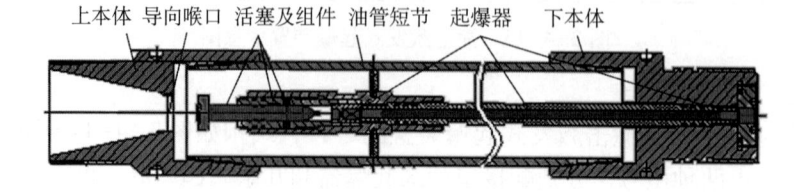

图 2-4-15 密闭撞击起爆装置结构示意图

开孔功能的该装置,可实现负压射孔等射孔工艺。

3) 撞击开孔起爆装置

撞击开孔起爆装置特别适合垂直的补射井、稠油井或负压射孔作业。

该装置有 60 枪型以上所有型号的机械总成各型号基本相同,都由本体、活塞及组件、挡套等构成,如图 2-4-16 所示,其性能指标也与防砂起爆装置相同。使用时其输入端的油管扣与油管接箍相连,输出端与连枪接头相连。作用原理也与防砂撞击起爆装置相似,所不同的是在撞棒撞击装置上的活塞,活塞剪断剪切销下行击发起爆器的同时,拉动挡套下移露出生产孔,在起爆器引爆射孔弹传爆序列的同时,完成开孔功能。

撞击开孔起爆装置性能指标与防砂撞击起爆装置相同,所要注意的是由于该装置开孔

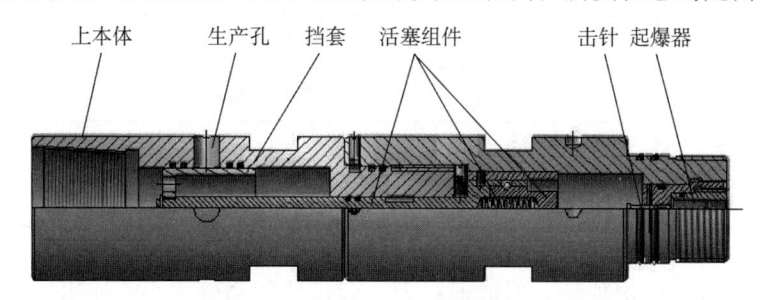

图 2-4-16 撞击开孔起爆装置结构示意图

时需要消耗额外的能量,因此在使用该装置时应选用质量不小于 12kg 的撞棒。

装置特点:可实现负压射孔等射孔工艺,但防沙排垢性能不佳,因此使用该装置时应清洗油管内腔。

4) 撞击式全通径起爆装置

撞击式全通径起爆装置主要用于 TCP 全通径射孔工艺中。它的内部核心部分采用易破碎材料,并装配有炸碎辅助火工组件,保证在起爆射孔枪的同时将核心部分炸成碎屑下落,使整个起爆器内部形成通径。它主要由上接头、连枪接头、陶瓷钟罩、陶瓷垫片、击针、衬套、固定销钉及起爆器(火工组件)等部分组成,如图 2-4-17 所示。

作用原理:在装置下到油井过程中,陶瓷钟罩的作用是保护火工件不受油井内压力影响,保证其正常工作;当井口投掷的撞棒击碎陶瓷钟罩后,撞击击针,击针剪断固定销钉

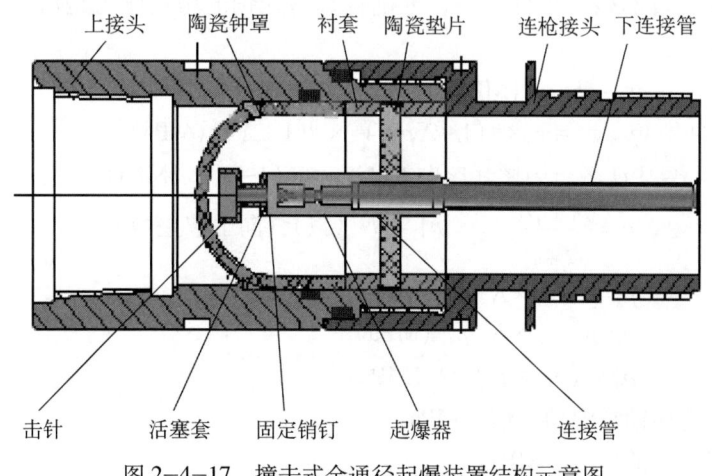

图 2-4-17 撞击式全通径起爆装置结构示意图

击发火帽，引爆雷管和扩爆管、导爆索，继而引爆射孔弹；在火工组件爆轰的同时也将陶瓷钟罩、起爆器等炸成碎粒，落入枪底，形成 ϕ60mm 通径，供测试工具通过进行测试。撞击式全通径起爆装置性能指标见表 2-4-7。

表 2-4-7 撞击式全通径起爆装置主要性能指标

耐温耐压	160℃/60MPa/48h 或 140℃/60MPa/100h 不失效
震 动	落高 150mm±2mm，频率 60/min±1/min，10min 不失效
低 温	−40℃±3℃，2h 不失效
受 潮	16～45℃，RH>95%，24h 有效
抗撞击能力	锤重 2kg，落高 10cm
最小击发能量	锤重 5kg，落高 100cm
装置起爆后通径	ϕ60mm
输 出	引爆传爆管/导爆索

装置特点：(1) 结构独特，形成通径大，爆炸残留物碎、小，使用安全可靠。(2) 避免了卡、堵、漏等全通径起爆装置的隐患，装置在爆轰后内部实现了通径的目的。

2. 压力激发式起爆装置

压力激发式起爆装置的起爆方式是在井口施加压力作用于压力起爆装置活塞上，活塞在井口施加的压力和井液压力的共同作用下剪断剪切销后快速运动，进行解锁或击发起爆器爆轰，引爆射孔枪串。压力起爆装置适用范围非常广，除涵盖部分撞击激发式起爆装置的适用范围外，还适用于联作工艺井、大斜度井、侧钻井及水平井或其他工艺井的射孔作业。

常见的压力起爆装置种类、型号很多，按在射孔管串的位置来分有（枪头）压力起爆装置、双向压力起爆装置、枪尾压力起爆装置，按功能来分有压力开孔复合起爆装置，按压力作用过程来分还有压控起爆装置和压差起爆装置，按作用效果来分有压力全通径起爆装置等。

剪切销是这类装置的核心零件之一，准确计算剪切销的剪切压力是用户需要掌握的技能。即下列公式：

$$p_1 = Hg\rho \ (\text{MPa})$$
$$p_{\text{单 min}} = \tau \times (1-\Delta p\%) \times (1-\Delta) \ (\text{MPa})$$
$$p_{\text{单 max}} = \tau \times (1+\Delta p\%) \times (1-\Delta) \ (\text{MPa})$$
$$n = \frac{p_1 + p_A}{p_{\min}} \quad [n] \geqslant N\ (\text{只})\ (\text{向上取整数})$$
$$p_x = p_{\text{单 min}} \times N - p_1 \ (\text{MPa})$$
$$p_s = p_{\text{单 max}} \times N - p_1 \ (\text{MPa})$$
$$p_0 = (p_x + p_s)/2 \ (\text{MPa})$$

式中　τ——单个剪切销常温剪切值，MPa；
　　　p_1——油层顶界静压力，MPa；

$p_{单\min}$——销钉最小值压力，MPa；

$p_{单\max}$——销钉最大值压力，MPa；

p_x——井口外加最小起爆压力，MPa；

p_s——井口外加最大起爆压力，MPa；

p_0——计算起爆压力，MPa；

Δp——剪切值偏差百分数；

Δ——剪切销剪切强度降低百分率随温度的变化值，数值如图 2-4-18 所示；

ρ——压井液密度，g/cm³；

g——常数，0.0098；

H——起爆器所在位置垂直深度，m；

n——计算剪销数，只；

N——计算向上取整剪销（起爆器实际安装销钉数），只；

p_A——安全压力，MPa。

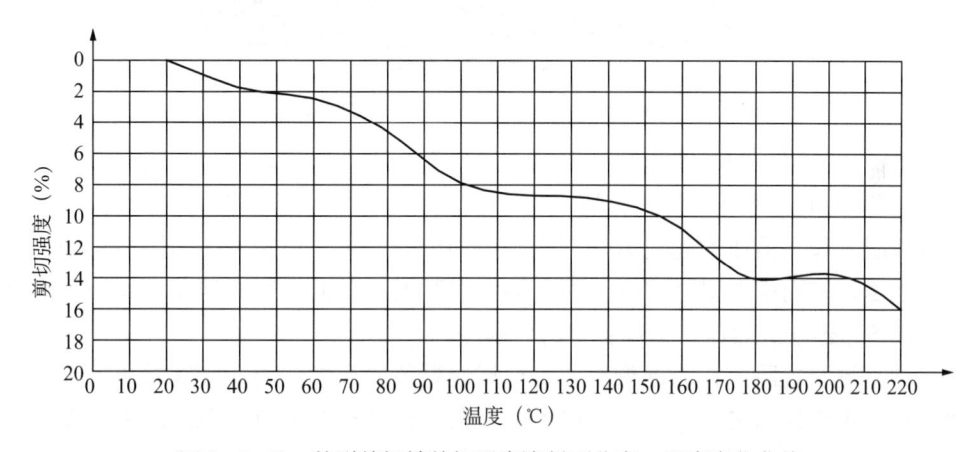

图 2-4-18 某型剪切销剪切强度降低百分率—温度变化曲线

1）压力起爆装置、枪尾压力起爆装置、双向压力起爆装置

压力起爆装置（图 2-4-19）、枪尾压力起爆装置（图 2-4-20）、双向压力起爆装置（图 2-4-21）都是油管输送压力式激发起爆的射孔装置，可在稠油井、大斜井、水平井等诸多井况下进行加压起爆；与延时起爆装置配合使用还可实现多个目的层同时起爆完成射孔作业。某些压力起爆装置输入端还复合了缓冲、沉砂装置，对压力冲击及井内脏物具有一定的防护作用。

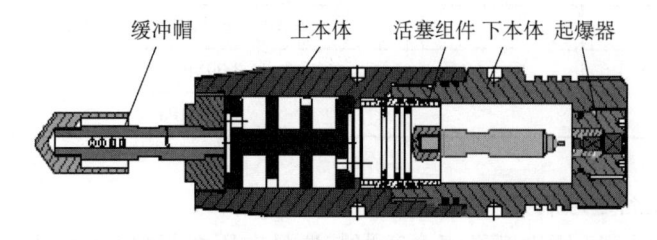

图 2-4-19 压力起爆装置结构示意图

图 2-4-20　枪尾压力起爆装置结构示意图

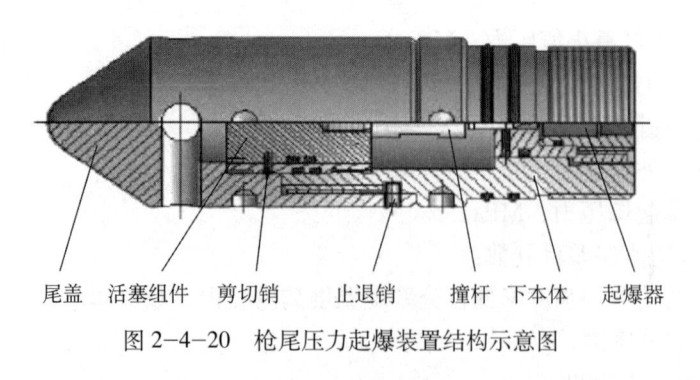

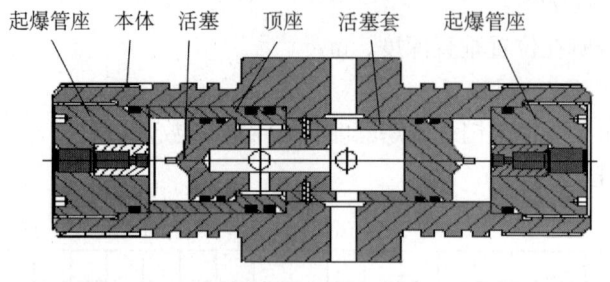

图 2-4-21　双向压力起爆装置结构示意图

在使用前，根据目的层的压力和温度，确定安全压力值后，用公式或计算软件算出装置所用剪切销数量；使用时要将剪切销均布于活塞上，以保证活塞剪切力的平衡、稳定。当井口施加压力和井液压力超过剪切销额定剪切值时，活塞剪断剪切销迅速运动，击针击发起爆器起爆，进而引爆射孔序列。而双向压力起爆装置的活塞在剪断剪切销后，分别向两端运动，各自击发起爆器，引爆各自的传爆序列。

这三种起爆装置除了作为起爆源外，枪尾起爆装置通常作为冗余起爆源置于枪尾，成为成功射孔的重要保障之一，它也可用于压力全通径射孔工艺中；双向压力起爆装置采用环空加压方式起爆，串联在射孔管串中，可以将一个较长的有效射孔管串划分为两个射孔段，降低了导爆索熄爆风险，提高了射孔的可靠性。

这三类起爆装置所用起爆器相同，它们的性能指标也相同，见表 2-4-8。

表 2-4-8　压力起爆装置、枪尾压力起爆装置、双向压力起爆装置性能指标

项　目	性能指标	
	A　型	B　型
耐　温	160℃/48h 或 140℃/100h	220℃/48h 或 200℃/100h
耐　压	50MPa、100MPa、150 MPa	
单销剪切值（常温）	3.09MPa/只	
最小发火压力	12MPa	

2）压力开孔复合起爆装置

如图 2-4-22 所示，压力开孔复合起爆装置是在压力起爆装置的机械总成上加工了生产孔，使压力起爆装置除起爆功能外又具有了开孔功能，因此它更适用于稠油井、补射井射孔作业中。其起爆原理、性能指标和压力起爆装置相同，只是在活塞下行的过程中开启

了生产孔道，在实现射孔的同时也完成了开孔功能。

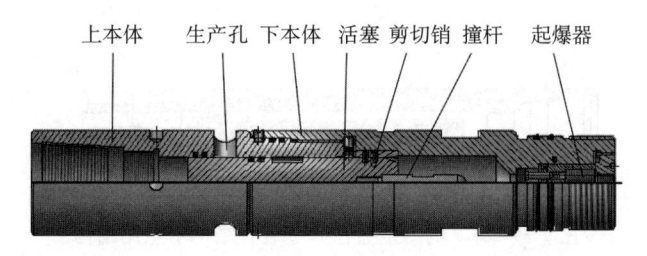

图 2-4-22 压力开孔复合起爆装置结构示意图

压力开孔复合起爆装置集起爆、开孔功能于一身，避免了单独使用开孔器和压力起爆装置时出现的开孔与起爆不同步的情况。

3）压控起爆装置

如图 2-4-23 所示，压控起爆装置主要适用于浅井（井深小于 500m）油管传输式射孔作业，采用压力击发方式起爆。该起爆装置能够在小压力（6MPa）条件下起爆，尤其适用于超浅油气层 TCP 抽油泵射孔联合作业。

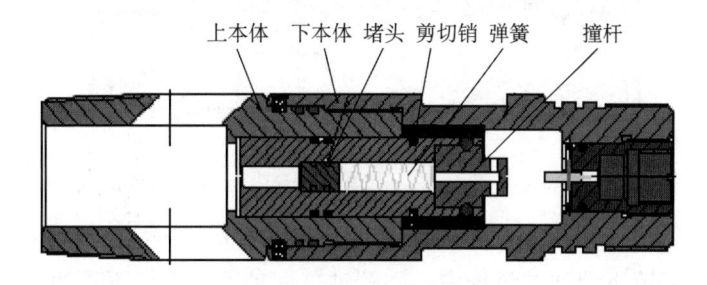

图 2-4-23 压控起爆装置结构示意图

作用原理：压控起爆装置设计有 6 个剪切销，使用方法与前述压力起爆装置相同。装置下井后，在井液压力（或井口施加压力）的作用下，堵头下行压缩弹簧，当井口施加压力和井液压力超过剪切销额定剪切值时，活塞剪断剪切销下行，滚珠脱落，撞杆解锁，弹簧推动撞杆撞击击针击发起爆器，进而引爆射孔序列。

4）压力式全通径起爆装置

压力式全通径起爆装置主要用于 TCP 全通径压力射孔工艺中。目前主要有两种结构：

结构一采用破碎盘（图 2-4-24）与枪尾压力起爆装置（图 2-4-25）配合使用。破碎盘装于射孔枪的上部，起到隔离油管和射孔枪之间压力的作用。破碎盘内火工组件外壳为

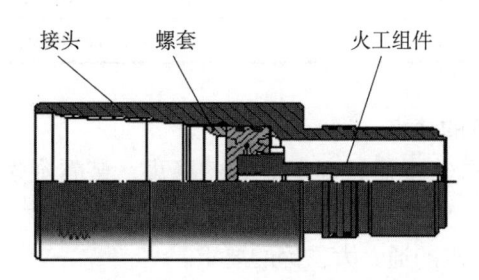

图 2-4-24 破碎盘结构示意图

— 127 —

高强度易碎材料，内部装有火工品；射孔枪起爆的同时引爆火工品，炸碎火工组件，形成所要求的通径；压力起爆装置装于射孔枪的底部，射孔后将芯子丢掉。

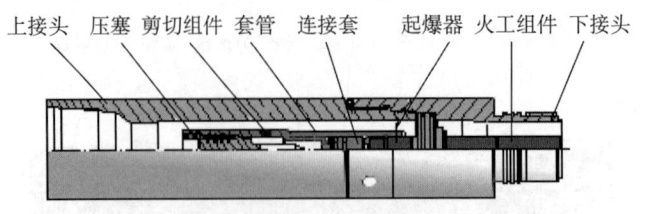

图 2-4-25 枪尾全通径起爆装置结构示意图结构

结构二采用陶瓷材料将火工组件包覆的办法，起到承压和隔离作用。其内部装有火工品；活塞等击发机构置于侧端，压力击发火工组件后，炸碎火工组件及陶瓷材料，形成所要求的通径。

结构二主要由油管接头、本体、挡砂套、陶瓷钟罩、陶瓷垫片、活塞组件、剪切销及起爆器（火工组件）等部分构成，如图 2-4-26 所示。

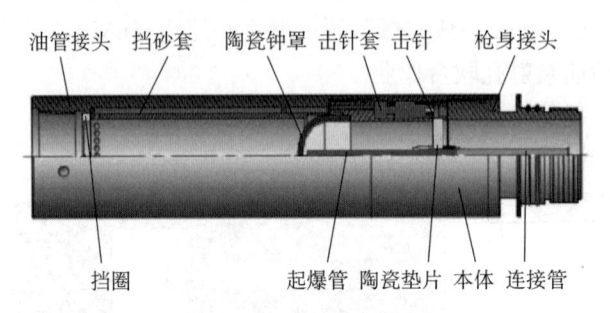

图 2-4-26 压力式全通径起爆装置结构二示意图

作用原理：在装置下到油井过程中，陶瓷钟罩保护着火工件不受油井内压力影响，使其能够正常工作；当井口对油管施压，直至所加压力及油管液柱压力大于所设剪切销抗剪强度时，活塞剪断剪切销击发起爆器，继而引爆射孔枪串。在火工组件爆轰的同时也将陶瓷护罩、起爆器等炸成碎粒，落入枪底，形成通径。

压力式全通径起爆装置的主要指标见表 2-4-9。

表 2-4-9 压力式全通径起爆装置性能指标

项 目	性能指标
耐温耐压	160℃/60MPa/48h 或 140℃/60MPa/100h
装置起爆后通径	ϕ57mm
单销剪切值（常温）	3.09MPa/只
最小发火压力	12MPa

压力式全通径起爆装置的特点：

（1）避免了卡、堵、漏等全通径起爆装置的隐患，装置在爆轰后内部实现了通径的目的。

（2）实现了通径工艺要求的通、大、碎的要求。

3. 综合类起爆装置

撞击与压力激发装置是集撞击与压力两种击发方式于一体的起爆装置，其结构示意如图 2-4-27 所示。

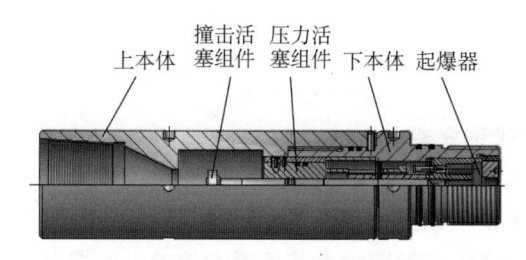

图 2-4-27 撞击与压力激发装置结构示意图

一般油管输送射孔作业，无论选用前述的任何一种起爆装置，也只能从撞棒或井口加压两种起爆方式中选择一种，而某些井内存在无法预料的情况有时会使起爆过程出现意外，如撞棒在油管内运行不畅，能量损失，无法使装置起爆，有时甚至出现挂棒现象等等，这些意外情况不但不能击发起爆装置，反而给后续施工造成安全隐患。若使用撞击与压力激发起爆装置，在一种击发方式失效的情况下，还可以选择另一种方式继续击发起爆，避免了上提管串的时间和费用，消除安全隐患，提高了射孔成功率。

工作原理：产品的机械总成设计了撞击击发和压力击发两路起爆机构。起爆时，可以选择任意一种方式击发，如若起爆失败，再选择另一种击发方式起爆，同时将起爆失败的一路火工品销毁。使用时选取合适承压剪切销数量，支撑带有撞针的活塞，以保证在下管柱过程中的安全性。两路击发结构各自独立，互不影响。

撞击与压力激发装置是撞击击发和压力击发两种起爆装置的集合体，它的性能指标含有这两种装置的性能参数，见表 2-4-10。

表 2-4-10 撞击与压力激发装置性能指标

项 目	性能指标	
	A 型	B 型
耐 温	160℃ /48h 或 140℃ /100h	220℃ /48h 或 200℃ /100h
耐 压	50MPa、100MPa、150MPa	
单销剪切值（常温）	3.09MPa/ 只	
最小发火压力	12MPa	
抗撞击能力	锤重 2kg，落高 20cm	
最小击发能量	锤重 5kg，落高 70cm	
输出能量	引爆传爆管 / 导爆索	

该装置的特点：

（1）采用撞击、压力两种击发方式一体式设计，减少了用户的装配工序和强度，方便用户使用。

（2）结构简单，简化了加工及装配，减小了装置体积和重量，降低了成本，提高了作用的可靠性。

（3）机械总成采用两路击发结构各自独立，互不影响。

第五节 传爆管、导爆索及传爆装置

一、传爆管

(一) 基本结构、原理和分类

传爆管由药剂和壳体组成,如图 2-5-1 所示。

原理:传爆管的作用是"承上启下",要求传爆药既要感度好,又要输出威力大。在射孔枪中使用时,施主传爆管能可靠接收上节导爆索传递来的爆轰波,并在该处有放大作用,可克服装配空位对爆轰波的衰减而传递给受主传爆管,使下节导爆索正常引爆。施主传爆管也称作上传爆管,有较大的输出威力;受主传爆管也称作下传爆管,有较好的起爆能力,如图 2-5-2 所示。由于传爆管所起作用不同,一般要求的压制工艺也不一样。但在油田实际使用中,要求传爆管有良好的通用性,即可用作上传爆管,又可用作下传爆管,随着传爆药性能的改善和压制工艺的提高,一般的耐温传爆管已可满足同一性的要求。

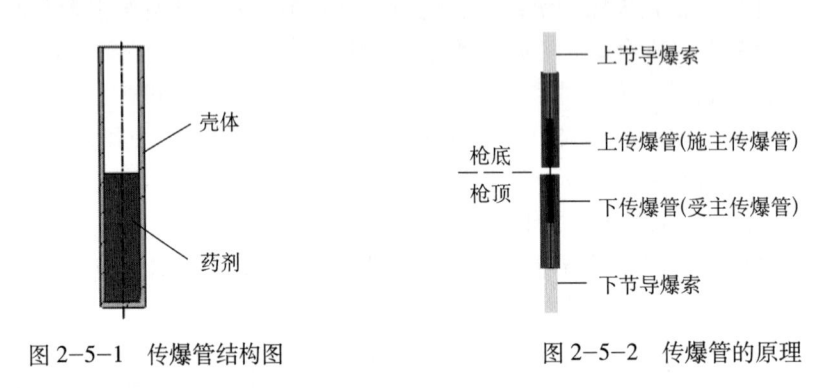

图 2-5-1 传爆管结构图　　图 2-5-2 传爆管的原理

传爆管分类如图 2-5-3 所示。

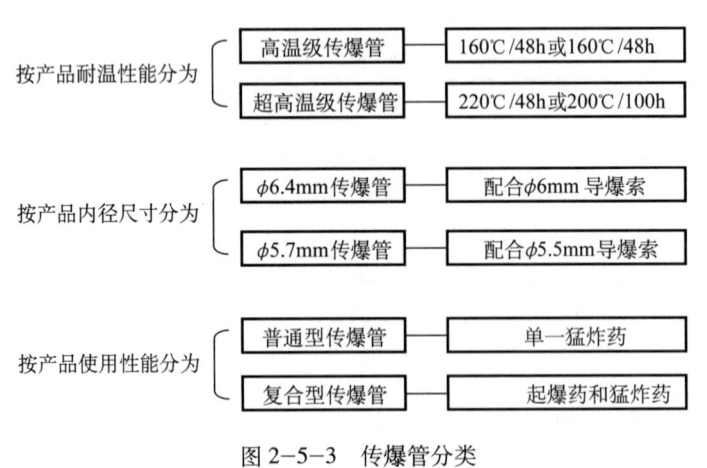

图 2-5-3 传爆管分类

(二) 油气井用传爆管技术要求

1. 震动性能

传爆管在符合 WJ231 规定的震动试验机上,震动 30min 不应爆炸,样品的结构不损坏，炸药不外漏。

2. 低温与受潮性能

产品在相对湿度大于 95% 的试验箱内，存放 4h，再将传爆管放入低温试验箱中，在 −40℃ ±2℃ 的条件下恒温 2h 后不应爆炸，样品的结构不损坏，炸药不外漏。

3. 耐热性能

传爆管的耐热参数见表 2-5-1。

表 2-5-1 传爆管的耐热参数

产品型号	48h 耐热温度（℃）	100h 耐热温度（℃）
高温级传爆管	160	150
超高温级传爆管	220	200

产品在相应的技术条件下恒温试验。在试验过程中，传爆管不应爆炸，样品的结构不损坏，炸药不外漏。

4. 传爆性能

样品试验时（殉爆距离为 50mm±2mm，轴线偏心距离为 3mm±0.2mm），传爆序列应能可靠传爆。

二、导爆索

（一）导爆索简介

内装猛炸药、用来传递爆轰波的索类火工品称为导爆索。

特点：导爆索本身需要用其他起爆器材（如雷管）引爆，然后可以将爆轰能传递到另一端，引爆与其相连的炸药包或另一根导爆索。导爆索主要用于同时起爆多发炸药装药。它的优点是使用简便、安全，起爆时不需要电源、仪表等辅助设备，也不受杂散电流、雷电、静电等的干扰。因此，导爆索广泛应用于油气井施工中。

（二）油气用导井爆索的分类

分类如图 2-5-4 所示。

油气井用导爆索按产品的外皮材料类型分为塑料软管导爆索、线绕导爆索、编织导爆索、金属导爆索等。

1. 塑料软管导爆索

塑料软管导爆索即聚氯乙烯软管导爆索，一般装填黑索金炸药，采用离心装药，具有一定的防水、耐压性能，接头可搭接等优点，适用于无枪身射孔配套使用，起爆能力大。但软管耐温低（最高 100℃，2h），耐压低，在 30MPa 下即可能出现药芯断层影响爆轰波的传播。

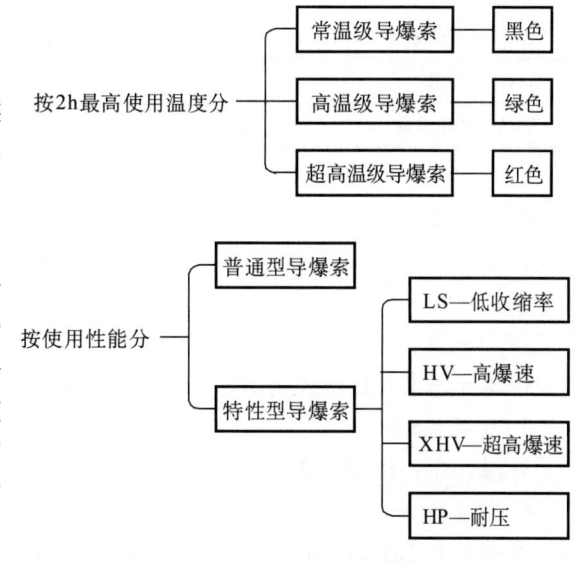

图 2-5-4 油气井导爆索分类

2. 线绕导爆索

线绕导爆索即干法线绕导爆索，药芯采用黑索金炸药。由两根或四根丝线组成芯线，包敷聚酯薄膜，由两层或三层丝线带缠绕，外层挤涂热塑性尼龙涂层，产品装药量大，包裹层防水性好，有足够的起爆能力，适用于无枪身射孔配套使用。耐温性能略高于软管导爆索。

3. 编织导爆索

编织导爆索是无芯线，编织装药，外层挤涂热塑性尼龙，装药密度大，包裹层薄，起爆能力强。根据使用条件可装黑索金或奥克托金炸药。有四种类型：普通型、低收缩型、高温型、高爆速型。耐温耐压性能优于软管型及线绕型导爆索。

4. 金属导爆索

金属导爆索外管一般用铅锑合金，成本较高。可耐高温，其突出的特性是可耐井下高压达 50MPa。

（三）油气井用导爆索技术要求

1. 爆速（表 2-5-2）

表 2-5-2　油气井导爆索的爆速参数

产品型号	常规爆速（m/s）	高爆速（m/s）	超高爆速（m/s）
常温级导爆索	≥ 7000	≥ 7400	—
高温级导爆索	≥ 7000	≥ 7400	≥ 7800
超高温级导爆索	≥ 6000	—	—

2. 耐热性能（表 2-5-3）

表 2-5-3　油气井导爆索的耐热参数

产品型号	2h 耐热温度（℃）	24h 耐热温度（℃）	48h 耐热温度（℃）	100h 耐热温度（℃）
常温级导爆索	168	130	122	113
高温级导爆索	191	169	154	144
超高温级导爆索	230	206	200	192

3. 收缩率

在标称温度下恒温 2h，低收缩率导爆索的收缩率应不大于 1%，普通导爆索的收缩率应不大于 6%。油管输送射孔用导爆索应选用低收缩率导爆索。

4. 耐压性能

耐压导爆索在标准压力值下，保持 30min 后，引爆后应爆轰完全。

5. 耐寒性能

导爆索在 -40℃±2℃ 条件下恒温 2h 后，包覆层完好，引爆后应爆轰完全。

6. 抗拉性能

在承受不小于 490N 静拉力后，引爆后应爆轰完全。

7. 横向输出压力

横向输出压力应不小于3GPa。

三、传爆装置

（一）爆轰增能传爆装置

爆轰增能传爆装置是针对导爆索在穿过长射孔井段或通过较大夹层后能量衰减，安装在两枪之间联枪接头中提高爆轰波传爆能量，确保传爆序列可靠的装置。

1. 装置结构

爆轰增能传爆装置由联枪接头、增能器等构成，如图2-5-5所示。联枪接头可为单接头或双接头。

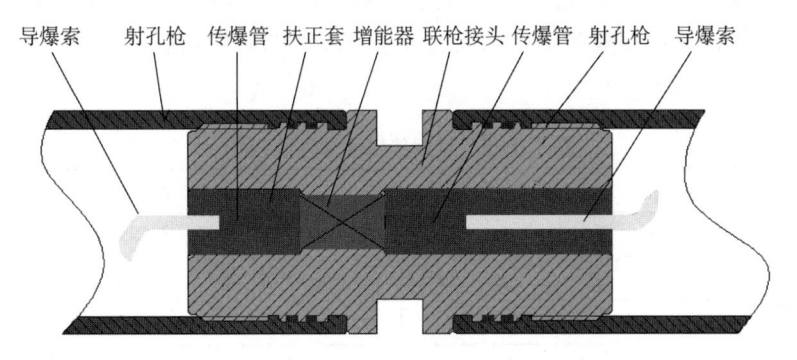

图2-5-5 爆轰增能传爆装置结构示意图

2. 作用原理

爆轰增能传爆装置的主要元件是增能器。上级传爆管爆炸时产生的爆轰波，通过爆轰增能传爆装置增能器中火工组件后，将该组件中的炸药引爆，使其爆轰能量得以放大并起爆下级传爆管，从而完成该装置的爆轰增能和传爆功能。

3. 技术指标（表2-5-4）

表2-5-4 爆轰增能传爆装置性能指标

项　目	性能指标	
	Ⅰ型	Ⅱ型
耐温	160℃/48h 或 140℃/100h	220℃/48h 或 200℃/100h
耐压	60MPa	100MPa
起爆距离	50mm，偏心3mm	30mm，偏心3mm
输出	起爆耐温传爆管	起爆超高温传爆管

（二）延期传爆装置

延期传爆装置可应用于压力、撞击和测试联作等多种射孔工艺，具有分钟级延时功能。产品延期时间可根据用户需求任意调节，使用方便，安全可靠。

1. 装置结构

延期传爆装置由接箍、点火隔板、点火延期引爆机构等构成，如图2-5-6所示。

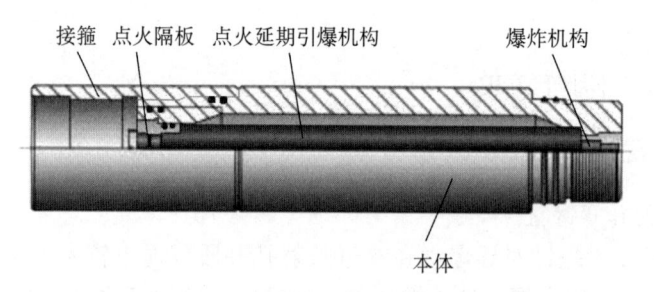

图 2-5-6 延期传爆装置结构图

2. 作用原理

延期传爆点火隔板接收冲击波爆轰能量时，隔板施主装药产生爆轰，冲击波作用于隔板，使隔板受主装药点火，并点燃延期装药，从而完成分钟级延期功能。延时结束时，引爆爆炸机构，爆炸机构产生爆轰波，从而完成了该装置的起爆功能。

3. 技术指标（表 2-5-5）

表 2-5-5 延期传爆装置性能指标

项 目		性能指标
耐 温		160℃/48h
耐 压		60MPa
延 时	常温下	3～10min
	160℃/48h 下	2.7～7min

（三）隔板密封传爆装置

隔板密封传爆装置可与安全枪或夹层枪连接。它不仅能可靠地传递爆轰波，还能可靠地密封安全枪或夹层枪，不让井下污物进入枪内，这样不用清洗夹层枪即可重复使用。由于该装置具有密封隔离的功能，因而能满足某些特殊射孔工艺的需求，如用于高压油气井完井作业等。

1. 装置结构

隔板密封传爆装置由传爆组件、泄压阀、隔板等组成，如图 2-5-7 所示。

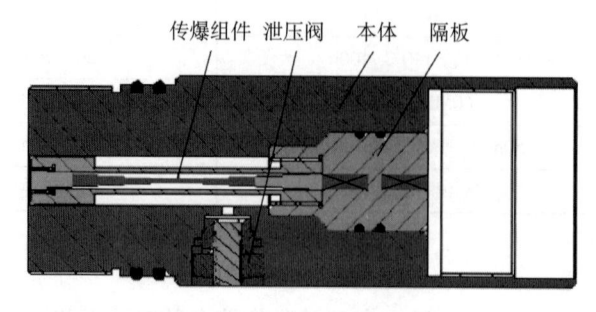

图 2-5-7 隔板密封传爆装置

2. 作用原理

隔板密封传爆装置一端与夹层枪连接，另一端与射孔枪或起爆器等连接。当隔板传爆密封接头任意一端接受射孔枪或起爆器传递过来的爆轰波时，该端的装药被起爆，产生强冲击波。冲击波作用在本产品的隔板上，通过隔板起爆另一端的装药，使爆轰波不断地传播下去，从而完成隔板的传爆功能。而此时的隔板不被击穿，并能承受不小于60MPa静压力，从而起到了密封夹层枪的作用。射孔作业结束，当射孔枪和夹层枪等从井中取出后，通过本接头上的卸压阀释放出夹层枪内的气体，可安全拆卸夹层枪。

3. 技术指标（表2-5-6）

表2-5-6 隔板密封传爆性能指标

项 目	性能指标
耐 温	160℃/48h 或 140℃/100h
耐 压	60MPa
输 出	可靠起爆传爆管

第六节 特殊射孔器

一、全通径射孔器

全通径射孔器是以油管输送射孔技术为基础发展而成的。该种射孔器能够在起爆射孔后，将射孔器材的内部附件全部丢掉，整个管柱形成与油管内径相当的通径，不须提出管柱或丢枪作业就可完成生产测井、增产措施等后续作业，也可直接作为一次性完井生产管柱。

（一）结构

全通径射孔器主要由全通径起爆装置、低碎屑射孔弹、全通径弹架、射孔枪管、连接接头和破碎盘等几部分组成。

1. 全通径起爆装置

全通径投棒和压力起爆器装置主要用于全通径射孔作业中起爆射孔枪。它的内部核心部分采用易破碎材料，并装配有炸碎辅助火工组件，保证在起爆射孔枪的同时将核心部分炸成碎屑下落，使整个起爆器内部形成通径。

对于全通径压力起爆装置，四川测井公司采用破碎盘与枪尾压力起爆器配合使用的办法。破碎盘装于射孔枪的上部，起隔离油管和射孔枪之间压力的作用。破碎盘内火工组件外壳为高强度易碎材料，内部装有火工品，射孔枪起爆的同时引爆火工品，炸碎火工组件，形成所要求的通径；枪尾压力起爆装置装于射孔枪的底部，射孔后将起爆器（芯子）丢掉。

撞击式全通径起爆装置参见本章第四节。

2. 低碎屑射孔弹

全通径射孔弹弹壳必须采用低碎屑材料加工而成，目前主要采用的有两种材料：粉末合金和特殊铸铁。采用粉末合金压制的弹壳炸碎性好，且压制成形工艺较为简单，成本也较低。采用特殊铸铁的弹壳射孔后残留物均为小颗粒，炸碎性能较好，在装药量相同的情况下，穿深性能指标与同类常规射孔弹相当，但成本相对要高。

3. 全通径弹架

由于全通径射孔器要求射孔弹发射后，管串内要形成规则的通径，所以弹架在射孔后的状态是能否形成通径的关键。随着全通径射孔技术的发展，国内各大油田及生产厂家研制的全通径弹架现已拥有多种形式和类别,其中主要有金属式弹架、破碎式弹架、自毁燃烧式弹架等。

4. 射孔枪管

全通径射孔器枪管基本上均采用常规射孔用枪管。

5. 连接接头

为保证全通径射孔器枪与枪之间的连通性和可靠传爆性,全通径接头常采用外接箍连接方式和串联通径接头的方式。

接箍式接头容易形成较大通径,但接箍受接头外径尺寸(89枪接箍接头外径为 ϕ102mm,127枪接箍接头外径为 ϕ135mm)的限制,不能适用于相应套管井(如89枪不能用于5in套管)的全通径射孔施工作业。

6. 破碎盘

参见本章第四节。

(二)分类

根据全通径弹架类型的不同,可把全通径射孔器分为弹架燃烧式全通径射孔器、弹架破碎式全通径射孔器和双管式全通径射孔器等。

1. 弹架燃烧式全通径射孔器

弹架燃烧式全通径射孔器特点是该种射孔器的燃烧自毁弹架采用可燃含能材料制作,在射孔的同时利用射孔弹和导爆索爆炸瞬间产生的高温热粒子作用将其完全燃烧、销毁,特别适用于做夹层枪弹架。燃烧自毁弹架如图2-6-1所示。

图2-6-1 燃烧自毁弹架实物图

燃烧自毁弹架是由非金属材料制成,所以其整体强度远不如金属弹架,这就大大限制了射孔器的长度(最长不超过3m),不宜进行长井段、大跨度的全通径射孔作业。

燃烧自毁弹架技术参数:

(1)耐温:150℃。

(2)密度:1.03g/cm^3。

(3)比容:152L/kg。

(4)燃速:射孔弹架2.2mm/s(常温常压,敞开空气环境)。

(5)抗压强度大于28kN。

燃烧自毁弹架规格型号见表2-6-1。

表2-6-1 燃烧自毁弹架规格型号表

型 号	TJ89-89	TJ102-102	TJ127-127
规格(m)	1、1.5、2、2.5、3	1、1.5、2、2.5、3	1、1.5、2、2.5、3
内径(mm)	ϕ50	ϕ54	ϕ60
外径(mm)	ϕ60	ϕ66	ϕ74
耐温(℃)	150	150	150

2. 弹架破碎式全通径射孔器

弹架破碎式全通径射孔器主要由通径起爆器、接箍接头（通径接头）、上联接套、枪管、碎解式弹架、射孔弹和释放枪尾等组成，如图2-6-2所示。

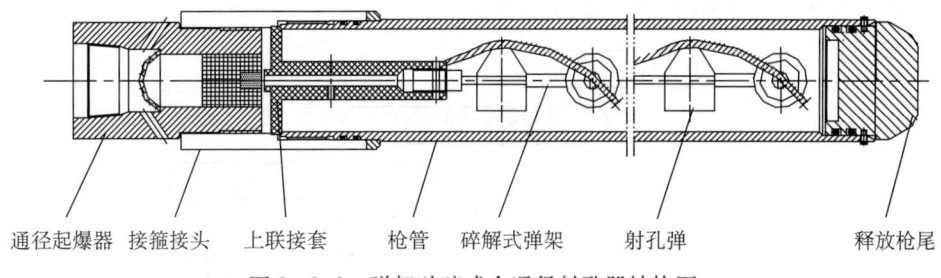

图2-6-2 弹架破碎式全通径射孔器结构图

该射孔器特点是起爆射孔后利用射孔弹等火工器材的爆炸能量将弹架破碎随起爆器内容物、射孔弹、联接套及释放枪尾一同落入井底，实现全通径。

该射孔器只适用于射孔层段较短的全通径射孔。对于夹层枪弹架仅靠导爆索的爆炸能量很难实现碎解。

3. 双管式全通径射孔器

双管式全通径器主要由破碎盘、通径接头、低碎屑射孔弹、高硬度弹架、传爆组件和全通径起爆器等组成，如图2-6-3所示。

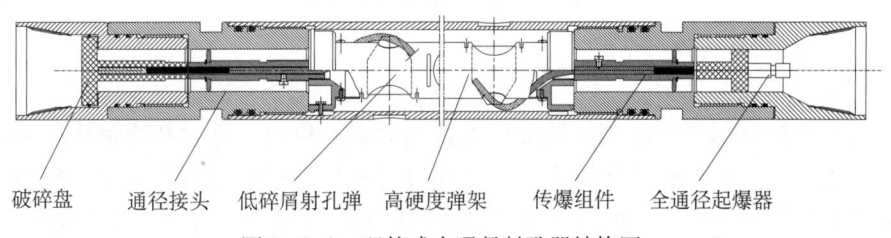

图2-6-3 双管式全通径射孔器结构图

该射孔器特点是所有传爆组件均采用低碎屑材料，枪与枪之间采用隧道传爆方式。用超强硬度合金钢材料作弹架，起爆射孔的同时，弹架受射孔弹爆轰波的冲击膨胀紧贴于枪管的内壁，只有起爆器内容物、射孔弹和传爆组件等少许碎屑落入井底，整个管柱实现全通径。

双管式全通径射孔枪能适用于对应尺寸的套管井的全通径射孔作业。且射孔后内容物少，能实现超长井段、多夹层的全通径一次性完井管柱作业。

该射孔器的主要技术指标：

（1）适用枪型：89枪、102枪、127枪。
（2）射孔后形成的最后通径：89枪≥55mm、102枪≥60mm、127枪≥65mm。
（3）射后碎削在井筒内堆积高度：≤50cm/10m满枪（16孔/m）。
（4）射孔枪耐压：140MPa。

二、复合射孔器

复合射孔器是将聚能射孔器与固体推进剂（固体火药）进行有机结合，能实现一次下井完成射孔与高能气体压裂的装置，适用于任何油气田的射孔完井作业。它可以清除压实带，创造一个较好的渗流条件，对于低孔隙、低渗透性、地层污染严重的油气井效果尤为明显。根据聚能射孔器与固体推进剂的组合方式，复合射孔器可分为内置式、下挂式、外套式、组合式等类型，如图 2-6-4 所示。

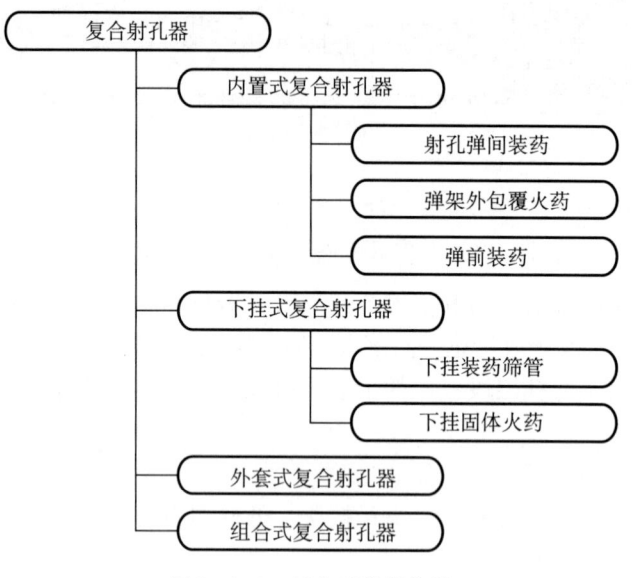

图 2-6-4　复合射孔器分类

（一）复合射孔器结构

1. 内置式复合射孔器

内置式复合射孔器是将压裂火药装填在特制的射孔枪内，靠射孔弹爆炸产生的高温高压能量将其点燃，火药燃烧产生的高压气体通过射孔枪管壁上的射孔孔眼或预制泄压孔排出，经射孔孔道作用于地层。内置式复合射孔器根据火药在枪内装填位置不同可分为三种，即射孔弹间装药、弹架外包覆药、射孔弹前装药。

1）射孔弹间装药

目前最常用的内置式复合射孔器就是采用射孔弹间装药方式，即在相邻两发射孔弹之间加装火药，如图 2-6-5 所示。火药依靠导爆索和射孔弹的起爆而被动点燃。据火药特性可知，在该种点燃方式下，火药接近爆轰状态，并不是处于完全燃烧状态。因此可在极短的时间内产生较高的气体峰值压力，正对目的层进行高速加载。

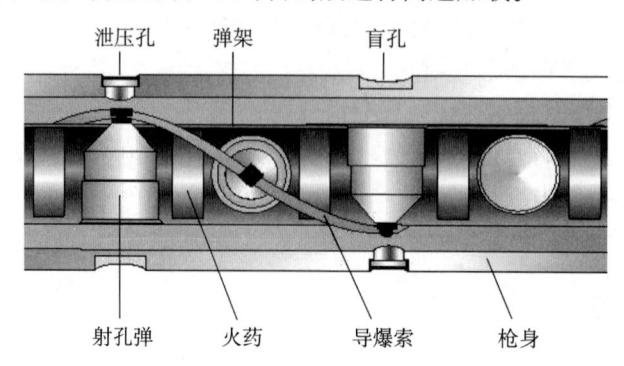

图 2-6-5　射孔弹间装药的内置式复合射孔器结构示意图

— 138 —

最早设计的内置式复合射孔器没有设计单独的泄压孔，火药燃烧产生的高压气体只通过射孔孔眼释放到射孔枪管外，由于泄压面积小，压力来不及释放，常引起射孔枪管胀裂，严重的造成卡枪事故。为解决这一问题，在对应每发射孔弹前后两端对应的射孔枪上均设计了泄压孔，首先将管壁钻穿，然后用钢芯胶垫密封，复合射孔器起爆后，射孔枪管上的钢垫和橡胶垫被击出，气体从泄压孔释放。这种方法可有效保护射孔枪不被炸裂，但对于水平井等特殊井复合射孔施工时，落入井中的钢芯胶垫易造成卡枪。针对这一情况，开发了一种将全通孔的泄压孔改为薄壁盲孔的双盲孔复合射孔器，该射孔器精确设计盲孔的壁厚，确保在瞬间高压下，盲孔优先破裂泄压，从而保护射孔枪不裂。

2) 弹架外包覆药

通过研究发现，相同药型、药量的压裂火药，包覆在弹架外时燃烧产生的峰值压力略低于火药布在相邻射孔弹间的情况，但火药的有效作用时间却相对较长，如图2-6-6所示。

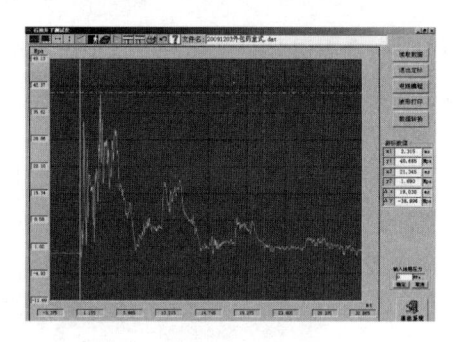

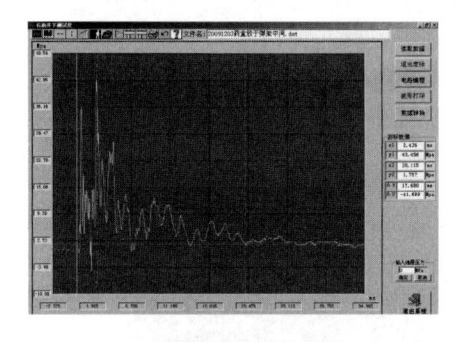

a.弹架内布药方式　　　　　b.弹架外布药方式

图2-6-6　弹架内外布药方式实测P-T曲线

3) 射孔弹前装药

射孔弹前装药的内置式复合射孔器，其特点是将火药安装在射孔弹的聚能罩口部，火药为径向装药，由于弹架直径增大提高了枪内炸高，增加了射孔深度，同时缩短了火药峰值压力与射孔弹峰值压力的时差，强化了高压燃气对射孔孔道的作用，有利增强扩孔、延缝、疏松孔道压实带等，如图2-6-7所示。

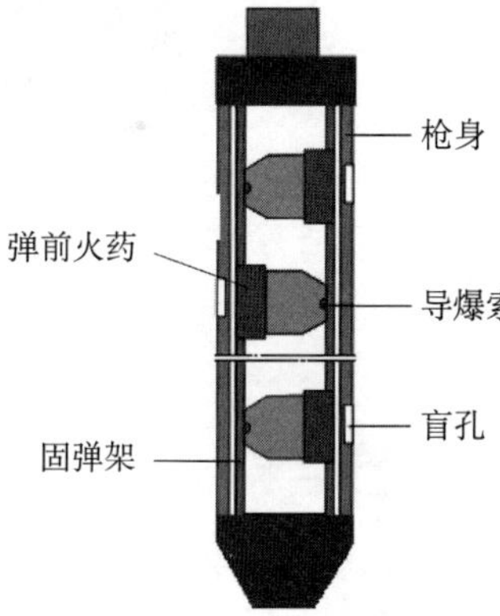

2. 下挂式复合射孔器

下挂式复合射孔器就是将压裂火药连接在聚能射孔器的下部。目前该射孔器主要有下挂装药筛管和下挂固体火药两种形式。

1) 下挂装药筛管

图2-6-7　射孔弹前装药内置式复合射孔器结构示意图

不同形状的火药的燃烧方式有很大区别，如圆柱形火药为减面燃烧过程，单孔型火药为等面燃烧过程，多孔型和玫瑰花型火药为增面燃烧过程。由于火药燃烧所产生的压力与火药燃烧面积有直接关系，针对不同的结构形式确定了不同的火药结构及组合方式，如图2-6-8所示。

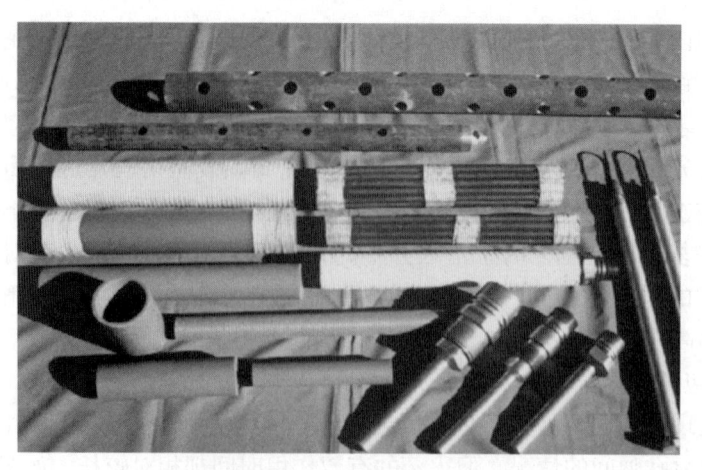

图 2-6-8　不同结构火药照片

下挂式复合射孔器特点是火药结构、装药形式多样。通过采用不同的点火方式、装药量、不同形式的火药、不同的装配，可实现不同的 P-T 过程。

2）下挂固体火药

该结构复合射孔器特点是施工安装简便、药量可控可调，并且无安装筛管的限制，在保证施工安全的前提下，可根据具体需要增加火药量，如图 2-6-9 所示。

图 2-6-9　固体火药柱照片

3. 外套式复合射孔器

外套式复合射孔器由聚能射孔器、外套火药筒和固定环等组成，如图 2-6-10 所示。它将压裂火药制成套筒状，套在射孔枪的外部，在射孔枪点火射孔之后（微秒级），射孔弹爆炸产生的高温高压射流将压裂火药套筒点燃，燃烧产生大量高温高压气体沿射孔孔眼进入地层。由于压裂火药套在射孔枪外，环空间隙小，而且火药正对射孔位置，所以相对小量的压裂火药就能产生较好的作用效果。

为防止火药筒在井下与套管摩擦和固定火药筒，外套式复合射孔器的中间接头（或电缆输送射孔枪的上下

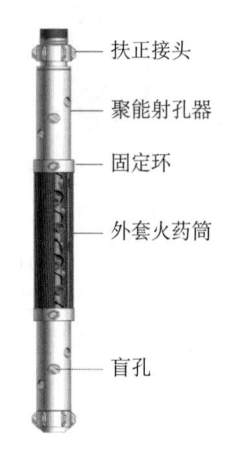

图 2-6-10　外套式复合射孔器示意图

（扶正接头、聚能射孔器、固定环、外套火药筒、盲孔）

接头）的外径都大于射孔枪管外径12～14mm，外套火药筒的直径小于扶正接头的直径1～2mm，外套火药筒的两端设计有专用的固定环，固定环安装在两个相邻盲孔之间的间隙处。

一般情况下，外套火药筒不是把整个射孔枪管全部包裹，特别是对于长段射孔枪，而是根据具体情况分段安装火药筒，见表2-6-2。

表2-6-2 外套式复合射孔器材主要技术参数

枪 型	外套火药筒外径（mm）	固定环外径（mm）	扶正接头外径（mm）	套 管 尺寸（in）	套 管 内径（mm）
73型	86	86	93	5	102
86型	102	108	112	$5\frac{1}{2}$	121
114型	130	139	146	7	152

4. 组合式复合射孔器

组合式复合射孔器是以上三种类型不同方式组合的射孔器，常用的是将内置式和下挂式组合形成的复合射孔器，产生高温高压气体对地层进行多次加载。

（二）复合射孔器特点及适用性

1. 内置式复合射孔器

优点：

（1）压力上升速率快，一般在2.0×10^4～1.0×10^5MPa/s之间，对孔眼压实带的改造效果好。

（2）火药产生的高温高压气体正对目的层做功。

（3）结构较为简单，应用范围广。

缺点是装火药量受枪内空间大小限制。

由于火药被密封于射孔枪管内部，不承受高压液体浸泡，射孔器在下井过程中不会摩擦火药，所以内置式复合射孔器可以在井下停留较长时间，不但适用于电缆输送射孔，还适用于油管输送射孔。

2. 下挂式复合射孔器

（1）压力上升速率较低，一般在5.0×10^3～2.0×10^4MPa/s之间。

（2）火药燃烧时间较长，一般情况下可燃烧数十毫秒甚至超过100ms，压力有效作用时间可达30～40ms，但火药燃烧时间受井下温度和压力的影响较大，对于围压较高的井，火药的燃烧时间会明显缩短，峰值压力会明显升高。

（3）下挂式复合射孔器携带的压裂火药量不受射孔枪的限制。

（4）由于压裂火药悬挂在射孔枪下部，没有正对目的层，如果相邻两次射孔的地层是同层或相距很近，第二次射孔时火药的能量对目的地层作用小而对前次射开的地层作用大，并且它产生的峰值压力受环境压力的影响大，压裂火药最好在不低于7MPa的环境中点燃，才能产生较高的压力。

下挂式复合射孔器适用于井内液柱压力较高的井和地层污染较重的井射孔，不适用于同层或相距很近的层的第二次射孔。

3. 外套式复合射孔器

压力上升速率、峰值压力、火药燃烧时间等方面都介于内置式复合射孔器和下挂式复合射孔器之间，对地层的作用效果比较好。

外套式复合射孔器适用于井内液柱压力较高且套管内径较大的井，既适用于电缆输送射孔，也适用于油管输送射孔，但在井下停留时间不宜过长。

4. 组合式复合射孔器

组合式复合射孔器集中了所有类型复合射孔器的优点，产生的峰值压力高、压力上升速率快、火药燃烧时间长等。

三、定方位射孔器

定方位射孔器是一种以满足地质或工程的特殊需求，实现定向射孔的特殊射孔器。定方位射孔器按下井输送方式分为油管输送定方位射孔器和电缆输送定方位射孔器。

（一）油管输送定方位射孔器

1. 结构

如图 2-6-11 所示，油管输送定方位射孔器主要由上定位键、上接头、被传爆管、传爆管扶正套、射孔弹、导爆索、枪身、弹架、下定位键、下接头、主传爆管等组成。

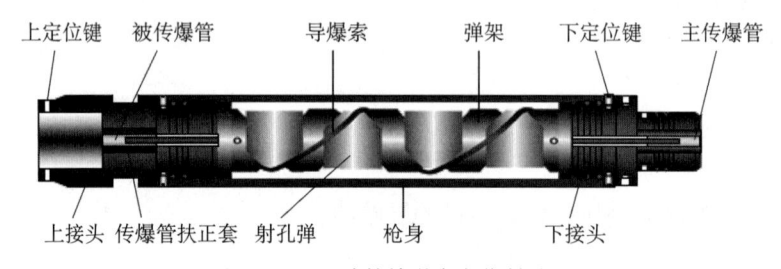

图 2-6-11　油管输送定方位射孔器

2. 特点

枪身和上、下接头上的定位键保证了所有射孔器之间的射孔弹方位角与设计的目标方位角相一致。

3. 参数

（1）耐温：175℃。

（2）耐压：70MPa。

（3）枪身外径：ϕ89mm、ϕ102mm。

（二）电缆输送定方位射孔器

1. 结构

如图 2-6-12 所示，电缆输送射孔器主要由被爆管、导向器、扶正器、射孔弹、导爆索、弹架、枪身、主爆管、定向键、定向器等组成。

2. 特点

射孔器装配完成后形成独立的密封体，可单独分次下井，也可以在地面将两柱射孔器用定向接头起来一起下井。

3. 参数

（1）耐温：175℃。

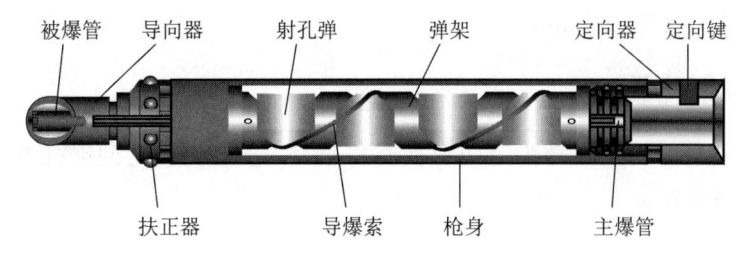

图 2-6-12 电缆输送定方位射孔器

(2) 耐压：70MPa。

(3) 枪身外径：ϕ89mm、ϕ102mm。

四、内盲孔射孔器

内盲孔射孔器是一种油田射孔施工用新型射孔器，是针对深穿透射孔弹装射孔枪存在炸高降低的实际问题而研制开发的产品。

枪身内盲孔设计将枪身盲孔由外向内进行转变，可以提高射孔弹的装枪炸高，有利于提高射孔器的穿透深度。同时，由于盲孔在枪体内部，可减少射流所经过的射孔器与套管的空隙长度，进而可减少由于空隙和井筒压力对射流造成的综合影响。内盲孔射孔器具有提高射孔弹穿透深度，进而提高油水井采液强度的优点，近年来得到广泛应用。下面以外径为 ϕ102mm 的 102 型内盲孔射孔器为例进行介绍。

（一）结构

内盲孔是指在射孔枪体壁上对准每一个射孔孔眼处加工的一个非通孔，结构如图 2-6-13 所示。

（二）类型

按内盲孔实现方式的不同划分，目前主要有两种形式的内盲孔射孔器：

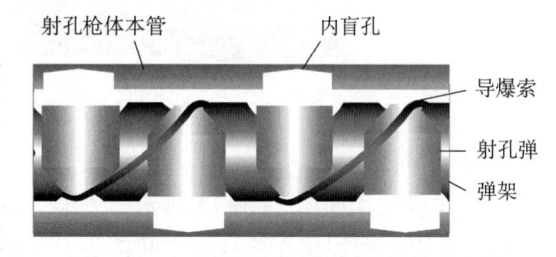

图 2-6-13 内盲孔射孔器枪体结构示意图

(1) 在射孔枪体外壁以螺旋方式加工带有台阶的通孔，采用外部堵盖粘接、垫片焊接等方式扩大枪体内部空间实现内盲孔。

(2) 采用专用机床在射孔枪体内壁相应位置径向钻削加工实现内盲孔。

（三）优点

内盲孔射孔器与外盲孔射孔器相比可提高射孔弹装枪炸高 4～5mm。

通过内、外盲孔混凝土靶穿深对比试验，内盲孔射孔器比外盲孔射孔器可提高射孔器穿透深度约 10%。

（四）用途

内盲孔射孔器适用于各种油气田的射孔完井。随着射孔工艺技术的不断进步，它的应用范围也在不断被拓展。

(1) 内盲孔射孔器可以与其他高效射孔工艺技术进行组合应用，进一步提高射孔实效。例如，内盲孔内置式复合射孔器就是将内盲孔射孔枪与内置式复合射孔器进行有机组合，进一步提高了复合射孔的应用效果。

(2) 内盲孔射孔枪可以与新型深穿透射孔弹进行组配，提高射孔器整体性能。102 型内盲孔射孔器已实现穿深1000mm。

五、水平井射孔器

水平井射孔器从结构上可分为定向射孔器和非定向射孔器。定向射孔器又分为外定向射孔器和内定向射孔器。

（一）结构

1. 外定向水平井射孔器的结构

外定向射孔器的结构主要由活络接头、方向监测装置、起爆器、起爆器接头、造筛管装置、定向射孔枪、定向射孔弹架、引向器、尾声信号弹、偏心枪尾等组成，如图2-6-14所示。

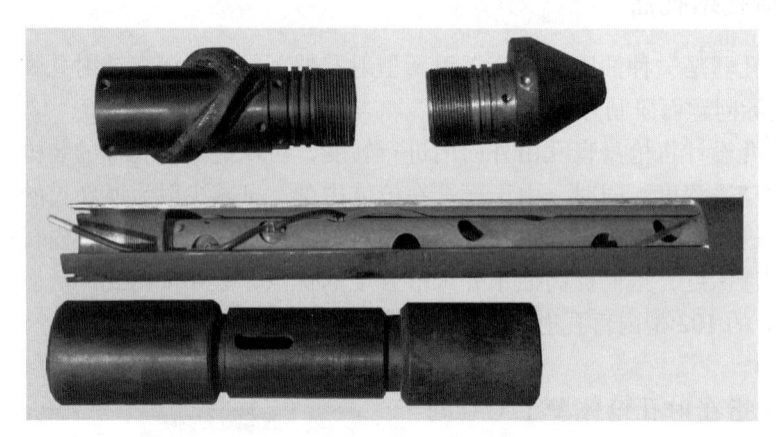

图2-6-14 水平井外定向射孔器实物图片

1）引向器

引向器结构如图2-6-15所示，安装方式有两种：一种是把引向器焊在射孔枪上，另一种是将引向器焊接在枪身的中间接头上。带有多个引向器的中间接头或射孔器互相连接，通过定位销定位使射孔器偏重心只能有一个稳定状态达到了定向的目的。

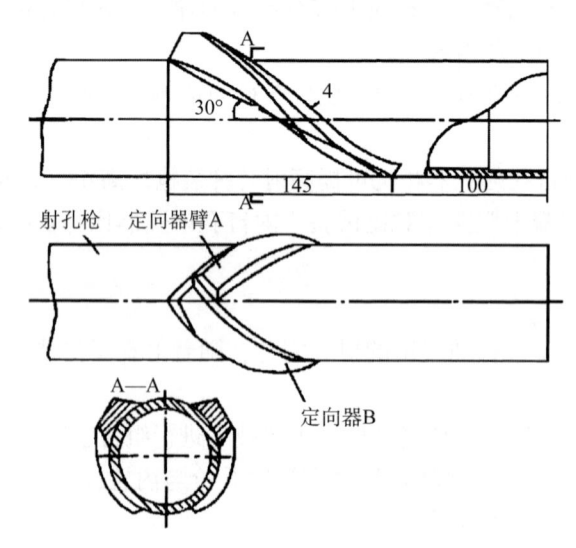

图2-6-15 引向器结构图

2）方向监测装置

方向监测装置是由外壳、自由重锤、可活动阀瓣、回位弹簧、螺杆、挡板等组成，如图 2-6-16 所示。方向检测装置中的自由重锤和它连接在一起的阀瓣始终保持垂直方向。当射孔器定向方位满足定向要求时，方向检测装置的泄压孔对正阀瓣，封闭泄压孔，此时可加压引爆射孔器。当射孔器定向方位达不到定向要求时，阀瓣不能封闭泄压孔，油管进入的压力经过泄压孔从环形空间返回井口，说明射孔器方向不正确，需要上下活动管柱调整射孔器的方向，直到预定位置时才能引爆射孔器。

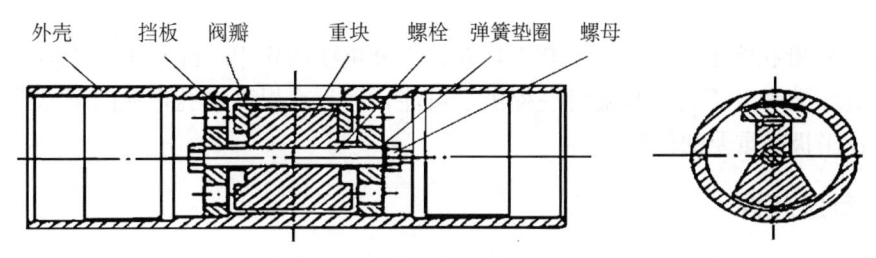

图 2-6-16 方向监测装置结构图

3）活络接头

活络接头由上接头、轴承、下接头等主要部件组成，如图 2-6-17 所示。它连接于输送油管和定向监测装置之间，以消除油管旋转扭力，使射孔器易于定位。

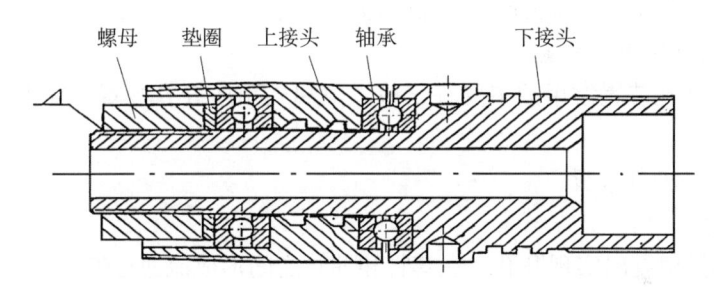

图 2-6-17 活络接头结构图

2. 内定向水平井射孔器的结构

内定向水平井射孔器结构由射孔枪、弹架、偏心配重块、轴承、射孔弹、导爆索、传爆管、中间接头等组成，如图 2-6-18 所示。

图 2-6-18 内定向水平井射孔器结构示意图

（二）特点

1. 外定向水平井射孔器

外定向水平井射孔器主要是实现结构上五定向：定向监测装置与引向器定向、引向器与射孔器定向、射孔枪与射孔弹架定向、射孔弹架与射孔弹定向、枪与枪在连接时的定向。

— 145 —

2. 内定向水平井射孔器

与外定向水平井射孔器相比，内定向水平井射孔器有三个特点：整体外径比同等型号的外定向水平井射孔器外径小 25mm；采取枪体内部自动定位方式，定位系统不受套管的影响；射孔枪的外表面是一光滑的圆柱面，在井内起、下过程中不易卡枪或遇阻。

第七节 配 套 工 具

在油气井射孔施工作业中，配套工具起着十分重要的作用。配套工具不但为实现各种不同的射孔工艺和井下射孔作业管柱提供了可能，而且在提高射孔作业的可靠性、安全性方面也发挥了极其重要的作用。

一、负压装置

负压射孔是指射孔时井内液柱压力低于储层压力。在负压射孔的瞬间，由于负压差的存在，可使地层流体产生一个反向回流，冲洗射孔孔眼，避免孔眼堵塞和射孔液对储层的伤害。因此负压射孔是一种保护储层，提高产能的射孔方法。

油管输送负压射孔分别采用撞击式负压开孔装置和环空加压负压开孔装置实现油管和封隔器下方环空的沟通，并作为产液回流通道。

（一）撞击式负压开孔装置

撞击式负压开孔装置常用的主要有三种：隔离式负压开孔装置、撞击压力开孔装置和撞击开孔装置。

1. 隔离式负压开孔装置

1）主要用途

用于油管输送射孔时实现开孔，在套管和油管之间形成流通通道。

2）工作原理及特点

隔离式负压开孔装置主要由上接头、易碎承压钟罩、中间接头和下接头等组成，其结构如图 2-7-1 所示。

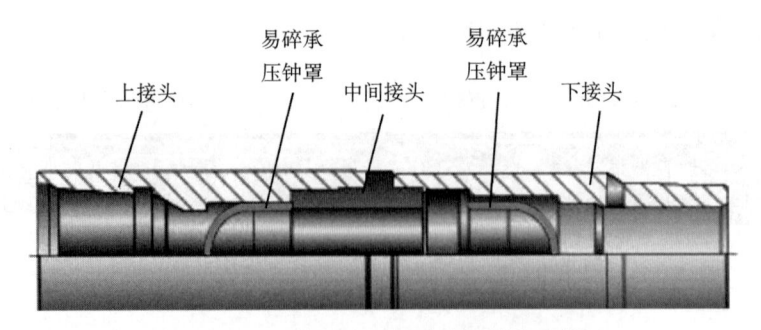

图 2-7-1 隔离式负压开孔装置结构示意图

工作原理：其上端（内螺纹）与油 7 管连接，下端（外螺纹）与油管及防砂撞击起爆装置连接。施工时，从井口投棒，将易碎承压钟罩打碎，形成回流通道。

特点：
(1) 无需井液静压力；
(2) 不会减小撞棒速度；
(3) 能与各种封隔器配合使用；
(4) 形成大孔径回流通道。

3) 主要技术参数
(1) 扣型：$2^7/_8$in UP TBG；
(2) 外径：ϕ93mm；
(3) 通径：ϕ50mm；
(4) 最大耐压：60MPa；
(5) 抗拉强度：>P-110。

2. 撞击压力开孔装置
1) 主要用途
用于油管输送射孔时实现开孔，在套管和油管之间形成流通通道。

2) 工作原理及特点
撞击压力开孔装置主要由上接头、滑筒、空心撞销、止动卡圈、限位套和下接头等组成，其结构如图 2-7-2 所示。

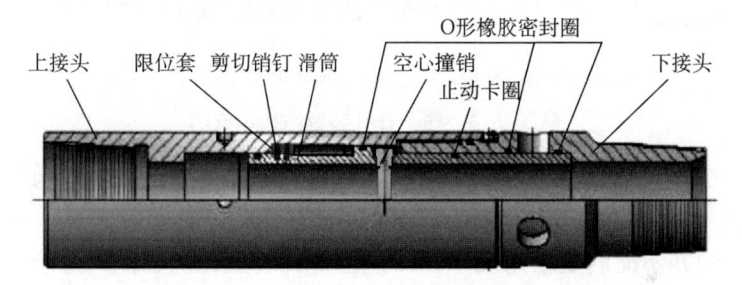

图 2-7-2 撞击压力开孔装置结构示意图

工作原理：在装配空心撞销、不装配剪切销钉的情况下从井口投棒，撞断空心撞销后，油管压力（不小于3MPa）进入滑套和上接头的环形空间，推动滑套向上运动，使滑套处于开孔位置；在装配剪切销钉、不装配空心撞销的情况下也可从井口加压，剪断剪切销钉，推动滑套向上运动，使滑套处于开孔位置。

特点：
(1) 需井液静压力；
(2) 不会减小撞棒速度；
(3) 能与各种封隔器配合使用；
(4) 可锁定开孔状态。

3) 主要技术参数
(1) 扣型：$2^7/_8$in UP TBG；
(2) 外径：ϕ102mm；
(3) 通径：ϕ60mm；

(4) 最大耐压：100MPa；

(5) 最大耐压差：60MPa；

(6) 棒击需最小静压力：3MPa；

(7) 单颗剪切销剪切值：3MPa；

(8) 抗拉强度：>P-110。

3. 撞击开孔装置

1) 主要用途

用于油管传输射孔时实现开孔，在套管和油管之间形成流通通道。

2) 工作原理及特点

撞击开孔装置主要由上本体、油孔堵头、切断螺钉、止动螺钉和下接头等组成，其结构如图 2-7-3 所示。

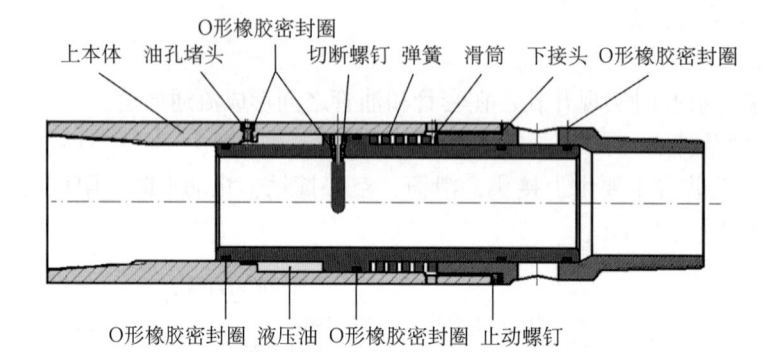

图 2-7-3 撞击开孔装置结构示意图

工作原理：撞击开孔装置可取代撞击压力开孔装置应用于油管输送负压射孔工艺。由于撞击压力开孔装置需要油管内有至少 3MPa 的液柱压力才能可靠开孔，这对于某些需要较高射孔负压值的井不能满足使用要求。而撞击开孔装置在空心撞销撞断后，利用弹簧弹力和环空液柱压力共同作用推动滑筒上移，打开回流通道，实现油套连通，因而可实现低液柱压力下的开孔，只是相对撞击压力开孔装置而言，装配较为复杂。

特点：

(1) 无需井液静压力；

(2) 不会减小撞棒速度；

(3) 能与各种封隔器配合使用；

(4) 可锁定开孔状态。

3) 主要技术参数

(1) 扣型：$2\frac{7}{8}$in UP TBG；

(2) 外径：ϕ93mm；

(3) 通径：ϕ48mm；

(4) 最大耐压：100MPa；

(5) 最大耐压差：60MPa；

(6) 抗拉强度：>P-110。

(二) 环空加压负压开孔装置

1. 主要用途

用于油管输送射孔时实现开孔，在套管和油管之间形成流通通道。

2. 工作原理及特点

环空加压负压开孔装置主要由中心管、活塞组件、滑套和止动螺钉等组成，其结构如图 2-7-4 所示。

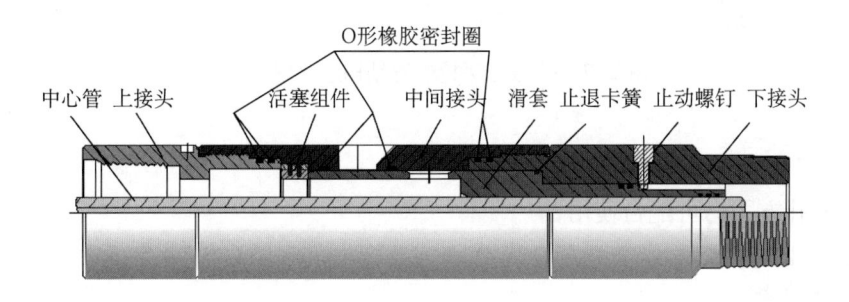

图 2-7-4 环空加压负压开孔装置结构示意图

工作原理：下井过程中，油管与套管压力隔离，管串定位后，封隔器座封，将目的层其他层段和环空压井液与目的层隔离。油管内加入液垫，从地面环空加压，压力通过旁通接头及传压管作用在负压开孔装置滑套上，加压至预定压力，剪切销被剪断，滑套推动销钉套上行，到位后滑套被锁死。此时，回流通道打开，封隔器以下环空通过筛管与该装置以上油管连通，形成负压。继续加压，引爆压力起爆器及延时传爆装置，完成射孔。地层液体从套管经过负压开孔装置回流通道进入油管。

3. 主要技术参数

(1) 扣型：$2\frac{7}{8}$in UP TBG；

(2) 外径：$\phi 102$mm；

(3) 最大耐压：120MPa；

(4) 单颗剪切销剪切值：3.09MPa；

(5) 抗拉强度：>P-110。

二、丢枪装置

丢枪装置的主要用途是射孔枪起爆后，依靠外部力量使解锁装置解锁，从而实现丢弃射孔枪串动作，随后可进行大型酸化或加砂压裂等后续施工作业。

丢枪装置目前常用的主要有三种：投球丢枪装置、机械丢枪装置和自动丢枪装置。

(一) 投球丢枪装置

1. 工作原理

投球丢枪装置采用卡爪结构，在射孔枪完成射孔后，从井口投钢球，钢球落到限位套后，从井口加压剪断剪切销，压力推动限位套向下运动并释放下接头上的卡爪，射孔枪串在重力和压力推动下释放到井底，其结构如图 2-7-5 所示。

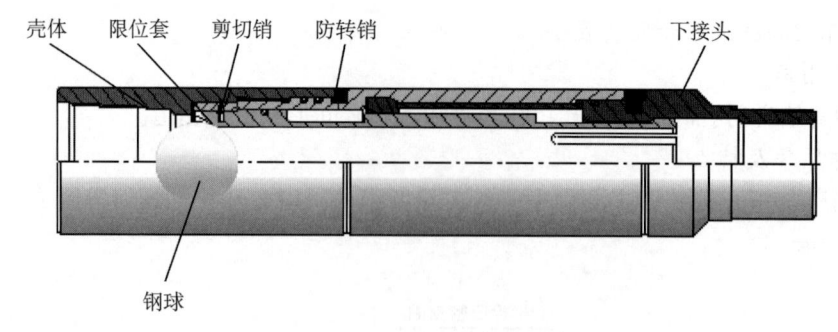

图 2-7-5 投球丢枪装置结构示意图

2. 特点

(1) 释放射孔枪后可进行各项钢丝绳作业；
(2) 各种射孔方式均可配合使用；
(3) 不受射孔时间限制。

3. 主要技术参数

(1) 连接螺纹：$2^7/_8$in UP TBG；
(2) 耐压差：70MPa；
(3) 外径：ϕ93mm；
(4) 通径：45mm；
(5) 最小释放重量：100kg；
(6) 总长：491mm；
(7) 剪切值：12MPa；
(8) 释放球外径：50mm；
(9) 最大安全拉力：400kN。

（二）机械丢枪装置

1. 工作原理

机械丢枪装置如图 2-7-6 所示，用于在 TCP 中释放射孔枪。需释放射孔枪时，利用钢丝绳将移位器下放到本装置中，向上振击移位器，剪断剪切销，限位套向上移动，并释放下接头。

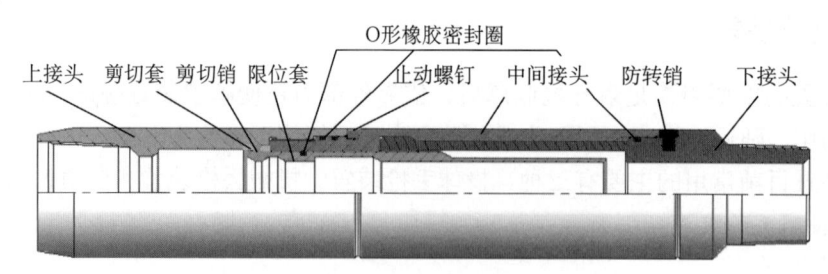

图 2-7-6 机械丢枪装置结构示意图

2. 特点

(1) 利用移位器释放射孔枪；
(2) 可配合各种射孔方式；
(3) 释放射孔枪不受射孔时间限制。

3. 主要技术参数

(1) 连接螺纹：$2^{7}/_{8}$in UP TBG；

(2) 耐压差：70MPa；

(3) 外径：ϕ102mm；

(4) 通径：48mm；

(5) 最小释放重量：200kg；

(6) 总长：627mm；

(7) 单销剪切值：7.3kN；

(8) 最大安全拉力：>P-110。

4. 移位器

1) 工作原理

在射孔枪释放作业中，移位器向上移动机械丢枪装置的限位套，使其下接头释放。其结构如图2-7-7所示。

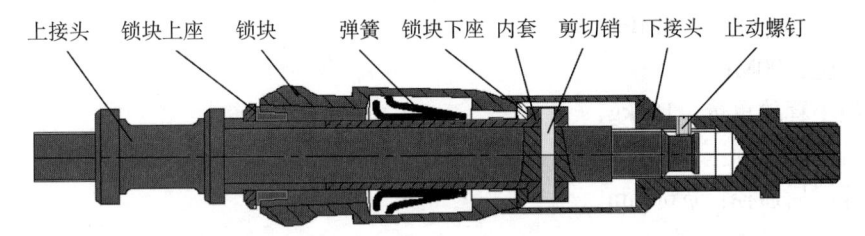

图2-7-7 移位器结构示意图

2) 特点

(1) 由钢丝下放到作业位置；

(2) 与振击器、加重杆等配合使用。

3) 主要技术参数

(1) 连接螺纹：15/16-10UNS；

(2) 张开外径：ϕ56mm；

(3) 收缩后外径：<ϕ45mm；

(4) 剪切销剪断力：24.9kN；

(5) 安全重量：183.7kN。

(三) 自动丢枪装置

自动丢枪装置可分为投棒自动丢枪装置和压力自动丢枪装置两种。

1. 投棒自动丢枪装置

1) 工作原理

投棒自动丢枪装置包括安全机械点火头和释放装置两部分。投棒射孔后来至枪管内的液柱压力剪断剪切销，推动限位套向上移动并释放下接头上的卡爪，从而立即释放射孔枪串，其结构如图2-7-8所示。

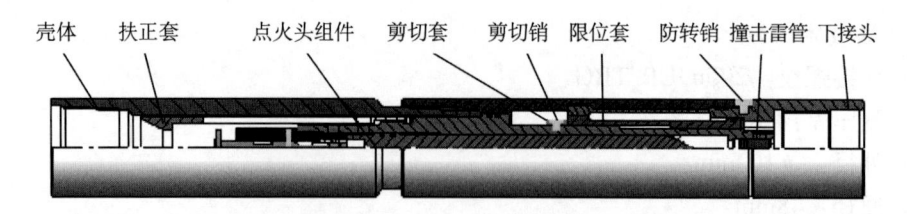

图 2-7-8 投棒自动丢枪装置结构示意图

2) 特点
(1) 射孔后，可立即释放射孔枪；
(2) 不需要下电缆工具即可完成释放操作；
(3) 可实现负压射孔后的丢枪作业。

3) 主要技术参数
(1) 外径：ϕ93mm；
(2) 总长：545mm；
(3) 最小起爆压力：6MPa；
(4) 耐压：90MPa；
(5) 最小释放重量：150kg；
(6) 最小释放静压：4MPa；
(7) 释放后通径：ϕ60mm。

2. 压力自动丢枪装置

1) 工作原理

压力自动丢枪装置包括压力起爆装置和释放装置两部分。井口加压起爆射孔枪后来至枪管内的液柱压力剪断剪切销，推动限位套向上移动并释放下接头上的卡爪，从而立即释放射孔枪串，其结构如图 2-7-9 所示。

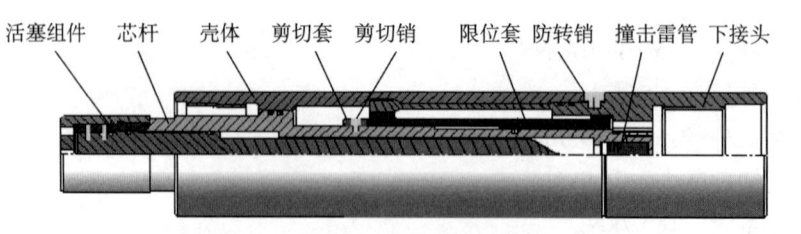

图 2-7-9 液压自动丢枪装置结构示意图

2) 特点
(1) 射孔后，可立即释放射孔枪；
(2) 释放后，形成通径大，最小通径为油管内径；
(3) 操作简单，释放动作可靠。

3) 主要技术参数
(1) 外径：ϕ93mm；
(2) 总长：545mm；
(3) 最小起爆压力：6MPa；
(4) 耐压：90MPa；

(5) 最小释放重量：150kg；
(6) 最小释放静压：4MPa；
(7) 释放后通径：ϕ66mm。

三、减震器

减震器用于油管传输射孔作业中，其主要作用是减弱射孔时对下井仪器和管柱的震动。减震器按结构形式和减震方向的不同可分为纵向减震器和径向减震器。

（一）纵向减震器

纵向减震器又可分为橡胶减震器和液压减震器两种。

1. 橡胶减震器

1) 结构

橡胶减震器的结构如图 2-7-10 所示。

图 2-7-10　橡胶减震器结构示意图

2) 特点

(1) 内外密封；
(2) 橡胶、弹簧减震；
(3) 减小管柱下井和射孔时的纵向震动。

3) 主要技术参数

(1) 外径：ϕ106mm；
(2) 通径：ϕ38mm；
(3) 总长：820mm；
(4) 最大压缩行程：80mm；
(5) 抗拉强度：>P-110。

2. 液压减震器

1) 结构

液压减震器主要由液压腔、剪销和防转销等组成，其结构如图 2-7-11 所示。

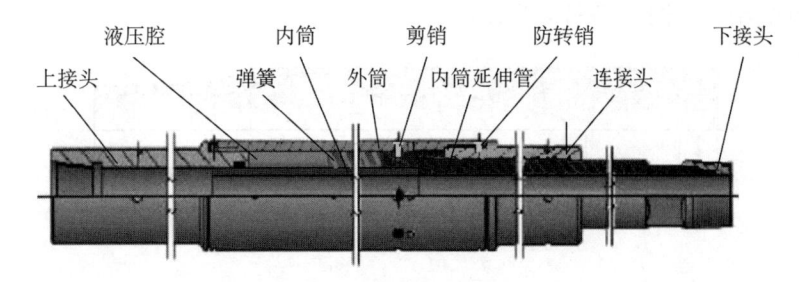

图 2-7-11　液压减震器结构示意图

2) 特点

(1) 内外密封；

(2) 液压、弹簧减震；

(3) 减小管柱下井和射孔时的纵向震动。

3) 主要技术参数

(1) 外径：$\phi 96mm$；

(2) 通径：$\phi 40mm$；

(3) 总长：1125mm；

(4) 最大压缩行程：200mm；

(5) 抗拉强度：>P-110。

(二) 径向减震器

1. 结构

径向减震器主要由固定套、减震块、弹簧和壳体等组成，其结构如图 2-7-12 所示。

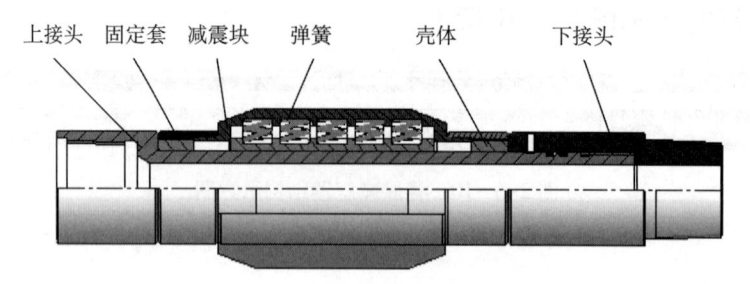

图 2-7-12 径向减震器结构示意图

2. 特点

(1) 内外密封；

(2) 弹簧径向减震；

(3) 壳体可自由转动。

四、筛管

射孔筛管主要用于 TCP 射孔作业中，起平衡和沟通油套压的作用，一般装在起爆器的上方。目前国内常用的筛管按筛孔的形状可分为普通筛管、长槽筛管和割缝筛管等几种。

(一) 普通筛管

1. 结构

普通筛管的结构如图 2-7-13 所示。

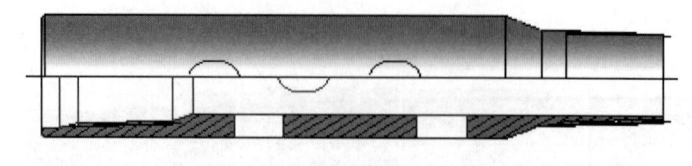

图 2-7-13 普通筛管结构示意图

2. 特点

(1) 加工简单；

(2) 筛孔为圆孔；

(3) 截流面积小。

3. 主要技术参数

(1) 扣型：$2^7/_8$in UP TBG；

(2) 筛孔：$\phi 25mm \times 6$；

(3) 长度：540mm；

(4) 抗拉强度：>P—110。

（二）长槽筛管

1. 结构

长槽筛管的结构如图2—7—14所示。

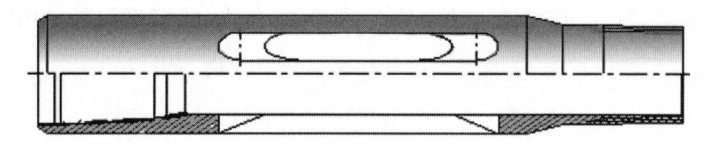

图2—7—14　长槽筛管结构示意图

2. 特点

(1) 加工较复杂；

(2) 筛孔为长槽；

(3) 截流面积大，为普通筛管的3倍。

(4) 适用于射孔加砂压裂联作管柱。

3. 主要技术参数

(1) 扣型：$2^7/_8$in UP TBG；

(2) 槽长：120mm；

(3) 槽宽：25mm；

(4) 槽数：3；

(5) 单槽流量面积：30cm^2；

(6) 槽抗拉强度：227.6T。

（三）割缝筛管

1. 结构

割缝筛管是在油管上用多种方式切割出多条一定规格的纵向或螺旋直排式缝隙。采用特殊超薄切割片和光束切割后而成，如图2—7—15所示，其缝宽为0.2～0.4mm，缝长可大于20mm。缝截面为矩形和梯形两种。

图2—7—15　割缝筛管实物图

2. 特点

(1) 生产技术复杂；
(2) 防沙性能好、无堵塞，可提高采油质量；
(3) 多用在水平井、侧钻井和分枝井中。

五、打捞工具

(一) 主要用途

打捞工具用于打捞 TCP 射孔作业中的投放棒。

(二) 结构

打捞工具主要由盖帽、连接套、剪切销、保护帽和止动块等组成，如图 2-7-16 所示。

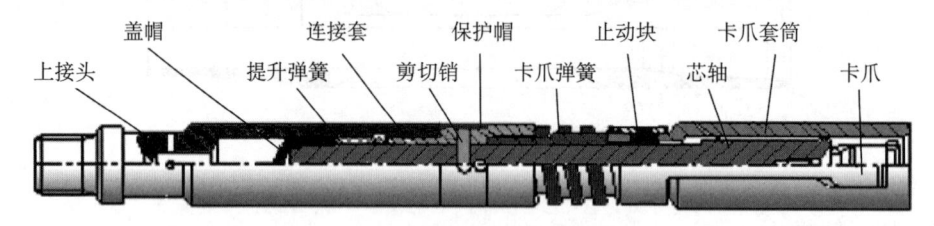

图 2-7-16 打捞工具结构示意图

(三) 性能特点

(1) 可进行振击剪断剪切销，与投放棒上脱开；
(2) 可更换卡爪套筒以适应不同通径的油管。

六、旁通加压装置

(一) 主要用途

旁通加压装置适用于测试联作射孔作业和环空加压负压射孔作业，可与各型封隔器配套使用。使用时串联在封隔器两端，将封隔器以上环空压力通过中心管转换为封隔器以下油管内压力，并施加在压力起爆器使其发火起爆。

(二) 结构

旁通加压装置主要由旁通接头、筛杯、中心管和密封接头等组成，如图 2-7-17 所示。

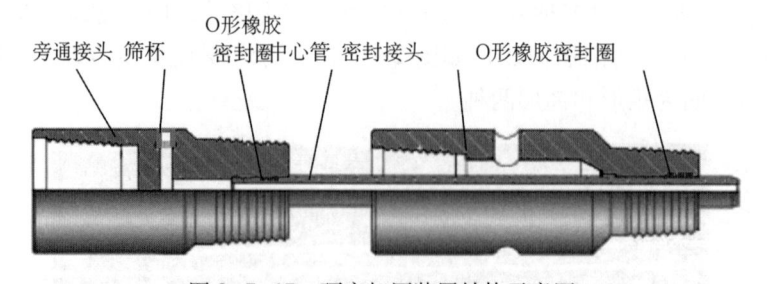

图 2-7-17 环空加压装置结构示意图

(三) 性能特点

(1) 可转换环空压力；
(2) 适用于测试联作起爆工艺或负压射孔工艺；

(3) 用于起爆压力起爆装置或压差起爆装置。

（四）主要技术参数

(1) 扣型：$2^{7}/_{8}$in UP TBG；

(2) 外径：ϕ93mm；

(3) 最大耐压：60MPa；

(4) 加压孔面积：113mm²；

(5) 回流通道面积：1205mm²；

(6) 抗拉强度：>P-110。

第三章　射孔器检验技术

第一节　概　　述

20世纪50年代，国内使用钢靶检验射孔弹的性能。60年代，由于无枪身射孔器造成井下套管开裂，大庆油田首次在油井中进行无枪身射孔器对套管的破坏性试验，后来形成了模拟井套管、射孔器检验技术。1986年，大庆石油管理局试油试采公司射孔弹厂从美国吉尔哈特公司引进了API RP43（第四版）标准和检验设备，将国内射孔器材产品检验技术从常温常压的静态检验提升为高温高压动态检验，标志着国内的检验技术有了质的飞跃。

1992年，国内首次完成了射孔器材检验、评价的行业标准——SY/T 5462.1～5462.5—92《油气井用聚能射孔弹（器）技术指标检测与综合评价方法》，该标准修改采用API RP43（第四版）《油气井射孔器评价的推荐作法》中的地面穿混凝土靶检验、砂岩靶流动特性检验，并增加了地面穿钢靶检验和模拟井射孔检验。能够对射孔器、射孔弹和油层套管进行检验、评价。随着射孔器材检验技术的发展，分别在1997年、2006年修改采用API RP43（第五版）标准、API RP19B（第一版）标准，形成了SY/T 6297—1997《油气井用聚能射孔器材性能试验方法》和GB/T 20488—2006《油气井用聚能射孔器材性能试验方法》。至此，在射孔器材检验方面具备了射孔器、射孔弹、射孔枪、雷管、导爆索等六种产品的检验能力。

国内射孔器材生产厂家、油田用户均十分重视产品质量，采用了一些适合自己产品、使用环境特点的检验方法。生产厂家常用的检验方法主要有射孔弹地面打钢靶检验、射孔弹地面打柱状砂岩靶检验，偶尔也使用射孔器地面混凝土靶检验；油田用户常用的检验方法主要有射孔弹地面打钢靶检验、射孔器高温高压条件下的穿孔性能检验，偶尔也使用射孔器地面混凝土靶检验。胜利油田测井公司、新疆油田测井公司研制的高温高压检验方法与API推荐的高温常压、模拟井底条件下的射孔器贝雷砂岩靶流动检验等检验方法相比各有特色。

目前，国内能够对射孔器、射孔弹和射孔枪等10种产品进行包装、标识等54个检验项目、112个检测参数（表3-1-1）的检验。由于射孔器、射孔弹和射孔枪的检验方法很多，这里重点介绍以下具有代表性的检验方法：(1)油气井射孔器混凝土靶射孔检验；(2)油气井射孔器应力条件下贝雷砂岩靶射孔检验；(3)油气井射孔器贝雷砂岩靶流动检验；(4)油气井射孔器高温常压钢靶射孔检验；(5)油气井射孔器模拟井射孔检验；(6)油气井射孔枪耐温耐压检验；(7)油气井射孔弹模拟运输振动检验；(8)油气井射孔弹地面打钢靶射孔检验。第(1)、(2)、(3)、(4)种检验方法是API RP19B标准推荐的检验方法，第(5)、(6)、(7)种检验方法是根据现场需要建立的，第(8)种检验方法主要用于产品生产厂家的质量控制。

表 3-1-1　射孔器材产品检验检验项目及参数

序号	产品	检验项目	检验参数（个）	备注
1	射孔器	混凝土靶射孔试验，模拟井射孔试验，高温常压钢靶射孔 3 项	19	31 项 66 个参数
2	射孔弹	包装、标识、外观、装药量，地面穿钢靶试验，砂岩靶流动特性，应力条件下砂岩靶射孔，模拟运输振动 6 项	12	
3	射孔枪	标识，射孔枪尺寸，橡胶密封件外观，耐温耐压 4 项	5	
4	电雷管	标识，震动，外观，尺寸，电阻，封口牢固性，耐温，耐温耐压，低温与受潮，静电感度，安全电流，抗工频，轴向输出压力 12 项	13	
5	导爆索	外观，几何尺寸，装药质量，性能，标识 5 项	12	
6	油层套管	油层套管 1 项	5	
7	传爆管	外观，尺寸，性能，标识、包装 4 项	13	23 项 46 个参数
8	回声弹	外观、标识，几何尺寸，抗震性能，耐寒性能，耐热性能，发火率，爆声声级，包装，标志 9 项	9	
9	勘探电雷管	外观，尺寸，性能，标识、包装 4 项	13	
10	震源导爆	产品结构，外观，尺寸，装药量，性能，标识 6 项	11	

第二节　油气井聚能射孔器材检测技术

一、油气井射孔器混凝土靶射孔检验

（一）方法原理

在常温、常压条件下，用混凝土靶模拟井下套管和地层、用清水模拟射孔液以及模拟射孔器在井下的位置进行试验来检验、评价射孔器的性能。

油气井射孔器混凝土靶射孔检验方法是目前国内外公认的评价聚能射孔器穿孔深度的方法。

（二）试验准备

1. 混凝土靶制作

试验准备主要是制作混凝土靶（图 3-2-1），混凝土靶由三部分组成，即混凝土层、靶壳和套（油）管。浇注成型的混凝土靶靶壳高度应高于混凝土靶上表面 100mm 以上，用以蓄水来养护混凝土靶。

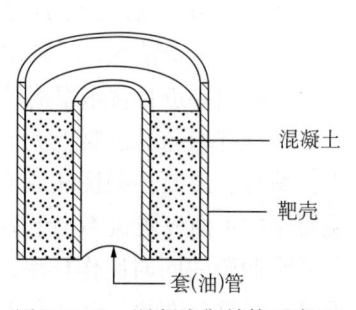

图 3-2-1　混凝土靶结构示意图

套（油）管的规格见表 3-2-1。

表 3-2-1　试验靶中使用的套管和油管

管的外径 (mm)	管的外径 (in)	壁厚 (mm)	管的标称质量 (kg/m)	管的标称质量 (1b/ft)	API 等级
60.3	2³/₈	4.83	6.9	4.6	L-80
73.0	2⁷/₈	5.51	9.5	6.4	L-80
88.9	3¹/₂	6.45	13.7	9.2	L-80
114.3	4¹/₄	6.35	17.3	11.6	L-80
127.0	5	7.52	22.3	15.0	L-80
139.7	5¹/₂	7.72	25.3	17.0	L-80
177.8	7	11.51	47.7	32.0	L-80
193.7	7⁵/₈	10.92	50.2	33.7	L-80
219.1	8⁵/₈	11.43	59.6	40.0	L-80
244.5	9⁵/₈	11.99	70.0	47.0	L-80
273.1	10³/₄	11.43	76.0	51.0	L-80
298.5	11³/₄	11.05	80.4	54.0	L-80
339.7	13³/₈	10.92	90.9	61.0	L-80

套（油）管在靶中的位置由试验所使用的射孔器相位来确定。对于多相位射孔器，套（油）管在靶内的位置应居中放置，对于零相位射孔器，套（油）管在靶内的位置允许偏置，但平均未穿透混凝土靶的位置要大于 76mm。

混凝土靶和样块的混凝土应采用下列质量组分的水泥—砂浆混合而成：

(1) 1 份 API A 级水泥，应符合 GB 10238—1998 要求，质量偏差为 ±1%；

(2) 2 份干压裂砂，质量偏差为 ±1%，砂子应满足粒径为 1.25～0.63mm（16～30 目）的要求，其粒径及储存要求如下：

①砂子粒径为 1.25～0.63mm（16～30 目）；标准筛组合为 1.6mm（12 目）、1.25mm（16 目）、0.9mm（20 目）、0.7mm（26 目）、0.63mm（30 目）、0.45mm（40 目），底盘；筛析结果满足落在粒径范围内的质量，不应低于砂子总质量的 90%，大于顶筛（1.6 mm）的砂子的质量不应超过总质量的 0.1%，小于底筛（0.45mm）砂子的质量不应超过总质量的 1%；

②在使用之前，砂子应储藏在干燥的地方。

(3) 0.52 份清水，质量偏差为 ±1%。

制靶前要进行含水率测试，如超过 0.5%，则在制靶时总的加水量应考虑消除其影响。

将搅拌均匀的混凝土浇筑到靶壳中，振动均匀，浇注至不低于 1.4m 高度时将上表面抹平、编号。混凝土靶浇注成型后应在 0℃ 以上，最少经 28d 养护而成。在整个养护期间内，混凝土的顶面应覆盖不小于 76mm 深的清水。

在制靶的同时制作样块，在靶高的 1/3、2/3 处取样放在模具中制作。模具内表面是平面且应满足允许的公差（表 3-2-2），且其底板厚度不应小于 6.4mm。

表 3-2-2　模具允许公差

序　号	参　数	模具几何尺寸
1	侧面平面度（mm）	< 0.025
2	相对侧面的距离（mm）	50±0.13
3	每个间隔小室的高度（mm）	[49.87，50.25]
4	相邻面的夹角（°）	90±0.5

注：1. 在两个侧面的交线处稍微移动一下的点测得相邻的夹角；2. 每个间隔小室的内表面与相邻表面之间的夹角以及内表面与顶面、底面之间的夹角应单独测量。

装有样块的模具放在室内，在 2h 内将样块模具放入混凝土靶顶部的水中。在 20～23h 内将模具从水中取出，然后取出试块放入一个装有清水的塑料容器中，再将该容器放入对应靶顶部的水中，直到整个养护过程结束。

2. 抗压强度测试

应在试验前 24h 或试验后 24h 之内测试混凝土样块强度，其平均抗压强度应不低于 34.5MPa（5000psi）。一般选试验前 24h 测试。

用游标卡尺测量样块的边长，用压力试验机样块测试样块的破坏压力。为了保证测量结果的有效性，压力加载速度为 1.5kN/s。按下面公式计算试块的抗压强度值：

$$P = F/(L_1 \times L_2) \times 1000 \qquad (3-2-1)$$

式中　P——试块抗压强度，MPa；

　　　F——破坏压力，kN；

　　　L_1、L_2——分别是试块承压面边长，mm。

以 6 个试块的平均值为该混凝土靶的抗压强度，当每两个试块的最大值或最小值与平均值的差超过 8.7% 时，剔除误差大的数据，直到合格为止，但计算平均值的试块数据不能少于 3 个。

（三）试验程序

1. 靶体选择

以厂家提供的射孔器穿孔深度数据为参考选择试验用混凝土靶，必须保证混凝土靶各孔道末端的未穿透部分的厚度平均值不小于 76mm（3in），且抗压强度不低于 34.5MPa。

2. 射孔器装配

按要求装配射孔器。对于多相位射孔器的试验，应选择连续装弹最少 12 发或有效射孔长度不小于 1m 的射孔器中装弹多的一种进行试验。

3. 安放射孔器

射孔器可居中地放置在套管中，也可根据现场使用情况放置在套管中。在环形空间注入清水，液面应低于枪头但必须高于射孔弹。

4. 引爆、剖靶

由安放射孔器的人员引爆。沿孔眼排列方向纵向剖开混凝土靶，沿轴向无孔眼处剖开套管。

5. 数据采集和处理

根据套管、混凝土靶确定测量的第一发弹的位置,以此作为起点由上往下依次测量。

1)穿孔深度

套管或油管内壁到射孔孔道末端的距离,用钢板直尺测量。

2)套管或油管的孔眼直径

将卡尺量爪从套管外测伸入孔眼内,按垂直方向分别测量长轴和短轴的值,其平均值记作孔眼直径。

3)内毛刺高度

将套管剖开后,测量套管内壁射孔孔眼凸起的最大值。如果射孔器的碎屑进入套管或油管中的射孔孔眼,且不能用手指排除,那么,这种障碍物的总高度应作为内毛刺高度记录下来,并加以解释。

4)测量结果的表述

(1)测量精度。

穿孔深度的测量精度为1mm;内毛刺高度和穿孔孔径精度为0.1mm。

(2)测试结果的有效性。

完全穿透靶的数据,应在报告数据中注明,但不计入平均穿孔深度;记录距靶的顶面300mm(12in)或距靶的底面150mm(6in)以内的穿孔深度,但不列入平均穿孔深度计算。混凝土靶各孔道末端的未穿透部分的厚度平均值小于76mm(3in)时试验无效。

二、油气井射孔器应力条件下贝雷砂岩靶射孔检验

(一)方法原理

采用贝雷砂岩制成试验岩心,经干燥、抽真空、NaCl溶液饱和后,将岩心固定在橡胶套内制成砂岩靶,在常温、一定的压力和介质的井筒中射孔,以模拟油层所承受的上覆岩层压力来检验射孔器的穿孔性能。

(二)试验准备

1. 贝雷砂岩靶的制备

1)尺寸选择

对于单发装药量不大于15g的聚能射孔器,岩心直径为102mm±3mm,对于单发装药量大于15g的聚能射孔器,岩心直径为178mm±5mm,并保证未穿透岩心长度不小于76mm。

2)烘干

按尺寸切割的岩心应在96℃±3℃的通风恒温箱内烘干至少24h或达到恒定质量。

3)抽空、饱和

岩心烘干后,在133Pa或更低的压力下至少持续抽空6h;NaCl溶液在133Pa或更低的压力下至少持续抽空0.5h。饱和岩心时溶液的注入速度不应比液体的浸润速度快。

4)孔隙度测定

取出饱和后的岩心,应轻轻地擦去表面游离的氯化钠溶液并立即称其质量。孔隙度按下列公式计算:

$$\phi = (V_P/V_b) \times 100\% \tag{3-2-2}$$

$$V_P = (M_1-M_2)/\rho \times 10^3 \tag{3-2-3}$$

$$V_b = 3.14 \times (D/2)^2 \times L \tag{3-2-4}$$

式中 V_P——岩心孔隙体积，mm³；

M_1——被氯化钠溶液饱和后的岩心质量，g；

M_2——被氯化钠溶液饱和前的岩心质量，g；

ρ——氯化钠溶液密度，g/cm³；

V_b——岩心体积，mm³；

D——岩心直径，mm；

L——岩心长度，mm；

ϕ——孔隙度，小数。

测完孔隙度的岩心孔隙度在 19%～21% 为合格品，应储存在 3% 的 NaCl 溶液中待用。

2. 隔离垫的制备

称量 210g 固结剂与 52g 水（或固结剂与水的倍数）混合，搅拌均匀后放置 3～5min，灌入模具，刮掉模具顶部多余的混合物。在室温条件下养护 24h。从模具中取出固结剂块，在室温下干燥处保存。

（三）实验装置

试验装置如图 3-2-2 所示，技术指标见表 3-2-3。

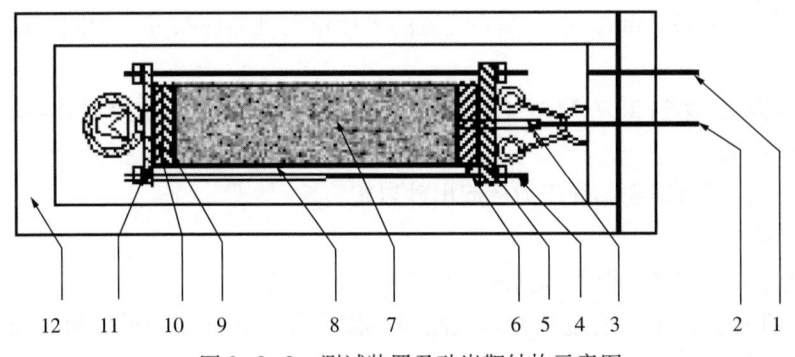

图 3-2-2 测试装置及砂岩靶结构示意图

1—加压液体入口；2—岩心排气孔；3—25mm 锥管螺纹接套；4—螺杆；5—排气端支板；6—排气端密封板；7—102mm 或 178mm 直径的岩心；8—6.0mm 厚的橡胶套筒；9—20mm 厚的隔层；10—发射端靶板；11—发射端支板；12—直径 305mm 的压力容器

表 3-2-3 试验装置主要技术参数表

试验容器类型		超高压试验容器
内径/靶直径（mm）		305/（102、178）
高压空间有效长度（mm）		1800
最高工作压力（MPa）	围 压	35
	孔隙压力	15
	井 压	10
流动压力差（MPa）		0
最高工作温度		常温
射孔弹最大允许装药量（g）		50

1. 橡胶套筒

根据岩心尺寸选择橡胶套筒，其壁厚不小于 6mm。

2. 隔离垫和靶板

靶端是指靶的射孔端和排气端。射端的前部安装一个 20mm 厚的用 Hydrostone 固结剂制作的隔离垫和一个 10mm 厚的低碳钢板，用以模拟水泥环和套管。

3. 排气管

在试验装置的上端装有排气孔，其内径不小于 6mm。

4. 压力容器

如图 3-2-2 所示，压力容器是一个能承压的装置，其内径不小于 305mm。其中安放射孔器、砂岩靶和其他试验用的部件，容器上装有合适的压力传感器等仪器。

（四）试验程序

1. 试验准备

每批产品至少试验 3 发射孔弹。压力容器内介质应为清水，并在整个试验期间保持在常温状态下。

2. 射孔器装配

按要求装配射孔器。

3. 砂岩靶装配

射孔器安放在砂岩靶上部，射孔弹与靶端面垂直，并对准靶板、隔离垫中心。保证射孔器与靶板的间隙为 12.7mm，带有偏心装置的零相位射孔器应按井下的间隙进行装配。

4. 加压及引爆

加压使容器压力达到 20.7 MPa（3000psi）并保持 5min，然后引爆射孔器。

5. 起出砂岩靶

系统泄压，待压力降到大气压力后起出砂岩靶。

6. 数据测量

（1）穿孔深度。测量靶板外部到射孔孔道末端的距离。

（2）穿孔孔径。用卡尺的量爪伸入孔眼内，按垂直方向分别测量靶板孔眼长轴和短轴的值，取其平均值。

（3）测量精度。穿孔深度的测量精度为 1mm；穿孔孔径的精度为 0.1mm。

（4）测试结果的有效性。在 102mm 直径靶中，射孔孔道的端部应位于距岩心中心轴线 32mm 之内；在 178mm 直径靶中，射孔孔道的端部应位于距岩心中心轴线 51mm 之内，否则试验无效。当射孔孔道端部距离未射孔端小于 76mm 时也按无效处理。

三、油气井射孔器贝雷砂岩靶流动检验

（一）方法原理

采用贝雷砂岩制成试验岩心，经干燥、抽真空、NaCl 溶液饱和煤油后，在模拟井下实际压力（地层围压、孔隙压力和井压）条件下进行射孔试验，从而评价射孔器对储层的损害程度。

提供了两套试验方法：一套是标准试验，在射孔围压为 20.7MPa（1500psi）、孔隙压力为 0、井压为 20.7MPa（1500psi）条件下对贝雷砂岩进行射孔试验，以评价射孔器的性能；

另一套是模拟试验，在模拟实际井下的压力、地层孔隙压力和围压条件下对贝雷砂岩（也可以是开采的砂岩或井中取心）进行射孔试验，以评价射孔器的性能。

（二）试验准备

1. 贝雷砂岩靶

靶结构如图 3-2-3 和图 3-2-4 所示。对于轴向流动在岩心的未射孔端施加孔隙压力，液体将通过分配器到靶的未射孔端。对于径向流动在岩心的圆柱面上施加孔隙压力，液体由液流分配器进入柔性材料后提供给岩心柱面，液流分配器和岩心之间装有密封垫，以防止液体通过。

贝雷砂岩靶的几何结构要求如下：

（1）采用贝雷砂岩岩心，其尺寸选择与本节二中的要求一致。

（2）隔离垫选用 20mm 厚的 Hydrostone 固结剂垫，靶板选用 10mm 厚的低碳钢板，以模拟水泥环和套管。

（3）发射后应保证射孔孔眼的位于靶板中心，射孔孔眼末端距离靶中心轴线距离不应大于靶直径的 1/4，且要保证射孔孔眼的最末端的距离至少等于靶的直径。

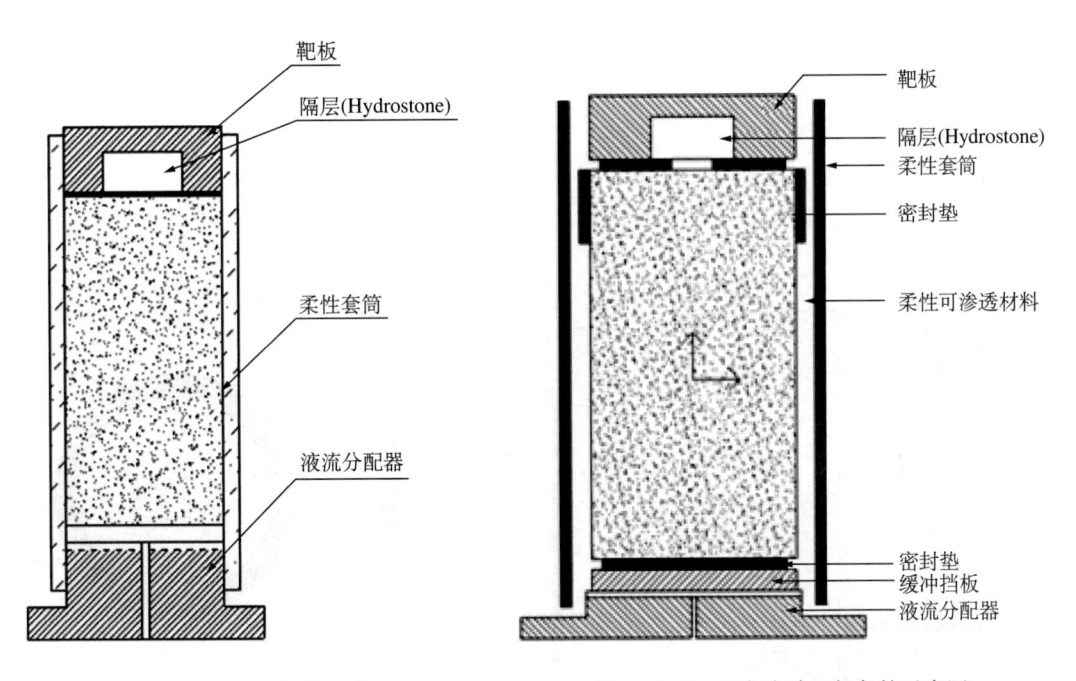

图 3-2-3　轴向流动几何条件示意图　　　　图 3-2-4　径向流动几何条件示意图

2. 岩心渗透率

射孔之前，要测量岩心渗透率。渗透率测量分为平行于层面的渗透率（$K_\parallel$）测量和垂直于层面的渗透率（$K_\perp$）测量两种，用来计算预计进入射孔孔眼的理论流量。

1）渗透率的测量方法。

（1）轴向流动。渗透率使用常规渗透率仪（图 3-2-5）来测量。液体流过端盖进入仪器并经过液流分配器分布在岩心端部。液体通过同样的端盖被收集在相对的另一端。对整个仪器施加压力使岩心得到所要求的围压。渗透率按下式计算：

$$K=3.18\times10^2 Q\cdot\mu\cdot L/(R^2\cdot\Delta p) \qquad (3-2-5)$$

式中　K——渗透率，μm^2；

　　　Q——流量，cm^3/s；

　　　μ——黏度，$mPa\cdot s$；

　　　L——岩心长度，mm；

　　　R——岩心半径，mm；

　　　Δp——压差，kPa。

轴向渗透率在 $100\times10^{-3}\sim400\times10^{-3}\mu m^2$ 范围内的靶为合格。

(2) 直径方向流动。液体由端盖的液流分配器进入由支撑剂组成柔性可渗透材料，使液体沿岩心的一侧呈 90°的弓形部分穿过岩心，并通过对侧面同样的弓形部分流出（图 3-2-6），再由柔性的渗透带返回。试验段 L' 只包含预计的穿孔深度。将整个仪器施压使岩心得到所要求的围压。渗透率按下式计算：

$$K=10^2\times Q\cdot\mu/(L'\cdot\Delta p) \qquad (3-2-6)$$

式中　K——渗透率，μm^2；

　　　Q——流量，cm^3/s；

　　　μ——黏度，$MPa\cdot s$；

　　　L'——岩心测试段长度，mm；

　　　Δp——压差，kPa。

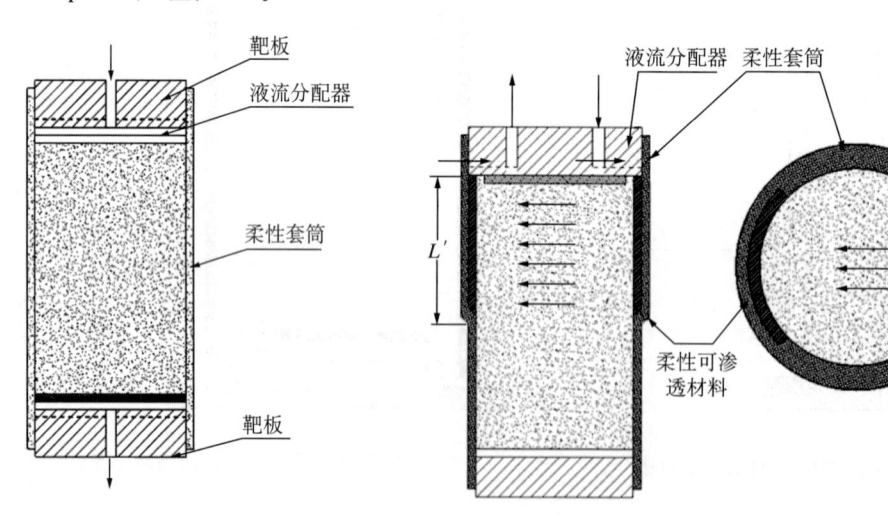

图 3-2-5　轴向流动渗透率试验装置示意图　　图 3-2-6　直径方向流动渗透率试验装置示意图

2）预计（测）流量的测量方法

岩心流动效率（CFE）是射孔后流量与同样形状无射孔损害时的理想流量的比值，用于描述射孔对周围造成的损害程度。

(1) 直径方向流动的理论流量计算。

渗透率分布均匀且柱状对称时，流量 Q_c 可按下式计算，必要时可以对所观测的射孔孔眼用有限元模拟进行更精确地计算：

$$Q_c = 6.28 \times 10^{-3} \frac{\Delta p}{\mu} \left[\frac{K_1 \cdot D}{\ln(R/r)} + \frac{K_2 \cdot r \cdot R}{R-r} \right] \tag{3-2-7}$$

式中 Q_c——预计流量，cm³/s；

Δp——压差，kPa；

μ——黏度，MPa·s；

r——射孔孔眼平均半径，mm；

R——岩心半径，mm；

D——射孔孔道长度的数值，mm；

K_1、K_2——渗透率，μm²，由测定的平行于层面的渗透率值计算出。

对于轴与层面平行的岩心，K_1、K_2 按下式计算：

$$K_1 = K_2 = (K_\perp \cdot K_\parallel)^{1/2} \tag{3-2-8}$$

对于轴与层面垂直的岩心，K_1、K_2 按下式计算：

$$K_1 = K_\parallel, \quad K_2 = (K_\perp \cdot K_\parallel^2)^{1/3} \tag{3-2-9}$$

（2）轴向流动的理论流量计算。

对所观测的射孔孔眼用有限元模拟进行理想流量计算。

（三）实验装置

试验装置结构如图 3-2-7 所示，技术参数见表 3-2-4。试验装置由一个对试样施加围压（围压容器）和保持井筒压力并给射孔器施加压力的另一个压力容器（模拟井筒），以及将孔隙压力施加给试样的流动系统组成。试验装置要求：

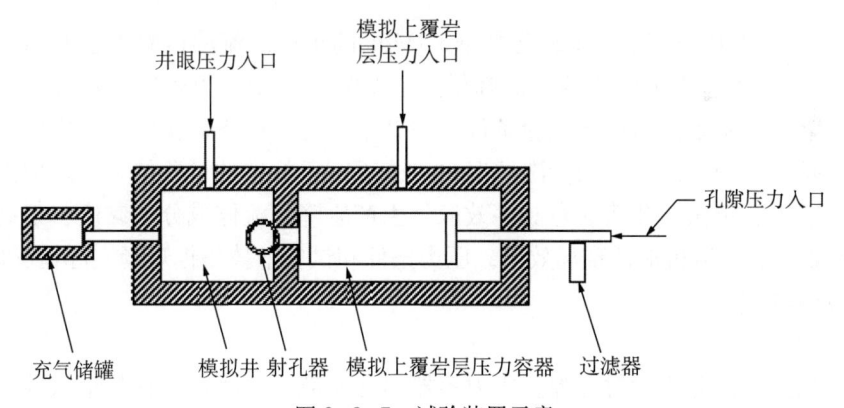

图 3-2-7 试验装置示意

（1）围压容器的内径不小于 305mm。

（2）模拟井筒的容器应装有一个 3.8L 容积的储罐或其他压力平衡器。预先加压到 1/2 井筒压力，并有内径至少为 6mm 的管子与井筒容器连接。

（3）孔隙压力系统应能够在射孔前为容器加压，同时还能在射孔后为液体流动提供所需的压力，要求在岩心上不产生压力波动，在岩心入口处装有一个过滤器，用于过滤所有直径为 3μm 或尺寸更大的颗粒。

（4）测量流动流体温度的传感器应放在液体进入岩心的位置。

表 3-2-4　试验容器主要技术参数表

试验容器类型		超高压试验容器
内径/靶直径（mm）		305/（102、178）
高压空间有效长度（mm）		1500
最高工作压力（MPa）	围压	35
	孔隙压力	15
	井压	10
流动压力差（MPa）		0~3.5
工作温度		常温
射孔弹最大允许装药量（g）		50

（四）试验条件

（1）直径方向流动时，孔隙压力应只施加于岩心的圆柱侧面；轴向流动时，孔隙压力应只施加于岩心的未射孔端面。

（2）孔隙液体。孔隙液体采用 3% 的 NaCl 溶液或煤油。

（3）压力条件。引爆射孔器时应满足下列条件：

①围压为 31.0MPa。

②孔隙压力为 10.3MPa。

③井筒压力为 6.9MPa。

④流动期间的压差为 345kPa。

⑤射孔器与靶的间隙为 12.7mm，带有偏心装置的零相位射孔器应按井下的间隙进行装配。

射孔需要 20.7MPa 的岩心有效应力和 3.4MPa 的负压。流动试验可在井筒压力和孔隙压力为大气压力条件下进行，但应同时降低围压以保持有效应力为 20.7MPa。

以上给出的试验条件为标准试验条件，在井下压力条件下，实际储层中由射孔器带来的伤害可能是不同的。射孔后的清洗情况也可能不同于标准的试验结果，这取决于实际储层的特性、所用的负压、井筒动态储存效应、生产压降、流体成分和黏度、射孔相位和孔密及其他因素。为了取得最佳现场效果，压力条件和试验液体可据现场实际情况确定。

（五）试验程序

1. 试样准备

每批产品至少试验 3 发射孔弹。压力容器内介质应为清水，并在整个试验期间保持在常温状态下。

2. 试验

（1）按要求装配射孔器及试验装置。

（2）当围压、孔隙压力和井筒压力达到要求后，引爆射孔器。

（3）将已平衡的井筒压力和孔隙压力缓慢降到大气压力，同时降低围压，以保持有效应力的恒定。对岩心施加孔隙压力，使液体流过岩心，便于模拟所需要的压差。在这一压力下，流体流过岩心至少为 10L 或流量不再变化为止，取二者时间较长的。此处，模拟压差大小取决于所选择的流动几何状态和射孔岩心的有效渗透率。

（4）数据测量。用钝探针测量岩心表面到孔眼内出现第一个碎屑之间的距离，为岩心的无碎屑穿孔深度。测量岩心表面到孔眼末端的距离为岩心总穿孔深度。

沿孔眼轴线方向以25mm间隔确定各截面的孔眼直径。

（5）数据处理。对于径向流动边界条件下的流动效率计算，下式给出了计算公式，岩心流动效率（CFE）数据归一化到半径为89mm的岩心上：

$$\text{CFE} = \frac{4.49 - \ln r}{4.48 - \ln r + \ln(R/r) \cdot (Q_c/Q_m - 1)} \tag{3-2-10}$$

式中　r——平均射孔孔眼半径，mm；

　　　R——岩心半径，mm；

　　　Q_c——预计流量，cm³/s；

　　　Q_m——实测流量，cm³/s。

为用于油井产能模型，射孔孔眼的损害带渗透率可用岩心初始渗透率乘以渗透率降低系数（PRF）来估算。渗透率降低系数按下式计算：

$$\text{PRF} = \frac{\text{CFE} \cdot \ln(r_e/r)}{4.49(1 - \text{CFE}) - \ln r + \text{CFE} \cdot \ln r_e} \tag{3-2-11}$$

式中　r_e——损害带半径，mm。

四、油气井射孔器高温常压钢靶射孔检验

（一）方法原理

在常压下，将射孔器加热到给定的温度以模拟射孔器在井下承受的温度状态进行钢靶射孔试验。然后，将高温下的试验结果与同种条件下常温钢靶射孔试验（基准试验）进行对比，以评价射孔器在高温条件下性能降低程度。

（二）试验准备

主要是制作试验用靶。试验靶采用一块副靶和若干块主靶组成的低碳钢组合靶，并规定规格：副靶为 ϕ50mm×10mm，主靶为 ϕ50mm×25mm。

组合靶的总厚度应比被测产品地面穿钢靶预计平均穿孔深度大15mm。结构如图3-2-8所示。

（三）实验装置

试验装置由加热系统、射孔系统和控制系统组成。该装置能够保证连续加温100h，在试验期间温度平均变化控制在±5℃之内，其升温速率不大于3℃/min。

（四）试验条件

（1）射孔间隙采用零间隙。

（2）射孔器保温时间分为48h和100h两个级别。

（3）常温常压试验和高温常压试验应在同种介质中进行。

（4）射孔器应按现场使用情况装配。对于油管输送射孔器必须进行一次传递接头的试验；对于电缆输送的射孔器可以使用电子或机械控制开关。

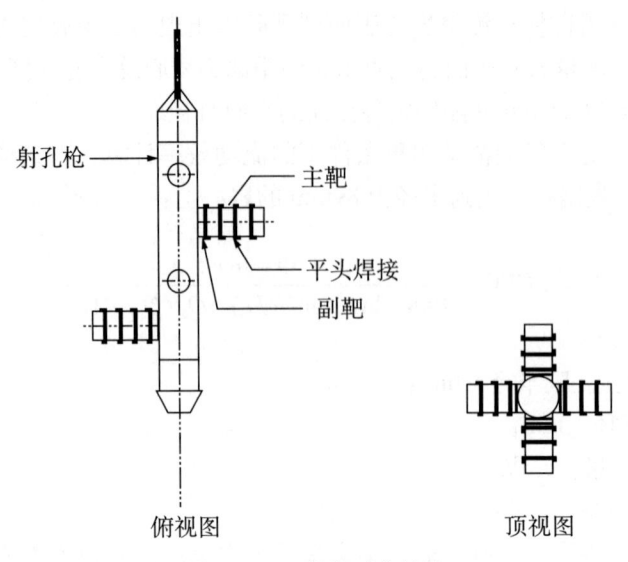

图 3-2-8　枪靶对位结构

（五）试验程序

1. 射孔弹选择

试验时，高温常压射孔和常温常压射孔各至少装 6 发射孔弹，射孔器在整个试验期间必需密封。

2. 射孔器装配

按要求装配射孔器。

3. 射孔试验

射孔试验分为常温常压射孔和高温常压射孔两种方式。对于常温常压射孔，确定枪和靶之间的相对位置后引爆射孔器；对于高温常压射孔，首先将射孔器按要求加热到额定温度、时间，然后引爆射孔器。

4. 数据测量

1) 穿孔深度

对未穿透靶的孔，用直径为 1.5～2.0mm 的探针测量，测量值加上已穿透的主、副靶厚度之和。

2) 穿孔孔径

将卡尺量爪伸入副靶孔眼内，成 90°方向测量出通孔长轴和短轴的值。

3) 穿孔深度的处理与表述

穿孔深度记录为高温常压和常温常压平均值之比，即平均热/冷穿孔深度的比值。

4) 穿孔孔径的处理与表述

穿孔孔径记录为高温常压和常温常压平均值之比，即平均热/冷穿孔深度的比值。

5) 孔眼圆度

孔眼圆度为孔眼长轴平均值与短轴平均值之比，应分别计算高温常压和常温常压条件下的孔眼圆度。

6) 测量精度

穿孔深度精度为 1mm；穿孔孔径精度为 0.1mm。

(六) 国内其他相似的检验方法

为了检验聚能射孔器在井下的射孔效果,GB/T 20488—2006 中规定了油气井射孔器应力条件下贝雷砂岩靶射孔检验、油气井射孔器贝雷砂岩靶流动检验、油气井射孔器高温常压钢靶射孔检验三种与温度、压力相关的检验。其特点分别是:油气井射孔器应力条件下贝雷砂岩靶射孔检验是在常温、靶体受到围压的条件下,聚能射孔器单元在砂岩靶上进行射孔试验,以评价压力对射孔器穿孔性能的影响;油气井射孔器贝雷砂岩靶流动检验是在常温、射孔器单元受到井压、靶体受到围压和孔隙压力作用的条件下,在砂岩靶上进行射孔试验并进行流动测试,以评价压力对射孔器的穿孔性能的影响和射孔器对地层的损害程度;油气井射孔器高温常压钢靶射孔检验是在常压、高温条件下,1m 聚能射孔器在钢靶上进行射孔试验,以评价温度对射孔器穿孔性能的影响。

胜利油田测井公司和新疆油田测井公司根据现场需要,在参考了 API 标准、国内行业标准的基础上各自建立了一套高温高压试验装置,其特点分别为:胜利油田测井公司的设备(表 3-2-5)是在高温、射孔器单元受到井压、靶体受到围压和孔隙压力作用的条件下,射孔器单元在砂岩靶上射孔以评价温度、压力对射孔器的穿孔性能的影响;新疆油田测井公司设备(表 3-2-6)是在高温、射孔器单元受到井压、靶体受到围压和孔隙压力作用的条件下,射孔器单元在砂岩靶上射孔以评价温度、压力对射孔器的穿孔性能的影响。

表 3-2-5 超高压试验容器主要技术参数表

试验容器类型		高压试验容器	超高压试验容器
内径(mm)		380	600
高压空间有效长度(mm)		3000	3000
最高工作压力(MPa)	围 压	50	80
	孔隙压力	40	80
	井 压	80	80
流动压力差(kPa)		—	—
最高工作温度(℃)		≤ 250	≤ 240
升温速度(℃/min)		2	0.75
恒压过程中压力变化		≤ 0.5MPa/30min	≤ 0.5MPa/30min
射孔弹最大允许装药量(g)		300	300

表 3-2-6 高温超高压试验容器主要技术参数表

试验容器类型		超高压试验容器
内径(mm)		200
高压空间有效长度(m)		2
最高工作压力(MPa)	围 压	180
	孔隙压力	180
	井 压	180
流动压力差(kPa)		无
最高工作温度(℃)		200
升温速度(℃/min)		1.5
恒压过程中压力变化(MPa/min)		±1
射孔弹最大允许装药量(g)		50

五、油气井射孔器模拟井射孔检验

（一）方法原理

通过循环加热使井筒中介质、套管靶升温，当温度达到规定要求后，将射孔器下入模拟井内，对模拟实际套管在井下状态的套管靶射孔以评价套管、射孔器的性能。

（二）试验准备

试验的准备主要是制作试验用套管靶。试验套管靶结构示意如图 3-2-9 所示。

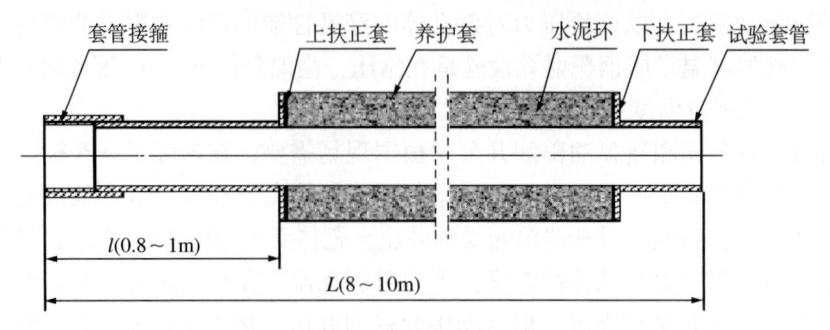

图 3-2-9　套管靶结构示意图

1. 套管靶材料

根据试验射孔器型号选定适合的套管，应符合表 3-2-7 的规定。

表 3-2-7　标准套管规格及钢级

套管外径（mm）	套管壁厚（mm）	套管钢级
114.3	6.35	J-55
127.0	7.52	J-55
139.7	7.72	J-55
177.8	8.05	J-55

2. 靶壳

一般采用 2.0～2.5mm 厚的钢板卷制的圆筒制作养护套。靶壳与套管外表面之间留有不小于 25mm 的环形空间，靶壳总长不小于 7m，上、下两端各焊接有扶正套。

3. 水泥环

在靶壳与套管之间浇注水泥浆来制作水泥环。水泥采用 A 级油井水泥，水泥浆相对密度为 1.85～1.93。

4. 套管靶制备

（1）试验套管要从经检验合格的批次中选取，并经过超声探伤检查合格；

（2）将靶壳固定在试验套管上，并下入模拟井中；

（3）配制水泥浆，将水泥浆灌入套管与靶壳之间的环形空间内；

（4）待水泥浆初凝后，井温保持在 45～60℃，总养护时间不少于 48h；

（5）将养护完毕的套管水泥靶取出待用。

（三）试验设备

（1）模拟井一口，井深不小于 200m、内径不少于 350mm，结构示意如图 3-2-10、图

3-2-11 所示;

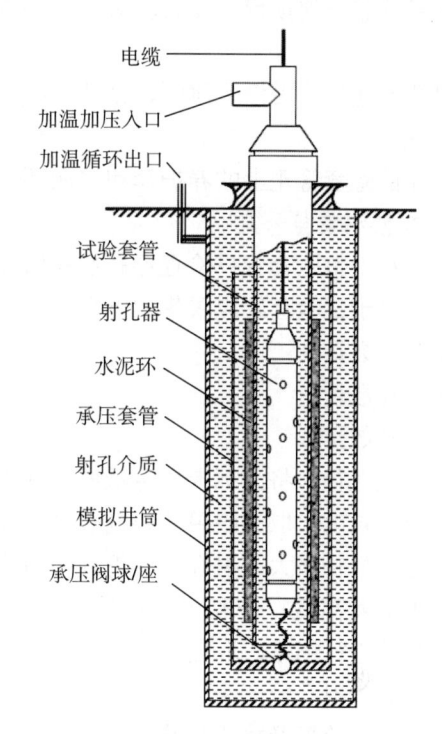

图 3-2-10 模拟试验井　　图 3-2-11 模拟试验井结构图

(2) 钻机一部,提升力不小于 300kN;
(3) 高压泵一台,额定工作压力不小于 50MPa;
(4) 电缆绞车一台,电缆长度不小于 500m;
(5) 清水池一个,容积不小于 10m³,并有加温装置;
(6) 超声波探伤仪一台。

(四) 试验条件

(1) 试验介质为清水;
(2) 介质温度为 50～60℃;
(3) 试验压力为 18～20MPa。

(五) 试验程序

1. 试验选择

下井射孔器的有效长度不大于 6.5m,每次下井射孔弹数量一般为 60 发,同时,从保护井壁角度出发,规定每次下井爆炸品总装药量不大于 1.8kg。

2. 射孔器装配

按要求装配射孔器。

3. 下套管

将试验套管与憋压套管联接后,下入模拟井中预定深度,然后安装密封加压装置。

4. 加温

开泵循环加温,使试验温度达 50～60℃。

5. 加压与引爆

将射孔器下到预定深度处。对井筒介质加压,当压力达到规定要求时,引爆射孔器。

6. 起套管

射孔器起爆炸后停泵泄压,分别起出试验套管靶和承压套管。

7. 破靶

剖开试验套管靶上的养护套和水泥环。

8. 数据测量与采集

(1) 对于憋压套管只检查穿孔数和堵孔数。

(2) 对于试验套管应采集如下数据:

①穿孔数量;

②堵孔数量;

③裂孔数量;

④穿孔孔径,将游标卡尺量爪伸入孔眼内成 90°方向测量长轴、短轴的值,mm;

⑤裂缝长度,取孔眼单侧裂缝长度,mm;

⑥套管外径胀大,射孔后套管外径与原始外径差值,取最大值,mm;

⑦内毛刺高度,任取邻近的至少五个孔的一段试验套管剖开,用深度游标卡尺在套管内壁孔眼处进行测量,取最大值,mm。

(3) 对于射孔枪应采集如下数据:

①枪头、枪尾及接头脱落情况;

②非孔眼处裂纹及横向断裂情况;

③射孔孔眼与盲孔对位情况;

④外径胀大,射孔后枪身外径与原始外径的差值,取最大值,mm;

⑤孔眼裂缝长,mm。

(4) 测量精度:

穿孔孔径、内毛刺高度、外径胀大精度为 0.1mm;裂缝长度精度为 1mm。必要时,可对样品和试验结果进行拍照,将照片作为补充的正式检测记录。

六、油气井射孔枪耐温耐压检验

(一) 方法原理

通过对密闭系统加温、加压,来检验射孔枪在模拟井下温度、压力条件下的承受能力,以评价射孔枪的耐温、耐压性能。

(二) 试验装置

试验装置主要由高压容器、加热系统、加压系统、控制采集系统组成,试验原理如图 3-2-12 所示。该装置有两种额定工作温度:

(1) 额定工作温度 300℃,控制精度为 2%;

(2) 额定工作温度 100℃,控制精度为 2%。

(三) 试验条件

1. 试验介质

试验介质为导热油。

图 3-2-12 试验原理示意图

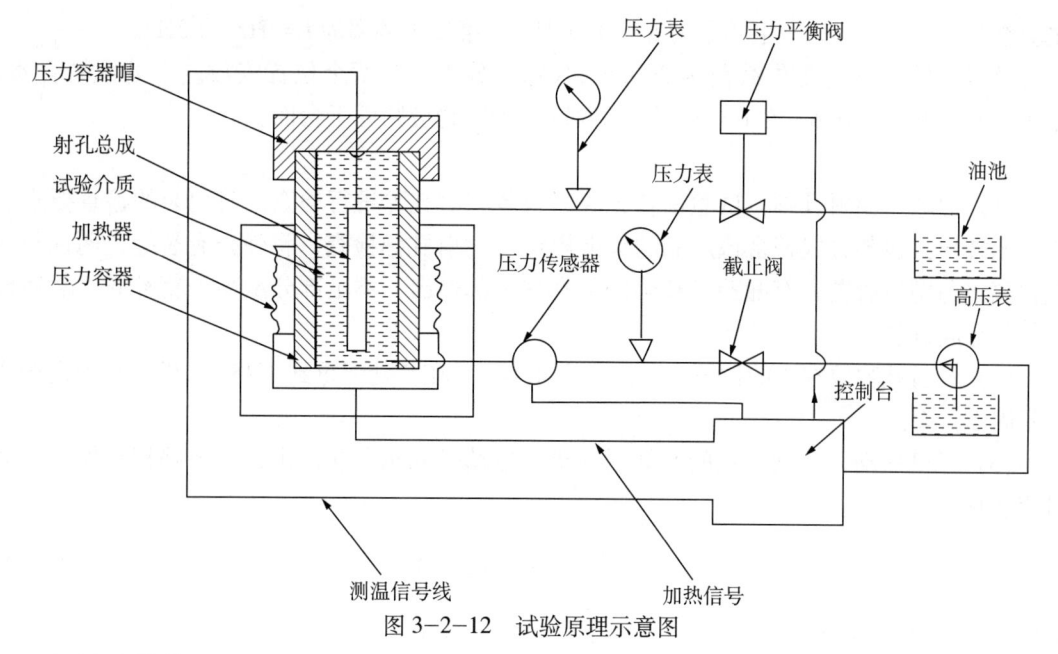

2. 试验温度

试验温度为额定工作指标的 1.05 倍，控制精度为 ±5℃。

3. 试验压力

试验压力为额定工作指标的 1.05 倍，控制精度为 ±3MPa。

4. 枪体恒温、恒压时间

枪体恒温、恒压时间为 30min；密封件恒温、恒压时间为最长额定时间。

（四）试验程序

1. 样品选取

每批产品至少试验 2 支射孔枪。

2. 射孔枪装配

按设计要求组装射孔枪（不含爆炸品）。射孔枪内腔长度不应小于 8 倍枪的标称外径，如果枪体内需填充支撑棒，其最大外径应比射孔枪内径至少小 6.5mm。

3. 温度、压力条件

按试验要求加温、加压，达到规定值后，恒温、恒压至试验规定时间。

4. 取样、结果的表述

泄压、降温后取出试样，检查射孔枪渗漏、枪体变形。

七、油气井射孔弹模拟运输振动检验

（一）方法原理

以疲劳线性损伤的机械模拟振动为理论基础，按正态平稳随机过程模拟汽车运输振动代替实际条件汽车运输振动，模拟汽车在三级公路上的运输振动以检验射孔弹及其包装的抗振动性能。

（二）试验设备及装置

试验设备推荐采用 J-300 型强化模拟运输振动台，振动台的振动波形为宽带随机振动，在功率谱密度曲线上第一主频率为f_1=3Hz±1Hz,第二主频率为f_2=7Hz±1.5Hz。

模拟运输振动台工作载荷为300kg±10kg,分Ⅰ、Ⅱ两个位置安放。Ⅰ处放置样本,并在Ⅰ处配重到130kg,在Ⅱ处配重到170kg,配重物应紧固于台面。

(三)试验程序

(1)抽取一箱射孔弹,试验前首先要对包装和射孔弹进行检查。对包装的检查要求完整、无破损、包装方式符合该产品的标准规定;对射孔弹检查,将弹壳有裂缝、药柱与弹壳脱离、药型罩脱落、有漏药等缺陷的射孔弹全部检出,不足部分从另一箱补齐,然后按原包装形成包装。

(2)将射孔弹放在Ⅰ的位置,并配重到130kg,在Ⅱ处配重到170kg。样品与配重量物要紧固于台面。

(3)开机振动,达到规定的时间后停机。振动时间按下式确定,主要路程与振动时间对应表见表3-2-8。

$$t = s/(v \cdot \Phi) \qquad (3-2-12)$$

式中 t——振动时间,h;
　　　s——汽车运行路程,km;
　　　v——汽车平均行驶速度,km/h;
　　　Φ——试验台的强化倍数,设备出厂时实测给出,一般为6.3。

表3-2-8　路程与振动时间对应表(平均行驶速度为35km/h时)

路程(km)	200	300	500	840
振动时间(h)	0.9	1.4	2.3	3.8

(4)试验结果记录与处理。

应记录振动中有无爆炸、燃烧或其他危险现象发生,检查振动后的包装损坏情况,并对射孔弹进行以下几项检查:射孔弹壳体裂缝、药柱与弹壳是否脱离、药型罩是否脱落、炸药外漏等情况。

八、油气井射孔弹地面打钢靶射孔检验

(一)方法原理

在环境温度、大气压力条件下,聚能射孔弹在相同炸高下打钢靶,检验射孔弹的穿孔性能和稳定性。

(二)试验靶制备

试验用靶为一块副靶和一块高度与被测产品穿深相当的45#钢靶(直径≥60mm)组合而成,组合靶的总高度必须大于被测产品的最大穿深。当聚能射孔弹的装药量大于25g时最好选取直径≥100mm的钢靶(副靶),以保证副靶不破碎,便于孔径的测量。

(三)试验程序

1. 安装

将靶平放在靶台钢板上,副靶在上主靶在下(图3-2-13)。

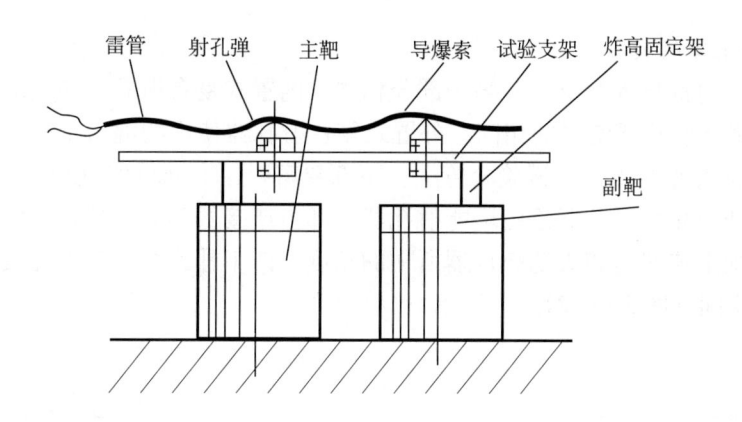

图 3-2-13　射孔弹地面打钢靶试验装靶示意图

2. 调整炸高

装药量不大于 32g 的深穿透射孔弹炸高取 40mm，大于 32g 的深穿透射孔弹炸高取 60mm，大孔径射孔弹炸高取 40mm。将射孔弹固定到（木质）支架上，孔径应根据不同弹型的外径确定。

3. 引爆

将雷管角线和起爆线连接，再将雷管和导爆索连接、引爆。

4. 数据测量

1）对靶

收集钢靶、对位。

2）穿孔深度测量

对未穿透的孔用直径为 1.5mm 的探针测量，测得值加上已穿透的主副靶厚度之和为其穿孔深度；当组合靶被完全穿透时，其穿孔深度为主副靶厚度之和。单发穿孔深度大于 30mm 时为有效穿孔，否则为无效穿孔（用于穿孔率计算），但用于穿孔深度的计算。

3）穿孔孔径测量

测量副靶出口孔径的长轴和短轴值。

4）测量精度

穿孔深度精度为 1mm，穿孔孔径精度为 0.1mm。

第三节　油气井复合射孔器检测技术

一、油气井复合射孔器地面混凝土靶射孔检验

（一）方法原理

在常温、常压条件下，用混凝土靶模拟井下套管和地层，用清水模拟射孔液以及模拟射孔器在井下的位置进行试验来检验、评价复合射孔器的穿孔性能及对射孔器和套管的损害程度。与油气井聚能射孔器地面混凝土靶射孔检验的主要差别：一是用于下挂式复合射孔器的靶体结构不同，二是复合射孔器检验参数不同。

（二）混凝土靶的制备

混凝土靶的制备与本章第二节第一部分相同，内置式复合射孔器使用的混凝土靶（图3-3-1）也与聚能射孔器使用的相同。外置式复合射孔器使用的混凝土靶结构特殊，为了适应火药燃烧所需要的压力，试验套管上、下部要密封，上部仅留直径10mm的起爆/泄压孔。由于下挂式复合射孔器是由聚能射孔器下部由连接器和火药燃烧器组成，因此其试验套管长度要加上连接器和火药燃烧器所占的长度，即下挂式复合射孔器要求套管预留出下挂药所需的空间（图3-3-2）。

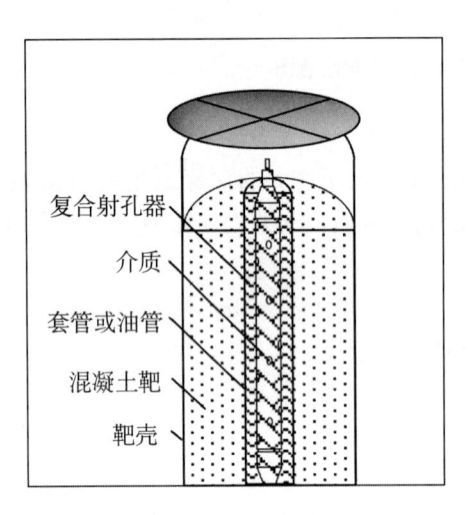

图3-3-1 内置式复合射孔器用靶结构示意图 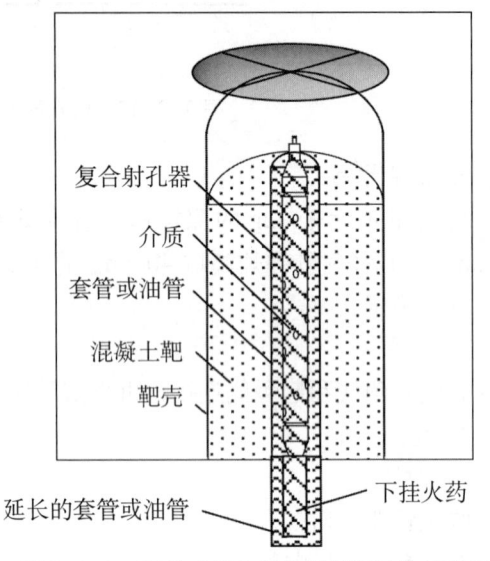　　图3-3-2 下挂式复合射孔器用靶结构示意图

（三）试验程序

1. 复合射孔器装配

按要求装配复合射孔器。

2. 靶的选择

靶外径的选择与聚能射孔器相同，试块的抗压强度不低于34.5MPa。

3. 安放复合射孔器

复合射孔器可居中地放置在套管中，也可根据现场使用情况放置在套管中。在环形空间注入清水，液面应低于枪头但必须高于射孔弹、火药。

4. 引爆、剖靶

由安放复合射孔器的人员引爆。沿孔眼排列方向纵向剖开混凝土靶，沿轴向无孔眼处剖开套管。

5. 数据采集和处理

根据套管、混凝土靶确定测量的第一发弹的位置，以此作为起点由上往下依次测量。

1）穿孔深度

测量套管或油管内壁到射孔孔道末端的距离，用钢板直尺测量。

2）套管或油管的孔眼直径

测量套管或油管上椭圆形孔眼直径的长轴和短轴值，测量值应用游标卡尺从套管或油管的外侧进行测定。

3) 内毛刺高度

测量射孔孔眼套管或油管内壁凸起的最大值。如果射孔器的碎屑进入套管或油管中的射孔孔眼，且不能用手指排除，那么，这种障碍物的总高度应作为内毛刺高度记录下来，并加以解释。

4) 穿孔率

穿孔孔眼数与试验弹数之比。

5) 火药残留量

未燃烧火药的质量。

6) 射孔枪上裂纹

射孔枪上产生的裂纹长度。

7) 射孔枪外径胀大

射孔枪试验后外径与试验前外径之差。

8) 扶正器

扶正器是否脱落。

9) 射孔枪盲孔对位率

在盲孔中的孔眼数与总孔眼数之比。

10) 测量结果的表述

(1) 测量精度。

穿孔深度的测量精度为1mm；内毛刺高度和穿孔孔径精度为0.1mm。

(2) 测试结果的有效性。

混凝土靶各孔道末端的未穿透部分的厚度平均值小于76mm（3in）时，试验无效；完全穿透靶的数据，应在报告数据中注明，但不计入平均穿孔深度；记录距靶的顶面300mm（12 in）或距靶的底面150mm（6in）以内的穿孔深度，但不列入平均穿孔深度计算。

二、复合射孔器压力—时间（$p-t$）测试检验

(一) 方法原理

采用人造砂岩制作试验用砂岩靶，并干燥、清水饱和。在常温、常压和在模拟现场套管环空条件下（介质为清水）利用复合射孔器单元对砂岩靶射孔，测量复合射孔器的产生的高能气体压力和持续时间，以评价复合射孔作力能力。

(二) 实验装置（设施）

砂岩靶结构如图3-3-3所示。砂岩岩心的孔隙度为22%～25%。

(三) 试验条件和靶制备

1. 试验条件

(1) 压力容器内液体应为清水，在整个测试期间均保持在常温状态下。

(2) 除带偏心装置的零相位复合射孔器外，复合射孔器居中放置。带有偏心装置的零相位射孔器应以在井内所设定的间隙进行试验。

(3) 引爆前，容器中的压力为常压。

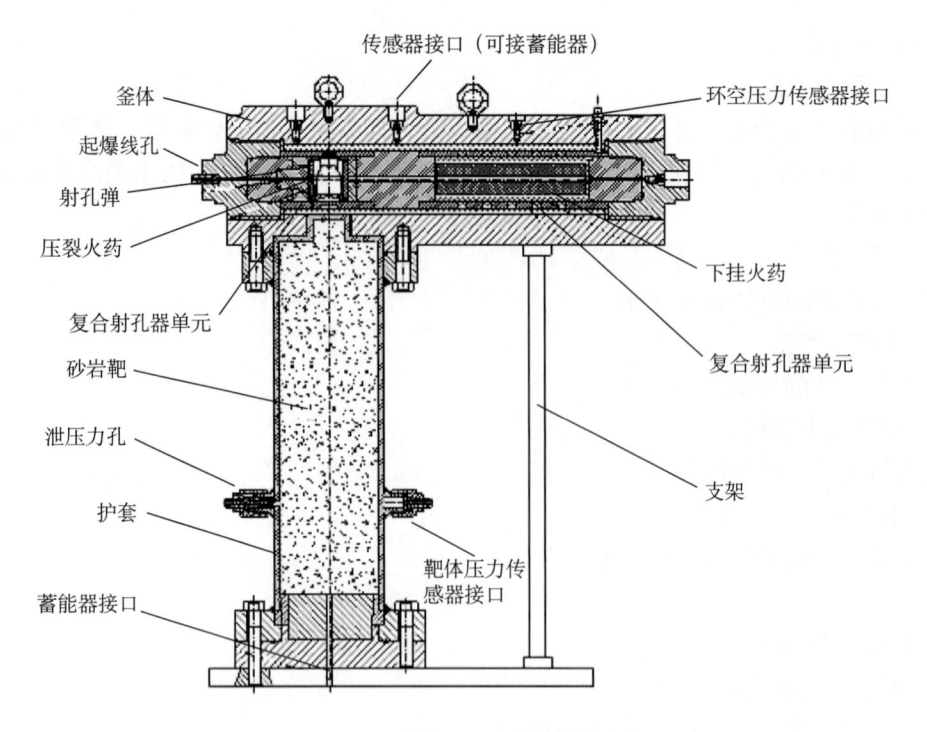

图 3-3-3 测试装置及砂岩靶结构示意图

2．靶制备

1）靶壳

钢质套筒内径不小于200mm、壁厚不小于6mm，且应保证未穿透岩心长度不小于76mm。

2）制作砂岩靶

混合物应采用下列质量组分的压裂砂－固结剂混合而成：

（1）1份干压裂砂，质量偏差为±1%，砂子应满足粒径为1.25～0.63mm（16～30目）的要求，其粒径及储存要求如下：

①砂子粒径为1.25～0.63mm（16～30目）；标准筛组合为1.6mm（12目），1.25mm（16目），0.9mm（20目），0.7mm（26目），0.63mm（30目），0.45mm（40目），底盘；筛析结果满足落在粒径范围内的质量，不应低于砂子总质量的90%，大于顶筛（1.6mm）的砂子的质量不应超过总质量的0.1%，小于底筛（0.45mm）砂子的质量不应超过总质量的1%；

②在使用之前，砂子应储藏在干燥的地方。

（2）0.12份固结剂，质量偏差为±1%。

①环氧树脂占砂质量的8%；

②丙酮占砂质量的2%；

③邻苯二甲酸二丁酯占砂质量的1.4%；

④己二胺占砂质量的0.8%。

3）固化条件

砂岩靶应在通风良好的恒温箱内烘干，在40℃、60℃、80℃、100℃条件下各恒温4h

或达到恒定质量。

4）饱和

饱和溶液使用清水。将靶垂直放置，缓缓注入清水，直到上部的清水稳定渗出。

5）孔隙度测定

岩心饱和后，称其质量。按隙度测试按射孔器贝雷砂岩靶射孔检验技术中规定的方法进行。孔隙度在22%～27%之间的砂岩靶为合格。

（四）试验程序

1．复合射孔器单元装配

按要求装配复合射孔器单元。

2．釜体装配

将复合射孔器单元放在釜体中，射孔弹与靶面垂直并对准靶板中心，固定。

3．起爆

启动数据采集软件，当系统内部的同步控制器给出起爆与触发信号后起爆。

4．数据测量

(1) 穿孔深度。测量靶板外部到射孔孔道末端的距离。

(2) 穿孔孔径。用卡尺的量爪伸入孔眼内成90°方向测量靶板孔眼长轴和短轴的值。

(3) 峰值压力。$p-t$ 曲线上0点到气体峰值最高点的读数值。

(4) 持续时间。$p-t$ 曲线上气体峰值两个有效压力点间的时间。

(5) 测量精度。穿孔深度的测量精度为1mm，穿孔孔径的精度为0.1mm，峰值压力的精度为0.1MPa，压力持续时间的精度为1μs。

三、火药耐温性能检验

（一）方法原理

将压裂火药放置在通风烘箱中，在模拟井下温度条件下来评价压裂火药的耐温性能。

（二）实验装置（设置）

试验装置主要由加热器、（密封）容器、传感器、控制器等组成。试验装置原理示意图如图3-3-4所示。

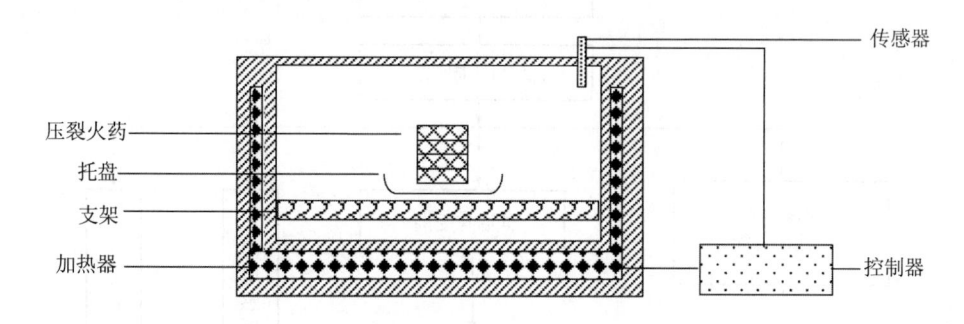

图3-3-4 火药耐高温实验装置系统结构示意图

（三）试验条件

试验介质为空气，试验温度为额定工作指标的1.05倍，控制精度为±2℃。

（四）试验程序
(1) 将压裂火药放在托盘中，将托盘放在烘箱的支架上。
(2) 按试验要求加温，当温度达到预定值后，恒温至试验规定时间。
(3) 降温后，取出试样进行外观检查，称量样品质量。
(4) 结果描述及数据测量：
①结果描述：观察试验后的样品，压裂火药无流变、不自燃为合格。
②数据测量：用天平称量试验前后压裂火药的装药质量，测量精度为0.1g。

第四节　油气井用电雷管、起爆装置检验技术

一、油气井用电雷管检验

（一）油气井用电雷管检验技术简介

油气井用电雷管主要包括：(1) 普通电雷管，是指直接由电冲能通过桥丝激发的电雷管；(2) 磁电雷管，是指利用变压器的耦合原理由电磁感应产生的电冲能激发的电雷管。

油气井用电雷管检验项目主要有包装、震动、外观尺寸标志、电阻、封口牢固性、耐温性能、耐温耐压性能、低温与受潮、静电感度、安全电流、抗工频及轴向输出压力等。

（二）检测流程图

普通电雷管检测流程如图3-4-1所示，磁电雷管检测流程如图3-4-2所示。

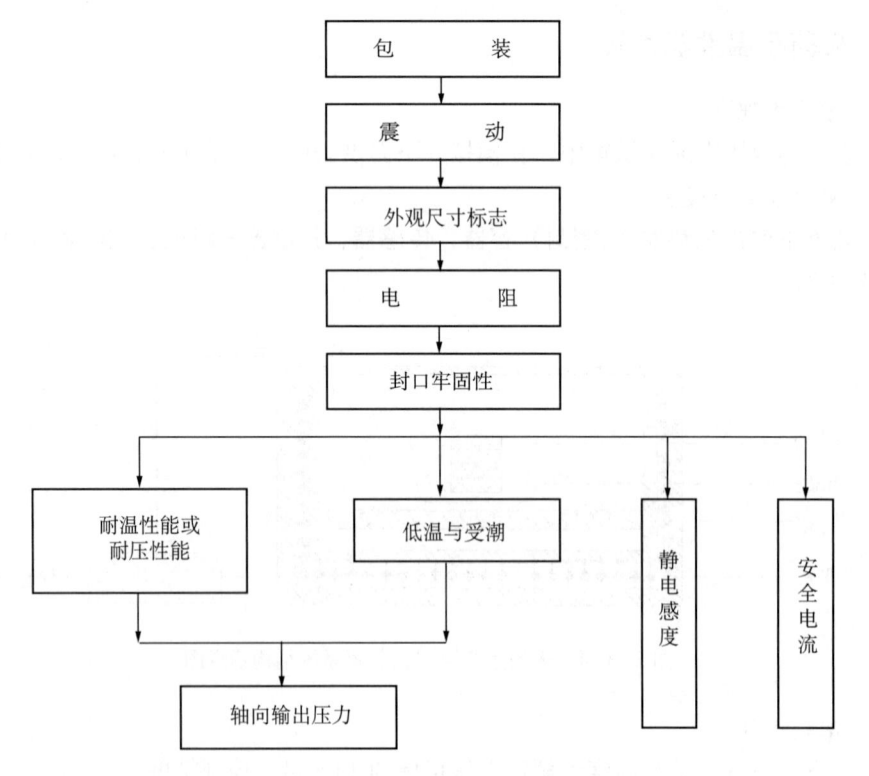

图3-4-1　普通电雷管检测流程图

```
                    ┌─────────┐
                    │ 包  装  │
                    └────┬────┘
                         │
                    ┌────┴────┐
                    │ 震  动  │
                    └────┬────┘
                         │
                    ┌────┴────┐
                    │外观尺寸标志│
                    └────┬────┘
                         │
                    ┌────┴────┐
                    │ 电  阻  │
                    └────┬────┘
                         │
                    ┌────┴────┐
                    │封口牢固性│
                    └────┬────┘
```

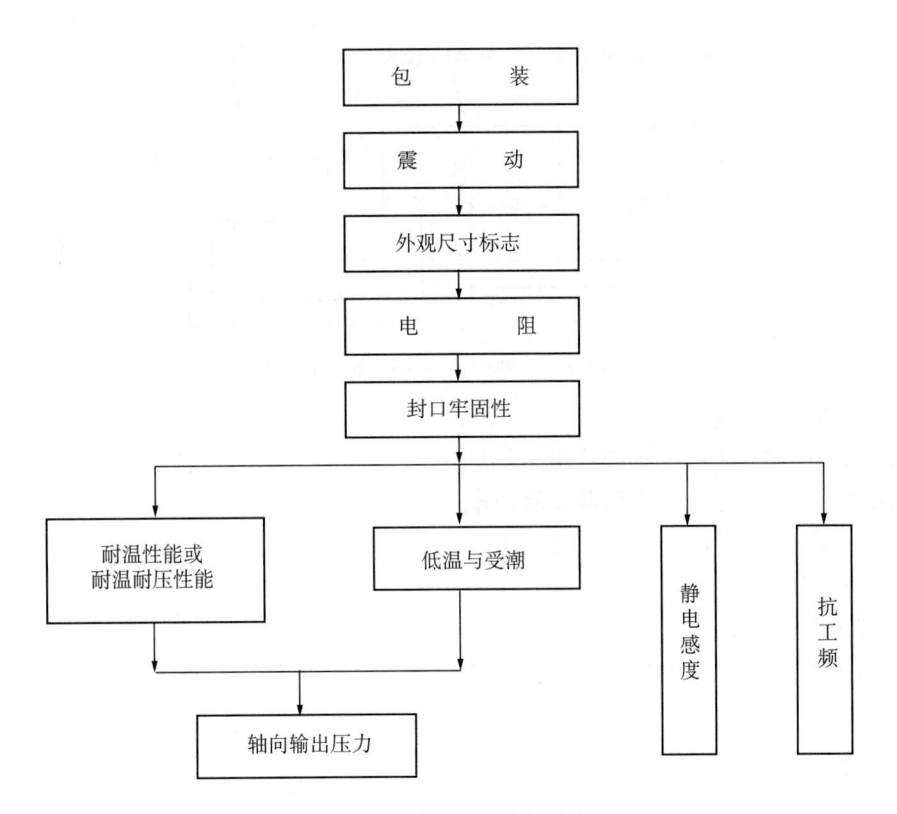

图 3-4-2　磁电雷管检测流程图

（三）检测方法

这里介绍电雷管主要性能参数的检测方法。

1．抗震动性能

（1）样本量：50发。

（2）震动试验机：设备频率为60次/min±1次/min、落高150mm±2mm。

（3）试验方法。将保持原有最小包装的电雷管平放入木箱底部中央用黄纸板塞紧，连续震动10min。取出电雷管，测量电雷管电阻。

2．电阻

（1）样本量：50发。

（2）检测仪器和设备：①防护体应满足电雷管爆炸后对外不构成破坏；②电阻测量仪量程0.1～200Ω，精度0.1Ω，输出电流应不大于30mA；③阻抗测量仪频率使用范围应满足1～50kHz；④示波器带宽不小于200MHz。

（3）普通电雷管电阻测试。将电雷管置于防护罩内，用电阻测量仪测量每一发电雷管的全电阻值，检查断路、短路、电阻不稳和电阻超差。

磁电雷管全电阻测试。将电雷管置于防护罩内，如图3-4-3所示，用示波器测量A、B和B、C两端的峰值电压，用下式计算电雷管的全电阻（电雷管引线间的电阻）：

$$r = \frac{\Delta U_{AB}}{\Delta U_{BC}} R \qquad (3-4-1)$$

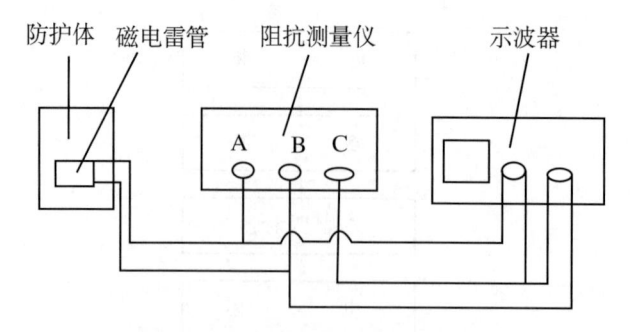

图 3-4-3 磁电雷管电阻测量示意图

式中　r——磁电雷管电阻，Ω；
　　　ΔU_{AB}——雷管脚线两端峰值电压，V；
　　　ΔU_{BC}——阻抗测量仪内阻两端峰值电压，V；
　　　R——阻抗测量仪参考电阻，Ω。

3．封口牢固性

(1) 样本量：5 发。

(2) 仪器额定拉力为 20N 的拉力试验仪，结构示意如图 3-4-4 所示。

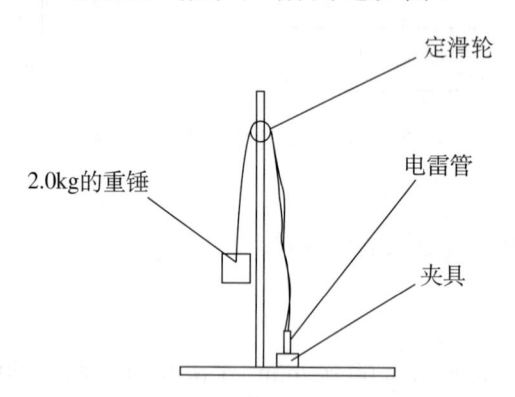

图 3-4-4　雷管封口牢固性试验示意图

(3) 试验方法。将 1 发待测电雷管按图 3-4-4 所示固定于拉力试验仪夹具上，再 2.0kg 重锤与通过定滑轮的雷管脚线连接，持续 1min 后取下重锤，检查雷管的封口塞是否松动、脚线是否损坏。

4．耐温性能

(1) 样本量：2 发。

(2) 仪器和设备：①防护体满足电雷管爆炸后对外不构成破坏；②安全型烘箱量程 2～260℃，精度 2℃；③电阻测量仪。

(3) 试验方法：将 2 发电雷管置于安全烘箱内，按产品技术要求将温度升至该电雷管额定温度并保温 2h。自然冷却至常温，取出电雷管，测量电雷管电阻。

5．耐温耐压性能

(1) 样本量：2 发。

(2) 仪器和设备：①高温高压装置温度控制精度为 5%、压力控制精度为 3%，能承受电雷管的爆炸冲击；②电阻测量仪。

(3) 试验方法：将 2 发电雷管置于高温高压装置内，按产品技术要求升温升压至该电雷管额定值并保温保压 2h。自然冷却至常温，取出电雷管，测量电雷管电阻。

6．低温与受潮

(1) 样本量：5 发。

(2) 设备：①低温湿热箱：量程 −60～100 ℃，精度 2℃，40%～99%RH，精度 2%RH；②电阻测量仪。

(3) 试验方法：将电雷管放入低温试验箱中，在 −40℃ ±3℃条件下存放 2h。取出电雷管，在室温下存放 30min，然后将电雷管放入室温、相对湿度大于 95% 的湿热箱中存放 24h；取出电雷管，在室温下放置 2h 后测量电阻，同时检查断路、短路、电阻不稳定及表面锈蚀、电阻超差等缺陷情况。

7．静电感度

(1) 样本量：5 发。

(2) 仪器和设备：①防护体应满足电雷管爆炸后对外不构成破坏；②静电感度仪推荐使用 JGY−50 型静电感度仪。

(3) 试验方法：①如图 3−4−5 所示连接测试装置；②将 1 发雷管放入防护罩内，将两根脚线从防护罩里引出与仪器输出端相连，测定雷管脚−脚间静电感度；③打开仪器电源，电压表从零开始逐渐升高到指定电压 25kV±0.5kV，按起爆键对雷管放电，观察雷管是否被引爆。

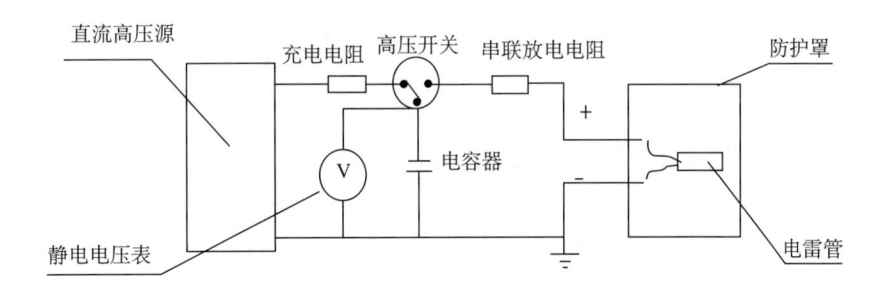

图 3−4−5　静电感度检验原理图

8．安全电流

(1) 样本量：5 发。

(2) 仪器和设备：①防护体应满足电雷管爆炸后对外不构成破坏；②恒流源输出电流 10～2000mA，精度 10mA。

(3) 试验方法：将普通电雷管逐一（或串联）放入防护体内，用恒流源输出该产品额定安全电流 5min，检查电雷管是否发火。

9．抗工频性能

(1) 样本量：5 发。

(2) 仪器和设备：①防护体应满足电雷管爆炸后对外不构成破坏；②工频电源发生器输出电压 380V，输出频率 50Hz，输出电流应小于 2A±0.5A。

(3) 试验方法：取 5 发磁电雷管，逐一将磁电雷管置于防护体内，用工频电源发生器给磁电雷管通电 1min，检查磁电雷管发火情况。

10．轴向输出压力

(1) 样本量：1发。

(2) 材料和仪器：①锰铜压力计，测量范围为1～20GPa；②脉冲恒流源，精度为3%；③起爆仪，引爆电雷管；④数字示波器，采样速率为400MS/s；⑤同步机，精度为1ns。

(3) 测试方法：①系统连接如图3-4-6所示（此时雷管不与起爆仪连接），应力计连接方法如图3-4-7所示；②将电雷管与起爆仪连接；③引爆雷管，记录示波器的波形和数据，按下式计算雷管轴向输出压力：

$$p = 0.60 + 30.86 \times \frac{\Delta U}{U} + 21.16 \times \left(\frac{\Delta U}{U}\right)^2 - 6.61 \times \left(\frac{\Delta U}{U}\right)^3 \qquad (3\text{--}4\text{--}2)$$

式中　p——电雷管轴向输出压力；

　　　ΔU——锰铜压力计受压电压最大变化量；

　　　U——锰铜压力计初始电压。

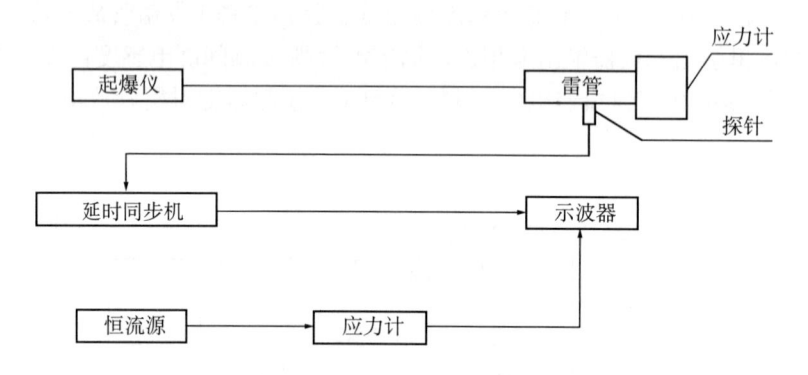

图3-4-6　电雷管轴向输出压力检测示意图

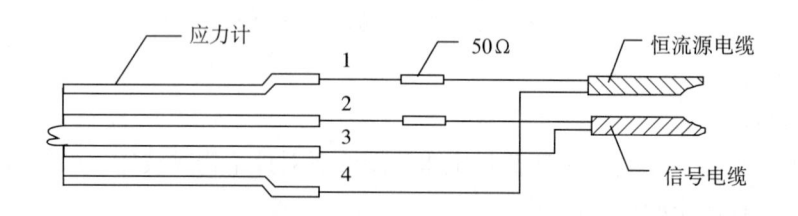

图3-4-7　应力计接线示意图

二、油气井射孔起爆装置检验

（一）分类

油气井射孔起爆装置是由机械总成和起爆器（火工件）组成，用于起爆油管输送射孔器的点火装置。按作业方式分为撞击起爆装置、压力（压差）起爆装置、撞击与压力激发双效起爆装置。

（二）检测流程

（1）起爆器检测流程如图 3-4-8 所示。

抗震性能 → 抗跌落性能 → 外观 → 尺寸 → 耐低温性能

图 3-4-8　起爆器检测流程图

（2）撞击起爆装置检测流程如图 3-4-9 所示，压力（压差）起爆装置检测流程如图 3-4-10 所示，撞击与压力双效起爆装置检测流程如图 3-4-11 所示。

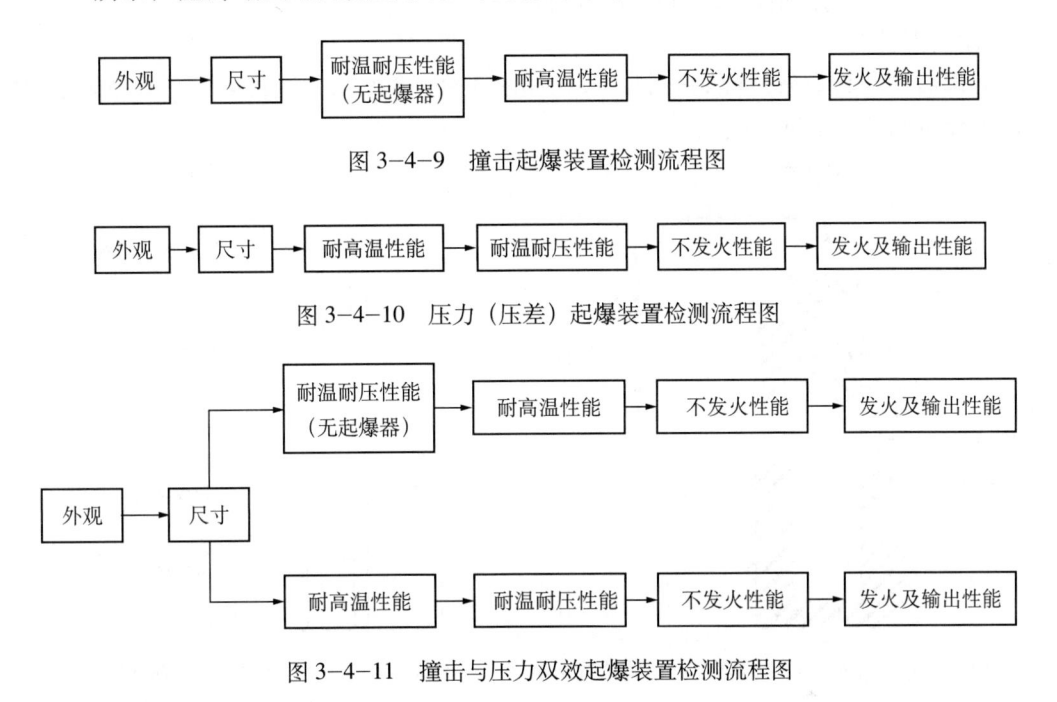

外观 → 尺寸 → 耐温耐压性能（无起爆器）→ 耐高温性能 → 不发火性能 → 发火及输出性能

图 3-4-9　撞击起爆装置检测流程图

外观 → 尺寸 → 耐高温性能 → 耐温耐压性能 → 不发火性能 → 发火及输出性能

图 3-4-10　压力（压差）起爆装置检测流程图

外观 → 尺寸 → 耐温耐压性能（无起爆器）→ 耐高温性能 → 不发火性能 → 发火及输出性能
　　　　　　→ 耐高温性能 → 耐温耐压性能 → 不发火性能 → 发火及输出性能

图 3-4-11　撞击与压力双效起爆装置检测流程图

（三）检验方法

1．起爆器

1）抗震性能

将处于包装状态下的样品放在符合 WJ 231 规定的震动试验机上，在凸轮转速为 60 r/min±1r/min，落高为 150mm±2mm 的条件下震动 10min，检查产品外观。

2）抗跌落性能

将处于包装状态下的样品从 1.5m 高处自由跌落，检查产品外观。

3）尺寸

用卡尺从三个不同位置测量起爆器密封面处的外径并计算平均值，测量起爆器长度。

4）耐低温性能

将样品放入低温装置中，在 -40℃ ±2℃ 条件下放置 2h，检查炸药是否外漏，结构是否损坏。

2．起爆装置

1）尺寸

用卡尺从三个不同位置测量起爆装置外径并计算平均值；用钢直尺测量起爆装置长度。

2）耐温耐压性能

（1）压力（压差）起爆装置。

将起爆装置放入如图3-4-12所示的设备中，在产品规定的压力、温度条件下保持30min。

（2）撞击起爆装置。

将起爆装置（不含起爆器）放入如图3-4-13所示的设备中，在产品规定的温度条件下保持30min。

（3）撞击与压力双效起爆装置。

将两套起爆装置分别按（1）和（2）进行试验。

3）耐高温性能

将起爆装置与传爆管装配到一起，放入如图3-4-13所示的设备中，在产品规定的压力、温度和时间条件下进行试验。

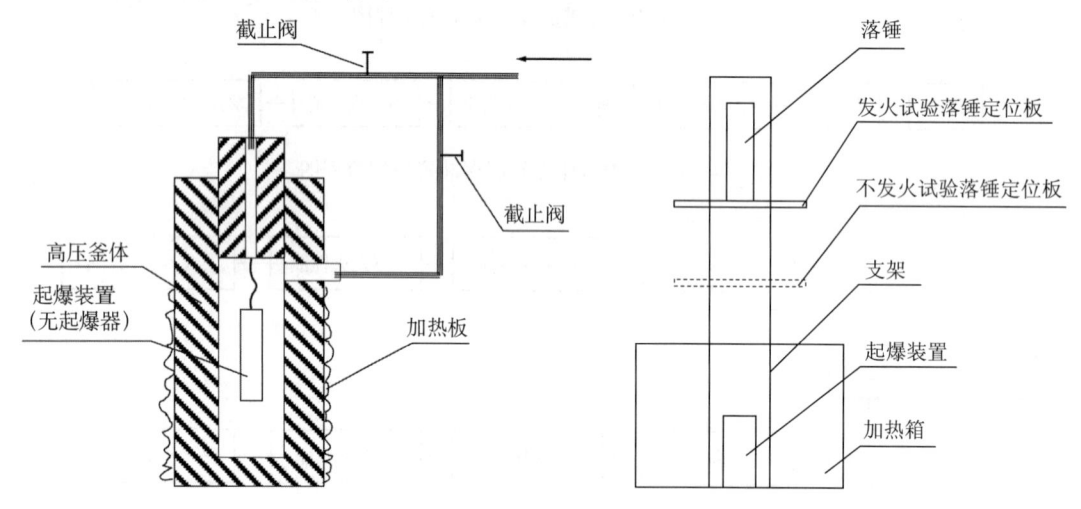

图3-4-12 压力（压差）起爆装置发火试验装置示意图　　图3-4-13 高温撞击发火试验装置示意图

4）不发火性能

（1）压力（压差）起爆装置。

将起爆装置装配1/2最大压力所对应数量的剪切销放入如图3-4-12所示的设备中，在规定的温度条件下，施加产品1/2最大压力所对应数量的剪切销的不发火压力。

（2）撞击起爆装置。

将撞击起爆装置放入如图3-4-13所示的设备中，将2.0kg±0.1kg落锤在落高为15cm±1cm的条件下落下，撞击起爆装置。

（3）撞击与压力双效起爆装置。

将两套起爆装置分别按（1）和（2）进行试验。

5）发火及输出性能

（1）压力（压差）起爆装置。

将起爆装置装配1/2最大压力所对应数量的剪切销与传爆管联接后放入如图3-4-12所示的设备中，在规定的温度条件下，施加产品1/2最大压力所对应数量的剪切销的发火压力。该压力由单剪切销发火压力值计算得到，检查传爆管爆轰情况。

（2）撞击起爆装置。

将装有传爆管的撞击起爆装置放入如图3-4-13所示的设备中,在产品规定的温度和时间条件下,用产品规定的机械能量起爆,检查传爆管爆轰情况。

(3) 撞击与压力双效起爆装置。

将两套起爆装置分别按(1)和(2)进行试验。

第五节 油气井用导爆索、传爆管检测技术

一、油气井用导爆索检测技术

油气井用导爆索检测技术的检测内容包括包装检测、标志检测、外观检测、几何尺寸检测、装药质量检测、爆速检测、耐热性能检测、收缩率检测、耐压性能检测、耐寒性能检测、抗拉性能检测、横向输出压力检测。对于有其他规定的导爆索,还可以依据相应的方法检测。

(一)导爆索的分类与命名

1. 分类

导爆索按2h最高的使用温度条件分为常温级导爆索、高温级导爆索、超高温级导爆索。导爆索按其使用性能分为普通型和特性型。对自身的性能具有特殊规定的导爆索为特性型,没有特性的导爆索为普通型。特性代号及代表的特性:

LS——低收缩率;

HV——高爆速;

XHV——超高爆速;

HP——耐压。

2. 型号命名

采用导爆索的装药质量代号、炸药类型、特性代号三项内容进行命名,如图3-5-1所示,其中:

(1) 导爆索装药质量代号代表单位长度的装药质量,在型号命名时,采用英制单位量值,即gr/ft*;

(2) 炸药类型在命名中采用英文单词缩写或字头;

(3) 特性代号按表1中的规定,命名中无特性项时,为普通导爆索,当有多种特性组合时,特性代号按下列顺序排列:低收缩率代号、高爆速/超高爆速代号、耐压代号。

(4) 当特性代号有HP时,在HP后标注出额定压力值,单位为MPa。

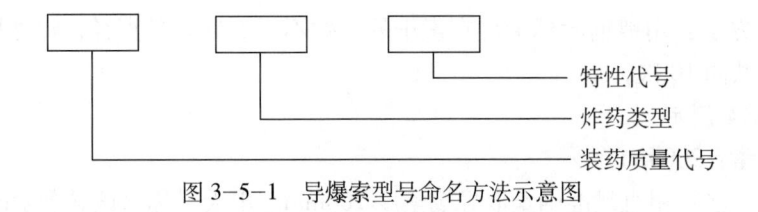

图3-5-1 导爆索型号命名方法示意图

---

* 装药质量单位的换算关系为:1gr/ft=0.2126g/m。

示例：按上述命名方法 80 HMX LS HV HP50 表示装药质量为 80gr/ft、炸药类型为奥克托金、特性为低收缩率、高爆速、耐压 50MPa 的导爆索。

（二）检验程序及方法

1．外观检测

（1）包覆层。目视检查包覆层，表面不应有凸起、杂质、气泡、砂眼、裂纹。金属包覆层导爆索应有相应的颜色标记，间隔不大于 1m，包覆层颜色见表 3-5-1。

（2）索干柔性性能。索干柔性性能检测方法仅适用于金属包覆层导爆索。

①样本量：300mm。

②检验方法。截取 300mm 长的导爆索，将导爆索的中部置于柔性检测装置两圆柱体之间（图 3-5-2），两端分别沿两圆柱体缠绕，调直，再反方向缠绕一次后调直。将该导爆索的一端与射孔弹连接牢固，把组装好的导爆索放在爆炸现场的工作台上（图 3-5-3）利用雷管引爆。

表 3-5-1 包覆层颜色

产品型号	包覆层颜色
常温级导爆索	黑
高温级导爆索	绿
超高温级导爆索	红

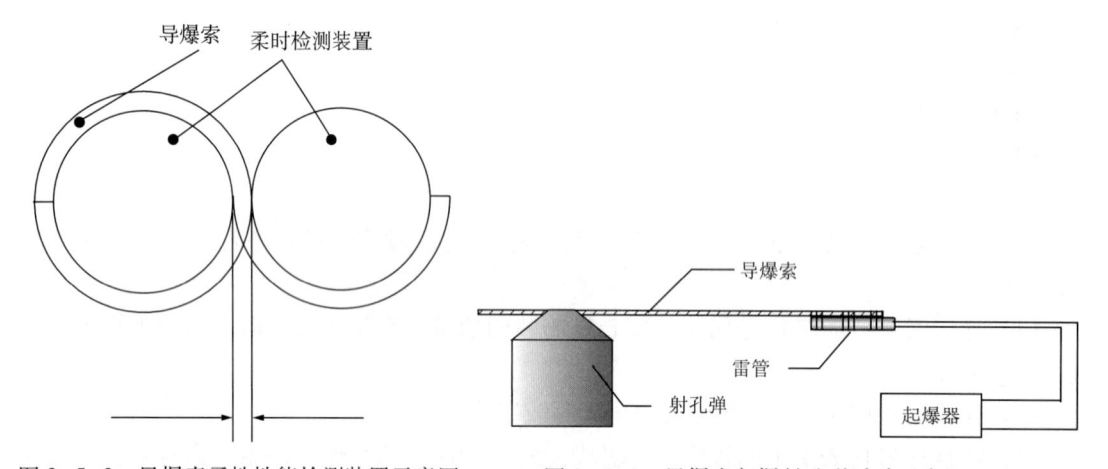

图 3-5-2 导爆索柔性性能检测装置示意图

图 3-5-3 导爆索起爆射孔弹试验示意图

2．几何尺寸检测

（1）样本量：5m。

（2）检验方法：用镀铜游标卡尺在索干的任意不同 5 处测量直径，每处取互相垂直方向各测一次，共测 10 次。

3．装药质量测定

（1）样本量：200mm。

（2）检验方法：用直尺准确量取导爆索度 200mm。用天平称出该导爆索的质量 m_1、全部包缠物和芯线的质量 m_2。按下式计算药量，计算结果精确到 0.1g：

$$m=(m_1-m_2)\times 5 \qquad (3-5-1)$$

式中 m——装药量，g/m；

m_1——200mm 导爆索质量，g；

m_2——200mm 导爆索除去药粉后的质量，g。

4．爆速检测

（1）样本量：1.2m。

（2）检验方法：截取 1.2m 长的导爆索，从距一端 300mm±0.5mm 的距离处开始，每隔 100mm±0.5mm 布一对探针，共布八对，每对按顺序编号。如图 3-5-4 所示，在导爆索 300mm 端搭接好电雷管并引爆。

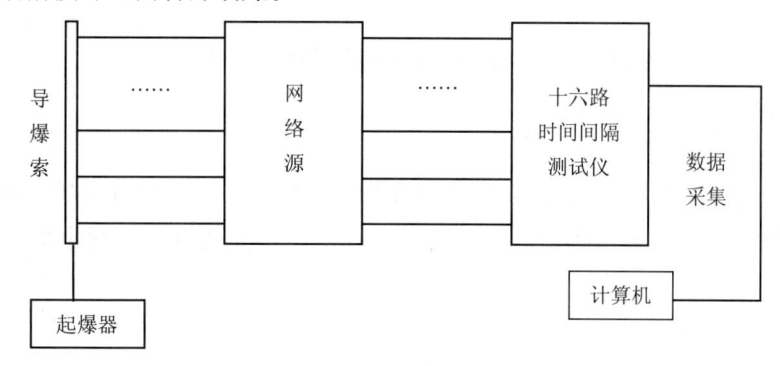

图 3-5-4　爆速测定示意图

爆速按下式计算：

$$v_i=\frac{100}{\Delta t_i}\times 10^6 \qquad (3-5-2)$$

式中 v_i——距离为 100mm 探针间的平均爆速，m/s；

Δt_i——距离为 100mm 探针间爆轰波传播时间，ns；

i——探针编号。

5．耐热性能检测

（1）样本量：3m。

（2）检验方法：截取 3m 长的导爆索盘成直径 200mm±10mm 的索卷。将盘好的索卷放入高温装置内，按产品技术指标加温恒温。待样品冷却至常温后取出样品检查其包覆层。在一端连接电雷管，引爆。

6．收缩性能检测

（1）样本量：1.5m。

（2）检验方法：截取三段 500mm±1mm 的导爆索，放入如图 3-5-5 所示的装置。加温、恒温测量温度、收缩情况。待恒温箱内的温度冷却至室温，取出测试样品。

7．耐寒性能检测

（1）样本量：3m。

（2）检验方法：截取 3m 长导爆索盘成直径约 200mm±10mm 的圆环。在 -42～-38℃之间保持 2h。取出样品，分别在直径为索干直径三倍的圆棒上缠绕三圈，然后调直，反复三次，导爆索包覆层不允许破裂；在一端连接电雷管，引爆。

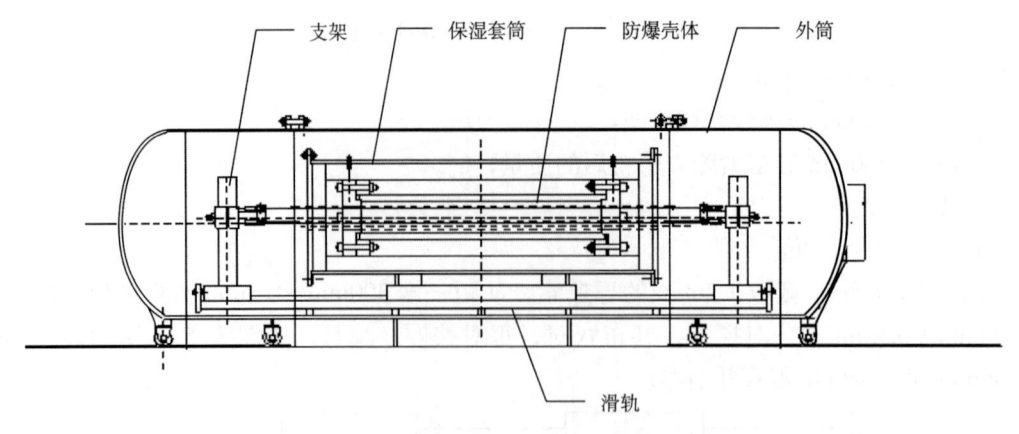

图 3-5-5 导爆索收缩时测量系统整体示意图

8．耐压性能试验

（1）样本量：500mm。

（2）检验方法：截取 0.5m 导爆索，在一端连接电雷管。将组装好的样品放入高温高压装置内按产品技术指标设定温度和压力值进行保温保压。试验结束后引爆电雷管。

9．抗拉性能试验

（1）样本量：500mm。

（2）检验方法：取一段 500mm 长的导爆索；在室温下将样品夹持在有防护装置的拉力试验仪上，均匀地增加拉力至 500N 持续 1min 后观察是否拉断。取下试样，在一端连接电雷管引爆。

10．横向输出压力检测

（1）样本量：500mm。

（2）检验方法：取一段 500mm±1mm 长的导爆索，如图 3-5-6 所示将系统连接好。引爆的同时记录波形和数据，用下式计算输出压力：

$$p = 0.60 + 30.86\frac{\Delta U}{U_0} + 21.16\left(\frac{\Delta U}{U_0}\right)^2 - 6.61\left(\frac{\Delta U}{U_0}\right)^3 \quad (3-5-3)$$

式中　p——导爆索横向输出压力，GPa；

　　　U_0——应力计初始电压值，V；

　　　ΔU——受压阻变化而引起的电压变化最大量，V。

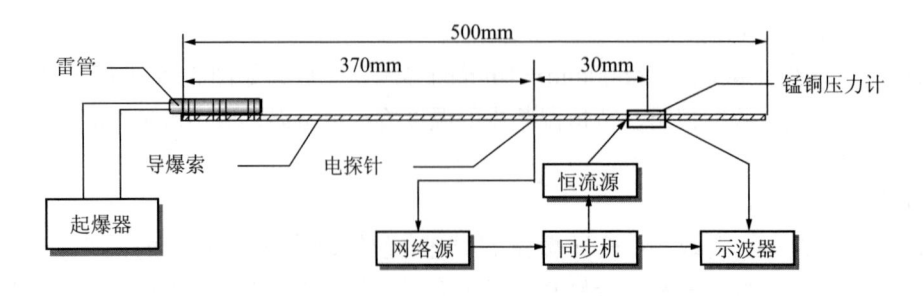

图 3-5-6 导爆索横向输出压力试验示意图

11．包装

目视检测导爆索包装，每个索卷中的索段不应超过五段，最短一段长度应不小于5m，箱内应有产品合格证及使用说明书，包装应符合GB 12463—2009《危险货物运输包装通用技术条件》的规定。

12．标志

（1）产品标志：索干应标有产品名称、规格型号、厂名等，字符清晰，间隔应不大于1m。

（2）包装标志：产品包装标志应清晰，内容包括产品名称，型号，数量，毛质量，外形尺寸，生产日期，保质期，企业名称和地质，爆炸品、防火、防潮、小心轻放标志和不应与雷管共存的警示说明，爆炸品标志应符合GB 190规定。

二、油气井用传爆管检测技术

检测内容包括包装检测、标志检测、震动性能检测、尺寸检测、低温与受潮性能检测、耐热性能检测、传爆性能检测。

（一）分类与型号命名

1．分类

传爆管按最高的使用温度条件（48h）分为高温级传爆管和超高温级传爆管。

2．型号命名

如图3-5-7所示，传爆管采用传爆管三字的拼音字头（CBG）、装药类型（采用英文单词缩写或字头命名，例如：黑索金RDX；奥克托金HMX）、端口内径/外径数值（计量单位为mm）、产品改型号（1，2，3…）命名及传爆管的功能代号命名。传爆管按功能分为输出管和接收管，分别用Ⅰ、Ⅱ表示；命名中无此项时，该项空缺，表示该产品不区分输出和接收功能。

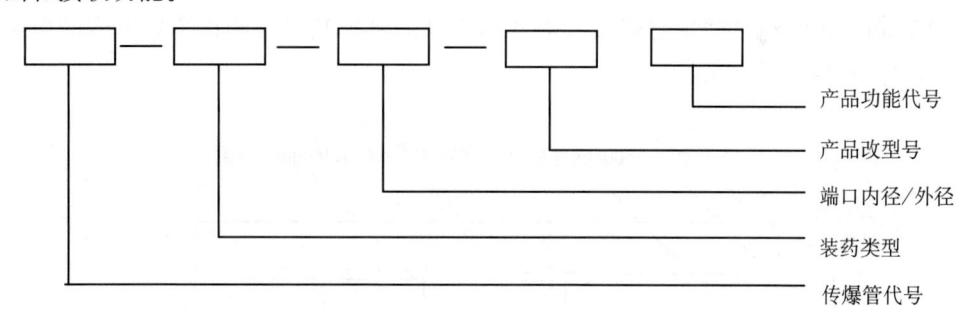

图3-5-7　传爆管型号命名示意图

示例：按上述命名方法CBG-HMX-5.3/6.0-1（Ⅰ）表示装药为RDX，端口内径为5.3mm，外径为6.0mm的1型输出功能的传爆管。

（二）检验程序及方法

1．包装

包装应符合GB 12463—2009规定。

2．标志

（1）产品标志：在产品的外圆面上喷印产品型号、制造厂名。

(2) 包装标志：包装盒外面的标识内容包括产品型号及名称、制造厂名、装箱数量及产品批次号、条码，并有符合 GB 190 的爆炸品标志。

3．震动性能

(1) 样本量：50 发。

(2) 检验方法：将 50 发样品保持原有最小包装平放入木箱底部中央用黄纸板塞紧，压紧箱盖。木箱在震动试验机上固紧，连续震动 30min 后检查包装和样品外观。

4．尺寸

(1) 样本量：13 发。

(2) 检验方法：随机抽取 13 发震动后合格的样品。用镀铜游标卡尺测量样品的长度、内径、外径及内腔深度。

5．低温与受潮性能

(1) 样本量：13 发。

(2) 检验方法：随机抽取 13 发震动性能检测合格后的样品，放入室温、相对湿度大于 95% 的试验箱内放置 4h。取出样品检查后将受潮检测合格的样品的放入低温装置中在 −40℃ ±2℃ 条件下放置 2h，待样品温度恢复至室温后取出检查。

6．耐热性能

(1) 样本量：13 发。

(2) 检验方法：按产品的温度指标要求将 13 发低温与受潮检测合格的样品放入高温装置中恒温试验，保温至规定时间，待样品温度恢复至室温后取出检查。

7．传爆性能

(1) 样本量：12 发。

(2) 检验方法：取耐热性能检测合格的样品 2 发，取 500mm、1200mm 各一段，如图 3-5-8 所示安装样品，图中 L 为殉爆距离，$L = 50mm \pm 2mm$；d 为轴线偏心距离，$d = 3mm \pm 0.2mm$。按照油气井用导爆索检测实施细则的要求测量被测试段导爆索的爆速，记录检测结果。重复测量五次。

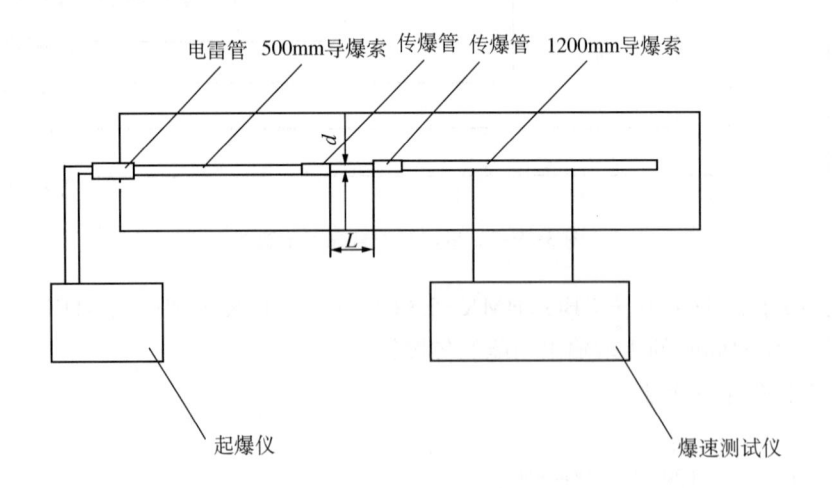

图 3-5-8 传爆管传爆性能试验示意图

第六节　油气井用射孔器材质量评价

一、射孔器材随机抽样技术

抽样检验就是从一批产品中抽取一定数量的样品，通过检查这些样品，判断这一批产品合格与否的过程。抽样检验首先碰到的问题是如何抽取样本，人工选取样本不能反映整批产品的质量实际分布状况，因为这时有人的主观因素作用。生产方可能有意挑出一些质量好的样品来供订货方选择订购，使用方可能有意挑出一些质量差的产品，否定这批产品的实际质量，以期低价购买。只有用随机抽样，才能使抽取的样本公正的代表总体（或整批产品）。随机抽样可以分为简单随机抽样、系统随机抽样、分层随机抽样、多级随机抽样。其中主要用的技术是简单随机抽样。

（一）简单随机抽样

简单随机抽样就是从包含 N 个抽样单元的产品总体中按不放回抽样抽取 n 个单元，任何 n 个单元被抽出的概率都相等，等于 $1/C_N^n$。简单随机抽样可以用以下的逐个抽取单元方法进行：第一个样本单元从总体中所有 N 个抽样单元中随机抽取，第二个样本单元从剩下的 $N-1$ 个抽样单元中随机抽取，依次类推。简单随机抽样就是排除人的主观因素，使批中每一单位产品被抽到的机会都相等。在实际工作中，随机抽样常借助于随机数骰子或随机数表来进行。

随机数骰子是由均匀材料制成的正20面体，在20个面上，0～9数字都出现两次。使用时，根据需要选取 m 个骰子，并规定好每种颜色的骰子各代表的位数。例如：选用红、黄、蓝三种颜色的骰子，规定红色骰子上出现的数字表示百位数，黄色的骰子上出现的数字表示十位数，蓝色骰子上出现的数字表示个位数。

1. 随机抽样程序

以射孔弹为例，把抽样单元（单发射孔弹）按自然数从"1"开始顺序编号，然后用获得的随机数对号抽取。

2. 读取随机数的方法

首先根据批量（或总体）大小 N 选定 m 个骰子，如下所示：

N 范围	骰子个数 m
$1 \leqslant N \leqslant 10$	1
$11 \leqslant N \leqslant 100$	2
$101 \leqslant N \leqslant 1000$	3
$1001 \leqslant N \leqslant 10000$	4
$10001 \leqslant N \leqslant 100000$	5

其次依据骰子显示的数字实施抽样，将产品按一定规定作出排列，当摇出的骰子显示的数字 $R \leqslant N$ 时，随机抽样数就取 R，若 $R > N$，则舍去重摇。重复上述过程，直到取得需要的不同样品为止。

(二) 其他随机抽样

1. 多级随机抽样

多级随机抽样就是第一级抽样是从总体中抽取初级抽样单元，以后每一级抽样是在上一级抽样单元抽取次一级的抽样单元。

2. 系统随机抽样

系统随机抽样是将总体中的抽样单元按某种次序排列，在规定的范围内随机抽取一个或一组初始单元，然后按一套规则确定其他样本单元的抽样方法。

3. 分层随机抽样

分层随机抽样是将总体分割成互不重叠的子总体（层），在每层中独立地按给定的样本量进行简单随机抽样。

在实际抽样工作中，经常将系统随机抽样、分层随机抽样、分级随机抽样和简单随机抽样相结合，这不仅保证了抽样样本的随机性，也有利于抽样工作的实施。

二、油气井射孔器质量评价

从总体中抽出样本检验，所收集的检测数据总是参差不齐的，即具有分散性，因此对收集的数据需要进行整理和分析，然后才能对整体做出推断和判断。数据种类一般分为计量值和计数值两种。计数值数据是指1，2，3，…这种非连续性取值的数据，如射孔孔眼数。计量值数据是指一些连续取值的数据，如平均穿深、平均孔径等。计数值数据与计量值数据选定的差别，取决于数据反映的统计的性质不同，进而数据处理的方式也有变化。例如计量值数据属于连续概率分布，最典型的是正态分布，计数值数据属于离散概率分布，最典型的是二项分布和泊松分布。油气井射孔器质量评价的方案同时依据统计学的计量值数据和计数值数据设计。射孔器产品是以组成射孔器整体进行检验，其样本量是按射孔器长度为单位的。射孔照检验评价方案与测定规则有以下两种。

(一) 计数抽样方案与判定规则

计数抽样检验方案参照GB/T 2828.1—2003规定确定，项目为套管的内毛刺高度，见表3-6-1。

表3-6-1　套管内毛刺高度计数抽样方案

检验项目	检查水平	AQL	抽样方案类型	样本量 n	判定数 A_c	判定数 R_e
混凝土试验靶套管内毛刺高	S-4	4.0	正常一次抽样	20	2	3
	I	4.0	正常一次抽样	32	3	4
模拟井套管内毛刺高	S-2	10	正常一次抽样	5	1	2

注：表中AQL表示接收质量水平，A_c为合格判定数，R_e为不合格判定数；混凝土试验靶套管内毛刺高样本量不大于20的按20处理，样本量大于20的按32处理。

判定规则：当不合格品数不大于A_c时判定合格，当不合格品数大于R_e时判定不合格。

(二) 计量抽样方案与判定规则

计量抽样方案参照GB/T 6378.1—2008规定确定，项目包括混凝土试验靶穿孔深度、混凝土试验靶和模拟井试验穿孔孔径，穿孔深度计量抽样方案见表3-6-2，穿孔孔径计量抽样方案见表3-6-3。

表 3-6-2 穿孔深度计量抽样方案

检验项目	检查水平	AQL	样本量 n	接收常数 k
穿孔深度	Ⅰ	4.00	20	1.33
	Ⅱ	6.50	35	1.18

注：对于样本量不大于 20 的按 20 处理；对于样本量大于 20 的按 35 处理。

表 3-6-3 穿孔孔径计量抽样方案

检验项目	检查水平	AQL	样本量 n	接收常数 k
穿孔孔径	Ⅰ	10	20	0.695
	Ⅱ	10	35	0.745

注：对于样本量不大于 20 的按 20 处理；对于样本量大于 20 的按 35 处理。

判定规则如图 3-6-1 所示：

当 $\bar{x} - ks \geq L$ 时，判定合格；

当 $\bar{x} - ks < L$ 时，判定不合格。

$$\bar{x} = \frac{1}{n}\sum_{i=1}^{n}x_i \tag{3-6-1}$$

$$s = \sqrt{\frac{1}{n-1}\sum_{i=1}^{n}(x_i - \bar{x})^2} \tag{3-6-2}$$

式中 L——单侧下规格限；

k——接收常数；

$\bar{x}$——样本均值；

s——样本标准差；

n——样本量；

x_i——第 i 个样本的检验值，mm。

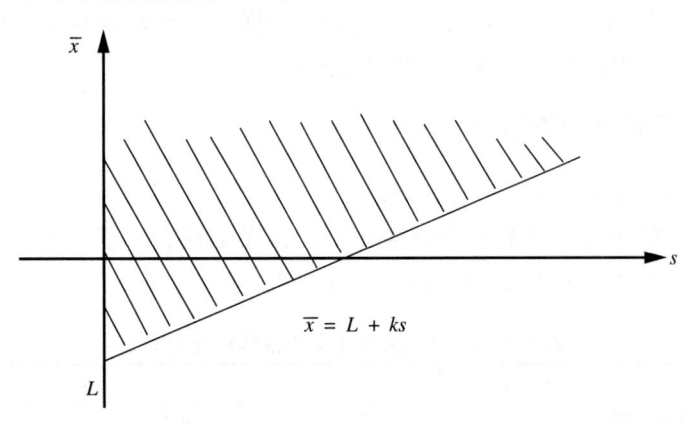

图 3-6-1 判定规则示意图

阴影部分为接收区，随着 s 的增加，$\bar{x}$ 值只有越大才能接收，因此 s 应越小越好

三、油气井复合射孔器质量评价

（一）计数抽样方案与判定规则

复合射孔器计数抽样检验方案参照 GB/T 2828.1—2003 规定确定，项目为套管的内毛刺高度（表3-6-4）。压裂火药抽样检验方案按 GB/T 2828.1—2003 的规定执行，方案见表3-6-5。判定规则为：当不合格品数不大于 A_c 时判定合格，当不合格品数大于 R_e 时判定不合格。

表3-6-4　套管内毛刺高度计数抽样方案

检验项目	检查水平	AQL	抽样方案类型	样本量 n	判定数 A_c	判定数 R_e
混凝土试验靶套管内毛刺高	S-4	6.5	正常一次抽样	20	3	4
	I	6.5	正常一次抽样	32	5	6

表3-6-5　压裂火药耐温性能

检验项目	检查水平	AQL	抽样方案类型	样本量 n	判定数 A_c	判定数 R_e
外观、尺寸和装药质量	S-4	4.0	正常一次抽样	20	2	3
	I	4.0	正常一次抽样	32	3	4

（二）其他项目检验

火药残留量、复合射孔器压力—时间测试、穿孔深度、穿孔孔径的，判定规则按如下规定进行。

1. 复合射孔器压力—时间测试

模拟现场使用的复合射孔器单元进行压力—时间测试时应满足：射孔弹爆轰峰值后有火药压力峰值，内置式复合射孔器单元峰值压力 ≥ 30MPa 的有效作用时间应 ≥ 4ms，外置式复合射孔器单元峰值压力 ≥ 30MPa 的有效作用时间应 ≥ 25ms。

2. 穿孔深度、穿孔孔径

穿孔深度的抽样方案见表3-6-2，穿孔孔径的抽样方案见表3-6-3，评价方法见 GB/T 20489—2006《油气井聚能射孔器材通用技术条件》。

四、其他火工部件的质量评价

（一）电雷管抽样检验方案与评价方法

电雷管抽样检验方案按 GB/T 2828.4—2008 的规定执行（表3-6-6），评价方法见 GB/T 13889—1992《油气井用电雷管通用技术条件》。

表3-6-6　油气井用电雷管抽样检验方案

检验项目	评价项目	样本量	检验质量水平	不合格判定数
包装	产品包装	1	4.0	1
震动	爆炸	50	0.1	1
	断桥、结构损坏、电阻不稳定		0.65	2
	电阻超差		1.5	3

续表

检验项目	评价项目	样本量	检验质量水平	不合格判定数
外观尺寸标志	裂缝、砂眼、管体锈蚀	50	0.65	2
	零部件松动、脚线损坏		1.5	3
	标志		0.1	1
电阻	断路、短路、电阻不稳定	50	0.65	2
	电阻超差		1.5	3
封口牢固性	封口塞脚线松动、脚线破损	20	1.5	2
耐温性能	爆炸、断路、结构损坏	2	2.5	1
耐温耐压性能	爆炸、断路、结构损坏	2	2.5	1
低温与受潮	断路、短路、电阻不稳定	5	1.0	1
	电阻超差		6.5	2
静电感度	爆炸	5	1.0	1
安全电流	爆炸	5	1.0	1
抗工频	爆炸	5	1.0	1
轴向输出压力	≥5GPa	2	2.5	1

（二）起爆装置检验方案与评价方法

起爆装置检验方案按 GB/T 2828.4—2008 的规定执行（表3-6-7、表3-6-8、表3-6-9），评价方法见 SY/T 6791—2010《油气井射孔起爆装置通用技术条件及检测方法》。

表3-6-7 剪切销检验抽样方案表

序号	检验项目	声称质量水平	极限质量比水平	样本量	不合格品限定数	样本单元
1	外观	0.650	0	8	0	1只
2	尺寸	0.650	0	8	0	1只
3	剪切压力值	1.500	0	3	0	1/2满载剪切销数

表3-6-8 起爆器抽样方案表

序号	检验项目	声称质量水平	极限质量比水平	样本量	不合格品限定数	样本单元
1	抗震性能	0.650	0	8	0	1发
2	抗跌落性能	0.650	0	8	0	1发
3	外观	0.650	0	8	0	1发
4	尺寸	0.650	0	8	0	1发
5	耐低温性能	0.650	0	8	0	1发

表3-6-9 起爆器抽样方案表

序号	检验项目	声称质量水平	极限质量比水平	样本量	不合格品限定数	样本单元
1	外观	1.500	0	3	0	1套
2	尺寸	1.500	0	3	0	1套
3	耐温耐压性能	1.500	0	3	0	1套
4	耐高温性能	1.500	0	3	0	1套

续表

序号	检验项目	声称质量水平	极限质量比水平	样本量	不合格品限定数	样本单元
5	不发火性能	1.500	0	3	0	1套
6	发火及输出性能	1.500	0	3	0	1套

注：对于撞击与压力双效起爆装置，抽取2组试验样品，每组3套，按图6进行试验。

(三) 导爆索检验方案及评价方法

导爆索检验方案参照GB/T 2828.4—2008的规定（表3-6-10），评价方法见SY/T 6411.1—2008、SY/T 6411.2—2008。

表3-6-10 油气井用导爆索抽样检验方案

检验项目	评价项目	样本量	检验质量水平	不通过判定数	样本单元
外观	包覆层颜色	1	4.0	1	5m
	凸起、杂质、气泡、砂眼、裂纹		4.0	1	
索干	扭折	1	4.0	1	0.3m
索干柔性*	裂纹、断裂	1	4.0	1	0.3m
	起爆射孔弹		4.0	1	
几何尺寸	直径	1	4.0	1	1m
装药质量	装药质量	1	4.0	1	0.2m
爆速	爆速	1	4.0	1	1.2m
耐热性能	包覆层、自燃	3	1.5	1	1m
	爆轰		1.5	1	
收缩率	收缩率	3	1.5	1	0.5m
耐压性能	爆轰	1	4.0	1	0.5m
耐寒性能	包覆层	3	1.5	1	1m
	爆轰		1.5	1	
抗拉性能	爆轰	1	4.0	1	1m
横向输出压力	横向输出压力	1	4.0	1	0.5m
标志	产品标志	1	4.0	1	1卷
	包装标志	1	4.0	1	1箱
包装	合格证、使用说明书	1	4.0	1	1箱
	索段数量、索段长度	1	4.0	1	1卷

* 索干柔性检验只适用于金属包覆层导爆索。

(四) 传爆管抽样方案与评价方法

抽样检验方案按GB/T 2828.4—2008的规定执行（表3-6-11），评价方法见SY/T 6753—2009《油气井用传爆管通用技术条件及检测方法》。

表 3-6-11　抽样检验与评价方案

检验项目	评价项目	样本量	检验质量水平	不通过判定数	样本单元
震动性能	爆炸	50	0.1	1	1 发
	结构损坏、漏药		0.65	2	
外观、标识	标识不清晰	50	0.65	2	1 发
	外观变形、不清洁、漏药		0.65	2	
尺寸	长度、外径、内径及内腔深度	13	2.5	2	1 发
低温与受潮性能	爆炸	13	0.40	1	1 发
	结构损坏、漏药		0.40	1	
耐热性能	爆炸	13	0.40	1	1 发
	结构损坏、漏药		0.40	1	
传爆性能	爆速	6	2.5	2	2 发
标志	齐全	1	4.0	1	一个包装
包装	完整	1	4.0	1	一个包装

第四章 射孔深度计算与装炮

射孔深度计算是保证射孔质量的一个重要环节，深度计算准确，可以比较充分地射开油层，使油井达到设计产量。若深度计算误差过大，则可能导致油气层得不到充分暴露，因此射孔深度的确定，套管接箍深度的测定，施工深度数据的计算以及射孔所用电缆的深度记号标准化等，对射孔工作至关重要。严重的射孔深度差错，甚至造成误射到油层附近的水层或油水界面以下，影响油井正常生产，造成事故。

第一节 射孔深度计算所使用的资料

射孔深度计算所使用的资料主要包括测井综合解释成果图、套后放—磁曲线图以及射孔深度通知单。

一、测井综合解释成果图

测井综合解释成果图，是指裸眼井测得的深度比例为 1∶200 的全套测井曲线，按一定标准绘制在一张图上，用来储集层评价、解释的图纸。

（一）射孔深度计算常用几种测井曲线特征

1. 微电极曲线

微电极曲线包含微电位曲线与微梯度曲线。

当地层为非渗透性的泥岩层时，微电位曲线与微梯度曲线之间无幅度差，或很小正负幅度差；当地层为渗透性砂岩层时，微电位幅度大于微梯度的幅度，是正幅度差；当地层为钙质层时，微电极幅度很高，呈锯齿状。

2. 自然电位曲线

当地层上、下围岩岩性相同时，自然电位曲线对称于地层中点；在地层顶底界面处自然电位曲线变化最大，当地层厚度大于四倍井径时，可用曲线半幅点确定地层顶底界面；当地层为渗透性砂岩层时，自然电位曲线对泥岩基线而言，有明显负异常。

3. 自然伽马曲线

自然伽马曲线对称于地层中点，在地层中点处有极大值或极小值反应放射性的大小；当地层厚度小于三倍钻头直径时，极大值随着地层厚度的增大而增大，极小值随地层厚度增大而减小，由曲线半幅点确定的地层厚度大于地层的真厚度；当地层厚度大于三倍钻头直径时，极大值（或极小值）为一常数，与地层厚度无关，与岩石的自然放射性强度成正比，由曲线的半幅点确定的地层厚度等于地层的真厚度。

4. 电阻率曲线（底部梯度）

当地层厚度大于电极距时，对着高阻层处电阻率曲线增大，电阻率曲线不对称地层中点；高阻层的顶界面电阻率曲线出现极小值，底界面出现极大值；在岩层中部电阻率曲线有一段平直段。

（二）复核项目与标准

测井综合解释成果图上的井号应与套后放—磁曲线图及射孔深度通知单的井号相符；测井综合解释成果图上的测井曲线与图纸底色对比度应清晰，易辨认；测井综合解释成果的深度数据应准确无误；图中的自然伽马曲线、自然电位曲线、微电极曲线与其他测井曲线的符合性较好，曲线无丢失。

二、套后放—磁曲线图

套后放—磁曲线图是指下套管后，采用自然伽马与磁性定位器组合仪测得的深度比例为1：200的自然伽马曲线与磁性定位曲线并测的曲线图。

（一）套后放—磁曲线图的相关概念

测井电缆零点：测井电缆第一个磁性记号为测井电缆零点；

测井电缆零长：马笼头上端面至电缆上第一个磁性记号之间的距离；

马笼头：测井电缆与下井仪器的连接装置；

测井仪器零长：下井仪器的记录点至马笼头下端面的距离；

激磁器高度：测井时，激磁器中心到钻机转盘平面的高度；

下部联接：下井仪器的记录点至加重尾部的长度；

实测水泥塞深度：井底遇阻显示深度加下部联接长度；

深度计算值 = 电缆零长 + 马笼头长 + 仪器零长 − 激磁器高；

套补距：方补心（钻机盘平面）至套管头之间的垂直距离。

（二）复核项目与标准

（1）井号正确，图头数据填写齐全，准确；

（2）套后放—磁曲线图、声变测井通知单、套管程序中的套补距（联入）应与射孔深度通知单上的套补距（联入）一致；

（3）技术说明中应注明原钻机或是非原钻机测井；

（4）深度计算公式正确，计算所用的每个数据和计算结果正确；

原钻机测井：深度计算值 = 电缆零长 + 马笼头长 + 前磁零长 − 激磁器高；

非原钻机测井：深度计算值 = 电缆零长 + 套补距 + 马笼头长 + 前磁零长—激磁器高。

（5）深度大记号平差不应超过深度值的0.2‰，相邻深度两个大记号之间变化应小于±0.30m；

（6）检查井底水泥塞，根据磁性定位曲线起始尖峰深度加上下部连接长度算出水泥塞深度，核对实测水泥塞深度；

（7）套后放—磁曲线图纵线必须垂直，横线均匀，不得出现大小格，每10m误差不超过±0.10m；

（8）测量井段内必须保证至少有一个特殊磁性深度记号（通称大记号）。要求深度记号显示清晰，深度测量值等于大记号深度加深度计算值加相应的平差，误差不超过±0.20m；

（9）测量井段磁性深度记号清晰无缺失，幅度大于3mm，主峰为单尖峰，相邻磁性深度记号间的变化范围不超过±0.30m。全井磁性深度记号间误差保持同一方向时，不均匀

萨尔图油田 南1-22-更215井完井工艺方案设计

一、工艺设计   日期：2011年3月12日

井别	更新注水井	套管短接高（m）		0.3
前磁遇阻深度（m）	1192.6	套管头至补心高（m）		3.15
完井方式	高能复合射孔	射孔参数	孔密（孔/m）	16
射孔枪型	TY-102枪		相位，（°）	90
射孔弹型	DP44RDX-5		布孔格式	螺旋布控
传输方式	电缆输送	负压深度（m）		—
井口型号及厂家	KZF24.5/65型	完井液	类型及厂家	ZC-26（低渗透）
油管类型	三防油管		密度（g/mL）	1.1
油管规格	φ73mm×5.51J55		pH值	6
替喷管柱深度（m）	人工井底以上3m		膨胀率（%）	1.3
设计油管完成深度（m）	1177		液量（t）	12
试压压力（MPa）	15	试压时间（min）		30
投产方式	—	射孔后诱喷时间		72
及时诱喷措施	—	提捞	次数	—
固井时间	2010.12.22		深度（m）	
固井质量	合格		液量（m³）	
水泥返高（m）	845.0	预测产液量（t/d）		

二、射孔小层数据

序号	层位	小层编号	射孔井段（m） 自	射孔井段（m） 至	厚度（m） 夹层	厚度（m） 射开	厚度（m） 有效	孔数	有效渗透率 ($10^{-3}\mu m^2$)	地层系数 ($10^{-3}\mu m^2 \cdot m$)	小层压力（MPa）
1	高一组	9	1163.1	1162.4		0.7	0.3	11	0.062	0.019	
2		8	1161.4	1160.8	1.0	0.6	—	10			
3		*8	1160.3	1160.0	0.5	0.3	—	5			
4		*8	1159.4	1158.7	0.6	0.7		11			
5		8	1158.3	1157.3	0.4	1.0	—	16			
6		6-8	1156.9	1154.3	0.4	2.6	1.6	42	0.311	0.498	
合计					2.9	5.9	1.9	95			

三、射孔施工要求

1. 装井口，摆正井口方向，现场核实套补距，记录清楚。
2. 下光油管冲砂、替洗，连续冲砂至人工井底，进出口水密度执行行业标准。
3. 起出全井油管，合适人工井底制度，做好记录。
4. 射孔枪、弹、盲孔对位检测必须合格。

四、井控要求

1. 相关资料：(1) 该井不含有硫化氢气体；(2) 该井区域内同层系临井井南1-32-斜214井2009年5月29日测地层压力位12.6MPa；(3) 该井本次射开的小层测井解释为油水层。
2. 射孔施工过程中必须安装相应的井控设备。
3. 现场操作人员必须有井控操作证，同时现场必须有安全及井控应急预案及措施。

备注：

编制人：×××　　初审人：×××　　审核人：×××　　批准人：×××

图4-1-1　射孔深度通知单

误差应小于 0.10m；若误差方向反向时，不均匀误差应小于 0.20m；

（10）射孔井段套管接箍显示清楚，不得缺失，尖峰幅度不小于 0.01m。磁性深度记号的尖峰应与接箍曲线的正尖峰方向相对，遇阻曲线的尖峰应与接箍曲线的尖峰反向；

（11）在接箍附近套管磁化等干扰信号幅度不应大于接箍正尖峰幅度；

（12）套后自然伽马曲线与磁定位曲线必须记录在一张图上，全井为一条完整连续的曲线。曲线必须在变化明显地层重复测量 30～50m，自然伽马曲线与接箍曲线深度相对位置不变，重复接箍深度误差不大于 0.05m；

（13）测量井段大于 500m，曲线拼接不得超过三次；测量井段等于或小于 500m，只允许拼接一次。

三、射孔深度通知单

射孔深度通知单是射孔深度计算及装炮施工设计的依据，同时根据射孔深度通知单的要求进行射孔施工作业。

（一）射孔深度通知单内容

射孔深度通知单内容包括地区、井号、井别、套补距、传输方式、施工方式、射孔弹类型及孔密、相位角、负压值、射孔枪型、射孔层段、射开厚度、夹层厚度、弹数、施工备注等（图 4-1-1）。要求射孔深度通知单字迹清晰，所提供数据完整、准确。

（二）复核项目与标准

射孔层段的底、顶界面深度之差与对应的射开厚度应一致；相邻两个射孔层段之间距离与夹层厚度应一致；射开总厚度与各射开层段的厚度之和应一致；夹层总厚度与各夹层厚度之和应一致；射孔总弹数与各射开小层弹数之和应一致；单层射开厚度与孔密的乘积与单层弹数应一致；弹型应与枪型相符；特殊施工及要求应在备注栏内注明。

第二节 标 图

所谓标图，就是根据射孔深度通知单中射孔井段的油层顶部深度，在套后放—磁测井图上选择标准接箍，并以测井电缆深度磁性记号的深度为依据，用 1∶200 比例尺在标准接箍上下，标出几个与施工有关的套管接箍深度及相应的套管长度。

一、平差

1. 平差概念

在套后放—磁测井图中，用 1∶200 比例尺丈量出两个电缆深度磁性记号的实测距离，求出实测距离与标准距离之间的差值，把差值平均地分配到两个电缆深度磁性记号之间，以计算出单位长度的误差值，这一工作过程叫平差。

2. 平差的方法

（1）两个电缆深度磁性记号间的标准距离为 25.00m。

（2）用 1∶200 比例尺丈量出两个电缆深度磁性记号间的实测距离（图 4-2-1，图 4-2-2）。

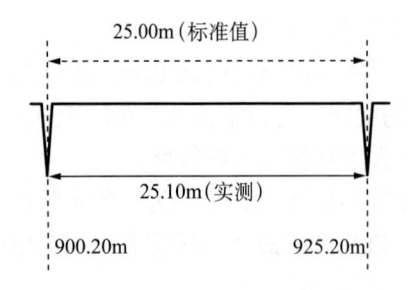

图 4-2-1　间距大于标准距离示意图　　　图 4-2-2　间距小于标准距离示意图

(3) 两种情况下单位误差值的计算。

①实测两个电缆磁性深度记号间的距离大于标准距离（图 4-2-1）。

单位误差值 =（25.10 − 25.00）÷25.00 = 0.004m/m。

即：两电缆深度磁性记号间实测距离每米增加了 0.004m。

②实测两个电缆磁性深度记号间的距离小于标准距离（图 4-2-2）。

单位误差值 =（24.90 − 25.00）÷25.00 = −0.004m/m。

即：两个电缆磁性深度记号间实测距离每米减少了 0.004m。

(4) 在平差过程中计算出单位误差值后，就可以根据两电缆深度磁性记号间的套管接箍距电缆磁性深度记号的距离，标出套管接箍深度及套管长度。

二、标准接箍的选择

（一）标准接箍的概念

在每次待射油层顶部附近，选取一个距油层顶部距离最小的接箍深度作为此次射孔的深度定位依据，此接箍叫标准接箍。

（二）标准接箍的选择应满足的条件

（1）所选标准接箍与待射油层顶部之间距离最小；

（2）所选定的标准接箍深度加上炮头长应大于油层顶部深度。

（三）特殊情况下标准接箍的选择

在井底"口袋"浅的情况下，首次射孔只能选取井中最深的接箍作为该次射孔的标准接箍。这时所计算出的上提值为负值，即在射孔现场施工中需要下放电缆射孔。

三、标图的方法

（一）标定标准接箍深度值

依据套后放—磁曲线图中每条横线上的深度值，用 1：200 比例尺量出接箍信号主峰与邻近横线之间的距离（减去平差值），然后将已知深度加上（或减去）这段距离所代表的实际长度数值，就得出该套管接箍深度。

（1）选定 A 接箍作为标准接箍，如图 4-2-3 所示。

（2）用 1：200 比例尺丈量出标准接箍与距标准接箍最近的电缆深度磁记号间的距离，即 L_1。

① L_1 在图 4-2-3 中用 1：200 比例尺量得的距离为 1.89cm。

②通过深度比例转换 L_1 实测距离为 3.78m。

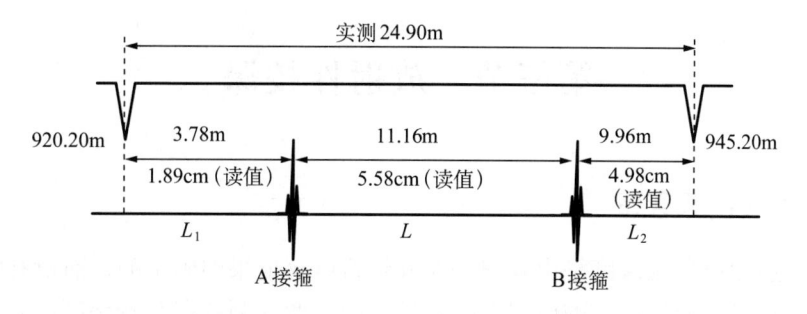

图4-2-3 标定标准接箍深度示意图

(3) 计算标准接箍深度值。

①单位误差值的计算由图4-2-3可知两电缆磁性深度记号间的标准距离为25.00m，实测两电缆磁性深度记号间的距离为24.90m。用前面所讲过的平差方法可计算出单位误差值为0.004m/m。

②经平差后 L_1 实际距离为：

$$3.78m + 3.78m \times 0.004m/m = 3.80m$$

③标准接箍实际深度值为：

$$H_{标} = 920.20m + 3.80m = 924.00m$$

(二) 标定其他接箍深度值

(1) 由图4-2-3可知，标准接箍以深的套管接箍B接箍距945.20m这个电缆磁性深度记号较近。用1:200比例尺可以量出B接箍距这个电缆磁性深度记号的距离为 L_2。

(2) 用平差方法可以计算出 L_2 实际距离为：

$$9.96m + 9.96m \times 0.004m/m = 10.00m$$

(3) 由于B接箍比它所依据的电缆磁性深度记号的深度浅，则B接箍的实际深度值

$$H_{下} = 945.20m - 10.00m = 935.20m$$

(三) 标定套管长度值

量出两接箍讯号主尖峰之间的距离为套管长度，然后再加上平差值。

(1) 用1:200比例尺量出两个套管接箍尖峰间的距离 L。

由图4-2-3可以知道：$L = 5.58cm$，经比例换算 L 实测距离为11.16m。

(2) 用平差方法计算 L 的误差值为 $11.16m \times 0.004m/m = 0.04m$。

(3) 计算套管实际长度为：$11.16m + 0.04m = 11.20m$。

(4) 核实接箍深度及套管长度标定的准确性，即相邻接箍深度之差值应等于两接箍间的套管长度（$H_{下} - H_{标}$）。

即：$935.20m - 924.00m = 11.20m$。

经过验证：所标定接箍深度与套管长度相吻合。

第三节　放射性校深

一、放射性校深原理

射孔深度通知单层位深度是由裸眼井测井综合解释成果图确定的,而射孔时,所使用的套管接箍数据是由套后放—磁曲线图确定的。由于两次测井存在着深度误差,为了消除这一误差,采用套后放—磁曲线图中的自然伽马曲线作为媒介,把深度统一到测井综合解释成果图上。

二、放射性校深的方法

(一) 对图方法

(1) 将比例为 1:200 的套后放—磁测井图与测井综合解释成果图深度对正比,使套后自然伽马曲线或中子伽马曲线与测井综合解释成果图中电测曲线划分出的纯砂层或较纯砂层对齐,纵观全井挑选对比层。

(2) 在目的层的上、中、下各部位分别挑选分层清楚、对应性好的层或尖峰进行校正。

(二) 对比层的确定方法

1. 采用自然伽马曲线校深

1) 以砂层的顶底界面确定对比层深度

用套后自然伽马曲线与测井综合解释成果图中的自然伽马曲线或自然电位曲线对比,若砂层的对应性好,曲线形态一致,顶底界面显示清楚,则以对比层曲线显示幅度的半幅点,并参考砂层厚度确定顶、底界面深度。

2) 以薄钙质层尖峰确定对比层深度

若薄钙质层在下套管前后自然伽马曲线上均呈明显尖峰显示,则以其尖峰作为深度对比层。

3) 以薄砂层尖峰确定对比层深度

若薄砂层尖峰在下套管前、后自然伽马曲线上均呈明显尖峰显示,则以其尖峰作为深度对比层。

2. 采用中子伽马曲线校深

若薄钙质层或薄砂层在中子伽马曲线和电测曲线上都有显示特征,且分层界面清楚,岩性稳定,则以其地层中点作为深度对比层。

三、校正值的确定

根据所选的若干对比层,在目的层段范围内选取 3~5 个最有代表性的对比层,作为计算校正值的依据。

(一) 用对比层顶、底界面确定深度差值

(1) 根据所选对比层的厚度在套后自然伽马曲线上划层,使其厚度与完井电测综合解释成果图上的对比层厚度一致。

(2) 所选对比层经平差后，求得对比层顶、底界面深度值。

(3) 根据所选对比层的顶、底界面深度值，根据对比层顶、底界面深度差值公式，求得所选每个对比层的深度差值，即：

$$\Delta h_{im} = h_{m后} - h_{m完} \quad (4-3-1)$$

式中　Δh_{im}——对比层顶、底界面深度差值，m；

$h_{m后}$——套后曲线对比层顶、底界面深度值，m；

$h_{m完}$——测井综合解释成果图中对比层顶、底界面深度值，m。

（二）用对比层（薄砂层或薄致密层）尖峰确定其深度差值

(1) 所选对比层经平差后，求得对比层尖峰的深度值。

(2) 根据对比层尖峰深度差值公式，确定对比层深度差值，即：

$$\Delta h_{if} = h_{f后} - h_{f完} \quad (4-3-2)$$

式中　Δh_{if}——对比层尖峰深度差值，m；

$h_{f后}$——套后曲线对比层尖峰深度值，m；

$h_{f完}$——测井综合解释成果图上对比层尖峰深度值，m。

（三）用对比层（薄钙质层或薄砂层）的地层中点确定其深度差值

(1) 在测井综合解释成果图中的微电极曲线上求出对比层厚度。

以微梯度曲线峰值底部起幅度的1/3处为对比层厚度。

(2) 在测井综合解释成果图中短电极曲线上求出对比层地层中点深度值。

用短电极曲线的峰值深度减去由微电极曲线划出的该对比层厚度的1/2。

(3) 在套后中子伽马曲线上对所选对比层的尖峰进行平差，求得对比层地层中点深度值。

(4) 根据对比层的地层中点深度差值公式，确定对比层的深度差值，即：

$$\Delta h_{iz} = h_{z后} - h_{z完} \quad (4-3-3)$$

式中　Δh_{iz}——对比层地层中点深度差值，m；

$h_{z后}$——对比层地层中点在套后中子伽马曲线上的深度值，m；

$h_{z完}$——对比层地层中点在完井电测综合解释成果图中短电极曲线上深度，m。

（四）对比层深度值及对比层深度差值的质量要求

在深度比例为1:200的测井综合解释成果图及套后放—磁测井图上，取值必须精确到0.01m；各对比层确定的深度差值其绝对值变化不得超过0.20m。

（五）计算校正值

根据所计算出的对比层的深度差值，利用计算校正值的公式，求出井的校正值。

计算校正值公式：

$$\Delta h = \sum_{i=1}^{5} \frac{\Delta h_i}{i} \quad (4-3-4)$$

$$\Delta H = \Delta h + K \quad (4-3-5)$$

式中　Δh_i——所选对比层深度差值，m；

  i——所选对比层的数量；
  Δh——对比层深度差值的平均值，m；
  ΔH——放射性深度校正值，m；
  K——滞后值。
  注：滞后值是指由于放射性测井地面仪器采用积分电路进行记录，所以记录的脉冲数已滞后了一段时间，在这段时间里井下仪器运行的长度叫滞后值。滞后值可根据各油田实际情况自行确定。

  （六）校正值的基本要求
  选取 2-3 个具有代表性的单层校正值，平均后加上滞后值作为该井的校正值。各对比层的深度校正值变化不超过 0.20m；两个对比层之间的距离应超过 20m（特殊井除外）；射孔井段单层校正值变化有明显规律，差值大于 0.20m 可分段取值。并在放射性校深卡上注明校正值的使用范围。

第四节　射孔深度计算

一、射孔深度计算的基本概念

  射孔仪器零长：指从射孔磁性定位仪器的记录点至电缆马笼头上界面的长度。
  炮头长：指射孔磁性定位仪器的记录点至下井枪身第一发弹上界面的距离。
  上提值：当采用磁性定位射孔时，磁性定位仪器的记录点对准标准接箍后，为了使射孔器对准油层，需要把射孔器上提一段距离，这段距离叫上提值。
  点火记号深度：指在定位射孔时，当射孔器正好对准油层时，电缆零点至套管头平面的长度。
  点火记号丈量值：指前一次点火记号深度与后一次点火记号深度之差。

二、射孔深度计算的基本公式

  （一）上提值的计算公式

$$S = (H_{标} + P) - (Y + \Delta H) \tag{4-4-1}$$

式中　S——上提值，m；
  $H_{标}$——标准接箍深度，m；
  P——炮头长，m；
  Y——射孔井段油层顶部深度，m；
  ΔH——校正值，m。
  例：某井油层顶部深度为 1040.20m，标准接箍深度为 1043.80m，炮头长为 1.0m，校正值为 0，那么上提值为：

$$S = (1043.80 + 1.0) - (1040.20 + 0) = 4.60\text{m}$$

（二）点火记号深度计算公式

$$D = Y + \Delta H - (P + T + Y_i) \quad (4\text{-}4\text{-}2)$$

式中　D——点火记号深度，m；
　　　Y——油层顶部深度，m；
　　　ΔH——校正值，m；
　　　P——炮头长，m；
　　　T——套补距，m；
　　　Y_i——仪器零长，m。

例：某井油层顶部深度为 1040.20m，炮头长为 1.0m，仪器零长为 0.50m，套补距为 2.70m，校正值为 0，那么点火记号深度值为：

$$D = 1040.20 + 0 - (1.0 + 0.50 + 2.70) = 1036.00\text{m}$$

（三）点火记号丈量值计算公式

$$Z = D_\text{前} - D_\text{后} \quad (4\text{-}4\text{-}3)$$

式中　Z——点火记号丈量值，m；
　　　$D_\text{前}$——前一次射孔点火记号深度，m；
　　　$D_\text{后}$——后一次射孔点火记号深度，m。

三、油管输送式射孔深度计算公式

（一）确定标志层

（1）使用测井综合解释成果图中的自然伽马曲线，在射开油层顶部规定范围内选择对比层作为标志层。

（2）所选择的标志层，要求层位明显、曲线正负差异大、尖峰或波谷突出。

（3）标志层确定后应在图中注明，并将深度点做出明显标记，写出深度读数。

（二）理论短标距计算公式

理论短标距是指当射孔器对准目的层时油管定位短接上接箍中点至标志层深度点的距离。计算公式：

$$L = (Y - P) - E \quad (4\text{-}4\text{-}4)$$

式中　L——理论短标距，m；
　　　Y——油层顶部深度，m；
　　　P——炮头长，m；
　　　E——标志层深度点深度，m。

（三）预下管柱长度计算公式

$$G = (Y + \Delta H - P) - T + J \quad (4\text{-}4\text{-}5)$$

式中　G——预下管柱长度，m；
　　　Y——油层顶部深度，m；

ΔH——校正值，m；

P——炮头长，m；

T——套补距，m；

J——井口高（套管头至井口法兰盘面距离），m。

（四）调整管柱计算公式

$$L_T = F - L + C \tag{4-4-6}$$

式中　L_T——调整值，m；

F——现场施工时测得的定位短接与标志层在射孔施工定位曲线上的相对位置，m，定位短接所处位置深于标志层时，实测短标距为正值，反之为负值；

L——理论短标距，m；

C——由 CCL 记录点至 GR 记录点的距离、GR 滞后值、GR 记录道和 CCL 记录道起始点差值三个因素构成，m。

四、射孔深度计算施工数据报表的审核要求

施工数据表上的井号、套补距、弹型、总弹数、层数、每一次的油底、每一次的油顶应与射孔深度通知单一致；

施工数据表上每一次的标准接箍、上标、下标应与套后放—磁曲线图上标注的数据一致；

施工数据表上的校正值应与放射性校深卡上的校正值一致；

施工数据表上的次数与射孔装炮施工设计上的次数必须一致；

施工数据表上的炮头长必须与所用的枪型和施工方式相对应；

点火记号深度值、点火上提值、丈量值等数据的计算必须准确无误；

施工数据的电子文档要求正确。

第五节　特殊情况下的射孔深度计算

一、井口下沉的射孔深度计算方法

在射孔施工中，射孔深度零点以原钻机的转盘平面为依据。但由于个别油、水井井口没有封固好或其他原因，造成油层上部的套管下沉，使套管头至原钻机转盘平面的距离（套补距）比原来的距离大（图 4-5-1）。

若在套管头下沉后的套管井内测前磁曲线（射孔前测的磁定位曲线），如果没有考虑套管下沉这一数值，仍以原来的套补距为准，那么所测的套管接箍深度就会比未下沉情况下浅，因为此时的深度零点已经改变。这样接箍的深度与油层的深度就不是以同一个零点计算的。射孔时两者的深度必须是统一的，在测前磁曲线时，应考虑下沉的这一数值，射孔时同样也要考虑这一数值，两者深度统一，射准油层。

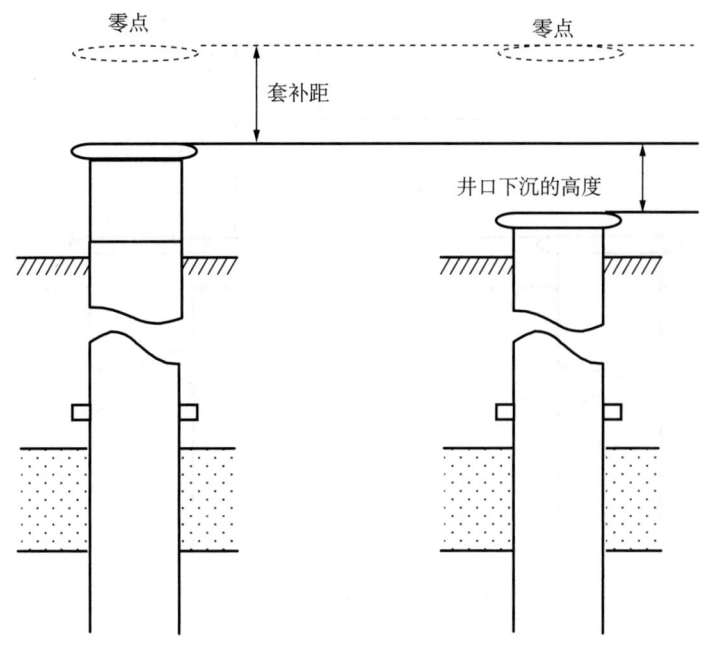

图 4-5-1 井口下沉示意图

二、修井后非原钻机井口射孔的计算方法

在一些井的事故处理过程中，需要重新搬上钻机修井作业，并在该钻机上射孔。此时，第二部钻机与原钻机的转盘平面有差值时，在射孔深度计算时就必须要加以考虑，因为油层深度是以第一部钻机的转盘平面为深度零点计算的，并且在原钻机射孔时以套管头平面为施工零点。而在修井射孔施工时零点是在第二部钻机的转盘平面上，因此在第二部钻机上射孔施工时，必须考虑原钻机和第二部钻机的套补距差值。

在实际射孔深度计算时，为了便于理解，把原钻机套补距和第二部钻机套补距分别设为 T_1、T_2 两个量，并令 T_1 为正，T_2 为负，再用它们的代数和充当套补距进行计算。

（1）如果两部钻机的转盘平面恰好等高，即：$T_1 = T_2$，其代数和为零，那么在第二部钻机上射孔就等于原钻机射孔一样。

（2）如果原钻机转盘平面高于第二部钻机转盘平面，即：$|T_1| > |T_2|$，那么在第二部钻机上射孔的深度计算类似于现在作业井的射孔计算。

（3）如果原钻机转盘平面低于第二部钻机转盘平面，即：$|T_1| < |T_2|$，那么在第二部钻机上射孔的深度计算中的套补距就以负值参加计算。

[示例]：第一部钻机套补距为 2.40m，修井的第二部钻机套补距为 2.70m，如图 4-5-2 所示，油层顶部深度为 1120.70m，炮头长为 1.0m，仪器零长为 0.50m，那么点火记号深度为多少？

解：令 $T_1 = 2.40\text{m}$，$T_2 = 2.70\text{m}$
根据式（4-4-2）：
$$D = 1120.70 - [1.0 + 0.50 + (T_1 - T_2)]$$
$$= 1120.70 - [1.0 + 0.50 + (-0.30)]$$
$$= 1119.50\text{m}$$

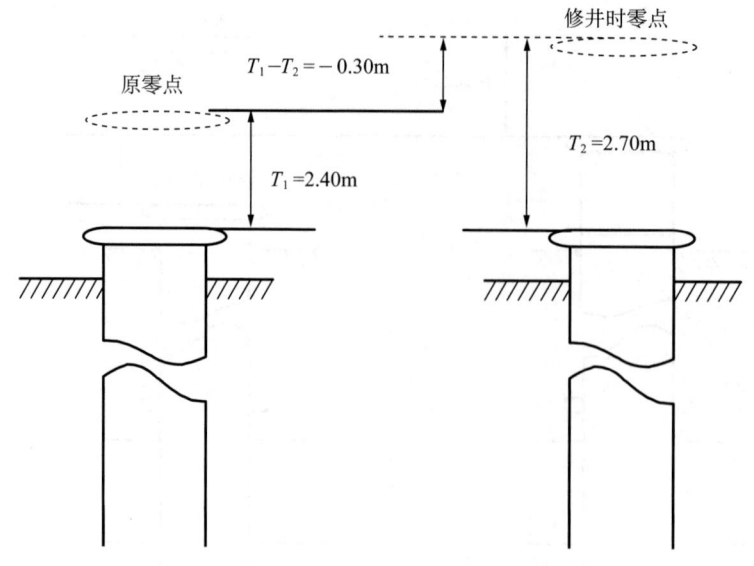

图 4-5-2 非原钻机射孔示意图

第六节　装炮施工设计及工艺

一、射孔自动化排炮的原理和方法

（一）自动化排炮的基本原理

自动化排炮就是采用计算机技术，通过对油管输送射孔和电缆输送射孔装炮过程、习惯并结合现场实际情况进行分析总结，设计程序实现了自动优化排炮。

（二）自动化排炮的方法

1. 油管输送的排炮

（1）油管输送射孔排炮采用由下向上顺序布弹。合理选用射孔枪长度和安排接头位置，尽量使接头排在夹层，保证实装孔数最多，所射油层最长。

（2）当油层厚度大于最长枪的长度时，优先选择最长枪，最后一支枪长根据剩余的油层厚度和上一层的情况综合考虑选用。

（3）同一个油层，在使用同样多接头情况下尽量使接头均布在油层内，减少对最终产油效果的影响。在有多个夹层的情况下，考虑层与层之间的结合，用适当的枪长组合保证油层不被接头占去。

2. 电缆输送的排炮

（1）电缆输送射孔排炮采用由上而下的布弹方式。

（2）分层时，对于油层厚度小于最长枪的，直接选取大于油层厚度的枪；对于油层厚度小于最长枪的，按先取合适的整数长度作为一炮，剩下的零头作为一炮；对于油层厚度远大于最长枪的，先选用长枪。对于因井况等特殊原因不能使用长枪的，采用限流方式。

（3）把较长的一枪作为先下的一炮，短的作为后下的一炮。考虑不可预知井底水泥塞深度，为了防止口袋浅，第一炮要单独考虑。如果预知井底水泥塞深度，根据口袋长度自动将下面一炮分成满足施工条件的层厚。

（4）合层时，优先满足分层条件，剩余部分和邻近的油层及夹层相加，如果不超出最长枪的长度，即进行合层。同时根据上下油层及中间的油层进行综合判断，中间的油层也可与上下油层进行合层，减少下井次数。

（三）自动化排炮方法的应用

以大庆油田试油试采公司的"射孔资料处理系统"软件为例，该软件是采用Visual C#.Net程序设计语言开发的。收集单井信息存档及查询、油管输送射孔排炮、电缆输送射孔排炮、油管输送管柱设计、射孔资料校深及施工据数处理功能于一体，实现了多功能的整合。

1. 射孔通知单存档及查询

软件采用油田—井—通知单和曲线的树型层次结构进行数据管理，并显示在操作界面中。每口井的通知单、排炮信息、校深结果以单井信息字典的形式存储；软件有600多项数据通过字典添加到不同井类型、枪弹类型、孔密类型数据库，不同枪长、接头长、另长、多级起爆等配套器材的数据库，工具器材图例数据库，供程序调用。

2. 油管输送射孔排炮

系统默认给出了常用的枪、弹组合所对应的接头、枪长、下井工具长度，减少输入频次。输入基础数据后，软件进行自动优化排炮。通过限制枪长对自动装炮所使用的枪长序列进行限制（图4-6-1）。

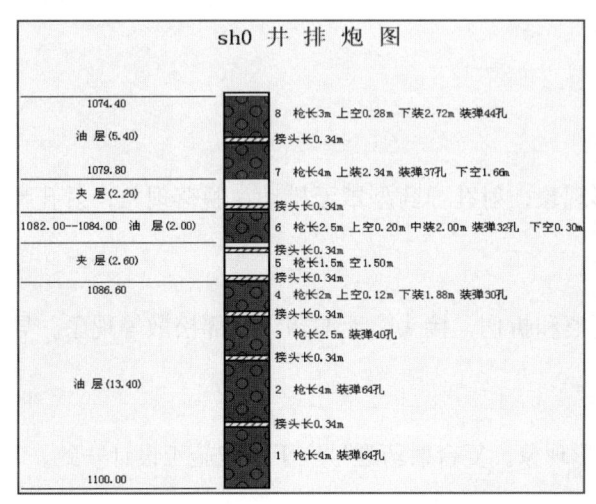

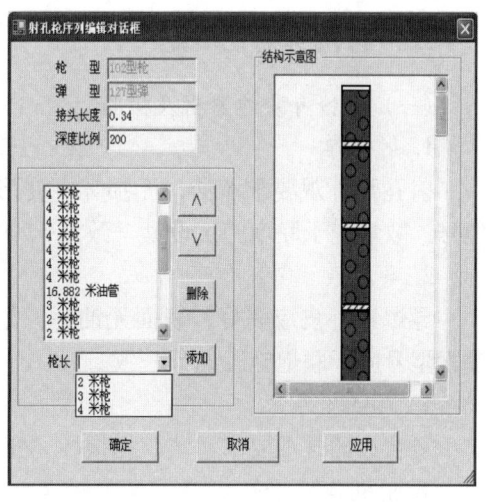

图4-6-1 油管输送射孔排炮

系统根据夹层长度判断是否采用多级起爆，并可人工选择采用增压式还是投棒式多级起爆。对装炮结果进行枪序编辑，任意调整射孔枪的位置，任意添加或删除射孔枪。

生成的装炮图和装配单对射孔层位、夹层层位、射孔枪长、接头长度、多级起爆等器材工具长度和每支枪装炮实装孔数、空弹长度进行了详细标注，并统计装炮总孔数、所用射孔枪的数量。便于下一个工作环节的人员进行准备、装配和核对。

3. 电缆输送射孔排炮计算

能自动实现电缆输送射孔优化排炮，保证最少下井次数。排炮时软件会根据井底口袋的深浅进行判断,自动选择使用较短的射孔枪。能人工选择编辑射孔枪中射孔弹排弹方向,上提数随动改变。对于侧钻井等井况原因有特殊要求的,可以选择限流排炮。分层及排炮完毕后,输入标准接箍数据,自动计算上提数,并生成射孔施工表和装配单。

4. 油管输送管柱设计

油管输送射孔排炮后,自动生成射孔序列结构示意图,将起爆器以上的工具和管柱输入名称、深度、长度、直径、扣型数据后,相应的图例自动添加到示意图中,最终形成完整的油管输送射孔施工管柱结构图表。

5. 射孔资料校深处理

能完成同名曲线校深和异名曲线校深。将不同格式的裸眼井测井原始曲线和固井后的放磁测井曲线一起加载,进行自动校深或人机联作校深,最后输出深度校正表和接箍深度表。

6. 输出成果

软件可输出射孔通知单、射孔装配单、油管输送装炮图、射孔施工管柱、射孔施工表、深度校正表、接箍深度表。所有表单可以保存为图像、pdf、word 格式文件,便于相互间传输和存档。

软件具备形成油管输送射孔施工设计报告功能。软件以基础数据、射孔方案、工程要求、现场施工要求、安全质量控制、配合注意事项等六个部分组成施工设计报告并输出。

"射孔资料处理系统"软件充分考虑了具体工作中的绝大多数情况,实现校深、数据处理、装炮设计的自动化、数字化,给射孔工作人员带来了极大的便利,产生了良好效益。

二、有枪身射孔装炮

(一)有枪身装炮器材及检验

1. 射孔弹

射孔弹外观要求清洁,无损坏、变形现象,射孔弹药型罩无松动、脱落现象,射孔弹型号、数量应于联炮施工设计一致。

2. 导爆索

导爆索外皮应完好,表面无油污、划痕和折伤、接头、无漏药、局部松散等现象。导爆索型号应于联炮施工设计一致。

3. 复合火药

复合火药外观要求清洁,无损坏、变形现象。复合射药型号应于联炮施工设计一致。

4. 射孔弹架

射孔弹架孔眼要求均匀,无多孔或少孔现象;弹架总长与其标准长度误差应控制在规定范围内;射孔弹架定位销应完好;射孔弹架两端的定位盘应紧固。射孔弹架型号应于联炮施工设计一致。

(二)有枪身装炮方法

1. 导爆索外绕式装炮

首先,将选好的射孔弹架放在操作台上,再依据射孔施工联炮图检查枪身牌上的井号、次数,无误后挂在弹架的头部。

将导爆索的一端穿过弹架头部的导爆索穿孔,根据电缆传输射孔与油管传输射孔的不同要求，预留规定的导爆索长度（特殊施工按设计预留），将导爆索护帽套在导爆索切面上，并用锁口钳卡紧，防止漏药。

按射孔施工联炮图上的油夹层要求，将射孔弹用专用工具装入弹架相应孔内。复合射孔需要在射孔弹间安装复合火药。将导爆索按顺时针方向压入射孔弹导爆索槽内，用胶锤压紧射孔弹压丝，要求导爆索松紧适度，保证高温收缩时不影响其传爆（图4-6-2）。

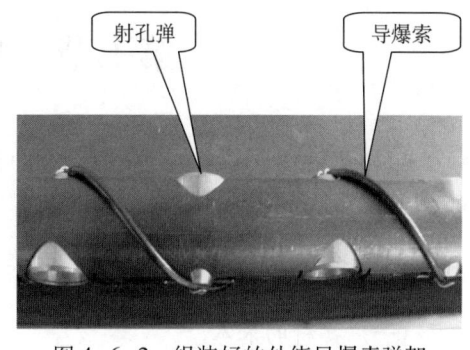

图4-6-2 组装好的外绕导爆索弹架

2. 导爆索内置式装炮

1）导爆索内置式装炮原理

与导爆索外绕式装炮相对比，导爆索内置式装炮弹架内径增大，使用射孔弹套固定射孔弹。射孔弹套为尼龙材质，摩擦不会产生静电，韧性大。

射孔弹套的上下两端分别带有固定器，可以把弹套牢牢固定在弹架上；在弹套端口方向，两侧呈开口形，增加弹性，射孔弹容易装入；在开口处装有止退件，能有效防止射孔弹脱落（图4-6-3、图4-6-4）。由于固定器和止退件的存在，使弹套和射孔弹在弹架上的位置固定不动，确保射孔弹能够水平穿孔。

图4-6-3 固定器

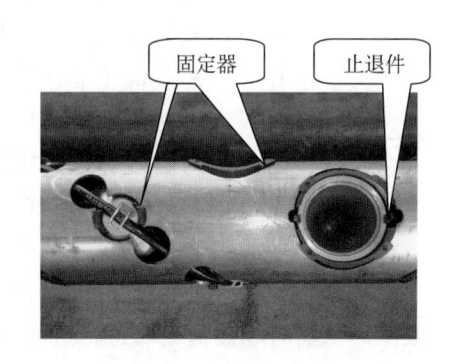

图4-6-4 固定器与止退件

2）导爆索内置式装炮方法

装炮时，导爆索从射孔弹架内部穿过后，安装对射孔弹起固定作用的弹套，导爆索要按顺时针方向装在弹套内，把射孔弹上导爆索槽对准弹套内的导爆索安装射孔弹，压紧压丝，组装完成。

（三）装炮自检

装炮工对组装好的应进行自检，检验内容包括：枪身牌上井号、次数、射孔弹型、复合火药型号、弹架规格、油夹层厚度应与联炮施工设计相符；弹架要求定位销齐全，定位牌牢固，弹架总长误差在标准范围内；导爆索要求压紧在射孔弹导爆索槽内，且留出标准长度。

第七节　自动化标图、校深

自动化标图、校深是指射孔深度计算过程中，应用射孔深度计算软件自动完成标图、校深、数据计算等工作。

一、资料的录入与复核

（一）资料的录入

对接收的资料进行解编，并录入到数据库中。

（二）资料的复核

应用射孔深度计算软件来核对射孔深度通知单、测井综合解释曲线以及套后放—磁曲线，达到标准要求。

二、自动化标图方法

自动化标图是用计算机自动搜索深度定位曲线中的接箍尖峰并计算接箍深度，其原理如下：

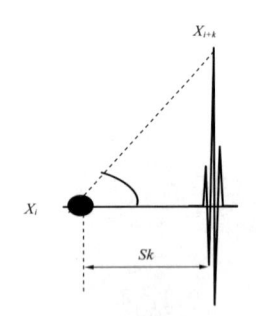

图 4-7-1　计算接箍位置图

首先利用相对幅度值判定方法找到接箍所在位置。根据接箍信号的特点，接箍信号的主尖峰总是高于非接箍尖峰，即使套管被磁化产生了干扰信号在接箍尖峰的一个邻域内，接箍主尖峰也总是高于非接箍尖峰，即接箍尖峰与磁化干扰尖峰之间有一个相对幅度差，利用接箍信号的这一特点可以有效过滤掉磁化干扰信号，准确定位接箍信号。

在接箍的搜索过程中根据接箍尖峰与非接箍尖峰有相对幅度差的特点，两个接箍数据点连线与该两点在深度上的投影会形成一个三角形。将两个接箍数据点连线与深度形成的夹角的正切值作为门限值，从而对非接箍尖峰进行过滤（图 4-7-1）。

设 C 为接箍曲线的所有采样点的数据集合，$C=(X_1, X_2, \cdots, X_N)$，$X_i$（$i=1, 2, \cdots, N$）为接箍曲线第 i 个采样点的幅度值，N 为接箍曲线采样点的个数：

$$T = \frac{X_{i+k} - X_i}{Sk}$$

式中　X_{i+k}——第 $i+k$ 个采样点的曲线幅度值；

　　　X_i——第 i 个采样点的曲线幅度值；

　　　S——采样间距；

　　　k——测试长度内的采样点个数；

　　　T——测试长度内两个接箍数据点连线与深度形成的夹角的正切值。

测试长度一般取 50 个采样间距的距离即 $k=50$，T 值取大于零且两个接箍数据点连线与深度形成的夹角大于 70° 的正切值。采用该范围不能处理的井则通过人机交互，修改夹角大小来确定。

其次，根据相对幅度值法确定的接箍位置，计算接箍尖峰深度。根据相对幅度值法确定的接箍位置，在该位置的一个小的邻域内（左右各取 50 个点）寻找一个极大值作为接箍尖峰，并计算该接箍尖峰的深度。利用干扰尖峰与接箍尖峰之间的相对幅度差进行计算，避免了单纯依靠幅度门限值和最大值方法计算时某局部接箍尖峰幅度小于曲线其他位置的干扰尖峰幅度而漏掉真实接箍，或者为了兼顾小幅度接箍尖峰而识别了干扰尖峰幅度较高的伪尖峰。

最后，将接箍尖峰深度两两做差求出两个接箍之间的套管长度。

三、自动化校深

自动化校深是把套前、套后两条自然伽马曲线的数字资料进行深度对齐的反演，结合自然伽马射线强度与泥质含量之间的相互关系，以及统计学中峰度与偏度的计算，确定套前曲线泥岩尖峰与砂岩层段，选取特征层段，通过计算特征层段与套后自然伽马曲线段相似度，选取最大相似度层段，并进行综合分析和判断，找出两次测井过程中因各种原因所产生的误差。同时，通过对校正值分布规律的分析验证，求取最精确的井的校正值。

（一）校深方法

根据测井曲线在不同地层的表现特征，以及多年来的实践经验，将校深方法的实现分为以下两种。

1. 自然伽马曲线尖峰深度校正

首先，利用自然伽马射线强度与泥质含量之间的相互关系提取泥岩段，并计算出该段中的幅度值最大的曲线尖峰作为备选尖峰；计算所有备选尖峰的峰度和偏度，选出尖峰幅值比较大，峰度近似尖锐，尖峰附近曲线形态近似符合正态分布的尖峰，以此作为套前自然伽马曲线尖峰。

其次，采用相关算法计算套前尖峰所在的特征层段与套后曲线段相似度最大的位置，逐步确定出最大相似度的套后曲线段。

最后，在找到的套后曲线段上，先计算出幅值最大的曲线尖峰，分别计算这些尖峰的峰度和偏度，选出尖峰尖锐程度，以及尖峰附近曲线符合正态分布程度与套前尖峰最为接近的尖峰，求出该尖峰的校正值。

2. 砂岩层顶、底界面深度校正

首先，利用计算机计算微电位与微梯度曲线之差，将数值形成新的曲线数据，作为两曲线的活度曲线。微电位与微梯度没有幅值差的地方，在活度曲线上表现为接近于 0 的数值；微电位与微梯度有幅值差的地方，在活度曲线上表现为有一定幅值的波峰。利用这个特性，计算在活度曲线上出现峰值的曲线段位置，该处即为微电极曲线出现幅度差的位置，也即为砂岩层层段位置处。

其次，从根据活度曲线判断出的所有曲线段中，筛选出套前小层解释信息中已经标明厚度的曲线段；在计算对应的活度曲线段的偏度值，波峰向上偏时，选择微电位与微梯度分离的上界面深度作为套前层位界面深度，反之，波峰向下偏时，选择其下界面深度作为套前层位界面深度。

最后，采用曲线相似算法计算特征层段与套后曲线段相似度，逐步检查出最大相似度的套后曲线段，通过计算点相似度和层厚，确定相似套后曲线段上的相似半幅点，求出砂岩层段校正值。

（二）确定校正值

在多年实践经验的基础上，对取得的尖峰校正值与层段校正值进行合理的筛选，并按要求进行加权平均计算最终校正值，方法如下：

根据单层校正值的分布规律，并可参照该井中的尖峰校正值，筛选出最佳校正层段；再根据尖峰校正值与层段校正值分布规律，去掉无根据突变数值，对最佳层段中所有尖峰校正值与单层校正值加权平均，即确定为该层段的最佳校正值。

第五章 射孔方案优化设计

射孔方案优化设计就是在满足油气井工程和地质要求的前提下，通过分析不同孔深、孔径、孔密等射孔参数对产能的影响，优选合适的射孔器、负压值、射孔液及射孔方式，利用射孔优化设计软件进行单井或区块射孔方案优化设计，给出射孔方案，以达到保护油层和提高油气井生产能力的目的。

第一节 常规射孔优化设计

一、基本参数

（一）地层厚度

选用"射孔层位通知单"中提供的有效厚度；在无有效厚度的情况下选用砂岩厚度。

（二）渗透率

根据实际情况选用岩心分析的渗透率、测井解释渗透率加权平均值或中途测试解释得到的渗透率。

（三）孔隙度

选用岩心分析的有效孔隙度加权平均值；在无岩心分析孔隙度时选用声波测井解释得到的孔隙度。

（四）地层压力

选用实测地层压力，也可选用预测的地层压力或邻井同层位地层压力。

（五）井底流动压力

探井选用根据地层条件及试油工艺预测的井底流动压力。

开发井选用根据地区、地层条件及开发要求预测的井底流动压力。

（六）体积系数、压缩系数、原油黏度

选用邻井同层高压物性资料。

（七）油井半径

选用钻井时使用钻头的半径。

（八）供油半径

探井供油半径利用下式计算：

$$r_\mathrm{i} = 3.79\sqrt{\frac{KT}{\mu\phi C_\mathrm{t}}} \qquad (5-1-1)$$

式中　r_i——供油半径，m；

K——地层渗透率，μm^2；

T——试油设计总开井时间，h；

μ——原油黏度，$mPa \cdot s$；

ϕ——地层有效孔隙度，小数；

C_t——压缩系数，MPa^{-1}。

开发井根据井网类型、井距确定。

（九）垂向渗透率与水平向渗透率的比值

选用实测岩心数据。

（十）污染深度

用地层岩心及实际钻井液通过室内实验求得，也可根据区域研究（考虑不同地层条件，不同钻井液类型及性能，油层浸泡时间）结果，结合该井实际情况进行确定。

室内试验得到的计算污染深度公式：

$$L_d = \frac{1}{2} B \cdot r_w \left[\ln\left(r_w + 2A\sqrt{\Delta\gamma \cdot r_L \cdot H \cdot T}\right) - \ln r_w \right] \tag{5-1-2}$$

式中 L_d——污染深度，cm；

r_w——油井半径，cm；

B——结构参数，1.291；

A——0.06476，回归常数；

$\Delta\gamma$——钻井液密度与地层压力系数之差；

H——井深，m；

T——钻井液浸泡时间，h；

r_L——钻井液失水，mL。

（十一）污染程度

选用室内实验数据，也可根据区域研究（考虑地层泥质含量，黏土矿物成分、类型及存在形式，孔隙结构，胶结类型，钻井液类型及性能）结果，结合该井层实际情况进行确定。

（十二）气组分参数

选用邻井同层高压物性资料。

（十三）射孔参数确定

1. 穿孔深度

用石油工业油气田射孔器材质量监督检验中心提供的射孔弹在贝雷砂岩靶上的穿孔深度及贝雷砂岩、地层砂岩的孔隙度、渗透率进行折算。

1）孔隙度法折算穿孔深度公式

当 $\phi_f / \phi_B < 1$ 时：

$$L_{pf} = L_{pB} \left(\frac{\phi_f}{\phi_B}\right)^{1.5} \left(\frac{19}{\phi_f}\right)^{0.5} \tag{5-1-3}$$

当 $\phi_f / \phi_B = 1$ 时：

$$L_{pf} = L_{pB}$$

当 $\phi_f/\phi_B > 1$ 时：

$$\phi_B < 19\%: L_{pf} = L_{pB}\left(\frac{\phi_f}{\phi_B}\right)^{1.5}\left(\frac{\phi_B}{19}\right)^{0.5} \quad (5-1-4)$$

$$\phi_B \geqslant 19\%: L_{pf} = L_{pB}\left(\frac{\phi_f}{\phi_B}\right)^{1.5} \quad (5-1-5)$$

式中　ϕ_f——地层孔隙度，小数；
　　　ϕ_B——贝雷砂岩靶孔隙度，小数；
　　　L_{pf}——地层条件下穿深，cm；
　　　L_{pB}——贝雷砂岩靶穿深，cm。

2）渗透率法折算穿孔深度公式

$$L_{pf} = L_{pB}\left(1 + A_p \ln\frac{K_f}{K_B}\right) \quad (5-1-6)$$

式中　L_{pf}——地层条件下穿深，cm；
　　　L_{pB}——贝雷砂岩靶穿深，cm；
　　　A_p——与岩石性质有关的校正参数；
　　　K_f、K_B——分别为地层和贝雷岩心的渗透率，μm^2。

2. 孔密

根据射孔器结构确定或依据方案设计确定。

3. 孔径

选用石油工业油气田射孔器材质量监督检验中心提供的射孔弹在贝雷砂岩靶发射端钢板上的平均孔径。

4. 相位

根据射孔器结构确定。

5. 压实厚度

根据石油工业油气田射孔器材质量监督检验测试中心实测数据确定，若无实测数据，一般取值 12～15mm。

6. 压实程度

根据石油工业油气田射孔器材质量监督检验中心实测数据确定，若无实测数据根据压实厚度和石油工业油气田射孔器材质量监督检验中心提供的流动效率（CFE）值进行计算。公式如下：

$$\frac{1}{K_c} = 1 + \frac{2L_p(L_o - L_p)/R_p^2 + \ln(R_o/R_p)}{\ln(R_c/R_p)} \cdot \left(\frac{1}{CFE} - 1\right) \quad (5-1-7)$$

式中　CFE——流动效率；
　　　L_o——贝雷砂岩靶长度，mm；
　　　L_p——射孔弹在贝雷砂岩靶上的穿孔深度，mm；

R_o——贝雷砂岩靶半径，mm；

R_p——射孔孔眼半径，mm；

R_c——压实带半径（压实厚度与孔眼半径之和），mm；

K_c——压实程度。

在参数优选过程中，优先采用本井本层数据，在没有本井本层数据时，可采用同区块邻井同层位的数据。

二、常规射孔优化的理论基础

（一）稳定渗流条件射孔模型及其求解

1. 油井数学模型

按照射孔完井渗流场的特点，考虑三维各向异性的渗流方程，数学模型采用三维单相稳定渗流方程：

$$\begin{cases} \dfrac{\partial}{\partial x}\left(\dfrac{K}{\mu}\dfrac{\partial p}{\partial x}\right) + \dfrac{\partial}{\partial y}\left(\dfrac{K}{\mu}\dfrac{\partial p}{\partial y}\right) + \dfrac{\partial}{\partial z}\left(\dfrac{K}{\mu}\dfrac{\partial p}{\partial z}\right) = 0 & (x,y) \in \Omega \\ p|_{\Gamma_1} = f \\ \dfrac{\partial p}{\partial n}\bigg|_{\Gamma_2} = q \end{cases} \quad (5-1-8)$$

式中 p——地层压力，MPa；

K——地层渗透率，μm^2；

μ——地层原油黏度，mPa·s；

q——流量，m^3/d；

Γ_1——已知压力边界；

Γ_2——已知流量边界，当 q 等于 0 时，为不渗透边界；

n—— Γ_2 的法线方向；

Ω——渗流区域。

根据变分原理，数学模型[式（5-1-8）]可转化为下列泛函的极值问题：

$$I(p) = \iiint_\Omega \left\{ \frac{1}{2}\frac{K}{\mu}\left[\left(\frac{\partial p}{\partial x}\right)^2 + \left(\frac{\partial p}{\partial y}\right)^2 + \left(\frac{\partial p}{\partial z}\right)^2\right]\right\} dxdydz + \iint_{\Gamma_2} qp d\Gamma \quad (5-1-9)$$

求式（5-1-9）的极值使用离散化方法，把渗流区域（Ω）剖分成四面体单元，设共有 M 个单元和 N 个节点，按上段所述，此时压力函数 $p(x, y, z)$ 可用 N 个节点的压力值（$p_1, p_2, p_3 \cdots\cdots p_N$）近似确定，以此代入式（5-1-8）中，泛函 $I(p)$ 就近似地变成了多元函数，于是对于 $I(p)$ 求极值的问题变成了解方程组：

$$\frac{\partial I}{\partial p_i} = 0 \quad (i=1, 2, 3, \cdots, N) \quad (5-1-10)$$

经过推导，得第 i 个节点的有限元方程：

$$\sum_{e=1}^{H} \frac{1}{36V_e} \left[\frac{K}{\mu} (b_i b_i + c_i c_i + d_i d_i) p_i + (b_i b_j + c_i c_j + d_i d_j) p_j + (b_i b_k + c_i c_k + d_i d_k) p_k \right.$$

$$\left. + (b_i b_m + c_i c_m + d_i d_m) p_m \right] + \frac{1}{3} q \Gamma_e = 0 \tag{5-1-11}$$

同理可写出其他节点的有限元方程，就形成了有限元方程组。

通过对稳定渗流条件下的数学模型求解，给出油井产量、表皮系数及 IPR 曲线（图 5-1-1）。

2. 气井数学模型

根据气井渗流力学理论，采用气体的标准拟压力，建立在稳定渗流条件下射孔参数与气井产能的关系方程，给出气井产量、表皮系数及 IPR 曲线（图 5-1-2）等，为气井射孔优化提供依据。

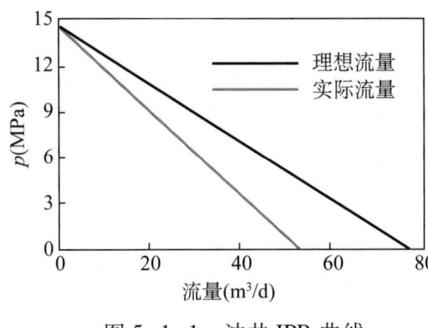

图 5-1-1　油井 IPR 曲线　　　　图 5-1-2　气井 IPR 曲线

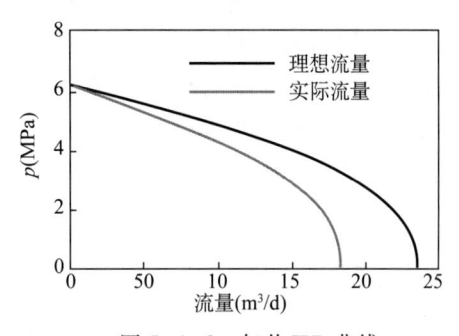

在实际的应用中，对于气体的处理，常用气体标准压力 $m(p)$ 代替气体拟压力 ψ，气体标准压力 $m(p)$ 的定义为：

$$m(p) = \frac{\mu_i z_i}{p_i} \psi \tag{5-1-12}$$

将气体的状态方程、达西定律代入连续性方程（不考虑源汇项），经过整理，最后得到气体标准压力所满足的方程为：

$$\nabla^2 m(p) = \frac{\phi \mu C_g}{K} \frac{\partial m(p)}{\partial t} \tag{5-1-13}$$

式中　μ_i，z_i——分别是原始地层压力 p_i 下的气体黏度及偏差因子；

考虑气藏的各相异性，气体标准压力 $m(p)$ 所满足的方程：

$$K_r \left(\frac{\partial^2 m(p)}{\partial r^2} + \frac{1}{r} \frac{\partial m(p)}{\partial r} + \frac{1}{r^2} \frac{\partial^2 m(p)}{\partial \theta^2} \right) + K_z \frac{\partial^2 m(p)}{\partial z^2} = \phi \mu C_t \frac{\partial m(p)}{\partial t} \tag{5-1-14}$$

由于气体的渗流存在湍流效应，根据气体流动的总表皮系数 S_t，考虑各向异性、气体的湍流系数 D，可得到在稳定流的情况下，考虑射孔的实际井产量：

$$q_{ga} = \frac{\sqrt{\left(\ln \frac{R_e}{r_w} + S_t\right)^2 + \frac{4DKh(m_i - m_{wf})}{1.842 \times 10^{-3} B_g \mu_g}} - \left(\ln \frac{R_e}{r_w} + S_t\right)}{2D} \tag{5-1-15}$$

同理，可得到在稳定流的情况下，理想井产量：

$$q_{gi} = \frac{\sqrt{\ln^2 \frac{R_e}{r_w} + \frac{4DKh(m_i - m_{wf})}{1.842 \times 10^{-3} B_g \mu_g}} - \ln \frac{R_e}{r_w}}{2D} \tag{5-1-16}$$

最后得到气井的产率比：

$$\gamma_{gq} = \frac{\sqrt{\left(\ln \frac{R_e}{r_w} + S_t\right)^2 + \frac{4DKh(m_i - m_{wf})}{1.842 \times 10^{-3} B_g \mu_g}} - \left(\ln \frac{R_e}{r_w} + S_t\right)}{\sqrt{\ln^2 \frac{R_e}{r_w} + \frac{4DKh(m_i - m_{wf})}{1.842 \times 10^{-3} B_g \mu_g}} - \ln \frac{R_e}{r_w}} \tag{5-1-17}$$

（二）不稳定渗流条件下射孔模型及其求解

在这部分的研究中将射孔孔眼考虑成线源，采用无限大平面中任意方向线段源的瞬时源函数 G_{xy} 及铅直方向的瞬时源函数 G_z，根据 Newman 乘积原理得出一个射孔孔眼的 Green 函数 $G_{xy} \cdot G_z$，最后根据叠加原理给出实际射孔情况下的地层压力、井底压力表达式。

无限大地层中的 xy 平面上任意角度的线段源函数 G_{xy} 可表示成：

$$G_{xy} = G(x,y,t-\tau) = \frac{1}{\sqrt{16\pi\chi(t-\tau)}} \exp\left[-\frac{(-x\sin\alpha + y\cos\alpha)^2}{4\chi(t-\tau)}\right]$$

$$\times erf\left[\frac{L + (x\cos\alpha + y\sin\alpha - L_w)}{\sqrt{4\chi(t-\tau)}} + \frac{L - (x\cos\alpha + y\sin\alpha - L_w)}{\sqrt{4\chi(t-\tau)}}\right] \tag{5-1-18}$$

如果不考虑底水及气顶，那么第 i 个铅直方向的线源 $G_{zi}(z, t-\tau)$ 可表示成：

$$G_{zi}(z,t-\tau) = \frac{1}{h}\left\{1 + 2\sum_{n=1}^{\infty}\exp\left[-\frac{n^2\pi^2 K_z(t-\tau)}{h^2 \phi \mu C_t}\right] \cdot \cos\frac{n\pi z_{wi}}{h} \cdot \cos\frac{n\pi z}{h}\right\} \tag{5-1-19}$$

如果油井以定产量 Q 生产，地层压力分布 $p(x, y, z)$ 可表示成：

$$p(x,y,z,t) = p_i - \frac{1}{\phi C_t}\int_0^t \frac{QB}{2NL}\sum_{i=1}^{N} G_{xyi}(x,y,t-\tau) \cdot G_{zi}(z,t-\tau)d\tau$$

$$= p_i - \frac{QB}{2NLh\phi C_t}\int_0^t \frac{1}{\sqrt{16\pi(t-\tau)}}\sum_{i=1}^{N}\exp\left[-\frac{(-x\sin\alpha_i + y\cos\alpha_i)^2}{4\chi(t-\tau)}\right]$$

$$\times erf\left[\frac{L_i + (x\cos\alpha_i + y\sin\alpha_i - L_{wi})}{\sqrt{4\chi(t-\tau)}} + \frac{L_i - (x\cos\alpha_i + y\sin\alpha_i - L_{wi})}{\sqrt{4\chi(t-\tau)}}\right]$$

$$\times \left\{1 + 2\sum_{n=1}^{\infty}\exp\left[-\frac{n^2\pi^2 K_z(t-\tau)}{h^2 \phi \mu C_t}\right] \times \cos\frac{n\pi z_{wi}}{h} \times \cos\frac{n\pi z}{h}\right\}d\tau \tag{5-1-20}$$

式中 p_i——原始地层压力，pa；

Q——油井地面产量，m³/s；

h——地层有效厚度，m；

N——井筒射孔的孔眼数；

K_r——地层径向渗透率，μm²；

K_z——地层垂向渗透率，μm²；

χ——径向导压系数，m²/s，$\dfrac{K_r}{\phi\mu C_t}$；

ϕ——地层孔隙度，小数；

μ——流体黏度，pa·s；

C_t——地层综合压缩系数，1/kPa；

L_i——孔眼的半长，cm；

α_i——孔眼的角度；

L_{wi}——孔眼中心位置（图 5-1-3），m；

z_{wi}——任一孔眼的垂直方向位置（油层下底 $z=0$），m；

$erf(x)$——误差函数，$\dfrac{2}{\sqrt{\pi}}\int_0^x \exp(-\mu^2)d\mu$。

井底压力 $p_{wf}(t)$ 可以通过对式（5-1-20）取径向及垂向平均值得到，$p_{wf}(t)$ 可表示成：

$$p_{wf}(t)=\frac{1}{2h\pi}\int_0^{2\pi}\int_0^h p(r_w\cos\beta, r_w\sin\beta, z, t)dzd\beta$$

$$=p_i-\frac{QB}{4\pi NLh\phi\, C_t}\int_0^{2\pi}\int_0^t \frac{1}{\sqrt{16\pi(t-\tau)}}\sum_{i=1}^N \exp\left[-\frac{r_w^2\sin^2(\beta-\alpha_i)}{4\chi(t-\tau)}\right] \quad (5\text{-}1\text{-}21)$$

$$\times\left\{erf\left[\frac{r_w\cos(\alpha_i-\beta)-r_w}{\sqrt{4\chi(t-\tau)}}\right]+erf\left[\frac{2L_i+r_w-r_w\cos(\alpha_i-\beta)}{\sqrt{4\chi(t-\tau)}}\right]\right\}d\tau d\beta$$

按式（5-1-21）积分即可得到井底压力表达式。

通过不稳定产能分析方法，可以计算不同射孔参数下的不稳定 IPR 曲线（图 5-1-4）及产率比随时间变化曲线、地面产量随时间变化曲线（图 5-1-5），由这些曲线分析射孔后产能变化的过程，为低渗透油气田射孔优化提供科学的依据。

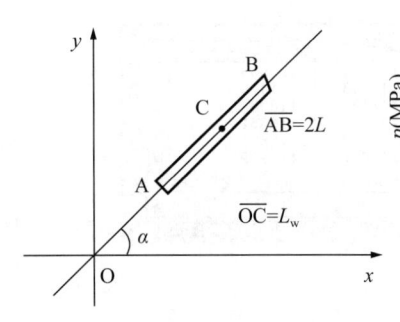

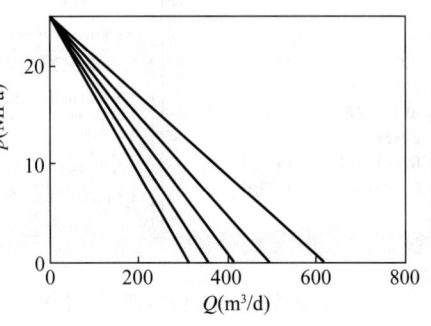

序号	时间 (h)	极限产量 (m³/d)
1	10	616.083
2	100	494.784
3	1000	415.007
4	10000	357.527
5	100000	314.046

图 5-1-3 任一孔眼的平面位置图　　　　图 5-1-4 不同时间下的 IPR 曲线

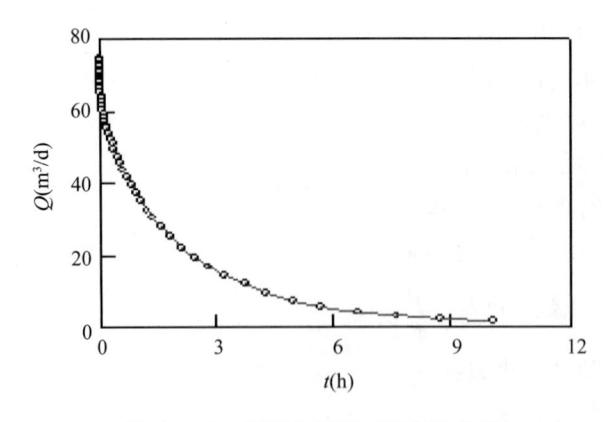

图 5-1-5 地面产量随时间变化曲线

三、射孔器优选

在建立油气井射孔产能方程的基础上，编制了射孔优化设计软件，该软件主要包括以下几部分功能：稳定产能计算、不稳定产能计算、射孔优化、负压射孔、敏感参数分析、措施推荐。对使用不同的射孔器进行计算、排序。

（1）稳定产能计算。

输入射孔参数、地层参数、流体参数通过软件计算可以给出射孔表皮、损害表皮（压实、污染）、产率比值及 IPR 曲线，如图 5-1-6 所示。

（2）不稳定产能计算。

输入射孔参数、地层参数、流体参数通过软件计算可以给出回收量、总表皮、地面产量随时间变化曲线、不稳定 IPR 曲线。如图 5-1-7、图 5-1-8 所示。

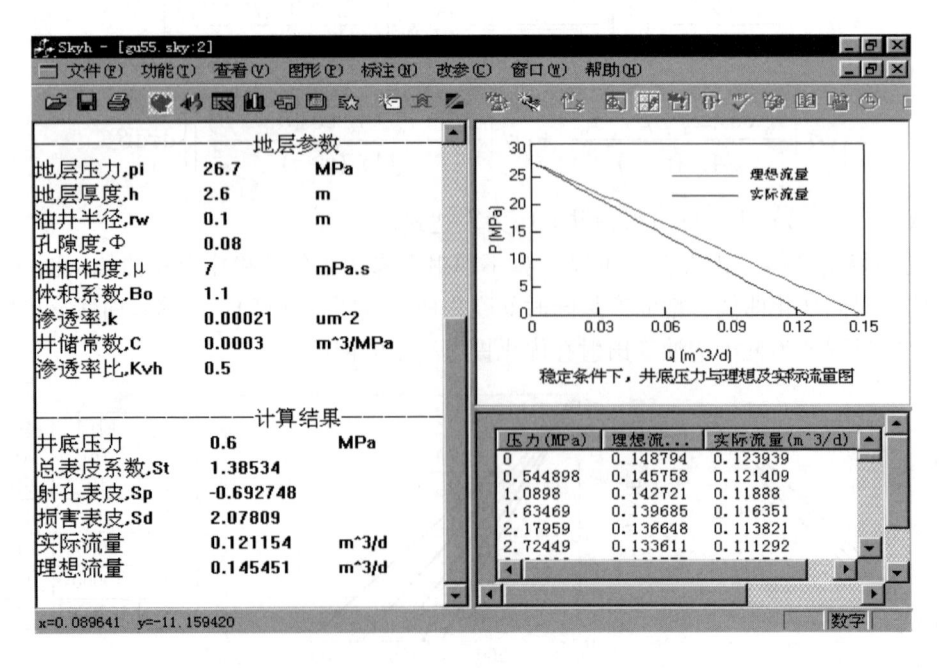

图 5-1-6 稳定产能分析窗口

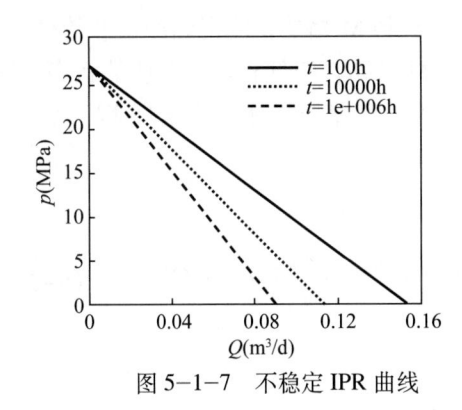

图 5-1-7　不稳定 IPR 曲线　　　图 5-1-8　地面产量随时间变化曲线

（3）敏感参数分析。

敏感参数分析可以给出产率比随孔径、穿深、孔密、相位、压实、污染、渗透率比等参数变化的曲线、数值，以便进行分析。

（4）射孔器优选。

利用稳定或不稳定产能评价模块中的产能计算方法，对不同的弹型、孔密、相位、布孔方式进行优化计算，并依据不同的优化原则（如按产率孔密比等原则）进行排序，优选射孔参数的最佳组合及射孔器类型。

（5）在产率比差别不大的情况下，考虑成本因素，确定射孔器类型。

（6）根据地质和工程的要求，结合本地区射孔器配套应用情况确定射孔器类型。

第二节　复合射孔优化设计

复合射孔优化就是对影响复合射孔峰值压力的因素、高温高压气体在地层中的动态变化规律、峰值压力对套管、水泥环以及产能的影响等进行了研究。研究确定合适的复合射孔参数最佳装药量，从而达到提高复合射孔井产能的目的。

一、基本参数

在复合射孔井优化中，增加了火药参数、油套管的参数（钢级、壁厚等），其他的参数同本章第一节的第一部分中的参数。

二、复合射孔优化的理论基础

利用冲击动力学、材料力学、爆轰理论、渗流力学及数值计算方法建立数理模型，结合地面模拟和现场试验，对影响复合射孔峰值压力的因素、高温高压气体在地层中的动态变化规律、峰值压力对套管、水泥环以及产能的影响等进行了分析。设计出极限药量，预测出相应的产能。

（一）复合射孔数学模型建立

高温、高压爆炸产物气体在射孔枪、射孔孔道中膨胀和冲击波产生、传播流场计算，本质上是复杂计算域的爆炸流场的数值计算。采用 ALE 方程描述射孔枪和射孔孔道内的爆炸产物气体流场,可处理结构变形等问题,解算器基于 PPM 格式,能得到冲击波传播、反射的流场参数;涉及未反应火药、炸药,高温高压气体产物,空气和水等介质的状态方程。其中,空气仍采用理想气体状态方程、未反应火炸药及其爆炸气体产物采用 JWL 状态方程、水采用 Tait 状态方程分别进行描述。

介质状态方程:

$$p_g = A_g\left(1 - \frac{\phi_g}{R_{1g}V_g}\right)e^{-R_{1g}V_g} + B_g\left(1 - \frac{\phi_g}{R_{2g}V_g}\right)e^{-R_{2g}V_g} + \frac{\phi_g}{V_g}(\rho_0 e_g + Q) \quad (5-2-1)$$

式中 p_g——气体的压力;
A_g、B_g、ω_g、R_{1g}、R_{2g}——火药、炸药相关常数;
ρ_0——初始装药密度;
Q——火药、炸药完全反应所释放的热量;
ϕ_g——孔隙度;
V_g——相对体积。

流场控制方程:

$$\frac{\partial Q}{\partial t} + \frac{\partial E}{\partial x} + \frac{\partial F}{\partial y} + \frac{\partial G}{\partial z} = \frac{\partial E_v}{\partial x} + \frac{\partial Fv}{\partial y} + \frac{\partial Gv}{\partial z} + S \quad (5-2-2)$$

(二) 复合射孔井方程的求解

在火药、炸药爆轰(爆燃)流场求解计算中,采用二阶迎风 TVD 格式求解 Euler 方程得到流场数值解,采用五阶 WENO 格式求解含 Lee-Tarver 反应速率方程的组分方程可以给出射孔枪爆炸流场的初场解。

在射孔枪爆炸流场求解计算中,采用三阶 PPM 格式求解 ALE 型有限体积方程得到冲击波在射孔枪和射孔中的传播和反射等。

在冲击波在环空的气、水流场求解计算中,采用二阶迎风 TVD 格式求解 Euler 方程得到流场解,采用五阶 WENO 格式求解 level-set 方程得到界面位置和形状。

(三) 极限药量设计

通过以上的理论计算,由安全性分析,给出一个火药最大使用量,即在此火药量条件下,环空压力不致使套管发生严重破坏。极限药量计算公式:

$$M = \alpha + \beta \times p_1 + \gamma \times p_{静} + \varepsilon \times n_1 \times r_1 \times \sqrt{\frac{r_1^2}{4} + h_1^2} + \xi \times n_2 \times r_2 \times \sqrt{\frac{r_2^2}{4} + h_2^2} \quad (5-2-3)$$

式中 M——极限火药量,kg;
p_1——火药峰值压力,MPa;
$p_{静}$——静液柱压力,MPa;
n_1——当前射开层使用的射孔弹数;
n_2——底部射开层使用的射孔弹数;
r_1、r_2——射孔弹孔径,m;
h_1、h_2——射孔弹穿深,m;
α、β、γ、ε、ζ——常数,γ 的值随压井液类型不同而不同,α 值随布药方式

的不同而不同。

（四）复合射孔产能计算

通过复合射孔极限药量计算，确定合适的复合射孔器，利用复合射孔的渗流方程进行产能预测。

液体渗流方程可以表示为：

$$\frac{\left(\frac{K_x}{\mu}\right)_{i,j,k}\frac{p_{i+1,j,k}-p_{i,j,k}}{\Delta x}-\left(\frac{K_x}{\mu}\right)_{i-1,j,k}\frac{p_{i,j,k}-p_{i-1,j,k}}{\Delta x}}{\Delta x}+\frac{\left(\frac{K_y}{\mu}\right)_{i,j,k}\frac{p_{i,j+1,k}-p_{i,j,k}}{\Delta y}-\left(\frac{K_y}{\mu}\right)_{i,j-1,k}\frac{p_{i,j,k}-p_{i,j-1,k}}{\Delta y}}{\Delta y}$$

$$+\frac{\left(\frac{K_z}{\mu}\right)_{i,j,k}\frac{p_{i,j,k+1}-p_{i,j,k}}{\Delta z}-\left(\frac{K_z}{\mu}\right)_{i,j,k-1}\frac{p_{i,j,k}-p_{i,j,k-1}}{\Delta z}}{\Delta z}=\left(\phi C_t\right)_{i,j,k}\frac{p_{i,j,k}^{n+1}-p_{i,j,k}^n}{\Delta t}$$

(5-2-4)

气体渗流方程可表示为：

$$\sum_j [T_{ij}(m_j-m_i)]^{n+1}=(\phi C_t)_i(m_i^{n+1}-m_i^n)$$

$$T_{ij}=\left(\frac{K_l}{\mu}\right)_{l=x,y,z}=\begin{cases}\left(\frac{K_l}{\mu}\right)_j & m_j \geqslant m_i \\ \left(\frac{K_l}{\mu}\right)_i & m_j < m_i\end{cases}$$

(5-2-5)

式中　　i——控制网格块；

　　　　j——相邻网格；

　　　　T_{ij}——流动系数，采用上游加权法；

　　　　l——结构体网格中流动方向。

在理论研究的基础上开发了复合射孔优化软件，通过输入基本信息、射孔参数、地层及流体参数可以计算得出极限药量、产能。

三、复合射孔井射孔优化

复合射孔井射孔优化是在以复合射孔优化软件为工具，通过对不同射孔参数计算出相对应的极限药量，以达到不同的产能进行排序，优化射孔方案的目的。

（一）基本参数

基本参数包括设计井或区块的基本信息、射孔参数、地层及流体参数（图5-2-1、图5-2-2），以大庆油田所用优化软件为例。

（二）峰值压力计算

通过计算给出指定点的压力时间曲线，由此读出峰值压力值（图5-2-3）。

（三）极限药量计算

通过给出的峰值压力值计算出相应的极限药量。由此确定施工时采用的复合射孔器的参数。

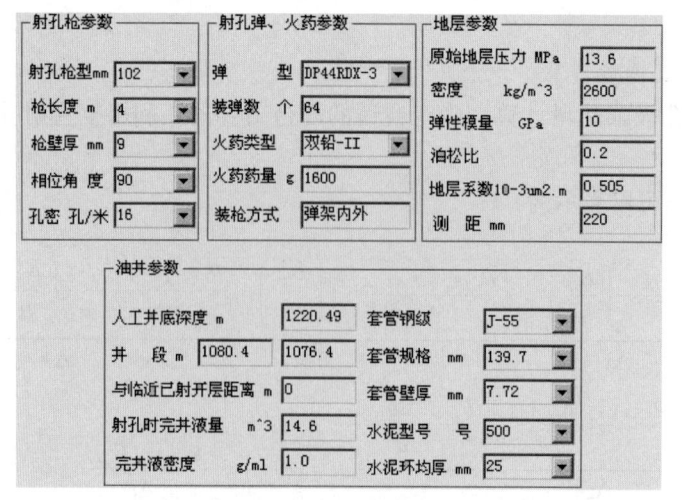

图 5-2-1 射孔段参数输入

图 5-2-2 地层及流体参数输入

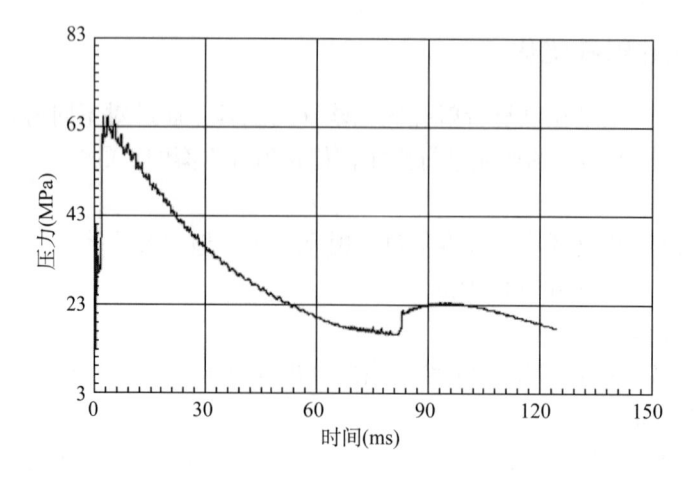

图 5-2-3 压力计算结果

（四）产能计算

根据给出的不同复合射孔器的相应参数，通过软件计算可以给出相应的产率比值及 IPR 曲线（图 5-2-4）。

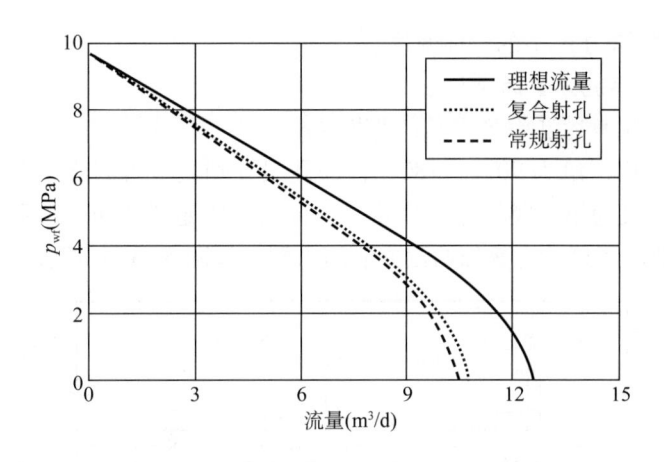

图 5-2-4　IPR 曲线

（五）不同射孔参数分析

对于不同的射孔参数下计算得出的产能变化，分析不同射孔参数对产能的变化趋势。

（六）射孔方案确定

通过分析不同射孔参数对产能的变化趋势，结合现有射孔器情况，给出合理的射孔施工方案。

第三节　水平井射孔优化设计

水平井射孔优化设计的过程是首先建立水平井射孔产能预测数学模型及相应的求解方法，通过水平井射孔产能预测数学模型的计算，研究确定合适的水平井射孔参数，从而达到提高水平井产能的目的。

一、基本参数

在水平井射孔优化设计中增加了射开段的参数（射开段长度），其他的参数如本章第一节的第一部分中的参数一样。

二、水平井射孔优化理论基础

（一）水平井射孔产能预测数学模型建立

水平井射孔的渗流方程建立需要考虑状态方程、连续方程、动量方程等，假设 K_x、K_y、K_z、μ、C_t 都是常数，因此水平井油井的渗流方程为：

$$\frac{\partial}{\partial x}\left(\frac{K_x}{\mu}\frac{\partial p}{\partial x}\right)+\frac{\partial}{\partial y}\left(\frac{K_y}{\mu}\frac{\partial p}{\partial y}\right)+\frac{\partial}{\partial z}\left(\frac{K_z}{\mu}\frac{\partial p}{\partial z}\right)-\frac{G}{\rho}=\phi C_t\frac{\partial p}{\partial t} \quad (5-3-1)$$

在气井处理中，采用气体拟压力 Ψ，气体的渗流方程可表示成：

$$\frac{\partial}{\partial x}\left(\frac{K_x}{\mu}\frac{\partial m}{\partial x}\right) + \frac{\partial}{\partial y}\left(\frac{K_y}{\mu}\frac{\partial m}{\partial y}\right) + \frac{\partial}{\partial z}\left(\frac{K_z}{\mu}\frac{\partial m}{\partial z}\right) = \phi C_g \frac{\partial m}{\partial t} \tag{5-3-2}$$

式中 μ——原始地层压力 p_i 下的气体黏度。

（二）水平井射孔渗流方程的求解

1. 水平井特殊相位角射孔渗流方程的解析求解

对于水平井射孔相位角为 90°、180°，即孔眼分别是竖直或水平时存在解析解。为此，将竖直的孔眼定义为第一类孔眼，将水平方向的孔眼定义为第二类孔眼，通过对这两类孔眼进行解析求解，经过压力叠加给出井底压力解，如图 5-3-1 所示。

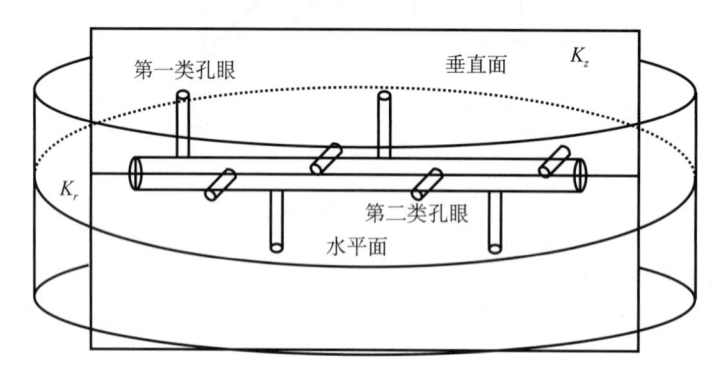

图 5-3-1　水平井特殊相位示意图

2. 任意相位角的水平井射孔渗流方程的数值计算

对于其他相位的水平井射孔，只能采用数值解的方法给出压力分布，根据地层渗流方程，采用非结构网格划分、有限体积法方程离散、大型稀疏矩阵求解等计算相关的压力，计算网格划分如图 5-3-2 所示。

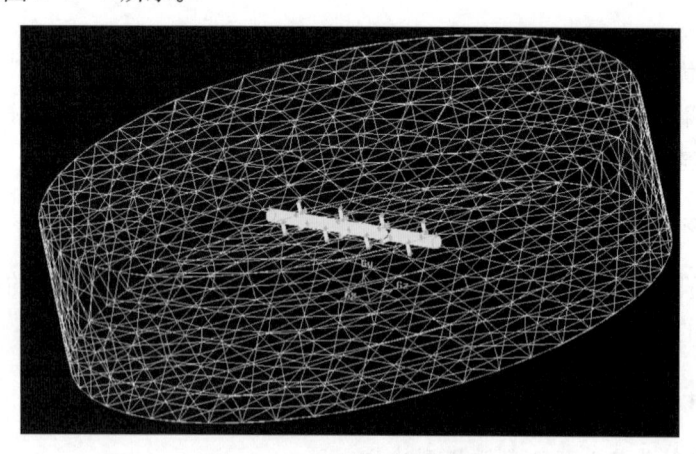

图 5-3-2　计算网格划分图

根据求解可以得到油藏中压力变化以及流量随压力的变化（图 5-3-3、图 5-3-4）。

在理论研究的基础上开发水平井射孔优化软件，通过输入基本信息、射孔参数、地层及流体参数，可以计算得出产能、IPR 曲线以及产能随射孔参数、渗透率比、不同射开段长度等参数变化的曲线、数值。

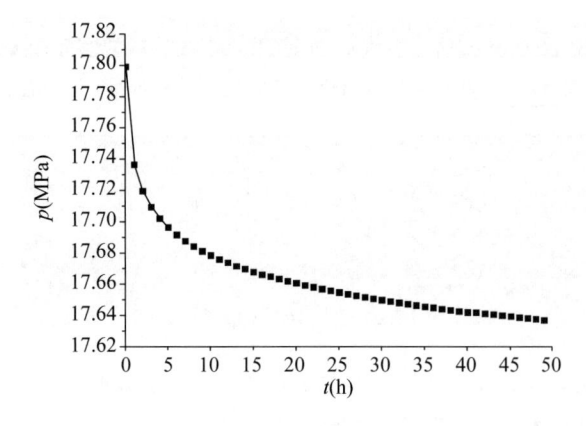

图 5-3-3　压力随时间变化图

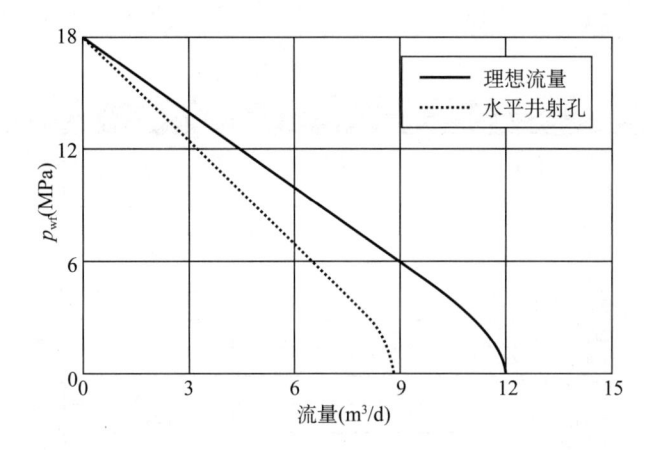

图 5-3-4　流量随压力变化图

三、水平井射孔优化

水平井射孔优化是在以水平井射孔优化软件为工具，通过对不同射孔参数计算出相对应的产能，并进行排序，达到优化射孔方案的目的。

（一）基本参数

基本参数包括设计井或区块的基本信息、射孔参数、水平井参数（图 5-3-5）、地层及流体参数（图 5-3-6）。

（二）产能计算

输入射孔参数、水平井射孔段参数、地层参数、流体参数，通过软件计算可以给出射孔表皮、损害表皮（压实、污染）、产率比值及 IPR 曲线（图 5-3-7）。

（三）不同射孔参数分析

对于不同的射孔参数下计算得出的产能变化，分析不同射孔参数对产能的变化趋势。

（四）射孔方案确定

通过分析不同射孔参数对产能的变化趋势，结合现有射孔器情况，给出合理的射孔施工方案。

图 5-3-5　射孔段参数输入

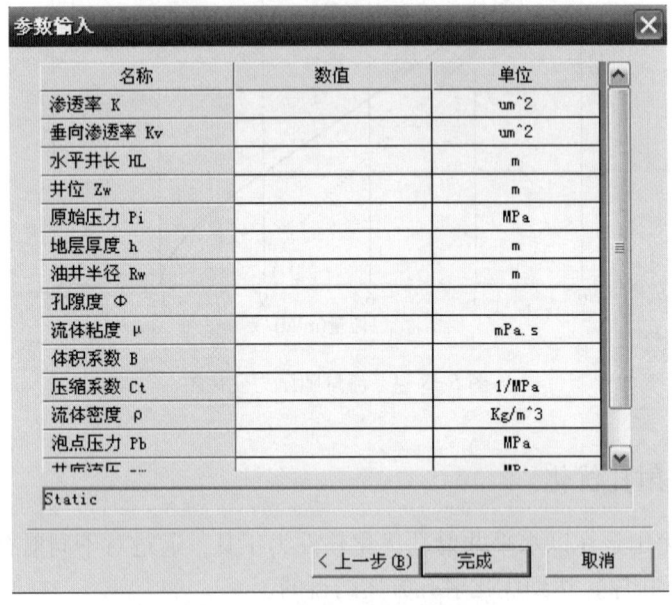

图 5-3-6　地层及流体参数输入

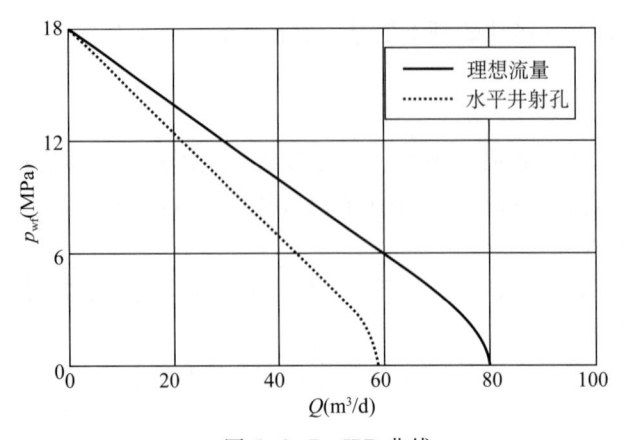

图 5-3-7　IPR 曲线

第四节　射孔液优选

一、概述

射孔液是指射孔施工过程中采用的工作液，也可用于完井时的作业。由于射孔孔眼穿入油层一定深度，有时它的不利影响甚至比钻井液的影响更为严重。因此，要保证最佳的射孔效果，就必须研究筛选出适合于油气层及流体特性的优质射孔液。射孔液总的要求是保证与油层岩石和流体配伍，防止射孔过程中和射孔后对油层的进一步伤害，同时又能满足射孔施工要求。

二、射孔液配方优选

通过岩心分析得到储层的特性尤其是黏土矿物含量、成分、结构、胶结物特征和敏感性评价等，为稳定剂优选提供依据。确定外来流体对渗透率的影响程度。

利用敏感性评价流动实验对各种黏土稳定剂进行优选，再根据工程要求优选出与之配伍的增黏剂、降滤失剂、防腐剂、加重剂等进行调配，确定最佳射孔液配方。

（一）射孔液损害储层机理分析

当射孔液液柱压力高于地层压力时，射孔液将通过射孔孔道进入地层，若侵入孔道的射孔液与储层不配伍，将会对储层造成一定程度的损害。其损害机理可分为液相损害和固相损害两类。

1. 液相损害机理

射孔液滤液对储层的损害主要是由于射孔液中的滤液与储层不配伍而引起的水敏损害、水锁损害、碱敏损害及无机沉淀等。

1）水敏损害

水敏损害主要是由于储层内存在易水化分散和水化膨胀的黏土矿物，外来流体侵入后改变了储层内原有的离子环境，使这些黏土矿物颗粒发生晶格膨胀或水化分散运移，从而减小了储层的储渗空间或堵塞孔道，降低储层的有效渗透率，造成储层水敏损害。

水敏损害主要与储层内的岩矿组分、含量和存在的状态及储层的孔渗性质、外来流体的矿化度、矿化度的降低速度、外来流体中的阳离子类型等因素有关。易产生损害的黏土矿物主要有蒙皂石、伊利石和混层黏土矿物。

2）水锁损害

水锁损害是液相侵入储层而引起储层渗透率变化的一种形式，是由水相进入油气层后引起的液体堵塞，是一种物理原因的堵塞。一方面，由于外来水的渗入，改变了油气层中的油、气、水分布，含水饱和度增大，而含油饱和度降低，必然导致油相渗透率减少，在相同的生产方式下，油井产量下降。另一方面，由于水的渗入，油层孔道中呈两相共流状态，不连续相则形成液珠，液珠在流动过程中将产生阻碍流动的各种毛管力效应，即液珠静态时的毛管力效应、液珠开始克服阻力时弯液面变形而产生的第二种毛管力效应及液珠欲通过孔道窄口遇阻变形后带来的新的毛管力效应，即贾敏效应。

由于储层孔隙网格的复杂性和不均匀性，这些毛管力效应便成了不可忽视的流动阻力，在生产过程中油气流动必须克服该阻力才能产出，因而消耗了储层的驱动能量，降低储层产量。对于低渗低压储层来说，还可能因此而丧失生产能力。

引起水锁损害的主要原因是储层的孔喉结构和两相流体的界面张力，与岩石的矿物组成关系不大。无论哪种岩性的储层均存在着水锁损害。喉道较细的储层其水锁损害相对严重些。

3）碱敏损害

从理论上分析，产生碱敏损害的主要原因可能有以下三个方面：（1）黏土矿物在碱性溶液中易于分散而造成损害。黏土矿物晶体中铝氧八面体的 Al—O—H 键是两性的，在强酸性环境中，易电离出 OH^- 使黏土表面正电荷增多，在碱性环境中，易电离出氢离子，使黏土表面负电荷增多。此外，溶液中的 OH^- 增多，相应在黏土表面的吸附增大，使黏土表面的负电荷增多，从而使晶层间的斥力增大，导致黏土更易水化膨胀分散，堵塞储层孔道，降低渗透率。（2）碱可以与某些酸性氧化物反应生成堵塞孔道的硅凝胶，如隐晶质类石英和非晶质类蛋白石等矿物较易与氢氧化物反应生成可溶性硅酸盐，这种硅酸盐可在适当的 pH 值范围内形成硅凝胶而堵塞渗流通道，该类损害常见于 pH 值较高的水泥浆固井作业中。（3）碱性的工作液滤液进入储层与储层流体中的高价离子反应生成沉淀和与储层流体中的有机酸反应生成表面活性物质，而造成储层损害。

影响碱敏损害的因素主要有工作液的 pH 值、储层中的矿物成分和地层水中的离子组成。

4）无机沉淀

无机沉淀的产生主要是外来流体与储层流体不配伍和生产过程中的各种条件变化所引起。常见的无机沉淀有碳酸钙、碳酸锶、硫酸钡、硫酸钙和硫酸锶等。

一般来说，温度、pH 值、不配伍流体的接触时间、总矿化度及压力都会影响无机沉淀的生成。

5）有机沉淀

有机沉淀主要有工作液中的高分子处理剂在高矿化度的地层水盐析，原油中的胶质和沥青质等重质在储层原始条件改变后生成沉淀等。

一般来说，温度、pH 值、不配伍流体的接触时间、总矿化度及压力都会影响有机沉淀的生成。

此外，工作液的滤液侵入储层还可能引起乳化堵塞等储层损害。

2. 固相损害机理

固相颗粒对储层渗流通道的堵塞是存在于各个生产过程中的一种损害现象，即固相损害。固相颗粒一方面来源于钻井、完井、修井等各个生产过程由于进入储层的固相颗粒的粒度与储层的孔喉大小配伍性差，在压差的作用下容易进入储层堵塞孔喉，致使储层渗透率降低；另一方面，来源于储层本身存在的大量颗粒，这些微粒可以随储层内流体的流动而发生运移。无论是哪种微粒，其最终结果都会堵塞孔隙喉道，导致储层渗透率的降低。

（二）射孔液优选的推荐原则

射孔液优选的推荐规则主要有以下几条。

1. 正压射孔条件下的射孔液优选推荐原则

在正压射孔条件下，射孔液对高渗油层的损害主要是水敏损害、固相损害，对于低渗特低渗油层主要是水敏损害和水锁损害；对于气藏来说，在正压射孔条件下射孔液对储层的损害主要是水敏损害和水锁损害。通过理论和经验分析确定了储层存在固相损害的边界条件及优选保护储层射孔液的依据，总结了正压射孔条件下，优选射孔液体系的推荐原则。表5-4-1和表5-4-2给出了归纳的部分推荐原则。

2. 负压射孔条件下的射孔液体系优选推荐原则

在负压条件下射孔液对储层仍然存在着一定程度的水敏损害和水锁损害，这些损害主要存在于低渗特低渗储层。由于负压射孔的特点，在该条件下射孔时射孔液对储层基本不产生固相损害。基于上述情况，这里对负压射孔条件下保护储层射孔液优选的原则进行了归纳总结，见表5-4-3。

表5-4-1 正压射孔条件下的保护油层射孔液优选推荐原则

序号	潜在损害 水敏损害	潜在损害 水锁损害	潜在损害 固相损害	推荐体系
1	强	强	无	抑制性低表面张力体系
2	强	中	无	抑制性低表面张力体系
3	强	弱或无	无	抑制性体系
4	中	强	无	抑制性低表面张力体系
5	中	中	无	抑制性低表面张力体系
6	中	弱或无	无	抑制性体系
7	弱或无	强	无	低表面张力体系
8	弱或无	中	无	低表面张力体系
9	弱或无	弱或无	无	一般体系
10	强	强	存在	抑制性低表面张力防固相损害体系
11	强	中	存在	抑制性低表面张力防固相损害体系
12	强	弱或无	存在	抑制性防固相损害体系
13	中	强	存在	抑制性低表面张力防固相损害体系
14	中	中	存在	抑制性低表面张力防固相损害体系
15	中	弱或无	存在	抑制性防固相损害体系
16	弱或无	强	存在	低表面张力防固相损害体系
17	弱或无	中	存在	低表面张力防固相损害体系
18	弱或无	弱	存在	防固相损害体系

表5-4-2 正压射孔条件下的保护气层射孔液优选推荐原则

序号	潜在损害 水敏损害	潜在损害 水锁损害	推荐体系
1	强	强	抑制性低表面张力体系
2	强	中	抑制性低表面张力体系

续表

序号	潜在损害		推荐体系
	水敏损害	水锁损害	
3	强	弱或无	抑制性体系
4	中	强	抑制性低表面张力体系
5	中	中	抑制性低表面张力体系
6	中	弱或无	抑制性体系
7	弱或无	强	低表面张力体系
8	弱或无	中	低表面张力体系
9	弱或无	弱或无	一般体系

表5-4-3 负压条件下保护储层射孔液体系优选推荐原则

序号	潜在损害		推荐体系
	水敏损害	水锁损害	
1	强	强	抑制性低表面张力低滤失体系
2	强	中	抑制性低表面张力低滤失体系
3	强	弱或无	抑制性低滤失体系
4	中	强	抑制性低表面张力低滤失体系
5	中	中	抑制性低表面张力低滤失体系
6	中	弱或无	抑制性体系
7	弱或无	强	低表面张力、低滤失体系
8	弱或无	中	低表面张力、低滤失体系
9	弱或无	弱或无	一般体系

3. 保护储层射孔液体系性能设计推荐原则

1）保护储层射孔液密度设计推荐原则

射孔液的密度设计对射孔工艺和射孔液保护储层效果具有重要的意义。在正压射孔条件下，如果射孔液密度过高会导致射孔液中的固相和液相大量侵入储层，至使储层损害；反之会影响射孔作业的正常进行。在负压射孔条件下，射孔液密度更是保证负压射孔能否顺利进行，负压射孔效果是否能够保证的前提条件。根据前面对不同射孔工艺条件下、不同储层对射孔液密度的要求，对保护储层射孔液的密度设计的推荐原则进行设计，见表5-4-4。

表5-4-4 保护储层射孔液密度设计推荐原则

射孔方式	储藏条件	推荐密度
正压射孔	油藏	储层压力系数 + 0.1 ≥ 体系密度 ≥ 储层压力系数 + 0.05
	气藏	储藏压力系数 + 0.15 ≥ 体系密度 ≥ 储藏压力系数 + 0.07

续表

射孔方式	储藏条件	推荐密度
负压射孔	油、气藏	储层压力系数 −100× 负压值（MPa）/ 储层深度
	备注：若推荐密度大于 1.0，则推荐射孔液的密度采用上式计算；反之则采取通过掏空井筒内液柱高度，来达到负压射孔的目的。 液柱的掏空值一般采用下式计算： 掏空深度 =（1 − 推荐密度）× 储层深度	

2）保护储层射孔液的加重剂优选推荐原则

谨慎地选择加重剂是进行保护储层射孔液优选是不可忽视的一个环节。对合理地选择保护储层射孔液体系的加重剂的推荐原则进行归纳总结，见表 5-4-5。

表 5-4-5 保护储层射孔液体系加重剂的优选推荐原则

序号	密度范围	地层水离子含量（mg/L）		推荐加重剂
1	1.0 ~ 1.2	—	—	NaCl
2	1.2 ~ 1.3	CO_3^{2-}、HCO_3^- < 45344	SO_4^{2-} < 413601	NaCl + NaBr 或 NaCl + $CaCl_2$
3	1.2 ~ 1.3	CO_3^{2-}、HCO_3^- > 45344	SO_4^{2-} > 413601	NaCl + NaBr
4	1.3 ~ 1.4	CO_3^{2-}、HCO_3^- < 8474	SO_4^{2-} < 77302	Na + NaBr 或 NaCl + $CaCl_2$
5	1.3 ~ 1.4	CO_3^{2-}、HCO_3^- > 8474	SO_4^{2-} > 77302	NaCl + NaBr
6	1.4 ~ 1.55	CO_3^{2-}、HCO_3^- < 7064	SO_4^{2-} < 69359	Na + NaBr 或 $CaBr_2$ + $CaCl_2$
7	1.4 ~ 1.55	CO_3^{2-}、HCO_3^- > 7064	SO_4^{2-} > 69359	NaCl + NaBr
8	1.55 ~ 1.8	CO_3^{2-}、HCO_3^- < 5175	SO_4^{2-} < 47203	$ZnBr_2$ 或 $CaBr_2$ + $CaCl_2$
9	1.55 ~ 1.8	CO_3^{2-}、HCO_3^- > 5175	SO_4^{2-} > 47203	$ZnBr_2$
10	1.8 ~ 2.3	—	—	$ZnBr_2$

（三）射孔液配方设计基本参数的来源

在射孔液配方设计过程中应用到的参数中，石英含量、长石含量、岩屑含量、碳酸盐含量、胶结物含量、蒙皂石含量、高岭石含量、伊利石含量、绿泥石含量、伊蒙混层含量、粒度均值、胶结类型、平均孔隙度、平均渗透率、粒度分选程度参数主要来源于本井或邻井同层的岩心分析数据。

在射孔液配方设计过程中应用到的参数中，碳酸氢根离子矿化度、碳酸根离子矿化度、硫酸根离子矿化度、地层水矿化度、地层水 pH 值参数主要来源于本井或邻井同层的水分析数据。

第五节 负压值设计

一、负压射孔原理

负压射孔是指射孔时井底液柱压力低于储层压力条件下的射孔。在负压射孔的瞬间，由于负压差的存在，可使地层流体产生一个反向回流，冲洗射孔孔眼，避免孔眼堵塞和射孔液对储层的损害，同时还有可能减轻压实作用程度。因此负压射孔是一种保护储层、提高产能、降低成本的射孔方法。

二、负压值设计

负压射孔的作用已被现场实践和室内试验所证实，但负压值过大会引起地层出砂并损害套管，负压值过低又不能确保孔眼的清洁。因此必须对射孔负压值进行合理的设计。

（一）确定最小有效负压值的方法

1. 美国岩心公司计算公式

$$\ln \Delta p = 5.471 - 0.3168 \ln K \quad （对油层） \tag{5-5-1}$$

式中　Δp——负压差值，kg/cm^2；

　　　K——油层渗透率，$10^{-3} \mu m^2$。

2. 美国 Conoco 公司计算公式

若储层无出砂史，则：

$$\Delta p_{rec} = 0.2 \times \Delta p_{min} + 0.8 \times \Delta p_{max} \tag{5-5-2}$$

式中　Δp_{min}——最小有效负压差，kPa；

　　　Δp_{max}——最大允许负压差，kPa；

　　　Δp_{rec}——合理负压差，kPa。

若储层有出砂史，则：

$$\Delta p_{rec} = 0.8 \times \Delta p_{min} + 0.2 \times \Delta p_{max} \tag{5-5-3}$$

由地层渗透率确定最小有效负压差：Δp_{min}

$$\Delta p_{min}（气井） = 17240/K \text{ (kPa)} \quad (K < 1 \times 10^{-3} \mu m^2)、$$

$$\Delta p_{min}（气井） = 17240/K^{0.18} \text{ (kPa)} \quad (K > 1 \times 10^{-3} \mu m^2) \tag{5-5-4}$$

$$\Delta p_{min}（油井） = 17240/K^{0.3}$$

Δp_{max} 由邻近泥岩声波时差确定：

若声速 $\Delta t > 300 ms/m$，则：

$$\Delta p_{max}（气井） = 33095 - 52.426 \Delta t$$

$$\Delta p_{max}（油井） = 24132 - 39.929 \Delta t \tag{5-5-5}$$

若 $\Delta t < 300 ms/m$，则 Δp_{max} = 井下管柱和水泥环的最大安全压力（kPa）。

根据式（5-5-2）至式（5-5-5）计算出 Δp_{min} 和 Δp_{max} 后还可进行以下判断：

若 $\Delta p_{min} > \Delta p_{max}$，则可根据具体情况给出一个在 Δp_{min} 与 Δp_{max} 之间的合理负压值；

若 $\Delta p_{min} < \Delta p_{max}$，则应建议免去负压射孔工作，因为无法实现安全有效的负压射孔。

3. 西南石油学院气井射孔最小负压计算公式

Tariq 按与油井类似的公式也曾导出过气井 Δp_{min}（气）的解析公式，但计算发现 Tariq 公式与其由此作出的曲线差别很大，其公式无法使用。Tariq 的气井射孔最小负压临界雷诺数太小且为常值是不正确的。通过假设以下典型数据拟合 King 的最小负压曲线：地层平均压力 p_r=20MPa，气体黏度 μ_g = 0.03mPa·s，地层平均温度 T_r=373K，气体压缩因子 $Z = 1$，压实半径 r_{cz} = 1.78cm，孔眼半径 r_P = 0.51cm，气体相对密度 γ_g = 0.6。按照 Forchheimer 二项式和气体状态方程，最终导出了以下计算气井最小负压的公式：

$$p_r^2 - p_{wf}^2 = 75.088 \frac{\mu_g^2 T_r Z r_{cz}}{\gamma_g CZC^{0.8}} \times \frac{R_{ecg}}{K_{cz}^{0.4}} \left[\ln \frac{r_{cz}}{r_p} + R_{ecg} r_{cz} \left(\frac{1}{r_p} - \frac{1}{r_{cz}} \right) \right] \quad (5-5-6)$$

$$R_{ecg} = (0.061 p_r K_r^{0.4} - 0.571)^{0.5} - 0.251 \quad (5-5-7)$$

式中　　p_{wf}——射孔时井底压力，MPa；

K_r——射孔渗透率，$10^{-3} \mu m^2$；

μ_g——p_r 和 T_r 下的气体黏度，mPa·s；

Z——p_r 和 T_r 下的气体偏差系数；

CZC——压实伤害程度，小数；

R_{ecg}——气井射孔最小负压临界雷诺数。

如果 $0.05 p_r K_r \leqslant 15$ 或计算出的 $p_{wf} < 0$，则说明地层无足够能量保证获得最小负压，此时可取 $\Delta p_{min} = p_r$。

（二）预测防止出砂最大负压

研究结果表明，防止出砂最大负压是地层渗透率、孔隙度、泊松比、弹性模量、泥质含量、套管安全压力、射孔枪弹等有关参数的函数。

第六章 射孔仪器

第一节 射孔地面控制仪

一、数控射孔取心仪

1990年以前,国内各油田射孔仪器一直采用西安石油勘探仪器总厂生产的SQ-691型数控射孔取心仪。该仪器的操作全部靠手工进行,采用笔式记录,其深度系统的精度较低,射孔后纸质资料的管理较费时力。1990年后,各油田纷纷研制适合自己使用要求的数控射孔取心仪。虽然仪器的外形和内部结构有所差异,但其总体结构和工作原理基本相同。与SQ-691型数控射孔取心仪相比,井下仪器信号通过数模转换,形成数字信号,再由计算机处理,能有效去除干扰。深度传感器采用光电编码器,提高了深度系统的准确性。射孔后资料可保存在多种存储介质上,便于管理和查阅。

（一）系统构成

1. 硬件系统

1）深度信号处理

射孔及取心施工最为重要的过程就是深度控制,所做的一切工作都是为了验证深度。因此,可靠的深度处理是完成施工的重要保证,如图6-1-1所示。

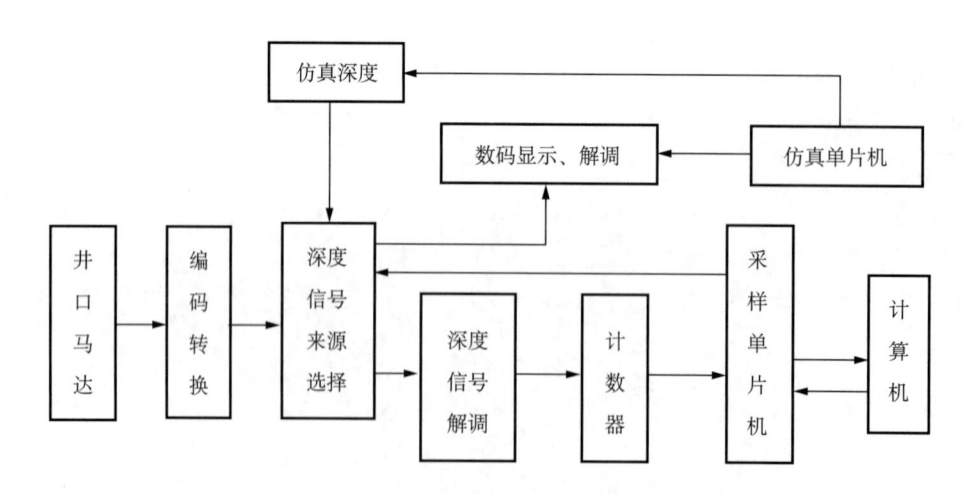

图6-1-1 深度信号处理

深度信号的输入来自井口马达,选择电路完成井口深度和仿真深度的切换,主控计算机将指令传送到采样单片机,由采样单片机控制选择。

井口马达输出的两路方波信号，送到解调电路进行处理。根据两路方波信号的相位确定电缆的运行方向，采样单片机通过计数器脉冲数的变化计算电缆的下井深度。

2）射孔测量信号处理

射孔信号通道既能传送从井下采集的模拟信号、脉冲信号，同时又能将起爆电流、恒流源供到井下。

(1) 单芯电缆测量通道。

单芯电缆测量通道可以在单芯电缆的条件下完成射孔、GR—CCL 测量，如图 6-1-2 所示。

当采用单芯 CCL 井下仪进行测量时，地面仪器为单端输入方式。点火时，连接选择将信号输入通道和恒流源与缆芯断开，缆芯与高频起爆器连接。

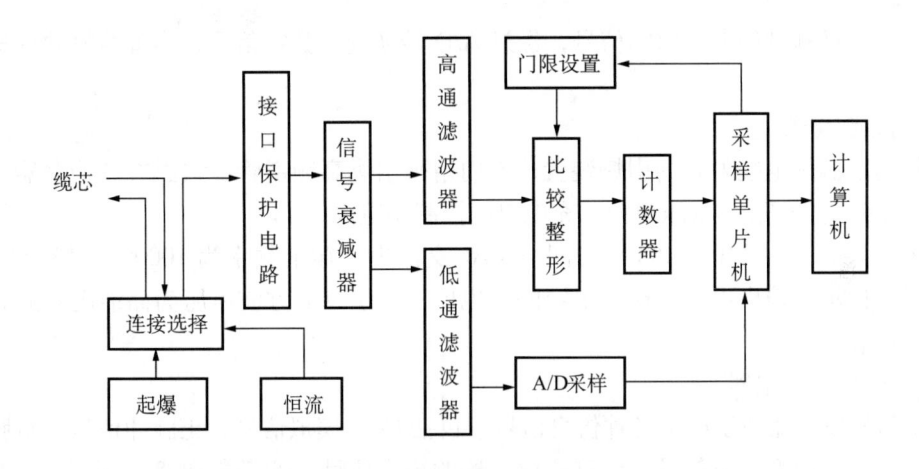

图 6-1-2 单芯电缆射孔信号处理

接口保护电路提供高阻抗信号接收电路，降低信号衰减，同时防止注磁/起爆或恒流源几种高压或者瞬时过冲烧毁信号回路。

信号衰减器主要针对信号过大的井下仪而设计，提供 1 衰减、3/4 衰减、1/2 衰减和 1/4 衰减。

高通滤波器滤掉低频信号，允许脉冲信号通过，包括 GR 脉冲、CCL 脉冲及与其频率相近的脉冲信号。在此，允许正脉冲、负脉冲、或正负脉冲同时通过。高通滤波器后接有比较整形电路，将脉冲信号整形为标准 TTL 电平信号。比较整形电路的门限通过数值信号 D/A 转换为比较电平，范围为 0~10V。计数器记录整形后的脉冲个数，供采样单片机读取。

低通滤波器主要是通过 CCL 模拟信号，其截止频率为 10Hz，阶数可选，A/D 转换采用 12 位的 AD1674。

(2) 多芯电缆测量通道。

数控射孔取心仪还提供了多芯电缆测量通道，包括 CCL 测量、GR+CCL 测量、电极曲线测量多个通道，GR 供电、起爆供电和方波电极供电 3 个供电通道。在进行 CCL 测量、GR 测量、电极曲线测量时采用差动输入方式。

多芯电缆测量通道能有效地消除接地电阻不稳对信号的影响，测量效果优于单芯电缆方式，但多芯电缆成本高于单芯。

3）取心信号测量处理

取心时，地面仪器要向井下电极提供方波电源。早期的数控射孔取心仪采用自激振荡产生方波，利用互挽电路推动变压器，用恒流源作为直流电源。这种方案存在三点不足：(1) 自激振荡频率范围调节有限，加上变压器只能工作在较低频率，频率一般在 20～35Hz 范围；(2) 变压器在切换瞬间存在过冲现象，使方波上升、下降沿不规整，影响测量效果；(3)，变压器占用空间较大，连接线也较多。对该部分电路进行改进，采用单片机产生方波基波，可通过程序控制选择方波频率，而硬件不变。利用互挽电路直接推动大功率管，取消变压器。仍然用恒流源作为方波的直流电源。方波供电电流大小，由恒流源调节控制。

从井下电极测量环上获取的信号，经过 A/D 转换变为数字信号，由计算机软件进行解调处理。

4）高频起爆器

高频起爆器是电缆射孔的引爆装置，专门用来引爆高频雷管。它由方波振荡器、推挽输出级、高频变压器、高低压电源、充电电压控制器组成。

起爆输入电压在 110～240V 之间，50Hz 交流电，输出频率为 10000～15000 Hz 方波。面板上指示的输出电压为储能电容的充电电压，引爆的方波电压为储能电容的充电电压的 5～6 倍。

5）自检信号发生器

自检信号发生器用于产生各种仿真信号，包括 CCL 模拟信号、正脉冲信号、负脉冲信号、方波信号、深度方波信号、钻进式取心器的模拟信号；驱动数码管；显示仿真/采样深度。由于需要输入/输出的端口较多，选择 80C196 单片机，其技术性能可满足使用要求。

自检信号发生器采用串行方式与主机进行通信，由计算机决定仿真单片机的工作状态。在仿真状态时，由主计算机选择仿真系统的输出信号类型、极性、深度信号的来源，主机通过串行口将指令传送给单片机，控制仿真器后置处理电路的工作状态，使其输出所需的仿真信号。

无论是在仿真状态还是在实际测量状态，80C196 单片机内部深度储存单元的数据都在数码管上显示。

2. 软件系统

以大庆油田使用的软件为例。软件用 Visual C++ 语言编写，采用单一运行程序，在 Windows 操作系统下运行。软件系统包括电缆输送射孔、深度记号标定、油管输送射孔、油管输送射孔 CCL 定位、采用 GR 曲线测量的电缆输送射孔、井壁取心、信号仿真、数据管理、监控管理和 GR 电缆输送射孔等子模块。

1）接箍自动识别技术

数控射孔取心仪采用自动识别接箍技术来完成射孔定位，可在显示屏上直观地显示出接箍的深度和单根被测管柱长度。接箍信号的基本特征为单双峰信号，单峰（主峰）信号电压的幅值是双峰（副峰）的 1.58～2 倍，信号沿深度方向的宽度一般在 18～21cm 之间。因此，利用上述的接箍信号特征再结合计算机的图形识别技术，就可实现接箍信号的自动识。

决定接箍信号幅值大小的因素有几个方面：井下仪器、电缆长度、电缆速度。井下仪器的磁场强度、感应线圈质量、磁钢与外壁间距等都会影响接箍信号的大小。用于射孔的井下仪器经常处于强烈震动下，震动对磁钢有消磁作用。因此，仪器的操作员要根据现场实际情况，设置识别接箍信号主峰和副峰的电压门限参数，这是接箍识别的关键参数。

在实际条件下，接箍信号的形状不可能完全达到理论形状，为此设置识别等级参数（即实测的接箍信号形状和标准的接箍信号形状相似程度），识别等级分为1、2、3级。其中，1级为最严格，3级最为宽松。一般地，设为2级较为合理。

接箍主峰出现的方向不是固定的，主峰方向设置分为自动、左、右三种，自动表示主峰方向由系统自动识别；左或右选项是由操作员设定的主峰方向。

对于自动识别主峰方向，要求信号主峰幅值不得低于负峰的1.5倍。若低于1.5倍时，操作员应手动设定主峰方向。

2）测量定位功能

（1）电缆输送射孔。

软件中提供电缆输送射孔丈量法施工和基于短套管定位法施工两种模式。对于丈量法施工，首次施工时必须以电缆记号为基准，丈量点火位置，其余各次依据丈量值（与下次点火位置之间距离）丈量，确定下次点火位置并做好丈量记号。在仪器精确定位后，查看丈量记号是否在规定误差范围内，以此作为参考，通过2次吻合避免造成误射孔。

软件中提供了下标遇阻、标准接箍遇阻的定位施工方式。

对于基于短套管定位法的施工，依据短套管与标接的相对位置，提供下测上跟踪、上测上跟踪、下测下跟踪几种方式。测量定位时，同步显示实测接箍和输入接箍，直观方便。

软件中对电缆输送射孔仪器操作进行了标准化，将仪器操作过程分为五种状态：预测状态、编辑状态、定位点火状态、注磁记号状态、丈量状态。这五种状态适用于其他任一种定位方式的操作。

电缆射孔一般是基于CCL信号的测量，在仪器软件中还提供了基于GR曲线测量的电缆射孔定位方式。

（2）深度记号标定。

仪器软件根据标准井数据，可自动生成各深度记号的施工数据，根据施工小队、日期、记号深度自动生成唯一名称的文件。

（3）油管输送射孔GR—CCL定位。

仪器提供了油管输送射孔基于GR+CCL曲线测量定位施工方式。根据测量标注的标志层和定位短接，自动计算管柱调整值。并且打印出测量曲线和管柱调整值供验证。

（4）油管输送射孔CCL定位。

当采用CCL定位进行油管输送射孔时，在套管中以预定炮头长按电缆输送射孔首次的测量标准完成套管定位，在电缆上做好套标点火记号；当枪身下到预定深度后，在油管中，以定位短接为标接，以预定炮头长与实际炮头长之差为上提值，进行油管定位测量，得到油标点火记号位置，两个记号的差值便是管柱调整值。

(5) 采用 GR 曲线测量的电缆输送射孔。

采用 GR 曲线测量进行深度定位时，操作员根据测井提供的 GR 曲线，通过测量找到目的层后，在曲线上标志出油顶位置，以炮头长为上提值，即可确定射孔点火位置。也可在 GR 曲线上选择标志点，算出上提值进行定位测量，确定射孔点火位置。

(6) 井壁取心。

仪器提供撞击式取心和钻进式取心两种方式。这两种方式均可采用基于电极曲线、GR 曲线定位。依据测井原图，通过测量找到目的层后，在曲线上标注取心位置，即可自动计算并跟踪取心点。

3) 施工资料文件管理

(1) 系统文件包括主运行程序、主画面背景文件、初始化设置文件以及特定的数码字体文件等。

软件系统目录结构分为两级：根目录和施工结果文件存放路径；另外，用户还可事先建立备份文件的指定路径。

(2) 施工结果文件采用 Windows 复合文档格式存储，以施工井号作为主文件名，通过扩展名区分不同性质的施工。复合文档中记录了包括输入的各种参数、测量曲线、测量过程的状态以及各种重要操作和施工时间等内容，构成了一口井完整的施工资料。

复合文档内部为二进制格式，除射孔施工主程序外，其他各种程序均不能读出或修改，具有很好的保密性。

(3) 数据的录入与导出。

对于电缆输送射孔，由于输入数据量比较大，提供了磁盘录入方式，以"射孔方案设计软件"的文件形式导入。对于其他施工方式，如取心等，仍要手工录入。

系统将数据分为通用参数、系统参数和专用参数三类。通用参数是各种施工方法通用的参数，例如油田区域、人员、滑轮误差、井下仪器参数等。系统参数包括硬件参数、显示参数、识别参数等，这些参数可以在线设置修改。专用参数是各种施工方式针对某口井的参数，包括射孔参数、GR+CLL 测量参数、油管输送射孔参数、油管输送二次定位参数、取心参数、GR 电缆输送射孔参数、模块化射孔参数、电缆校记号参数。

当进行取心施工时，参数管理即支持深度输入和差值输入，也支持动态输入。

设置的参数保存在文件 _default.ini 中，每次施工时仅需输入井号、施工方式、下井次数等参数就可以进行施工。施工结束后，无论次数多少均存在同一文件中，包括设置的参数与结果参数（曲线、结果数据）均一起保存。

软件设置了专用的数据管理窗口，用于文件的导入／导出，报表／曲线的打印，资料的回放验收。

(二) 主要技术指标

(1) 仪器电源：AC220V，频率 50Hz，功率 1000W。

(2) 恒流源最大输出电流 200mA，最高输出电压 200V。

(3) 用仿真器校验深度系统，千米计数误差 ≤ 2cm；

(4) 单根套管长度测量误差 ≤ 2cm，点火盘跟踪精度 1cm。

(5) 数控射孔取心仪主要单元技术指标见表 6-1-1。

表 6-1-1 数控射孔取心仪主要单元技术指标表

仪器主要单元名称	常用测量范围	允许误差	接箍识别率
深度单元	0~7000m	≤0.02m	
伽马单元	0~250cps	≤5%	
CCL 单元	相邻接箍信号间距 1~15m	≤0.02m	
	接箍信号幅值为 0.5~4V		100%

二、便携式数控射孔取心仪

相对于柜式机，便携式数控射孔取心仪电路设计更为紧凑，实现了小型化。该仪器由 DB-A 仪器主机柜和笔记本电脑两部分组成，主机柜为 40cm×32cm×13cm，重量为 8kg。采用紧凑型开关电源，缩小体积、减轻重量，又保证纹波在规定范围之内。高频起爆器内置，也可以外置。外置高频起爆器的仪器可以使用纹波较小的线性电源，井下供电采用效果更好的恒流源。

三、数控仪标定系统

（一）系统的用途及主要组成

数控仪标定系统是用来检定与校验数控射孔取心仪以及磁定位仪、伽马仪的专用装置。通过对 CCL 信号、GR 信号、深度测量信号的识别与测量，确定在用的数控射孔取心仪以及磁定位仪、伽马仪的精度。经定期校验，能够确保这些在用仪器的测量精度，并使其处于受控状态。

标定系统主要由以深度信号发生器为主构成的深度标定单元、以伽马信号发生器为主构成的 GR 信号标定单元、以 CCL 信号发生器为主构成的 CCL 信号标定单元及配件等组成。

（二）数控仪标定系统主要技术指标（表 6-1-2）

表 6-1-2 数控射孔取心仪标定系统主要技术指标表

主要设备名称	常用测量范围	允许误差
深度信号发生器	0~9999.99m	≤0.01m
伽马信号发生器	0~250cps	≤2%
CCL 信号发生器	相邻接箍信号间距 1~15m	≤0.01m
	接箍信号幅值为 0.5~4V	≤0.1V

（三）工作原理

1. 深度标定单元

深度标定主要是用深度信号发生器，向被标定的数控射孔取心仪输入标准信号，通过数控射孔取心仪接收检测获得实测信号数据，将实测信号与标准信号进行对比，即可确定被标定数控射孔取心仪记深单元的准确度。

深度标准信号发生器主要是以单片机为核心，利用程序进行控制，可以输出A、B两相标准深度信号。深度信号的每米脉冲数可以选择。

2. CCL信号标定单元

CCL信号标定主要是利用CCL信号发生器，向被标定的数控射孔取心仪输入标准CCL信号，打开深度信号发生器与之联动，数控射孔取心仪自动识别CCL信号接箍，并且以接箍作为倒计数跟踪深度信号，同时记录深度数据与CCL信号曲线。对比实测数据曲线与信号发生器发出的深度数据曲线波形，即可确定数控射孔取心仪CCL信号单元的准确度。

CCL信号发生器是通过计算机设置出各项参数发送给单片机，由单片机完成接箍信号的数据模型，用高精度D/A转换，经过整形产生标准的CCL信号。

3. 伽马信号标定单元

伽马信号标定主要是利用伽马信号发生器，向被标定的数控射孔取心仪输入模拟的标准伽马信号，同时数控射孔取心仪测得伽马信号曲线。对比实测曲线与信号发生器发出的曲线波形，即可确定数控射孔取心仪伽马信号单元的准确度。

伽马脉冲信号可在0～250cps之间任意选择，脉冲信号幅度在0.5～5V之间选择，误差≤2%。伽马信号也可以与深度信号联动输出。

（四）标定周期

数控射孔取心仪的标定周期根据仪器的状况和使用频次而定，一般标定时间间隔不超12个月。新投产和修理后的仪器应通过标定再使用。

第二节　射孔井下深度、方位测量仪器

射孔施工井下深度及方位的测量主要依靠磁性定位仪、自然伽马+磁性定位组合仪、陀螺方位仪、注磁+自然伽马+磁定位组合仪等，由这些井下仪器与地面仪器配合即可完成对射孔器下井深度及射孔弹方位的测量与定位。

一、磁性定位仪

常用磁性定位仪外径一般在38～89mm之间，按井况及工艺需求不同，可采用不同外径的磁性定位仪。按结构可分为双芯磁性定位仪和单芯磁性定位仪。双芯磁性定位仪是利用两根电缆缆芯分别完成接箍信号测量和射孔器点火，其优点是抗干扰能力强，信号传输稳定。单芯磁性定位仪是利用一根电缆缆芯完成接箍信号测量和射孔器点火，其优点是节约电缆成本，缺点是易受测量回路接地电阻变化影响，信号传输不稳定。

（一）仪器结构

以直径ϕ73mm单芯磁性定位仪为例，其结构分为内外两部分，如图6-2-1所示。外部结构由上接头、外壳、下接头、油壬（快速接头）组成。内部结构由一对磁钢、感应线圈、双向二极管、弹簧、减震体等部分组成。

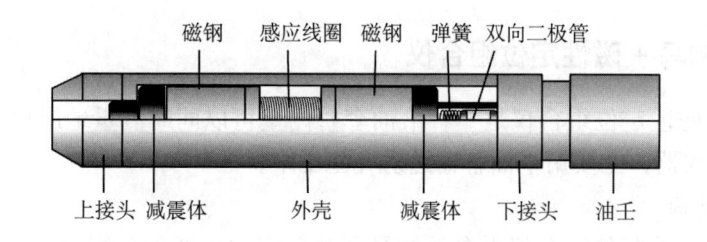

图 6-2-1 磁性定位仪结构示意图

（二）工作原理

磁性定位仪是根据电磁感应原理，以油套管接箍处环形缝隙磁阻增大为条件而制成的。当磁性定位仪沿油套管内壁滑行经过接箍时，由于油套管接箍处环形缝隙的磁阻增大，使仪器内的磁场发生变化，引起线圈磁通量发生变化，从而在线圈中产生感应电动势，通过电缆传输到地面仪器进行记录，便测得该位置的接箍信号。

（三）主要技术指标

磁性定位仪既要承受井深带来的高温高压，还要承受射孔器的拉力及射孔弹发射时产生巨大的震动和冲击，所以对其技术指标要求较高。以KC73-G和KC48-P两种磁性定位仪为例，其技术指标见表6-2-1。

表 6-2-1 磁性定位仪主要技术指标

序号	外径 (mm)	抗拉力 (kN)	耐温 (℃)	耐压 (MPa)	磁场强度 (G)	线圈匝数 (匝)	直流电阻 (Ω)	绝缘电阻 (MΩ)
1	73	50	150	60	12000	2000	2000	20
2	48	50	150	60	5000	12000	800	20

（四）常见故障及处理方法（表6-2-2）

表 6-2-2 磁性定位仪常见故障及处理方法表

故障种类	原因	处理方法
信号无输出	信号输出引线断	更换引线，重接
	感应线圈短路	重新绕制线圈
	接地不好	清理接地弹簧片
	仪器没有绝缘	更换感应线圈和绝缘件
信号微弱	感应线圈层间短路	重新绕制线圈
	磁钢装反	调整磁钢，让同性磁极相对
	磁钢磁场强度减弱	更换磁钢或对磁钢重新充磁

二、自然伽马+磁性定位组合仪

自然伽马+磁性定位组合仪是一种沿油套管内壁可以同时测量地层自然放射性强度和接箍信号的井下仪器，主要用于油管输送射孔施工中。

（一）仪器结构

自然伽马+磁性定位组合仪由自然伽马仪和磁定位仪两部分组成，如图6-2-2所示。自然伽马仪的外部由下接头、外壳、连接接头及密封件组成，内部由闪烁探测器、高压电源、电子电路等组成。

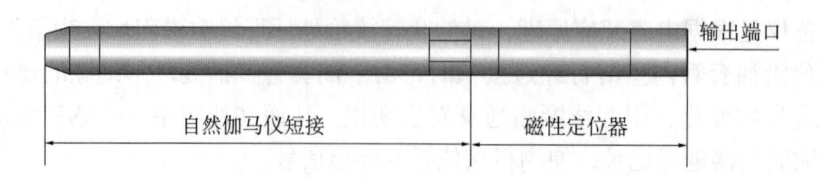

图6-2-2　自然伽马+磁定位组合仪结构示意图

（二）工作原理

自然伽马+磁性定位组合仪采用的是单通道输出方式。自然伽马仪是依据不同地层的地质特性测量自然伽马射线的强度，在一般情况下，由石英砂构成的纯砂岩地层自然放射性很弱，泥岩的自然放射性比较强，如果砂岩层中含有泥岩，则含泥质越高，自然伽马的读数越高。自然伽马射线穿透力较强，可以在油套管井中进行测量。

自然伽马仪的原理：当自然伽马仪内的碘化钠[NaI（Te）]闪烁体吸收到地层伽马射线后放出光子，这些光子打在光电倍增管的光阴极上，使光阴极放出光电子，光电倍增管各倍增电极被光电子轰击时会打出3~6倍的电子，这些电子在各倍增管极间得到不断加速和增殖，产生倍增放大的作用，最后在光电倍增管阳极形成幅度足够大的脉冲电流输出，再经输入级进行放大，到选择整形级进行处理，最后由功率输出级输出幅度8V以上、宽度为40μs的正脉冲，经电容耦合给缆芯输送到地面进行记录，如图6-2-3所示。

磁性定位仪的原理与本节第一部分一致。不同的是这种组合式磁性定位仪在磁信号输出之前进行了整形、放大处理。当磁性定位仪经过油套管接箍时，线圈内产生的感应电动势输入到选择整形级，经处理输出一个负方波，然后经过控制振荡级震荡输出负向电脉冲，在由功率输出级进行放大输出幅度为8V以上、宽度为40μs的负脉冲，最后经电容耦合给缆芯输送到地面进行记录。

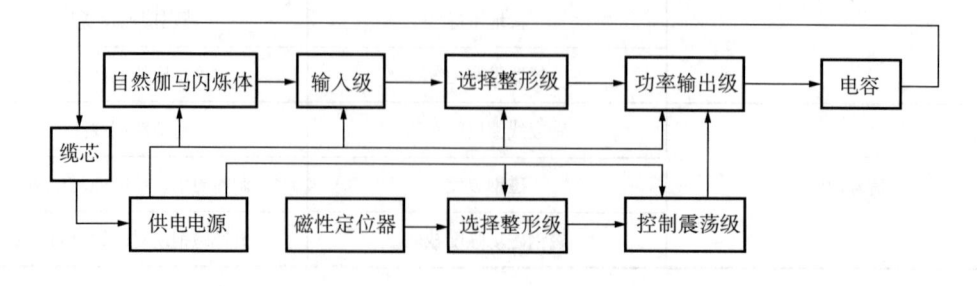

图6-2-3　自然伽马+磁性定位组合仪工作原理框图

（三）主要技术指标

以 FCD48-200-150 自然伽马+磁性定位组合仪为例，其技术指标见表 6-2-3。

表 6-2-3　自然伽马+磁性定位组合仪主要技术指标

外径(mm)	耐温(℃)	耐压(MPa)	供电电压(V)	供电电流(mA)	脉冲幅度(V)	脉冲宽度(μs)	测量误差（%）
48	150	60	35	100±5	≥8	40±5	≤10

（四）常见故障及处理方法（表 6-2-4）

表 6-2-4　自然伽马+磁性定位组合仪常见故障及处理方法表

故障现象	原因	处理方法
接通电源后无电流	仪器外壳没有接通电源地线或电缆芯断路	将外壳接地线 接通断线
接通电源后电流很大	缆芯接地或密封引线柱绝缘损坏 下井仪器中有元件与外壳接触	检查线路和元器件
高压没有输出	高压电源模块坏	更换高压电源模块
	高压输出端被短路	检查电路
	电容 0.01μF 击穿	更换电容
有自然伽马信号，无接箍信号	井下仪中的 IC3 损坏	检查线路 更换 IC3 元器件
有接箍信号，无自然伽马信号	井下仪中的 IC1 损坏	更换 IC1 元器件
	光电倍增管分压电阻断	更换电阻
	管座接触不良	检查电路
光电倍增管输出脉冲减少	光电阳极灵敏度低	更换光电倍增管
	晶体与光电管接触不良	涂上硅油、接触良好
温度指标下降	金属保温瓶漏气损坏	更换保温瓶
自然伽马和接箍信号互相干扰	电缆匹配不当	调节地面仪中的 W1 和 W2
接箍信号有干扰	0.47μF 电容脱焊或失效	更换或重新焊接电容
	电阻 51Ω 阻值不合适	调节 51Ω 电阻
	磁钢顶丝松动	旋紧顶丝

三、注磁+自然伽马+磁性定位组合仪

注磁+自然伽马+磁性定位组合仪主要应用在注磁定位射孔工艺中，利用该工艺能在油套管接箍无环形缝隙、磁信号干扰大、解卡等特殊井中施工。

(一）仪器结构

注磁+自然伽马+磁性定位组合仪主要由注磁短接、自然伽马、转换控制短接、磁性定位器短接组成，如图6-2-4所示。

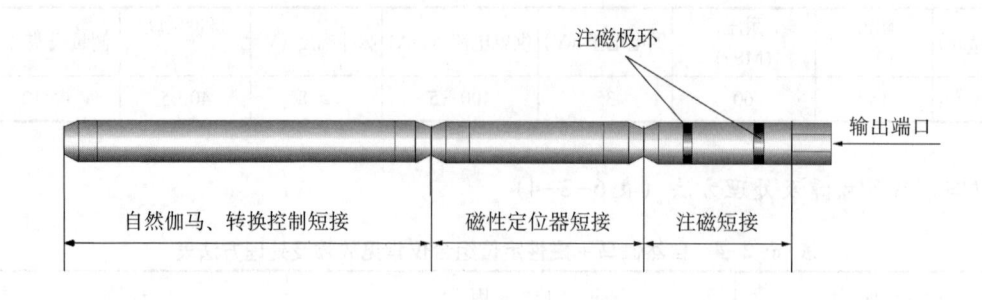

图6-2-4　注磁+自然伽马+磁性定位组合仪结构示意图

(二）工作原理

1. 电路原理

注磁+自然伽马+磁性定位组合仪采用单道传输方式，利用转换控制部分对不同信号进行切换，测量通道处于常闭状态。当地面对井下注磁仪供电时，测量通道自动切换到对电容进行充电通道，待电容充到饱和后自动切换到注磁通道。当完成注磁后转换控制自动回复原来测量通道的常闭状态。

注磁仪工作原理是根据电容充电、放电及储能特性和应用电磁感应定律，完成对目的层位置油套管进行磁化的过程。具体过程是通过仪器测量，当确认找到目的层以后，首先对注磁仪内的电容进行充电，待电容充到饱和后，经控制让这个具有一定能量的电容对注磁仪内的注磁线圈进行放电，这样就在注磁线圈两端极环处产生一强磁场，与此同时便将相对应位置的油套管磁化，即在该处标记了一个磁记号。

2. 工艺原理

根据目的层的深度位置利用自然伽马仪测出自然伽马曲线找出标志层，然后计算出标志层与实际要射开的目的层距离，将电缆上提或下放，使注磁仪对准计算出的深度位置后对其位置的油套管进行注磁，注磁后下放一段距离的电缆，再上提利用磁性定位仪测量出该注磁信号，确定磁记号深度无误后，该注磁点就作为下次射孔施工定位的深度记号。从而通过一次下井过程，同时完成了自然伽马测量、磁定位测量和油套管注磁，即提高了测量的精准度，又提高了施工效率。

(三）主要技术指标

以SKZC-220/89注磁+自然伽马+磁性定位组合仪为例，其技术指标见表6-2-5。

表6-2-5　注磁+自然伽马+磁性定位组合仪主要技术指标

外径 (mm)	耐温 (℃)	耐压 (MPa)	高压输出 (V)	震动加速度 (m/s^2)	震动频率 (Hz)	输出电压纹波（mV）	稳定性 (%)
89	220	100	0~2000	98	20~200	≤50	≤±7

四、井下陀螺测斜仪

陀螺测斜系统，是上世纪90年代初期发展起来的一种不受地质和周围环境影响的井眼轨迹测量系统。随着石油勘探开发和射孔技术发展的需求，科技人员利用陀螺仪研制出用来测量油井的斜度与井斜方位，以描述井眼轨迹和确定射孔孔眼方位的陀螺测斜仪，解决了因套管井屏蔽磁场，或因存在磁干扰而磁通门无法测量井眼轨迹的问题。陀螺仪分为机械式和电子式两大类。机械式陀螺仪零点漂移较大、使用寿命较短、价格高；电子式陀螺仪具有体积小、寿命长、零点漂移小、价格较低等优点，是磁性矿区及在套管井眼中测量井斜和井斜方位较为理想的传感器。

（一）结构

井下陀螺测斜仪由马龙头、磁性定位仪、电源舱、微机舱、陀螺电路舱、惯性体、减震器、引鞋和导向器等组成（图6-2-5）。

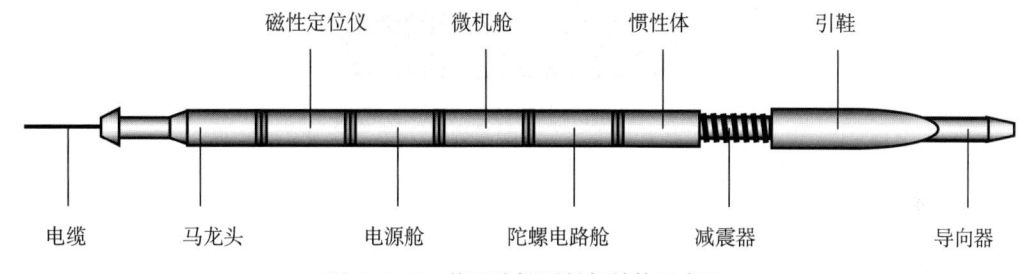

图6-2-5 井下陀螺测斜仪结构示意图

（二）工作原理

凡能绕定点高速旋转的物体，都可以成为陀螺。陀螺测斜系统主要是由高精度的双自由动力调谐陀螺仪和石英挠性加速度计组成。

动力调谐陀螺仪用来测量地球的自传角速度，加速度计则敏感井眼内各处的重力加速度，通过计算就可确定井内某点的井斜角、井斜方位角等。动力调谐陀螺仪主要由磁滞同步电机、驱动轴、挠性接头、转子、信号器和力矩器等组成，如图6-2-6所示。挠性接头在转子的内腔，工作时平衡环与内、外扭杆同转子一起高速旋转。信号器用来检测仪表壳体相对于自转轴的转角，一般采用电感式传感器，其导磁环固装在转子上，而铁芯和线圈固装在外壳内。力矩器用来对陀螺施加控制力矩，一般采用永磁式力矩，其永磁环固装在转子上，而线圈固装在表壳上。此外，为了防止扭杆的扭转角度过大，在驱动轴上固定有限动器，用于限制陀螺的工作转角。

在挠性陀螺中，转子是由挠性接头来支撑的。挠性接头是一种无摩擦的弹性支撑，转子借助于挠性接头与驱动轴相连，这样挠性陀螺的自转轴便具有两个转动自由度，当测斜仪基座绕着垂直于自转轴的方出现偏转角时，将带动驱动轴一起偏转同一角度，但陀螺的自转轴相对于惯性空间仍保持原来的范围稳定，通过角度传感器，力矩器可使陀螺产生进动，由力矩器输出电流或采样电阻上的电压可计算出转动角速度。

（三）主要技术指标

（1）测量范围与精度：

①井斜角：0°～60°，误差≤0.5°；

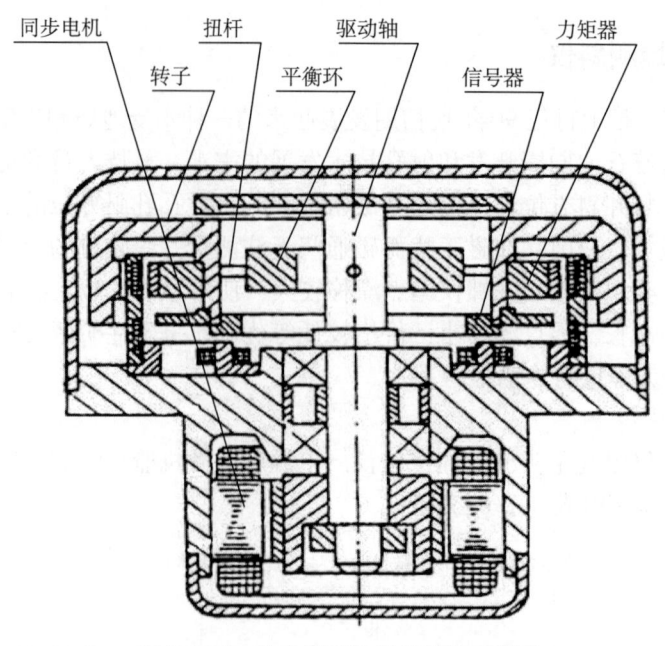

图 6-2-6 动力调谐陀螺仪结构示意图

②方位角：0°～360°，误差≤2°；

③工具面角：0°～360°，误差≤3°。

(2) 测量方式：点测。

(3) 工作温度：−20～125℃。

(4) 抗冲击强度：300g，1.5ms。

(5) 抗压强度：≥60MPa。

(6) 通讯码制：曼彻斯特Ⅱ码。

(7) 外型尺寸：

①外径：ϕ48mm；

②长度：3122mm。

(四) 使用注意事项

(1) 仪器使用前后要进行校验；

(2) 必须轻拿轻放；

(3) 非专业维修人员不得擅自拆卸陀螺舱；

(4) 严格按使用说明进行操作。

(五) 常见故障及处理方法（表6-2-6）

表6-2-6 注磁+自然伽马+磁性定位组合仪常见故障及处理方法表

故障种类	原　因	处理方法
电容充不上电	充电线路接触不良、电容损坏	检查充电线路、更换电容
注磁信号微弱	注磁线圈绝缘不良或层间短路	检查注磁线圈、更换线圈
	放电电路接触不良或转换开关坏	检查放电线路、更换开关

第三节　射孔监测仪

油气工业使用井下压力记录仪（简称 P-T 仪）已经有相当一段历史了，最早是采用石英传感器来采集井下压力数据，有些井下记录仪采集数据并存储在记录仪内存中，有些是通过电缆实时地将数据传输到地面，但是这种井下记录仪采样速度相当慢。随着军用压力记录仪向民用转化，高速压力记录仪在油气田得到迅速推广应用，它能够在极短时间内完成重要数据采集并存储在记录仪的内存中。在普通射孔、复合射孔、动态负压射孔中，分析射孔过程中的压力变化至关重要，通过压力动态分析可判断射孔方案设计是否合理。射孔过程冲击破坏力大、持续时间短，因此要求仪器抗冲击性强、采样频率高。

国外公司在射孔压力记录仪方面技术水平和指标都较高，具有代表性的产品主要包括美国 IES 公司（Instrumentation & Engineering Services, Inc）推出的 Series 200 系列的高冲击、高速采样的压力加速度计和 Owen Oil Tools 的高速数据记录仪——HSDR-1700-02A、HSDR-1700-04A。

Series 200 系列的高冲击、高速采样的压力加速度计可以记录压力、加速度和温度数据。它的优点在于体积小，抗高冲击（可以抗最大加速度为 50000G 的冲击），可以实现高速采样（高速的采样频率可达 115kHz）。它采取了变速采样策略，首先是低速采样，然后当压力脉冲或是加速度或是震动来到时，仪器自动完成高速继而中速最后回到低速采样的转换，这个过程可以重复直至存储器被记满为止。静态时测压范围 $0 \sim 105$MPa，可过载到 210MPa；测温范围 $-40 \sim 120/150$℃；频响 $0 \sim 10000$Hz；休眠时功耗 500μA，采样时功耗 100mA；存储容量 1Mb。

HSDR-1700-02A、HSDR-1700-04A 高速数据记录仪可以用作测量压力、温度的两通道和测量压力、温度、高低量程加速度的四通道使用，测压范围 $0 \sim 280$MPa，测温范围 $-40 \sim 123$℃，传感器的频响 $0 \sim 100000$Hz，仪器的频响 $0 \sim 10000$Hz。存储容量 1Mb。

国内虽然有较多压力记录仪生产厂家，但是大部分是静压计，采样速度慢。中北大学一直进行高速压力记录仪开发，其开发的 NUCDH4-2 型四通道射孔压力测试仪的性能指标较高。下面以 NUCDH4-2 型四通道射孔压力测试仪为例介绍其系统组成、工作原理和性能指标。

一、系统组成

四通道射孔压力测试仪系统由硬件系统和软件系统组成。

（一）硬件系统

四通道射孔压力测试仪硬件系统包括机械结构和电路模块两部分。

1. 仪器的机械结构

四通道射孔压力测试仪的机械结构大致可分为射孔枪配接组件、外引读数口组件、电路组件、电池组件、压力传感器组件、温度传感器组件和加速度传感器组件等部分。

2. 仪器的电路模块

四通道射孔压力测试仪的电路模块主要由模拟电路、数字电路、控制电路等部分组成。

它的系统框图如图 6-3-1 所示。

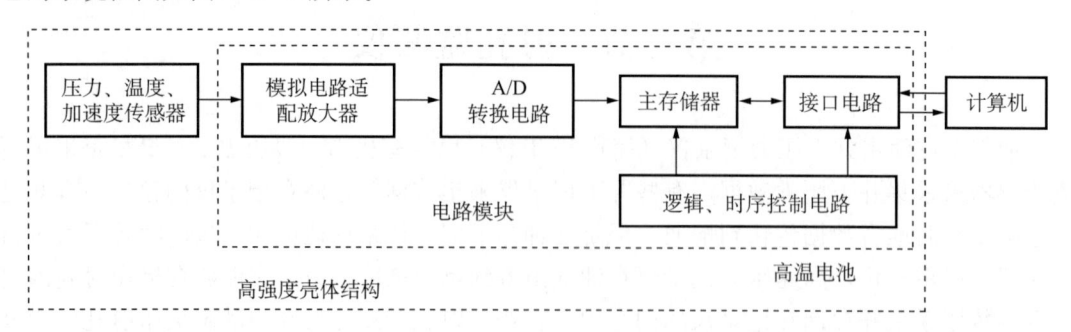

图 6-3-1　四通道射孔压力测试仪系统框图

(二) 软件系统

软件系统的主要功能是电路编程、数据读取、波形选择、数据分析、数据转换、波形打印等。其软件界面如图 6-3-2 所示，主要工具栏如图 6-3-3 所示。

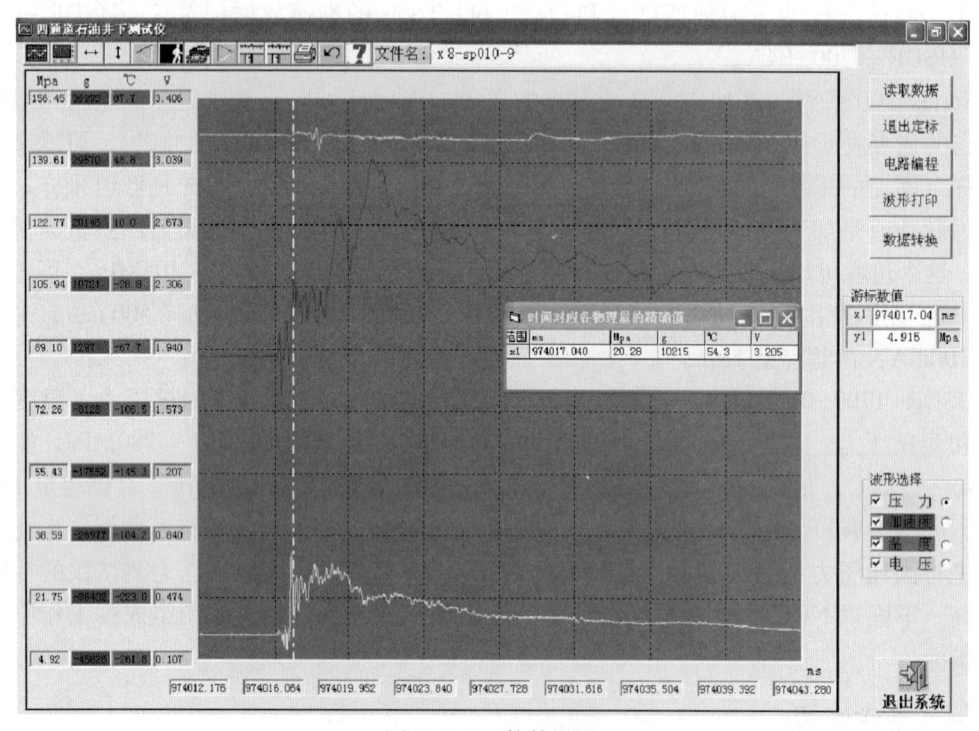

图 6-3-2　软件界面

通过电路编程，可设置 P-T 仪触发压力；通过数据读取，将仪器记录的数据保存到计算机中；通过波形选择，可选择显示压力、加速度、温度和电压中的多个（或一个）波形；在界面内可以显示全部曲线、高速采样曲线，可以放大显示局部曲线，可显示任意某一时刻（或两个时刻）的数据值；通过数据转换，可将原始数据文件转换成 EXCEL 格式或文本格式，方便后期处理；通过波形打印可将界面内显示的曲线输出至打印机。

二、工作原理

四通道射孔压力测试仪的电原理框图如图 6-3-4 所示。图中的 PS、TS、AS 分布代表压阻式压力传感器、压电式加速度传感器、温度传感器。它可以测量和记录射孔过程中的压力、温度和加速度变化曲线,并能够记录仪器供电电池的电压值。

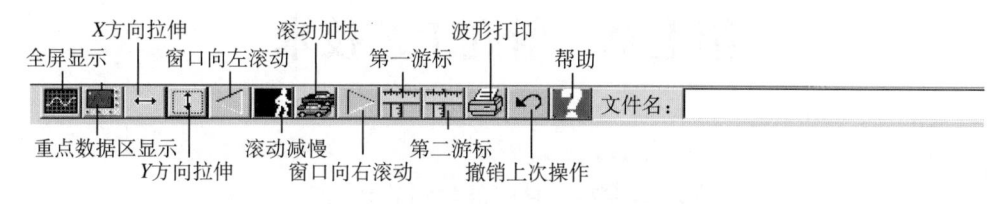

图 6-3-3　软件工具栏

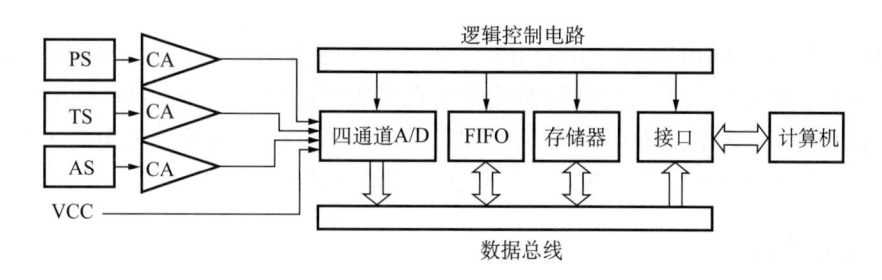

图 6-3-4　四通道射孔压力测试仪的电原理框图

仪器通电后首先进行低频采样,把采样的数据转换为数字信号后不断写进主存储器。仪器此时处于待触发状态。当射孔起爆时,传感器随感应压力的变化输出相应的电压信号,一旦信号电压达到电路的触发电平,输出高电平,触发后续电路进行高频采样以便在极短的时间内记录射孔过程。当高速采样结束后,自动变成中频采样,以低速记录压力恢复的过程。当把主存储器的存储空间记满时,电路自动下电进入低功耗状态等待读出数据。通过专用的读数口与计算机并口连接,读出测试曲线,完成一次射孔压力测试的全过程。

这种测试仪的突出特点是:

(1) 可以同时测量四个参数。仪器的四个通道分别测量并记录压力、枪体所受冲击加速度、井温、供电电池电压随时间变化的动态过程。

(2) 通过编程以改变采样频率、采样时间、触发电平等参数,仪器功耗低。

(3) 精度高,使用方便,可靠性高,抗干扰能力强。

三、主要技术指标

测压范围:0 ~ 210MPa;

测温范围:−20 ~ 150℃;

分辨率:12bit;

加速度测量范围:0 ~ 50000G;

工作温度:−20 ~ 150℃;

高速采样频率:125kHz;

中速采样频率:500Hz;

低速采样频率:1Hz;

存储容量:2Mb。

第七章 射孔工艺技术

第一节 电缆输送射孔

电缆输送射孔是油田射孔完井采用的一种方法。它是用电缆将射孔器输送到目的层，进行定位射孔。电缆输送射孔可使用有枪身射孔器和无枪身射孔器，目前主要使用的有枪身射孔器有60型、73型、86型、89型、102型、114型、127型等。电缆输送射孔适合于压力较低、自喷能力较弱、井斜较小、层位较少等油气井射孔施工。

一、基本原理

电缆输送射孔原理是用电缆把射孔器和井下定位装置输送到井下通过测量和深度定位使射孔器对准目的层，引爆射孔器使射孔弹射穿套管、水泥环并进入地层一定深度，从而在目的层与套管内形成有效连通通道。射孔现场施工示意如图7-1-1所示。

图7-1-1 射孔现场施工示意图

二、技术特点

电缆输送射孔具有工艺技术较简单、适宜输送各类射孔器，施工快捷，施工周期短，施工成本低等优点。缺点是由于携带射孔枪长度有限，下井次数多；对于一些补孔井由于井内结蜡或油稠，射孔枪不易下井。

三、工艺流程

（一）施工准备

（1）通井，置换射孔液，使射孔液达到施工要求。

（2）根据地质设计和工程设计做出射孔施工设计。

（3）射孔炮队根据施工设计借取工具、用料，对设备、电缆、地面仪及井下仪进行检查以达到施工要求。

（4）到达施工现场召开班前会，进行技术交底，根据现场情况提出施工风险及消减措施。现场条件达到安全施工要求后，进行现场施工。

（二）施工流程

现场施工工艺流程如图 7-1-2 所示。

1. 井口、安装

（1）拆除采油树上半部，采油树配件必须齐全。拆卸的采油树配件要妥善保管，保证清洁、齐全、完好。

（2）安装防喷器：

①检查采油树法兰钢圈槽、防喷器钢圈槽及钢圈有无损坏，并清理上面的油污。

②在采油树钢圈槽里涂抹密封脂，将钢圈放入钢圈槽内，并转动钢圈，使其完全坐入钢圈槽内。

③在防喷器钢圈槽内涂抹密封脂，将防喷器平稳放在采油树上，转动防喷器使防喷器钢圈槽坐在钢圈上。

④检查防喷器与法兰平面的间隙是否均匀，确认防喷器、法兰与钢圈槽完全配合紧密，等距离对角上平、上紧、上满法兰螺丝。

⑤对防喷器进行试压，合格后继续施工。

（3）安装地滑轮和天滑轮。

（4）将电缆马龙头与井下仪器联接牢固。

2. 组装射孔器

（1）检查弹架标牌的井号、次数是否正确。对照联炮图检查弹型、弹数、孔密，并核实油夹层长度。

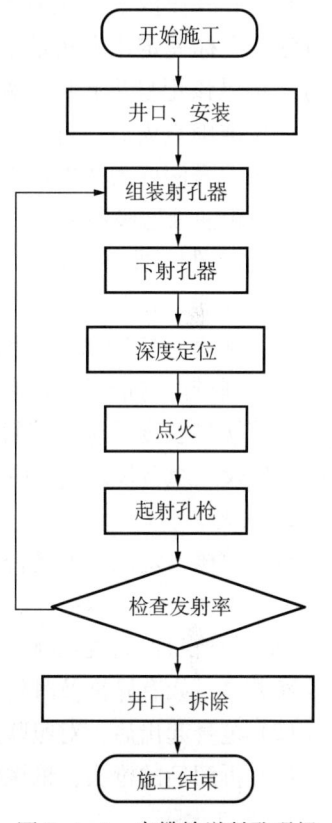

图 7-1-2 电缆输送射孔现场施工流程图

（2）检查射孔弹外观是否清洁，有无损坏、变形现象，射孔弹药型罩有无松动、脱落现象。检查导爆索型号是否正确，外皮是否完好，表面有无油污、划痕和折伤，接头有无漏药和局部松散现象。

（3）将弹架装入枪身并固定，上枪头枪尾，安装雷管。在组装好的射孔器上做上标记。

3. 下射孔枪

（1）将联接好的井下仪器放电后与枪身对接，并起吊到井口。

（2）射孔器下入井中首次下电缆速度要控制在 6000m/h 内，其余各次电缆下速不超过 6000m/h。

4. 深度定位

1）跟踪短套管的定位方法

在射孔井段内预先下置短套管，为射孔时定位创造了明显的标记。跟踪短套管的定位方法是首次下至离短套管3m以深上提测量出短套管及标准接箍间的各个套管接箍深度，以确定标准接箍的准确。然后以标准接箍为准上提至油顶这段距离，停车点火。点火后可在电缆上绑扎一点火记号，下次定位时以该记号为深度依据找准标准接箍进行深度定位。若短套管下置在油顶深度以浅处也可以下放测出短套管并同步跟踪到首次下标以深2～3m处，再上提测量定位。

2）点标差定位方法

在射孔井段内没有人为下置短套管，各个套管长度均不相同。这样的井采用点标差定位方法。点标差定位方法是首次依据电缆上的深度大记号进行人工丈量尺子确定点火深度记号，再以该记号进行同步跟踪，连续测出7组接箍，定准标准接箍，上提或下放点火。首次定位准确点火后，可同步跟踪丈量出下次点火记号深度，在电缆上做一记号。下次定位时以该记号深度为依据，下至该次射孔下标以深2～3m处，上提测出下标、标准接箍，上提走完距油顶这段距离。

3）自然伽马曲线定位

连接仪器，在井口对零，打开恒流源，调试仪器工作正常，下至预定深度，上提测量自然伽马和套管接箍曲线，测速为800～1000m/h，按测井原图预定要求跟踪测量两个标志层，分别量出与最近套管接箍的距离，与测井原图预定长度小于0.5m，并核对测量井段内的套管接箍长度及标准接箍深度，确定标准接箍，进行注磁。起出自然伽马—磁性定位仪—注磁仪三组合仪。换接磁性定位—注磁两组合仪，连接射孔器，下井定位射孔。

5. 点火

点火前核实定位深度是否与设计深度相吻合，确认核实无误后才能点火起爆。

6. 起射孔枪

（1）起枪身时首先必须缓慢试提，如无异常则可正常起枪。起枪过程中速度平稳，注意观察井口，如有异常及时处理。

（2）枪身起出后，对照联炮图检查射孔发射率，及时处理存在问题。

（3）拆卸后的枪头、枪尾要清洗干净。

7. 井口拆除

（1）将井下仪、地滑轮和天滑轮拆除，并摆放在固定位置。

（2）先观察井口有无油气、溢出情况。井口无油气溢流显示时，拆除防喷器。如有油气溢流显示关闭防喷器。

（三）注意事项

（1）射孔深度误差应小于20cm，不破坏套管及水泥环。

（2）测得的各类套管长度要与原图所标长度误差应小于10cm，对零误差应小于5cm。

（3）不准在运行的滑轮、电缆、滚筒上作业。井架上有人作业时，井口3m以内不许站人。

（4）不论以哪种定位方式点火，测量深度应与施工设计深度吻合。

（5）电缆马龙头留有弱点，在井下遇卡时，其最大拉力不许超过电缆拉断力的一半。

(6) 点火时必须上提对零，一次没对准应下过 0.5m 以上，再上提重新对零。
(7) 采用下放点火时，必须上提测量遇阻曲线。防止在遇阻状态下点火。
(8) 施工后填写的各项施工资料做到数据准确、真实、齐全、清洁无涂改。
(9) 施工后各类爆炸器材如数交还，不准私自销毁或转借他人。

第二节　电缆输送射孔分次起爆技术

电缆输送射孔分次起爆技术是一种用电缆一次将多支射孔器输送下井，对井下不同深度的射孔层位进行分次选择性射孔的工艺技术。分次起爆控制技术有机械控制和电子器件控制两种方式。本书介绍机械方式控制的电缆输送射孔分次起爆技术。

一、基本原理

电缆输送射孔分次起爆系统由井下压力开关装置、检测仪器（包括地面和井下两部分）及射孔器三部分组成，如图 7-2-1、图 7-2-2、图 7-2-3 所示。

图 7-2-1　电缆输送射孔分次起爆地面检测仪

图 7-2-2　电缆输送射孔分次起爆井下检测仪

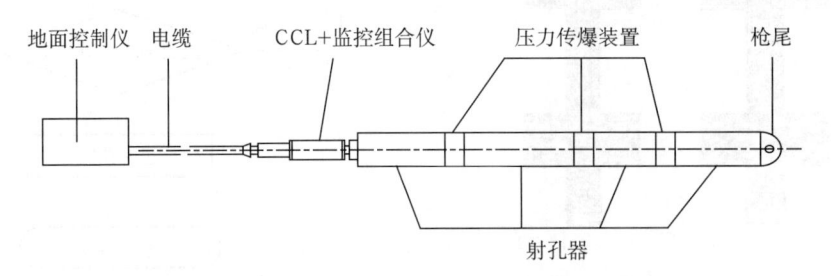

图 7-2-3　电缆输送射孔分次起爆系统结构示意图

电缆一次将井下仪器和多级射孔器输送至目的层，各级射孔器之间通过井下压力开关装置联接起来。初始状态时，电缆缆芯线通过点火火线依次穿过上面各级射孔器直接接在最下面射孔器的专用雷管初级线圈的一极上，专用雷管初级线圈的另一极接在射孔器外壳上，使最下面的射孔器在下井前就形成回路，此时，除最下面的射孔器外，整个射孔枪串剩余的各级射孔器内的专用雷管均处于断路状态，并且在射孔器工作过程中，始终保持只有一级射孔器处于通路状态。当最下面的射孔器定位点火，射孔弹发射穿孔后，在井筒内液体压力的作用下，该级射孔器上部的起爆压力开关动作，使点火火线与该级射孔器断开，同时，连通相邻的上一级射孔器专用雷管火线。此时，上一级射孔器由断路变为通路，处于待射状态。上提电缆即可对下一次待射目的层进行定位射孔，实现对井下不同深度的射孔层位进行分次选择性射孔。原理示意如图 7-2-4 所示。

二、技术特点

电缆输送射孔分次起爆技术特点是一次下井能够射开多层位，减少起下电缆次数，缩短施工周期，且对井控、环保、节能具有重要意义。该技术适用于射开弹数少、井段跨距大的井射孔施工。

三、施工流程

施工流程如图 7-2-5 所示。

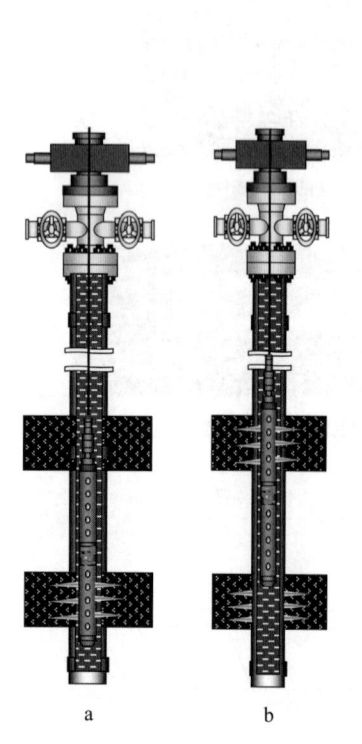

图 7-2-4 电缆输送射孔分次起爆射孔原理示意图

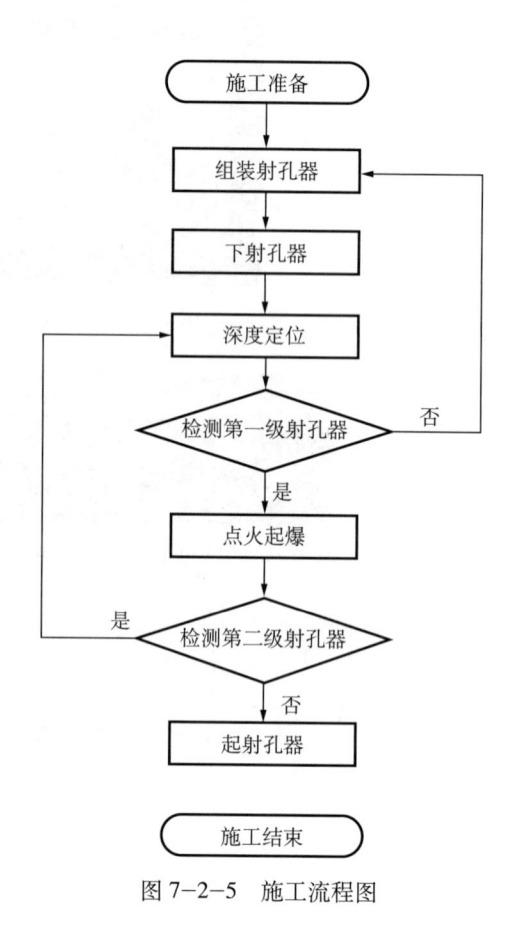

图 7-2-5 施工流程图

(一) 施工准备

施工准备和电缆输送射孔施工准备过程相同。

(二) 组装射孔器

电缆输送射孔分次起爆射孔器由多个单元组成。首先根据射孔施工设计在弹架上安装好射孔弹与导爆索。将准备好的弹架放入枪体联好一个单元的枪体，枪体上端安装接头、下端安装起爆装置及开关装置。作为选发多单元枪体的第一单元上端安装枪头；最末单元的尾部连接专用枪尾。将安装好的枪体按照次序相互连接。

(三) 下射孔器

输送射孔器和电缆输送射孔输送射孔器过程相同。

(四) 深度定位

执行电缆输送射孔点标差定位方法和跟踪短套管的定位方法进行深度定位。

(五) 检测射孔器

深度定位后由射孔地面检测仪发出指令，射孔井下检测仪将检测结果发送到地面，根据信号判断射孔器的状态，是否连通待射的射孔单元。当连通待射的射孔单元时，进入点火起爆；连通单元不是待射的射孔单元时，返回地面检查射孔器或判断连通单元从新定位到相应深度点火。

(六) 点火起爆

点火引爆射孔器相应单元后，应停止一段时间，判断射孔器起爆。然后上提电缆对下一级深度定位、检测射孔器、点火起爆，依次完成下井所有射孔单元施工。

(七) 起射孔器

起出射孔器和电缆输送起出射孔器的过程相同。

第三节　油管输送射孔

油管输送射孔简称 TCP，是国外于 20 世纪 70 年代发展起来的一种射孔方法，在 80 年代得到快速发展，技术逐渐完善。在大斜度井、水平井、高压气井、防砂井和低渗透地层的射孔作业中具有其他射孔方法所不具备的优势，促进了完井技术的发展。

一、基本原理

油管输送射孔工艺是把一口井所要射开的油气层的射孔器全部串接在油管柱的尾端，形成一个硬连接的管串下入井中。通过测量磁定位曲线或放射性曲线校深调整管串对准射孔层位，通过撞击式或加压两种方式引爆射孔器，对目的层进行射孔。

二、技术特点

(1) 能够实现负压射孔，保护油气层提高产能。

(2) 输送能力强，一次下井可以同时射开较长的井段或多个层段的地层。

(3) 适用于高压油气井，施工安全可靠，井口防喷效果好。

(4) 采用特殊射孔装置，可实现一次性投产和储层改造，又能与地层测试器、抽油泵等联合作业进行测试和采油,可大大缩短油气井投产期。

(5) 有利于采用超正压射孔、全通径射孔、各种联作射孔等多种射孔新工艺。

(6) 能够解决电缆射孔难以施工的大斜度井、水平井、稠油井及复杂井的射孔施工问题。

三、工艺流程

(一) 施工设计

(1) 射孔管柱设计。射孔管柱的设计要根据地层的压力、岩性、含油气情况,渗透率和井眼套管结构,射孔液情况,负压要求,投产要求等情况来设计引爆方式,实现负压的方法等。

(2) 射孔枪串设计。根据射孔层段和夹层井段的长度,合理的配置不同长度的射孔器。

(3) 起爆压力的设计。在油管输送射孔中大量使用压力起爆装置,因此剪切销数量的计算是施工人员必须掌握的技能。计算时需要知道井的垂深、压井液密度、单个剪切销的常温剪切值、剪切销剪切强度降低百分率随温度的变化曲线等。

(二) 器材准备

(1) 射孔枪、射孔弹应按照要求进行试压和打靶试验;导爆索应粗细均匀,无扭折,外皮无破损;传爆管应避免受潮。

(2) 中间接头互换性好,且丝扣、密封面无损伤。

(3) 起爆装置、尾声弹取出火工件后,应进行试装配。

(4) 密封圈应无损伤,其耐温指标要满足井温要求。

(5) 根据射孔通知单要求,设计、组装射孔器。

(6) 根据施工要求,准备射孔校深所用的套管井自然伽马和磁性接箍信号(以下简称GR—CCL)测井曲线图或组合测井曲线图。

(7) 领取射孔枪和射孔弹,清点射孔弹数量,做到准确无误。

(8) 根据施工设计领取起爆装置、TCP接头、密封圈等配件。

(9) 根据设计要求准备下井仪器。

(三) 现场施工步骤

1. 施工准备

校对射孔通知单,了解井况和井场安全注意事项,各岗按岗位操作规程进行准备工作。

2. 装配油管输送射孔器

(1) 将TCP接头擦干净,套上密封圈。检查枪身情况。

(2) 检查射孔弹架厚度、定位盘、顶丝以及固定螺丝应齐全。将射孔弹安装在弹架上,在弹架两端装上挡片,导爆索装上止退管,并锁紧。使定位盘部分在枪身顶部。

(3) 将定位盘的顶丝对准射孔枪体定位槽,固定好射孔弹架。

(4) 根据TCP接头长度,截取合适长度的导爆索,切口平齐,装上传爆管锁紧。

(5) TCP接头密封面涂适量润滑脂,拧入射孔器,传爆管应低于TCP接头平面1~3mm。

(6) 装好的单只射孔器两端装上防水防潮护帽,标好射孔器的序号。

(7) 使用多级起爆装置时,应按设计要求安装自毁棒体的延时药柱或增压药柱,并丈量、设计夹层油管和枪体零长，夹层长度误差不应超过 ±5cm。

3. 射孔器下井的连接与要求

（1）射孔器下井由深到浅，即第一只射孔器对应油层的下部，最后一只射孔器对应油层的上部。

（2）按施工设计的顺序下枪，并检查传爆管扶正器、传爆管。

（3）射孔器下井后，依次下入起爆装置、筛管、两根安全油管、油管校深短节、输送管柱，并准确丈量炮头长、筛管、安全油管长度。

（4）向作业队交代射孔管串下放的注意事项。

（5）丈量输送管柱长度，匀速下放管柱，平稳将射孔器下到目的层。

4. 现场深度测量校正、计算方法

1）电缆标记定位法

射孔器下井前后，用相同的下井仪器分别对套管和油管进行磁定位曲线测量，根据短套深度确定电缆标记深度，由电缆标记深度确定油管短接深度。施工过程如下：

（1）在已校深的套管井测井资料CCL曲线上，距油层顶端20m±5m确定标准节箍深度L_1，距油层最近处确定对深短节或具有特殊记号的套管，计算对深短节到标准节箍的距离和接箍数。

（2）将CCL下井仪器下入套管井内，在对深短节以上15m处，打开打印机进行套标跟踪测量，下测至油层底界以下2m处停车，上提测量出标准节箍后4m以内任意一深度点停车，并在井口法兰盘平面位置的电缆上扎标准记号，同时关闭打印机停止测量。

（3）在记录纸上丈量标准节箍至结束测量打印点之间的距离L_2，计算标准记号的深度 $L_{标}=L_1-L_2$。

（4）射孔器下井之前，应丈量射孔器的实际炮头长$L_\triangle$（安全枪＋炮头长＋起爆器＋筛管＋安全油管）。

（5）射孔器下到目的层附近时，将磁定位器下入射孔管柱，下到标准记号与井口法兰盘平齐时停车，打开打印机进行跟踪下放测量。如果油管校深短节以下有反循环装置，应了解该装置所处位置的深度，在距该深度200m处停车下测。

（6）如果在下放测量过程中油管校深短节测出，应停止下测，上提测量到标准记号对正井口法兰平面停车，同时关闭打印机停止测量，在记录纸上丈量油管校深短节至结束测量打印点之间的距离L_3，此时射孔器顶弹的深度$L_{顶}$：$L_{顶}=L_{标}+L_3+L_\triangle$＋总校正值$=L_1-L_2+L_3+L_\triangle$＋总校正值。

（7）下放测量过程中，当测不出油管校深短节时，应上提测量到标准记号与井口法兰平面位置对齐，关闭打印机停止测量。再次打开打印机，上提测量出油管校深短节后，在任意一深度点停车，关闭打印机停止测量，在记录纸上丈量最后一次上提测量起始点至油管校深短节之间的距离L_3，此时射孔器顶弹的深度$L_{顶}$：$L_{顶}=L_{标}-L_3+L_\triangle$＋总校正值$=L_1-L_2-L_3+L_\triangle$＋总校正值。

（8）如果测量出标准记号在在校深短节的中间，则应上提测量出校深短节后，再按⑥执行。

（9）射孔管柱调整值$L=L_{油（油层顶界）}-L_{顶}$。L为负值时，射孔管柱上提；L为正值时，射孔管柱下放。

— 267 —

2）自然伽马与磁定位（GR—CCL）定位法

管柱下井前，在射孔器上面 20～30m 处，连接一根短油管作为定位标记，在油管内并测 GR—CCL 曲线，与完井组合测井图中的 GR 曲线进行深度校正，确定油管短接的实际深度，与油层顶界面深度对比，从而得出管柱调整值。施工过程如下：

（1）射孔器下井之前，应丈量射孔器的实际炮头长 $L_\triangle$（安全枪+炮头长+起爆器+筛管+油管）。

（2）将射孔器输送至目的层附近，井深条件允许时，输送至目的层以下 20m。

（3）将 GR 井下仪下入射孔管柱，遇阻后上提电缆测量 GR—CCL 曲线 500m，重复曲线测量井段应不少于 50m。

（4）检查油管内所测 GR—CCL 曲线质量是否符合要求，GR 曲线形状应与组合图的 GR 曲线基本一致，短油管的接箍信号显示应清晰。

（5）以组合测井曲线图的 GR 曲线深度为依据，与油管内测量的 GR—CCL 曲线对比校正，取油层附近测量井段的深度差值为校正值，计算油管定位短节的绝对深度 L_1。此时射孔器顶弹的深度 $L_顶$：$L_顶=L_1+L_\triangle$。

（6）射孔管柱调整值 $L=L_{油（油层顶界）}-L_顶$。L 为负值时，射孔管柱上提；L 为正值时，射孔管柱下放。

3）自然伽马与同位素定位法

管柱下井前，在射孔器上面 20～30m 处的油管上作一个同位素记号，在油管内测 GR 曲线，在同位素记号处，GR 曲线出现高值，与完井 GR 曲线进行对比，就能确定同位素记号的深度，从而得出管柱调整值。施工过程同 GR—CCL 定位法。

（四）引爆射孔器

（1）安装好采油树及放喷管线，即可投棒或加压引爆射孔器。

（2）投棒后或加压时，应观察射孔器起爆及油管、套管压力，如果使用 TCP 监测仪可根据仪器记录的曲线判断射孔器的引爆情况。

（3）投棒射孔失败时，应先将投棒捞出，再上提射孔管柱，射孔枪提出井口前，应在井口卸下起爆装置，再将射孔枪提出。

第四节　油管输送射孔多级起爆技术

油管输送射孔（TCP）多级起爆技术是指对于夹层厚度大于 30m 的井采用油管代替夹层枪，在上级射孔器尾部安装投棒装置、增压装置或压力发生装置，在下级射孔器头部安装投棒撞击起爆装置或压力起爆装置，当上一级射孔器起爆后，通过分级投棒或加压的方式引爆下级起爆装置，从而完成大跨距夹层传爆。目前常用的多级起爆技术有多级投棒起爆技术、多级压力起爆技术和多级增压起爆技术。

一、多级投棒起爆技术

（一）基本原理

采用多级投棒起爆装置及油管、撞击起爆装置来代替夹层枪。当上一级射孔器起爆后，将与之相连的多级投棒起爆装置引爆，该装置被引爆后，随即抛射出一个投棒，投棒依其重力在油管中向下运动，最后将下一级射孔器上的撞击起爆装置击发引爆，从而起爆下一级射孔器，实现了代替夹层枪在夹层段内的传爆功能。

装置在抛射投棒的同时，投棒内的延时自毁机构也开始自动延时。经过约60s的延时后（通常投棒可通过约150m的夹层），该复合投棒棒尖自动销毁，爆炸后的小碎片可从撞击起爆装置的排砂口排出。也就是说，投棒在允许的延期时间内，完成了击发下一级射孔器上撞击起爆装置。而对于稠油井或压井液较脏的井，同样的延时时间，使复合投棒通过的夹层长度缩短，施工方案设计中必须考虑该因素的影响。如果压井液过脏，易将防沙撞击起爆装置的防沙口堵实，必须先洗井，方能施工。即使撞击起爆装置没有被投棒撞击起爆，投棒棒尖仍会自毁，而投棒体本身被卡在起爆装置的"喉口"上部。这样，在起爆装置没有被撞击起爆的情况下，因投棒体重量不可能加到起爆装置上，上提管串时，整个管串处于安全状态。多级投棒起爆技术井下管柱结构示意如图7-4-1所示。

（二）技术特点

多级投棒起爆装置用于油管输送多层射孔施工中是一种具有安全、可靠功能的新型夹层传爆装置。该装置适用于井斜不大于35°、夹层段长度在10~100m间的油气井油管输送射孔的施工，不适用斜井、水平井的施工。对于夹层长度超过100m的油气井，可采用多套该装置串联使用。

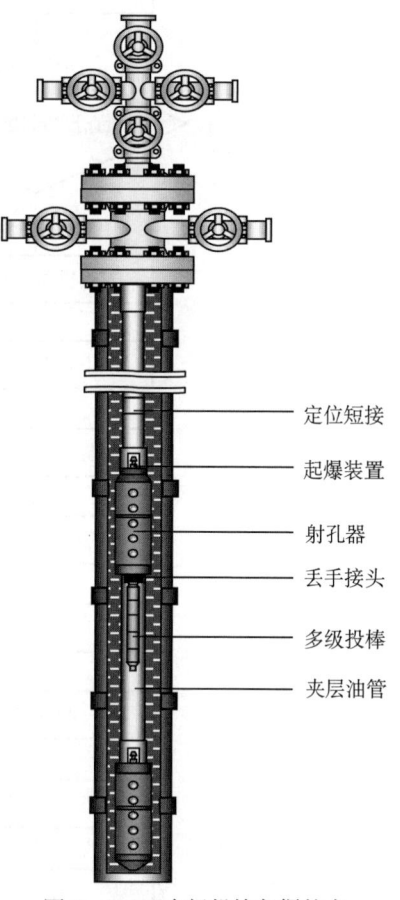

图7-4-1 多级投棒起爆技术井下管柱结构示意图

在夹层段，使用油管代替夹层枪，使施工成本大大降低，夹层传爆的可靠性也得以极大提高，并极大地降低了施工人员的劳动强度。

（三）工艺流程

1. 施工准备

施工前检查丢手接头是否完好，将丢手接头安装在上级射孔器的末端。检查多级投棒装置火工件、密封圈是否完好，在密封圈涂上润滑脂。

2. 施工流程

多级投棒施工流程如图7-4-2所示。

1）下入末级射孔器

（1）将连接好的射孔器在井口对接后下入井内。

（2）枪身对扣连接前，清理枪身丝扣内的铁屑，防止枪身与中间接头出现粘扣现象。

2）安装投棒起爆装置

检查投棒起爆装置火工件、密封圈是否完好，如有破损立即更换，将投棒起爆装置安装在末级射孔器的上端。

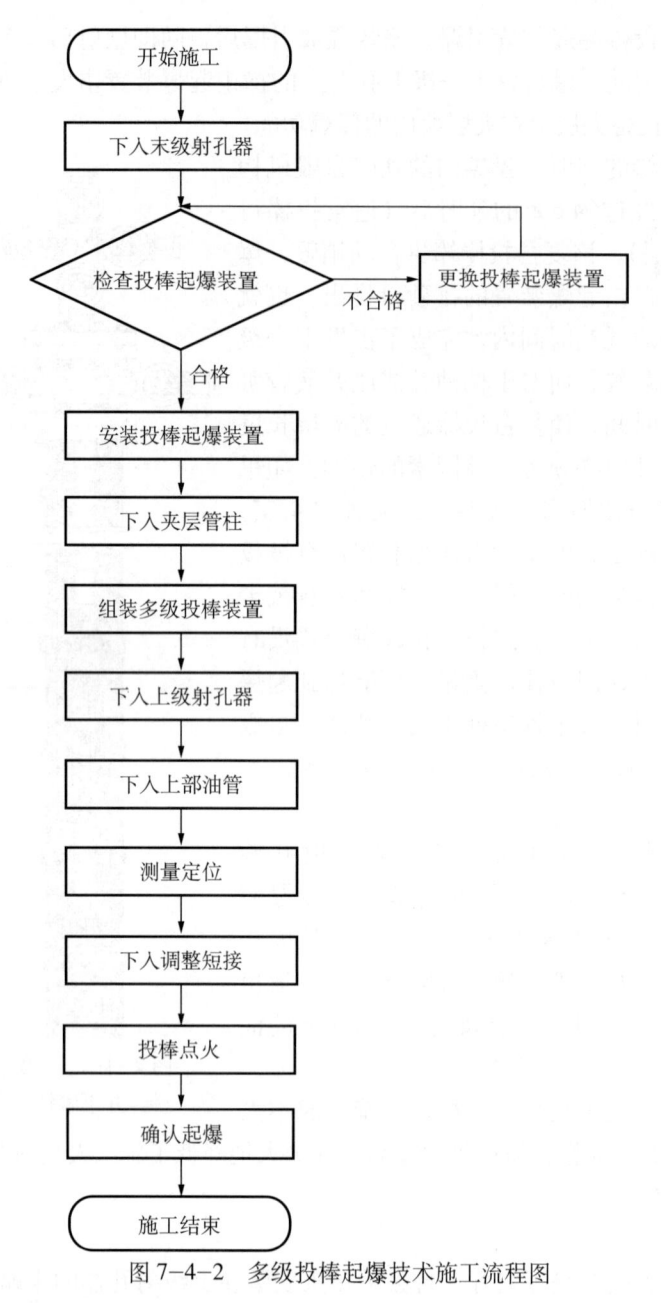

图 7-4-2　多级投棒起爆技术施工流程图

3）下入夹层管柱

夹层管柱长度和所配调整短接长度要与夹层长度一致。

4）组装多级投棒装置

检查多级投棒装置火工件、密封圈是否完好，如有破损立即更换，将多级投棒装置安装在上级射孔器的末端。

5）下入上级射孔器

下入上级射孔器过程和下入末级射孔器过程相同。

6）下入上部油管

油管实际下入深度和预计油管深度相符，丝扣连接牢固。

7）测量定位

深度定位和油管输送射孔定位过程相同。

8）下入调整短接

下入调整短接和油管输送射孔定位过程相同。

9）投棒点火

投棒点火和油管输送射孔投棒点火过程相同。

10）确认起爆

确认起爆和油管输送射孔确认起爆过程相同。

3. 注意事项

(1) 将联好的棒体连接在多级投棒起爆装置接头上，连接过程要小心操作，要端平棒体，避免丢手接头弱点处受力。

(2) 取一端联有接箍、长约1.0m的保护短接，接箍端朝向多级投棒装置接头，将短接平稳套入棒体，并连接到多级起爆装置接头上，用管钳上紧，短接套入棒体时严禁短接磕碰棒体。

(3) 安装末级投棒起爆装置后，在起爆装置上安装长约1.0m的保护短接。

(4) 量取保护短接和起爆装置的长度并计入夹层长度内。

(5) 下放管柱速度均匀，司钻操作平稳，吊卡坐放于井口时要轻，下油管速度应小于每小时30根。

二、多级压力起爆技术

（一）基本原理

在每一段枪串的一端加一套压力+延时起爆装置，在起爆装置上部安装筛管，环空加压时，井内压力通过筛管作用到起爆装置上，引爆压力起爆装置后，起爆装置引爆延时体，延时体经过一定时间燃烧后，引爆射孔器。采用这种方式可以在环空内将套管内压力增加到最高值，并能够稳压1min，保证压力作用到所有起爆装置并剪断销钉，引爆起爆装置，从而提高了起爆成功率，延时起爆装置延时时间为5～7min，48h耐温160℃。多级压力起爆技术井下管柱结构示意如图7-4-3所示。

（二）技术特点

多级压力起爆技术要求油套环空能够建立压力空间，适用于多级投棒起爆技术不能施工的水平井、侧钻井、大斜度井的新井射孔，适用于射孔段数多、层段跨距大的井射孔施工。但对于地层已经射开的补孔井，井内已不能建立压力空间，所以不能使用压力多级起爆技术。

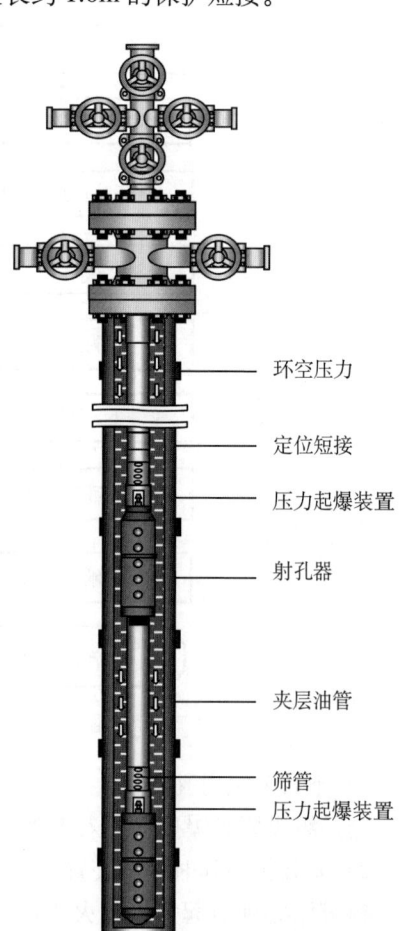

图7-4-3 多级压力起爆技术井下管柱结构示意图

(三) 工艺流程

1. 施工准备

施工前检查压力延时起爆装置、火工件、密封圈是否完好。准备加压起爆的设备，并检查清水质量是否符合施工要求。

2. 施工流程

多级压力起爆施工流程如图 7-4-4 所示。

```
开始施工
   ↓
下入末级射孔器 ←──────────┐
   ↓                      │
检查压力起爆装置 ──不合格──→ 更换压力起爆装置
   ↓ 合格
组装压力延时起爆装置
   ↓
安装压力延时起爆装置
   ↓
下入夹层管柱
   ↓
下入上级射孔器
   ↓
下入上部油管
   ↓
测量定位
   ↓
下入调整短节
   ↓
井口加压点火
   ↓
确认起爆
   ↓
施工结束
```

图 7-4-4 多级压力起爆技术施工流程图

1) 下入末级射孔器

与多级投棒起爆技术下入末级射孔器过程相同。

2) 安装压力延时起爆装置

检查压力延时起爆装置火工件、密封圈是否完好，如有破损立即更换，将压力延时起爆安装在末级射孔器的上端。

3）下入夹层管柱

夹层管柱长度和所配调整短接长度要与夹层长度一致。

4）下入上级射孔器

与多级投棒起爆技术下入上级射孔器过程相同。

5）下入上部油管

与多级投棒起爆技术下入上部油管过程相同。

6）测量定位

深度定位与油管输送射孔定位过程相同。

7）下入调整短接

下入调整短接和油管输送射孔定位过程相同。

8）井口加压点火

井口加压点火和油管输送射孔井口加压点火过程相同。

9）确认起爆

确认起爆和油管输送射孔确认起爆过程相同。

3. 注意事项

（1）现场核实井内液体密度并计算井口加压值是否合理。

（2）组装起爆装置时必须由操作员、小队长操作，质量员负责核对销钉数量，检查密封圈是否完好。

（3）泵车加压值高于设计值上限 3～5MPa，稳压 1min，2min 内打开井口半封、四通阀门，撤离井口 5m 之外。

（4）起爆装置延时时间为 5～7min，加压后停泵注意观察射孔管柱是否全部起爆。

三、多级增压起爆技术

（一）基本原理

多级增压起爆技术井下管柱结构示意如图 7-4-5 所示。它是第一级射孔器起爆后，引燃增压装置内的高能火药，输出高能高压气体，压力通过夹层油管内的液体传递至末级压力开孔起爆装置。管柱在下井过程中夹层内油管要灌满液体。

（二）技术特点

多级增压起爆技术利用液体刚性原理传递起爆压力，不需要在环空建立压力空间，可以实现在夹层油管内不使用丢手投棒装置，可以应用于投棒起爆技术无法实施的大斜度井和水平井补孔施工，在工程施工中安全性高。适用于包括新井、

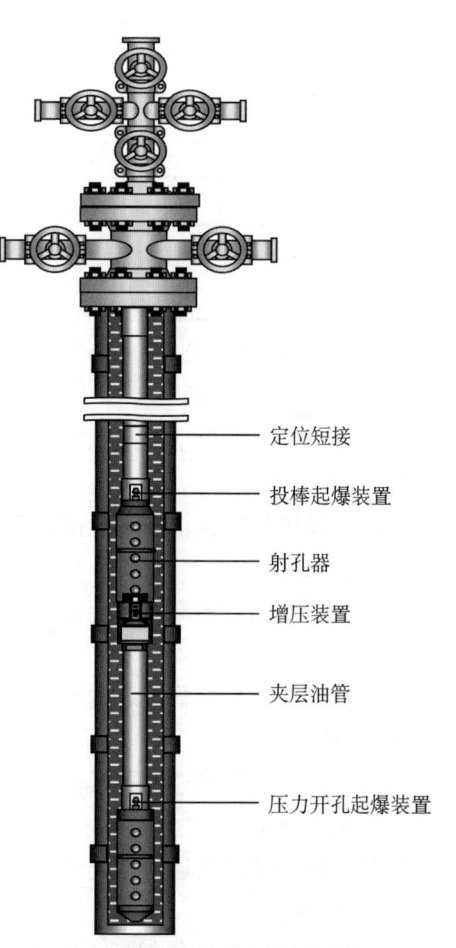

图 7-4-5 多级增压起爆技术井下管柱示意图

（定位短接、投棒起爆装置、射孔器、增压装置、夹层油管、压力开孔起爆装置）

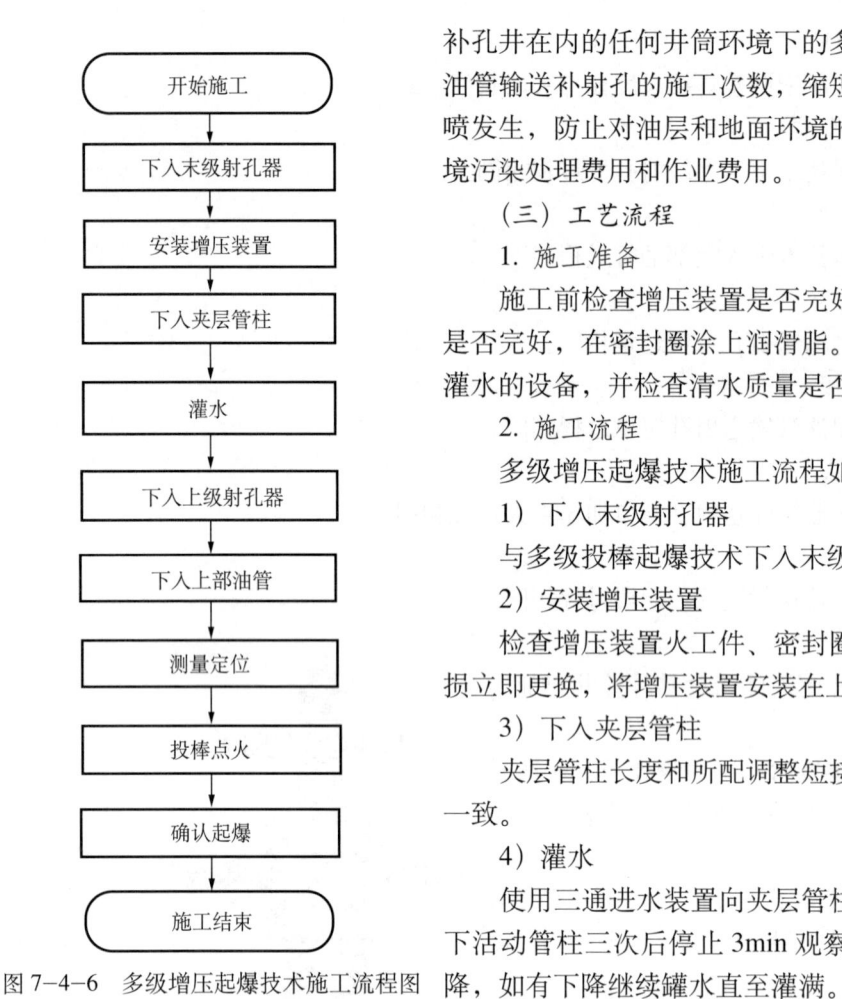

补孔井在内的任何井筒环境下的多级起爆,可以减少油管输送补射孔的施工次数,缩短施工时间,避免井喷发生,防止对油层和地面环境的多次污染,减少环境污染处理费用和作业费用。

(三)工艺流程

1. 施工准备

施工前检查增压装置是否完好,火工件、密封圈是否完好,在密封圈涂上润滑脂。准备向夹层油管内灌水的设备,并检查清水质量是否符合施工要求。

2. 施工流程

多级增压起爆技术施工流程如图7-4-6所示。

1)下入末级射孔器

与多级投棒起爆技术下入末级射孔器过程相同。

2)安装增压装置

检查增压装置火工件、密封圈是否完好,如有破损立即更换,将增压装置安装在上级射孔器的末端。

3)下入夹层管柱

夹层管柱长度和所配调整短接长度要与夹层长度一致。

4)灌水

使用三通进水装置向夹层管柱内灌水,灌满后上下活动管柱三次后停止3min观察管柱内液面是否下降,如有下降继续罐水直至灌满。

5)下入上级射孔器

图7-4-6 多级增压起爆技术施工流程图

与多级投棒起爆技术下入上级射孔器过程相同。

6)下入上部油管

与多级投棒起爆技术下入上部油管过程相同。

7)测量定位

深度定位与油管输送射孔定位过程相同。

8)下入调整短接

下入调整短接与油管输送射孔定位过程相同。

9)投棒点火

投棒点火与油管输送射孔投棒点火过程相同。

10)确认起爆

确认起爆与油管输送射孔确认起爆过程相同。

3. 注意事项

(1)检查夹层管柱丝扣是否完好,如有破损更换新油管;在夹层管柱丝扣上缠绕密封带以保证密封性。

(2)为避免射孔器起爆压力使管柱发生形变、断裂、脱落,要求夹层油管使用钢级

N80外加厚新油管，夹层调配短接安装在夹层管柱下端，在压力起爆装置上安装延时起爆装置，使各段射孔器依次起爆，以降低起爆压力。

（3）为避免夹层距离过大无法正常传爆，要求夹层传爆距离每超过75m增加一套增压装置。

（4）组装增压装置时必须由操作员、小队长操作，质量员负责检查专用传爆管和复合点火具是否完好。

（5）现场核实井内液体密度并计算压力起爆装置销钉数是否合理。

（6）夹层管柱下入井内后注意管柱内检查是否充满液体。

第五节 联作射孔

随着勘探开发技术的不断发展，对储层的微观认识不断深入，而今把对油气层的保护提到了从未有过的高度。联作射孔对保护油气储层、提高完井效率、增加产能都有着重要的意义。

一、射孔—酸化联作

射孔—酸化联作有很多优点，本节将对常规射孔—酸化联作和全通径射孔—酸化联作做一介绍。

（一）常规射孔—酸化联作

射孔—酸化联作是一种高效的油气完井工艺技术，该技术避免了压井作业带来的地层伤害，不仅沟通储层裂缝，降低了地层污染，而且提高了施工作业效率，有效节约了成本。该技术主要应用于钻井过程中污染严重，通过酸压改造能够解除伤害，改善储层近井裂缝连通状况，提高裂缝导流能力，恢复、提高储层产能。

主要优点有：射孔后不用压井下酸化管柱，避免了压井对产层造成的伤害；一趟管柱完成射孔和酸化两项作业，缩短了试油周期；降低作业成本。

1. 基本原理

利用油管作为输送工具，将射孔器、压力起爆装置、筛管、封隔器等工具输送到目的层，校深、调整管柱后，将酸化前置液替入油管内，瞬时提高泵车排量，通过启动接头产生的节流作用在油套间形成压差，扩张封隔器胶筒，贴住套管壁，实现密封油套环空。井口继续加压引爆射孔器，射孔成功后转入正常的酸化流程，酸化完成后，撤掉油管压力，封隔器自动解封。常用射孔—酸化联作管柱结构示意如图7-5-1所示。

2. 技术特点

射孔—酸化联作一般采用Y344系列酸压封隔器。使用

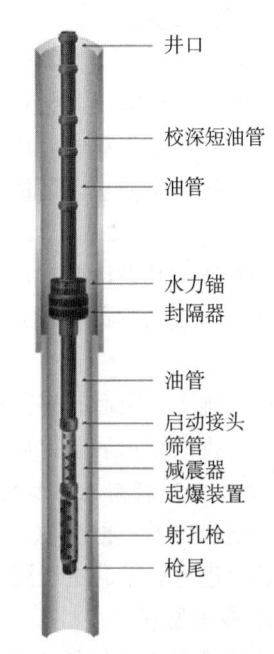

图7-5-1 常用射孔—酸化联作管柱结构示意图

时需要在封隔器下端连接一个启动接头，依靠启动接头节流作业，实现封隔器的坐封。在施工过程中，通过作用在封隔器两端的压差，推动缸上的活塞向上移动，推动下胶筒座，进而推动胶筒并将旁通通道封住，继续压胀胶筒，密封油、套管环形空间。同时加压到射孔设计值完成射孔和酸化过程。

封隔器启动接头内径：$\phi 30 \sim 35mm$。

Y344系列酸压封隔器须与水力锚配合施工。

3. 工艺流程

1）井场准备

(1) 井场能容纳必需的压裂设备，使之能正常施工。

(2) 排污池在压裂后能全部容纳返排液体。

(3) 摆放液罐的地面或基础应能承受液罐及装满液体后的重量，保证液罐不发生倾斜。

(4) 从井口连接两根油管放喷管线至排污池，均安装油嘴套，地锚固定，出口在下风口。

(5) 安装一根套管放喷管线，地锚固定，接至排污池。

(6) 现场准备$2 \sim 8mm$油嘴两套。

(7) 井筒试压合格。

2）射孔作业前准备

(1) 严格按射孔通知单，准备射孔器材。

(2) 根据施工要求，现场装配射孔器材、火工品以及井下工具。

3）酸化材料准备

(1) 工作液准备。

(2) 各种液体的有效量与准备量及储罐。

4）施工过程

(1) 下入射孔酸化管柱。

(2) 电测校深，调整射孔管柱，要求准确计算管串深度，保证射孔器位置正确。

(3) 摆好施工车辆，连接施工管线。

(4) 按施工要求用适量的酸液正替出井内压井液，泵压小于5MPa；低替量以井口返液为准。

(5) 按射孔设计要求，瞬时加大泵排量坐封封隔器，继续憋压引爆射孔器。

(6) 引爆后立即按设计排量挤适量基液，若井口压力无异常则按正常酸化程序进行酸化。

(7) 施工结束后，进行排液。

(8) 排液结束后进行后续测试、投产。

（二）全通径射孔—酸化联作

全通径射孔—酸化联作对长井段的酸化更有利，且射孔后能通过射孔孔眼正对储层酸化，还可进行后续的生产测井等作业。

1. 基本原理

从油管内小排量低压替入酸液，按所选用的封隔器的要求坐封封隔器，继续加压到射孔起爆设计值完成射孔，射孔后管柱内所有的组件在爆炸所产生的巨大冲击波作用下破碎，使其起爆装置芯部、枪串内部如弹壳、破碎盘等零件碎块全部落入井底，整个射孔枪串贯通，成为生产管柱的一部分，同时完成酸化过程。酸化完成后，可进行生产测井等作业。全通径射孔—酸化联作管柱结构示意如图 7-5-2 所示。

2. 技术特点

将起爆装置装在枪尾，射孔器上端装能承压的破碎盘，射孔后破碎盘形成的碎屑更容易落入井中。

破碎盘在下井过程中，可以承受高压，射孔起爆后，破裂盘形成不小于 55mm 的通径，确保整个下井管柱形成全通径。有利于后续的动态监测作业和补孔作业。

3. 工艺流程

全通径射孔—酸化联作技术流程与常规射孔—酸化联作相同，当使用不同封隔器时，采用不同的坐封方法。

图 7-5-2 全通径射孔—酸化联作管柱结构示意图

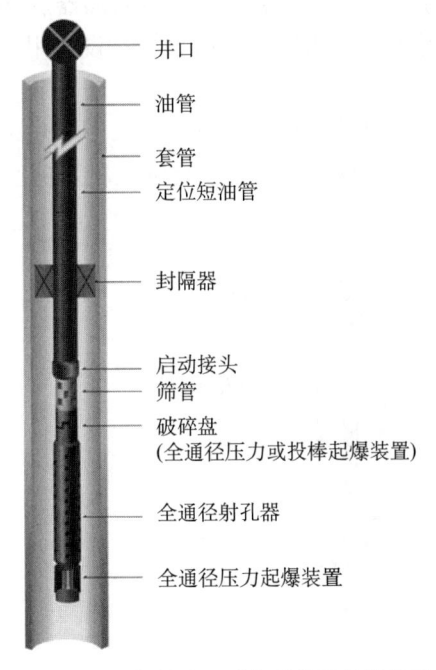

二、射孔—加砂压裂联作

射孔—加砂压裂联作技术主要应用在"三低"（油藏压力低、渗透率低、孔隙度低）油气藏中，该类型储层通常都需进行加砂压裂改造才能获得工业油气流。通过射孔—加砂联作技术，可以提高作业效率，改善地层渗流能力，形成高导流能力的填砂裂缝，防止地层裂缝闭合，为油气流提供高导流能力的流动通道，提高单井油气产能。

射孔—加砂压裂联作有采用丢枪方式的射孔—加砂联作、全通径射孔—加砂联作和射孔后带枪加砂联作三种方式。

（一）采用丢枪方式的射孔—加砂联作

该技术对射孔工艺进行优化，合理简化施工工序，提高单井开发效率起到积极的作用。主要优点有：射孔后不用压井下压裂管柱，避免了压井对产层造成的伤害；一趟管柱完成射孔和压裂两项作业，缩短了试油周期，降低了作业成本；丢枪后管柱成全通径，提供了最大的加砂通道，大大降低了加砂的摩阻；可进行后续的生产测井等项作业。

1. 基本原理

将加砂所需的前置液替入油管内，坐封封隔器，井口继续加压引爆射孔器，射孔成功后，观察套管压力变化，在确认封隔器坐封成功、前置液挤入地层后投球加压丢枪，丢枪后形成一个全通径的加砂通道，转入正常的加砂压裂流程。

采用自动丢枪装置时，射孔后射孔枪自动落入井底。

2. 技术特点

采用射孔丢枪工艺，都应满足井底有足够的口袋长度，容纳射孔枪串，而在采用投球丢枪方式时，应考虑管柱的通径，使其满足钢球能够顺利落入球座。

采用投球丢枪装置兼用做封隔器启动接头时，不需要另设启动接头，要在射孔枪起爆并压开地层后再投球憋压丢枪，设采用 Y344 系列酸压封隔器，管柱结构示意如图 7-5-3 所示。

采用自动丢枪装置时，设采用 SB-3 型永久封隔器，坐封时投球加压启动封隔器，继续加压打掉球座，射孔后自动丢枪，球座与枪一同落入井底，管柱结构示意图如图 7-5-4 所示。

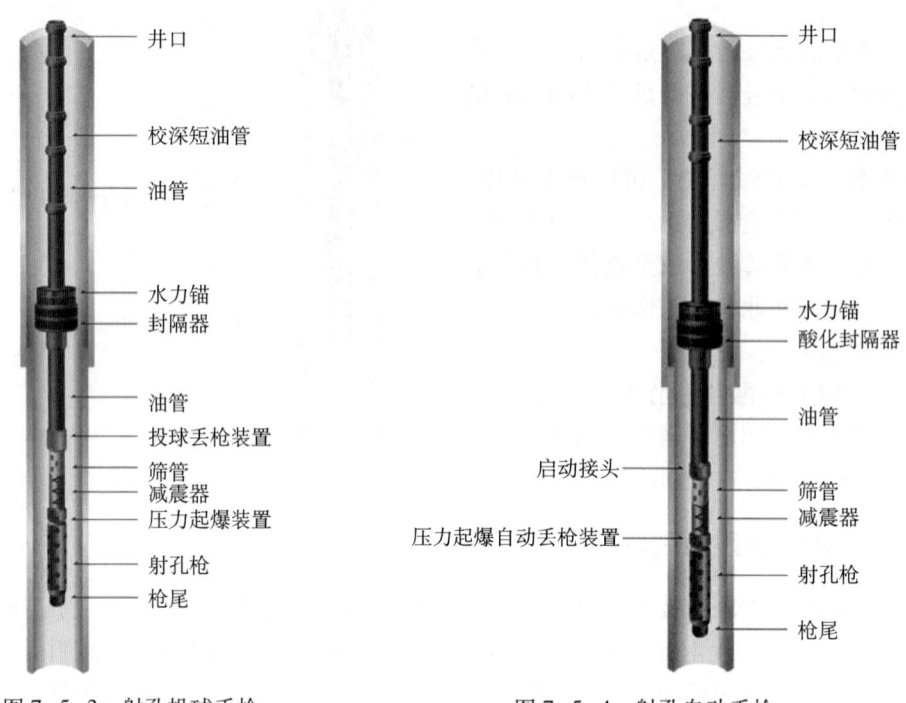

图 7-5-3 射孔投球丢枪—加砂联作管柱结构示意图

图 7-5-4 射孔自动丢枪—加砂联作管柱结构示意图

3. 工艺流程

1) 井场准备

参见常规射孔—酸化联作中的井场准备。

2) 射孔作业前准备

(1) 严格按射孔通知单，准备射孔器材。

(2) 根据施工要求，现场装配射孔器材、火工品以及井下工具。

3) 施工过程

(1) 下入射孔加砂联作管柱。

(2) 电测校深，调整射孔管柱，要求准确计算管串深度，保证射孔器位置正确。

(3) 摆好施工车辆，连接施工管线。

(4) 按施工要求用适量的基液正替出井内压井液，低替量以井口返液为准，泵压小于 5MPa；

(5) 对于 Y344 系列酸压封隔器，瞬时加大排量启动封隔器坐封，按射孔设计要求，继续憋压引爆射孔器。引爆后立即按设计排量挤适量基液，若井口压力无异常则投球憋压丢枪,并按正常加砂压裂泵注程序进行加砂压裂。

(6) 对于 SB-3 型永久封隔器,替基液后投球加压启动封隔器坐封、打球座,继续加压引爆射孔器后自动丢枪,再按正常加砂压裂泵注程序进行加砂压裂。

(7) 施工结束后,立即开井,采用油嘴控制排液。排液注意事项参见排液方法部分。

(8) 排液结束后进行后续测试、投产。

(二) 全通径射孔—加砂联作

如果由于口袋短等原因不允许丢枪,又要实现射孔后不压井提枪便可达到全通径的目的,可采用射孔与加砂压裂联作技术。与加砂联作时,携砂液不仅从筛管,而且通过射孔枪上的孔眼和枪的底部挤入地层,可以提供更大的加砂通道。

由于含砂比高,加砂摩阻大,一般采用投球打球座的办法启动封隔器,射孔后球座与碎屑一同落入井底形成全通径管柱。

(三) 射孔后带枪加砂联作

射孔后带枪加砂联作是在射孔后通过环空或油管(射孔枪串上部筛管孔眼)进行水力压裂改造,而不需要进行提枪或丢枪作业,具有工艺简单、效果明显的特点。

该工艺适用于加砂量不大、地层破裂压力不高的浅井。

该工艺需根据实际工况对管柱进行优化设计,才能保证压裂的安全、可靠。

三、射孔—测试联作

射孔—测试联作主要用于勘探井。本部分将分别对陆上和海上的射孔—测试联作技术进行叙述。测试器的种类比较多,如 MFE、HST、PCT、APR 等,本部分将仅介绍 MFE、APR 这两种常用测试器与射孔的联作技术。

射孔—测试联作工艺的优越性主要有:可以在负压条件下射孔后立即进行测试,能提供最真实的地层评价信息,为油田后期开发方案的制订提供切实可靠的数据;可缩短试油周期,减轻劳动强度,降低试油成本;由于射孔是在各种井口设备、流程管汇装配完毕后进行的,所以更加安全可靠;它可以与多种试油或采油工艺方法相结合,实现联合同步作业。

(一) 油管输送射孔—MFE 测试器联作

油管输送射孔 (TCP) 与 MFE 地层测试器联作工艺技术是将 TCP 器材与测试器组合在一根管柱上,一次下井可同时完成油管输送射孔和地层测试两项作业。它能提供最真实的地层评价信息,获取动态条件下地层和地层流体的各种特性参数。

1. 基本原理

油管输送射孔—MFE 测试器联作管柱结构示意图如图 7-5-5 所示。依次将射孔器、压力起爆装置、筛管、封隔器、压力记录仪、MFE 测试器、油管下入井中,使射孔枪对准目的层,让封隔器坐封在测试层上部,将其他层段和环空压井液与测试层隔离开,然后由地面控制将测试阀打开。此时射孔井段井筒通过筛管、测试阀与油管连同,油管内液垫高度就决定了地层的负压差值。用环空加压的方式引爆射孔器(箭头朝下),地层内的流体立即通过筛管的孔道和测试阀流入油管内,直到地面(箭头朝上),为了详细记录测试层压力的变化,配备高精度的井下压力记录仪。井下测试阀由地面控制,可多次开关,开井时流体流动求取产量,关井时求取压力恢复数据。

2．技术特点

该工艺技术一趟管柱可实现射孔（或负压射孔）和 MFE 测试联作，使求取的地层资料及时、真实。

（1）采用 PT 封隔器，上提旋转下放管柱坐封。

（2）MFE 多流测试器的通径不到 1in，其主要技术参数见表 7–5–1。

（3）旁通加压装置的技术参数和结构详见第二章第七节。

（4）旁通管穿过筛管下部的密封接头即可，起爆装置与封隔器之间的距离可以离得较远，对保护测试仪器和封隔器有利，但密封接头与起爆装置之间的管柱必须密封，才能保证起爆顺利。

（5）减震器为全通径型，壳体上装有剪销并设有排液孔，其减震效果是剪销剪切、排液、矩形弹簧共同作用的结果。减震器必须保证内外不通。

（6）起爆压力只取决于环空压力。

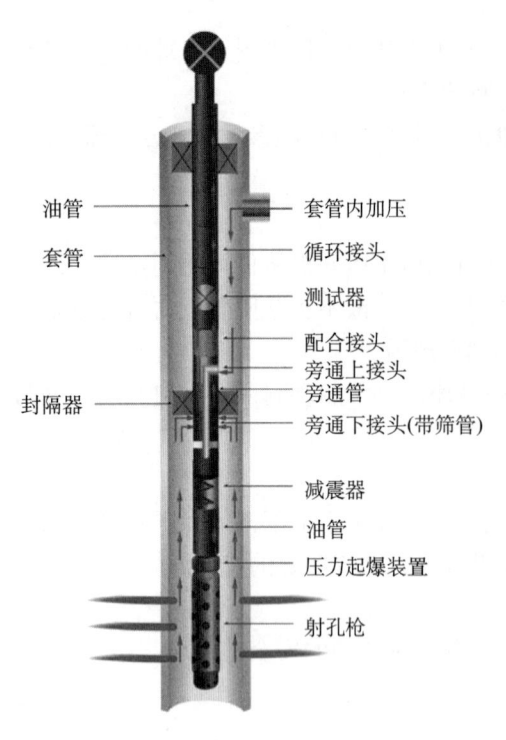

图 7–5–5 射孔—MFE 测试联作管柱结构示意图

表 7–5–1 MFE 多流测试器技术参数

工具名称	127mmMFE	95mmMFE
适用环境	无 H_2S	耐 H_2S，酸
抗拉强度（N）	1870000	976720
扭矩强度（N·m）	20237	10744
破裂压力（MPa）	151.77	137.9
挤毁压力（MPa）	106.7	107.7
最大工作压差（MPa）	103	106
外径（mm）	127	95
最小内径（mm）	23.8	19
组装长度（mm）	3023	3942
最大组装扭矩（N·m）	13358	2711
取样器容积（cm^3）	2500	1200
心轴行程（mm）	254	254
自由下落（mm）	25.4	25.4
上接头母扣	$3^1/_2$inAPI 贯眼	$2^7/_8$inAPI 正规
下接头公扣	$4^3/_8$in 修正	$2^7/_8$inAPI 正规

3．工艺流程

1）施工准备

（1）设置装枪区域，竖警示牌，拉警戒线，放置垃圾桶。

（2）射孔器地面装配时，不得在距警戒区域边界15m以内进行有碍射孔施工的交叉作业。在距警戒区域边界50m以内严禁吸烟和使用明火，井场应停止使用一切微波、通信设备，非作业人员应远离作业区域。

2）装配射孔器及下井工具

（1）清洁并检查射孔枪及配件。

（2）检查并装配射孔弹、导爆索等。盲孔应对位准确，枪与弹架之间应有定位措施和紧固螺钉，螺钉固定后，弹架不应扭曲、滑动或脱落。

（3）采用压力起爆时，起爆安全压力值应大于下井工具最大操作压力（10MPa）。

（4）使用旁通传压装置时，调整旁通管长度，将旁通传压装置与封隔器连接。

3）下射孔测试管柱

（1）装配好的射孔枪及下井工具，应校核无误后方可下井，并记录工具零长。

（2）在测试工具以上3到4根油管下校深短节。如果需要将校深短节下至封隔器以下，管柱通径应满足校深要求，校深短节距起爆器应有3到4根油管。

（3）要求灌注液垫时，每下一柱油管加满液体，排净管柱内的空气。

（4）管柱下井应操作平稳，速度均匀，禁止旋转、顿钻、猛提、猛放。

（5）井内严禁落物，丝扣油涂在公扣上。

4）校深、坐封封隔器

（1）管串下至预定深度进行校深，根据校深结果，调整管串。

（2）封隔器的坐封位置应避开套管接箍位置。

（3）上提、旋转下放管柱坐封隔器，延时3～5min打开测试阀。封隔器坐封后，再次校深，检查管串深度。

5）起爆射孔

（1）安装井口装置，连接流程管汇，并试压合格，安装合格的油、套压力表。

（2）加压起爆时，加压值在所用设备允许范围内，可大于设计值3～5MPa。

（3）射孔器起爆时，应由专人指挥，起爆过程中注意观察压力表压力变化、井口振动及声音变化或采用射孔监测仪等进行监测，判断射孔起爆情况。

6）测试

通过上提下放方式打开和关闭测试器。

根据测试流程完成测试作业。

（二）油管输送射孔—APR全通径测试器联作

APR全通径测试器是一种压控测试器，由环空压力控制测试阀的开关。由于它的通径大，除具有常规测试器的功能外，还适合于高产油气井的测试，且能下一趟管柱完成射孔—测试—酸化（压裂）—再测试等综合作业以及电缆作业。

1．基本原理

油管输送射孔—APR全通径测试器联作管柱结构示意如图7-5-6所示。

用油管输送方式将射孔管柱下入井中，下井时测试阀LPR-N阀关闭，管柱下到预定

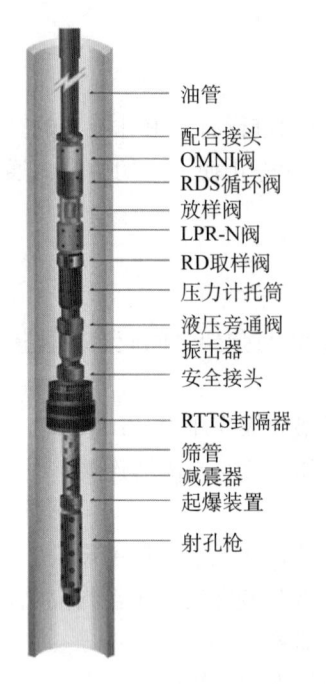

图7-5-6 油管输送射孔—APR全通径测试器联作管柱结构示意图

（油管、配合接头、OMNI阀、RDS循环阀、放样阀、LPR-N阀、RD取样阀、压力计托筒、液压旁通阀、振击器、安全接头、RTTS封隔器、筛管、减震器、起爆装置、射孔枪）

射孔位置，调整深度，坐封封隔器，封隔器坐封好后向环空施加操作泵压，打开测试阀后稳定环压，使测试阀保持开启，从油管内采用投棒或者压力方式激发起爆装置，完成射孔作业，进行开井测试。关井测试时泄放环压即可。

2. 技术特点

该工艺技术一趟管柱可实现射孔—酸化—APR测试联作，不但缩短试油周期，节约试油费用，而且能够使地层测试所取得的地层特性参数最接近地层的原始参数，获得最真实的地层评价。

（1）对低渗透高污染储层，要在射孔后酸化，才能更好地清除污染，提供最真实的地层评价，所以采用射孔—酸化—APR测试三联作。

（2）采用环空压力控制的LPR-N阀做井下开关阀，LPR-N阀打开时，通径达57mm，既可投棒射孔，又可进行注酸等作业。LPR-N测试阀是一种全通径、环空加压测试阀，是整个管柱的主阀。该阀由环空加压控制开或者关，具有多次开关井的能力。

LPR-N测试阀技术参数见表7-5-2。

表7-5-2 LPR-N测试阀技术参数

外径（mm）	内径（mm）	组装长度（mm）	连接螺纹
127	57.15	4993.6	$3\frac{1}{2}$in IF
118.9	56.8	5132.3	$3\frac{1}{2}$in IF
99.06	45.72	5026.2	$2\frac{7}{8}$in UP TBG
77.7	28.4	4241.03	$2\frac{3}{8}$in UP TBG

工作原理：关闭位置的球阀靠具有浮动活塞的动力部分打开，该活塞上端连通液柱压力，下端与氮腔相通坐封封隔器后，施于环空的泵压使活塞向下运动，将球阀拉至打开位置。释放环空压力，氮腔内的被压缩氮气向上顶使活塞回位，关闭球阀。

（3）使用多次环空打压控制的、可重复关闭的全通径OMNI循环阀，用于替酸、循环诱喷等作业。

（4）起爆方式可选择投棒起爆方式和压力起爆方式两种，这两种方式在现场中都得到了较好的应用。

3. 工艺流程

（1）下APR射孔酸化测试联作管串。

（2）电测校深，安装井口，坐封RTTS封隔器。

（3）环空2次加压打开OMNI阀。

（4）低压替酸。

（5）环空六次加压关闭 OMNI 阀。

（6）环空加压打开 LPR-N 测试阀。

（7）油管加压引爆射孔。

（8）高压挤酸，然后高压挤顶替液。

（9）候酸反应 0.5h。

（10）开井放喷排液，排液结束进入测试程序。

（11）测试结束，压井，封隔器解封，起出联作管柱。

（三）海上射孔—测试联作技术

海上油气勘探井的测试工具主要使用 APR 全通径测试工具，少数井使用 PCT 全通径测试工具。在常温常压的 $9^5/_8$in 套管井中，一般使用 5in 钻杆输送射孔和测试；在常温常压的 7in 套管井中，一般使用 $3^1/_2$in 钻杆输送射孔和测试；而在高温高压井中往往使用 $3^1/_2$in 或 $4^1/_2$in 油管输送，进行射孔测试联作。在气井中，所使用的油管往往是气密扣的。

海上钻井平台一般有两种，一是自升式平台，海上射孔—测试联作多数是在该平台上进行。联作时多采用 APR 全通径测试工具，其作业与陆地基本相同。二是半潜式钻井平台，在半潜式平台进行射孔测试作业，由于该钻井平台是悬浮在海面上，它的高度随着海潮和海浪的变化而变化。因此，为了确保射孔测试安全，需在管柱中连接水下试油树，它的最佳安装位置一般是在防喷器剪切闸板下面和防喷器闸板之间的中心位置。在半潜式平台的完井管柱连接中它是主要的安全设备，包括两个球阀提供主要的井控隔层和在发生事件时，可以使设备从井口脱离连接。

对于非自喷井，无论是自升式钻井平台还是半潜式钻井平台，常采用 TCP+ 螺杆泵与测试联作。此时只能采用加压起爆的起爆方式。

（四）海上 TCP 直读式压力计测试工艺

在海上探井进行 TCP 测试作业中，由于测试通常是在原钻井平台（钻机）上进行，因此作业费用昂贵。为了减少关井时间，节省测试费用，提高测试效率，在有条件的情况下，应采用海上 TCP 直读式压力计测试工艺进行射孔测试作业，测试器则仍采用 APR 工具。

目前，在渤海海域主要使用 JJ-1 型或改进的 DDTS 直读压力计技术，在南海海域和东海海域主要使用 EMROD 直读压力计测试技术，这两种直读压力计测试技术的工艺和原理基本相同，下面主要介绍 EMROD 直读压力计测试技术。

1. 基本原理

EMROD 直读压力计是一套全通径测试工具，由电池供电，通过井下数据记录仪（电子压力温度计）、发射装置和接收装置等组成，将井下压力和温度数据用实时的方式传输至地面的一种测试方法。通过它可实时录取和掌握井下的压力、温度数据，进行现场实时解释，根据解释结果可及时修正测试程序，达到取全、取准测试资料，并能够省时、省钱，提高测试时效。

EMROD 直读压力计主要组成：

（1）作为测试管柱的一部分，EMROD 压力计托筒装在测试阀的下部。

（2）EMROD 直读压力计托筒含三支高精度（MQG-X）石英晶体压力计（175℃ / 15000psi）及一支电池筒。

（3）EMROD 接收器与 EMROD 直读压力计托筒之间具备双向通信功能。

(4) EMROD 接收器由 $7/32$in 电缆下入井里并坐于 EMROD 接收短节内的 NOGO 上（或锁定在 EMROD 接收短节内），接收测试阀的下部压力计托筒的实时信号。

(5) 接收器接收实时信号及 EMROD 接收器下井之前的回放数据信号。

(6) 地面信号接收及处理装置和数据分析软件等。

EMROD 直读压力计测试技术主要参数：

(1) 温度量程：175℃；

(2) 压力量程：15000psi；

(3) 外径：5.5in（5in Fishing neck）；

(4) 内径：2.25in（全井眼）、2in（使用 NOG system）；

(5) 压力精度：0.025%；

(6) 压力分辨率：1×10^{-6}FSR。

EMROD 直读压力计测试装置主要包括：装在测试 LPR-N 阀下的信号发射装置和连接在电缆上的接收装置如图 7-5-7。EMROD 卓越的性能是建立在采用低频电磁波数据传输原理的基础上，实现了 EMROD 接收器与 EMROD 直读压力计托筒之间的双向通信，实现在地面能够实时观察测试动态变化情况。EMROD 直读式压力计测试技术工作原理如图 7-5-7 所示，测试的压力数据曲线如图 7-5-8 所示。

2．技术特点

因为井下信号是依靠低频电磁波可通过测试阀（关闭状态）进行传输，所以无须采用特别的传压孔或电线通过测试阀进行传输。

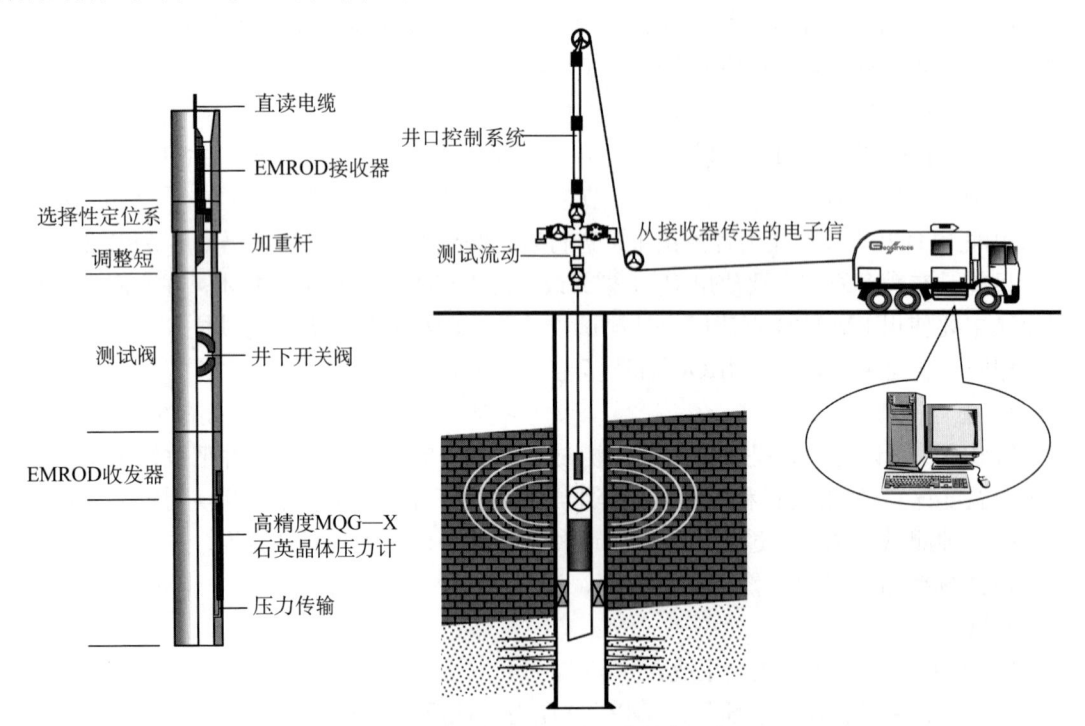

图 7-5-7　EMROD 直读压力计测试技术工作原理图

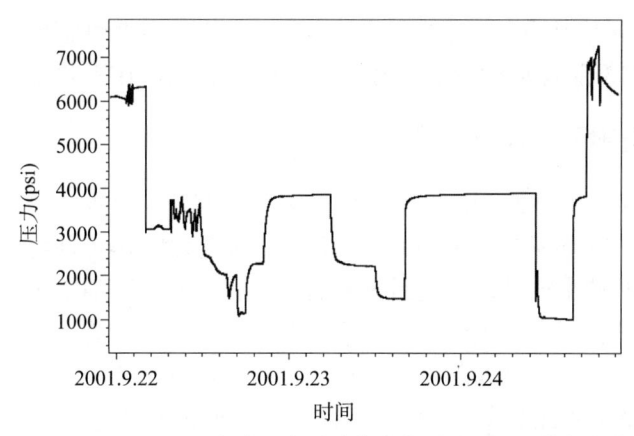

图 7-5-8 EMROD 直读压力测试技术实测井下压力数据曲线

EMROD 接收器位于 EMROD 接收短节内的 NOGO 上，而 EMROD 接收短节可以下在 DST 测试阀上部 25m 范围内。因此，EMROD 接收器可以避免受到沉砂的影响。

EMROD 直读压力计是为钻杆测试特别设计，对任何方式的射孔或生产操作没有限制。但采用 EMROD 直读压力计测试技术时，由于测试管柱中有电缆，不能采用机械投棒式起爆器，而只能采用压力起爆器引爆射孔枪。

（1）安全性：EMROD 直读压力计具有实时与回放功能，因此可以避开开井流动时下入接收工具带来的高风险。接收工具不需锁定装置，没有解不了锁的风险。接收工具离测试阀有一定的距离，避开了沉砂。

（2）准确性：EMROD 直读压力计采用低频电磁波数字信号传输的原理，使 EMROD 直读压力计的精度与储存压力计的精度非常接近，分别为 0.025% 和 0.02%。

（3）可靠性：EMROD 直读压力计托筒含三支高精度（MQG-X 储存和直读两用）石英晶体压力计，直读时可以在三支压力计之间自由切换，任意一支压力计出现问题不影响其他压力计工作，具备三重保险性。

（4）实时压力、温度数据录取与实时解释。

（5）根据获得的结果及时修正测试程序。

（6）取全、取准资料及省时、省钱。

3．工艺流程

（1）地面检测电子压力温度计、托筒、收发器、接收器，试运行是否正常。

（2）组装好压力计托筒和收发器，供电，接入测试管柱的正确位置随 TCP—测试管柱一同下井。

（3）加压引爆射孔枪建立流动，清井。

（4）安装直读压力计井口控制系统，并试压合格。

（5）连接专用电缆和接收器。

（6）启动电缆控制装置，下接收器到设定位置。

（7）给接收器供电，与收发器对接。

（8）传送电子压力温度计实时录取的井下压力温度数据和前期录取的井下压力温度数据到地面。

（9）分析井下压力温度数据，调整测试资料录取时间。

(10) 测试资料录取结束，起出电缆和接收器。压井，起测试管串。

注：其他施工步骤请参照油管输送射孔与 APR 测试器联作工艺流程。

四、油管输送射孔—下泵联作

随着油田开发工作的不断深入，一方面，需要降低开发成本，保护油气层，提高油气井产能；另一方面，对环保要求更高，必须保护地面环境，满足环境管理体系的要求。以前采用油管输送射孔的生产井，射孔后需要起出射孔管柱，下油管至油层中部完井。采油厂投产时需要再洗井、起出井内管柱，下泵投产。射孔后起下管柱作业次数较多，容易发生井喷，污染地面环境，而且在起下管柱作业过程中常常需要压井，对地层造成了二次污染，影响油气井产能。为此开发了油管输送射孔—下泵联作技术。

（一）基本原理

油管输送射孔—下泵联作技术是把射孔和下泵两种工艺技术有机结合，用油管将射孔器、抽油泵、抽油杆等同时下入井内，用射孔仪定深，将射孔器对准目的层，抽油泵下至预定深度后，按设计要求下入抽油杆，碰泵，调防冲距，试抽憋压，环空加压起爆射孔器，射孔后直接抽油投产，可有效预防井喷，保护地面环境，减少作业施工次数，避免油层的二次污染。油管输送射孔—下泵联作井下管柱结构示意如图 7-5-9 所示。

（二）技术特点

应用油管输送射孔—下泵联作可缩短作业施工周期，减少油层的浸泡时间，加快油水井投产速度，降低投产成本，提高完井效率，能满足油井射孔后立即投产的实际生产要求。通过在推广应用过程中对工艺技术的改进和完善，目前可采用不同的射孔器与不同泵型（管式抽油泵、杆式抽油泵、螺杆泵）和不同泵径（$\phi32mm$、$\phi38mm$、$\phi44mm$、$\phi57mm$、$\phi70mm$、$\phi83mm$）的抽油泵进行联作。该技术适用于普通抽油井以及采用油管输送射孔的高压井、异常高压井、稠油井、斜直井。

由于负压射孔技术可有效保护油气层，对于一些低渗透、低压力等地层的井需要采用负压射孔。但常规油管输送射孔下泵联作技术在施工时，由于常规油管输送射孔与抽油泵或螺杆泵联作管柱中，抽油泵中有固定底阀，螺杆泵内有定子，整个下井管柱不是通径，不能采用投棒方式起爆射孔器，只能采用环空加压方法，无法实现负压起爆。为了解决上述问题，实现油管输送下泵负压射孔，开发了油管输送射孔下泵联作抽油机负压起爆技术。

该技术原理是在抽油泵下部连接油管输送射孔下泵联作专用的压力起爆装置、油管、内外压差起爆装置和射孔器，结构示意如图 7-5-9 所示。压力起爆装置是为实现油管输送射孔与下泵联作负压起爆而专门研制的，它能把油管内液柱压力传递到内外压差起爆装置上，同时还能保证抽油泵抽油时底阀的正常密封。

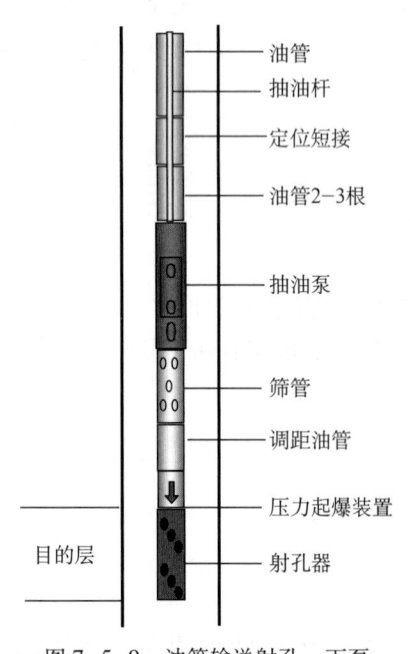

图 7-5-9 油管输送射孔—下泵联作管柱结构示意图

（三）工艺流程

1．施工流程图

施工流程如图 7-5-10 所示。

2．施工要求

（1）通洗井管柱需要距人工井底 2～3m；洗井至进出口水密度差小于 0.01g/cm³。

（2）射孔器、抽油泵等工具下井时，应操作平稳，严禁顿砸井口；射孔器、弹必须检测合格。

（3）射孔仪器定深误差必须符合相关要求；准备足够的调整短接，其强度和通径必须符合要求。

（4）下油管及抽油杆时，螺纹应涂抹密封脂，并上满上紧。

（5）下光杆碰泵过程中，接近碰泵时，应控制下放速度，防止损坏抽油泵。

（6）按要求装井口采油树，并井筒试压：试抽憋压压力达到 5MPa，稳定 10min，压力不下降 0.5MPa 为合格。

（7）施工严格按照 SY/T 6412—1999《油管输送射孔工艺规程》、SY/T 5325—2005《射孔施工及质量监控规范》执行。

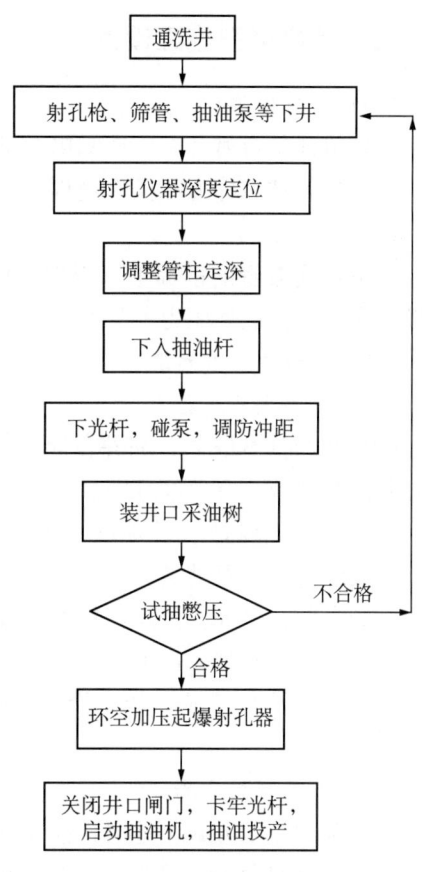

图 7-5-10　油管输送射孔—下泵联作技术施工流程图

第六节　复合射孔

复合射孔技术是一项集射孔与高能气体压裂于一体的高效完井技术，能在射孔的同时进行高能气体压裂。该技术最早是 1983 年由美国人 Frankin C Ford 通过专利的形式提出的一项油气井增产措施的设想，后由北美 Marathon Oil Company 等四家公司首先研制出 StimGun 复合射孔器（外套式复合射孔器）并开展应用；20 世纪 90 年代初，国内各个油田开始对复合射孔技术进行研究，经过十多年的研究与完善，开发出内置式、下挂式、外套式及组合式等系列复合射孔器，并采用电缆输送或油管输送方式输送至目的层，通过应用见到了较好的增产、增注效果。

一、复合射孔机理

利用火药和炸药两者具有数量级之差的反应速度，引爆以后，聚能射孔弹的炸药首先以微秒级的时间在井筒与地层之间形成射孔通道，火药随后以毫秒级的时间产生燃气脉冲，以冲击加载的形式沿射孔通道挤压地层。

二、复合射孔施工设计

（一）设计依据

（1）单井复合射孔施工通知单要求内容。

（2）相关技术标准和操作规程。

（二）设计原则

在不损伤套管的前提下，根据地质参数和工程参数，选择复合射孔器类型和规格，合理设计火药量，优化压力上升速率、峰值压力、火药燃烧时间三参数。

（三）设计内容及步骤

1．收集整理相关信息

射孔井的基本信息：完井日期、水泥面返高、固井质量、人工井底、最大井斜及深度、射孔井段及层位、有效厚度等。

射孔层相关参数：孔隙度、渗透率、含油（气）饱和度、地层温度、原始地层压力、目前地层压力、岩石破裂压力、射孔层位距最近水层的距离等。

套管参数：外径、壁厚、钢材等级、下入深度、抗内压力、套管变形情况等。

井内液体：类型、密度、黏度、pH值、液面高度等。

生产（试油）简况：新井投产（试油）还是老井补孔、原射孔数据、生产（试油）数据等。

2．选取复合射孔器

（1）根据施工方式、地层特性及套管状况选择复合射孔器。

（2）在满足复合射孔器在套管内的环空空间达到15mm的情况下，优先选用大直径复合射孔器。

（3）根据油层及夹层厚度选择复合射孔枪的长度。

（4）根据储层参数选择满足井下环境温度、压力要求的火药类型及药量。

（5）电缆输送下挂式复合射孔器射孔，一次下井药量不宜超过35kg。

（6）油管输送外套式复合射孔器射孔，连续挂接复合射孔器的长度不宜超过20m。

（7）特殊情况复合射孔器类型选择见表7-6-1。

表7-6-1　特殊情况下复合射孔器类型选择

情况类别		复合射孔器类型
油管输送射孔，射孔位置深度	>3500m	内置式
井内液体pH值	<6	内置式
井斜	>35°	外套式或内置式
一次下井射孔厚度	>10m	外套式或内置式
套管抗压强度	<50MPa	内置式
井内液柱压力	<7MPa	内置式
射孔层与水层距离	3~5m	内置式

3．设计火药量

首先确定套管内壁极限压力：

$$p_1 \leq \left[\frac{\sigma_x + \sigma_y}{2}\left(1 + \frac{\alpha^2}{r^2}\right) - \frac{\sigma_x - \sigma_y}{2}\left(1 + \frac{3\alpha^4}{r^4}\right)\cos 2\theta + f\right] \times \phi \qquad (7-6-1)$$

式中　p_1——作用在套管内壁火药峰值压力，MPa；

　　　σ_x——最大水平主应力，MPa；

　　　σ_y——最小水平主应力，MPa；

　　　α——井筒半径，m；

　　　r——距井筒中心的距离，m；

　　　θ——任意径向与 σ_x 方向的夹角，°；

　　　f——套管抗内压强度，MPa；

　　　ϕ——静态压力和动态压力转化系数。

然后依据套管所能承受的极限压力确定极限药量计算公式：

$$M = \alpha + \beta \times p_1 + \gamma \times p_{静} + \varepsilon \times n_1 \times r_1 \times \sqrt{\frac{r_1^2}{4} + h_1^2} + \xi \times n_2 \times r_2 \times \sqrt{\frac{r_2^2}{4} + h_2^2} \qquad (7-6-2)$$

式中　M——极限火药量，kg；

　　　p_1——火药峰值压力，MPa；

　　　$p_{静}$——静液柱压力，MPa；

　　　n_1——当前射开层使用的射孔弹数；

　　　n_2——底部射开层使用的射孔弹数；

　　　r_1、r_2——射孔弹孔径，m；

　　　h_1、h_2——射孔弹穿深，m；

　　　α、β、γ、ε、ζ——常数，γ 随压井液类型不同而不同，α 随布药方式的不同而不同。

三、工艺流程

（一）施工准备

根据射孔要求，对作业井预处理，包括井场准备、井筒处理等。

（1）做好井场准备工作，使作业设备、设施、工具、电源、照明等达到相关标准要求。

（2）做好井筒处理工作，主要是通井、刮削等，并将井内液体替换。

（二）现场施工

1．复合射孔器装配程序及要求

1）内置式复合射孔器的装配

（1）检查复合射孔枪管、接头及配件。

（2）根据联炮图要求的孔密、相位、孔数布弹，射孔弹与火药交叉装填、固定牢靠。

（3）射孔器夹层段未装弹部分不应填装火药。

（4）射孔弹对准盲孔，锁紧固弹架固定装置。

(5) 连接复合射孔器头尾接头。
(6) 在射孔器上标明井号、下井序号。
2) 外套式复合射孔器的装配
(1) 根据联炮图要求装配聚能射孔器。
(2) 在射孔器上标明井号、下井序号。
(3) 现场安装火药，火药套筒套在射孔枪管上后使其不能轴向滑动。
3) 下挂式复合射孔器的装配
(1) 根据联炮图要求装配聚能射孔器。
(2) 在聚能射孔器两端装配传爆接头，并上好护帽。
(3) 在射孔器上标明井号、下井序号。
(4) 在现场连接火药部分，火药与射孔枪连接牢固，各传爆机构、引燃机构装配牢靠，若使用筛管装填火药，先将筛管与射孔枪连接牢固，再装火药，最后安装筛管堵头。

2．现场射孔作业程序及要求

根据选定的施工工艺，从射孔器下井前的辅助工序到射孔施工完毕，每一步都要给出具体的要求和必须达到的指标。

电缆输送式射孔要强调漏电和误起爆、电缆在井内运行速度、遇阻遇卡处理、防止烧断电缆、点火时井口电缆固定等事项。

油管输送式射孔要强调油管下放速度、射孔器起爆前在井下停留时间、油管纵向减震等事项。

（三）施工步骤

1．电缆输送复合射孔施工作业
(1) 射孔仪器车停放在距井口 15～30m 处，并选择上风方向。
(2) 安装井口天、地滑轮，若用作业机吊天滑轮时，作业机挂上死刹车。
(3) 装配雷管和传爆装置。
(4) 复合射孔器下井前对照联炮图检查复合射孔器的编号。
(5) 下挂式和外套式复合射孔器将火药与射孔枪连接牢固。
(6) 复合射孔器与电缆连接好后，安装压力测试器（P-T 测试仪或铜柱测压器）。
(7) 复合射孔器进入井口，以不大于 4000m/h 的速度下放电缆。
(8) 复合射孔器下至 200m±50m 时，测量点火回路的通断情况。
(9) 停车点火前，使用井口电缆固定器将井口处电缆固定于井口。
(10) 确认深度后，引爆复合射孔器。
(11) 观察点火后电缆的跳动情况，确认电缆停止跳动后，方可拆除井口电缆固定器。
(12) 最初 50m 以不大于 1000m/h 速度上测，观察井下仪器信号和电缆张力变化情况。
(13) 确认无异常后，以不大于 6000m/h 速度起出电缆。

2．油管输送复合射孔施工作业
(1) 按照联炮图检查复合射孔器下井编号及各连接部位密封情况。
(2) 按复合射孔器下井编号依次连接每支复合射孔器及复合射孔器至定位短接之间各部件。
(3) 射孔队队长、操作员与用户技术人员共同核对定位短接零点至复合射孔器顶孔之间各部分的长度,并做好记录。

(4) 作业队根据射孔队提供的深度下油管,将下油管的根数和总长度数据记录并交于射孔队。

(5) 射孔队在油管内进行深度测量,计算出油管需要调整的数据。

(6) 作业队按射孔队提交的油管调整数据,以井口法兰盘平面为准,调整油管深度,误差在 ±0.10m 以内。

(7) 安装好采油树,起爆复合射孔器。

(8) 若用投棒起爆,投棒后起爆装置未响,应先在井口密封的情况下打捞出撞击棒,再上提油管。

(9) 未响的复合射孔器上提至距井口 20m±10m 附近位置时,停留 30min 以上方可起出。

(10) 枪身起出前,拆除起爆装置;枪身起出后,先拆火药,再拆卸聚能射孔器,查明原因后,方可重新施工。

(四) 施工安全注意事项

(1) 施工前,严格检查复合射孔枪身上泄压盲孔有无破损。

(2) 严格检查火药有无破损或洒落。

(3) 严格按照施工设计的火药量装填火药,所装火药量不能够超过极限药量。

(4) 严格按照设计要求进行布药,严禁擅自改变火药装填位置。

(5) 组装好的火药、复合射孔器起爆装置必须在现场连接。

(6) 火药不得洒落现场,所有废弃的火工品必须全部回收、统一销毁。

(7) 施工人员的皮肤接触火药、炸药后,要及时清洗,严防进入体内。

(8) 严禁在火药周围 25m 内吸烟和动用明火。

(9) 装配好的复合射孔器应轻拿轻放、严禁磕碰、棒打、撞击。

(10) 作业队在起下带有复合射孔器的油管时,要求速度均匀,操作平稳,不得顿钻、溜钻、井下落物,下井油管全部用标准通径规通过。

(11) 施工现场应有专人负责,所有火工品器材由专人看管。

第七节　定方位射孔

油管输送定方位射孔技术满足水力压裂防砂、背向断层射孔、天然裂缝发育地层射孔井的特殊需求;电缆输送定方位射孔技术满足斜井定方位射孔和高压油气井射孔后直接投产或不压井射孔作业的需求。

一、油管输送定方位射孔技术

油管输送定方位射孔是用油管将方位短接、专用起爆装置、锁定式方位射孔器等送入井中预定位置,进行定方位射孔,它适用于井斜小于 10°的井。

(一) 基本原理

油管输送定方位射孔管柱结构示意如图 7-7-1 所示,是在常规油管输送射孔管柱的基础上,在起爆器与深度短接之间接入一方位短接。该方位短接有一与射孔弹穿孔方向一致的方位键作为射孔方位角的标志。将该管柱下入井内,深度准确定位后,用电缆将带有导向装置的陀螺方位仪下入油管中进行方位角测量,测量方位角时仪器的导向装置与方位短接的方位键吻合,彼此相对固定,测量方位键的方位(该方位也是射孔弹穿孔的方位)。若测量的方位角与目标方位角不一致,则需在地面转动全井管柱调整射孔器方位,直到测量方位角与设计的目标方位角一致,或在允许误差范围内后,起出仪器进行射孔点火。

(二)技术特点

(1)工艺简单,等同于常规油管输送射孔技术。
(2)陀螺仪坐键可靠,具有坐键报警功能。
(3)根据需求可以实现多相位、多角度定方位射孔施工。
(4)主要技术参数:
①射孔最大方位误差< 10°;
②使用电缆长度< 10km;
③井斜< 10°。

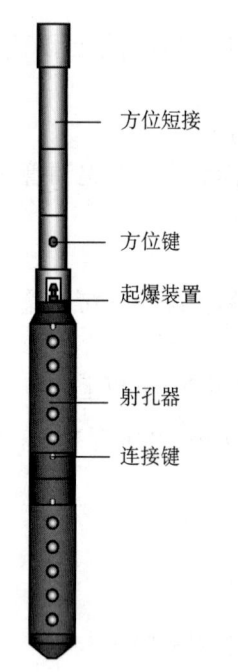

图 7-7-1 油管输送定方位射孔管柱结构示意图

(三)工艺流程

1. 施工流程

油管输送定方位射孔技术施工流程如图 7-7-2 所示。

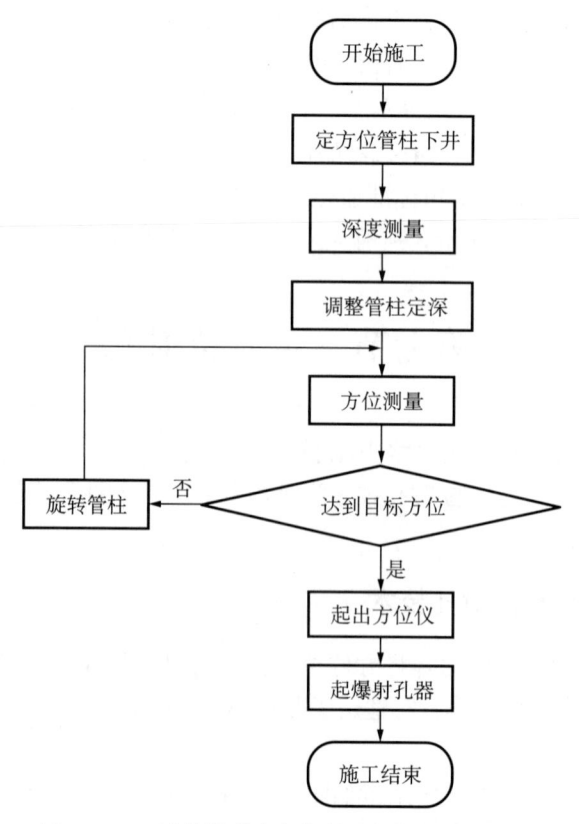

图 7-7-2 油管输送定方位射孔技术施工流程图

2．施工注意事项

(1) 仪器在井内起、下平稳，速度不得超过 3000m/h，严禁急停、急动；

(2) 仪器坐键速度在 1500m/h 左右；

(3) 仪器在运输过程中必须放入防震保护箱内，严防强烈颠簸震动；

(4) 各处丝扣均应在使用前清洁并涂匀仪器用高温丝扣油，以防组装时粘扣。

二、电缆输送定方位射孔技术

电缆输送定方位射孔技术是用电缆将定方位和射孔器材送入井中预定位置，主要是针对井斜小于 45°井定方位射孔和高压油气井不压井射孔作业而研发的一项射孔工艺技术。其井下工具主要由射孔器支撑器、投送/回收工具、深度定位仪器、深度—方位补偿器、定向器和导向器等组成，如图 7-7-3 所示。

（一）基本原理

电缆定方位射孔技术原理是利用电缆携带深度定位仪、打捞/释放装置、方位支撑器下井，到达预定深度后，通过测量核实井位，并将支撑器坐封在预定深度，由于支撑器坐封采用的是上提下放坐封方式，受其坐封距的影响，坐封深度会有误差，同时支撑器上部的导向器方位也是随机的，所以对深度、方位必须加以补偿，经过智能激磁信号确定精确深度；经过陀螺定方位仪确定支撑器方位后，将特制的补偿短接下入井中，将深度、方位补偿到目标值，然后依次下入电缆输送定方位射孔器，直至满足全部射孔井段，再次校验深度、方位，无误后点火引爆射孔枪，起爆方式可以采用套管投棒起爆，也可

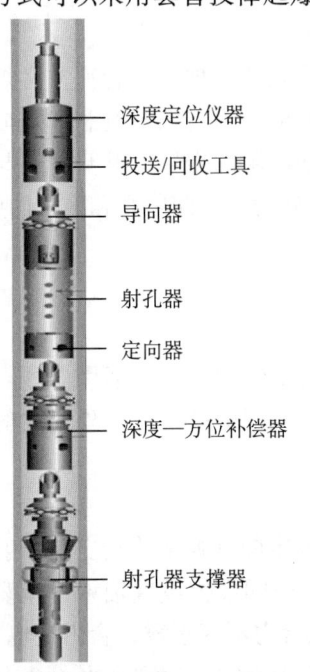

图 7-7-3 电缆输送定方位射孔技术井下工具示意图

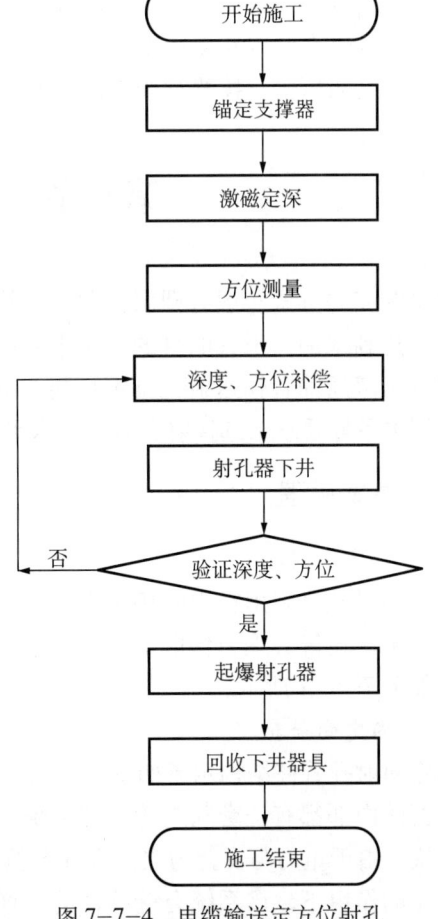

图 7-7-4 电缆输送定方位射孔施工流程图

以采用加压起爆。

（二）技术特点

(1) 射孔器分次下井，一次点火同时起爆。

(2) 下井器具采用重力侧斜滑动吻合自动对接方式，对接可靠。

(3) 井斜在45°以内的井均可实现定方位射孔。

(4) 可以实现不压井射孔作业。

(5) 主要技术参数：

①射孔最大方位误差＜6°；

②使用电缆长度＜10km；

③井斜＜45°；

④支撑器最大承载500kN。

（三）施工流程

1．施工流程

电缆输送定方位射孔施工流程如图7-7-4所示。

2．施工注意事项

(1) 施工前通电检测投送/回收工具完好情况。

(2) 施工前通电检测深度定位仪激磁完好情况。

(3) 射孔器在井内对接速度1000m/h左右。

(4) 射孔后解锚支撑器时严格控制电缆速度。

第八节　水平井射孔

水平井完井方式一般有裸眼完井、筛管完井和套管完井三种。套管完井必须进行射孔施工才能达到采油、采气的目的。水平井射孔从工艺上可分为定向射孔和非定向射孔。非定向射孔与普通油管输送射孔基本相同。定向射孔根据储层的岩性、井身轨迹与储层内夹层的钻遇关系等要求来选择射孔方位。水平射孔按结构分为外定向射孔和内定向射孔。

一、基本原理

（一）外定向射孔

外定向射孔是采用在中间接头焊接引向器，配合活络转动接头，靠引向器与井壁摩擦阻力不平衡，在偏心重力作用下实现枪串的整体转动来实现射孔定位。外定向射孔管柱结构示意如图7-8-1所示。

（二）内定向射孔

内定向射孔管柱结构示意如图7-8-2所示。采用内定向（弹架旋转定向）射孔时，每支射孔器的内部都有一套独立的定位系统，弹架两端及中间部位设置轴承，弹架内装有偏心配重块，由于重力与支持力之间存在着偏转角，所以合力不等于零，合力矩也不等于零，在合力矩的作用下，该系统会继续转动，直至偏重块位于下方，达到合力、合力矩都等于零，系统达到平衡，实现射孔弹在枪身内自动定向。调整射孔弹与偏心配重块的相对位置，可满足各种方位设计要求，实现内定向射孔。

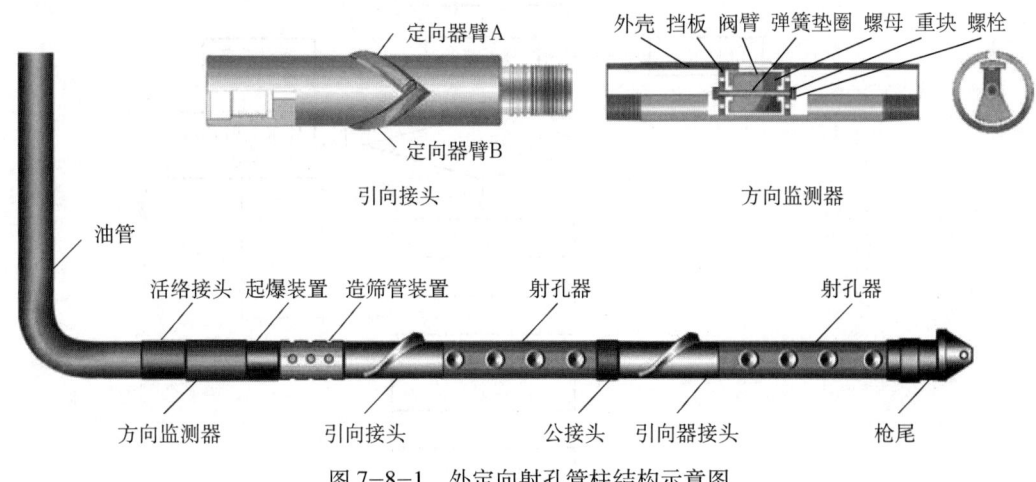

图 7-8-1　外定向射孔管柱结构示意图

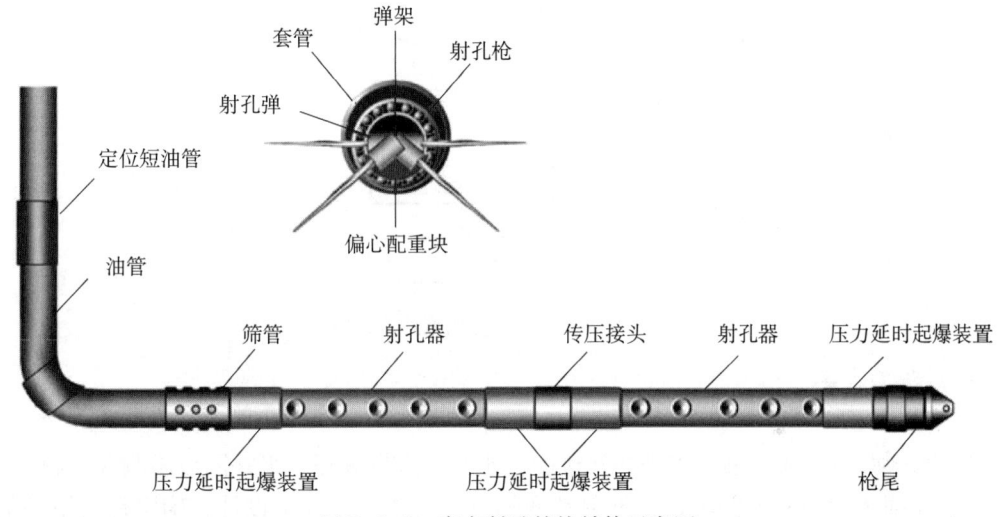

图 7-8-2　定向射孔管柱结构示意图

二、技术特点

（1）可实现井斜为 90°的套管内射孔定向。

（2）可根据地质和工艺要求实现不同的定向方位。

（3）通过采用内定向和外定向定位方法可实现精确定向。

（4）可实现大跨度、长井段射孔，一次射孔层段可达几百米。

（5）管柱安全可靠，可避免射孔枪在起下时的摩擦旋转退扣。

（6）当需要进行水平井的补孔作业时，为避免井液挤到已射地层中，常采用压力起爆开孔装置引爆射孔器。

三、工艺流程

现场施工流程如图 7-8-3 所示。

— 295 —

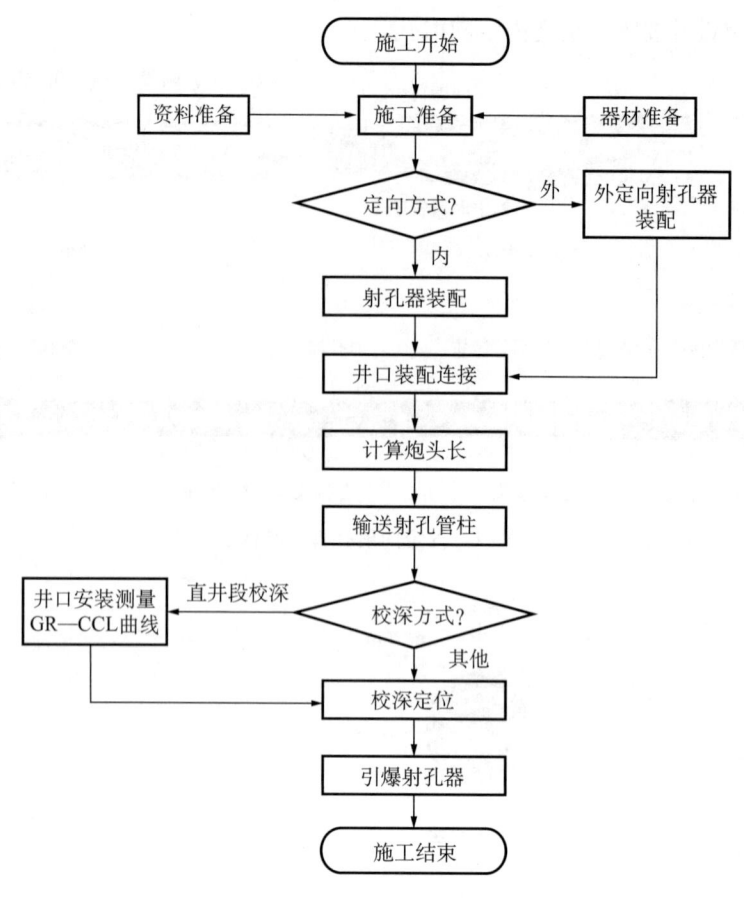

图 7-8-3　水平井射孔施工流程图

(一) 施工准备

1. 资料准备

(1) 水平井射孔通知书、水平井轨迹图、水平井数据表和水平井固放磁测井资料。

(2) 详细了解该井的井况，根据射孔通知书等要求制定施工设计。确定每次下井射孔井段和起爆方式；确定射孔枪、射孔弹、导爆索、起爆装置等材料的型号；设计起爆装置剪切销值；设计射孔排炮图；设计射孔管柱图。

2. 器材准备

(1) 射孔枪、射孔弹要按照要求进行检验。

(2) 对传爆管、导爆索等火工器材进行检查；起爆器、尾声弹取出火工件后，进行试装配。

(3) 中间接头互换性要好，丝扣、密封面无损伤。

(4) 活络接头、方向检测器转动灵活。

(5) 所有密封圈使用无损伤的密封圈，其耐温指标要满足井温要求。

(二) 射孔器装配

1. 外定向射孔器装配

(1) 将射孔枪摆放在专用装配架上，清除枪筒内杂物。

(2) 在射孔枪距上端面 0.5m 处按排炮顺序标号。

（3）清洁中间接头后安装密封圈。
（4）射孔弹装入弹架时要对正、放平，并观察定向方位是否正确。
（5）导爆索缠绕要均匀、平滑、紧密，与射孔弹可靠固定。
（6）安装并锁紧导爆索止退管。
（7）每支装好的弹架在上端用标签标识井号、下井序号、枪身长度、装弹数、空弹数。
（8）将装好的弹架与射孔枪对号装入，定位环上的顶丝对准射孔枪身内壁上的定位槽，将顶丝到位。
（9）将导爆索切取合适长度，切口平齐，装上传爆管锁紧。
（10）密封面涂适量润滑脂后，安装接头，使引向器尖头对准射孔枪没有盲孔的一面，当接头上的定位螺丝孔对准枪身端面上定位孔时，拧入定位顶丝，并使顶丝低于射孔枪外表面 2~3mm。
（11）传爆管应比中间接头的对接面低于 3~5mm。
（12）装好的单支射孔器两端装上护帽。

2．内定向射孔器装配：

内定向射孔器装枪与全方位射孔器基本相同，不同点是：

（1）射孔弹架与射孔枪身无须定向，中间接头无须定向。
（2）射孔弹架装入射孔枪内时要检查弹架与射孔枪的长度配合，间隙应介于 1~3mm 之间。
（3）射孔器装配完毕后，应观察弹架的自动定向能力，若不能定向自如，则要拆开查明原因重新装配。

（三）井口装配连接

非定向和内定向的射孔器的连接，与普通油管输送射孔器材的连接基本相同。现以水平井外定向射孔器材的连接为例介绍如下。

1．尾声信号弹的连接

尾声信号弹连接在最后一支射孔器的下端，与地面监测仪配合使用，监测射孔器是否全部发射。

2．射孔器的连接

按标识顺序连接单支射孔器，检查传爆管和扶正器，将两支射孔器的中间接头对接好拧紧，最后将定位螺丝上好。每一只射孔器的引向器方向必须一致，否则会造成射孔器方向相反。若使用造筛管装置，该装置装在第一支射孔器的上端。

3．起爆装置的连接

压力起爆装置按设计好的销钉进行装配，连接到射孔器上端的枪头上。

4．定向监测装置的连接

定向监测装置的下端通过短油管与枪头连接，上端连接活络接头。连接时应使定向监测装置的泄流孔和引向器尖头对正。

5．活络接头的连接

活络接头的下端连接在定向监测装置上，上端连接在射孔管柱上。

（四）计算炮头长

整个射孔器连接完毕以后，射孔队要准确丈量记录射孔器的零长，射孔校深的方法决定丈量零长方法。

(1) 采用只校直井段的校深方法时,零长为顶孔界面至校深短节下接箍的距离。

(2) 利用固放磁曲线校正输送管柱的方法时,零长为顶孔界面至测井管柱底端的距离。

(3) 丈量管柱法时,零长为顶孔界面至提升短节上接箍的距离。

(4) 利用井底深度控制射孔深度时,零长为顶孔界面至提升短节上接箍的距离,并要准确计算出顶孔上界面至枪尾底端的长度。

(五) 输送射孔管柱

(1) 输送射孔管柱前应对配合方提出配合要求。

①认真丈量、计算油管长度,误差不得超过0.03%。

②使用标准通管规逐根通径,保证油管内壁清洁、畅通。

③油管丝扣连接牢固、密封可靠,下放过程中严防落物。

④水平井段的油管应采用倒角接箍。

⑤下放射孔管柱匀速平稳,速度小于30根/h,大斜度段、水平段速度控制在20根/h。

(2) 输送射孔管柱期间射孔队应在井口坐岗,提醒配合方按要求下放管柱,进入大斜度井段及悬挂器位置时观察指重计拉力,发现异常及时采取措施。

(六) 校深定位

射孔管柱输送至预定深度后,可采用以下四种方法进行深度校正,计算出调整距,使用短油管调整深度使射孔器对准射孔井段。

1. 直井段的校深方法

直井段底部的短套管距水平射孔段小于300m,可用直井油管输送射孔校深方法只校直井段,水平段的输送管柱可用尺子准确丈量。

2. 井底深度控制射孔深度的方法

新井射孔、井底深度比较准确(可根据测井数据确定井底深度),可将射孔器下至井底,以井底遇阻深度为依据,通过上提管柱定位射孔深度。上提管柱值,可用下式表示:

$$L=H_w-(H+I)$$

式中　L——上提管柱值,m;

　　　H_w——井底深度,m;

　　　H——射孔层顶界面深度,m;

　　　I——射孔器顶孔至枪尾底部端面的距离,m。

3. 利用固放磁曲线校正射孔输送管柱的方法

在套管内进行固放磁测井时,下测到射孔层上界面附近停下,在测井曲线上给人工电信号,并在井口法兰盘平面对准的输送管柱上做一个明显的记号,即可求出该输送管柱从明显记号到底部校正后的总长度。

射孔层顶界面深度减去校正后的管柱总长度,再减去炮头长,既可求出调整距,即输送管柱上提或下放的数值。可用下式表示:

$$L_0=H-(h+I_0)$$

式中　L_0——调整距,m;

　　　H——射孔层顶界面深度,m;

h——校正后管柱底部深度，m；

l_0——总炮头长（输送管柱底部至射孔枪顶孔的距离），m。

4．丈量管柱法

丈量管柱法方法完全依靠丈量输送管柱的长度控制射孔的深度：

$$输送管柱长度 = 射孔层顶部深度 - （另长 + 油补距）$$

（七）引爆射孔器

（1）安装采油树或井控装置，安装压力表。

（2）摆放泵车，连接管线

（3）连接尾声监测仪，进入监测状态。

（4）加压射孔。启动泵车，先小排量循环，然后慢慢升压，根据井口震动、压力表的压力变化和尾声监测资料，判断射孔器的发射情况。

第九节　负压射孔

射孔弹对地层射孔产生射孔孔道，在孔道内有岩石碎屑和射孔残余物，在孔道周围有压实带。与原始地层渗透率相比，压实带渗透率要低得多。压实带的存在使射孔孔道的导流能力明显下降，同时射孔孔道内射孔弹残渣的存在进一步降低了射孔孔道的渗透性，而负压射孔能够有效地缓解这一问题。

负压射孔分为静态负压射孔（即传统负压射孔）和动态负压射孔。

静态负压射孔是射孔前井筒内液柱压力低于储层压力，由于负压差的存在，可使地层流体产生一个反向回流，能较好地清洁射孔孔道，降低射孔伤害。因此静态负压射孔的井眼压力是保持恒定的。

动态负压射孔是使用一种新的施工设计和井下硬件设备，使得射孔枪起爆后在地层和井筒之间产生一个变化的即动态的负压并维持一定时间，从而可以显著地提高油气井的产能和注入效率，在渗透率较高的储层应用效果较好。

一、静态负压射孔

（一）基本原理

静态负压射孔的关键在于利用射孔瞬间负压产生的回流冲洗孔道堵塞物，降低孔道压实程度。

（二）技术特点

（1）射孔后可清洁射孔孔道，降低射孔伤害，提高产能。

（2）负压实现简单方便，可根据井况等条件选择负压方式。

（3）无需掏空，可通过井下流量阀或井口灌注准确控制负压值。

（4）开孔压力和起爆压力控制准确，操作简便。

（5）射孔后可直接对产层进行压力、温度、流量等参数测量。

(三) 静态负压射孔分类

静态负压射孔实现方法有抽汲、气举和采用负压阀等几种，后者要配合封隔器使用。封隔器坐封后，采用撞击负压开孔装置（常用的有隔离式负压开孔装置和撞击压力开孔装置）和环空加压负压开孔装置实现油管和封隔器下方环空的沟通，并作为产液回流通道。控制负压值的液垫高度通过井下流量阀或井口灌注实现。

1. 隔离式负压射孔

隔离式负压射孔管柱结构示意如图 7-9-1 所示。

工作原理：其上端（内螺纹）与油管连接，下端（外螺纹）与油管及防砂撞击起爆装置连接。管柱下井时，由于有隔离钟罩，油套不相通，油管内所加液垫即决定了负压值。封隔器坐封后，从井口投棒，将易碎承压钟罩打碎，形成回流通道。

其特点和技术参数详见第二章第七节隔离式负压开孔装置。

2. 撞击压力开孔负压射孔

撞击压力开孔负压射孔管柱结构示意如图 7-9-2 所示。

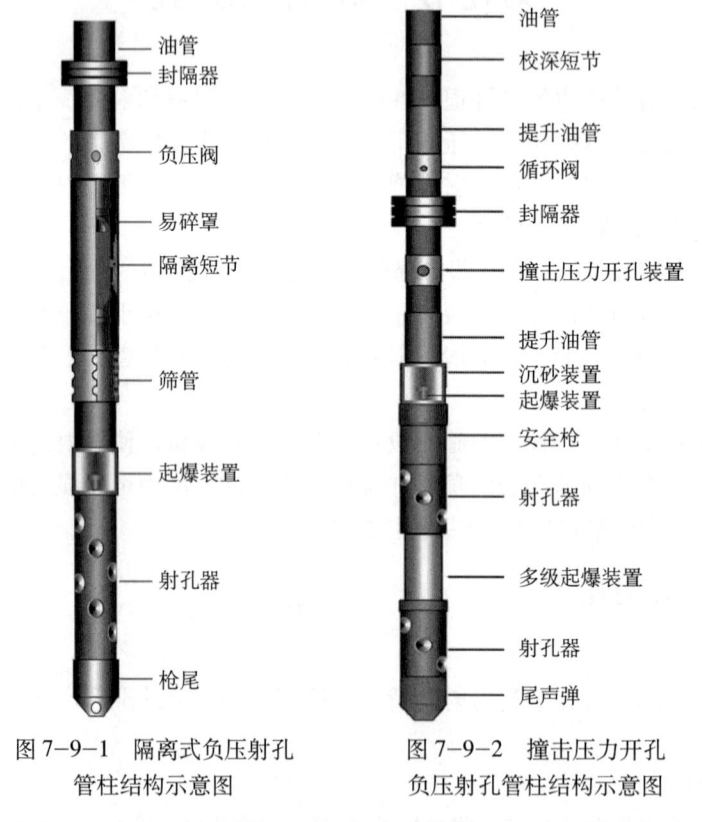

图 7-9-1 隔离式负压射孔管柱结构示意图

图 7-9-2 撞击压力开孔负压射孔管柱结构示意图

工作原理：在装配空心撞销、不装配剪切销钉的情况下从井口投棒，撞断空心撞销后，油管压力（不小于 3MPa）进入滑套和上接头的环形空间，推动滑套向上运动，使滑套处于开孔位置；在装配剪切销钉、不装配空心撞销的情况下也可从井口加压，剪断剪切销，推动滑套向上运动，使滑套处于开孔位置。

其特点和技术参数详见第二章第七节撞击压力开孔装置。

3．环空加压负压开孔射孔

环空加压负压开孔射孔管柱主要由压力负压开孔装置、旁通接头、中心导管、封隔器、油管、压力起爆装置、射孔器等组成，如图 7-9-3 所示。

其工作原理和技术参数参见第二章第七节环空加压负压开孔装置。

二、动态负压射孔

（一）基本原理

动态负压射孔管柱由射孔器及降压装置组成，管柱结构示意图如图 7-9-4 所示，其中降压装置由带有若干降压孔的开孔器和具有一定容积的降压枪组成。在射孔爆炸瞬间，降压装置上开孔器的降压孔被打开，其周围的液体以非常大的加速度向降压枪内流动，而其造成的惯性力使得快速降压装置周围的液体中产生了极大的负压差，如图 7-9-5 所示。在动态负压过程中，利用快速冲击回流，清洁射孔孔道及压实带。

（二）技术特点及适用性

1．技术特点

（1）开孔器的打开方式有开孔弹开孔、滑套开孔等。

（2）在射孔后瞬间实现较高的负压差，冲洗射孔孔道，缓解压实带污染。

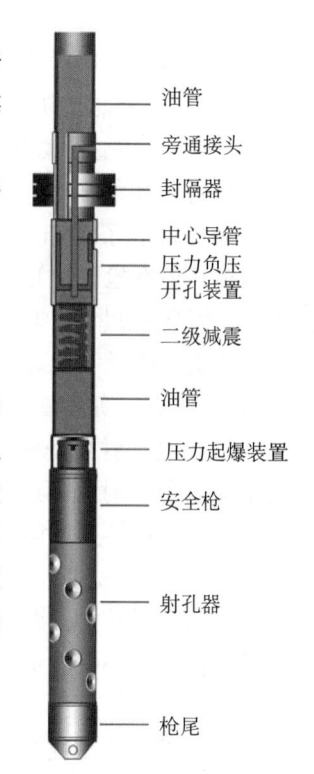

图 7-9-3　环空加压负压开孔射孔管柱结构示意图

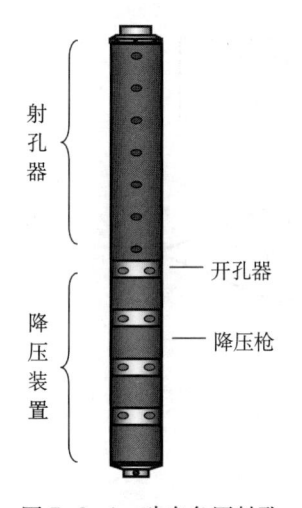

图 7-9-4　动态负压射孔管柱结构示意图

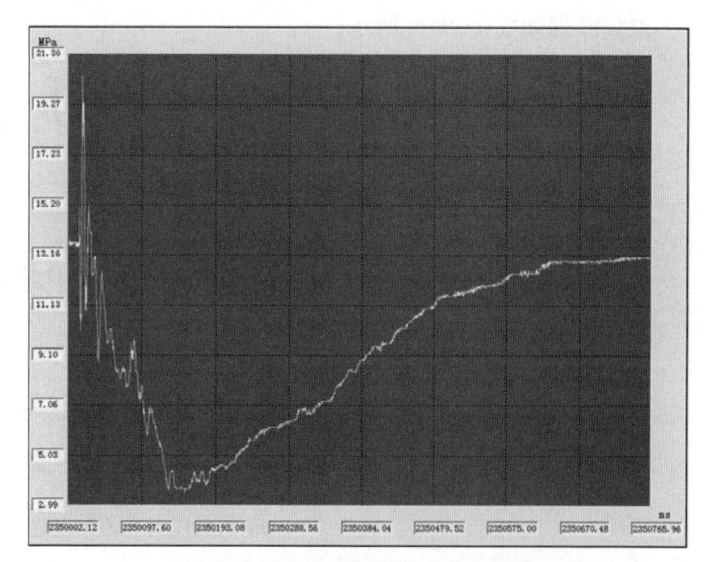

图 7-9-5　动态负压射孔 p-t 曲线

（3）可以在井筒内初始压力相对平衡的条件下实现射孔后瞬间的动态负压。

（4）允许射孔时井筒内保持较大的液柱静态压力，有利于防止井喷。

（5）动态负压射孔技术可与各规格型号的有枪身射孔器结合使用，形成配套技术系列。

2．适用性

动态负压射孔技术适用于渗透率在 $5 \times 10^{-3} \mu m^2$ 以上地层射孔。

(三) 射孔方案设计方法

1．动态负压射孔关键参数

在动态负压射孔中，最大动态负压值（最小动态压力与地层压力之差）是最重要的参数，其大小代表了动态负压射孔的负压水平。最大动态负压值与射孔器参数（射孔弹型、装弹数量、射孔枪尺寸）、井筒参数（井筒尺寸、初始液柱压力）及快速降压装置参数（开孔面积、降压腔尺寸）相关，在各参数确定的情况下，可通过模拟试验或经验公式求出射孔后所能实现的最大动态负压值。

2．最小有效负压值标准

与常规负压射孔一样，动态负压射孔也有最小有效负压值要求。由于目前还没有权威的确定动态负压射孔的最小有效负压值方法，因此目前参照常规负压射孔最小有效负压值确定方法（详见第五章第五节负压值设计）。

3．射孔方案设计

(1) 确定射孔枪、射孔弹规格型号。

(2) 根据最小有效负压值确定方法计算出所要求的最小有效负压值 $\Delta p'$。

(3) 根据井筒条件设计初始液柱压力。

(4) 根据射孔厚度及夹层厚度设计射孔枪长度。

(5) 设计降压装置结构参数。

(6) 根据以上条件计算射孔后所能达到的最大动态负压值 Δp。

(7) 如果 $\Delta p \geq \Delta p'$，则可根据以上参数形成射孔方案，否则重复 (3) ~ (7)。

设计流程如图 7-9-6 所示。

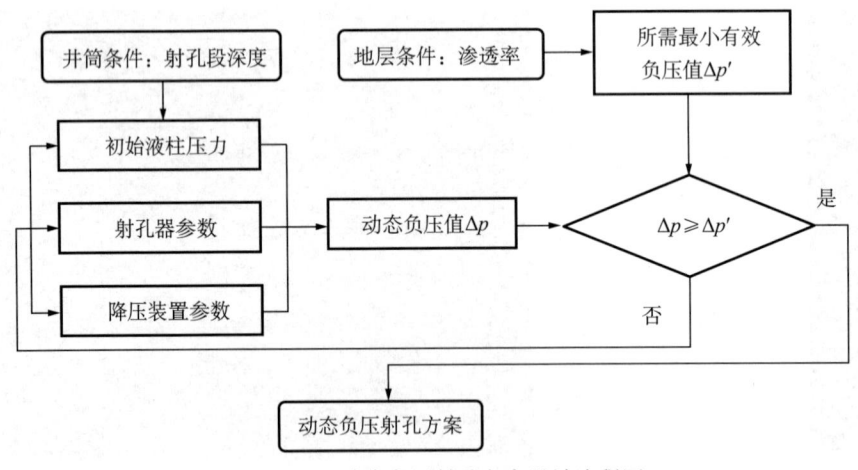

图 7-9-6 动态负压射孔方案设计流程图

(四) 施工流程

动态负压射孔施工流程如图 7-9-7 所示。

1．安装井口

(1) 拆除采油树上半部，采油树配件必须齐全。拆卸的采油树配件要妥善保管，保证清洁、齐全、完好。

(2) 安装井口控制器。

(3) 安装地滑轮和天滑轮。

(4) 将电缆马龙头与井下仪器联接牢固。

2．组装射孔器

(1) 检查弹架标牌的井号、次数是否正确。对照联炮图检查弹型、弹数、孔密，并核实油夹层长度。

(2) 检查射孔弹外观是否清洁，有无损坏、变形现象，射孔弹药型罩有无松动、脱落现象。检查导爆索型号是否正确，外皮是否完好，表面有无油污、划痕和折伤，接头有无漏药和局部松散现象。

(3) 将弹架装入枪身并固定，安装雷管。上枪头枪尾。在组装好的射孔器上做上标记。

3．连接降压装置

(1) 检查开孔器、降压枪规格、数量是否正确。检查开孔器、降压枪各密封面及密封圈是否完好。

(2) 将开孔器、降压枪各密封面及密封圈位置涂抹密封脂，按设计要求连接。

(3) 将连接好的降压装置安装在射孔器下部。

4．下射孔器

(1) 将联接好的井下仪器放电后与枪身对接，并起吊到井口。

(2) 射孔器下入井中首次下电缆速度要控制在6000m/h 内，其余各次电缆下速不超过 6000m/h（首次下射孔器时需探液面深度，并做好记录）。

5．深度定位

(1) 跟踪短套管的定位方法。

(2) 点标差定位方法。

(3) 自然伽马曲线定位。

6．点火

点火前核实定位深度是否与设计深度相吻合，确认核实无误后才能点火起爆。

7．起射孔枪

(1) 起枪身时必须首先缓慢试提，如无异常则可正常起枪。起枪过程中速度平稳。起枪过程注意观察井口，如有异常及时处理。

(2) 枪身起出后，检查射孔发射率、降压装置开孔率，存在问题及时处理。

8．拆除井口

(1) 将井下仪、地滑轮和天滑轮拆除，并摆放在固定位置。

(2) 先观察井口有无油气、溢出情况。井口无油气

图 7-9-7　动态负压射孔施工流程图

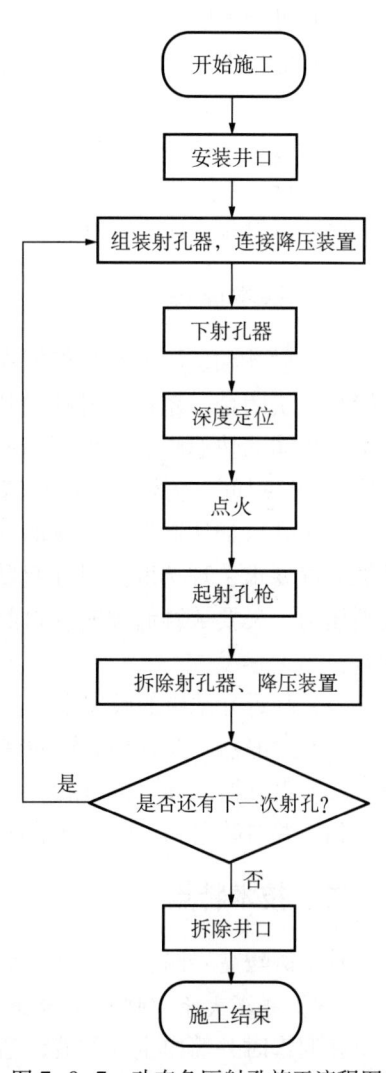

溢流显示时，拆除井口控制器。如有油气溢流显示，则关闭控制器。

第十节　超正压射孔

超正压射孔不同于早期的正压射孔，不是在钻井液压井状况下射孔，而是在使用酸液、压裂液及其他保护液射孔的同时带氮气施加于地层1.2倍以上破裂压力，克服了聚能射孔所带来的压实污染，加大延伸裂缝。该技术可以和酸化（加砂）压裂联作，解决了造缝、解堵、诱喷、防止出砂等一系列问题，大大改善了初始完井效果，是一项集射孔和小型酸化压裂改造为一体的新型射孔工艺技术。

超正压射孔相比常规负压射孔、一般的正压射孔，具有以下优点：

（1）成孔瞬间的高正压差或气体膨胀能使孔眼周围形成微裂缝，以消除孔眼压实带造成的伤害。

（2）可避免压井液对油层的伤害。

（3）部分进入油层的氮气有利于清洗孔眼及排液，从而解除油层堵塞。

（4）通过控制放压可使油井迅速建立压差，投入生产。

（5）对于钻开油层及固井过程中造成的严重损害的井，与酸化处理联作（射孔前井内替入酸液）可有效地解除近井处的油层伤害。

（6）获得测试评价储层的最佳机会，地层参数真实可靠，缩短试油周期。

一、基本原理

常规射孔和负压射孔虽然能在射孔瞬间产生瞬时高压，并在孔道壁上产生裂缝，但该裂缝会很快闭合。超正压射孔是利用氮气加压，随着射孔枪的发射，射孔枪上部的液体会在上部气体的快速膨胀作用下高速挤进射孔孔眼，延伸射孔产生的裂缝，并使得裂缝的张开维持一段时间，更好地完成酸液或氮气对地层的改造作用。

通过井口加压起爆，加压的介质有纯 N_2、N_2 + 酸（压裂液）、液柱 + 酸（压裂液等），根据井况要求合理选取。射孔起爆时，既要达到射孔起爆时井底液柱压力超过地层岩石的破裂压力，又要兼顾起爆时井口的加压值低于井口的安全值，设计操作压力的主要约束条件有：

（1）临近井地层的破裂压力。

（2）封隔器、油管和套管的许用压差值。

（3）射孔器的许用抗压值。

（4）井口装置和地面设备的压力等级。

二、技术特点

针对碳酸盐岩储层，主要以超正压射孔（加氮气）酸化联作为主。

（一）井深大于4000m的超正压射孔

在起爆时井筒内全为酸液，适用于井深超过4000m的超正压射孔作业。超正压射孔对射孔器材以及测试工具的承压能力具有较高的要求，为了降低井口加压值，使用满井筒酸液（砂），这类管柱常配合丢枪装置使用，以减少酸液的流动阻力。施工作业时，在环空打平衡压力，以确保油管及封隔器安全。

管柱结构示意如图 7-10-1 所示，采用 Y344 封隔器，封隔器的启动不是采用小直径通径的启动接头，而是采用投球打球座的方法启动封隔器，以满足超正压射孔大排量挤酸的要求。

（二）井深在 2000～4000m 范围内的超正压射孔

在起爆时井筒内的介质为酸液+氮气+酸液，适用于井深小于 4000m 的超正压射孔作业。施工作业时，采用 700 型压力车在环空打平衡压力，以确保油管及封隔器安全。作业示意如图 7-10-2 所示。

（三）井深在 1000～2000m 范围内的超正压射孔

井深在 1000～2000m 范围内进行超正压射孔作业，通常采用酸+氮气的方式，施工作业时，采用 700 型压力车在环空打平衡压力，以确保油管及封隔器安全。管柱结构示意如图 7-10-2 所示。

（四）井深小于 1000m 的超正压射孔

井深小于 1000m 的井进行超正压射孔时，在起爆时井筒内的介质一般为纯氮气。由于满井筒是氮气。氮气具有可压缩性，因而射孔起爆时加压过程会较长。施工作业时，采用 700 型压力车在环空打平衡压力，以确保油管及封隔器安全。管柱结构示意如图 7-10-3 所示。

在实际施工作业过程中，如果地层压力低，采用满井筒的氮气正压射孔，井深也可控

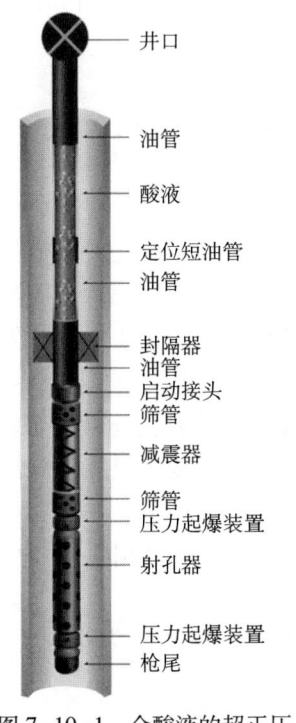

图 7-10-1 全酸液的超正压射孔管柱结构示意图（4000m 以上）

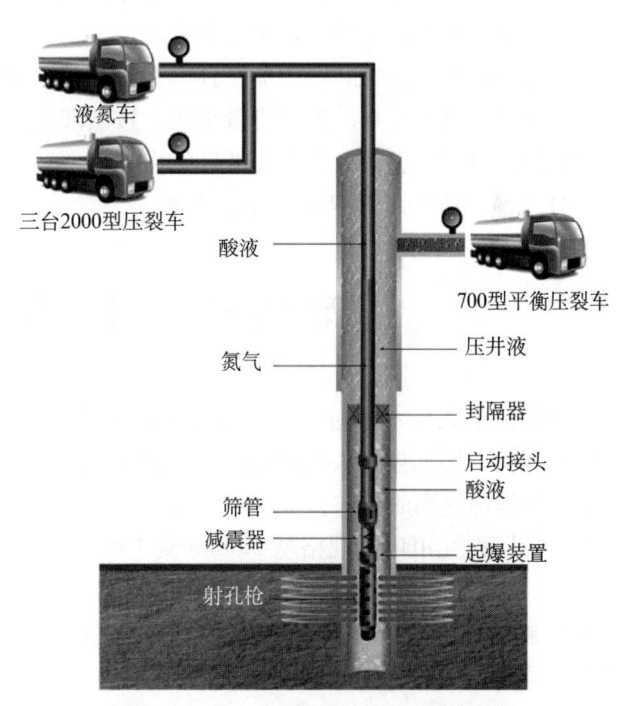

图 7-10-2 加部分氮气的超正压射孔（2000～4000m）

制在3000m范围以内。

三、工艺流程

以超正压射孔—酸化联作为例，其工艺流程如下：

(一) 施工准备

(1) 射孔施工队应根据射孔通知单和施工作业计划书的要求，进行施工前的准备工作。

(2) 射孔施工队应对施工使用的射孔器材及下井工具进行试压。

(3) 井筒准备：刮管、通井、洗井、实探人工井底、试压。

(二) 施工过程

(1) 装枪。装配前，要清洁枪管、弹架，按照排炮单装弹，注意相位和孔密是否正确。

(2) 吊枪。吊枪时要注意枪的下部不要刮擦地面或滑道，提枪后不得碰撞井台等硬物。

(3) 连接下枪。射孔枪在井口连接，按编号顺序下井，匀速下放，严禁猛提、猛放、顿钻和井内落物。

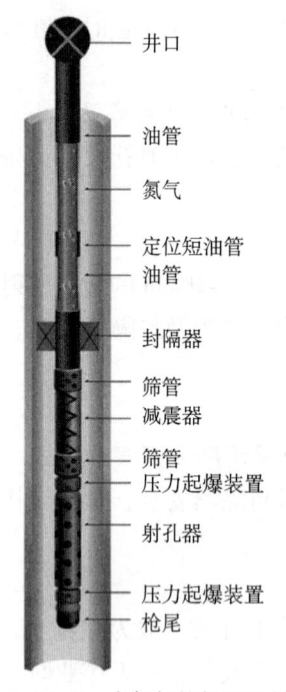

图 7-10-3 全氮气的超正压射孔管柱（小于1000m）

(4) 校深。用磁性定位器和自然伽玛仪进行校深定位。
(5) 调整施工管柱。确认定位数据准确无误后，调整施工管柱，安装井口并试压合格。
(6) 正低替酸液，以油管容积计量酸液。
(7) 提高排量坐封封隔器，加压到射孔设计值，完成射孔。
(8) 起爆后出现压降，提高排量挤酸，按照酸化压裂正常步骤进行施工。
(9) 酸化过程中，采用水力车从环空内加平衡压力。
(10) 酸化完成后，转入后续施工步骤。

第十一节　井口带压射孔

井口带压射孔技术不同于以往的过油管射孔，它是在套管内输送射孔枪，由于采用大直径的射孔枪，因而要用大直径的电缆及防喷器系统，对防喷系统的要求更高，对注脂系统的排量也提出更高的要求。

井口带压射孔用电缆规格从5.6mm到13mm，对于高压气井，应该选用直径较小的单芯电缆。

国内某些公司为实现电缆输送射孔先电器后火工的安全原则，采用压力安全（防爆）装置来代替枪头。

一、基本原理

井口带压射孔技术的技术原理是采用大直径电缆防喷系统进行带压作业。应用电缆防喷系统，选择配套的射孔器材，在井筒压力等于或低于地层压力的情况下，电缆在井口动密封条件下将射孔器输送到目的层，实现带压（负压）射孔作业，从而完全避免了正压射孔对油气层的伤害，实现了井筒全密封状态下射孔施工作业。

二、技术特点

（一）电缆防喷系统特点和主要参数

井口带压射孔的核心部件为电缆防喷系统。该系统由电缆防喷器、防落器（捕集器）、防喷管、注密封脂控制头、注脂液控装置、抓卡器、电缆防喷控制头以及注脂液控装置等部分组成。以承德富泉石油机械有限公司产品为例，结构如图 7-11-1 所示。

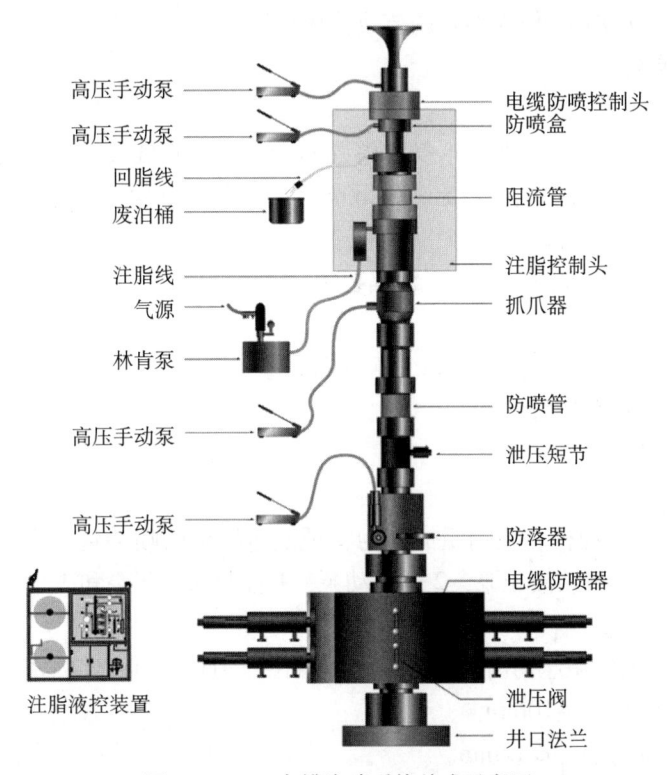

图 7-11-1 电缆防喷系统总成示意图

1．电缆防喷器

1）结构特点

电缆防喷器按操作型式来分有手动和液动关闭两种。

2）技术参数

防喷器工作压力一般分为 14MPa、21MPa、35MPa、70MPa、105MPa、140MPa 六个等级，主通径为 65～180mm，密封电缆规格从 5.6mm 到 13mm。

2．防落器

1）结构特点

防落器由主体、手柄及接盘等组成。用电缆下入和提升仪器时，电缆可以从接盘中间的槽内通过，不影响起下。当仪器提过防落器时接盘打开，仪器进入防喷管后，在弹簧作用下接盘倒落成水平状，可从外部观察到手柄的转动和复位。

防落器外连接型式为油壬接头连接。

2）技术参数

防落器工作压力范围为 14 ～ 105MPa。过电缆最大直径为 13mm。

3．防喷管

1）结构特点

防喷管用无缝钢管制成，连接型式为由壬型，采用勾头扳手装卸，操作方便，密封性能好。油壬与防喷管的连接用油管扣连接、焊接和整体结构。

2）技术参数

防喷管工作压力范围为 21 ～ 105MPa，通径为 65 ～ 160mm，连接长度为 2 ～ 3m。另外配备 0.5m 和 1m 的短节来作为加长调节或泄压使用。

4．注脂密封控制头

1）结构特点

阻流管是动密封的关键部件，不仅对内孔的光洁度、直线度、圆柱度要求很高，且其内径与电缆外径相差必须控制在 0.15 ～ 0.2mm 之间。为了确保合适的间隙，一种电缆往往配备几组不同内径的阻流管。

外连接型式：T 型扣或由壬接头（根据要求）。

2）技术参数

密封电缆直径：ϕ5.6mm、ϕ8mm、ϕ11.8mm。

最高密封压力：105MPa。

5．注脂液控装置

1）结构特点

注脂泵为由气动电动机和泵筒组成。为实现液压操纵防喷装备动作，该套装置备有液控系统，其中包括 1 台气动液压泵、2 台手动泵、1 台柴油气压泵和 1 个蓄能器。

2）技术参数

当提供 0.7MPa 的气源压力时，这种泵可以输出压力达 100MPa 的密封脂。

注密封脂管线内径：ϕ10mm。

密封脂回流管线内径：ϕ12mm。

6．抓卡器

1）结构特点

抓卡器有带阻流球阀或不带阻流球阀两种形式。不带阻流阀形式的抓卡器的上部为由壬母接头，下部为由壬公接头；带阻流球阀形式的抓卡器的上部为与注密封脂控制头阻流管相连的内螺纹，上主体装有阻流球阀，下部为由壬公接头。

当没有液压系统动作时，抓卡器总是处在抓卡状态。一旦绳帽被拉进抓卡器，靠弹簧力的作用使张开的卡瓦包容住绳帽，绳帽被自动抓卡住。

要释放绳帽，须启动液压系统。当泄掉油压后，靠弹簧力和井口压力使活塞下行复位，卡瓦也重新回到原来的位置，继续保持抓卡状态。

释放绳帽所需的油压力与井口压力有着直接关系，当井口压力为 0 时，释放绳帽所需的油压约为 1.4MPa，当井口压力为 105MPa 时，释放绳帽所需的油压约为 19.6MPa。

2）技术参数

抓卡绳帽规格：25.4～44.5mm；

油压系统最大工作压力：21MPa；

主体公称通径：ϕ63mm；

最高工作压力：105MPa。

7．电缆防喷控制头

1）结构特点

电缆防喷控制头由上接头、下接头、支撑管、内密封等组成。电缆防喷控制头的内密封、橡胶筒等密封件均为两半件，可方便更换。

2）技术参数

密封电缆直径：ϕ5.6mm、ϕ8mm、ϕ11.8mm、ϕ13mm。

最高密封压力：70MPa。

8．射孔枪

根据套管尺寸大小，目前主要使用的有60型、73型、86型、89型、102型、114型、127型等。根据施工井下的情况，选取合适的射孔枪型完成有枪身的井口带压作业。每次作业时的射孔枪串长度必须小于放喷管长度。

为保证射孔枪能顺利下至目的层，射孔枪串的总重量应按上顶力的1.5～2倍考虑。各型电缆在井口带压情况下的上顶力见表7-11-1。

表7-11-1　各型电缆加重重量与井口压力关系表

井口压力 (MPa)	射孔枪串的总重量（N）		
	ϕ5.6mm	ϕ8mm	ϕ11.8mm
10	376～502	768～1024	1610～2146
20	753～1004	1538～2050	3233～4310
30	1130～1506	2306～3074	4848～6464
40	1506～2008	3075～4100	6465～8620
50	1884～2512	3843～5124	8080～10774
60	2260～3014	4610～6146	9696～12928

（二）压力安全（防爆）装置

压力安全（防爆）装置的技术参数及原理详见第二章第三节。

三、工艺流程

（一）射孔准备

1．上井前准备

射孔小队接受射孔任务后，应及时收集施工井的井况有关的资料，除常规内容外还应收集：

(1) 井液性质、密度和液面深度。
(2) 井口法兰盘型号。
(3) 施工井的含硫化氢情况。
(4) 地层压力，施工前井口压力和射孔后预计井口最高压力。

2．现场准备

(1) 设置装枪作业区域，竖警示牌，拉警戒线，放置垃圾桶。
(2) 现场施工前将仪器车、井架（吊车）、注脂泵、井口防喷器连接成为等电位，确保接地良好。
(3) 施工人员正确穿戴劳保用品，操作前用手触摸接地金属物体释放静电。
(4) 检查地面系统工作正常，起爆电源面板上电压表、电流表及指示灯应完好，输出电压符合要求。
(5) 正确安装电缆防喷系统，电缆穿过天滑轮、地滑轮后，依次穿过控制头、防喷管，确保试压合格。
(6) 将电缆做好电缆帽后与磁性定位器、加重、通井规依次连接，检查磁性定位器工作正常。

（二）施工流程

1．通井

(1) 应使用与射孔器配套的通井规通井，在确认井筒内畅通无阻后才能下入射孔器。
(2) 将电缆与通井规相连，启动绞车缓慢上提电缆，通井规完全送入防喷管内，用手压泵加压将电缆锁住。
(3) 将防喷管与防落器连接。启动注脂泵向流管中注入密封脂，压力应高出井口压力 3~5MPa。按要求试压合格。在电缆起下过程中注入密封脂润滑电缆。
(4) 井口深度对零，记录电缆在绞车滚筒所处的位置。
(5) 打开防落器、井口闸门，松开手压泵，下放电缆，电缆头通过井口位置后，将防落器置于关闭位置。通井规匀速下至射孔底界以下后起出。电缆起下速度控制在 4000m/h 以内，下放速度均匀。
(6) 当通井规完全进入防喷管后，关闭井口闸门，防喷管泄压，观察压力表回零后，取出通井规。

2．组装射孔器

(1) 装枪时切断井场内所有的电源并关闭无线电通信设备。
(2) 检查射孔枪、弹。
(3) 射孔器一次射孔长度按相应的操作规程来组织施工。

3．连接射孔器

(1) 用起爆电源面板供电，点火电压应符合要求。
(2) 通电检验完毕后切断仪器车电源，电缆缆芯可靠接地。
(3) 按电缆射孔操作规程，连接射孔器。

4．下射孔器

(1) 射孔枪串入井 70m 后方能给仪器供电。
(2) 射孔枪串下井过程中，泵车应连续向流管中注入密封脂，压力一般应高出井口压力3～5MPa。下放电缆时，软管排出物应为纯密封脂，如有异常应继续增大注脂泵压力，直到软管排出物为纯密封脂为止。

（3）下井过程中一旦出现密封失控、注脂泵停泵、井口装置泄漏等意外情况，应立即停止起下电缆，关闭电缆封井器，采取措施，排除故障。

5．射孔定位

根据计算的定位短节深度，计算跟踪距，将射孔器停在预定深度。

6．起爆射孔

（1）经确认深度无误后，起爆射孔。

（2）射孔后应有专人观察井口压力变化情况，并做好井喷防范措施。

7．起出射孔器

（1）试起电缆，注意观察张力变化。

（2）确认电缆无阻卡后，电缆按操作规程匀速上起，上起过程中根据加重情况适当降低井口压力，防止电缆上顶。

（3）当射孔器接近井口100m时应减速，开启警报器监视，确认防落器手柄复位，并在井口监听井内声音，注意电缆张力变化，射孔器串离井口70m时，切断仪器供电并将缆芯可靠接地。

（4）当射孔器完全进入防喷管后，关闭井口闸门，将防喷管泄压，观察压力表回零后，取出射孔器，并检查射孔质量。

（5）射孔器拆除，检查点火线。

第十二节　全通径射孔

采用全通径射孔进行完井作业不需提出管柱或丢枪作业就可完成压裂酸化，这不但减少了对地层的伤害，而且提高了完井效率；也可直接作为完井生产管柱进行生产测井等后续作业完成对储层的动态监测。对于高产气井，可以增大产气通道，减少高压气体对套管的冲蚀，还能防止产气通道因地层出物产生的堵塞。

一、基本原理

全通径射孔是在射孔枪起爆射孔后，起爆器芯子、弹等炸成碎屑（块）落入井中，整个完井管柱保持畅通状态，不需提出管柱或丢枪作业就可完成压裂酸化以及生产测井等后续作业，也可直接作为完井生产管柱。

二、技术特点

能在射孔后形成全通径的完井管柱，便于与测试、压裂、酸化等增产措施联合作业，减少压井和起下管柱，能使油气井立即投产。

全通径射孔具有广泛的用途。该技术可实现与一次性完井管柱联作、与酸化（加砂）压裂联作、与复合射孔技术联作，能满足生产测井、欠平衡条件井、大斜度老井需补孔井的施工要求，还可作为负压阀实现负压射孔，同时，也可代替隔板传爆装置实现环保射孔作业。

(一) 与一次性完井管柱联作

全通径射孔与一次性完井管柱联作在射孔后不需提出管柱或丢枪作业就可直接作为完井生产管柱，还可完成生产测井等后续作业。避免了反复起下管柱对地层的伤害，提高了生产能力，同时缩短了试油时间，降低了试油成本，增加了施工作业的安全性。

该联作管柱中一般采用永久式封隔器，如图 7-12-1 所示。采用该联作技术必须考虑封隔器启动芯子（或坐封球座）的外径尺寸要小于全通径射孔器射孔后形成的通径，也可考虑采用堵塞器的方式坐封永久性封隔器。同时，也应考虑枪串在井下的抗腐蚀条件及生产年限。

工艺技术特点：管柱采用封隔器完井，射孔枪上部是破碎盘（或全通径起爆装置），全通径压力起爆装置装在射孔枪的下部，由于破裂盘起爆后能炸成比较小的碎块，所以这种管柱结构更容易形成全通径；管柱中可加入投棒（压力）开孔装置为备用，防止万一全通径射孔失败，可打开开孔装置增大筛管的流通面积。

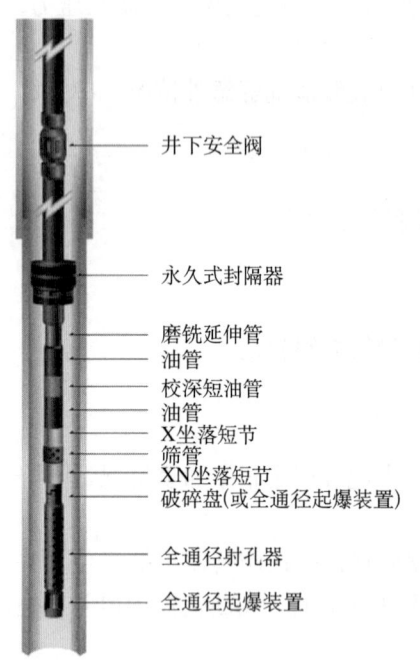

图 7-12-1 全通径射孔与一次性完井管柱联作管柱结构示意图

(二) 与酸化（加砂）压裂联作

详见本章第五节射孔—加砂压裂联作。

(三) 用于欠平衡条件井的射孔作业

欠平衡条件要求从钻井到射孔完井整个过程采用不压井作业，射孔管柱不能带筛管，带压强行通过井口旋转防喷器将射孔枪下入井筒内；为实现负压射孔，采用在环空内氮气加压方式起爆射孔枪；负压射孔后射孔枪形成筛管，油气从套管和全通径枪内产出，如图 7-12-2 所示。

(四) 用于大斜度老井补孔作业

采用全通径起爆装置射孔后，射孔枪可直接形成筛管与油管沟通。如果射孔管柱只用作再射孔的目的，只需上面第一支枪上部的传爆组件为可炸碎结构，第一支枪管与油管沟通即可。

(五) 用作负压阀

用作负压阀时全通径管柱要带封隔器但不带筛管。下井时由于油、套不通，套管中的井液进不到油管中，可按设计的负压往油管灌水。封隔器坐封后，在负压条件下（投棒）射孔，射孔枪即成筛管。

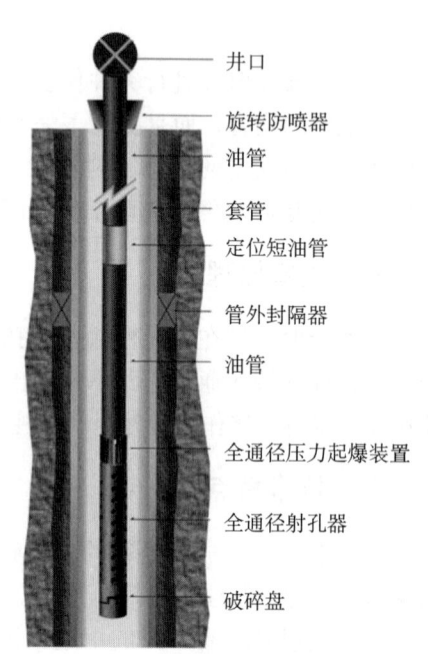

图 7-12-2 全通径射孔用于欠平衡井管柱结构示意图

（六）实现环保射孔作业

使用全通径射孔枪，射孔后夹层枪与上、下枪管沟通，取枪管时夹层枪内的井液会从其下面的枪管孔眼中流回到井中而不会流到井台上。

三、工艺流程

（一）井场准备

（1）用合适的通井规刮壁通井。

（2）洗井循环，封隔器坐封段、射孔井段套管不得留有水泥环。

（3）全井筒试压≥30MPa，稳压30min，压降≤2MPa为合格。

（4）施工现场电源稳定，动力设备灵活可靠。

（5）放喷、防火措施要得到有效落实，确保施工安全。

（6）因该井口袋短，在下射孔管串之前须探一次人工井底（探灰面），确认口袋具体长度。

（二）射孔作业前准备

（1）严格按射孔通知单，准备射孔器材。

（2）根据施工要求，现场装配全通径射孔器以及井下工具等。

（三）施工流程

（1）下全通径射孔作业管柱。下枪时必须采用全通径射孔枪专用卡板和专用提升短节。

（2）电测校深，调整射孔管柱，要求准确计算管串深度，保证射孔枪位置正确。

（3）摆好施工车辆，连接施工管线。

（4）低替前置液、坐封封隔器。

（5）环空加压验封。

（6）在确认封隔器完全坐封后，射孔队长下达加压指令，从油管内加压起爆全通径射孔枪，在确认射孔枪正常发射后，等待10min，待射孔碎屑全部落入井底口袋后再进入下一步施工程序。

如采用全通径射孔—酸化（或加砂）联作技术，其施工流程详见本章第五节常规射孔—酸化联作或常规射孔—加砂压裂联作的相关内容。

第十三节　高压气井射孔

目前，在塔里木盆地、四川盆地等地区，三高气井较多，这些井储层条件复杂，油气埋藏深，地层压力高。如塔里木迪那区块地层压力高达150MPa，单井日产量可达$100\times10^4\text{m}^3$以上，且富含CO_2、H_2S等腐蚀性气体，给施工作业和管柱安全带来较大的风险。高压气井射孔技术能够降低试油风险和作业成本，缩短试油周期，增加施工作业的安全性。

一、基本原理

利用油管（钻杆）作为输送工具，将高压射孔枪、压力起爆装置、筛管、封隔器等工具输送到目的层，校深、调整管柱后，坐封封隔器，并验封。若进行酸化（加砂）压裂，将前置液替入油管内后，从油管内加压至射孔枪起爆设定值，引爆射孔枪，射孔成功后转入后续作业。

高压气井射孔可采用全通径射孔工艺技术、复合射孔工艺技术、锚定射孔工艺技术以及常规的射孔工艺技术，这些工艺还可与一次性完井管柱联作、与酸化（加砂）测试联作等多种工艺配合作业。

二、技术特点

高压气井射孔作业的难度和风险都较普通的低压油气井要高，施工安全最为关键，影响高压气井射孔的主要因素有井底压力、温度、压井液性能、射孔工艺技术、井口及地面设备等方面，另外在确保施工人员安全方面，需配备硫化氢监测仪、空气呼吸机等必要设备。

由于高压气井具有产量大、压力及温度高、射孔井段长等特点，对射孔器的承压和耐温性能、射孔安全技术以及管柱设计等方面提出了更高的要求。

（一）射孔器材承压能力

射孔器材主要考虑射孔枪和起爆器的承压指标，如果高压气井器材承压能力不够，可能造成井下事故，同时还应考虑施工井是否含硫化氢，选取合适的抗硫材料，确保射孔作业管柱在井下的安全性。

（二）火工品器材

井底温度不仅影响起爆器销钉的剪切强度以及密封件的密封性能，而且对射孔弹、导爆索等火工品有直接的影响。根据高压气井施工井况，如果井底温度小于160℃，可以选择HMX为主的炸药，该炸药可以满足160℃/48h；对于井底温度超过160℃的超高温井，可选用PYX为主的炸药，其耐温可到250℃/200h，完全满足了高温高压气井施工作业需要。

（三）高产气井射孔

高压气井多为高产气井，如果选择大直径射孔枪，会使枪与套管内径之间的间隙减少，影响气的产出并增加对套管的冲蚀。为此，常采用丢枪技术、锚定射孔技术、全通径射孔技术等。

（四）射孔安全技术

高压气井地层压力高，加上射孔弹发射后产生的剧烈冲击，对测试管柱及封隔器产生较大的影响，在以前的射孔施工作业中，出现了油管弯曲、封隔器中心管断裂等事故，特别是带封隔器的测试管柱，如果射孔后封隔器失效，将会对后续的工作带来很多困难。

为了提高高压气井作业的安全性，通过对下井工具和井下油套管的力学性能进行分析和计算，优化井下管柱设计和施工工艺，采取相应的有效预防井下事故的必要措施，可避免测试管柱失效和产生的灾难性后果：

(1) 改进封隔器的结构，提高了封隔器的抗拉强度和承压差的能力。

(2) 封隔器的坐封距离尽量远离射孔井段。

(3) 封隔器以下的油管和下井工具，增加其管材钢级和壁厚，提高抗挤压的能力。

(4) 采用双级减震器和多根油管共同减震，形成双保险减震措施。

(5) 采用防砂起爆装置,防止射孔液沉淀而积累在起爆器处,不能引爆射孔枪。

(6) 起爆射孔枪时,井口加压到射孔起爆设计值后,立即泄压观察起爆情况,降低井底压力,保护射孔管柱。

(7) 为保证起爆的成功率,一般采用首尾起爆的点火方式。射孔井段较长时,应分段延时起爆,降低射孔对管柱和封隔器的冲击。

（五）射孔管柱设计

高压气井射孔完井管柱的主要特点是设置了井下安全阀,确保当地面出现安全问题时先从井下切断气源,进行关井,缓减了井口压力矛盾,为处理井口及地面油气失控创造了有利条件。对于射孔来说,起下管柱时要注意井下安全阀的通径和可能对安全阀造成的损伤;选用具有双向自锁功能的永久式完井封隔器,能够承受来自封隔器上下方的 70MPa 压差;为防止 CO_2 等腐蚀性气体及地层水对管柱的腐蚀,采用高抗腐材质的气密封油管。采用丢枪管柱,适用于高产井的完井作业。

三、工艺流程

以射孔—酸化—测试联作为例,介绍高压气井射孔工艺流程。

（一）井场准备

(1) 用合适的通井规刮壁通井。

(2) 洗井循环,封隔器坐封段、射孔井段套管不得留有水泥环。

(3) 全井筒试压 ≥ 30MPa,稳压 30min,压降 ≤ 2MPa 为合格。

(4) 施工现场电源稳定,动力设备灵活可靠。

(5) 放喷、防火措施要得到有效落实,确保施工安全。

（二）射孔作业前准备

(1) 严格按射孔通知单,准备射孔器材。

(2) 根据施工工艺要求,现场装配射孔器以及井下工具等。

（三）施工流程

(1) 下射孔作业管柱。

(2) 下油管,采用一次完井管柱时应对每根油管进行气密封检查。

(3) 电测校深,调整射孔管柱,要求准确计算管串深度,保证射孔枪位置正确。

(4) 摆好施工车辆,连接施工管线,按施工要求对地面管汇试压合格。

(5) 坐封封隔器。

(6) 环空加压验封。

(7) 在确认封隔器完全坐封后,射孔队长下达加压指令,从油管内加压起爆射孔枪,在确认射孔枪正常发射后,转入下一步施工程序。

(8) 如果施工井含 H_2S,现场施工人员应穿着标准劳保用品,井口施工人员必须佩戴空气呼吸机和 H_2S 报警检测仪。

第十四节　含硫化氢气井射孔

我国具有较丰富的天然气资源，其中部分为含硫化氢气藏，在四川的罗家寨、铁山坡、渡口河三个高含硫气田硫化氢含量均达到 11.5% 以上，普光气田硫化氢含量更是高达 18% 以上。

由于硫化氢是剧毒气体，当人吸入浓度超过 $1000mg/m^3$ 的硫化氢（相当天然气中含硫化氢 0.064%）时，在数秒钟内即可死亡；同时硫化氢化学活动性极大，对井下管材发生强烈的腐蚀作用形成"氢脆"，导致重大的安全事故，所以勘探开发含硫化氢气田的困难和风险很大。射孔是其中的重要一环，稍有不慎就有可能造成重大恶性事故，必须在设备、材料、技术、过程控制等方面严加防范。

一、射孔工艺、装备及器材选择

（一）射孔工艺选择

对于含硫化氢的天然气井射孔工艺，可参见本章第十三节，同时还应遵循以下原则：

(1) 满足气井投产（试气）或测试工艺方案的要求。

(2) 整个射孔过程中不得出现天然气泄漏。

(3) 一旦出现井口压力异常的情况，能够保证井控安全，可随时进行循环压井作业，井口具有应急关断设备。

(4) 射孔工艺可靠，成功率高，射孔作业时间短，尽量减少管柱或电缆起下次数。

(5) 井下射孔器材的防腐性能与工艺要求及射孔器材在井下停留时间相适应。

（二）抗硫化氢装备及器材选择

对含硫化氢井进行射孔，最容易受到硫化氢腐蚀的就是下井的射孔器串及配套工具，进行电缆输送过油管射孔时，电缆和下井仪器也浸泡在含硫化氢环境中，带压射孔或防止井喷作业，井口应安装三闸板电缆防喷器（BOP）和井口电缆防喷装置。

1. 抗硫射孔枪材质选择

2008—2009 年投入开发的普光高含硫气田都是在正压状态下射孔，射孔后射孔枪内和套管内都有大量硫化氢气体进入，这在后来的上提射孔管柱过程中得到了充分的验证。所以对于含硫化氢气井射孔应尽量选用抗硫材质的射孔枪，不应抱有侥幸心理。国内外有很多种材质的抗硫钢材，不同材质抗硫性能也不尽相同，有些比较接近，有的抗硫性能较差。所有的高抗硫钢材价格都昂贵，有的不适用于制作射孔枪管。所以在选取抗硫射孔材质时，应根据具体施工环境条件合理选择。

对于硫化氢分压较高、射孔枪在井下停留时间较长的井射孔，选材以抗硫碳钢、超级高铬钢、镍合金等为主，如 SSCC、HIC 敏感性低的 P110SS、L360S，Mo 含量大于 3% 的镍基合金等；对于硫化氢分压较低、射孔枪在井下停留时间较短、压井液 pH 值大于 9 的井正压射孔，选材的抗硫级别可以降低，如 TP110S 低碳铬钼钢、30Cr 等。

射孔枪管要承受巨大的爆轰波冲击力，对材质的要求比较苛刻，不但具有一定的抗硫性能，而且必须同时具有较高的机械强度和韧度，保证在井下不会被高压液柱压扁，射孔后射孔枪不被撕裂。所以对抗硫射孔枪要做抗硫性能实验、耐压实验、射孔模拟实验等相关检测后才能投入现场应用。

2. 防硫电缆

在硫化氢环境中测井，使用抗硫电缆是必需的，以防止电缆被腐蚀断裂落井。高抗硫电缆使用低碳钢丝制成，弹性差，外皮容易松散，每使用3~5口井就必须进行修复。

3. 下井仪器

下井仪器和配套工具等都必须使用抗硫材质加工，由于钢材使用量小，所以可选用抗硫性能高的镍基合金钢加工。

4. 井口电缆防喷装置

电缆防喷装置接触硫化氢的时间短，EE级就能满足要求，关键是系统的高压密封性能是否可靠，特别是在电缆运行情况下的动密封性能，是防止硫化氢泄漏的基本要求。

国内生产的EE级抗硫化氢电缆防喷装置主要件选用经过炉外精炼的优质抗硫合金钢材料，经整体锻造成型，并经特殊热处理后精加工制成，满足防硫酸性环境要求；各密封件选用优质防硫防酸橡胶材料，使整体密封性能和防硫防酸功能得以保证。

国外生产的HH级抗硫化氢电缆防喷装置、金属件选用718或825高抗硫材料，加工精度高，密封效果好。

二、施工程序及安全

含硫化氢气井射孔，其施工程序和常规气井射孔大致相同，但它在细节上注重防硫化氢泄漏、防硫化氢中毒和防器材腐蚀方面的内容。

（一）施工条件及要求

（1）所有进入现场的施工人员都必须接受过具有资质的培训机构组织的防硫化氢技术培训和井控技术培训，取得培训合格证书并在有效期内。

（2）在开始作业前，所有人员应参加由油公司或施工主体单位组织的安全会议，会议应特别强调使用正压式空气呼吸器、急救程序及应急反应程序。

（3）施工井场应有风向标，以及标示明显的第一集合点、第二集合点、逃生路线，应急广播系统处于良好状态。

（4）输送射孔器的管柱必须为抗硫管材，根据射孔器材在井下停留时间和施工环境选择射孔枪及配套器材如起爆装置、减震装置、转换接头、筛管等的抗硫性能。

（5）射孔前应洗井和顶替射孔液，射孔液应为碱性，pH值应不小于9，并加入除硫剂，且无沉淀物。

（6）现场配备足量高密度压井液。

（7）射孔车辆等辅助设备应尽量停放在上风方向，远离井口25m以外。

（8）在射孔施工过程中应对硫化氢进行监测，操作人员进入井场可能有硫化氢泄漏的区域，都应佩戴硫化氢监测仪。

（9）硫化氢监测仪的报警点设置在$10mg/m^3$，一旦报警，应进入紧急防护状态，按SY/T 6610—2005《含硫化氢油气井井下作业推荐作法》的相关内容执行。

（10）对已打开地层的井进行施工，施工现场应配备每人一套正压式空气呼吸器，呼吸器内充满空气，处于完好状态，放在主要工作人员能迅速而方便取得到的地方。

(二) 油管输送射孔特殊要求

(1) 射孔器引爆后,大排量循环压井液脱气,并测量循环出压井液中气体含量,无异常现象后,方可上提射孔管柱。

(2) 上提射孔管柱过程中,应随时补充压井液,保证足够的液面存在。作业队应指派专人监督井口槽面有无压井液外溢,如有溢流应立即报警。

(3) 上提射孔枪距井口1000m和500m时,分别下放管柱100m,循环井内液体,无异常现象后,方可上提射孔管柱。

(4) 在整个射孔枪拆卸过程中,井口用清水先冲洗射孔枪后再拆卸,将2台大功率防爆排风扇摆放在井口两侧,沿顺风方向排风,施工人员不应站在下风位置。

(5) 发现有害气体报警时,施工人员应迅速佩戴空气呼吸机,若井口发生溢流,在井口的射孔队员应配合作业队将射孔器下放到防喷器以下位置。

(6) 爆炸后的射孔枪在地面滚动,尽量流净其内的射孔液。

(7) 在地面射孔队和作业队共同检查射孔弹发射情况,向甲方现场监督汇报并经其确认,检查人员应佩戴硫化氢检测仪,检查射孔器两端时,应佩戴空气呼吸机。

(8) 在拆卸射孔器过程中,钻台、防喷器等周围的无关人员应离开。井口和地面施工人员都要佩戴硫化氢监测仪。

(9) 收枪过程应连续进行,施工人员换班休息。

三、应急预案编制

(一) 应急预案内容

在含硫油气井射孔作业前,应制定防硫化氢的应急预案,所有施工人员都应掌握预案的相关内容。应急预案的内容包括但不限于以下几点:

(1) 事故类型和危害程度分析;
(2) 应急处置基本原则;
(3) 组织机构及职责;
(4) 预防与预警;
(5) 信息报告程序;
(6) 应急处置;
(7) 应急物资与装备保障;
(8) 培训与演习。

(二) 应急响应

(1) 当硫化氢浓度达到15mg/m^{3}的阈限值时启动应急程序,现场应:

①立即通知队长,并发出硫化氢警报信号。

②施工人员停止工作,井口操作人员撤离井口,操作工程师关闭测井仪器及电源,绞车操作人员停车,熄火断开车辆总电源。

③非作业人员撤入安全区。

(2) 当硫化氢浓度达到20mg/m^{3}的安全临界浓度时,按应急程序应:

①所有现场作业人员立即佩戴空气呼吸器,不允许单独行动。

②队长巡回检查各岗位人员是否戴佩戴空气呼吸器。

③向上级报告。
④协助作业队实施管井程序（若需要射孔人员配合）。
⑤撤离现场的非应急人员。
⑥清点现场人员，通知救援机构。
⑦若发现有人中毒，立即抬至安全区，施行现场急救，同时与指定医院联系。

第十五节　连续油管输送射孔

连续油管是一种液压驱动的修井设备，主要由驱动导向系统（注入装置）、滚筒、操作间、动力源、液压控制系统和防喷系统等组成。从连续油管开始使用至今已有近50年的历史。连续油管最初被应用于修井作业。目前，连续油管已经在钻井、测井、和射孔等方面也得到了广泛的应用。

连续油管输送射孔主要应用于高压气井、大斜度井和水平井完井中的射孔。在射孔时，电缆输送射孔方法由于受到电缆自身性能的限制，特别是在长射孔段的大斜度井和水平井作业中，除井的斜度限制外，较大的射孔枪重量是常规电缆输送射孔方法所不能实现的。

一、基本原理

一般的连续油管输送射孔管柱，除连续油管设备外，还包括射孔器总成、压力延时点火头、循环接头和连续油管接头等，如图7-15-1所示。

连续油管作为输送射孔器至井下的载体，下井时，由注入头（装置）驱动将连续油管、转接头、循环加压接头、减震器、投球丢枪装置、压力起爆装置和射孔器等输送至井下。校深并调整连续油管深度后，连续油管内（或者环空）加压，引爆射孔器。一般的加压过程是低排量时处于循环状态，然后加大排量，使连续油管内压力升高，当该压力大于压力延时点火头剪切销的剪切力时，压力延时点火头动作使雷管起爆，经过延时后引爆射孔器。

典型的连续油管作业设备如图7-15-2所示。

二、技术特点

连续油管输送射孔的主要优点有：在套管井中，可进行负压射孔或者带压射孔作业；在生产井中，可进行过油管射孔；在高压气井中，可在下完生产管柱后射孔，安全可靠。连续油管输送射孔与电缆输送射孔相比，可在大斜度井和水平井中进行过油管射孔作业；输送能力比较强，一次下井可输送射孔器长达几百米；与油管输送射孔相比，节省时间；可在无井架（修井机）井场作业。

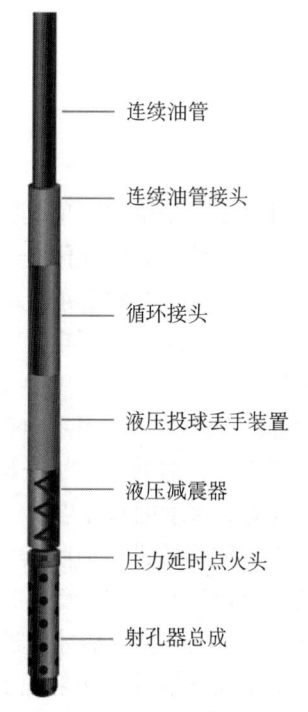

图7-15-1　连续油管输送射孔管柱结构示意图

连续油管的刚度和强度允许它承受比电缆更大的载荷和拉伸力，因此，其输送能力远远要大于电缆输送射孔，但比油管输送射孔要差一些。对于自喷井，选择连续油管输送射孔，可以在不压井的情况下进行射孔，但需要配备专用的井口带压拆枪装置和井口防喷设备。

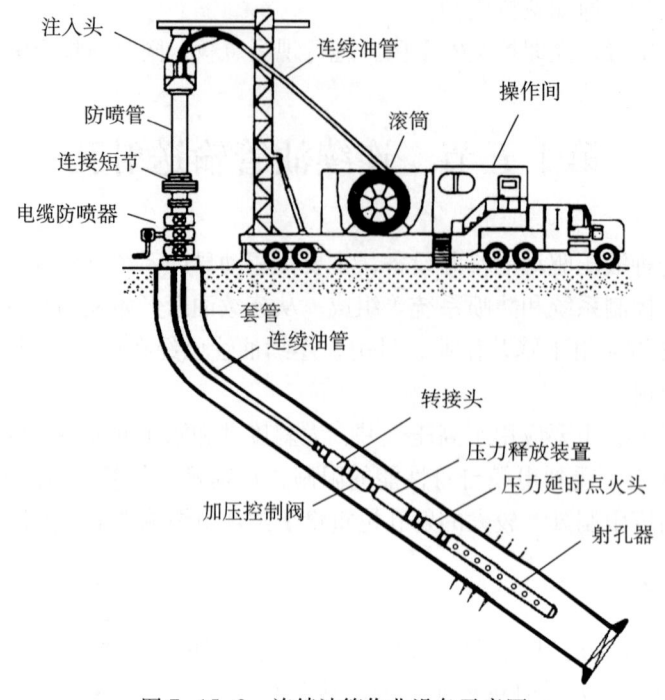

图 7-15-2　连续油管作业设备示意图

对于需要精确控制射孔深度的作业，使用装有集成电缆的连续油管可以连接套管接箍定位器、伽马仪器和射孔枪一起输送下井，校深后，地面通过电缆供电引爆射孔枪。

采用连续油管输送射孔时，校深方法一般有两种：一是采用人工井底的方法，即在井斜度不大的井中，先用电缆下一个桥塞至油层底部几米处，作为射孔深度的基准点。若井斜度比较大，而射孔深度要求不是很准确的前提下，可以直接采用人工井底的深度作为射孔深度基准点。二是采用内存式 CCL/GR 仪器进行射孔深度校正，此校深方法不能与射孔枪一起下井，需要单独下一趟井进行校深，根据深度校正量在连续油管上作记号，以此记号作为射孔深度的基准点。

连续油管输送能力除其本身的外径和壁厚外，还取决射孔枪的外径大小、长度和装弹数量（装药量）的多少等，因此，施工前应对射孔枪串重量和连续油管的抗冲击能力进行计算，符合安全要求后才能进行作业。

由于连续油管输送射孔主要应用于高压气井、大斜度井和水平井的射孔作业中，受到其自身尺寸的限制，而不能采用投棒机械起爆引爆射孔枪，起爆方式只能采用压力延时起爆、投球加压延时起爆和脉冲编码触发起爆等。若是带电缆的连续油管采用地面供电引爆射孔枪。射孔后，可根据要求进行射孔枪释放，同时也可以进行循环压井。

三、工艺流程

以某 $5\frac{1}{2}$in 套管井为例。

(一) 射孔器材和设备选择

(1) 射孔枪：外径 $3^3/_8$in，相位 60°，孔密 16 孔/m。

(2) 射孔弹：89 弹，装药量 25g，药型 HMX。

(3) 起爆装置：压力开孔延时起爆装置，延时时间 6min。

(4) 导爆索：80 HMX LS XHV。

(5) 传爆管：药型 HMX。

(6) 转接头。

(7) 液压纵向减震器。

(8) 释放装置：投球压力释放。

(9) 连续油管：$1^3/_4$in × 0.1098in × 16400ft。

(10) 循环接头。

(11) 连续油管接头。

(12) 连续油管防喷装置。

(13) 连续油管防喷管：长度大于 8m，内径大于 $4^1/_2$in，连接在三通下部与 2 羽 BOP 上部。

(14) 三通：通径大于 $4^1/_2$in，用于连接防喷管和 BOP，同时用于压井循环。

(15) 3 羽 BOP：工作压力 10000psi，连接在三通上部。

(16) 2 羽 BOP：工作压力 10000psi，连接在防喷管下部，转接头上部。

(17) 转接头：用于连接 2 羽 BOP 和井口头。

(18) 连续油管驱动装置。

(二) 连续油管输送能力计算

根据该连续油管（外径为 $1^3/_4$in，壁厚为 0.109in）最大输送载荷不得超过 6t 的要求。

(1) 射孔长度：50m，采用连续油管一次输送至射孔目的层射孔。

(2) 射孔枪内径：67mm，壁厚 9.5mm。

(3) 每支枪长为 6.1m，每米枪重 21kg。

(4) 每发射孔弹重 0.4kg。

(5) 接头重：6.5kg，每 6.1m 一个接头。

(6) 每米枪加接头重 = (6.1×21+6.5 + 16×0.4)/6.1=23.1kg/m。

(7) 50m 枪重 =23.1×50=1155kg。

(8) 点火头和减震器及其他工具的重量大约 200kg。

计算结果为射孔枪和工具串在空气中的重量，没有考虑完井液浮力及射孔枪上提或下放时摩擦力以及射孔后枪内进入液体的影响，射孔枪及工具串的总重量大约为 1.355t，采用外径为 $1^3/_4$in 的连续油管作为射孔枪的输送载体，没有超过连续油管的安全载荷能力。

注：在计算重量时，还应考虑连续油管下入的长度（重量）。

(三) 射孔冲击能量计算

采用连续油管输送射孔时，除计算其载荷外，还必须考虑连续油管射孔瞬间的冲击能量对连续油管的影响，目的是为了确定射孔枪枪长是否合理。

连续油管射孔冲击力计算方法步骤如图 7-15-3 所示。

在确定射孔枪外径、重量、长度和射孔弹装药量以及孔密等基础数据后，采用以下运算步骤。

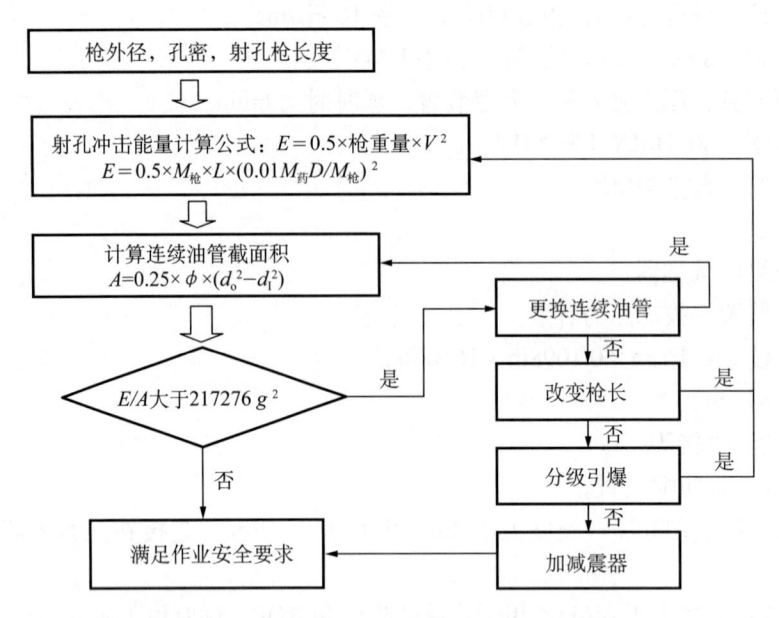

图 7-15-3 连续油管射孔冲击力计算方法框图

根据下式计算射孔管柱所受冲击力：

$$E=0.5 \times M_{枪} \times V^2$$

$$V=0.01 \times M_{药} \times D/M_{枪}$$

式中　E——冲击能量；
　　　V——射孔枪冲击速度；
　　　$M_{药}$——每米枪装药量；
　　　$M_{枪}$——每米枪重；
　　　D——爆速。

0.01：计算公式系数，与受冲击点和爆炸中心的距离有关

然后根据下式计算连续油管截面积，并计算 E/A 值：

$$A=0.25 \times \phi \times (d_o^2 - d_1^2)$$

式中　A——连续油管截面积；
　　　ϕ——孔隙度；
　　　d_o——连续油管外径；
　　　d_1——连续油管内径。

E/A 代表单位面积管柱所受冲击力，如果 E/A 值小于 $217276g^2$（g 为重力加速度）则连续油管满足强度要求，在当前射孔枪串长度下可以进行射孔作业。反之，如果 E/A 值大于 $217276g^2$ 则不满足强度要求，可采取以下方式解决：（1）更换强度更高的连续油管。此时冲击力不变，需重新计算连续油管截面积再次校核 E/A 值是否满足要求即可；（2）分段引爆射孔枪（或者改变一次下入射孔枪的长度），改变一次引爆射孔枪的长度。此时连续油管截面积不变，需重新计算冲击力再次校核 E/A 值是否满足要求即可；（3）在射孔管串中加装减震器，减少冲击能量对连续油管的影响，使其满足强度要求。该方法只有在基本满足安全要求的情况下采用。

由于50m射孔枪是采用连续油管一次输送至射孔目的层的。如果50m的射孔枪同时引爆，对连续油管产生极大的冲击能力比较大，将有可能损坏连续油管。因此对50m射孔枪一次下井的冲击力进行计算校核。

（四）作业前准备

(1) 连续油管动员前要对所有液压管线进行检查。
(2) 检查防冻液面是否在正常范围。
(3) 检查液压油液面是否在正常范围。
(4) 作业中有可能使用的手动工具是否齐全。
(5) 备件储备是否能满足作业要求。
(6) 油管滚筒、注入器、防喷器、动力源、液压管线箱检查。
(7) 控制房、工具房设备是否完好工具是否齐全。
(8) 排放连续油管设备和测井校深设备。
(9) 连接连续油管液压管线。
(10) 根据要求对井筒试压符合要求。

（五）射孔作业准备

(1) 按射孔通知单，准备射孔器材和装枪。
(2) 根据施工要求，现场装配射孔器材、火工品以及井下工具。
(3) 安装连续油管注入装置。
(4) 安装连续油管BOP和防喷管。
(5) 将循环管汇连接在连续油管绞车上。

（六）施工过程

(1) 若采用内存式CCL/GR仪器校深，在下入射孔枪之前，先下入连续油管与校深工具串，进行深度校正并在连续油管上做记号。
(2) 提出连续油管校深管柱。
(3) 对校深记录数据进行回放处理，计算连续油管调整量。
(4) 井口连接射孔枪，下入连续油管射孔管柱。
(5) 根据计算连续油管射孔调整量和记号位置，调整管柱使射孔枪对准射孔层。
(6) 井口连续油管内加压，先低排量加压，使液体处于循环状态。
(7) 然后加大排量，使连续油管内压力上升，继续加压（憋压）使压力满足起爆压力起爆装置要求，引爆射孔枪。
(8) 射孔后，循环压井，起出射孔管柱。
(9) 拆卸射孔枪及井下工具。
(10) 施工结束后，拆除施工设备和管线。
(11) 进入下一道作业工序。

若采用人工井底（先下桥塞）的方法进行深度校正，射孔管柱下至桥塞（遇阻）后，确定桥塞顶界至射孔层底的距离，根据该长度计算射孔管柱调整量。

第八章 工程作业技术

在钻井、修井和各种油气井作业工程中，由于某种特殊工艺要求，需进行桥塞封层、井壁取心、井下钻具解卡等特殊工艺施工。为了缩短施工周期，降低井下作业成本，利用射孔装备及射孔技术的特点，形成了爆炸松扣与切割、电缆输送桥塞、井壁取心等工艺技术，这类技术统称为工程作业技术。

第一节 爆炸松扣与切割

一、爆炸松扣

爆炸松扣是利用爆炸时产生冲击力，冲击丝扣部分，使原先紧固的丝扣变得松动。爆炸松扣用药一般都是使用能耐压耐温的聚氯乙烯封装的导爆索。

（一）爆炸松扣药量的选择

爆炸松扣应根据卡点深度不同、钻井液密度大小及钻具钢级差别而选用不同的药量。所用药量数据见表8-1-1。

（二）组装爆炸松扣器

根据所用药量选用爆炸杆，一般情况下导爆索缠绕长度大于1m。如果所用药量偏大，导爆索缠绕长度应大于1.5m。

导爆索在爆炸杆周围要均匀排放，先用白纱带绕顺，再用高压胶带扎紧，扎好的导爆索外径不得大于爆炸杆扶正器的外径。捆绑好的导爆索，顶端距离爆炸杆上接头0.3～0.5m为宜。

（三）爆炸松扣

（1）应用定位射孔取心的工作原理、进行定位爆炸松扣。当爆炸松扣器下至离卡点以上100m时，通知井队以卡点以上钻具重量的110%～115%作拉力提升钻具后，再扭转钻具3～3.5圈/km，然后射孔小队再下放电缆，测量对深曲线（钻具接箍曲线）测出卡点以下100m深度。

（2）校正深度。当测完钻具磁性接箍深度曲线后，用比例尺丈量每个接箍间距离与井队提供的管柱结构数据对照，选择标准接箍，确认松扣位置深度。

（3）依据爆炸松扣器的零长和已确定的标准接箍深度，调整爆炸松扣器深度，使爆炸松扣器对准松扣部位，引爆爆炸松扣器，观察松扣效果。

表 8-1-1　爆炸松扣—钻杆与炸药量关系

炸　药　量　(g)

钻杆规格 (mm)	钻井液密度 (g/cm³)	0～300m	300～600m	600～900m	900～1200m	1200～1500m	1500～1800m	1800～2100m	2100～2400m	2400～2750m	2750～3050m	3050～3350m
60.3	1.20	87	87	87	87	87	87	130	130	130	130	130
	1.68	87	87	87	87	130	130	130	130	130	175	175
	2.16	87	87	87	130	130	130	130	175	175	175	175
73	1.20	87	87	130	130	130	130	130	130	130	175	175
	1.68	87	87	130	130	130	130	175	175	175	175	175
	2.16	87	130	130	130	130	175	175	175	175	220	220
88.9	1.20	130	130	130	130	175	130	175	175	175	175	175
	1.68	130	130	130	130	175	175	175	220	175	220	220
	2.16	130	130	130	175	175	175	175	175	220	220	220
101.6	1.20	130	130	175	175	175	175	220	220	220	220	262
	1.68	130	130	175	175	175	175	175	175	175	220	262
	2.16	130	130	175	175	175	175	220	220	220	220	220
114.3	1.20	130	130	175	175	175	175	220	220	220	220	220
	1.68	130	130	175	175	175	220	175	175	220	262	262
	2.16	175	175	175	175	175	175	220	220	220	220	220
114.3 127 加重钻杆	1.20	175	175	175	175	175	220	220	220	220	220	220
	1.68	175	175	175	175	175	220	220	220	220	220	262
	2.16	175	175	175	175	220	220	220	262	262	262	262

续表

钻杆规格(mm)	钻井液密度(g/cm³)	炸药量 (g)										
		0~300m	300~600m	600~900m	900~1200m	1200~1500m	1500~1800m	1800~2100m	2100~2400m	2400~2750m	2750~3050m	3050~3350m
141.2	1.20	175	175	175	175	175	220	220	220	220	220	220
127加重钻杆	1.68	175	175	175	175	220	220	220	220	262	262	262
	2.16	175	175	175	175	220	220	220	262	262	262	300
101.6	1.20	175	175	175	175	175	175	175	220	220	220	220
	1.68	175	175	175	175	175	220	220	220	220	220	262
	2.16	175	175	175	175	220	220	220	262	262	262	300
127	1.20	220	220	220	220	262	262	262	262	262	300	300
	1.68	262	262	262	262	262	262	262	300	300	300	300
	2.16	262	262	262	262	300	300	300	350	350	350	350
152.4	1.20	300	300	300	300	350	350	350	350	350	350	350
	1.68	300	300	300	350	350	350	400	400	400	400	400
	2.16	300	300	350	400	400	400	400	400	400	400	400
177.8	1.20	400	400	400	400	400	400	400	437	437	437	437
	1.68	400	400	400	400	437	437	437	437	437	437	437
203.2	2.16	400	400	400	400	437	437	437	437	435	435	480
	1.68									480	480	480
	2.16											

续表

钻杆规格 (mm)	钻井液密度 (g/cm³)	炸药量 (g)										
		0~300m	300~600m	600~900m	900~1200m	1200~1500m	1500~1800m	1800~2100m	2100~2400m	2400~2750m	2750~3050m	3050~3350m
228.6	1.20	437	437	437	437	437	480	480	480	480	480	480
	1.68	437	437	437	437	480	480	480	525	525	525	525
	2.16	437	437	437	480	480	480	525	525	525	525	568
254	1.20	480	480	480	480	525	525	525	525	525	525	568
	1.68	480	480	480	525	525	525	525	568	568	568	568
	2.16	480	480	480	525	525	568	568	568	612	612	612
279.4	1.20	568	568	568	568	568	568	568	612	612	612	612
	1.68	568	568	568	568	568	568	612	612	612	612	612
	2.16	568	568	568	568	568	612	612	612	655	655	655
114.3	1.20	87	87	87	130	130	175	175	175	220	220	220
	1.68	87	87	87	130	130	220	220	220	220	220	262
	2.16	87	87	130	130	130	220	220	262	262	262	300
127~139.7	1.20	130	130	130	130	130	262	262	262	262	262	300
	1.68	130	130	130	130	175	262	262	262	262	300	300
	2.16	130	130	130	130	175	262	262	300	300	300	350
152.4~168.3	1.20	130	130	130	130	175	300	300	300	350	350	350
	1.68	130	130	130	175	175	300	300	300	350	350	350
	2.16	130	130	130	175	175	300	300	350	350	350	400
177.8~193.6	1.20	130	130	175	175	175	350	350	350	350	350	400
	1.68	130	175	175	175	175	350	350	400	400	400	400
	2.16	130	175	175	175	220	350	400	400	400	437	437

二、卡点的测量

（一）测卡仪

1. 用途

测卡仪是用来确定钻井或修井被卡管柱卡点位置的仪器，可确定卡点深度，为处理卡钻事故提供了方便。

2. 结构

测卡仪如图 8-1-1 所示，主要由以下部件组成：

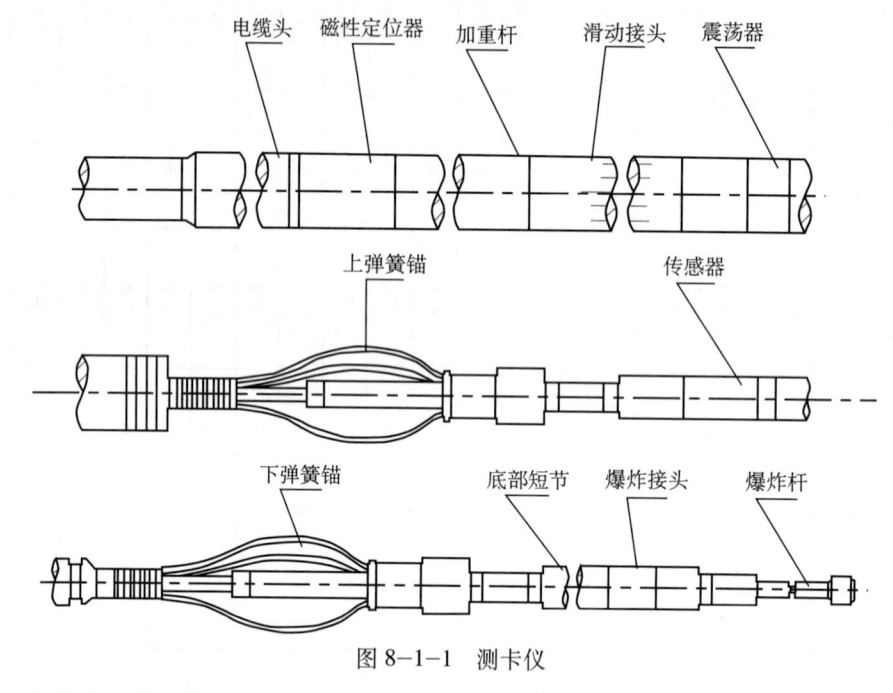

图 8-1-1　测卡仪

（1）电缆头：连接电缆和磁定位仪的部件，中间有导线与仪器连接形成一闭合电路。

（2）磁性定位器：与测卡仪配套使用的是小直径磁性定位器，接在电缆头的下面。

（3）加重杆：测卡仪的加重杆是空心的，中间有导线，可与仪器接通电路。每根加重杆长 2m，重约 16kg。测卡时通常接 3 根，最多不得超过 5 根。

（4）滑动接头：内腔是密封的，腔内有呈双层螺旋弹簧的导线。内层导线接壳体，外层导线接芯子，将滑动接头与磁定位及传感器连接后即接通电路。

（5）震荡器：该电器件接在滑动接头下部，中间有导线连通。当传感器线圈电感量发生变化时，震荡器频率也发生变化。

（6）弹簧锚：测卡仪有上、下两个弹簧锚，其中间距离是 1.32m。每个弹簧锚是由 4 组弹簧沿圆周均匀分布，每组有两片弹簧，且用螺钉固定在定位座上。用螺旋压簧来调节弹簧的外径，并用中心杆上的定位套与定位环来固定弹簧的外径尺寸。中心杆内有导线。在不同直径的钻具（管柱）内测卡时，应根据钻具（管柱）最小内径选择，使弹簧外径适当，以保证测试精度。

（7）传感器：传感器接在两个弹簧扶正器之间，当钻柱受拉或受扭时，传感器电阻值变化。

（8）底部短节：接在弹簧支撑体下面。

（9）爆炸接头：爆炸接头接在测卡仪的最下部，其下面是爆炸杆，爆炸杆上有导爆索。找准卡点后，通电引爆，可产生振动力。

3. 作用原理

依据不同材质的管材在弹性极限范围内受拉或受扭时，应变与应力（或力矩）成一定的线性关系的规律，被卡管柱在卡点以上的部分受力时，应变应符合上述关系，因此卡点以下部分，因为力（或力矩）传递不到而无应变，而卡点则位于无应变到有应变的显著变化部位，仪器能精确地测出 2.54×10^{-3}mm 的应变值（油、套管及钻杆在弹性极限内受力时，一般 1.32m 长的管柱最大应变可达到 0.762mm），二次仪表能准确地接收、放大，显示在仪表盘上，从而测出卡点。

4. 技术规范

测卡仪本体有 25mm 和 48mm 两种规格，更换弹簧卡座，改变弹簧外径尺寸，可以适应从 60～298mm 各种管内测卡。

5. 操作方法

1）调试地面仪表

先将调试装置与地面仪表连接好，再根据被卡管柱的规范，将调试装置上的拉伸应变表调到适当的读数后（应超过预施加给被卡管柱的最大提升力所产生的伸长应变），把地面仪表的读数调到 100，然后把指针拨转归零。同法调试地面仪的扭矩。这样才能保证测卡时既不损伤被卡管柱，又能准确测出正确的数据。

2）测卡操作

先用试提管柱等方法估计被卡管柱卡点的大致位置，进而确定卡点以上管柱的重量，并根据管柱的类型，规范确定上提管柱的附加力。

将测卡仪下到预计卡点以上某一位置，然后自上而下逐点分别测拉伸与扭矩应变，一般测 5～7 点即可找到卡点。测试时先测拉伸应变，再测扭转应变。

测拉伸应变：先松电缆使测卡仪滑动接头收缩一半，此时仪器处于自由状态。将表盘读数调整归零，再用确定的上提管柱拉力提管柱，观察仪表读数，并做好记录。

测扭转应变：根据管柱的规范确定应施加于被卡管柱旋转转数（经验数据是自由管柱每 300m 转 3/4 圈，一般管径大、壁厚的管柱转的圈数少些）。先松电缆，使测卡仪处于自由状态，然后将地面仪器调整归零，再按已确定的旋转转数缓慢平稳地转动管柱，观察每转一圈时地面仪表读数的变化，直至转完，记下读数值。然后控制管柱缓慢退回（倒转），观察仪表读数的变化，以了解井中情况。这样逐点测试，直到找准卡点为止。

6. 注意事项

（1）被测管柱的内壁一定要干净，不得有泥饼，硬蜡等，以免影响测试精度。

（2）测卡仪的弹簧外径必须合适，以保证仪器正常工作。

（3）所用加重杆的重量要适当，要求既能保证仪器顺利起下，又能保证仪器处于自由状况，以利于顺利测试。

（二）KCY 型卡点测量仪

1. 原理

以硬磁材料在弹性变化时能退磁的性质为依据进行测量卡点位置。KCY 型卡点测量仪器由地面仪器和井下仪器两部分组成，测量记录部分由射孔取心仪配套使用。地面仪器主要是控制调节激磁电压的大小，激磁电容充电放电两种工作状态的转换，充电电量大小等。井下仪器一种是由电工软铁做成的线圈架，用25号漆包线绕成10000匝，阻值400Ω，中间抽头7700匝，1、2为激磁线圈，1、3为测量线圈，如图8-1-2所示。

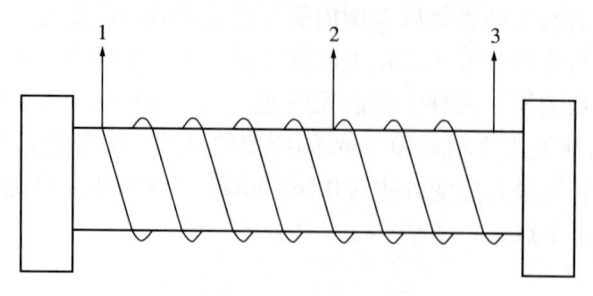

图8-1-2 线圈架示意图

另一种是激磁和测量分开，激磁部分是一组7700匝单独线圈，测量部分是由10000匝的线圈与一对磁钢组成，两部分组合在一起为一套测卡仪器，主要组成元件如图8-1-3所示。

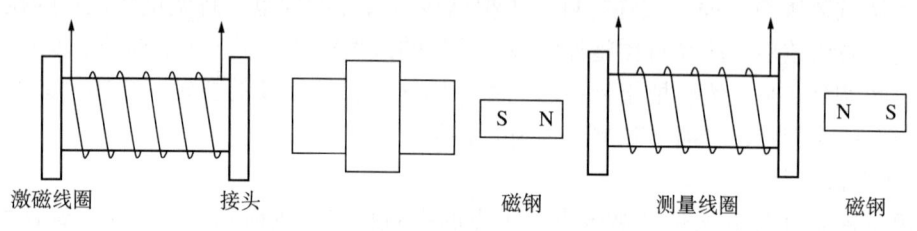

图8-1-3 测卡仪器主要元件示意图

这两种仪器结构是将线圈装在防磁不锈钢的外壳内，上下接头采用防磁不锈钢，加重短节中间是空芯孔，起保护导线的作用。

2. 仪器技术指标

1）地面仪器技术指标

使用温度：$-10 \sim 40$℃；

工作电压：220V、50Hz；

激磁电流：DC200～250mA；

激磁电压：DC90～390V；

变压器输出电压：65～300V。

2）井下仪器技术指标

外径50mm，总长2634mm，重量10kg；

仪器承受最高温度120℃，4h正常工作；

仪器承受最大压力50MPa；

仪器可在直径大于57mm管柱内进行工作。

三、爆炸切割

钻井或修井过程中，由于各种原因造成管柱卡井，常采用爆炸切割将管柱切断，达到解卡的目的。爆炸切割与常规机械式、水力式切割相比，具有工艺简单、成本低、周期短的特点，因而在生产中经常应用。

（一）切割弹

切割弹的聚能原理：各种不同直径的切割弹是一种中心对称的聚能装药，以中心起爆为圆心，以焦距为半径，在正圆的轨迹上得到最大的能量集中。

常见切割弹主要性能指标见表8-1-2。

表8-1-2　切割弹主要参数表

型　号	最大外径(mm)	适用套管或油管外径(mm)	装药量(g)	24h耐温(℃)
QG46	46	60	14	163
QG54	54	73	20	163
QG73	73	89	20	163
QG100	100	127	60	163
QG112	112	140	60	163

（二）切割弹的选择

根据套管或油管的规格选择相应的切割弹。

（三）现场施工

切割套管常用油管输送，用 ϕ30mm、长1500mm的锥形投棒进行起爆。切割油管常用电缆输送，将切割弹与加重杆牢固连接后接在电缆底部，用电缆将切割弹送入预定位置，地面仪器点火引爆。使用时切割弹引发部位应洁净无异物。

第二节　电缆桥塞

一、电缆桥塞的分类

桥塞的作用是油气井封层、封井，它具有施工工序少、周期短、卡封位置准确的特点，分为永久式电缆桥塞和可取式电缆桥塞两种。

（一）永久式电缆桥塞

永久式电缆桥塞于20世纪80年代初期研制成功，一经问世就在油气井封层方面得到了广泛应用，基本上取代了以前打水泥塞封层的工艺技术，成为试油井封堵已试层，进行上返试油的主要封层工艺。

目前在中浅层试油施工中出现的干层、水层、气层及异常高压层等特殊层位，为方便后续试油，封堵废弃层位，通常采用该类桥塞进行封层，同时对于部分试油结束井也采用永久式桥塞封井。此外，该桥塞也用于深层气井的已试层封堵，为上返测试、压裂改造等工艺技术的成功实施提供保障。常用永久式电缆桥塞性能参数见表8-2-1。

表 8-2-1 常用永久式电缆桥塞参数表

序号	适用套管尺寸 (mm)	桥塞外径 (mm)	释放环强度 (kg)	序号	适用套管尺寸 (mm)	桥塞外径 (mm)	释放环强度 (kg)
1	60.33	43.43	5896.80	15	152.40	135.64	24948
2	73.03	53.34		16	171.45		
3	73.03	54.86		17	184.15		
4	88.90	69.85	11340	18	171.45	142.50	
5	101.60	79.25		19	184.15		
6	114.30	88.90	13608	20	196.85	154.69	
7	114.30	94.23		21	219.08	176.78	
8	127.00						
9	139.70	107.70		22	244.48	195.83	
10	146.05						
11	152.40	120.65	15876	23	273.05	221.23	
12	171.45						
13	273.00	241.30	24948	24	339.72	293.62	
14	298.45			25	339.72	304.80	

1. 工作原理

永久式电缆桥塞原理是利用坐封工具（电缆或油管传输液压）产生的推力作用于上卡瓦，拉力作用于释放栓，通过上下锥体对密封胶筒施以上压下拉两个力。在一定拉力范围内，桥塞上下卡瓦破裂并镶嵌在套管内壁上，胶筒膨胀并密封完成坐封。当拉力持续上升达到一定值时，释放栓被拉断，坐封工具与桥塞脱离，此过程完成丢手。永久式电缆桥塞结构示意如图 8-2-1 所示。

图 8-2-1 永久式电缆桥塞结构示意图

2. 特点

(1) 结构简单，下放速度快，适用于各种规格的套管。

(2) 整体式卡瓦结构，可避免中途坐封。

(3)采用双卡瓦结构,齿向相反,实现桥塞的双向锁定,从而保持坐封负荷,压力变化亦可保证密封良好。

(4)施工工序少、周期短、卡封位置准确,特别是封堵段较深、夹层很薄时更具有明显的优越性。

(二)可取式电缆桥塞

可取式电缆桥塞是随着永久式桥塞的出现而产生的,形成于20世纪80年代,作为一种油田用井下封堵工具,在油田勘探和开发中广泛用于对油水井分层压裂、分层酸化、分层试油施工时封堵下部井段。它较好地解决了坐封、打捞、解封操作复杂,使用成功率低的问题。功能上可以部分替代丢手+封隔器、永久式电缆桥塞和注灰封堵,是一种安全可靠、成本低廉、功能齐全的井下封堵工具。

目前在中浅层试油施工中,对于封隔异常高压、高产、跨距大或者斜井等特殊层位,实现上返试油,双封封隔器施工的成功率较低,为方便后续试油,提高试油一次成功率,通常采用该类桥塞进行封层。常用可取式电缆桥塞性能参数见表8-2-2。

表8-2-2 常用可取式电缆桥塞参数表

序号	套管外径(mm)	坐标范围(mm) 最小内径	坐标范围(mm) 最大内径	桥塞外径(mm)
1	60.33	45.21	52.68	44.45
2	73.03	59.43	64.13	56.39
3	88.90	72.82	82.75	69.85
4	88.90	64.72	70.20	61.72
5	101.60	84.84	94.80	79.76
6	114.30	97.18	103.89	91.19
7	127.00	105.51	115.82	99.82
8	139.70	116.33	128.11	109.47
9	146.05	124.20	134.37	119.38
10	171.45	142.11	155.83	136.40
11	184.15	152.40	166.07	144.27
12	196.85	168.27	180.98	160.27
13	219.08	185.67	205.67	180.85
14	244.48	214.25	230.20	206.25
15	273.05	245.36	258.88	239.52
16	339.72	237.60	283.21	264.92

1. 工作原理

可取式电缆桥塞下井时通过释放螺栓与坐封工具连结,利用电缆将其输送到井筒预定位置后,通过地面点火引爆实现桥塞坐封和丢手,既安全又可靠。打捞时只需下放打捞工具,打开该桥塞上的中心管锁紧机构再上管柱即可实现解封。可取式电缆桥塞结构示意如图8-2-2所示。

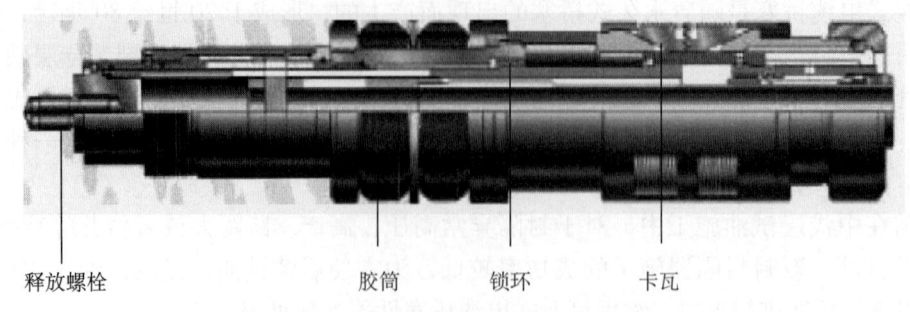

图8-2-2 可取式电缆桥塞结构示意图

2. 特点

(1) 桥塞坐封力由张力棒控制,保证坐封安全可靠。
(2) 能可靠地坐封在任何级别的套管内,可在斜井中安全使用,不易遇阻遇卡。
(3) 锁紧装置保护坐封负荷,保证压力变化下仍可靠密封。
(4) 双道密封胶筒能可靠密封。
(5) 打捞头和平衡阀相配套容易解封。

二、电缆桥塞坐封工具

(一) 地面泄压式电缆桥塞坐封工具

1. 结构

电缆桥塞坐封工具是坐封桥塞的专用机械装置,它由四部分组成。

第一部分为点火装置,包括打捞帽、点火接头、点火头,点火头内有点火导电棒、点火触针及绝缘件组成。

第二部分为动力装置,主要构成机件是燃烧室,燃烧室内可存放主体燃烧火药。

第三部分为动力传导装置,主要构成机件有上下活塞筒、中间接头、上活塞、下活塞及活塞杆。

第四部分为坐封装置,包括内连接筒、外连接筒、中间套筒、张力套筒及传力板和套环。调整接头及张力心轴为坐封工具与桥塞连接的专用机件。

2. 工作原理

用110～270V交直流电源,点燃坐封工具内的动力火药,火药瞬间燃烧产生80～100MPa气体压力,气体对活塞筒内的上活塞产生压力,使上活塞沿活塞筒向下运动,产生450kN的推力,推动上活塞内的液压油通过中间接头喷孔喷入下活塞筒的活塞顶部,从而又推动下活塞及活塞连杆顺下活塞筒向下运动,活塞杆向下推动传力板至坐封工具的外连接筒,经中间套筒、张力套筒压迫电缆桥塞支撑环(锁环),使桥塞坐封。在外连接筒及中间套筒、张力套筒向下作推动动作时,由于内连接筒调整接头及张力心轴直接与桥塞相连，因此桥塞相对地向上运动，当达到一定拉力时，桥塞上的胶筒受压缩，外径涨大，紧贴在套管内壁上，同时桥塞的上下卡瓦也紧卡在套管壁上，当拉力继续增加时脱断螺栓被拉断，坐封工具与桥塞分离，桥塞坐封在预定位置上。常用地面泄压电缆桥塞坐封工具性能参数见表8-2-3。

表8-2-3 常用地面泄压电缆桥塞坐封工具性能参数表

型号	抗外压强度（MPa）	最大坐封力（kN）	耐温（℃）	最大外径（cm）	长度（cm）
Ⅰ	186	44.5	204.5	4.4	207.9
Ⅱ	103	155.7	204.5	7.0	183.4
Ⅲ	103	244.7	204.5	9.7	212.3

（二）井下泄压式电缆桥塞坐封工具

1. 结构

电缆桥塞坐封工具是坐封桥塞的专用机械装置，它由点火装置、动力装置、动力传导装置、坐封装置四部分组成。

2. 工作原理

井下泄压式坐封工具的工作原理和地面泄压式坐封工具的工作原理基本相同。当火药点燃后，生成的高压气体顺上缸体导管向下运动，使上活塞沿上缸体内向上运动，从而牵动与上活塞连接的下活塞和活塞杆，使桥塞脱断螺栓受力，上缸筒随之剪切固定螺钉，向下运动压迫桥塞，达到坐封的目的。

井下泄压式与地面泄压式坐封工具不同的是，井下泄压式坐封工具可以自动排掉剩余气体。当上活塞向上运动超过排压孔尼龙塞时，由于坐封工具体内的压力大于井内液注压力，将尼龙塞顶掉，高压气体随之排出。

（三）注灰筒

当电缆桥塞坐封以后，在桥塞顶部倒上一定厚度的水泥，加强电缆桥塞的封堵强度，投送水泥的工具称为注灰筒。除常用的撞击式注灰筒、爆炸式注灰筒外，还有其他类型的注灰筒，但是它们结构和原理都大同小异。本书以撞击式注灰筒为例介绍注灰筒工作原理。

1. 结构

撞击式注灰筒包括玻璃盘、滑套、弹簧、压帽等。

2. 工作原理

在注灰筒内装入调配好的水泥浆后，通过电缆将灌满水泥的撞击式注灰筒缓慢下放到桥塞上面，遇阻后将注灰筒上提至桥塞以上一段距离，快速下放注灰筒，撞击前段压帽，滑套上移撞击玻璃盘，玻璃盘碎裂，水泥从筒体流出浇灌在桥塞上面，完成注灰施工。

三、施工流程

（一）施工准备

1. 井场准备

（1）井场应无障碍物，能够摆放施工车辆。

（2）井场应有完好的作业机及井架、游动滑车垂直对准井眼中心。

(3) 作业井应事先用标准的通井规和刮削器通井，通井深度应深于桥塞坐封深度20m以深，进行洗井，做到井内通畅无阻。

2. 射孔队准备

(1) 出发前小队要借取通知单等施工资料，领取桥塞封堵设备器材。
(2) 到井后与作业队核对通知单数据。
(3) 射孔队向作业队了解设备状况，井身及井下情况。

(二) 施工步骤

(1) 首先下入打捞筒，观察电缆深度及电缆张力变化，防止电缆打结。
(2) 下放打捞筒时电缆下放速度不得超过 3000m/h，上提时不得超过 6000m/h。
(3) 如果打捞筒捞出脏物，必须重新洗井。
(4) 桥塞坐封工具装填火药，装配点火装置前必须关闭井场电源。
(5) 连接桥塞与坐封工具。
(6) 专人指挥起吊电缆，下至井口处，转数表对零。
(7) 仪器调校与操作按相关规定执行。
(8) 电缆下放或上提的速度要求：在坐封工具距井口深度 300m 内不得超过 2000m/h；距井口 300m 以外不得超过 3000m/h。
(9) 测量套管接箍，准确调整桥塞坐封位置，桥塞坐封位置避开套管接箍位置 40cm。
(10) 点火时观察电流表和电缆张力变化，判断火药是否被点燃。
(11) 点火 5min 后测量桥塞坐封位置的遇阻曲线，并在电缆上做注灰记号，然后将坐封工具起出井口。
(12) 桥塞坐封后进行试压。
(13) 注灰：将组装好并灌满水泥的注灰筒与电缆头连接好，下入井内。
(14) 下放注灰筒时电缆下放速度控制在 3000m/h 以下，当注灰筒下到离桥塞坐封位置以上 50m 左右，电缆下速控制在 7000m/h 左右冲击注灰。
(15) 电缆上的注灰记号过下深度参考点后，上提电缆，提速控制在 1500m/h 左右测量遇阻曲线。当遇阻曲线测量完后恢复正常起速。
(16) 注灰筒起出井口，检查水泥浆是否倒净。

(三) 注意事项

(1) 火药未点燃，电缆上提速度不准大于 1000m/h，中途不准换挡直至起到井口。在切断井场电源后，将坐封工具和桥塞起到地面，轻抬轻放进行检查。
(2) 发现电缆打结，不准坐封桥塞。
(3) 发现井下遇阻，不准继续施工。
(4) 桥塞坐封后试压不合格，不准注灰。
(5) 注灰筒下入井内，超过 1.5h，不准将水泥浆倒出，必须起出井口检查。
(6) 如果一次注灰不能达到设计数量，须在 24h 以后进行下一次注灰。
(7) 暴风及雷雨天气应暂停施工。
(8) 现场施工前要检查仪器绞车、井架对地漏电情况，其漏电电流应小于 500μA；
(9) 连接桥塞坐封工具前，操作员要切断仪器电源。井口工须先将缆芯对地放电，然后接通点火电路。

第三节 封窜射孔

封窜射孔是指采用特制的射孔器对准待封窜井的窜槽夹层段射孔,目的是使射开的孔道与窜槽缝隙连通,为后续的挤水泥封窜作业做好准备。

为提高封窜效果,对射孔有如下要求:一是低穿深,将套管与水泥环射穿即可;二是高孔密,在射孔厚度一定时,射孔孔眼就越多,射孔孔眼与窜槽缝隙连通的概率就越大;三是多相位布孔,所射孔眼尽量均匀地分布在360°圆周范围内,提高窜槽缝隙与射孔孔道之间连通的概率;四是射孔孔径合适,便于挤水泥作业。为降低射孔对套管强度的影响,应合理分布射孔孔眼,使相邻射孔孔眼的距离尽量大。

一、封窜冲孔器布孔方案设计方法

(一)射孔器孔密的确定

在射孔弹装配条件允许的前提下,应该优先选择高密度布孔方式。

(二)射孔器相位数的确定

射孔器的相位数与相位角的关系如下:

$$n \times \theta = k \times 360° \tag{8-3-1}$$

式中　n——相位数;
　　　θ——相位角,°;
　　　k——自然数。

在 θ 为整数的条件下,经过计算所得到的相位数见表8-3-1。

表8-3-1　相位角为整数值时的相位数

序号	1	2	3	4	5	6	7	8	9	10	11	12	13	14	15	16	17	18	…
相位角(°)	360	180	120 240	90 270	72 144 …	60 360 …	45 135 …	40 80 …	36 108 …	30 150 …	24 48 …	20 100 …	18 54 …	15 75 …	12 84 …	10 50 …	9 27 …	8 16 …	…
相位数	1	2	3	4	5	6	8	9	10	12	15	18	20	24	30	36	40	45	…

在窜槽井中,窜槽缝隙的方位通常是不确定的。在这种情况下,射孔器的相位数越多,射孔孔眼的方位就越多,套管上被射开的孔眼纵向投影相邻弹孔距离越小,射孔通道与层间窜槽缝隙连通的概率越大。

(三)最小射孔孔眼距离的计算

使用同一种射孔弹射孔,高孔密、多相位射孔器射孔对套管的伤害要比常规射孔器射孔对套管的伤害要大得多。而射孔孔眼间距是影响套管强度的重要因素之一,为此,要更加合理地分布孔眼,尽量增大相近射孔孔眼的距离,最大限度地保护套管。在小相位角布孔时,距离最近的射孔孔眼为相邻的射孔孔眼,即第 n 发弹和第 $n+1$ 发弹(n 为自然数),其分布示意图如图8-3-1所示。

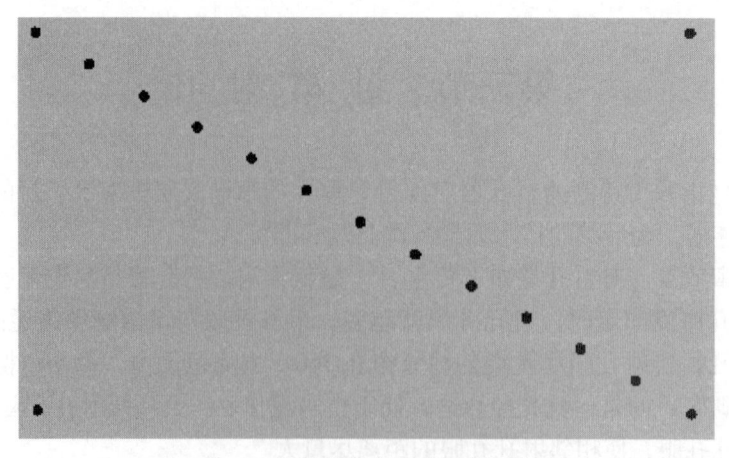

图 8-3-1 小相位角布孔孔眼分布示意图

此时相邻孔距离公式：

$$L=\sqrt{\left(\frac{1000}{m}\right)^2+\left(\frac{\theta'}{360}\times D\pi\right)^2} \quad (8-3-2)$$

$$\theta'=\begin{cases}\theta, & (\theta\leqslant 180)\\ 360-\theta, & (\theta>180)\end{cases}$$

式中　m——孔密，孔/m；
　　　θ'——相位角，°；
　　　D——套管直径，mm。

在大相位角布孔时，计算距离最近的射孔孔眼比较复杂，需要计算任意射孔孔眼的距离然后从中取最小值。其分布示意图如图 8-3-2 所示。

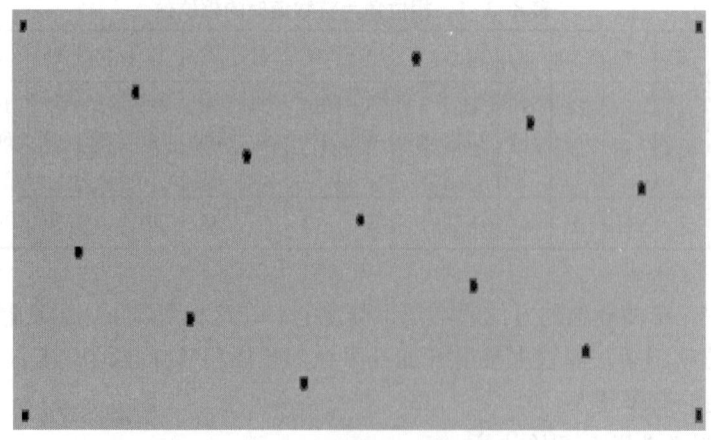

图 8-3-2　大相位角布孔孔眼分布示意图

此时任意孔距离公式：

$$L_{k_1,k_2}=\sqrt{\frac{1000}{m}\times(k_2-k_1)^2+\left(\frac{\theta'}{360}\times D\pi\right)^2} \quad (8-3-3)$$

式中　k_1，k_2——自然数；

L_{k_1,k_2}——第 k_1 发弹孔眼与第 k_2 发弹孔眼的距离。

（四）最佳相位角的选择

在相位数 n 一定的条件下，对应着多个相位角（θ_1，θ_2，…）。不同的相位角影响套管上射孔孔眼分布的均匀性和射孔孔眼距离。因此，要根据式（8—3—3）计算不同相位角（θ_1，θ_2，…）条件下，各射孔孔眼间的最小距离。然后计算最佳孔眼距离，其所对应的相位角即为最佳相位角。

二、射孔器的选择

（一）射孔弹

选择射孔弹时，应兼顾封窜对射孔穿深、孔径要求，同时该射孔弹外形尺寸适合于高孔密、多相位布孔。

（二）射孔枪

射孔枪的选择主要考虑两个因素：射孔弹装配要求、适合套管井。一般常用射孔枪的直径多为 89mm、102mm、127mm。为方便高孔密、多相位布孔，应优选大直径的射孔枪。

第四节 井 壁 取 心

井壁取心就是指在井壁上指定的位置取出地层岩心的方法。井壁取心所获得的岩心是一种直观的地质资料。通过它可以看出地层的本来面貌，证实通过测试曲线反映的岩性、导电性、含油性等关系。因此在石油钻井勘探中，井壁取心是一项必不可少的资料录取工作。井壁取心按照施工原理可分为撞击式井壁取心和钻进式井壁取心两种。

一、撞击式井壁取心

撞击式井壁取心依靠火药燃烧产生的力量使岩心筒射入地层，随着电缆的提升，将连接在岩心筒座上的钢丝绳拉动，由地层中拉出岩心并带回到地面。

（一）撞击式井壁取心器结构

撞击式井壁取心器主要有两个部分组成：

(1) 地面控制仪部分：负责显示并控制井下施工情况。

(2) 井下施工部分：主要包括取心电极（或取心伽马）、选发器及取心枪，主要完成井下取心过程。

1. 地面控制仪

目前常用的地面控制仪有电子选发器地面控制仪和电磁式选发器地面控制仪。

1) 电子选发器地面控制仪

电子选发器地面控制仪的显示功能有以下三方面：

(1) 换挡时记数不断变化，指示从一挡到另一挡所用时间。

(2) 当换挡结束时，它指示选发器所处的位置，即准备取心的颗数，此时记数保持不变。

（3）换挡过程中，监控记数反映的是时间，记数可以用来判断井下是否滑点。控制仪具有防止选发针与圆点接触不良而造成滑点、过点而引起误记数、错取层位等功能，采取单片机选发器参数自动测量控制，当发生滑点、过点时，电路驱动报警，提醒操作员给以校正，并指出当前正确挡位。

2）电磁式选发起地面控制仪

电磁式选发器地面控制仪的显示功能有工作指示显示，换挡电流显示，计数显示。

工作指示显示：

（1）可判断点火缆芯通断和绝缘好坏。

（2）可判断药接触与绝缘的好坏。

（3）显示零挡位指示。

（4）点火时显示点火电流大小。

（5）发射前后电流的变化可判断井下岩心筒发射情况。

换挡电流显示：通过换挡电压调节观察换挡电流显示，使换挡电流符合工作条件。

计数显示：能够显示发射颗数，方便施工。

2．井下施工部分

1）取心电极

（1）电极系。

普通电阻率测井电极系，共有四个电极，其中两个是供电电极，用 A、B 表示，两个测量电极，以 M、N 表示。三个井下电极，一个地面电极。在井下的三个电极中有两个电极在同一线路中（供电线路或测量线路），叫做成对电极（或同名电极）。另外一个电极和地面电极叫不成对电极（或单电极）。

（2）电极系的分类。

根据电极间的相对位置的不同可以分为：

①梯度电极系：成对电极间的距离小于不成对电极到和它相邻电极的距离。

②电位电极系：成对电极间的距离大于不成对电极到和它相邻电极的距离。

（3）电极系的记录点和电极距。

对于梯度电极系，记录点在成对电极的中点，测量的视电阻率曲线的极大值和极小值正好对应地层的顶底界面。记录点一般用符号"O"表示，由不成对电极到记录点"O"的距离叫电极距，以"L"表示。

对于电位电极系，记录点在两个相近电极 A、M 的中点时，记录的视电阻率曲线正好与相应的底层中心对称，单电极到最近一个成对电极之间的距离叫电位电极系的电极距。

（4）电极系数的计算公式。

电极系数用字母 K 表示，单位为 m。

对于双极供电电极系：$K = 4\pi \overline{AM} \cdot \overline{BM} / \overline{AB}$。

对于单电极供电电极系：$K = 4\pi \overline{AM} \cdot \overline{AN} / \overline{MN}$。

2）取心枪

枪身主体有 36 个药室，相邻两药室之间距为 55mm，左右两侧有两道埋线槽，用做 36 根点火引线的通道。药室底面中心部位装有点火部件，具有较高密封绝缘性能与抗冲击力、耐压性能，取心枪主要结构示意如图 8-4-1 所示。

图 8-4-1 撞击式井壁取心器取心枪结构示意图

3）选发器

选发器是取心器的关键部件，它具有转换挡位作用，由直流电机、选发盘、选发针等组成。

目前常用的选发器有两种：电子选发器和电磁选发器。

电子选发器结构、技术参数及特点：

电子选发器由直流电机、选发盘、选发针组成。

（1）采用选发器与地面控制线路配合，具有自动控制挡位及数字显示功能，实现了地面控制仪挡位显示直接受选发器控制，从而保证挡位和数字同步一致，使换挡性能可靠。

（2）应用低压点火技术，使得在取心工作中降低了取心工艺对电缆与取心电路系统的绝缘要求，提高取心器工作效率。

电子选发器的特点：

（1）换挡迅速、可靠。

（2）下井前检测方法简单，操作简便。

（3）地面和井下均可进行药包接触检测。

（4）可监测点火回路电流并作为点火指示。

（5）在深井环境可靠工作。

（6）地面、井下均可找零挡。

电磁选发器特点：

（1）换挡：选发器以电磁铁做动力吸动衔铁使其上下运动，衔铁杆中部安装楔形拨叉，电磁铁通电时，衔铁杆向上运动同时拨叉沿上下齿圈构成的导向槽滑动，使衔铁杆转过 720°/37，当电磁铁释放时衔铁下落回到初始位置，此过程使衔铁杆又转过 720°/37。衔铁上下一次选发器换一挡。如此操作 36 次，衔铁杆旋转一周，完成 36 次换挡。

（2）选发器点火通路：选发器点火线连接在弹簧座上（铁心），经回位弹簧与衔接铁杆相连，选发器吸合时衔铁杆下部的活动触点与连接 36 个引火螺丝的固定触点接触，接通点火线与药盆的电气通路。

（3）选发器零挡：选发器第 37 挡是用于找零挡操作的挡位该挡位触点对地串接 3.5kΩ 电阻，以区别其他挡位。

（二）撞击式井壁取心工艺

1. 准备

（1）井壁取心施工应由地质部门下达井壁取心通知书，通知书上注明井号、井队、井深、钻头尺寸、表层套管尺寸与下深位置、钻井液性能、取心层位；井壁取心电极曲线跟踪图，在图上绘出 1：200 的深度比例 0.4m 电位电极曲线（或 2.5m 底部梯度电极曲线）

和自然电位曲线,并在曲线上明确标出取心深度位置与颗数。取心队根据井身结构与录井岩性物性特征、井斜数据、钻井液性能等工程情况,确定岩心筒孔径尺寸、钢丝绳长度、药盒的耐温指标与数量,做好施工前准备工作。

(2) 施工井场应具备电压 220V、频率 50Hz 的交流电源及照明设备、井口应有提升设备。按 SY/T 5326—2002《撞击式井壁取心技术规程》要求,射孔队施工要选择装炮区安全位置,仪器绞车对正井口,井口安装天地滑轮。

2. 施工

1) 下井仪器连接

(1) 下井仪器各部连接前,应检查缆芯、电极、马笼头各部线路通断与绝缘性能(20MΩ)后方可连接下井。

(2) 根据曲线要求,确定下井电极系。

(3) 确定下井电极与取心器零长计算:

① 0.4m 电位电极系:从记录点到取心器第一颗药室中心距离为第一颗零长。

② 2.5m 底部梯度电极系:从记录点到取心器第一颗药室中心距离为第一颗零长。

③ 自然电位电极:使用某一电极环到取心器第一颗药室中心距离为第一颗零长。

注:取心器每换一挡,应相应减去相邻两药室间距为每次取心零长。

2) 装备取心器。

(1) 对取心器药室、引火螺丝、弹道进行除锈、清洁。用万用表检测取心器点火、换挡两引线是否正确,确定选发器是否在第一挡位。

(2) 将岩心筒、岩心座、钢丝绳上满扣,装配好,带上密封圈,依次装进枪体,用卡销将钢丝绳头卡封。

(3) 用万用表 Ω×1 挡检查药盒点火桥丝阻值,将合格的药盒根据自下而上取心的规律,根据取心深度、钻井液密度、地层岩性确定每个药室装药量,药盒装入药室时,确保火、地线接触良好,保证点火正常。

(4) 用螺丝刀将岩心筒座依次装入药室,盘好钢丝绳,放入枪体两边槽沟内,用螺丝刀按顺序将密封顶丝拧紧、密封。

(5) 连接马笼头、电极下井。

3) 地面仪器检查调校

(1) 仪器绞车到井场就位后,操作员将绕线盘上 1 芯线、2 芯线接在井口马达上,绞车 1、2 芯线、7 芯线接绞车面板上,接好仪器车地线,将地面电极放入钻井液池内。

(2) 按射孔取心仪操作与调校规程中检查仪器绝缘部分,逐项检查合格后,方可接通仪器总电源。

(3) 进行射孔取心仪各面板的调校工作,调校中,下井电流校验好后,应同挡位校验同挡位测量规定,原挡位不变,待仪器下井后,使用原挡位测量。

(4) 仪器调校完毕,输入取心参数后各开关置安全位置后,准备下井测量。

4) 取心枪下井

当取心器到达井口上方后,井口工打出停车手势示意绞车工停车。井口工将取心器下入井下,并将电缆零点在井口对零。取心器下入井内 10m 后,绞车工刹住绞车,停止下放电缆。

5）校验取心设备

将控制箱的电源线与 220V 电源联接，将换挡电压选择开关放在 90V 挡位上，打开电源开关，数码管显示数字，将其清零。选发器找零，用手连续按动手动找零按钮，选发器依次连续上下跳动，计数器依次记数，当选发器跳到第 36 位（零挡）时，换挡电流表指示为 500mA 时，此挡为就是零挡，将记数器清零并关闭电源。

6）下放取心枪

校验完毕后，继续下放取心器，取心器下速不大于 3000m/h，下电缆时打开地面仪器观察信号，发现遇阻及时停车。

7）电极曲线测量

电极曲线深度比例为 1：200，横向比例为 2Ω/cm。每套取心器在取心前先测一段连续的 0.45m 底部梯度电极曲线，其长度不少于一套取心器所取岩心井段的长度，若有 50m 以上的大夹层可测到夹层底部，实测曲线应与测井曲线形态相符，曲线测速不大于 1500m/h，取心后上提速度不大于 3000m/h。每套取心器首颗取心和累计上提值大于 16m 时，重测一次 0.45m 电阻率曲线，对照测井原图，把编辑尺对准在屏幕上需取心位置，进行编辑，重新校准深度。

8）定位点火

跟踪深度和曲线，到达取心深度停车，由专人发点火命令，拨动取心换挡键，选发器直接换挡到第一颗药室，按动点火装置，发射出第一个岩心筒，发射后检测控制箱上的药包阻值是否有明显变化，判断是否发射，如确定没有发射再将下一颗打在原位置，确定发射后，拨动取心换挡键，准备第二颗取心。点火后通知绞车工上提取心器，拽出第一颗岩心。以下按地质设计标号从深到浅依次点火取心，取完 35 颗岩心。当两颗岩心之间的距离小于 1.0m 时，前一颗点响后应上提电缆 1~2m 后确保岩心筒拔出井壁，将取心器下放 1~2m 后再定位点发下一颗。

9）2.5m 视电阻率曲定位的线操作方法

2.5m（底部梯度）视电阻率操作方法与 0.4m 电位视电阻率曲线的操作方法大部相同，所不同点说明如下：

（1）当 0.4m 电位曲线变化幅度小，不易分辨，或是在盐水钻井液的井内施工时，应采用 2.5m 视电阻率曲线。

（2）测 2.5m（底部梯度）视电阻率曲线，使用电极系与 0.4m 电位视电阻率曲线不同，要用 2.5m（底部梯度）电极系的供电电极与测量电极重新与电缆缆芯接线。然后按缆芯接线插好跟踪仪接线面板上供电与测量线路短路插孔。

（3）校验下井电流时，应按 2.5m 底部梯度电极系各电极环间距离计算电极系数 K，校验时应将测量面板上测程开关放"2.5"（mV/cm）挡位，换向面板上标准电阻放"0.1"（Ω）位置按校验偏转公分数公式校验，测量时也要使用同一挡位测量。

（4）总零长应根据 2.5m 底部梯度电极系的记录点至取心器第一颗药室中心距离，即为第一颗上提零长。

10）自然电位曲线定位的操作方法

在视电阻率曲线变化不明显、不能很好划分层位或是因电缆损坏不能满足视电阻曲线电极接线时，可采用自然电位曲线对深。

(1) 测自然电位曲线，可在下井电极系中任取一电极环做测量电极与地面电极 N 构成侧量回路，取下井电极环至取心器第一颗药室中心为总零长数值。

(2) 跟踪仪接线面板上，按井下电极环与电缆缆心接线插好测量线路短路插头。

(3) 关闭下井电流供电线路开关，自然电位曲线的测量方法与测量套管接箍方法相同。

(4) 用自然电位曲线对深选用测程应和跟踪图上自然电位曲线的横向比例一致。

(5) 当曲线上某层幅度过大时，可用刻度极化补偿器进行补偿，并在补偿上注明。

11) 自然伽马曲线定位的操作方法

(1) 测自然伽马曲线，取下井自然伽马仪记录点至取心器第一颗药室中心为总零长数值。

(2) 调节好自然伽马仪各项参数，达到良好测量效果。

(3) 测量自然伽马曲线的方法与测量套管接箍方法相同。

(4) 用测量的自然伽马曲线与测井自然伽马曲线图对比后校正深度。

3. 取心器保养

1) 井壁取心器日常保养

凡使用后的取心器，必须进行清洗、除尘、上油防腐，防止枪体锈蚀。

(1) 检查堵头引线通断与绝缘。

将枪体卸下提帽，取出堵头用兆欧表检查，指针在 $20M\Omega$ 以上，证明绝缘性能良好，否则应用酒精清洗堵头插针，绝缘垫片引线，烘干后装配好再进行绝缘检查，达标后上密封脂方可装枪体。用万用表检测二引线方法，检查引线接线是否正确和点火，换挡阻值正常。检测完毕更换密封圈，上密封脂，戴上提帽上好顶丝。

(2) 使用选发器的测试仪，检查选发器性能，测试合格，方可装入取心器内使用。

(3) 取心器接通电源，用控制仪进行换挡一周，每换一挡后用万用表测量，表笔一端接引火螺钉，一端接枪体外壳检测点火系统通断，查出问题，及时更换，确保点火、换挡正常。

(4) 岩心筒、钢丝绳拉索、卡销，经挑选后，洗净丝扣部位，上好密封脂后存放。

(5) 岩心座要更换密封圈。

2) 井壁取心器定期保养

井壁取心器凡下井使用 5 次后需进行定期保养。

(1) 取心器枪体要更换全部密封圈。检查各部丝扣部位及顶丝是否完好，发现问题及时更换。

(2) 选发器除检测性能外，用酒精清洗选发盘上内、外圆触点，检查选发针压帽是否紧固，调整弹性压力合适。

(3) 选发测试仪与控制仪的维修，需参照维修手册操作。

(4) 枪体长期使用，如发现形变，需进行枪体调直。

(三) 撞击式井壁取心注意事项

(1) 当选发器某点接触不良时，控制仪面板 L 监控即可报警，同时显示颗数变化。此时以监控指示的颗数为准，当发生这种情况时，按下"手动换挡"键，参照监控指示颗数，按"记数"键，使颗数显示与监控显示一致。

(2) 如控制仪面板的自动键不能工作时，按下"手动换挡"键，再按"手动"按钮，进行人工换挡。此时应观察电表的通断来判断换挡过程：当电流表通一断一通时，应延迟 15s 再放开"手动换挡"键（使选发针停留在触点中心），此时已换好一挡。自动换挡时，换挡指示灯（绿灯）亮；换挡结束，指示灯灭。

（3）当药包测试显示不好时，重新对深度，换下一挡位，用下颗点火。

（4）取心控制仪工作中不能断电，否则挡位数字与监控数字会丢掉。发生断电而丢掉记数，应按"找零""换挡"，"药盒测试"重新找出未发射的颗数，再继续工作。

（四）岩心验收工作注意事项

（1）井壁取心器药室装配与岩心筒位置应一致，在每颗药盒点火后，要将深度位置及所点火的颗数做好记录。

（2）若查出发射岩心筒为空筒（未取岩心）或打坏岩心筒（或拉断）应根据岩心筒深度位置告知地质人员，以待下次补取。地质人员根据取心深度记录，标出所取岩心的深度位置。

（3）如果遇到所取岩心岩性不符时，射孔队可检查取心器挡位与某颗跟踪曲线上挂挡与停车点火位置进行检查，同时还要与录井岩性对比及岩性鉴别方法识别。

（4）投取岩心时，应用专用取岩心装置，以保护岩心的长度与形状不受损伤。

（五）井壁取心施工安全注意事项

（1）暴风雨、雷雨天、电源电压低于 180V 或夜间照明光线不好，风力大于 5 级应停止施工。

（2）下放电缆时，每下 500m，应停车观察记录笔的运行情况，掌握井下电缆的运行状态，防止电缆打扭或出现遇阻情况。若遇阻后，不可猛冲，应按正常测速活动，活动三次若无效，应通知井队通钻。

（3）井壁取心器井下点火后，绞车应立即下放电缆，再上提活动，发现有拉力时应仔细观察指重表指针读数，多活动几次，不可点火后立即猛提，更不许停在一处连续点火发射。

（4）施工中发生遇卡事故，应与井队工程人员协商，采用穿心打捞方法解除。

（5）凡在裸眼井中施工，电缆在井中静止时间不得超过 5min，避免造成井壁吸附。

（6）在装配取心器时，岩心筒一定用胶皮锤敲击，绝对禁止用铁器直接击打岩心筒。

（7）起下电缆过程中绞车后面严禁站人、穿越和跨越电缆；

（8）警示装置设置齐全，警戒线之内禁止与施工无关的人员入内；

（9）取心器起出和下入井口拖拽过程中禁止取心器正面站人或作业；

（10）绞车司机认真观察井口手势，控制电缆起下速度，禁止猛刹猛起电缆；

（11）冬季、雨季或井口附近有冰雪或泥泞时，施工前要采取有效的防滑措施；

（12）取心时井口工认真观察井内的变化，发现情况有异常时迅速汇报小队长，小队长及时反映到井队，确定采取的措施，防止发生井喷事故；

（13）井口工不准脱岗，认真观察井口滑轮、天车滑轮等各部连接和运行情况，防止发生电缆跳槽、天车滑轮下落等情况发生意外安全事故。

（14）施工前检查发电机、车辆、设备、井场、井等各部是否漏电。

（15）起吊和起出取心器时禁止放在套管上。

（16）在校验取心设备时，一定要将取心器下入井内 10m 后方可校验，禁止施工人员在地面校验取心设备。

（17）取心过程中，取心器在裸眼井段停留时间不超过 30min，不应停在一处连续点火发射，防止粘卡。

（18）取心器下入井口前地面仪器总电源开关应关闭。

二、钻进式井壁取心

钻进式井壁取心是采用液压传动技术，在微机控制下，使用金刚石空心钻头垂直井壁钻取地层岩心的方法。目前国内使用的钻进式井壁取心器有两种：国产的钻进式井壁取心器、国外引进的旋转式井壁取心器。这里主要介绍国产的钻进式井壁取心器工作原理、操作及维修技术规程。

（一）组成、原理及特点

1. 取心器的组成

取心器由五大工作系统组成：机械系统、微机控制系统、取心深度定位系统、安全保障系统、供电系统。

2. 取心技术参数

下井仪器长度：6150mm；

下井仪器质量：198kg；

下井仪器最大直径：124mm；

可采岩心尺寸：直径 24mm，最大长度 45mm；

一次下井可采岩心颗数：26 颗（30）；

电动机功率：1.1kW；

额定电压：710V/500V（交流）（600V）；

额定电流：2.8A/2.0A（3.75A）；

启动电流：＞5A；

转速：2800（3450）转/min；

液压马达转速：2000（2000）转/min；

马笼头弱点拉断力：16kN（适用于井深大于 3000m）和 28kN（适用于井深小于 3000m）；

自然伽马仪工作电压：+12（36）V，工作电流：＜120mA（65～75mA）；

钻头中心线至自然伽马仪记录点距离：4195（3580）mm；

取心深度定位方式：采用自然伽马曲线校深定位。

3. 原理

取心器由地面设备和下井仪器两大部分组成。它是采用液压传动技术的机械系统，在微机控制下，使用金刚石空心钻头垂直井壁钻取地层岩心的设备。在取心作业时，首先在取心井段跟踪测量自然伽马曲线，对深度校对定位；然后操作测控通信和机械电控系统，电动机启动后带动大泵和小泵两系统工作，在各电磁阀的有序控制下，依次完成推靠臂推靠、电动机旋转、钻头钻进、折心、退钻、收推靠臂、推心、储心等取心动作。

4. 特点

（1）适用于各种地层特别是硬地层的井壁取心，取心收获率高。

（2）地面和井下均采用单片机进行控制，取心器工作数据、控制命令等信号传输采用载波技术，功能齐全，操作简单，安全可靠，抗干扰能力强。

（3）数字显示各种工作参数，精确直观。

（4）岩心颗粒大，呈圆柱状，可直观进行岩性、含油性分析，可直接送岩电室进行岩性、电性、物性和含油性分析化验，求取饱和度、孔隙度、渗透率等参数。

（5）自然伽马输出信号有模拟量和数字量，可根据用户需要分别与数控测井仪、数控射孔取心仪联机工作。

（6）适用于国产六芯或七芯测井电缆。

（7）设计有多种防粘卡、解卡的自救安全技术措施，确保取心器在井下安全作业。

（8）采用主、辅推靠臂技术，推靠力大，推靠牢稳。

（9）采用双相供电技术，可在常温下平稳启动电动机。

（二）取心操作

1. 取心器的工作环境及使用条件

（1）下井仪器耐温 150℃，耐压 80MPa。

（2）地面控制面板环境温度 10～35℃；相对湿度小于 80%；操作室应铺设绝缘地板，用电设备要设置专用地线。

（3）井场应配有 380V±20V（交流），50Hz±2Hz 的三相交流电源，发电机功率大于 8kW。

（4）配接六芯或七芯测井电缆，缆芯对地绝缘电阻值应大于 500MΩ（使用 1000MΩ 表）。

（5）井眼内井液性能稳定，含砂量小于 0.5%，漏斗黏度为 25～50mPa·s，失水小于 8mL，泥饼厚度小于 0.5mm。

（6）取心前井液已静止 8h 以上时，应先通井循环井液，循环井液不少于三个循环周。

（7）取心井段内井壁规则，井下无落物，井眼畅通。

（8）适用井径 160～320mm；井斜角小于 10°。

（9）集流环绝缘电阻值大于 500MΩ，最高工作电压为 1500V（交流），最大工作电流大于 10A。

（10）马笼头绝缘电阻值大于 500MΩ，最高工作电压为 800V（交流），最大工作电流为 6A。

（11）液压油型号不同，适用工作温度也不同，应根据取心井井温要求需要及时更换：

① C32 号液压油适用地面温度 0℃，井下温度 60℃以下；

② C68 号液压油适用地面温度 25℃，井下最高温度 107℃；

③ C150 号液压油适用地面温度 40℃，井下最高温度 150℃。

液压系统必须充满油，不允许有空气，否则下井仪器会灌入钻井液，使仪器报废。

（12）下井仪器在取心井中的运行速度应符合如下要求：

①下井仪器的下放及上提速度应小于 2000m/h；

②自然伽马测量速度应与完井自然伽马测速一致；

③下井仪器进入技术套管前 100m 时，其上提速度应小于 600m/h。

2. 取心器装卸和运输要求

（1）下井仪器的推靠臂和液压马达应收回至安全位置，卸下电子节和储心筒，并装上保护罩；

(2) 装卸电子节和液压机械节时，应平稳操作；

(3) 下井仪器应固定在减震机架上，地面控制面板应装入专用运输箱内。

3. 取心器使用前的准备

1) 检查与连接

(1) 地面控制面板各开关、旋钮应置于下列安全位置。

"推靠"开关置于"收"；"钻头"开关置于"退"；"马达"开关置于"停"；"电机电压调节"旋钮指向"0"。

(2) 下井仪器各丝扣、顶丝应齐全完好，密封面、插头座无损伤、无污物，连接后无松动。

(3) 正确连接高压输出插头、集流环、测井电缆与马笼头。

(4) 正确对接马笼头与电子节、电子节与机械节，O 形密封圈无损伤、无形变，其表面应涂上硅脂；

(5) 正确安装储心筒，心长传感器的"十字头"应在储心筒轨道外。

2) 通电检查

(1) 接通配电盘总开关和控制面板电源，指示灯亮。

(2) 环境温度超出液压油工作温度下限范围，造成电机启动电流过大时，把"短缆—长缆"开关置于"短缆"位置，220V/240V 开关置于 220V，先用短缆把地面控制面板和下井仪器连接起来，利用液压系统自身发热使液压油温度升至安全起动温度后，再用长缆配接下井仪器，这是低温启动的一种方法，如仍不能启动，可用加热器加热后再启动。

(3) 用数字万用表在"高压输出"插头处测量各缆芯间的电阻值应符合要求。

(4) 下井仪器电子线路部分供电可依据不同电缆长度扳动地面控制面板（后面板）的供电开关。

①电缆长度小于 3000m 时，开关置于 220V；

②电缆长度大于 3000m 时，开关置于 240V。

(5) 观察显示"窗口"显示的"瓶内温度"、"γ 计数"、"大泵压力"、"小泵压力"、"心长"、"应答"、"钻井位置"数字，并记录各数字，同时按动"γ 计数"按钮开关，观察其 γ 计数是否连续可调。

(6) 上述检查正常后，把"短缆—长缆"开关置于"长缆"，再按动"电机通"开关，旋转"电机电压调节"启动电动机，带动液压泵工作，观察"小泵压力"10s 内显示数字不上升，说明电机供电相位反相，此时应先按"电机停"开关，再关掉总电源，将配电盘上的换相开关换相后，再次按通总电源，按下"电机通"开关启动电机，小泵压力应明显上升。

(7) 电机通电瞬间，"电机电流"表指示应大于 6A，这时应迅速调节"电机电压调节"旋钮，观察电压表，电压逐渐升高，电机电流逐渐下降至 6A 以下，说明电机正常工作。如果升高电压电流不下降，说明电机工作不正常，应立即断电查明原因后再启动电机（可用重复数次启动的方法使电机正常运转，每次启动通电时间应小于 3s，以免烧坏 10A、16A 保险管）。

(8) 电机启动后应寻找电机工作点，其方法是：旋转"电机电压调节"旋钮，升高电压，观察面板上电压、电流表的变化，当电流表电流指示随电压升高而下降到一定数值后又随电压继续升高时，此点即为电机的工作点。加在电机上的线电压额定值为710V。

（9）停电机后依次扳动"推靠"、"钻头"、"马达"三开关，"电磁阀电流表"显示1.2～1.8A时，说明三个电磁阀工作正常，而后将上述三个开关复位；再次启动电机，使推靠臂推出，推心杆收回，钻进到位，停电机，释放蓄能器能量后，安装钻头（必须拧紧）。钻头装好后，启动电机，使钻退到位，收回推靠臂，停电机，关掉总电源。

（10）检查液压部件，如有漏油现象应及时排除。

4. 取心操作

（1）正确连接高压输出插头引线、集流环、测井电缆与马笼头，用1000MΩ摇表在高压输出插头处测量各缆芯对地之间的绝缘电阻值应大于500MΩ，而后正确对接下井仪器。

（2）自然伽马测井校深：

①对自然伽马仪通电刻度；

②在取心井段跟踪测量自然伽马曲线，与完井自然伽马曲线对比校深，计算取心深度，将钻头对准取心位置（借助井径曲线，避开井径不规则位置）。

（3）旋转"电机电压调节"至刻度盘50的位置，再按要求正确启动电机，从"电机电压"、"电机电流"表上读出电压和电流数后，再旋转"电机电压调节"旋钮，使电机处于工作点电压（电机电压等于电压表读数减去电缆上的电压降）。

（4）推靠：

小泵压力达到最大值后将"推靠"开关置于"靠"的位置，小泵系统中控制推靠缸和推心缸的电磁换向阀换向，推靠缸的活塞杆推出，同时推心缸的活塞杆（即推心杆）从钻头中收回至推心缸内；当"小泵压力"升高的第一信号到来时，说明主推靠钟推靠好，推心杆收回，当"小泵压力"升高的第二信号到来时，说明两个副推靠臂推靠好，可准备钻进取心。

（5）钻取岩心：

①在电机电流小于2.5A后，把"马达"开关置于"转"的位置，大泵系统中控制液压马达的电磁换向阀换向，关闭旁路油口，大泵系统压力升高，驱动液压马达转动。

②再次找工作点，并使电压高出工作点10%左右，然后把"钻头"开关置于"进"的位置，控制"钻进控制缸"的电磁换向阀换向，"钻进控制缸"的活塞杆收回，同时带动液压马达和钻头一起沿导板设定的轨迹运动，改变姿态对正井壁。这时把"马达"开关置于"停"的位置，观察"钻进位置"显示数上升至80左右，（即为钻头前端刚接触井壁位置，可防止钻头憋钻），再迅速把"马达"开关置于"转"的位置，使钻头旋转着钻入地层。在钻进的同时，"位移传感器"的测量杆被拉动，其位移量被送到地面控制面板显示器显示，监视钻进过程。

（6）当钻进到预定位置时，把"马达"开关置于"停"的位置，钻头停止转动，马达尾部按设定轨迹自行上翘，把岩心折断。折下的岩心被钻头内的卡簧抱住。

（7）把"钻头"开关置于"退"的位置，"钻进控制缸"的活塞杆推出，带动导板向反方向运动，液压马达连同钻头一起复位。

（8）收推靠臂和推心：

把"推靠"开关置于"收"的位置，主辅推靠臂依次收回，同时推心杆同步伸出，把钻头内的岩心推入储心筒中。在岩心被推动的过程中，推心杆带动一个直线电位器来检测岩心的长度，并在地面控制面板"心长"显示器上显示，当显示数字小于 60 时，说明没有取到岩心，当显示数字大于 60 时，说明已取到岩心，并能计算出岩心长度。

（9）重复上述步骤钻取其余岩心。应注意：如果两颗岩心相距 0.5m 以内时，可采用交叉换位法进行取心。

（10）取心完毕，下井仪器提出井口后，用清水清洗干净。

（11）检查钻头和卡簧的磨损程度，可继续使用的要用清水冲洗干净、烘干后涂上防锈油。

（12）整理取心资料，将岩心交地质员，并索要岩心描述结果，交给绘解室。

（三）现场施工常见故障与排除

1. 影响岩心回收因素及排除

（1）井径不规则，无法取到岩心。

（2）地层松软时，钻取岩心不成型，无法收获完整的岩心。

（3）把"马达"开关置于"停"的时机没有掌握好，造成折心过早或过晚均不能把岩心折断，应重新钻取岩心。

（4）由于钻头卡簧磨损严重，无法抱紧岩心，虽岩心被折断，收回钻头时岩心仍留在井壁中。

（5）折心后，液压马达不能完全收回至原位或收回至原位后推心时"心长"显示不变化，说明岩心有"蘑菇头"（即岩心外露出部分直径大于钻头内径），应采用使钻头旋转着再向井壁钻进一次，磨掉"蘑菇头"。

2. 钻头遇卡原因及排除

（1）钻头在钻进过程中速度慢，欲退不能，地面控制面板上显示液压系统工作正常，说明导轨内有较硬的砂粒阻挡，应将钻头旋转着进退数次；如仍不能收回液压马达，应将"钻头"开关置于"退"、"马达"开关置于"停"，用液压马达快速退回的冲力把砂粒挤碎，使液压马达收回原位；如果"钻进位置"显示器的读数在 14～100 之间时，说明液压马达基本收回至外壳内，断掉高压电源，把"推靠"开关置于"收"，将仪器低速提出井口（注意上提过程中不允许下放仪器）；在地面寻找并取出砂粒，继续下井取心。

（2）钻进取心过程中，发现电流突然增大，应立即将"钻头"开关置于"退"，如果电流仍不下降，再将"马达"开关置于"停"，观察"钻进位置"显示数字，没有变化说明已卡钻，其原因多是推靠臂推靠不牢稳，钻进过程中仪器振动并产生位移，导致钻头不能继续垂直井壁钻入，严重时钻头不能旋转，这时应先使蓄能器充满油，然后关闭．总电源，靠蓄能器的液压能量使钻头复位，方法是将"推靠"、"钻头"、"马达"开关分别置于"收"、"退"、"停"的位置上，在电缆上做好标记，使下井仪器在原位上下微动。

（3）在取心过程中，如果"电机电流"突然超过正常钻进电流值 0.3A 时，说明钻头即将遇卡，应使钻头退出井壁，重新钻取岩心。

（4）在地层较厚、渗透性好的井段取心时，应尽量减少仪器的停留时间，以免发生吸附性粘卡。

（5）当发现"瓶内温度"及压力显示异常时，应立即停钻，收回钻头和推靠臂，将下井仪器提到地面，排除故障后方可继续下井取心。

（6）当地层坚硬或井液黏度大，钻进速度较慢时，可使钻头旋转着进退、反复多次钻取岩心。

3. 钻头遇卡的预防

（1）保持钻头尽可能多的旋转，即旋转着钻出和缩回；

（2）在收回钻头时，要注意观察低压液压压力，若压力升高，表明钻头被吸着，应将钻头转换开关置于"退"，返回钻进，然后收回钻头；

（3）仪器下井前严格检查低压系统有无渗漏；

（4）每取一颗心，电缆多下 3～5m 上提至取心点钻取岩心。

（四）取心器的拆装与维修

1. 拆装

（1）给下井仪器通电，将"推靠"开关置于"靠"，张开推靠臂，关掉电机电源；来回扳动"钻头"开关，将蓄能器的储能释放完，并确保导轨上盖板最后对准拆装孔。

（2）卸下马笼头。

（3）卸下电子节，注意安全脱开 24 芯插孔插针。

（4）卸下液压节上的 24 芯高压密封头，将液压油放出。

（5）依次卸下机械节内的导轨、导板、液压电动机、外壳。

（6）将液压系统拉出，平稳放在工作台上，注意保护引线。

（7）拆卸条件。

①液压系统的拆卸应按"先装后卸、先卸后装"的方法依次进行。

②当发现钻进速度快慢不均、电控系统绝缘能力降低、显示数字不正常等现象，方可按规定拆卸液压系统。

2. 维修

（1）下井仪器的一般维护。

①上井返回的取心器应清洗干净，不得残留任何杂物，晾干后在其表面涂上防锈油。

②检查液压电动机、导板、液压油管路和心长传感器等部件是否有损伤、变形和渗漏，顶丝是否紧固、齐全，有故障的应修复。

③测量下井仪器各缆芯间的电阻值应符合要求。

（2）下井仪器的定期维护。

①下井仪器在温度低于 100℃、压力低于 60MPa 条件下，最多使用三口井；或在温度超过 100℃、压力超过 60MPa 条件下，使用一口井后应更换各部位的 O 形密封圈和平衡压力管。

②下井仪器每使用 3～5 口井或停用三个月后，应卸下机械节外壳并检查紧固液压马达滑块。

③马笼头每使用 3～5 口井或停用三个月后，应解体检查一次，并清洗、烘干和换油。

④下井仪器停用一个月后应进行常规通电检查。

（3）地面控制面板、升压电源、集流环和连接电缆每使用 3～5 口井或停用三个月后，应检查其结构、绝缘和通断情况。

（4）液压系统重要部件，包括电动机、大泵、小泵、液压电动机、控制阀等有故障，由生产厂家进行修理，并保证修理质量，延长其使用寿命。

(五) 专用工具

1. 压接钳

用于导线与插针的压接。

2. 分线盘

制作马笼头时，用于电缆钢丝的顺序排列。

第五节 套管补贴

当套管发生穿孔、误射孔、漏失或其他原因损坏时，严重影响油气井的正常生产，为恢复生产，需要对套管进行修复，由此产生了套管补贴工艺，该工艺在20世纪60~70年代采用的是水力胶筒式挤胀工具（封隔器），其耐压强度和补贴长度有限，只能补贴套管孔洞和短的裂缝，且成功率较低而未能推广普及。后来发展到采用水力机械式（既有水力锚又有水力缸）胀贴工具，使得成功率高，补贴长度也较长（最长补过21m的井段）。随着射孔技术的发展，近年来爆炸补贴技术得到了快速的发展，爆炸补贴施工成本低，工艺简单，越来越受到用户的认可。

一、爆炸补贴工作原理

利用火药燃烧产生的高压气体，推动工具中活塞运动，使加固管上、下两端的锥管相对运动，迫使加固管金属锚扩径，从而使加固管固定在破损套管处，达到补贴加固的目的。

二、爆炸补贴构成

爆炸补贴由悬挂装置、动力源系统、动力传递系统及加固装置四部分组成，其管柱结构示意如图8-5-1所示。工作时修井设备将加固器投送到需修复的套损部位，动力源系统中点火器点火引燃火药，通过动力传递系统使火药产生的高温高压气体推动两级活塞、活塞再推动上下锥管、锥管挤胀金属锚，金属锚受挤压径向膨胀，与套管形成过盈配合，紧贴在套管内壁上，起到固定和密封作用，当中心拉杆拉力达到设计拉力时，释放套断裂解卡，弹性拉簧收缩，井下密封加固工作完成，用修井设备从井筒中起出投送管柱及整套加固器完成密封加固施工工艺。

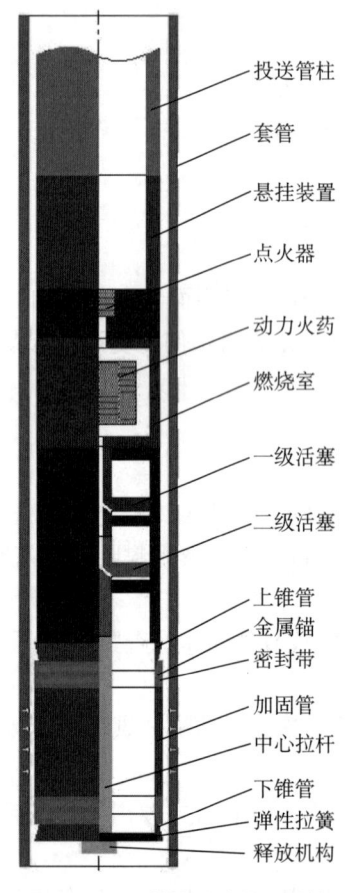

图8-5-1 爆炸补贴管柱结构示意图

三、爆炸补贴工艺流程

投棒点火→火药燃烧→生成高温高压气体→推动活塞做功→产生拉杆轴向力→转化为锥锚径向力→拉断释放套

→弹性拉簧收缩解卡→提出拉杆→完成加固。

四、技术指标

(1) 适用于 ϕ139.7mm、ϕ146mm 和 ϕ168mm 套管,井温150℃,24h。

(2) 套管补贴加固管内径:

① ϕ139.7mm 套管补贴加固管后内径110mm;

② ϕ168mm 套管补贴加固管后内径136mm。

(3) 补贴加固长度:2～22m。

(4) 锚定力:400～600kN。

(5) 补贴后加固管承内压≥30MPa,30min 无压降。

第九章　油气井射孔安全技术

石油射孔行业所使用的射孔弹、导爆索、起爆器、雷管等都是易燃易爆的爆炸物品，具有较大的危险性和伤害性。从国内 50 多年的射孔实践来看，发生过多起射孔地面爆炸事故，造成过射孔工人的人身伤害和国家财产的重大损失，因此射孔安全是非常重要的。

第一节　环境分析

射孔用爆炸物品在整个寿命期要经受到自然环境和诱发环境的影响。自然环境是指自然界中存在的各种条件，包括大气环境、深井环境等。诱发环境是指任何一种人为的或设备造成的环境。如生产运输、储存环境、现场使用时的任务环境。

爆炸物品在任何时间和任一地方只有一种环境，它是各种作用于其上的自然的环境和材料、设备、人或其他有机体造成的诱发环境的总和。图 9-1-1 所示为爆炸物品在整个寿命期可能经历的环境条件。

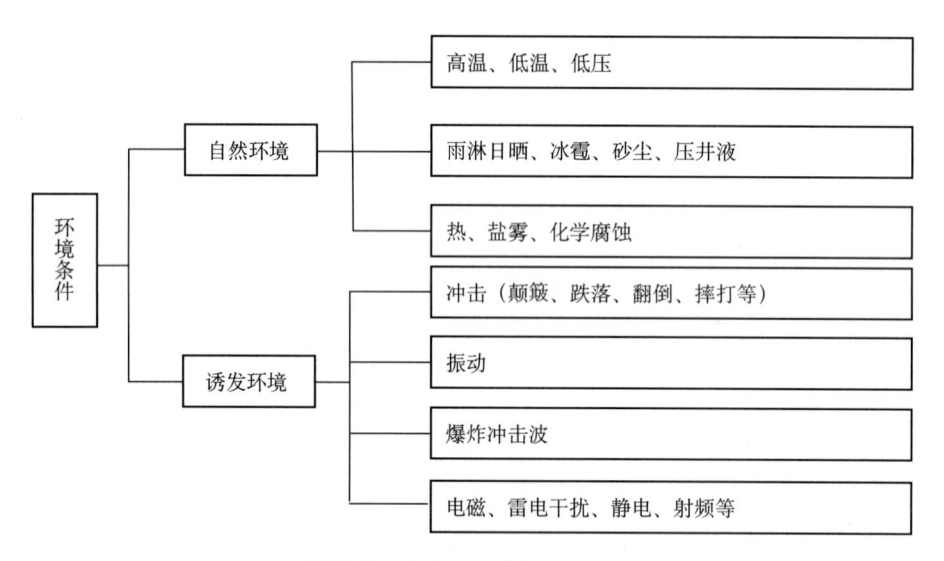

图 9-1-1　爆炸物品在整个寿命期可能经历的环境条件

一、温度

高温能改变材料的物理特性，从而暂时或永久地损害材料的性能；低温对一切材料都有影响，导致材料物理特性改变、性能钝化、高低温环境效应，见表 9-1-1。

温度对爆炸物品的影响很大，尤其是高温的影响，高温加温药剂分解。

表 9-1-1 高低温环境效应

高温效应	低温效应
材料膨胀、尺寸改变	材料发硬变脆
润滑剂黏度降低	润滑剂黏度增加
电器件性能改变	电导元件性能改变
固体药柱破裂	固体爆炸物品产生裂缝
焊药熔化流出	燃烧速率改变
密封的射孔弹内产生压力	人的灵活性、听力、视力改变
工作寿命缩短、火工条件失效或自爆（燃）	水冷凝和结冰

温度对药剂的影响可以用阿伦纽斯（Arrhenius）方程表示：

$$R'(T) = A\mathrm{e}^{-\frac{E}{RT}} \tag{9-1-1}$$

式中 E——活化能，J/mol；

R——摩尔气体常量，J/(K·mol)；

T——绝对温度，K；

A——频率因子，Hz；

$R'(T)$——反应的速率系（常）数，Hz。

药剂在任何时候进行着热分解，在常温度时分解速度较慢 $R'(T)$ 很小，一旦温度升高，化学分解被加速，特别是在密封的药室内，由于分解产生的气体不能释放造成的压力增大，进一步加速分解，最终甚至导致产生发生"热爆炸"（即自爆）或"失效"（即瞎火）。自爆是指炸药吸收了周围环境的热量而发生"热自燃（热点火）"现象。它是一种自发的人们并不希望发生的意外爆炸现象。自爆温度并非描述炸药性能的特征量，而是描述热环境与产品形成的系统的特征量。它与产品结构、环境热学性质，以及产品在热环境中的压力和停留的时间有关。

二、压力

大气压力和井下压力都是客观存在的，爆炸物品在高压环境下的药剂并没有太显著的影响，因为药剂大多密封壳体内部，一般情况下不承受高压，高压主要对产品外壳有较大损害，如果壳体强度不够，那么产品会因变形而失效。有枪身射孔、火工件都密封在枪身内，一般只考虑枪身的耐压问题，无枪身射孔中所有火工器材都裸露在井液中，所以必须在设计中考虑器材的耐压问题。

三、湿热

湿气能使材料的物理性能和化学性能变坏，湿度和温度的交变，将会引起如下问题。

(1) 造成金属壳体的电腐蚀；

(2) 表面有机涂层的化学或电化学破坏；

(3) 造成药剂吸潮、分解和钝化；

(4) 电性能和热性能降低；
(5) 材料因吸潮而产生形变。

为了防止因湿热环境而引起产品性能的变化，在产品设计中，金属材料应具有耐湿能力，设计合理的结构，设法将药剂密封起来，以排除或缓解湿气对药剂的侵蚀。

四、振动

振动会产生如下问题：
(1) 紧固件松动、焊点脱离开；
(2) 构件疲劳、结构改变、密封件失效；
(3) 电子元器件接触或短路，功能失效；
(4) 光学系统失调。

五、电磁干扰

电起爆器最危险的问题是"伪信号"的意外起爆问题，因为在大多数情况下，一个由电起爆的电雷管是不能分辨外来信号的真伪的。所谓真信号是人们有意地给电雷管发生的信号，而伪信号是外界电场提供给电雷管的意外信号。这种伪信号可能来自静电或雷电。

（一）电磁干扰、射频等电磁干扰

静电是产生意外事故的危险源之一，人体或衣服及摩擦等均可以产生静电，人体可产生的静电能量。

而一般电雷管起爆大约只需要 2～10mJ。人体产生的静电若全部作用于雷管，就能引起意外爆炸事故。所以在生产和运输装卸储存及现场使用均要采取防静电措施，电爆装置的防静电措施有两种：静电屏蔽和短路接地。

（二）雷电

打雷是很强的放电过程，放电电流约几万到几十万安培，电磁辐射达 20kV/cm，电量达几亿到几百亿焦耳。强烈的打雷过程产生强烈的电磁辐射，并在周围空间产生很强的感应电源，若导体构成间隙不大的闭合回路，间隙处产生放电。在野外施工时，雷电对电起爆器的危害是极其严重的，国内外都发生过因雷电而产生的意外事故。雷电引发意外事故的原因主要有两条：一是产生本身的电火花起爆，二是雷电施加于产品的感应电能量。为杜绝雷电对产品的危害，应设计对电火花放电钝感的产品，减少感应能量，在雷电天气环境必须立即停止射孔施工。

（三）电磁干扰

野外施工中电磁干扰也是严重的危险源之一，现场施工电环境十分复杂，周围空间及大地处处存在着电磁波和杂散电流，这成为电起爆器的致命隐患。安全的措施主要有安装电雷管。设计时必须考虑有较强的防电磁能力，在野外施工时远离高压线，现场杂散电流也应控制在一定的范围内。

六、时间

爆炸物品从生产、储存直到使用过程即为其整个寿命过程，其中的任何过程都与时间有关。时间与产品环境参数相结合对产品质量有极其重要的影响。如高温环境中，爆炸物品分解加速，导致产品性能下降，甚至产生热自爆。因此时间问题是产品设计与使用都必须考虑的重要问题。与时间有关的产品参数主要有产品的可靠工作寿命、产品的有效储存年限、外界环境的持续时间。

外界环境持续时间是指应用爆炸物品作业的作业时间，而把爆炸物品从进入作业场所到作用的这段时间称为爆炸物品的工作时间。产品的有效的储存年限是指产品可以发挥功能的最长储存时间，产品在储存期间性能不断退化，但这种退化并不会退化到不能发挥功能的程度，产品可靠发挥作用的时间。一般说，产品的可靠寿命比有效储存期短。

第二节　射孔器材制造安全技术

一、设备安全条件

生产易燃易爆危险品的设备应保持设备的良好状态。接触易燃易爆危险品的设备管道应光滑，结构要尽量简单，管道应采用法兰盘连接，禁止用螺纹连接，法兰连接处应有跨接线。易燃易爆工房使用的工具和设备零部件，应采用摩擦撞击时不产生火花且与产品不起化学反应的材料制成。生产易燃易爆危险品的设备应按规定安装，机械传动部位，如齿轮、链轮等，应有密封防护罩。对突然停止运转时有发生火灾爆炸危险的设备，应的有双电源供电系统或相应的安全措施，并能自动切换同时发出危险报警信号。压药生产设备应有过负荷限制器和行程限制器、卡壳报警器。易发生燃烧爆炸的压药生产过程应有隔离防护钢板或钢筋混凝土防爆墙，其抗爆强度，应保证爆炸时操作人员安全。

二、安全操作

必须穿戴好防静电工作服，劳保用品符合国家相关管理规定；进入生产工房必须释放静电，禁带火种、通信器材等火工区禁用物品和器具；操作过程必须严格遵守安全操作规程，出现紧急情况时要按照制订的应急预案程序进行救援。

三、工艺安全技术

（一）射孔弹生产工序中发生爆炸的因素

至今各国依然在广泛地应用的射孔弹装药方式是压装法。在压装生产中，尽管松散炸药是经过钝化处理，但其机械感度还是比较高的，所以发生爆炸的可能性还存在。

在给散粒体炸药加压过程中，炸药承受很大的压力局部地方可能受力更大，而且凸模与模壁或弹壳、炸药与弹壳及炸药与炸药之间都发生着激烈的摩擦。夹在凸模与弹壳间的炸药，不仅存在着剧烈的摩擦，还承受着较大的侧压力，这可能使炸药温度升高，易于"热点"的形成，从而发生爆炸。

炸药中混入坚硬杂质是影响安全生产的一个非常重要的因素。资料显示，TNT含砂量增加0.1%，标准落锤感度将由4%～8%增加至20%，其他感度也相应增加。

（二）工序中易发生爆炸情况的分布及爆炸原因（图9-2-1）

（1）炸药压装过程中，爆炸事故大部分发生在压到位时，即压力达到最高压力时发生。

同时，保压过程中也易发生爆炸，即保压时爆炸的危险性同样存在。因此在没卸压时，不能打开防爆门。

(2) 退模时发生爆炸的次数也占一比例，说明退模同样处于危险状态中。

(3) 模具清擦不净，模具上的划痕及毛刺，都增加了爆炸的危险性。

(4) 由于某种原因，使压药过压，易引起爆炸。但并不是每次过压都会发生爆炸，有时只发生模具破裂。

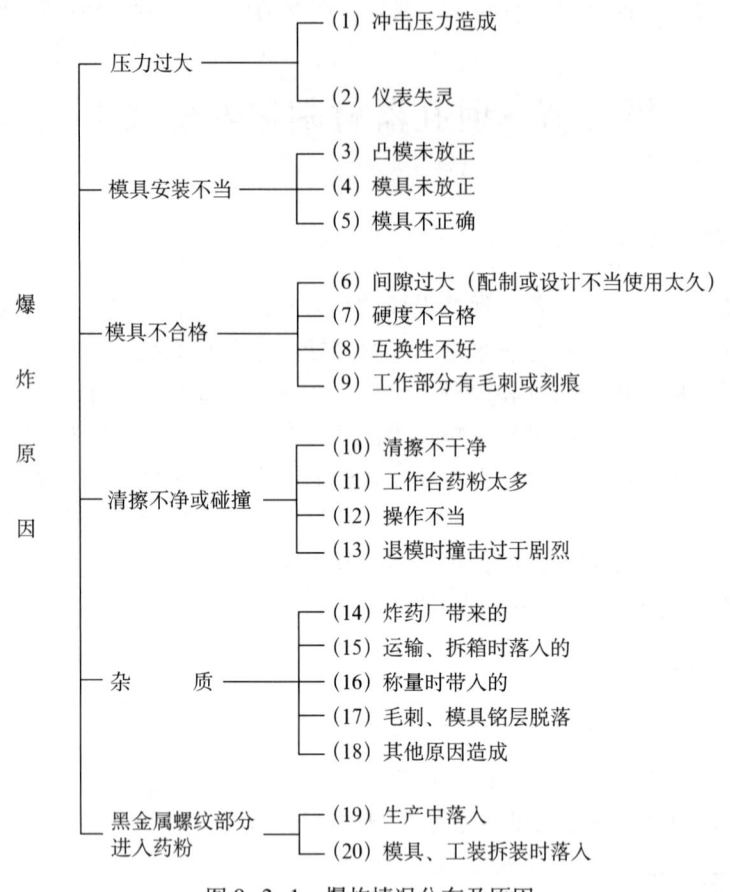

```
                     ┌─ 压力过大 ───┬─ (1) 冲击压力造成
                     │              └─ (2) 仪表失灵
                     │
                     ├─ 模具安装不当─┬─ (3) 凸模未放正
                     │              ├─ (4) 模具未放正
                     │              └─ (5) 模具不正确
                     │
                     ├─ 模具不合格 ─┬─ (6) 间隙过大（配制或设计不当使用太久）
   爆                │              ├─ (7) 硬度不合格
   炸                │              ├─ (8) 互换性不好
   原 ───────────────┤              └─ (9) 工作部分有毛刺或刻痕
   因                │
                     ├─ 清擦不净或碰撞─┬─ (10) 清擦不干净
                     │                ├─ (11) 工作台药粉太多
                     │                ├─ (12) 操作不当
                     │                └─ (13) 退模时撞击过于剧烈
                     │
                     ├─ 杂    质 ───┬─ (14) 炸药厂带来的
                     │              ├─ (15) 运输、拆箱时落入的
                     │              ├─ (16) 称量时带入的
                     │              ├─ (17) 毛刺、模具铭层脱落
                     │              └─ (18) 其他原因造成
                     │
                     └─ 黑金属螺纹部分─┬─ (19) 生产中落入
                        进入药粉      └─ (20) 模具、工装拆装时落入
```

图 9-2-1 爆炸情况分布及原因

（三）工序中爆炸事故的预防措施

为了避免压爆事故的发生，就要针对机理和现象采取措施，逐项检查，严格遵守有关规定，绝大多数是可以避免的。从技术上，应重点确保以下几项的预防：

(1) 防爆门上安装联锁开关，确保不关好门压机不动；

(2) 合理地确定配合间隙，控制加工质量，确定最佳模具结构；

(3) 使用圆角代替可替代的尖角；

(4) 采用新技术和自动控制；

(5) 严格技术和安全的各项制度；

(6) 可能与药粉接触的工装的固定联接，应避免采用黑金属螺纹。

综上所述，工艺安全技术主要从健全安全法规、设置防爆设施和树立安全思想及加强技术改进四方面进行。

四、定置管理要求

(1) 厂房、库区要有明确的文明生产及完善的现场管理制度。
(2) 厂房要科学合理地设计定置管理图,并标注准确、清楚。
(3) 所有物品、设备严格按定置管理图标注位置摆放。
(4) 各种材料、半成品、成品按规格、品种和分类整齐摆放。
(5) 工房整洁、地面无油污,室内通道畅通,区域标志界线明显,物流有序。
(6) 库存物资的储存,按规定标准执行,料签填写清楚,签物相符。
(7) 室外料场的物品,要在专用场地整齐分类存放。
(8) 危险品生产、检验厂房及仓库有定量储存标志牌。
(9) 各区域内标牌准确、规范。
(10) 各区域、场所应有安全负责人,并且进行周期检查和维护。

五、劳动保护

概括地说,劳动保护就是对劳动者在生产中的安全与健康所实施的保护。主要内容就是防止职工伤亡,预防职业病,以及保护职工的措施和国家物资财产。基本任务是预防生产中发生的人身、设备事故,形成良好的劳动环境和工作秩序。基本措施是制定劳动法规,采取各种安全技术和工业卫生方面的技术、组织措施,以及经常开展群众性的安全教育和安全检查活动。

劳动中发生灾害的因素:
(1) 人的因素。虽然其他条件都正常,但人在操作中由于某种原因出现差错,如忽略规章制度、误操作、精神不集中、疲劳等。
(2) 环境因素。如工艺布置、作业面积、颜色、照明、湿度、明火、雷电、振动、通风、温度等。
(3) 物的因素。如结构不良、强度不够、设备磨损老化、机器设备故障、危险物、安全装置失灵、操作对象有毒等。

劳动生产过程是人、物和环境组成的系统。危险因素的性质、能量和感度是发生事故的三个基本因素。

六、生产过程中的工业卫生

装药生产过程中使用的炸药都是具有一定毒性的化合物,其粉尘和蒸汽对人体均可产生毒害作用。药型罩的原材料也越来越趋向重金属化和粉末化,其中大多数对人体有害。

有害物进入人体的途径有皮肤侵入、呼吸道侵入、消化道侵入等。其中,经皮肤吸收和呼吸道侵入是中毒的主要途径。因此,加强工艺(如通风、设备密闭化)和工艺布局的合理性外,还应采取综合措施,并养成良好的卫生习惯,有效预防中毒。

导致中毒的因素:
(1) 作业环境中炸药与有机溶剂的浓度大小;
(2) 温度、湿度、直接接触时间、劳动强度、性别、个人卫生习惯以及身体素质,都会影响中毒的速度和程度。

当生产环境气温升高、毒物扩散严重，皮肤血管扩张，排汗量加大，则中毒性也越大。当劳动强度大时，呼吸加快，次数加多，空气中有害物通过呼吸侵入体内的量也越多；空气中有害物浓度越大，中毒越快。

预防措施：

(1) 要改进生产工艺条件，做到设备密闭化、自动化，防止药粉飞扬，降低环境中毒物浓度。

(2) 采用先进工艺和技术，以减少直接接触。

(3) 防静电服装、口罩等穿戴齐全。

(4) 养成良好的卫生习惯。

(5) 加强管理，提高对防病防毒的认识。

(6) 定期进行操作间浓度监测和工人体检。

第三节 射孔器材储存要求

射孔器材储存必须持有国家有关部门核发的"爆炸物品储存许可证"，并按时年检，保证其使用的有效性。射孔器材必须在火工品库房内存放，库房应符合 GB 50089—2007《民用爆破器材工程设计安全规范》及 GB 50057—2010《建筑物防雷设计规范》的要求。存放场所环境要求为阴凉通风，防止阳光直射。较适宜的相对湿度为65%，最大相对湿度不宜超过70%。库房内严禁存放任何非火工品，严禁使用电源、热源、光源、音频源、声频源、感应源、辐射源、放射源等危险源以及产生静电、火花等物品。射孔器材储存执行定量管理及同库存放或同车运输规定，见表9-3-1。

表 9-3-1　射孔器材同库存放或同车运输规定表

火工品分类及名称		雷管类	黑火药	炸药及其制品					
				射孔弹类	导爆索类	属1.1级单质炸药	属1.2级单质炸药	导火索	硝铵类炸药
雷管类		○	×	×	×	×	×	×	×
黑火药		×	○	×	×	×	×	×	×
导火索		×	×	○	○	○	○	○	○
炸药及其制品	射孔弹类	×	×	○	○	○	○	○	○
	导爆索类	×	×	○	○	○	○	○	○
	单质炸药类	×	×	○	○	○	○	○	○
	硝铵类炸药	×	×	○	○	○	○	○	○

注：1. ○表示可以同库存放或同车运输，×表示不得同库存放或同车运输。
    2. 雷管类含火雷管、电雷管、导爆管雷管、继爆管。
    3. 单质炸药类炸药为黑索金、奥克托金、太安、苦味酸、梯恩梯和以上述单质炸药为主要成分的混合炸药或药柱（块）。
    4. 射孔弹类指上述单质炸药为主要装药的油气井射孔器材。
    5. 导爆索类指导爆索和爆裂管等。
    6. 硝铵类炸药指铵梯类炸药、铵油类炸药、铵松蜡炸药、乳化炸药、水胶炸药等。

一、储存一般原则

射孔弹、导爆索和雷管宜单库存放,当受条件限制时,不同品种的射孔器材可以同库存放。危险级别相同的射孔器材同库存放时,同库存放的总药量不应超过其中一个品种的单库允许最大存药量。危险级别不同的射孔器材同库存放时,同库存放的总药量不应超过其中危险级别最高品种的单库允许最大存药量,且库房的危险等级应以危险级别最高品种的等级确定。任何废品射孔弹、导爆索和雷管不应和成品射孔弹、导爆索和雷管同库存放。不同种类射孔弹同库存放时,应分区摆放,包装完整,标识清楚。严禁在仓库内开箱取产品。取试验样品应在仓库管理人员的参加下,将产品箱移至库房防护屏障外指定地点进行,启箱工具应使用不产生火花的工具。

二、储存环境安全要求

库区的选址、设计及构建,必须符合 GB 50089—2007 及 GB 50057—2010 的要求。库区不准违规增加其他建筑物,不准通过高压线,不准拉临时电线,照明线不准通过库房屋顶,库房内照明应采用外投光灯。库区消防水源必须充足,配置适当种类和数量的灭火器等其它灭火设备,布置在明显便于取用的地点,消防器材设备附近严禁堆放其他物品。库区避雷装置必须有效,库房周围的树木不得高于避雷针。库区内道路应该平坦,树木等不能阻挡人员视线。库区内严禁存放其他易燃物品,每年对其内部及周围的荒草进行一次除草清理。

三、射孔弹库房要求

库房的防护土堤应保持完好;库房周围25m以内,不得有干草枯树及其他易燃物。库房的门应向外平开,门洞宽度不应小于1.5m,高度不应小于2m,不应设置门槛,库房内任一点到门的距离不应超过15m。库房的门、窗、护栏、铁丝网均要严密完好,在基脚处应设置百叶窗。库房不准漏雨、积水,要注意通风防潮,备有温、湿度计并做好温、湿度记录。库房不准有虫、鼠、鸟进入库房为害,不准阳光直接射入库房内。库内保持清洁,严禁存放其他非火工品。地面应采用不发火的材料,仓库应设置防止静电积聚的接地释放装置和避雷装置。库房管理应做到"十防":防潮、防热、防冻、防霉、防洪、防火、防雷、防虫、防盗、防破坏;"十无":库内无禁物,无水汽凝结,无漏雨,无积水,无渗水,无包装破损,无锈蚀霉烂,无鼠虫蛀,库边无杂草,库房周围25m内无易燃物。火工品库房实行"五双"管理制度,即双人保管、双锁、双账、双人领取、双人发放。火工品库房如一般门窗等小修时,要移至室外指定地点;库房大修时,要将库内火工品全部移走,清理干净后方可施工。

四、库房摆放要求

(一)射孔弹和导爆索库房摆放要求

射孔弹和导爆索应分区摆放,堆码高度不超过5层。堆垛高度不应大于1.8m。堆垛与墙面之间、堆朵与堆朵之间应设置不宜小于0.8m宽的检查通道和不宜小于1.2m宽的装运通道;射孔弹应保持包装完好,包装箱应堆放在垫木上,垫木高不应小于10cm。堆码要稳固、整齐，便于通风，检查，利于搬运安全。射孔弹必须标识清楚，标识至少包括名称、规格型号、厂家和生产日期等内容。摆放的火工品应与库房内的信息板上的位置、数量相一致，便于对账和检查。

（二）雷管库房摆放要求

雷管应分区摆放，区与区之间应设置不小于 0.8m 宽的检查通道和不小于 1.2m 宽的装运通道。雷管应保持包装完好，并保持雷管引线有效短接。包装箱应堆放在垫木上，垫木高不应小于 10cm。堆箱要稳固、整齐，便于通风，检查，利于搬运安全。雷管库房摆放的特殊要求：堆垛高度不应大于 1.6m，严禁叠放，雷管堆放时，每堆不超过 300 箱。雷管必须标识清楚，标识至少包括名称、规格型号、厂家和生产日期等内容。雷管库房单库最大允许存量，按每发药量折算合计不应超过 10000kg。除电雷管、火雷管可以同库存放外，雷管不可以和其他爆炸品同库储存。

第四节 射孔器材的运输要求

射孔器材的运输要求主要是对射孔弹、导爆索和雷管的运输要求。

一、一般要求

爆炸危险品汽车运输必须严格执行国家相关的安全设计规范及法令。公路运输爆炸危险品宜采用汽车运输，且必须配备灭火器。不宜采用三轮车和畜力车运输，严禁采用翻斗车和各种挂车运输。爆炸危险品运输路面应坚固平坦。不同种类的危险品，原则上不准同车运输。在任何情况下雷管和炸药不得同车装运。装运爆炸危险品的汽车，应配备押运人员，配合司机完成危险品的运输任务；无关人员禁止搭乘装运爆炸危险品的汽车。爆炸危险品运输应保持包装严密。

特别要注意，必须要确保雷管不得和其他非雷管类爆炸品同车装运。

二、车辆要求

爆炸危险品运输车，必须按规定配挂明显的危险品标志。车上悬挂黄底黑字"危险品"字样的信号旗，夜间行车应打开车前后红色信号灯。爆炸危险品运输汽车车厢的黑色金属部分，应用木板衬好，短途运输汽车可用铝、铜等有色金属或橡胶板衬垫。但不得用谷草等松软易燃材料。运输爆炸危险品的汽车排气管，应配带隔热和熄灭火星的装置。排气管应设置在车前下侧。运输爆炸危险品的车辆应限速行驶，在平坦公路上行驶时，速度不应超过 60km/h；在不平坦公路、土路行驶时，车辆时速不应超过 40km/h；在危险品库区行驶时速不应超过 15km/h。运输爆炸危险品的汽车，电路系统应有切断总电源和隔离电火花装置，并挂防静电接地链条。运输爆炸危险品的汽车，出车前、收车后都必须清扫干净。废药送到指定地点及时处理。

三、车辆行驶要求

运输火工品的车辆应限速行驶，在平坦公路上行驶时，速度不应超过 60km/h；在不平坦公路、土路行驶时,速度不应超过40km/h。车辆应当保持安全车速；前后两车之间的距离不应小于50m,不应超车、追车；在道路不平、视线不好、人员聚集的地方,应有相应的安全措施。厂内车辆车速不应超过15km/h。在运输途中要避免紧急制动。车辆严禁超过额定负载,载重量宜为原车标准载重量的3/4左右。车辆载火工品时不准检修油路、电路部分。如需要修理,应将火工品卸下,汽车远离火工品后可以进行维修。两台运载火工品的车辆同路行驶时,要保持一定的殉爆距离。运输火工品的汽车中途暂时停歇,要远离建筑设施和人口稠密地区,并由专人看管。车辆通过铁路道口时,应注意观察铁路信号。遇有火车通过时,车辆应停于停车线以外的地方,无停车线时,应停在距铁轨5m以外,严禁超车抢行。雷电、雨、大雾天气禁止进行火工品运输,如果途中遇到以上天气,要采取防雨淋、雷击的措施,冰雪、泥泞路面要采取防滑措施。火工品运输全过程严禁吸烟,车辆停放时严禁在车辆附近吸烟。

四、安全装卸要求

装卸人员应掌握所装卸火工品的危险性质及应急措施,如果人员是第一次从事装卸作业时,必须由组织装卸单位的现场人员对其进行相关火工品安全知识培训教育。进入装卸作业区内禁止携带火种,关闭手机、传呼机、对讲机及闪光灯等电讯工具、器材的电源。装卸人员要按规定穿戴好劳动保护用品,禁止穿带钉子的鞋及易产生静电的化学纤维衣服作业。装卸作业须稳拿轻放,严防摔砸、跌落,禁止撞击、拖拉、翻滚、投掷、侧置、倒置、重压。装运的火工品要堆放整齐、码平、捆扎牢固。做到装车不超高、不超宽、不超载。对散落的粒状或粉状火工品应先用水润湿后,再用锯末等柔软材料收集干净。装卸火工品严禁使用明火灯具照明,装卸现场的道路、灯光、标识、消防设施等须满足安全装卸的条件。装运火工品应采取遮阳、控温、防火、防震、防水、防冻、防撒漏等措施。

五、驾驶人员要求

驾驶员应具有3年以上、5×10^4km的驾驶经历,技术好、责任心强,并掌握一定的火工品常识及发生故障时的应急处理方法。驾驶员必须由工厂安全管理部门批准并备案。驾驶员及押运人员在执行任务过程中不准吸烟、携带火种,严禁搭乘其他无关人员。运输途中驾驶员、押运员不准擅离车辆办其他事,停歇住宿要按危险品运输规定执行。在火工品装卸过程中,司机不准远离车辆。

六、押运人员要求

押运人员应随车携带符合行政许可审批要求的有关证件。押运人员必须在装卸现场进行当面清点交接,并办理好相关手续。押运人员必须掌握押运火工品的数量、质量、规格、批次和装载情况及所载火工品的主要危险特性及安全防护知识。押运人员在执行任务过程中不准吸烟、携带火种并监督他人。押运人员在运输途中不准擅离车辆办其他事,停歇住宿要按火工品运输规定执行。如需施封上锁的车厢,负责施封上锁。

七、人力车运输要求

生产车间内部火工品转运可以使用人力车,装载重量不宜超过100kg。转运过程中应采取防滑、防摩擦和防止产生火花等安全措施。转运炸药时，应保持清洁、干净，及时清扫药渣。装药高度不应超过人力车厢高度，摆放药箱面积不得超出人力车厢底部面积，药箱须单层摆放。

火工品铁路运输、水路运输、航空运输时应符合相关规定要求。

第五节　射孔器材的销毁方法

射孔器材的销毁方法主要是对射孔弹、导爆索和雷管的销毁方法。

一、销毁原则

必须在专用场地进行销毁作业。在夜间、大风、雷电、雨、雪、雾天严禁销毁作业。销毁时应少量多次，即限量处理。销毁时应及时、彻底，分类进行。

二、销毁方法

（一）射孔弹销毁方法

爆炸法：爆炸法适用于能确保爆炸完全的射孔弹。燃烧法：主要是将射孔弹药柱分离后，采用燃烧法进行炸药销毁。

（二）导爆索销毁方法

一般采用燃烧法销毁。烧毁药量一次不超过200kg。应按平行风向铺设导爆索，将索团松开铺成宽度不超1m，厚度不超过10cm的条状，每次不超过两条，条距不少于5m，严禁堆成大堆引燃。铺设导爆索的地面和燃烧物中不允许有爆炸物或可能引起爆炸的物品，如炸药块、药柱等。由末端逆风向用蜡纸引燃后，人员立即撤离至150m以外的安全区。需在同一地点分多次烧毁时，每次烧毁后应待地面将至常温后，方可再次进行烧毁。

（三）雷管销毁方法

只允许使用爆炸法销毁。销毁雷管时，不得散堆零放。一次销毁雷管最大量不得超过20g（雷管1g/发）。取雷管前，应先释放静电，将雷管从防爆安全箱内轻轻取出，将未接电源的电缆线的一端打开，与单发雷管线连接，用绝缘胶布将接头包好。在联接好一发雷管且确认安全后，再与其他雷管捆绑联接，连接完毕人员撤离到安全地带。由起爆器引爆10min后，待飞散物全部落地后，切断电源，方可进入场地。

三、销毁场地选择

销毁场地应选择在安全偏僻地带。销毁场地距周围建筑物不应小于200m，距铁路、公路不应小于50m。销毁场地周围应设围墙或铁丝网且完整无损。销毁场内应设置掩体或其他安全屏障，位置于上风向，出入口应背向销毁作业场地，距离作业场地不小于50m，掩体作为操作及少量材料储存和避爆之用。作业场地周围，半径50m范围内，所有的草丛应全部除净。为了保证在销毁作业中不致危及行人和车辆，必须设置安全警戒区且标志明显，其范围大小，可根据销毁爆炸物品的规模来确定，一般距离作业场地不小于800~1500m，设置警戒人员，在爆破时间禁止非操作人员进入危险区。销毁场地不应设有储存仓库。

四、人员要求

销毁人员应不少于 2 人，销毁人员应经过相关培训，熟知销毁产品危险性能、安全操作规程和销毁方法等必备知识，具备知险、避险和应急能力，持有爆破操作合格证。销毁人员应按要求穿戴好劳保、防护用品。销毁作业不应单人进行，可分为主要操作人员、操作人员或配合人员。

五、销毁作业前安全检查

销毁物摆放符合《安全操作规程》要求。销毁物周围无砖、石等块状物。要及时发出警戒信号。应确认操作人员进入掩体或其他安全屏障，车辆和无关人员撤出警戒区。

六、销毁作业后安全检查

确认有无盲炮；如发现盲炮或其他险情时应及时上报或处理；处理前应在现场设立危险标志，并采取相应的安全措施，无关人员不得接近。起爆后必须等待 5min 后再检查，燃烧后必须等完全熄灭再检查。残药应清理干净，余火应完全熄灭。清理现场，不留隐患。销毁记录应完整、准确。

第六节　现场作业安全措施

一、射孔作业安全措施

（1）油气井射孔安全措施（射孔作业人员必须经过专业知识教育取得相应合格证后才能上岗工作）。

（2）雷雨天不准进行射孔作业、夜间不开始射孔作业。

（3）必须满足以下条件才能施工：

①双方核对射孔通知单准确无误。

②井场无漏电（井架、油管等不漏电）。

③满足施工条件，如有电源、照明好、井口牢固、井场能摆放车辆、井口防喷设施齐全等。

④施工用火工品的质量，必须达到产品说明书上设计的指标，井内条件（温度压力等）不准超出火工品的技术性能范围。

（4）油管输送射孔、水平井射孔应使用安全枪；电缆输送射孔推荐使用安全雷管或安全枪头等。

（5）施工所用的各种电雷管的测试工作应由专人、专用仪器测量装置进行测试，不允许小队在施工现场测量已装配好的射孔器。

（6）领用各种电雷管时，必须交接清楚，签名登记，轻拿轻放，放入防爆的电管保险箱内，上锁后放在安全位置。

（7）上井途中绞车在前，工程车在后，车距不大于 0.5km，中速行驶。长途每 50km 停车检查一次。

(8) 工作人员乘坐工程车，不准与火工品同车。

(9) 装炮区选择安全地方（避开高压电线，距井口、施工车辆、电源大于 10m）区内设有标志牌，设立警戒区，严禁各种明火，禁止吸烟，非工作人员不准入内。

(10) 小队设专职的护炮操作手，火工品由护炮操作手负责看管。

(11) 雷管等火工品轻拿轻放，雷管用后及时上锁。

(12) 安装电雷管时，必须清理好枪头，电雷管安装严禁敲击。

(13) 射孔弹装入弹架时，应轻轻地放入弹孔，用手指将射孔弹鼻环压紧导爆索，严禁敲击。

(14) 装好的枪身轻轻运到井口，井口只允许存放一支枪。

(15) 下井枪身顶孔下入井口内，再接点火线，接线前必须把点火线对电缆外皮短路放电。接好点火线后才可接通仪器电源。

(16) 油管输送射孔、水平井射孔必须在井口安装起爆器。

(17) 射孔枪在井内不准用仪表检查枪身点火电阻值。

(18) 下井未响的射孔器（点火未响、遇阻、遇卡等）应先切断仪器电源后再上提，枪身起到井口时断开点火线，并将雷管引线绝缘好然后再提出井口，妥善处理。

(19) 下过井的雷管不准再使用，且单独存放及时销毁。

(20) 进水受潮的射孔弹、导爆索不准再使用。

(21) 施工剩余的火工品，应及时交还装炮班，不允许放在车上过夜。

二、井壁取心安全施工措施

(1) 从事本工种的人员，必须经过该工种安全知识教育，取得合格证后方能上岗。

(2) 装配取心器的地方，应选择安全地带（距井口、电源、施工车辆大于 10m）。

(3) 装取心器的区域，设立警示牌和警戒带，非工作人员禁止入内。禁止吸烟，禁止明火。

(4) 取心药盒应放在保险箱内，随用随取及时上锁。

(5) 装配药盒时，严禁用金属物敲击药盒。

(6) 装配好的取心器应朝向地面。

(7) 装好取心药盒的取心器严禁通电检验，但允许空枪通电校验取心器。

(8) 连接点火线，换挡线时，必须将电缆芯先对地短路放电。

(9) 取心深度的间隔一般应大于 0.5m，不允许打排炮，更不允许在同一深度连续点火。

(10) 取心过程中，取心器在井内停留时间不准超过 3min。

(11) 排除取心哑炮时，应选择在安全地方进行，取心筒朝向地面。操作人员离取心器 10m 以外，按操作规程通电，换挡点火。地面仍未引发时，应用专用工具卸开取心药室，取出药盒，严禁用金属工具砸击。

(12) 未用完的火药盒及废药盒应保管好，返回基地后及时交付危险品库发放人员，填好相应表格，交接完后签字。

(13) 暴风雷雨天气不能施工。

三、工程射孔与爆破施工安全措施

（1）井下爆破用的切割弹、爆松弹必须经过地面试压方可使用。

（2）进行井下爆炸施工时，应先不装药试下一次，证实能下到目的深度后再下切割弹。

（3）切割弹装配地点应选在离井口 50m 外的安全地带，最多两人操作。

（4）装配好的切割弹（爆松弹）严禁用仪表测量雷管，最好选用安全雷管和安全炮头。

（5）装配好的切割弹（爆松弹）下井前，井场应断掉一切电源，下过井口 50m 后再接通仪器电源。

（6）下井未响的切割弹（爆松弹）应先切断井场一切电源后，再慢慢上起，当提到井口时，先断开点火线，并将雷管线绝缘好后提到地面，轻轻放到安全地带，慢慢拆卸处理。

（7）进行井下切割、高能气体压裂等工艺时，火工品下井等应先模拟通井，证明能下到目的层深度方可施工。

第七节　油气井射孔安全自控系统

射孔施工作业人员使用雷管、射孔弹等爆炸器材时，一旦发生地面爆炸事故，后果不堪设想。引起地面爆炸的因素很多，但雷管是爆炸事故的源头。雷管敏感度高，外界极小的能量（一般条件下 2～10mJ）就可以起爆，从而引爆整个爆炸序列的做功元件（射孔弹），酿成爆炸事故。因此，从技术上提高雷管地面安全性能可以从根本上减少甚至杜绝地面爆炸事故的发生。

油气井射孔安全自控系统是一项射孔安全技术。它从技术上消除静电、射频、杂散电流、误操作等原因引发雷管发火造成的地面爆炸，保证射孔作业人员的安全，保障射孔作业的安全。

油气井射孔安全自控系统包括射孔马龙头、快速连接器、大电流安全起爆器和自控导爆避爆装置四部分，如图 9-7-1 所示。

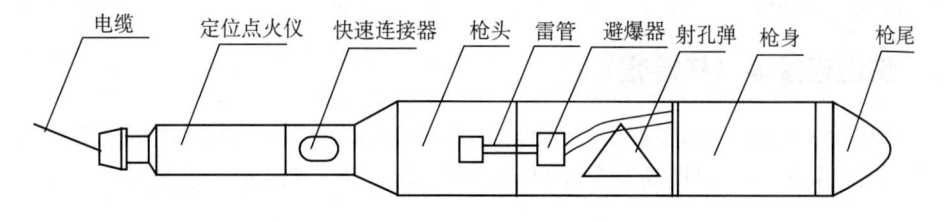

图 9-7-1　射孔安全自控系统结构示意图

一、射孔马龙头

（一）结构与原理

射孔马龙头主要与电缆（三芯或七芯）串接使用。由打捞帽、射孔磁性定位器（CCL），低电压大电流点火器、安全拉力系统及挂接头构成，如图 9-7-2 所示。其优点是连接速度快，省时省力，具有测量准确、点火可靠，并设有安全拉力系统。

— 367 —

图 9-7-2 射孔马龙头

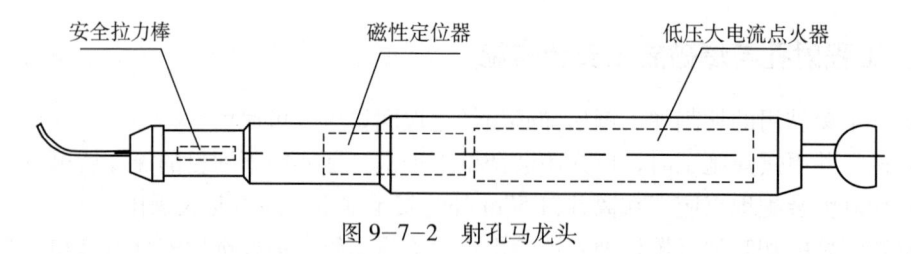

1. 打捞帽

用于射孔器落井后，打捞。

2. 射孔磁性定位器（CCL）

磁性定位器是根据电磁感应原理制作的。通过电缆与到地面仪器的记录系统连接，从而测量射孔器在井下的深度位置。

3. 低电压大电流点火器

低电压大电流点火器，它配合大电流安全起爆器使用。它能够输出大电流安全起爆器发火所需要的额定电流；其次，该点火器还可以隔离直流漏电电流和杂散电流，从一定程度上减少了直流电意外引起电雷管误爆的可能性，它对安全自控系统的安全性起着重要作用。

4. 安全拉力系统

为了避免因射孔后卡枪而引起的拉掉电缆的事故，在马龙头上设置了安全拉断弱点，即安全拉力棒。它装在马龙头的上部位置，安全拉断的拉力为 2.7kN，这样即使发生卡枪事故，也可以将电缆安全地全部起出。

5. 挂接头

用于挂接快速连接器。

（二）技术参数

（1）耐温：>150℃；

（2）耐压：>80MPa；

（3）安全拉断力：2.7kN；

（4）外径：78mm。

二、快速连接器（挂接帽）

快速连接器采用活络头式结构，快捷、方便，大大缩短了人与危险品的接触，减少了危险品在地面的停留时间，对提高安全起到一定的促进作用。其结构示意如图 9-7-3 所示。

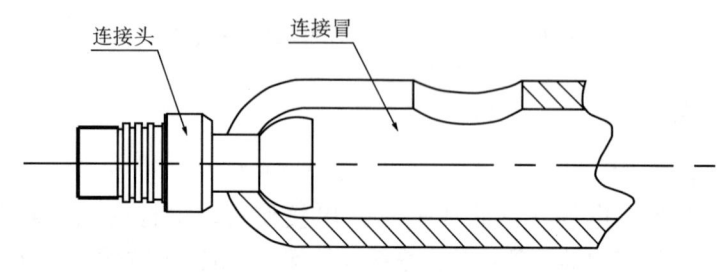

图 9-7-3 快速连接器结构示意图

三、大电流安全起爆器（SLAQ-2 压力保险型安全起爆器）

性能检测和工业应用证明，大电流安全起爆器能有效地防止静电、杂散电流、射频干扰和误操作引起的地面爆炸，提高了射孔作业的安全性。

大电流安全起爆器就是在压力保险型安全起爆器的基础上，提高了电雷管的安全电流和发火电流，进一步提高了雷管的安全性。

（一）结构

大电流安全电起爆器由压力开关组件、短路开关和电雷管等组成，如图9-7-3所示。

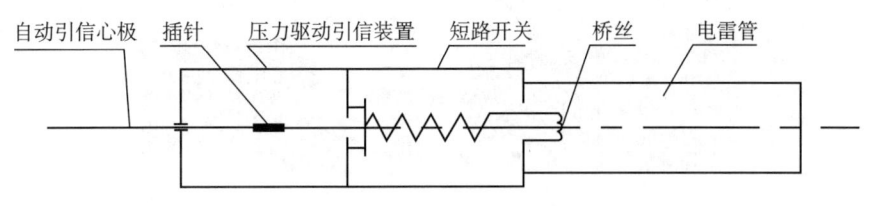

图9-7-4 大电流安全电起爆器结构示意图

（1）压力开关组件由活塞、插针、压力弹簧等组成，插针顶端芯极通过单芯胶套与马龙头的点火连线相连，下端心极距短路开关有一定距离。

（2）短路开关由外壳、短路弹簧和极帽等构成，其外壳和极帽分别与电雷管桥丝两根引线相连。

（3）电雷管的结构与普通电雷管相似，只是桥丝脚线接在短路开关上。

（二）工作原理

电雷管桥丝的两根引线分别接在短路开关的两金属片上，一片通过弹簧接到极帽，另一片接到金属环与外壳相连。在地面或外界压力小于设定值时，插针与短路开关断开，极帽和金属环呈短路状态，且被屏蔽在金属壳内，消除了因杂散电流、静电、射频感应等电性源引爆雷管的可能性；当起爆器随射孔枪下井后，井内液柱压力作用于压力开关的活塞上，活塞带动插针向断路开关方向移动，当活塞移动到下止点时，插针便与短路开关中的极帽接通，而金属环与地接通，这时雷管桥丝两端分别与点火缆心和地线接通，当射孔枪对准目的层时，由地面仪器控制接通电源，即可引爆射孔枪。如果因故未能射孔，随着枪身的上提，活塞受到的压力逐渐减小，当枪身上提到离井口一定距离时，活塞带动插针到达上止点，插针与短路开关断开，极帽和金属环恢复短路状态，实现安全的目的。

（三）性能参数

(1) 最大安全电流：1A；
(2) 发火电流：2A；
(3) 耐温：160℃ -2h、200℃ -2h；
(4) 耐压：60MPa、80MPa；
(5) 安全起爆器导通压力：2MPa；
(6) 电雷管与压力开关同轴度：< 0.2mm。

四、自控导爆避爆装置

自控导爆避爆装置是油井射孔安全自控系统的主要部件，它起到导爆和避免误爆的双重作用。

(一) 结构

自控导爆避爆装置由避爆枪头、滑座、避爆胶体和自控避爆器等组成，如图 9-7-5 所示。自控避爆器固定在避爆胶体中，由保护箱、避爆体、避爆滑板和传爆管限位丝组成。

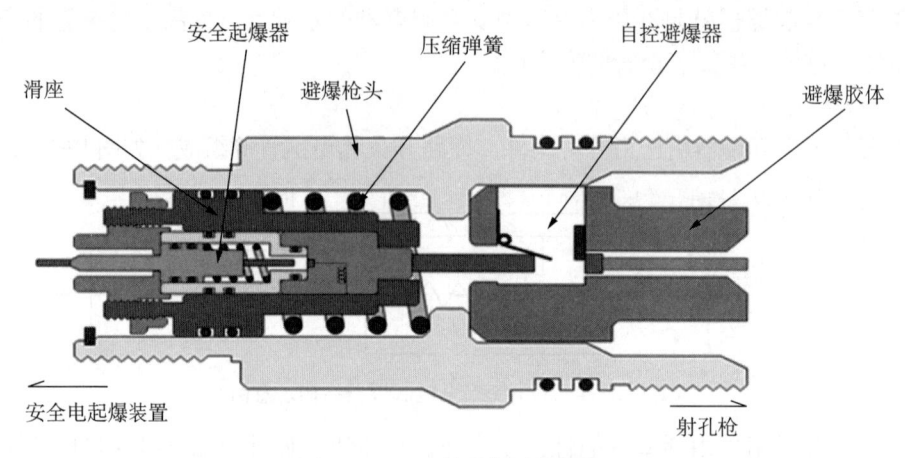

图 9-7-5 自控导爆避爆装置

(二) 技术原理

在地面常压或外界压力小于设定值时，大电流安全起爆器的电雷管处于避爆装置的上止点，传爆管、导爆索由限位丝定位，电雷管与传爆管、导爆索相距 28mm，在这段距离中安装有自控避爆器。自控避爆器将电雷管与传爆管、导爆索分离，且自控避爆器的避爆体选用了易于消耗爆炸能量的材料。在外界压力未超过设定值时，即使电雷管发生爆炸（这里指无论何种原因使雷管爆炸），爆炸能量全部消耗在避爆体上，使传爆管、导爆索免受损伤，从而避免了地面爆炸事故的发生。

当自控导爆避爆装置随射孔枪下井后，井筒内的液柱压力作用在滑座上，滑座推动压缩弹簧在避爆枪头中移动，电雷管随之将避爆体推开，并与传爆管衔接。此时若给雷管通电，雷管、传爆管、导爆索、射孔弹相继爆炸，从而完成射孔任务。

射孔枪下井后若因故未能通电射孔（如井下遇阻），在枪身上提过程中，滑座所受压力逐渐减小，当上提到离井口一定距离时，弹簧弹力大于液柱压力，使滑座再次到达上止点，避爆器处于避爆状态，实现返工情况下的避爆功能。

(三) 技术指标

(1) 耐压：60MPa；

(2) 耐温：160℃；

(3) 避爆器开通所需压力：0.5MPa；

(4) 避爆器开通扭矩：< 3×10^2 N·m；

(5) 滑座行程：28mm；

(6) 经 60MPa 压力后滑座复位正常，反复次数 > 15 次；

(7) 避爆器"开通—闭合"性能良好，重复次数 > 15 次。

第十章 射孔技术应用事例

第一节 射孔优化设计技术在肇212区块的应用

射孔优化设计技术自研究开发以来，在大庆各采油厂进行了广泛的应用，并取得了较好的应用效果。在此以永乐油田肇212区块为例介绍区块射孔方案的优化设计及取得的效果。

一、基本井况

肇212区块位于黑龙江省肇源县永乐镇东部，肇212区块葡萄花油层位于下白垩系姚家组一段中下部，地层厚度为12.5～19.8m，由东向西逐渐变薄，主要为三角洲前缘相—湖相过渡类型沉积。油层埋藏深度在1415～1530m之间。平均单井钻遇有效厚度3.9m。肇212区块葡萄花油层的平均有效孔隙度为19.8%，平均空气渗透率为$74.2 \times 10^{-3} \mu m^2$，属中孔中低渗透油层。

二、施工目的

通过射孔优化设计提高油气井的产能。

三、射孔设计

（一）参数准备

射孔方案设计所应用到的射孔参数见表10-1-1，区块储层物性参数及其他参数参见表10-1-2。

表10-1-1 射孔器技术指标表

弹型	枪型	混凝土靶 穿深(mm)	混凝土靶 孔径(mm)	孔密(孔/m)	相位(°)	射孔格式
DP36RDX-1	89	505	8.8	16	90	螺旋布孔
DP41RDX-1	89	543	10.2	16	90	螺旋布孔
DP44RDX-1	102	639	11.6	16	90	螺旋布孔
DP44RDX-3	102	657	11.8	16	90	螺旋布孔
DP30RDX-2	60	321	7.2	16	90	螺旋布孔
DP33RDX-2	73	429	7.8	10	90	螺旋布孔
DP41RDX-1	83	500	10.4	16	90	螺旋布孔

表 10-1-2 储层及流体参数选取表

参数	数值	参数	数值
地层压力（MPa）	14.9	泥质含量（%）	18
井 段（m）	1470～1500	石英含量（%）	26
地层厚度（m）	4.2	长石含量（%）	30.5
孔隙度	0.198	岩屑含量（%）	28.5
原油密度，kg/m³	860	胶结物量（%）	18.2
原油黏度（mPa·s）	15.91	高岭石量（%）	3
体积系数	1.105	伊利石量（%）	8
渗透率（10⁻³μm²）	18.55	绿泥石量（%）	2.9
井储常数（m³/MPa）	0.01	粒度均值（mm）	0.13
渗透率比	0.01	胶结类型	泥质胶结
边界距离（m）	300	碳酸根离子（mg/L）	28.57
污染深度（cm）	16.34	硫酸根离子（mg/L）	29.66
地层温度（℃）	67.7	矿化度（mg/L）	11223
压力系数	1.07	pH 值	8.6

（二）射孔优化设计

利用射孔优化设计软件对该区块的 114.2mm 和 139.7mm 两种套管井射孔分别进行了优化设计。下面以 114.2mm 套管井射孔优化设计方案的制订为例介绍射孔优化设计的流程。

1. 射孔器的优化

（1）利用射孔优化设计软件进行稳定产能分析，给出各种可应用于 114.2mm 套管井射孔器类型射孔后的产率比、表皮系数及预计的稳定产量见表 10-1-3，IPR 曲线如图 10-1-1 所示。

表 10-1-3 稳定产能预测结果

弹 型	枪 型	产率比	总表皮	稳定产量（t/d）
DP41RDX-1	83	0.81	2.28	2.7
DP33RDX-2	73	0.666	4.52	2.22
DP30RDX-2	60	0.642	4.99	2.14

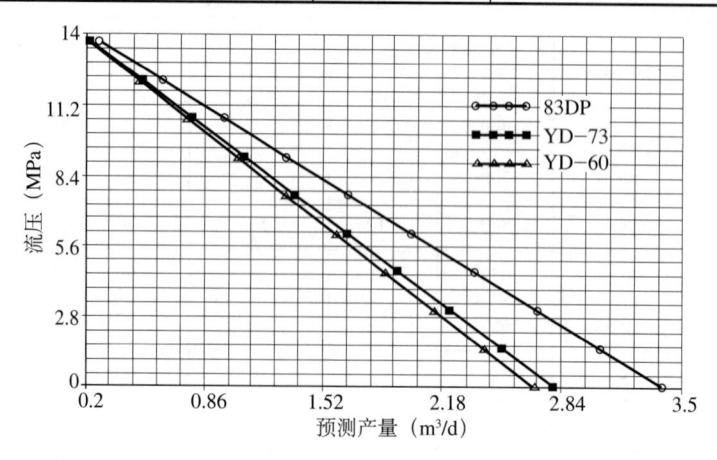

图 10-1-1 稳定情况下，不同射孔器类型，流压与预测产量关系图

(2) 利用不稳定产能分析给出不同射孔器类型情况下预测产量随时间变化的曲线, 如图 10-1-2 所示。

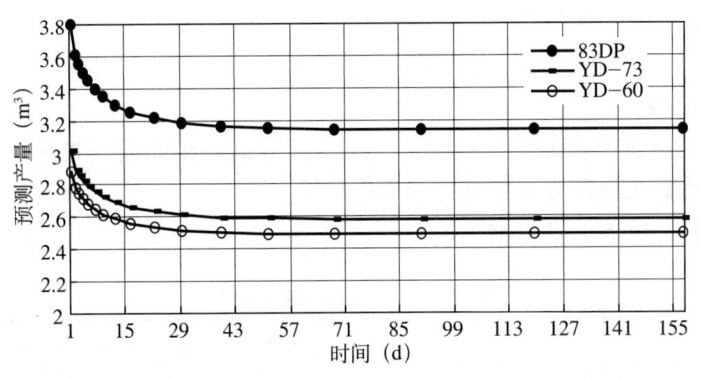

图 10-1-2 不稳定情况下, 不同射孔器类型, 时间与预测产量关系图

从以上产能分析来看, 采用 83 型射孔器（装 89Ⅲ弹), 孔密为 16 孔/m, 相位为 90°, 螺旋布孔方式射孔可以获得比较好的产能。

2. 负压值设计及产量预测值

本着保护地层及保证施工安全的前提下, 进行了负压射孔设计, 确定合适的负压值（表 10-1-4), 给出了进行负压射孔后产量的预测值（表 10-1-5)。

表 10-1-4 负压值设计结果表

弹 型	枪 型	最小负压值 (MPa)	最大负压值 (MPa)	建议负压值 (MPa)	备 注
DP41RDX-1	83	7.17	12	8	
DP33RDX-2	73	7.17	6		不能进行有效负压射孔
DP30RDX-2	60	7.17	6		不能进行有效负压射孔

表 10-1-5 负压射孔设计结果表

射孔器	弹 型	枪 型	预测负压后产量 (t/d)	预测负压总表皮	预测负压产率比
83DP	DP41RDX-1	83	3.14	0.82	0.94

3. 完井液配方设计

根据该区块油层矿物特点数据, 利用射孔优化设计软件射孔液优选模块, 首先进行了系列敏感性分析评价, 分析结果见表 10-1-6。

表 10-1-6 敏感性分析结果表

敏感性名称	渗透率损害程度
水敏性	中等水敏
水速敏	弱损害
盐敏性	强损害
盐酸酸敏	中等偏强盐酸酸敏
土酸酸敏	中等偏强土酸酸敏

在敏感性分析的基础上，再次利用射孔液优选模块对完井液配方进行了优选，给出三个完井液配方：

配方1：清水+0.5%PTA+0.1%OP（表活剂）；

配方2：清水+0.5%NW-1+0.1%OP（表活剂）；

配方3：清水+5%无机盐。

通过室内岩心渗透率恢复值实验对以上三个配方进一步验证，并对价格等综合因素进行了考虑，最后确定采用配方1的完井液进行施工。

根据以上分析，推荐射孔方案见表10-1-7。

表10-1-7 推荐方案汇总表

区块	射孔器	孔密（孔/m）	相位格式	输送方式	完井液	负压值（MPa）	预计产量（t/d）
肇212	83DP	16	90°螺旋布孔	电缆	PTA完井液	8	2.7～3.14

4. 增产措施推荐

为了进一步提高射孔完善程度及近井地层导流能力、增加油井产能，还可考虑采用以下增产措施，见表10-1-8。

表10-1-8 增产措施推荐表

措施名称	射孔器材	流压（MPa）	稳定产量（t/d）	最短有效期（d）	累计增油（t）
射孔	83枪装DP41RDX-1弹射孔器	1.2	3.76	100	62.26

注：稳定产量和累积增油是按照最低增产量20%和最短有效期100d计算的预测值。

139.7mm套管井射孔优化设计方案的制定过程与114.2mm套管井射孔优化设计方案的制定过程相似，这里就不详细说明，只给出最终的推荐方案，见表10-1-9。

表10-1-9 推荐射孔方案

区块	射孔器材	孔密（孔/m）	格式	输送方式	完井液	负压值（MPa）	稳定产量（t/d）
肇212	DP41RDX-1	16	90°螺旋布孔	电缆	PTA完井液	8	2.93～3.4

注：稳定产量是在流压为1.2MPa情况下的预测值。

四、效果分析

采油厂根据推荐的射孔优化方案，确定了该区块的单井射孔完井方式，并在肇212区块的123口井上进行了应用。在区块投产后，收集了肇212区块的射孔后投产资料。为了对比射孔优化设计应用的效果，收集了地层物性相近的临近的台105区块投产初期的资料，进行了对比分析。

台105地区含油面积17.3km^2，地质储量$427×10^4$t，采用300m×300m反九点法正方形井网。截至2000年4月，投产84口井，平均动液面为1359.3m。

肇212区块葡萄花油层探明储量$778×10^4$t，含油面积29.1km^2。布井采用300m×300m

反九点法正方形井网。共投产油井 123 口，平均动液面为 1394.7m。

两个区块不同射孔工艺应用效果对比见表 10-1-10。

表 10-1-10　两个区块不同射孔工艺应用效果对比表

井　别	区　块	施工工艺	平均有效厚度 (m)	日产油 (t)	有效采油强度 [t/(d·m)]	有效采油强度提高 (%)
114.2mm 套管井	台 105	对比井	3.2	1.7	0.53	
	肇 212	优化井	4.6	3.15	0.68	27.2
139.7mm 套管井	台 105	对比井	3.5	2.3	0.65	
	肇 212	优化井	3.3	3.0	0.91	40

通过对比可以看出，对于 114.2mm 套管井，在肇 212 区块上采用优化射孔后其有效采油强度比台 105 区块有效采油强度提高 27.2%；对于 139.7mm 套管井，在肇 212 区块上采用优化射孔后其有效采油强度比台 105 区块有效采油强度提高 40%。射孔优化设计为科学地制定油田勘探开发射孔方案提供了理论依据，达到提高油井产能的目的。

第二节　KL2 气田射孔技术的应用

面对 KL2 气田这样一个压力特高、射孔井段特长、产气量巨大、作业工艺复杂且流体中含有 CO_2 这样世界级射孔难度的气田，国外公司以及国内相关单位在施工前进行了充分的射孔设计和论证，最终采用了三种射孔工艺四种射孔方案，取得了较好的效果。

一、基本井况

以 KL2 气田 KL2-B 井为例说明。

（一）基本数据

(1) 主要套管结构：$9^7/_8$in 62.8# (3550m) × 7in35# (3300～4200m)；

(2) 人工井底：4200m；

(3) 射孔液密度：1.45g/cm³；

(4) 采油树：70MPa，法兰 $7^1/_{16}$in BX156；

(5) 温度：105℃；

(6) 油藏压力：73.72MPa；

(7) 油藏孔隙度：2%～16.7%；

(8) 油藏渗透率：$1×10^{-3}～100×10^{-3}\mu m^2$；

(9) 7in 油管最小内径：146mm；

(10) CO_2 分压：0.43MPa。

（二）完井管柱

KL2 气田的生产井采用了基本相同的完井井下管柱结构，其典型管柱结构示意图如图 10-2-1 所示。该管柱采用 $9^5/_8$in 套管 +$10^3/_4$in 套管作为生产套管，7in 尾管固井后，7in 套管回接直接当生产油管完井。完井管柱配置 $9\frac{5}{8}$in×7in 大直径的封隔器保护套管,井口附近配置两级井下安全阀,7in 油管既保证了超大流量的产出,也为过油管作业创造了条件。井下安全阀可保证在紧急情况下实现地面操作井下关井,井下安全阀通径达 146mm。油管材料选择 S13Cr,耐二氧化硫、二氧化碳等气体腐蚀。

二、施工目的

为了解决压力特高、射孔井段特长、产气量巨大井的一次性射孔完井作业。

三、施工设计

KL2 气田所有的井都不采用压井取枪的方案。因为即使用对地层伤害小的无固相压井液如甲酸铯压井,也对储层有污染,且配制一口井的压井液费用将高达数百万元,所以只能采用负压射孔。

（一）模块式捞枪方案

1. 方案设计依据

由于 KL2 气田是巨厚储层气田,因而射孔井段特长。而口袋又不能打得很长以避免打开气水界面。这样,当射孔枪丢到井底后,势必会有一段射孔枪留在射孔井段内,影响采气和测试,更为严重的是射孔弹碎屑被气流带到地面从而损坏地面采气设备。而采用本工艺（方案）的核心就是射孔后带压作业打捞出一部分射孔枪,以便在射孔井段内不留枪。

2. 方案实施方法

施工时使用电缆桥塞坐封工具将下部的悬挂器锚定在预定位置,给射孔枪定位。然后用电缆通过投捞工具将模块式射孔枪下入井中并叠加在悬挂器上,最后将压力延时起爆器与最上面的模块式射孔枪连在一起后下入井中。点火后悬挂器锥体复位,卡瓦收回,悬挂器自动释放与枪串一同落到井底。

3. 方案评价

（1）射孔枪模块式是一种新颖的创新技术,也是该方案的核心,能按需要捞出部分射孔枪。本次施工总的来说比较顺利,工艺是成功的。

（2）施工周期长,下 23 只射孔枪及起爆器加上装防喷管和试压用了近 70h 的时间。

（二）油管输送下悬挂自动丢枪方案

1. 方案设计依据

为了推迟底水突进的时间,所以考虑储层的最下部不射孔,缩短了射孔井段的长度。这样丢枪后不会在射孔井段留有射孔枪,也就不用考虑射后捞枪的问题。

由于 KL2 气田是特高产气田,为尽量增大采气通径,输送管柱在将射孔枪管柱的悬挂器锚定在预定位置后必须将输送管柱取出后方能进行射孔采气。这样,就要解决悬挂器锚定后输送管柱与射孔枪的脱手问题,以及射孔后悬挂器释放自动丢枪的问题。

2. 方案实施方法

射孔管柱用 $3\frac{1}{2}$in 钻杆送入井中,根据校深的结果调整管柱深度,上提右旋并下放管柱来锚定悬挂器,典型管柱结构示意图如图 10-2-2 所示。如果悬挂器锚定位置不对,可以释放悬挂器,重复上述步骤。

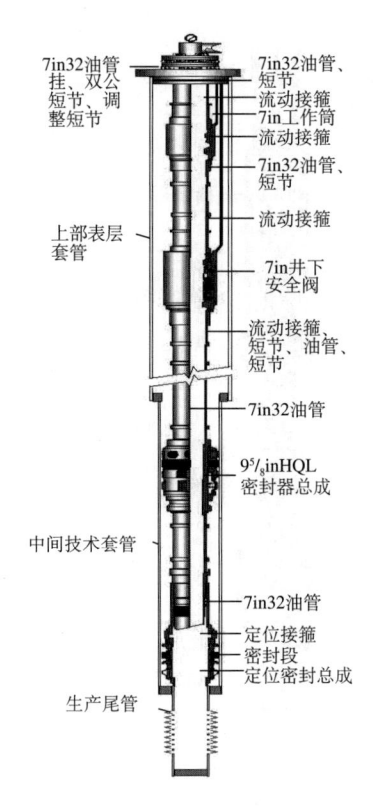

图 10-2-1　完井管柱结构示意图 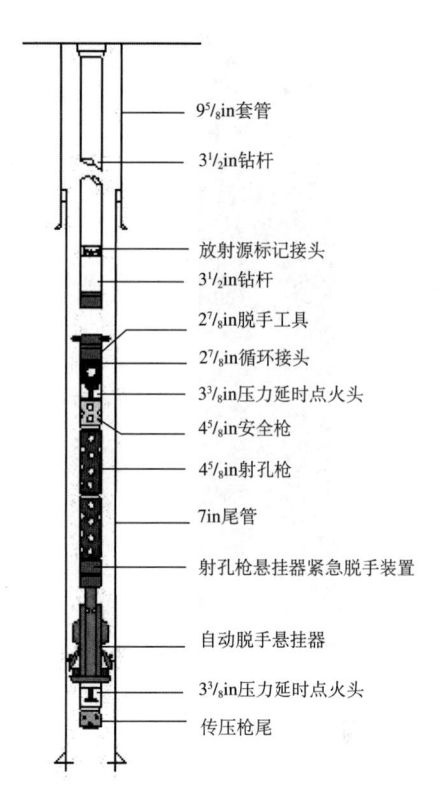　　　图 10-2-2　下悬挂自动丢枪管柱结构示意图
（哈里伯顿公司）

紧急脱手装置位于枪悬挂器和枪之间，是一个安全机构，与自动释放枪悬挂器总成一起使用。当枪悬挂器与油管（钻杆）下井时，一旦下井时枪悬挂器遇卡，起弱点保护的作用。提拉或震击管柱将使紧急脱手装置总成保持螺钉剪切，操作紧急脱手装置时最多上提203kN（8颗剪销）的拉力即可，进而从井内回收枪和油管（钻杆）。脱手后两端仍保持密封。紧急脱手装置示意如图10-2-3所示。

管柱送到位并悬挂在预定位置后，需要使用脱手/回收（ON/OFF）工具将$3\frac{1}{2}$in钻杆回收。脱手/回收工具的操作是在悬挂器悬挂成功后下压管柱剪断剪销后上提管柱的同时左旋即可脱手。脱手后，起出脱手工具以上输送管柱出井口。

射孔后悬挂器的锚定和释放是本方案的又一关键，其结构示意如图10-2-4所示。

管柱到位后上提右旋下放管柱，下部的卡瓦上行至锥体位置时被迫张开锚定在套管上。射孔后悬挂器上部的穿孔弹射穿硅油室，硅油溢出，滑套连同锥体一道上行，悬挂器失去依托释放，连同上面的射孔枪一同落入井底。

3. 方案评价

（1）起爆后悬挂器靠穿孔后释放，因此只要没射孔，悬挂器就能牢牢地锚定在套管上。

（2）脱手/回收工具既能与射孔管柱脱手，还在需要的时候能与射孔管柱重新连接，回收射孔管柱。

（3）采用双起爆装置，提高了射孔的可靠性。

（4）悬挂器的释放装置结构简洁、可靠。

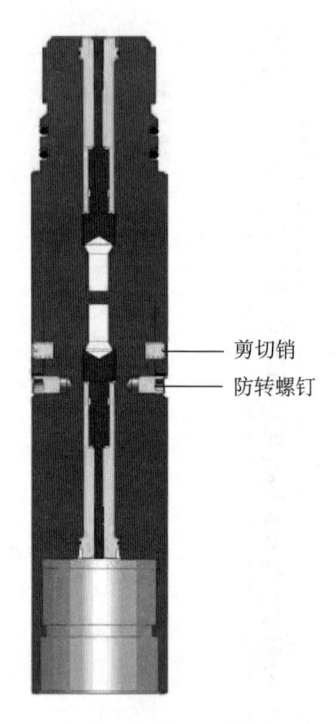

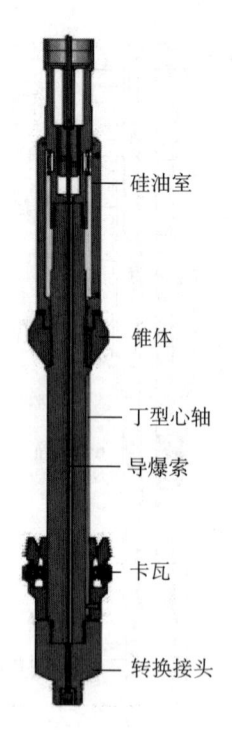

图 10-2-3　紧急脱手装置示意图　　图 10-2-4　悬挂器结构示意图
　　　　　　　　　　　　　　　　　　　　　　　（哈里伯顿公司）

（三）油管输送上悬挂自动丢枪方案

1. 方案设计依据

本方案的设计依据与油管输送下悬挂自动丢枪方案相同，但采用了完全不同的设计方案，达到了同样的工艺要求。

2. 方案实施方法

射孔管柱用 $3\frac{1}{2}$in 钻杆下入井中，根据校深的结果调整管柱深度，投球加压锚定悬挂器，然后起钻。再使用钢丝送入工具下入液压点火头，点火头与传爆机构锁定后起出钢丝工具串，加压起爆后悬挂器释放，射孔枪管柱自动落入井底。管柱结构示意如图 10-2-5 所示。

3. 方案评价

（1）借用成熟的坐机桥的办法锚定悬挂器同时完成了脱手，可以说是一举两得，但悬挂器必须在射孔管柱的上面。

（2）为避免加压锚定悬挂时误起爆压力起爆装置，输送管柱与射孔管柱脱手后才用钢丝工具下入点火头。

（3）只能采用单起爆装置，若井液沉淀物过多易造成起爆失败。

（4）射孔后如果没有起爆，可使用钢丝作业，用移位工具机械释放射孔枪管柱，再行打捞。

（四）普通自动丢枪方案

1. 方案设计依据

在 KL2 气田隆起边缘相对于高部其产层厚度降低，根据气田整体开发的需要设置了 5

口观察、配产井。由于产层较薄，其产量相对较低，所以采用了 $4\frac{1}{2}$in 油管的完井生产管柱。由于射孔井段变短，就有了足够的丢枪口袋，为降低射孔成本，采用国产器材射孔后自动丢枪方式。

2. 方案实施方法

自动丢枪装置工作原理是射孔后井液进入枪内，推动丢枪装置的活塞上行，弹爪失去依托后从嵌入到丢枪装置外壳上的槽中解锁，射孔枪连同弹爪以及压力起爆器芯子一同落入井底。典型的自动丢枪管柱结构示意如图 10-2-6 所示。

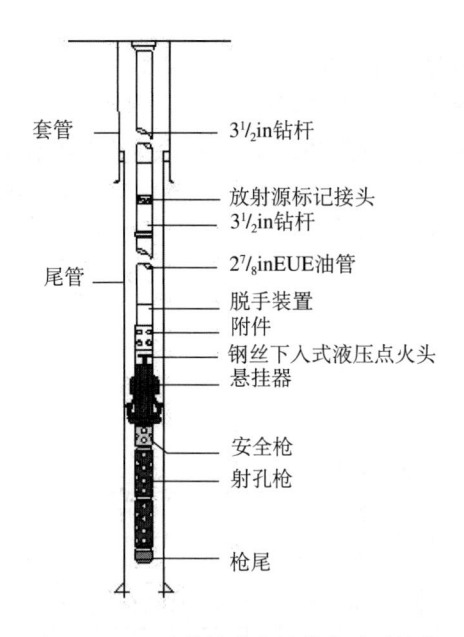

图 10-2-5 油管输送上悬挂自动丢枪管柱结构示意图（斯伦贝谢公司）

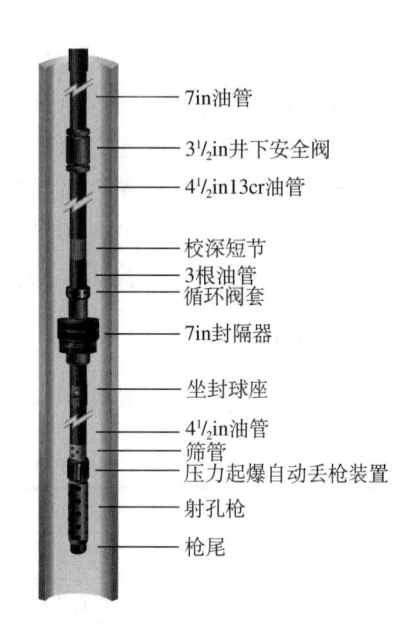

图 10-2-6 备用井、观察井自动丢枪管柱结构示意图

3. 方案评价

（1）自动丢枪装置在国外使用非常成熟，国内也在使用。
（2）在压力起爆器下设法安装了延时机构，满足了负压射孔的要求。

四、施工简况及效果

哈里伯顿公司、斯伦贝谢公司与中国的公司合作，应用三种射孔工艺四种射孔方案，经过近三年的努力，在 KL2 整装气田圆满完成了 5 口观察井、9 口生产井的射孔施工任务，使之成为"西气东输"的主力气田。施工简况见表 10-2-1。

表 10-2-1 KL2 气田施工简况表

射孔方案	井 号	完成单位	备 注
模块式捞枪	KL2-A、KL2-B	哈里伯顿公司、四川油田	生产井
下悬挂自动丢枪	KL2-C、KL2-D、KL2-E	哈里伯顿公司、四川油田	生产井
上悬挂自动丢枪	KL2-F、KL2-G、KL2-H、KL2-I	斯伦贝谢公司、大庆油田	生产井
普通自动丢枪	KL2-J、KL2-K、KL2-L	四川油田	观察井（带延时）
	KL2-M、KL2-N	大港油田	观察井

2004年10月28日，KL2-B井采用模块枪射孔后井口压力迅达43MPa，放喷出压井液后井口压力达到64MPa，经放喷测试日产230×10⁴m³井口压力不降，放喷日产460×10⁴m³井口压力仅降6MPa，计算无阻流量为2281×10⁴m³/d，创下了目前国内陆上产气量最高的纪录。后来由于该井井口压力过高，最终取消了带压捞枪作业。

第三节　超高温射孔技术在胜利油田的应用

胜利油区地质构造复杂，地温梯度高，地温梯度介于3.0～4.8℃/100m之间，特别是埕北、桩西、义古、坨庄、樊家等区块地温梯度偏高。深部储层温度高且岩性致密，为了满足超高温井及复杂岩性储层勘探开发的需要，胜利油田测井公司研究配套了超高温深穿透射孔器材和射孔工艺，超深超高温井的射孔施工技术已趋于成熟。自2009年以来，胜利油田测井公司已完成温度超过160℃井的油管输送射孔21口井，射孔成功率为100%。现以义34-××井为例介绍超高温井的施工。

一、基本井况

义34-××井基本井况见表10-3-1，射孔层位见表10-3-2。

表10-3-1　义34-××井基本井况

井深	5046m	井别	生产井	完井日期	2008-9-23
套管深度	5043.6m	水泥返高	2828m	最大井斜	25.6°（深度2996.9m）
套管外径	139.7mm	枪弹类型	102	井温	192℃（深度5046m）
套管壁厚	9.17mm	孔密	16孔/m	射孔液密度	1.00g/cm³
人工井底	5036m	设计孔数	189孔		

表10-3-2　义34-××井射孔层位

层位	射孔井段（m）	厚度（m）	夹层厚度（m）
1	5011.3～5006.9	4.4	—
2	5005.8～5005.2	0.6	1.1
3	5003.6～5001.0	2.6	1.6
4	4985.7～4984.0	1.7	15.3
5	4981.6～4979.9	1.7	2.4
6	4978.2～4977.4	0.8	1.7

二、施工目的

义34-××井井温192℃，是胜利油田历史上油管输送射孔井温最高的一口井，且井深达5046m，作业时间长；射孔井段储层为低孔低渗砂砾岩，岩性致密。射孔施工既要保证射孔器在井下环境中的安全性和可靠性，实现射孔一次成功，又要保证高温条件下的射孔穿深，提高储层渗流能力。

三、施工设计

(一)超高温深穿透射孔器材准备

1. 超高温电雷管、传爆管、导爆索试验数据

采用 L-105 型炸药,耐温 220℃/48h 后进行试验测得参数如下。

1)超高温电雷管

进行了铅板试验,铅板炸孔直径 10.5mm。

2)超高温传爆管

进行了铅板试验,铅板炸孔直径 10.2mm。

3)超高温导爆索

采用铅管压延工艺制作,装药量 25g/m,爆速 6596m/s。

2. 超高温深穿透射孔弹常温下地面穿钢靶试验数据

102 超高温深穿透射孔弹(DP43PYX34-3)主装药为 LLM-105 粘结药,传爆药为 LLM-105 单质药,药量 34g;89 超高温深穿透射孔弹(DP36PYX25-3)主装药为 LLM-105 粘结药,传爆药为 LLM-105 单质药,药量 25g,地面穿钢靶试验数据见表 10-3-3 和表 10-3-4。

表 10-3-3 常温下地面穿钢靶试验数据

弹 型	炸高(mm)	穿孔深度(mm)	穿孔孔径(mm)	备 注
102	40	205.2	12.3	各试验 6 发平均值
89	40	175.5	11.2	

表 10-3-4 新型超高温弹与现用射孔弹钢靶穿深数据对比

弹 型	现用超高温弹(装药 PYX)(mm)	四个厂家常温弹平均穿深(mm)	新型超高温弹(装药 L-105)(mm)
102	135	182	205.2
89	133.7	162.5	175.5

3. 超高温深穿透射孔弹常温下地面穿砂岩靶试验

在地面钢靶联合试验成功后,模拟装枪炸高进行了常温条件下地面穿四川砂岩靶联合试验,常温下穿砂岩靶数据见表 10-3-5。

表 10-3-5 常温下地面穿四川砂岩靶试验数据

弹 型	内炸高(mm)	外炸高(mm)	模拟套管厚度(mm)	穿深(mm)	模拟套管孔径(mm)
102	24	11.3	8	449.2	12.11
89	17	17.5	8	358.3	10.2

注:各试验 6 发,取平均值。

4. 超高温深穿透射孔弹高温高压条件下砂岩靶试验

模拟射孔弹装枪条件,加温 220℃/48h,加压 40MPa 射孔,每种型号射孔弹进行了 12

发打靶试验，超高温高压下穿砂岩靶数据见表 10-3-6。

表 10-3-6 超高温高压条件下穿砂岩靶试验数据

弹型	装药量 (g)	内炸高 (mm)	外间隙 (mm)	砂岩靶类型	套管孔径 (mm)	砂岩靶穿深 (mm)
102	34	17	11.3	四川砂岩靶	12.29	423
89	25	18	17	四川砂岩靶	10.47	322

注：各试验 6 发，取平均值。

（二）施工设计

依据"射孔通知单"并根据地质要求制订射孔方案。

(1) 射孔器参数见表 10-3-7。

表 10-3-7 射孔器参数表

枪型	弹型	孔密	布孔相位	布弹方式	砂岩靶穿深
102	102 深穿透	16 孔/m	4	螺旋	423mm

(2) 设计孔数：189 孔，实装孔数：184 孔。
(3) 射孔方式：采用油管输送射孔工艺。
(4) 校深方式：采用 GR 一次校深。
(5) 起爆方式：采用撞击安全解锁防砂起爆装置进行引爆。
(6) 射孔器材耐温见表 10-3-8。

表 10-3-8 射孔器材耐温表

射孔弹	传爆管	导爆索	起爆器	密封件
220℃/48h	220℃/48h	220℃/48h	220℃/48h	220℃/48h

四、效果分析

义 34 区块深部储层物性较差，且有一定程度的污染，采用普通超高温射孔器穿深浅，射孔后效果较差。而应用的新型超高温射孔器在高温下的穿深指标提高了 30%。该井采用超高温射孔新技术施工一次成功，射孔发射率均达 100%。射孔后日产液 8.4m³，日产油 1.4m³，比临井同层采用相同工艺条件下的产液量提高了 47.2%。

第四节 射孔—下泵联作工艺技术应用实例

随着油田开发的不断深入，注聚井逐渐增多，注聚时间也逐渐延长，机采矛盾日益突出，采出井见聚浓度上升较快，导致抽油机井杆管偏磨严重，检泵周期缩短。螺杆泵采油技术因为在开采高黏度、高含砂和含气量较大的方面井同其他采油方式相比具有独特的优点，因此近几年来螺杆泵采油技术在大庆油田注聚井中应用也逐年增多，在大庆油田采油一厂北 1-5- 斜萨 01 井和北 1-6- 萨 01 两口井上进行了现场试验，取得了较好的效果。

本节以北1-5-斜萨01井为例介绍射孔－下泵联作工艺技术的应用。

一、基本井况

北1-5-斜萨01井是一口聚合物驱油的斜直井，井斜24°，2004年12月13日施工。射孔井段：965.5～953.3m，射孔器为YD102型，弹型为DP44RDX-5，共91弹，孔密16孔/m，射孔方式：TCP，采用压力起爆方式，枪身总长12.2m。由于该井周围注入压力高、液面上升快、产出液体黏度大，

二、施工目的

如采用常规高压油井射孔完井工艺流程是：先用高密度的完井液压井，进行油管输送射孔，射孔后再压井、起出井内管柱，下入完井管柱。采油厂作业时再压井起出完井管柱，用油管将螺杆泵下入井内，进行采油。为此采用油管输送射孔与螺杆泵联作工艺技术，将油管输送射孔与新井下螺杆泵一次完成。这样就减少了射后起下管柱次数和压井费用，节省人力、物力，避免对地层造成了二次污染，从而提高油气井产能。在下完管柱及抽油杆之后，连接地面管线，调整光杆，密封井口，连接好驱动装置的电源线，采用油套环空加压方式引爆射孔器，射孔后立即启动螺杆泵，井内所有液体都进入生产管线，不会造成任何地面污染，完全满足环保要求。

三、施工设计

（一）管柱结构设计

如图10-4-1所示，射孔—下泵联作工艺技术管柱主要由油管输送射孔器、压力起爆装置、筛管、调距油管、支撑卡瓦、螺杆泵、泵扶正器、油管、定位短接和油管等组成。

（二）施工难点及解决办法

1. 控制转子转动

控制转子转动是射孔—下泵联作的一个难点。虽然螺杆泵的地面驱动装置中有光杆反转控制装置，它能有效地控制螺杆泵停机后，抽油杆储存的弹性能及油管内静液柱作用使光杆反转或有反转趋势。但由于采用套管环空加压起爆射方式在停机的情况下，环空液体由泵下进入螺杆泵内，会使转子转动，造成转子与抽油杆之间或以上几根抽油杆之间松扣。为解决这一问题，采取了在起爆射孔器之前先把油管灌满水的方法，同时加好井口密封圈、关紧闸门密封，从而防止液体在螺杆泵的定子与转子之间的流动，使转子没有转动的可能，避免造成脱扣。

2. 起爆压力的合理设计

井口起爆压力的控制必须准确。一方面地面加压时要有一定的安全压力值，不能太低，防止

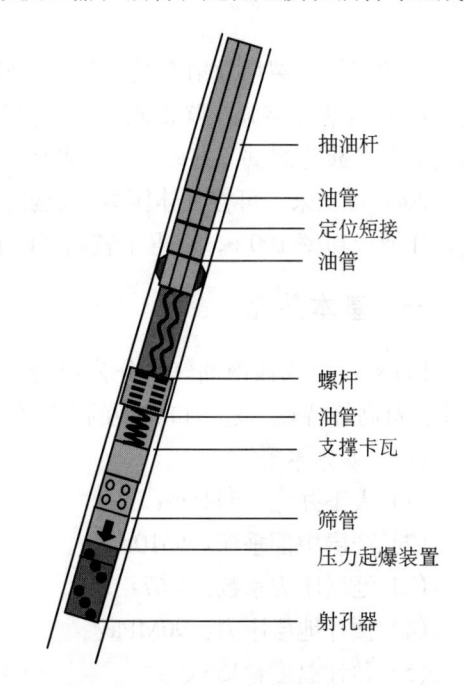

图10-4-1 射孔—下泵联作管柱结构示意图

施工过程射孔器起爆造成误射孔；另一方面螺杆泵的地面驱动装置和封井器的承压也不高，起爆压力必须小于它们的额定值。所以，在安全值允许的情况下，设计最低的起爆压力。采用环空加压起爆方式起爆射孔器，经计算选择该井起爆压力为 6～8MPa。

3. 保证射孔深度的准确

螺杆泵在施工过程中螺杆泵下部有支撑卡瓦，施工时要求支撑卡瓦坐封后油管露出法兰平面 10cm，再将这露出的 10cm 高度用吊卡反勒压入井内，上紧顶丝，以保证管柱的坐封吨位，使螺杆泵转子高速运转时井内油管不发生扭转。为此，在施工中射孔深度定位时考虑了这一因素，定位前将支撑卡瓦坐封后用吊卡反勒将露出 10cm 管柱压入井内，再测定位短接深度，进行射孔计算，调整管柱时也采用同样的方法，使两次管柱状态相同，保证了射孔深度的准确。

4. 抽油杆与油管防偏磨的问题

由于北 1-5-斜萨 01 井是斜直井，在采油过程中抽油杆与油管必然发生偏磨，为此采用高强度扶正器和高强度抽油杆组合，而且每根抽油杆上安装了扶正器，加大防偏磨的力度，提高了防偏磨的效果。

四、效果分析

通过以上措施，顺利完成两口井施工，射孔后立即启动螺杆泵螺直接抽油投产，缩短了作业施工周期，减少了油层的浸泡时间，加快了油水井投产速度，降低了投产成本，提高了完井效率。

第五节　可控气体压裂增效射孔技术在 LG× 井的应用

可控气体压裂增效射孔技术适用于致密、低孔、低渗储层。该技术不但可以作为压裂酸化前的预处理措施，降低破压，提高注入能力，改善压裂效果，达到油气增产的目的，而且能够与酸化测试、加砂压裂等多种工艺联合作业，缩短试油周期，节约勘探开发成本。2008 年以来，可控气体压裂增效射孔工艺技术在四川油气田 LG 区块应用了 20 余口井次，作业成功率 100%，获得了较满意的施工效果。现以 LG× 井为例加以说明。

一、基本井况

LG× 井作为西南油气田分公司的一口重点预探井，该井具备了温度高、地层压力大、H_2S 含量高等特点，是一口典型的"三高"气井。

(一) 基本参数

(1) 人工井底：5545m；

(2) 产层中部垂深：5510m；

(3) 地层压力系数：1.67；

(4) 预计地层压力：90MPa；

(5) 预计温度：135℃ ；

(6) 压井液：射孔时为 1.05g/cm³ 酸液；

(7)油层套管：5in（内径：ϕ101.6mm）；

(8)H$_2$S情况：依据LG区块试油的情况，本次射孔施工的H$_2$S含量也会很高，初步预计本井飞仙关组硫化氢含量为28.1～55.2g/m^3；

(9)射孔井段：5500～5525m；

(10)射孔厚度：25m。

（二）基本作业工序

基本试油施工工序：试油前准备→刮管、通井、洗井、全井试压→起管柱→下可控气体压裂增效射孔—酸化—测试联作管柱→电测定位→坐封、换装井口、接管线、试压→复合射孔—酸化—测试联作→压井→换装井口、起管柱。

二、施工目的

取得飞仙关组储层含流体性质、测试产能、地层压力等资料，获取储层参数；降低施工破裂压力，为后续酸化施工创造条件。

三、可控气体压裂增效射孔设计

LG×井飞仙关组采用APR工具（带OMNI阀）的可控气体压裂增效射孔—酸化—测试联作管柱，管柱结构示意如图10-5-1所示。设计采用73型射孔枪进行复合射孔—酸化—测试联作，并下进口高速电子压力计记录射孔压力—时间曲线。

深井超深井的联作管柱需要带封隔器下井以保护套管，从而保证井筒的安全，同时能够高效地完成后续作业。本趟作业管柱能实现可控气体压裂增效射孔—酸化—测试联作，满足获取地层地质参数信息的要求。作业管柱上连接APR全通径测试工具，为保护测试工具，封隔器之下的管柱连接减震装置。

采用压力延时起爆方式。由于该井井深，联作施工，射孔枪串首尾各安装一个压力延时起爆装置，以保证起爆成功率。油管内加压到预设起爆值后稳压1min，进而井口卸压至3～5MPa，延时5～7min射孔枪起爆。这样一方面可以满足射孔的要求，根据深井超深井射孔的作业经验，这种压力延时的起爆方式有利于保护作业管柱，有效降低复合射孔冲击波对管柱和封隔器的影响。

四、效果分析

射孔后正常酸化，施工过程顺利。通过对比可知，高速电子压力计曲线和测试队压力卡片记录的压力曲线基本一致，但高速电子压力计记录了射孔瞬间压力峰值，而测试队压力卡片由于精度不高，不能记录射孔瞬间的压力峰值。测试队测试卡片压力曲线如图10-5-2所示，高速电子压力计记录的压力曲线如图10-5-3所示。

高速电子压力计从入井开始到取出井口，总共在井下

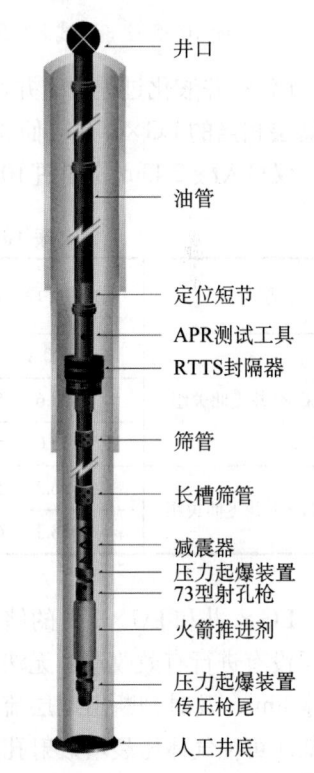

图10-5-1 可控气体压裂增效射孔酸化测试管柱结构示意图

停留144h，记录了射孔、推进剂燃烧以及后续酸化过程，从高速电子压力计记录的压力曲线可得射孔、推进剂燃烧以及酸化过程中的压力和时间关系见表10-5-1。

表10-5-1 时间和压力关系

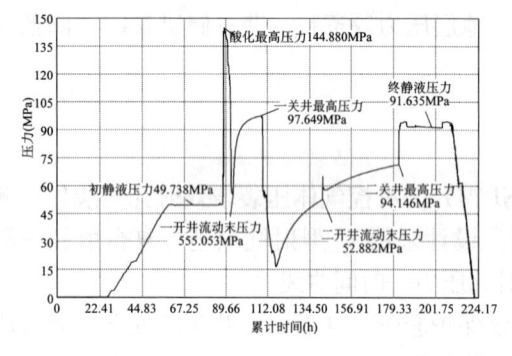

名 称	间隔时间（s）	瞬间最高压力（MPa）
射孔持续时间	0.001	94
发射到复合套燃烧	0.16	100
燃烧高点到压力释放	1.2	—
点火后到压力释放	1.361	—
射孔到酸化开始	151	—

图10-5-2 测试卡片压力曲线

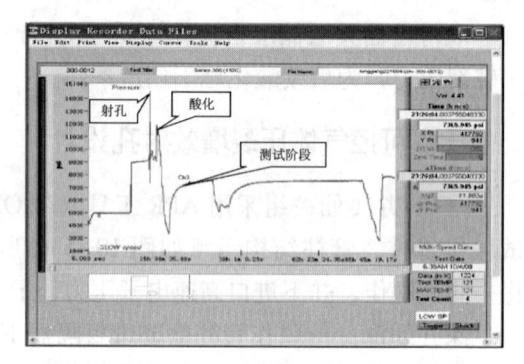

图10-5-3 井下高速电子压力计记录曲线

LG× 井酸化过程中，井口最高泵压90MPa，排量可达0.9~1m³/min，共挤入酸80m³；而储层相当的LG×1井飞仙关组采用普通射孔酸化测试联作施工，井口泵压95MPa，酸化4h，仅挤入酸2.43m³，如图10-5-4所示。两口井地质参数对比见表10-5-2。

表10-5-2 LG× 井和LG×1井地质参数对比

层 位	井段（m）	层厚（m）	孔隙度（%）	渗透率（$10^{-3}\mu m^2$）	解释结果
LG× 井飞仙关组	5500.8~5507	6.2	2.922	0.021	干层
	5508.6~5513.7	5.1	4.629	0.264	含气水层
	5515.0~5522.2	7.2	5.667	1.415	水层
LG×1井飞仙关组	5986.3~5992.2	5.9	3.443	0.069	干层
	6048.3~6055.3	7	3.454	0.091	干层

LG× 井和LG×1井的储层参数相当，从酸化曲线可以看出，LG×1井没有压开地层，储层没有进行有效改造，无法判断地层流体性质和产能情况。LG× 井经过酸化压裂后，日产水8m³，及时判断出地层流体性质，为后续的勘探开发提供资料。从这两口井施工情况可知，可控气体压裂增效射孔技术能够降低地层破裂压力，为后续酸化压裂降低施工难度。

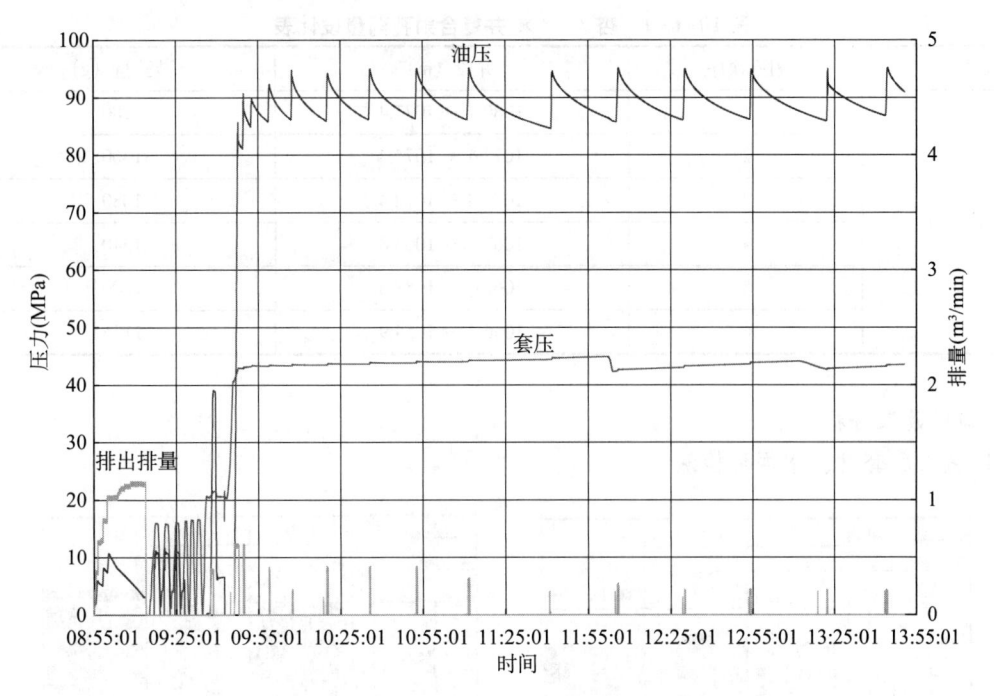

图10-5-4　LG×1井飞仙关射孔酸化压力曲线

第六节　复合射孔技术应用事例

在复合射孔机理研究及多年现场试验的基础上，建立了一套复合射孔优化设计方法，根据不同地层条件和井况进行施工设计。不仅取得了良好的作业效果，而且确保了射孔段套管安全和水泥胶结良好。

一、以杏3-××井为例介绍复合射孔技术在大庆油田的应用

(一) 基本井况

射孔井段：1054.9～1080.4m；

平均有效渗透率：$517×10^{-3}\mu m^2$；

平均孔隙度：26.6%；

5½inJ55套管（抗内压强度36.7MPa）；

最大水平主应力20.21MPa，最小水平主应力17.41MPa。

(二) 施工目的

检验按优化设计方法设计火药量施工，对套管、水泥环所受的影响。

(三) 射孔设计

用YD-102复合射孔器和DP44RDX-5射孔弹。

通过计算，得出极限火药量，进而设计各次射孔的装药量，见表10-6-1。

表 10-6-1　杏 3-×× 井复合射孔药量设计表

层位	射孔次序	井段（m）	装药量（g）
葡一组	1	1080.4～1077.4	1280
	2	1077.4～1074.4	1360
	3	1073.8～1072.4	1080
	4	1067.3～1063.8	1640
	5	1060.4～1058.8	1200
	6	1056.4～1054.9	1135

（四）效果分析

1. 施工后套管、水泥环检测

a. 射孔前　　　　　　　　b. 射孔后

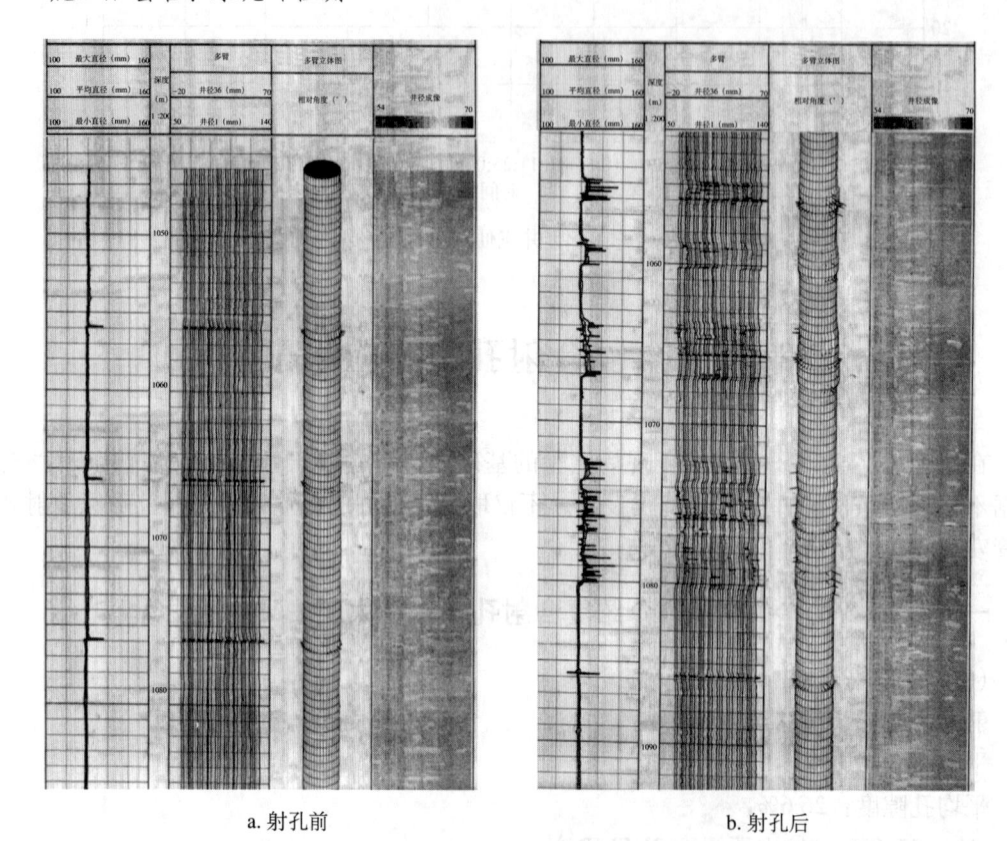

图 10-6-1　射孔前后三十六臂测井解释成果图

对杏 3-×× 井射孔前、后进行了三十六臂井径测试，测井解释结果：射前测量井段内套管无变形；射后异常井段为射孔层显示，套管无变形显示，如图 10-6-1 所示。

2. 施工后声波变密度测井

如图 10-6-2 所示，测试解释结果为：射孔前射孔井段水泥胶结良好，射孔后水泥胶结良好，水泥胶结指数都在 0.8～1.0 之间。

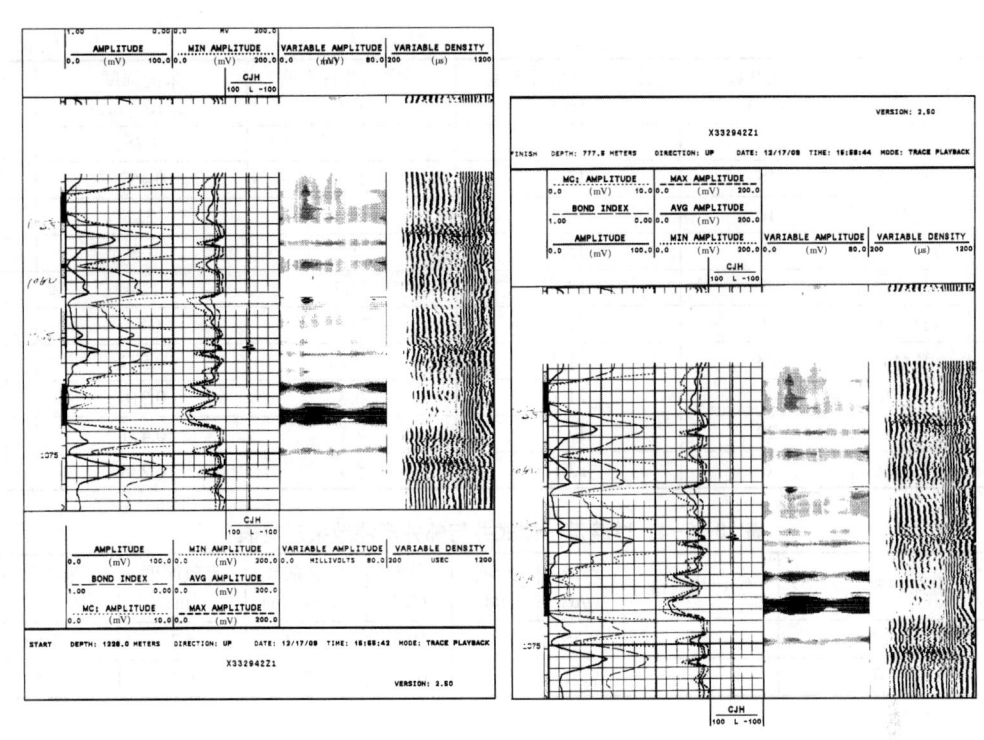

a. 射孔前　　　　　　　　　　　　　　b. 射孔后

图 10-6-2　扇区水泥胶结解释成果图

3. 应用效果

表 10-6-2　杏 3-×× 井与同井组常规射孔井施工效果对比表

井　号	完井方式	有效厚度(m)	生产天数(d)	日产液量(m³)	日产油量(t)	产液强度[m³/(d·m)]	产油强度[t/(d·m)]
同井组常规射孔井均值		14.1	25.2	32.25	1.629	2.287	0.116
杏 3-××	复合射孔	14.0	30	43.82	3.36	3.130	0.240

通过表 10-6-2 数据可以看出，复合射孔井与常规射孔井相比平均采液强度提高 37%。大庆油田复合射孔与同区块邻井常规射孔井施工效果对比应用效果非常明显，见表 10-6-3、表 10-6-4。通过表中数据分析可以看出：油井采液强度是其 1.4～3.7 倍；注水井注水强度是其 1.3～4.5 倍，见到了较好增产、增注效果。

表 10-6-3　下挂式复合射孔井与 YD-89 射孔井效果对比表

厂别	射孔类型	对比井数(口)	平均单井射开厚度(m)	平均单井日产液(t)	采液强度[t/(d·m)]	倍数
一厂	复合	28	11.5	28.9	2.5	1.6
	YD-89	15	13.4	22.7	1.6	
	复合	3	13.5	23.6	1.74	3.7
	YD-89	1	16.9	8	0.47	
	复合	6	12.2	25.8	2.1	2.3
	YD-89	10	22.8	20.7	0.907	

续表

厂别	射孔类型	对比井数（口）	平均单井射开厚度（m）	平均单井日产液（t）	采液强度 [t/（d·m）]	倍数
二厂	复合	6	17.3	22.4	1.28	2.8
	YD-89	18	17.5	8.2	0.457	
三厂	复合	10	10.3	33	3.2	2.5
	YD-89	2	15.4	20	1.3	
四厂	复合	5	19.5	24.3	1.24	1.4
	YD-89	4	27.5	24.2	0.88	
五厂	复合	23	17.7	10.15	0.573	1.8
	YD-89	4	21.2	6.7	0.318	
	复合	22	17.9	8.1	0.451	1.9
	YD-89	6	23.1	5.5	0.238	

表 10-6-4 过渡带一体式井与邻井产能效果对比表

射孔方式	统计井数口	产液（t/d）	产油（t/d）	含水（%）	地层系数（μm²·m）	有效厚度（m）	采液强度 [t/（d·m）]
内置式复合射孔	37	9.75	4	59.0	1.371	5.2	1.88
常规射孔	36	9.67	3.2	67.2	1.726	6.3	1.53

二、以濮 3-×× 井为例说明复合射孔技术在中原油田的应用

（一）基本井况

射孔井段：2667.0～2707.0m；

射孔层位：沙二下 4—5；

射孔厚度/层数：10.2m/4；

油层温度：92℃；

地层破裂压力：34MPa；

油层套管：双层套管，外层 5½in 套管，内层 4in 套管，4in 套管壁厚 7.8mm，钢级 N80，抗内压力 58.4MPa。

（二）施工目的

濮 3-×× 井油层下双层套管，为尽量提高射孔穿孔深度，解除钻井污染堵塞，使用 73 型复合射孔枪射孔，同时，在该井开展内置式和下挂式复合射孔器射孔效能试验。

（三）施工设计

濮 3-×× 井射孔次数 4 次，分别使用两支内置式复合射孔器和两支下挂式复合射孔器，射孔密度 12 孔/m，射孔时液面高度 600m，见表 10-6-5。

表 10-6-5 濮 3-×× 井复合射孔施工设计表

下井序号	射孔井段（m）	厚度（m）	枪身长度（m）	装药方式
1	2707.0～2704.8	2.8	3	内置
2	2694.0～2691.4	2.6	3	下挂
3	2674.6～2672.2	2.4	3	内置
4	2669.4～2667.0	2.4	3	下挂

（四）效果分析

将濮3-××井与具备对比条件的所有普通89-1射孔井对比，结果显示复合射孔增产效果明显优于普通89-1射孔，见表10-6-6。

表10-6-6　濮3-××井复合射孔效果对比表

项目	濮3-××井	89-1射孔井	增产量
产水（t/d）	81.2	14～40	41.2～67.2
产油（t/d）	3.2	1～2	1.2～2.2
产气（m³/d）	763		
动液面（m）	521	1000	

普通73枪射孔穿孔深度低于普通89枪射孔100mm左右，加之濮3-××井射孔层段有双层套管，穿孔深度更浅，但从产量对比结果看，濮3-××井的产液量和产油量相对较高，动液面高度高于其他井500m左右。这说明复合射孔时火药燃烧产生的气体改善了孔眼和近井地层的流动效率，使地层内流体的流动阻力减小。

经统计与分析29口井利用复合射孔器进行原井段重复补孔的资料，有效率达86%，增产幅度在20%以上，复合射孔在中原油田中、低渗油藏的应用效果明显。

第七节　高能气体压裂技术应用实例

高能气体压裂按火药作用类型可分为液体火药压裂和固体火药压裂两种。液体火药压裂时药量大，火药燃烧时间长，压力大，产生的裂缝规模大，但施工条件苛刻，施工较复杂；固体火药压裂时药量较小，火药燃烧时间较短，峰值压力低，产生的裂缝规模小，但施工简单，可对同一层位实施重复压裂，以提高压裂效果。

一、使用液体火药对文13-××井进行高能气体压裂

（一）基本井况

施工井段：3338.0～3354.4m，4层12.7m；

孔隙度：18.4%；

渗透率：$11.65 \times 10^{-3} \mu m^2$；

油层温度：96℃；

岩石泊松比：0.174；

岩石杨氏模量：$2.5 \times 10^4 MPa$；

岩石破裂压力：68.5MPa；

油层套管：外径139.7mm，壁厚10.54mm，钢级P110，抗内压力102MPa。

（二）施工目的

待处理层段生产接近两年，由于近井地带污染堵塞，日产量显著下降。通过高能气体压裂，在近井地带形成微裂缝，解除污染堵塞，提高原油产量。

（三）施工设计

设计液体火药用量 1000kg，火药燃烧产生的峰值压力 90MPa，火药燃烧时间 5s，理论计算造缝长度约 11.6m，裂缝宽度约 0.25mm。

(1) 通井，补孔，累计射孔密度达到 22 孔 /m。

(2) 洗井，填砂，砂面在射孔底界下 75m，保证井底口袋内有足量液体火药。

(3) 现场配置液体火药 1000kg，用油管将液体火药注入井底（压裂层段），顶替液密度不大于 1.03g/cm^3，然后提出注药管柱。

(4) 用测井仪器测量井筒内流体密度，清楚液体火药在井下具体深度。

(5) 用电缆输送 16kg 固体压裂弹到液体火药内，点火引燃液体火药。

（四）效果分析

铜柱测压结果显示，火药燃烧产生的峰值压力 99.7 MPa，高于岩石破裂压力 68.5MPa，低于套管抗内压力 102 MPa。通过压裂前后测井资料对比，高能气体压裂没有使套管产生明显变形，水泥环胶结良好。

压裂前气举生产，日产油 2.2t。高能气体压裂后气举生产，日产油 17.3t，增产效果显著。

二、使用固体火药对桥 29-× 井进行高能气体压裂

（一）基本井况

施工井段：2539.9 ~ 2555.3m，3 层 11.9m；

孔隙度：17.3%；

渗透率：6.0×10^{-3}μm^2；

油层温度：90℃；

岩石破裂压力：53MPa；

油层套管：外径 139.7mm，壁厚 10.54mm，钢级 P110，抗内压力 102MPa。

（二）施工目的

待处理层段生产两年，由于近井地带污染堵塞，日产量逐渐下降。通过高能气体压裂，在近井地带形成微裂缝，解除污染堵塞，提高原油产量。

（三）施工设计

(1) 提出生产管柱，通井，用添加活性剂的污水洗井。

(2) 用 89 枪在原射孔井段补射孔，射孔密度 8 孔 /m（该层投产时用 89 枪射孔，孔密 16 孔 /m）。

(3) 现场装配固体火药 49.4kg，用电缆输送至压裂井段，通电点燃固体火药。

(4) 设计的火药燃烧产生的峰值压力 65MPa。

（四）效果分析

提出电缆，读取测压器记录数据，实测的火药燃烧产生的峰值压力 66.5 MPa，与设计的峰值压力值接近，比压裂层段的岩石破裂压力高出 25.5%，低于油层套管的额定抗内压力。此压力值应该压开地层，且不会损伤套管。

压裂前泵抽生产，日产油 5.0t，压裂后泵抽生产，第一个月平均日产油 12.3t，第二个月平均日产油 11.0t，10 个月累计增产原油 1150t，增产效果显著。

压裂后通过六十臂井径测井资料显示，压裂层段套管膨胀幅度在 0 ~ 1.5mm 范围内，

内径无明显变化，套管无损伤。

第八节　定方位射孔技术在P××井的应用

定方位射孔技术于2005年在大庆油田开始大面积推广应用，通过对探井、油井、水井的应用评价和对比分析证明，见到了很好的效果。现以P××井为例介绍定方位射孔在压裂井上的应用及效果分析。

一、基本井况

P××井位于中央拗陷区大庆长垣油田葡萄花构造葡-8号构造上。从2003年葡南葡北地区三维高分辨率地震T2层构造图上看，大庆长垣油田葡萄花构造由-1440m构造等深线圈定。区内中浅层地层中断裂比较发育，主要分三个断裂带，即西部南北向断阶带，中部北西向地堑型主断裂带、东部南北向断裂密集带，工区西部断阶带逐渐进入齐家-古龙凹陷，东部经东部断裂密集带进入三肇凹陷，使得区内构造格局呈现东北高、西部东南部低的空间展布形态。本区局部构造主要分布于中部断裂带，其次为东、西两侧的断裂带。构造形成主要是断层遮挡所形成的断背斜、断鼻状和断块构造，局部构造走向主要为南北向，其次为北西向。

二、施工目的

为了保证水力压裂效果，使射孔方位避开断层，采用定方位射孔技术进行施工。

三、施工设计

P××井为直井，采用油管输送定方位射孔，投棒起爆。

P××井射孔井段1695.4～1672.5m，射开厚度22.9m，层号F。经设计采用两相位，射孔目标方向角95.21°/275.21°。

四、效果分析

P××井实际射孔方位角为98.3°。在现场施工后，利用井下方位—超声波成像技术，对射孔方位进行了检测，如图10-8-1所示，实际检测方位为94°～101°与271°～278°，最大误差为5.79°。误差在指标允许(±10°)范围内。

将P××井与常规射孔施工压裂的邻井P×1井进行了比较，见表10-8-1。从表中可以看出：P××井在5m³/min排量下摩阻系数为0.0050MPa/m，而同时施工的邻井P×1井在4m³/min排量下摩阻系数为0.0051MPa/m，P××井压裂摩阻系数低于P×1井。

表10-8-1　P××井与P×1井压后效果对比表

井号	射孔方式	弹型	枪型	孔密(孔/m)	摩阻系数(MPa/m)	排量(m³/min)	井段(m)
P××	定方位	DP41RDX-1	两相位，89枪限流法	定点	0.0050	5	1695.4～1672.5
P×1	常规	DP44RDX-1	60°相位，102枪	16	0.0051	4	1645.6～1558.4

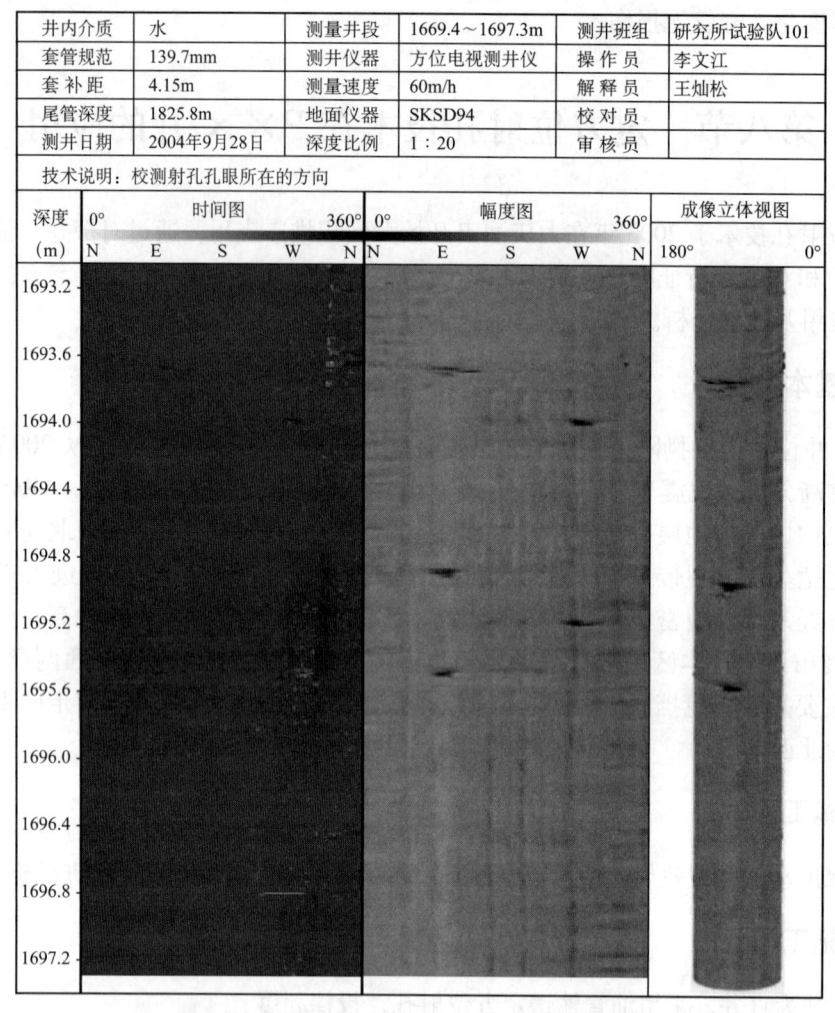

井内介质	水	测量井段	1669.4~1697.3m	测井班组	研究所试验队101
套管规范	139.7mm	测井仪器	方位电视测井仪	操 作 员	李文江
套 补 距	4.15m	测量速度	60m/h	解 释 员	王灿松
尾管深度	1825.8m	地面仪器	SKSD94	校 对 员	
测井日期	2004年9月28日	深度比例	1：20	审 核 员	

技术说明：校测射孔孔眼所在的方向

图 10-8-1　P××井方位－超声波成像成果图

为了更好地说明定方位射孔技术的应用效果，与其他施工井的情况进行了对比。

表 10-8-2 是定方位射孔井与邻近常规射孔井地面施工泵压力对比表。从表中可以看出：定方位射孔井与邻近常规射孔井对比，地面施工泵压力均有不同程度的降低，降低幅度 3.0~14.0MPa。

表 10-8-2　定方位射孔压裂效果对比

项目	定方位射孔		常规射孔			平均降低 (MPa)
	井 号	地面施工压力 (MPa)	井 号	地面施工压力 (MPa)	平均值 (MPa)	
1	朝翻139-××	32	朝翻 139-67 朝翻 139-71 朝翻 139-72	38 41 33	37.3	5.3
2	朝翻141-××	23	朝翻 141-74 朝翻 141-76	28 24	26	3
3	朝翻137-××	31	朝翻 137-76	45	45	14
4	朝翻137-××	25	朝翻 137-68 朝翻 137-66	35 30	32.5	7.5

表 10-8-3 是定方位射孔注水井与邻近常规射孔注水井注入效果对比表。从表中可以看出：定方位射孔注水井与邻近常规射孔注水井对比，平均注入强度在 150d 时提高 33%，在 210d 时提高 19%。

表 10-8-3 注水井注入效果对比

完井方式	平均有效射开厚度 (m)	注入量 150d 时注入量 (m^3/d)	注入量 210d 时注入量 (m^3/d)	平均有效注入强度 150d 时平均有效注入强度 [$m^3/(d·m)$]	平均有效注入强度 210d 时平均有效注入强度 [$m^3/(d·m)$]
定方位射孔井（9 口）	5.3	23.1	20.2	4.4	3.8
常规射孔（4 口）	8	26	25	3.3	3.2

表 10-8-4 是定方位射孔井与邻近常规射孔井采油强度对比表。从表中可以看出：射孔施工压裂后，定方位射孔井与邻近常规射孔井对比，平均有效采油强度提高了 18.6%。

表 10-8-4 采油井采油强度对比

项 目	定方位射孔 井 号	定方位射孔 有效厚度 (m)	定方位射孔 产量 (t/d)	常规射孔 井 号	常规射孔 有效厚度 (m)	常规射孔 产量 (t/d)
1	敖南 250－×××	1.4	1.02	敖南 250－262	1.7	1.06
2	敖南 240－S×××	1.9	1.11	敖南 240－S266	2.81	0.84
3	敖南 186－S×××	3.5	1.13	敖南 186－S286	3.1	0.8
4	敖南 240－×××	0.8	1.02	敖南 240－270	2.3	1.13
5	敖南 238－S×××	2.1	0.71	敖南 238－S268	1.4	0.33
6	敖南 224－×××	1.6	0.81	敖南 224－278	0.8	1.2
7	敖南 188－×××	2.4	1.12	敖南 188－274	0.9	0.23
合计		13.7	6.92		13.01	5.59
平均有效采油强度 [$t/(d·m)$]	0.51			0.43		
提高（%）	18.6					

第九节 动态负压射孔技术的应用

动态负压射孔技术于 2009 年开始在大庆油田大面积推广应用，通过对开发井、评价井及探井的应用效果分析表明，应用动态负压射孔技术，减小射孔污染，降低表皮系数，提高油井产液强度。现以 F136－× 井为例介绍动态负压射孔技术在评价井上的应用。

一、基本井况

F136－× 井位于松辽盆地中央坳陷区宋方屯鼻状构造与模范屯鼻状构造鞍部。本区葡萄花油层中小断层比较发育，垂直断距较大、延伸长度长；向东构造幅度逐渐变缓，断层发育以中小断层为主，虽然断层空间分布频度增加。垂直断距有所增大，形成众多的局部高点或微幅度构造。

二、施工目的

为求 F136-× 井葡萄花层（1504.9 ~ 1494.5m 井段）流体性质，进行动态负压射孔及试油测试施工。

三、射孔设计

F136-× 井射孔选用 102射孔枪、DP44RDX-5型射孔弹。通过计算，解除射孔污染所需的最小有效负压值为 5.5MPa。该井用清水压井，射孔段深度 1500m，满井筒液柱压力为 15.1MPa，射开厚度5.7m，分 3 次射孔，参考射孔器参数及初始井筒内液柱压力，预计每次射孔所能实现的最大动态负压值分别为 7.8MPa、10.1MPa、9.3MPa，见表 10-9-1。

表 10-9-1 动态负压射孔方案

炮次	射孔井段 (m)	射开厚度 (m)	射孔器参数				初始压力 (MPa)	预计实现动态负压值 (MPa)	清洁射孔所需有效负压值 (MPa)
			枪型号	枪长 (m)	射孔弹型号	装弹数量 (发)			
1	1504.9 ~ 1503.6	1.3	102	4	DP44RDX-5	45	15.1	7.8	≥ 5.5
	1502.5 ~ 1501.0	1.5							
2	1500.2 ~ 1499.0	1.2		2		19	15.1	10.1	
3	1496.2 ~ 1494.5	1.7		2		27	15.1	9.3	

四、效果分析

每次射孔都用 P-T 仪进行了射孔压力测试，测试数据显示，3 次射孔所实现的动态负压值分别为 7.8MPa、9.9MPa、9.4MPa，图 10-9-1 是 F136-× 井第 3 次射孔压力 - 时间曲线。

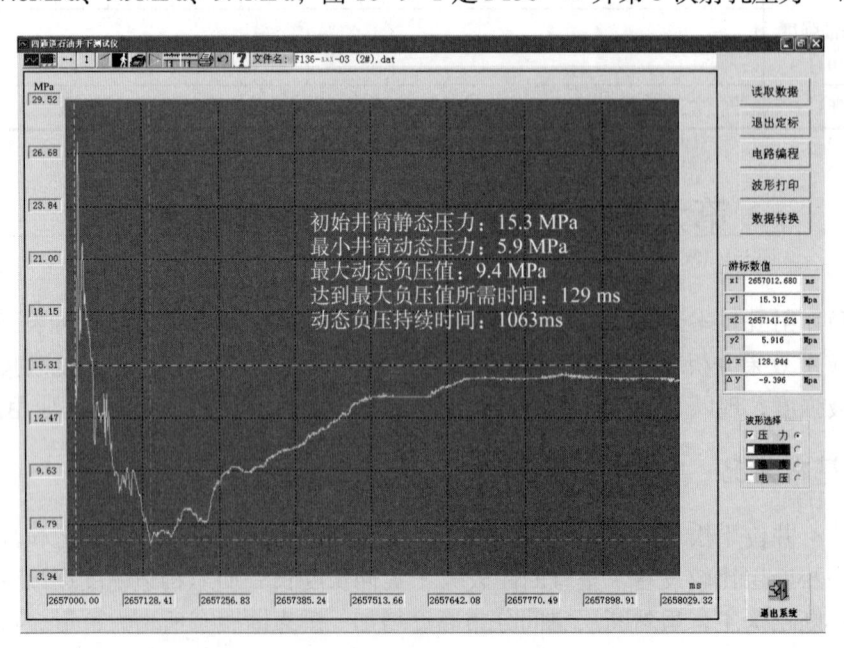

图 10-9-1 F136-× 井第 3 次射孔压力 - 时间曲线

射孔后采用 MFE（Ⅱ）测试求产，工作制度为三开三关，初开 10min，初关 4320min；二开 400min，二关 1300min；三开 2910min，三关 4320min。本层用 WTES 2.0 试井软件进行了试井解释，采用径向复合油藏模型，解释参数：渗透率为 $233\times10^{-3}\mu m^2$，表皮系数为 -1.65，试井解释结果如图 10-9-2 所示。

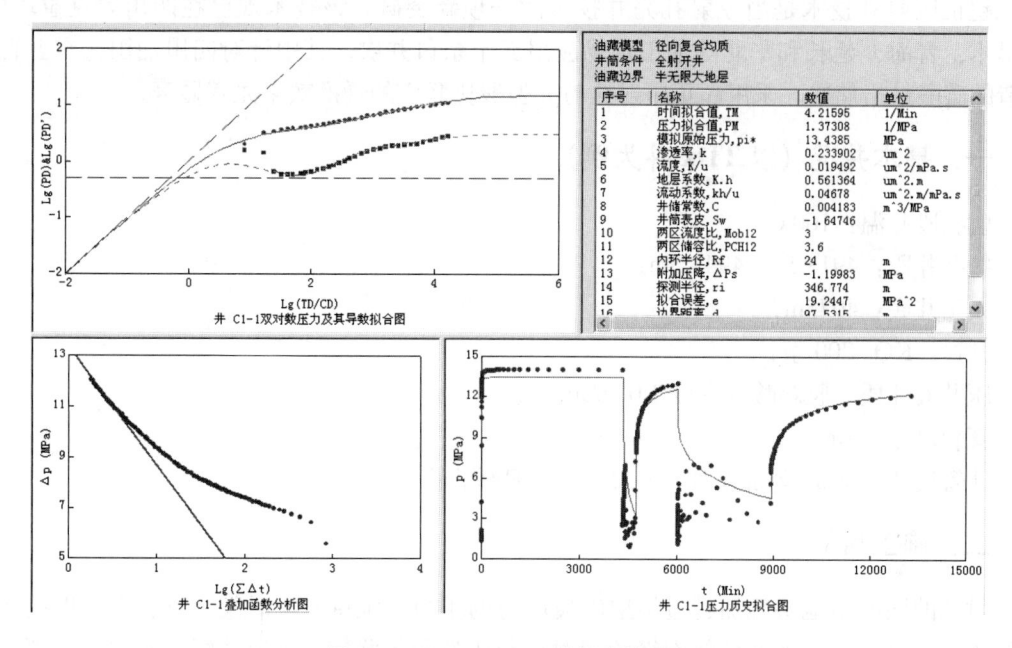

图 10-9-2 F136-× 井解释结果图

对 F94-× 井、P× 井、T× 井等开发评价井也都进行了动态负压射孔、试油测试及试井解释。将这 4 口井分别与相邻的采用常规射孔井的结果进行了对比，见表 10-9-2。从表中可以看出，动态负压射孔后的表皮系数都低于常规射孔后的表皮系数，且都为负数。采用动态负压射孔技术，使表皮系数变小，减小了射孔污染程度。

表 10-9-2 试井表皮对比

组别	井号	井段（m）	层位	射孔方式	表皮系数
1	F136-×	1494.5～1504.9	PI3	动态负压射孔	−1.65
	F136-126	1413.6～1432.0	P3、P4、P5、P6	常规射孔	0.53
2	F94-×	1463.2～1467.8	P2	动态负压射孔	−1.77
	F42	1420.6～1423.4	P4	常规射孔	0.93
	F603	1404.2～1420.2	P1、P2、P3	常规射孔	1
3	P×	1108.0～1109.8	P4	动态负压射孔	−0.02
	P164-148	1113.9～1155.3	P1、P3、P4a	常规射孔	2.29
4	T×	1507.0～1511.6	P2	动态负压射孔	−1.53
	T160-106	1461.0～1470.2	P2	常规射孔	1.54

第十节　超正压射孔技术在天东五百梯构造的应用

超正压射孔技术是当今射孔完井技术的一项新突破。该技术现已在四川、克拉玛依、塔里木、青海、延长和华北等油田现场应用五十余口井次，其中针对四川油田天东五百梯构造的碳酸盐岩储层，采用超正压射孔与大型酸化联作的增产效果尤其显著。

一、基本井况（以 TDx 井为例）

射孔段井温：100℃；

射孔井段：4918.5～4943.5m；

人工井底：4975m；

井口：KQ-700型；

压井液性质：胶凝酸（密度1.05g/cm³）；

套管尺寸：7in；

油管尺寸：$3\frac{1}{2}$in 外加厚油管 + $2\frac{7}{8}$in 外加厚油管。

二、施工目的

射孔的同时给地层施加超过地层破裂压力的压力并维持一段时间，克服聚能射孔所带来的压实污染，且在加大延伸裂缝的同时还与压裂酸化联作，解决造缝、解堵、诱喷、防止出砂等一系列问题，改善初始完井效果，还可避免射孔后压井取管柱的二次污染，缩短试油周期，节约试油成本。

三、射孔设计

超正压射孔技术在浅井油田，采用的是氮气加压方式；对于井深约3000m的中深井，采用的是氮气+酸液的加压方式；而在天东五百梯构造的超深井中，全部采用液柱（酸柱）直接加压的方法。

TDx井使用86枪进行超正压射孔丢枪作业，采用全酸液加压的设计方案。

四、效果评价

TDx井作业一次成功，日产天然气$65\times10^4\text{m}^3$，较邻近井同层位中产量增加2倍多。其射孔施工记录曲线如图10-10-1所示。从施工曲线可以看出，起爆时射孔段液柱压力已经达到地层岩石的破裂压力，同时保证了持续高压。

利用五百梯构造长兴组、石炭系的TDz井、TDy井和TDx邻近井的测井资料进行处理，得到各井的储层参数，并对各参数做归一化处理，获得测井预测产能，这样我们可以对采用了超正压射孔井与常规射孔后酸化井实际产能对比，以及单井实际产能与预测产能对比。

利用测井资料，采用双矿物模型，对测井资料进行处理，得到各井的储层参数，对各参数做归一化处理后，测井预报产能模型为：

$$Q=B_0+B_1\times X_1+B_2\times X_2+\cdots+B_6\times X_6$$

式中　　B_0、B_1、$B_2\cdots B_6$——模型系数，由已知储层参数和产能井的资料计算处理得出；

　　　　X_1、X_2、$X_3\cdots X_6$——预报井的测井相应参数，由孔隙度、渗透率、含气饱和度、储层有效厚度等储层参数计算处理得出。

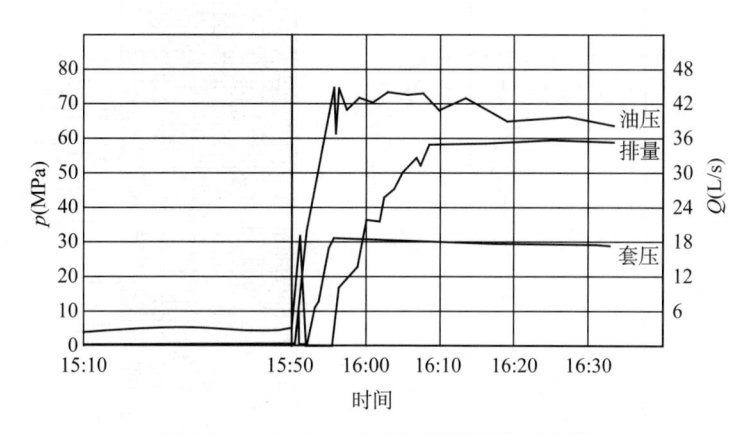

图 10-10-1　TDx 井超正压射孔施工曲线

用上式对各井产能进行了预测，其预测产量与实际产量情况见表 10-10-1。从表中可看出：

（1）TDz 井、TDy 井、TDx 井采用的是超正压射孔，其产量分别为 $35\times10^4\text{m}^3/\text{d}$、$41.7\times10^4\text{m}^3/\text{d}$ 和 $63.26\times10^4\text{m}^3/\text{d}$，周围同产层且储层参数相当的井（TDA 井、TDC 井、TDB 井）比较，产能提高超过 150%，增产效果显著。

（2）未进行超正压射孔的 TDA 井、TDB 井储层特征与 TDz 井、TDx 井近似，TDB 井测井处理图如 10-10-2 所示，TDx 井测井处理图如 10-10-3 所示。普通射孔作业酸化后储层产能低于测井预报产能，未能达到预期的目标。TDz 井、TDy 井超正压射孔后产能与测井预报的结果很接近，达到了最大限度地发掘储层产能的目的。TDx 井超正压射孔产能远大于测井预报结果，说明超正压射孔后可能沟通了离井壁较远处的裂缝和细微孔洞，增加了储层产能。

表 10-10-1　五百梯构造长兴组、石炭系地层预测产量与实际产量对照表

井名	孔隙度（%）	渗透率（$10^{-3}\mu\text{m}^2$）	含气饱和度（%）	有效厚度（m）	孔隙度×有效厚度	孔隙度×有效厚度×含气饱和度	超正压射孔或酸后产能（$10^4\text{m}^3/\text{d}$）测井预测无阻流量	测试	无阻流量	备注
TDD	4.39	0.07	83.1	2.5	0.11	0.091	1.00	未酸化		负压射孔
TDA	7.1	1.22	82.6	2.2	0.16	0.138	20.2	13.8		负压射孔后酸化
TDz	4.11	0.05	79.9	8.5	0.349	0.280	36.7	5.7		超正压射孔
TDC	3.24	0.01	76.5	1.6	0.053	0.040	6.3	5.7		负压射孔后酸化
TDE	8.13	2.77	87.2	29.1	2.367	2.088	255.8	48		负压射孔后酸化
TDy	9.91	2.97	89.9	25.6	2.539	2.314	230	41.7	226	超正压射孔
TDB	6.93	0.91	81.1	14.0	0.970	0.822	135.5	20		负压射孔后酸化
TDx	7.87	1.21	86.6	17.8	1.396	1.228	154.8	63	229	超正压射孔

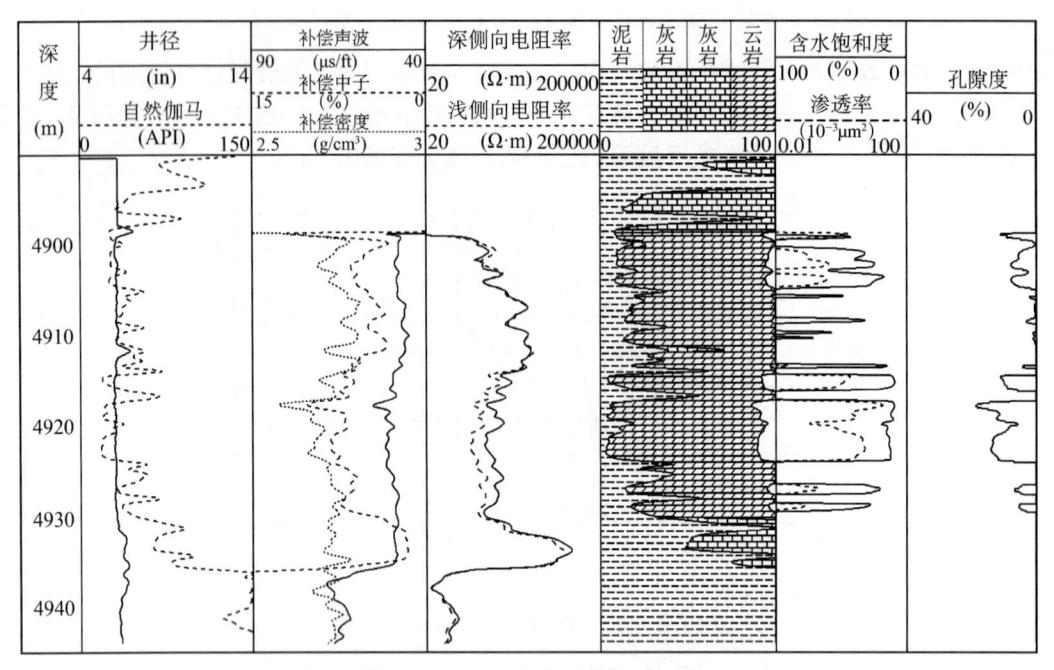

图 10-10-2　TDB 井测井处理图

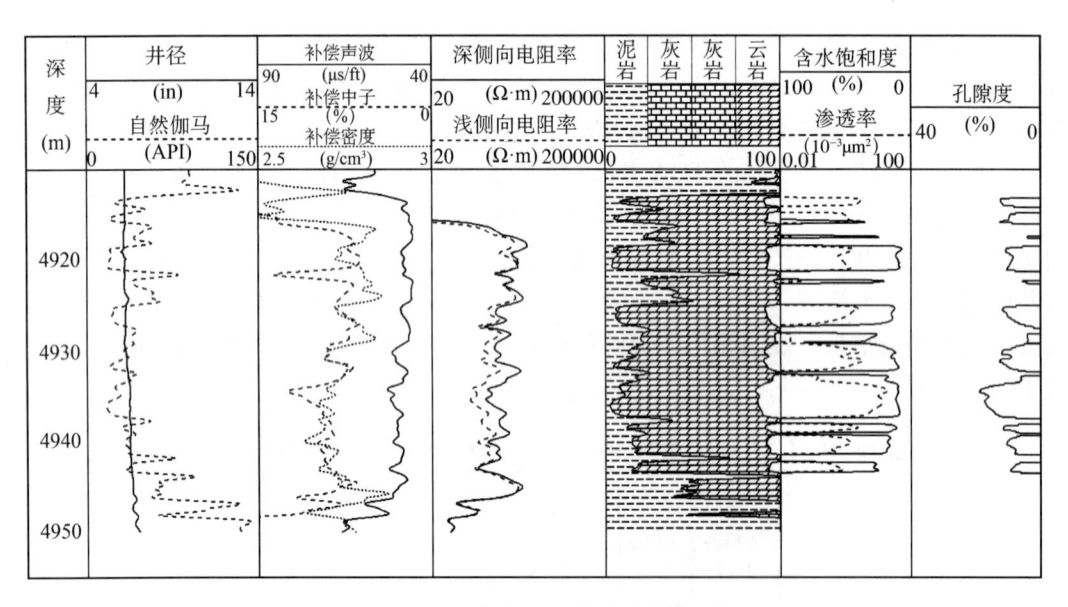

图 10-10-3　TDx 井测井处理图

第十一节　全通径射孔技术在 DN2-X 井的应用

全通径射孔技术能够实现一次性射孔完井管柱，不需提出射孔作业管柱或丢枪作业就可完成后续施工作业，不但降低储层伤害，保护油气产层，而且缩短试油周期，提高完井效率。该技术已在塔里木、四川、青海等油田进行了三十余口井的现场应用，能满足地质和工程两方面的需求，取得了很好的作业效果。

一、基本井况

DN2-X 井井身结构示意如图 10-11-1 所示。

完钻井深：5140m；

人工井底：5115m；

射孔井段：4792.0～5105.5m；

射孔厚度：97.5m；

油层温度：136～141℃；

压井液密度：1.4g/cm³；

酸化预前置液密度：1.0g/cm³；

预测气层段地层压力：105.04～106.26MPa；

油层套管：7in。

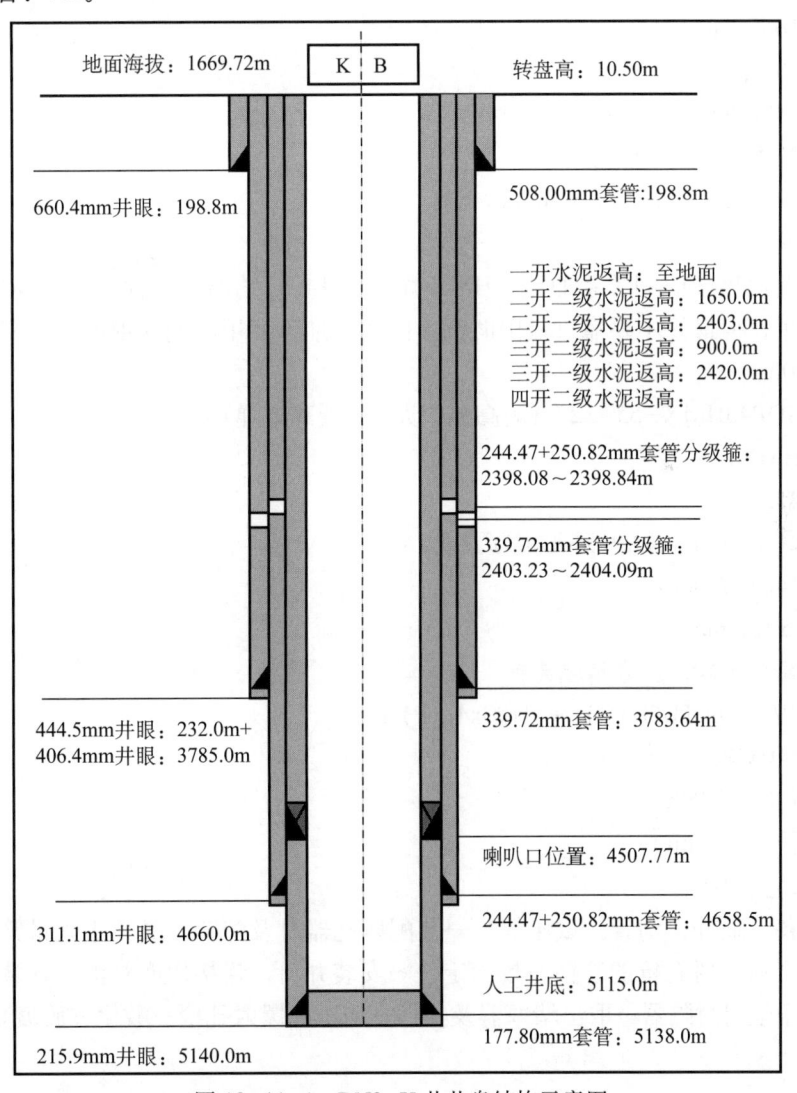

图 10-11-1　DN2-X 井井身结构示意图

二、施工目的

由于 DN2-X 井存在井深、地层压力高、温度高及射孔厚度大、丢枪口袋短等特点，为使得该井产能最大化，增大流通面积，降低酸压摩阻，需采用全通径射孔工艺才能够实现。

三、射孔设计

（一）工艺设计

DN2-X 井全通径射孔作业结合完井封隔器联合作业，采用下堵塞器进行坐封封隔器的方式，这样能够提高全通径射孔完井的管柱、施工作业等方面的安全，与此同时，在射孔枪上下端各装一套全通径起爆器的双保险方案。

（二）射孔器技术参数

1. 射孔枪

规格：ϕ127mm；

孔密：16 孔/m；

相位：60°；

耐压：140MPa；

抗静载拉力：1600kN；

射后形成的最大通径：ϕ62mm。

2. 射孔弹

根据炸药温度—时间关系曲线，HMX 炸药在 140℃的温度条件下，炸药在 200h 内不会分解、自爆，但最好不要靠近极限时间。因而，推荐使用时间从射孔枪入井到加压引爆不要超过 120h。

型号：SDP43HMX-55-127（耐高温、大 1m 低碎屑弹）；

炸药：HMX；

药量：45g；

穿深：≥1080mm（API 环形混凝土靶）；

耐温：140℃/200h；

孔径：ϕ13.4mm。

3. 全通径（防砂）压力起爆装置

扣型：$3\frac{1}{2}$in UP TBG（B）+ Tr90x4（P）；

耐压：140MPa；

耐温：140℃/200h；

射后通径：ϕ65mm。

（三）工艺流程

井筒准备（通井、刮管、试压等）→装配射孔器材及配套工具→下入带筛管（或防砂起爆器）及全通径射孔枪的管柱→校深定位→安装井口，连接地面管汇→顶替前置液→下堵塞器及加压坐封封隔器→取出堵塞器及验封→加压起爆射孔枪→酸化→放喷测试。

四、效果分析

由于全通径射孔后枪管形成了 ϕ62mm 油气流通通道，可直接利用射孔段的射孔枪当完井生产筛管，最大限度地开发地层油气，提高完井效率。射孔成功后，开井放喷，先通过排污管线将枪内残留物排出地面，接着用 ϕ8mm 的油嘴测试，油压 80MPa。关井时油压 83MPa，在仅有 3MPa 生产压差条件下，测试流量达到了 68.5×10^4m³/d，获得了很好的施工效果。

与同区块对比，DN2-X 井射孔后酸化平均泵压低、排量大、产量都明显优于 DN2-Y、DN2-Z 等井（表 10-11-1）。采用常规射孔—酸化联作的这批井在投产两年后，由于生产筛管堵塞，大多数井出现产量下降的情况，只能采用带压穿孔等处理措施进行解堵作业，而采用全通径射孔的井由于产气流通面积大，一直处于稳产状态。

表 10-11-1　DN2-X 井与同区块井效果对比

井号	层位	射孔井段、厚度 (m)	射孔工艺	酸化泵压与排量	测试效果 (m³/d) 酸化前	测试效果 (m³/d) 酸化后
DN2-X	E	4792.0～5105.5（射厚 97.5）	全通径射孔—酸化联作	泵压：75.3MPa 套压：32.5MPa 排量：2.1m³/min	气：68.5×10^4	油：51.36，气：73.96×10^4
DN2-Y	E	4894.5～5209.0（射厚 126.5）	常规射孔—酸化联作	—	气：48×10^4	—
DN2-Z	E	4700.0～5009.0（射厚 128.0）	常规射孔—酸化联作	泵压：83MPa 套压：23MPa 排量：2m³/min	气：45.7×10^4	油：43.5，气：74.5×10^4

第十二节　连续油管输送过油管射孔的应用

过油管射孔可以在不动生产管柱及井口设备的情况下进行大斜度和水平井中射孔作业，近几年来。中海油田股份有限公司在海上进行了近 10 井次的连续油管输送射孔作业，在实际应用中取得较好效果并积累了一定的经验。现以 2007 年在渤海进行过的 B× 井为例介绍连续油管过油管射孔作业。

一、基本井况

最大井斜：79～81°；
射孔井段：2266～2302m；
射孔顶部 TVD 深度：1375m(斜深：2266m)；
液体密度：1.03g/cm³；井温：140℉(60℃)；
生产管柱油管尺寸：2$\frac{7}{8}$in；
滑套最小通径：2.31in；
套管尺寸：7in。

二、施工目的

B× 井的斜度大，射孔跨度长，生产平台上没有钻机，仅有吊车。采用油管输送射孔和电缆射孔均无法实现。针对这一情况，考虑采用连续油管输送无枪身射孔器过油管射孔的作业方式。

三、射孔设计

（一）射孔枪弹的选择

连续油管可连接有枪身射孔器和无枪身射孔器。采用有枪身射孔器与油管输送射孔中的连接方法相类似，但采用过油管有枪身射孔枪时，射孔器的尺寸受到油管内径的限制，难以达到理想的孔径和穿深。因此，采用无枪身射孔器可实现较大的孔径和比较深的穿深。

采用压力点火头（压力起爆装置）引爆无枪身射孔器，但压力起爆装置与无枪身射孔器之间是否能够可靠密封连接，点火头起爆后，是否能够可靠传爆是成功的关键。

射孔器采用四川测井公司 $2\frac{1}{8}$ in 无枪身螺旋式射孔器，相位 40°，孔密 20 孔/m。

射孔弹采用无枪身承压射孔弹，孔径 8.5mm，穿深 490mm。

（二）起爆和传爆方式的选择

在大斜度井中进行连续油管输送过油管射孔作业，选择安全可靠的引爆和传爆方式是连续油管输送过套管射孔成功的关键。射孔器的引爆方法一般采用连续油管内加压引爆或者在连续油管内投球加压引爆。在进行的 10 口井射孔作业中都是采用连续油管内加压引爆工艺。

B×井是采用外径为 43mm 的压力开孔起爆装置结构示意如图 10-12-1 所示，其技术参数见表 10-12-1。连续油管内加压引爆射孔器。该起爆装置是在起爆的同时开孔，开孔后实现连续油管与井筒之间的沟通并实现循环。

起爆装置与射孔器的传爆则采用专用的传爆组件。该传爆组件上端紧贴撞击起爆器，依靠密封圈密封，下端与导爆索连接，采用橡胶套密封，确保雷管输出的爆轰能量能够可靠传递给导爆索，起爆装置起爆后，可靠传爆是成功的关键。起爆装置与传爆组件连接如图 10-12-2 所示，传爆组件技术参数见表 10-12-2。

图 10-12-1 压力开孔起爆装置结构示意图

图 10-12-2 起爆装置与传爆组件连接图

枪与枪之间的连接和传爆，采用双向传爆管（即传爆管中部为装药部分，而两端为空壳部分）将两端的导爆索插入传爆管内，然后用橡胶套进行密封。

表 10-12-1　压力开孔起爆装置技术参数

代　号		YBK1-8
连接螺纹	上　端	M25×1.5（B）
	下　端	M36×1.5（P）
外　径		ϕ43mm
总　长		299mm
装配长度		255mm
耐　压		140MPa
耐　温		雷管耐温
剪切销数量	ϕ2mm 剪切销	8
	ϕ3mm 剪切销	6
开孔数量		4×ϕ10mm
总开孔面积		310mm^2
最大提升力		150kN

表 10-12-2　传爆组件技术参数

外形尺寸	ϕ22mm×48.5mm
装　药	1.1g，HMX
空管长度	24.5mm
内　径	ϕ5.5mm
耐　温	160℃/4h
耐　压	60MPa
危险等级	1.4D

（三）定位方式的选择

连续油管输送过套管射孔深度定位是非常关键的。定位方法一般有两种：一是采用人工井底的方法，二是采用内存式 GR 仪器进行射孔深度校正。操作方式是：先用连续油管与内存式 GR 仪器连接下井，井口对零，对零之后，操作 DTR（深度时间记录仪）开始记录，然后仪器开始下井，下井过程中记录，要求详细记录下井时的速度、时间与遇阻情况。

仪器到达预定的校深深度后，在连续油管上做记号，然后，以 9m/min 的速度匀速上提，测完测量段后，以正常速度起出仪器。

起出仪器后，将存储式数据与 DTR 数据导出，将深度对齐后，截取相应的校深段曲线，生成 GR 与深度对应的测井曲线并打印出图。

将测得的校深图与该井相对应的标准校深曲线进行对比，确定校正量，根据校正量确定连续油管记号处的深度。根据记号深度来确定射孔时连续油管下放量与记号深度的差值来进行射孔深度的确定。

(四)释放装置的选择

为了确保连续油管作业安全,确保射孔管柱遇卡后能够将连续油管提出,在管柱中装有投球压力释放装置,如图10-12-3所示,其技术参数见表10-12-3。该装置是在射孔枪串遇卡后,在井口从连续油管内投球,然后加压将射孔枪串释放至井内。

表10-12-3 投球压力释放装置技术参数

代 号		DQ3-8
连接螺纹	上 端	M28×1.5(B)
	下 端	M38×1.5(P)
外 径		ϕ54mm
总 长		463mm
装配长度		397mm
释放后长度		353mm
耐压差		90MPa
剪切销剪断压力		12MPa/6颗 ±3MPa/6颗
释放前内径		ϕ26mm
释放后内径		ϕ35mm
钢球外径		ϕ20mm
屈服强度		20t
适用管柱		$2\frac{3}{8}$in 以上

(五)连续油管选择

根据生产管柱的最小内径以及输送射孔枪的长度(重量)选择连续油管的尺寸,由于B×井作业采用无枪身射孔器,而射孔长度也不是很长,因此,选择外径为$1\frac{1}{2}$in连续油管能够满足作业安全的要求。

(1)连续油管:$1\frac{1}{2}$in×0.1098×10000ft,80kpsi;

(2)快速释放装置:投球压力释放枪装置;

(3)循环接头:下井时处于常开状态,加低压时处在循环状态,需要加压引爆射孔器时,提高泵速加大排量,使连续油管内压力升高,给压力点火头提供足够的起爆压力;

(4)连续油管连接器:可靠将连续油管和射孔工具连接,并保证密封。

四、施工流程

(一)循环压井

(二)通井和校深

通井和校深工具串主要包括内存式校深GR仪器、模拟点火头和盲枪等。将工具串与连续油管连接,然后连接防喷管和BOP。下放连续油管,校深和通井完毕后,将工具串提

图10-12-3 投球压力释放装置结构示意图

到井口，拆掉 BOP 上方的连续油管架，提出通井工具串。

（三）组装射孔器

由于该井射孔段比较长（36m），在井口连接无枪身射孔枪需注意双向传爆管的连接和密封。连接完射孔枪后依次连接密封枪头、压力点火头、弱点接头、压力释放装置、循环接头和连续油管等。射孔器连接示意如图 10-12-4 所示。

（四）连续油管管串下井

连续油管携带连接好的射孔器下到射孔位置后，根据校深调整量与连续油管记号，调整管柱，使射孔器对准射孔层。

（五）加压引爆射孔器

定位后开始井口加压，先慢速低排量加压，压力上升缓慢，逐步加大排量，当压力加到 3000psi 时，压力急剧上升。该压力作用在点火头的剪切模块上，当达到 3700psi 时（压力起爆装置最大剪切值是 3727psi），压力起爆装置起爆，并引爆射孔器射孔。

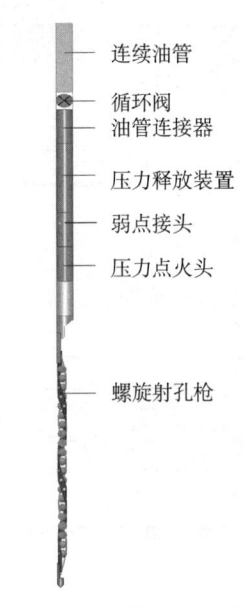

图 10-12-4 射孔器连接示意图

（六）提出射孔枪串

射孔完成后，提出射孔枪串，按连接顺序拆卸射孔枪、井下工具以及防喷装置等。

五、效果分析

顺利完成了连续油管输送大斜度井的过油管长井段射孔作业，并取得了满意的作业效果。

第十三节　TCP 监测识别系统监测实例

本节以 X 井为例，介绍 TCP 监测识别系统监测撞击起爆、压力起爆监测。

一、常规 TCP 监测识别系统

（一）多级压力起爆监测介绍

X 井为 4 级压力延时起爆（图 10-13-1）。环空加压。监测时软件自动做出 4 次起爆的判断，提枪后验证 4 节枪全部起爆。震动框中显示出加压过程，如注压、起压。压力框中显示起爆时的压力变化。随鼠标的移动会显示不同时刻的地面压力值，也可以显示在全过程中的最大压力值。设计加压值为 25MPa，监测数据显示实际最大加压值为 24.44MPa。

（二）多级撞击起爆

X 井射孔层段 1743m，2 级撞击起爆（图 10-13-2）。棒体下落至起爆器的时间较短，"时间阈值"修改为 30s。选择撞击起爆时关闭压力通道，避免压力通道未关闭引起的信号串扰。

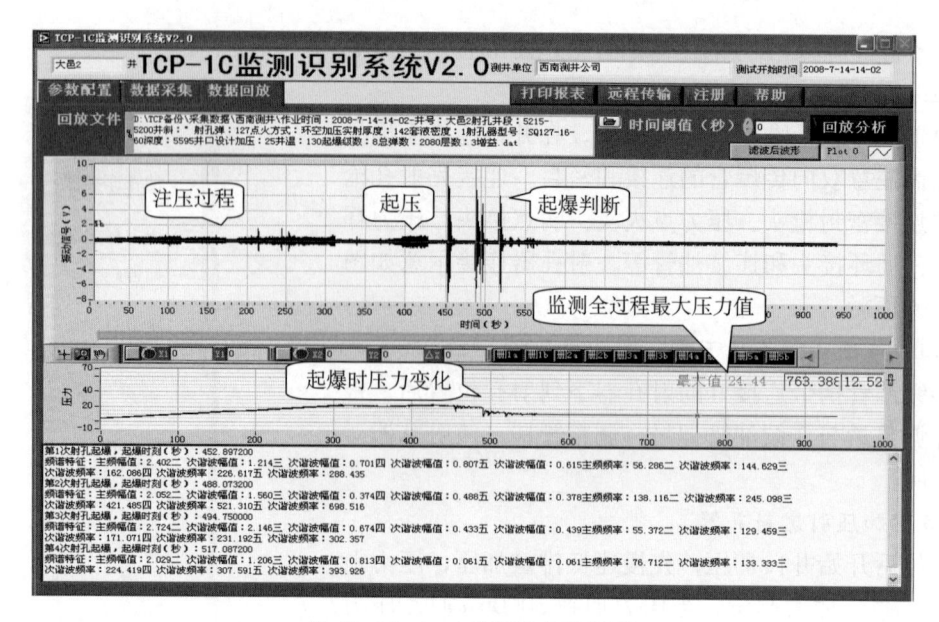

图 10-13-1　4 级压力起爆监测

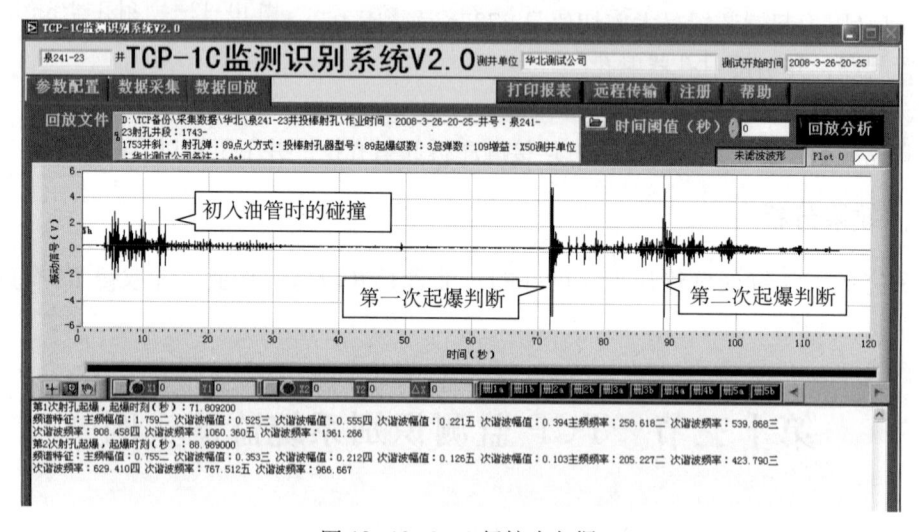

图 10-13-2　2 级撞击起爆

（三）坐封射孔监测

X 井射孔施工时周围震动干扰较大，射孔起爆信号完全淹没在干扰噪声里。软件经处理信号后做出了射孔起爆的判断。从图 10-13-3 中的压力曲线也可看到，当射孔起爆的瞬间压力也有相应的变化。

坐封不影响射孔起爆的监测。

（四）棒尖自毁、尾声弹监测

棒尖及尾声弹虽然药量很小，但仍能被软件监测及判断。在监测此类射孔时，参数设置界面中的"起爆级数"应将棒尖自毁及尾声弹的起爆计算在内。

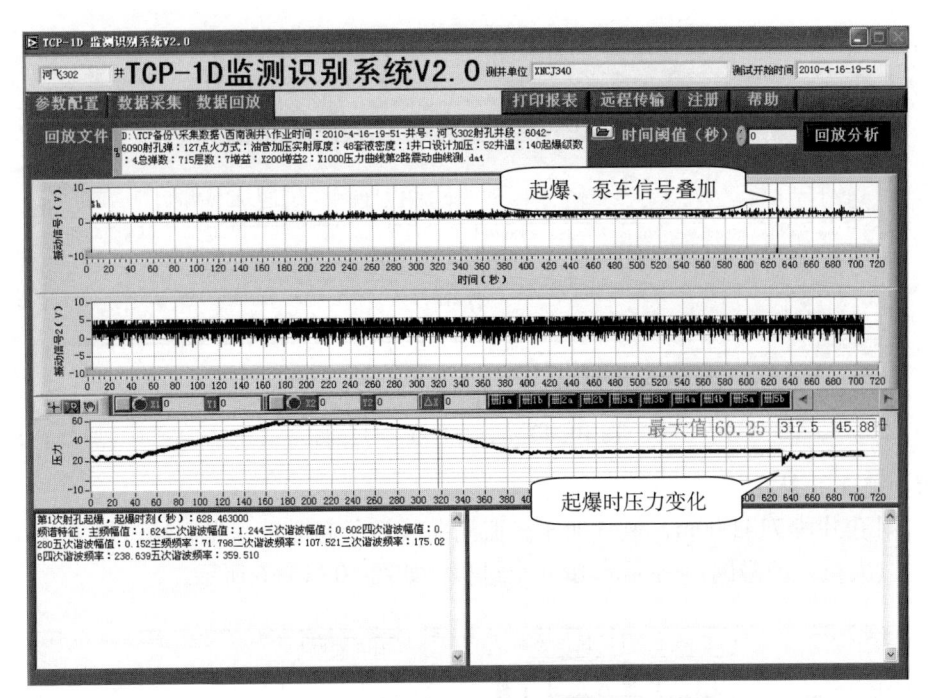

图 10-13-3　坐封起爆

棒尖自毁和尾声弹的监测在带有减震器时不适用，减震器阻断信号传输。

尾声弹监测（图 10-13-4）：射孔层段 3158m，弹数 165 发，使用延时为 1min 的尾声弹，监测结果显示尾声弹实际延时为 55s，结合井温等因素，符合延时设计时间。

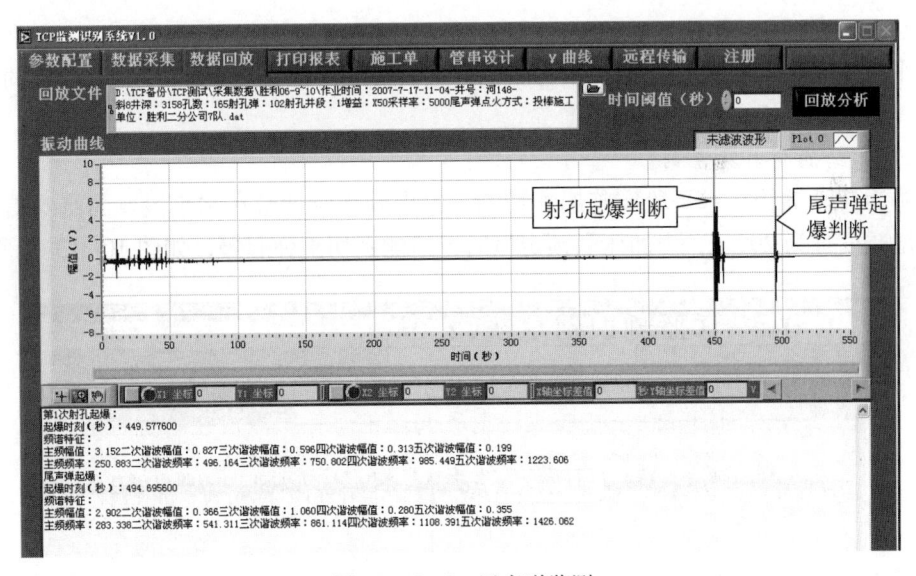

图 10-13-4　尾声弹监测

（五）弱信号监测

如图 10-13-5 所示，射孔层段 5071m，弹数 48 发，座封加压起爆。监测难度在于井深弹数少，油管传输信号质量差。但监测效果满意。该井监测时增益仅为 50，由软件对填写的射孔层段及弹数进行自动生成。

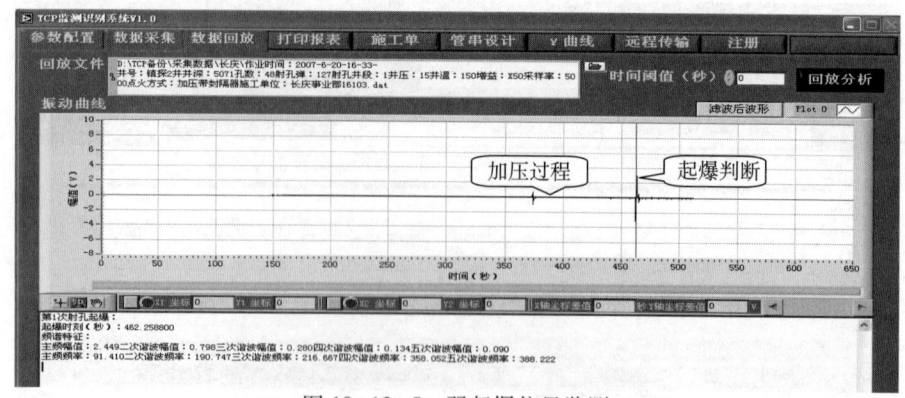

图 10-13-5　弱起爆信号监测

（六）超深井射孔

X井射孔井段7141.00m，氮气加压。监测曲线显示起爆过程先后经过停泵、降压、调整传感器（人员走动碰倒）、射孔起爆4个过程，如图10-13-6所示。

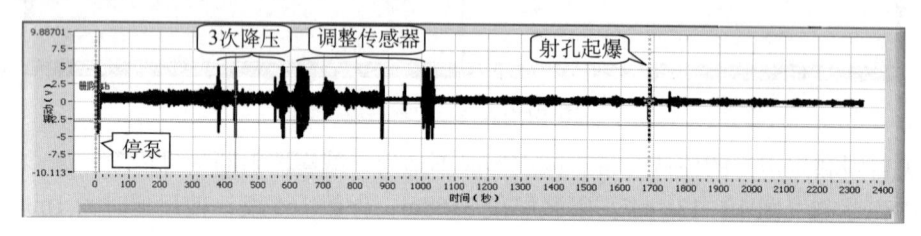

图 10-13-6　超深井起爆监测

（七）水平井射孔监测

水平段油管与套管互相接触对信号会有一定的衰减但影响不大，井况及参数的设置均与直井、斜井要求相同。

（八）连续油管射孔监测

X井为连续油管在水平段实施爆炸切割，考虑到连续油管在水平段弯曲状对信号传输影响，增益设置为200×，当加压到预定值时，监测到切割弹起爆，如图10-13-7所示。

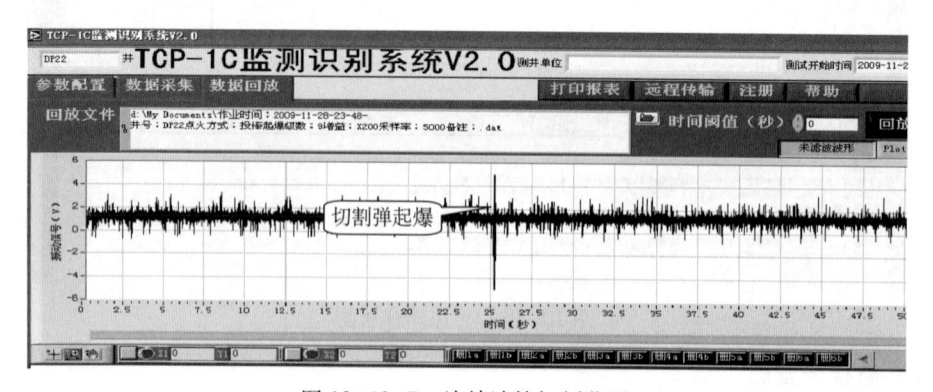

图 10-13-7　连续油管切割监测

（九）海采井射孔

（1）射孔层段3633m，环空加压，传感器吸附于平台靠近油管位置，增益设置为

100×，成功的监测并判断了起爆。

（2）射孔层段2696m，为撞击起爆，增益设置为100×，监测成功。

二、带有地震波监测的TCP监测识别系统

一般井况条件下本系统均能正常监测到射孔枪的起爆并做出判断，但在下列二种情况下若加上地震波监测则判断更准确：

（1）撞击起爆时棒体撞击起爆器，起爆器未正常起爆导致射孔枪未起爆，棒体与起爆器产生的撞击震动会导致软件做出起爆的误判断；

（2）压力起爆时起爆器未正常起爆，销钉剪断时产生的机械撞击震动信号或开孔器开孔时产生的信号也会导致软件做出起爆判断。

针对上述情况，增加地震波的监测方法来解决。其基本原理是当射孔枪起爆时，射流挤压地层产生地震波，射孔枪未起爆便没有射流进入地层也不能产生地震波。因此，结合地震波的监测方法将有效地避免上述情况。具体做法是，使用二路震动传感器，第一路接于地面的采油树上接收射孔时沿油管传输的震动波，第二路在距井口20～30m内将传感器插入地表面，接收射孔时射流挤压地层产生的地震波。

X井压力起爆，共进行二次施工，第一次为加压起爆射孔，第二次油管上提加压坐封、开孔器开孔。监测分为二次进行，第一次监测—加压起爆，第二次监测—开孔器开孔。

（一）第一次监测—加压起爆

如图10-13-8所示，从上至下依次为地震波监测、油管监测曲线。地震波监测曲线显示在354s收到起爆信号，油管监测曲线提前0.0018s接收到起爆信号，由于油管为刚性介质，信号传播的速度要大于地震波的传播速度，二者产生0.0018s的时间差。油管监测曲线判断了二次起爆：一次是起爆器的销钉剪切时发生的机械撞击震动信号。另一次是射孔起爆。地震波只监测到这个射孔起爆信号。未监测到起爆器的起爆，说明起爆器的机械撞击信号没有产生地震波。

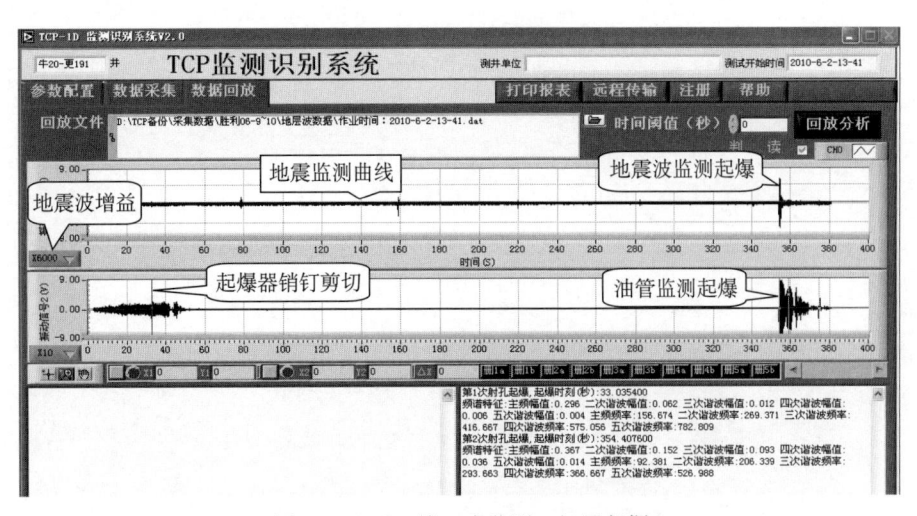

图10-13-8 第一次监测—加压起爆

（二）第二次监测–开孔器开孔

当射孔起爆完成后油管上提进行座封及开孔作业，开孔产生的震动信号沿油管传输，

没有射流挤压地层不产生地震波，如图 10-13-9 所示。

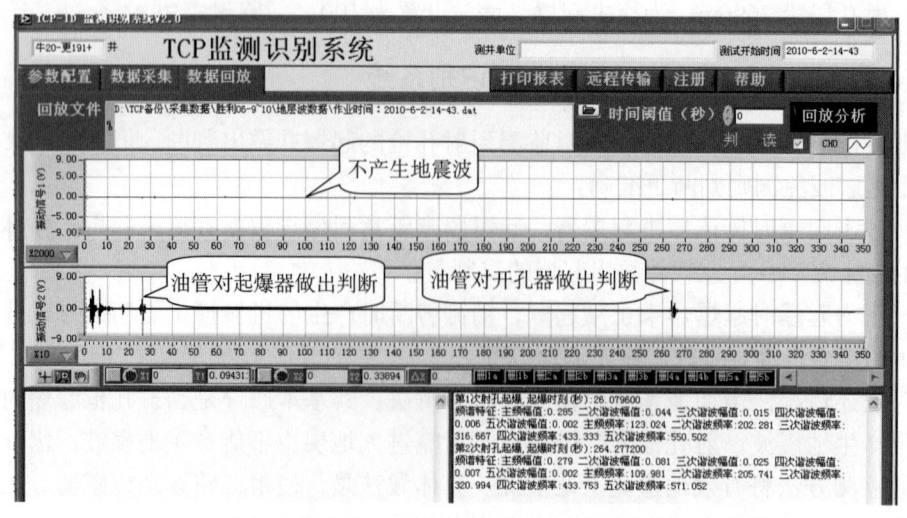

图 10-13-9　第二次监测—开孔器开孔

三、效果分析

TCP 监测识别系统目前已在国内各油田测井公司得到广泛应用，近五年的时间内已对数千口油井射孔进行了监测，总体来说监测结果正确，监测效果令人满意，能满足目前国内各种井况的射孔监测。

参 考 文 献

蔡瑞娇.1999.火工品设计原理.北京：北京理工出版社

楚泽涵，高杰，黄隆基，等.2007.地球物理测井方法与原理（上册）.北京：石油工业出版社

楚泽涵，高杰，黄隆基，等.2008.地球物理测井方法与原理（下册）.北京：石油工业出版社

冯端，师昌绪，刘治国.2002.材料科学导论.北京：化学工业出版社

国家发展和改革委员会.2004.SY/T 6297.1—2004 油气井射孔器评价方法 第 1 部分：API 推荐的射孔器评价方法.北京：石油工业出版社

国家发展和改革委员会.2004.SY/T 6297.2—2004 油气井射孔器评价方法 第 2 部分：射孔器模拟井射孔试验.北京：石油工业出版社

国家发展和改革委员会.2008.SY/T 6411.1—2008 油气井用导爆索通用技术条件及检测方法 第 1 部分：通用技术条件.北京：石油工业出版社

国家发展和改革委员会.2008.SY/T 6411.2—2008 油气井用导爆索通用技术条件及检测方法 第 2 部分：检测方法.北京：石油工业出版社

国家技术监督局.1992.GB 13889—1992 油气井用电雷管通用技术条件.北京：中国标准出版社

国家能源局.2010.SY/T 6753—2009 油气井用传爆管通用技术条件及检测方法.北京：石油工业出版社

国家能源局.2010.SY/T 6791—2010 油气井射孔起爆装置通用技术条件及检测方法.北京：石油工业出版社

刘玉芝.2000.油气井射孔井壁取心技术手册.北京：石油工业出版社

芦德唐，郭冀义，郑新权.1998.试井分析理论及方法.北京：石油工业出版社

吕英民.2007.材料力学.东营：中国石油大学出版社

松全才.1997.炸药理论.北京：兵器工业出版社

隋树元，王树山.2000.终点效应学.北京：国防工业出版社

孙国祥，梁永贞，党兰.1996.油气井射孔弹用炸药.测井技术，20（4）：297—302

孙国祥，王晓峰，孙富根，等.2002.油气井射孔器用炸药及其安全性.爆破器材，31（2）：4—9

王泽山，何卫东，徐复铭.2008.火药装药设计原理与技术.北京：北京理工大学出版社

张守中.1993.爆炸与冲击动力学.北京：兵器工业出版社

中华人民共和国国家质量监督检验检疫总局，中国国家标准化管理委员会.2007.GB/T 20488—2006 油气井聚能射孔器材性能试验方法.北京：中国标准出版社

中华人民共和国国家质量监督检验检疫总局，中国国家标准化管理委员会.2007.GB/T 20489—2006 油气井聚能射孔器材通用技术条件.北京：中国标准出版社

中华人民共和国国家质量监督检验检疫总局，中国国家标准化管理委员会.2006.GB 10238—2005 油井水泥.北京：中国标准出版社

中华人民共和国国家质量监督检验检疫总局，中国国家标准化管理委员会.2009.GB 12463—2009 危险货物运输包装通用技术条件.北京：中国标准出版社

中华人民共和国国家质量监督检验检疫总局，中国国家标准化管理委员会.2009.GB/T 10111—2008 随机数的产生及其在产品质量抽样检验中的应用程序.北京：中国标准出版社

中华人民共和国国家质量监督检验检疫总局.2003.GB/T 2828.1—2003 计数抽样检验程序　第1部分：按接收质量限（AQL）检索的逐批检验抽样计划.北京：中国标准出版社

中华人民共和国国家质量监督检验检疫总局，中国国家标准化管理委员会.2008.GB/T 2828.4—2008.计数抽样检验程序　第4部分：声称质量水平的评定程序.北京：中国标准出版社

中华人民共和国建设部，中华人民共和国国家质量监督检验检疫总局.2007.GB 50089—2007.民用爆破器材工程设计安全规范.北京：中国计划出版社